DIN-Taschenbuch 226

Für das Fachgebiet Qualitätsmanagement und Statistik bestehen folgende Taschenbücher sowie ein Loseblattwerk:

DIN-Taschenbuch 223

Qualitätssicherung und angewandte Statistik
Begriffe. Normen

DIN-Taschenbuch 224

Qualitätssicherung und angewandte Statistik
Verfahren 1: Normen

DIN-Taschenbuch 225

Qualitätssicherung und angewandte Statistik
Verfahren 2: Probenahme und Annahmestichprobenprüfung. Normen

DIN-Taschenbuch 226

Qualitätsmanagement und Statistik
Verfahren 3: Qualitätsmanagementsysteme. Normen

Loseblattwerk.

Qualitätsmanagement und Statistik
Anleitung zur Auswahl aus der Normenreihe DIN EN ISO 9000
und unterstützenden Normen. Normensammlung

DIN

DIN-Taschenbuch 226

Qualitätsmanagement und Statistik

Verfahren 3: Qualitätsmanagementsysteme

Normen

2. Auflage
Stand der abgedruckten Normen: August 1994

Herausgeber: DIN Deutsches Institut für Normung e.V.

Beuth
Beuth Verlag GmbH · Berlin · Wien · Zürich

Die Deutsche Bibliothek – CIP-Einheitsaufnahme

Qualitätsmanagement und Statistik : Normen
Hrsg.: DIN, Deutsches Institut für Normung e.V.
Berlin ; Wien ; Zürich : Beuth

1. Aufl. u.d.T.: Qualitätssicherung und angewandte Statistik

Verfahren 3:
Qualitätsmanagementsysteme
2. Aufl., Stand der abgedr. Normen: August 1994
1995

DIN-Taschenbuch ; 226
ISBN 3-410-13456-5

NE: Deutsches Institut für Normung: DIN-Taschenbuch

Titelaufnahme nach RAK entspricht DIN 1505.
ISBN nach DIN 1462. Schriftspiegel nach DIN 1504.

Übernahme der CIP-Einheitsaufnahme auf Schrifttumskarten durch Kopieren oder Nachdrucken frei.

320 Seiten A5, brosch.

ISSN 0342-801X
3. Nachdruck, 1997
(ISBN 3-410-12761-5 1. Aufl. Beuth Verlag)

Printed in Germany, Druck: Media-Print Informationstechnologie,
33100 Paderborn

Inhalt

Die in den Verzeichnissen verwendeten Abkürzungen bedeuten:

Bbl	Beiblatt
E	Entwurf
E DIN EN	Entwurf für eine Europäische Norm (EN), deren Deutsche Fassung den Status einer Deutschen Norm erhalten soll
DIN EN	Europäische Norm (EN), deren Deutsche Fassung den Status einer Deutschen Norm erhalten hat
DIN EN ISO	Europäische Norm, in die eine Internationale Norm (ISO-Norm) unverändert übernommen wurde und deren Deutsche Fassung den Status einer Deutschen Norm hat
E DIN ISO	Entwurf für eine Deutsche Norm, in die eine Internationale Norm der ISO unverändert übernommen werden soll
DIN ISO	Deutsche Norm, in die eine Internationale Norm der ISO unverändert übernommen wurde

Maßgebend für das Anwenden jeder in diesem DIN-Taschenbuch abgedruckten Norm ist deren Fassung mit dem neuesten Ausgabedatum.

Vergewissern Sie sich bitte im aktuellen DIN-Katalog mit neuestem Ergänzungsheft oder fragen Sie: (0 30) 26 01 - 22 60

Die deutsche Normung

Grundsätze und Organisation

Normung ist das Ordnungsinstrument des gesamten technisch-wissenschaftlichen und persönlichen Lebens. Sie ist integrierender Bestandteil der bestehenden Wirtschafts-, Sozial- und Rechtsordnungen.

Normung als satzungsgemäße Aufgabe des DIN Deutsches Institut für Normung e.V. *) ist die planmäßige, durch die interessierten Kreise gemeinschaftlich durchgeführte Vereinheitlichung von materiellen und immateriellen Gegenständen zum Nutzen der Allgemeinheit. Sie fördert die Rationalisierung und Qualität in Wirtschaft, Technik, Wissenschaft und Verwaltung. Normung dient der Sicherheit von Menschen und Sachen, der Qualitätsverbesserung in allen Lebensbereichen sowie einer sinnvollen Ordnung und der Information auf dem jeweiligen Normungsgebiet. Die Normungsarbeit wird auf nationaler, regionaler und internationaler Ebene durchgeführt.

Träger der Normungsarbeit ist das DIN, das als gemeinnütziger Verein Deutsche Normen (DIN-Normen) erarbeitet. Sie werden unter dem Verbandszeichen

DIN

vom DIN herausgegeben.

Das DIN ist eine Institution der Selbstverwaltung der an der Normung interessierten Kreise und als die zuständige Normungsorganisation für das Bundesgebiet durch einen Vertrag mit der Bundesrepublik Deutschland anerkannt.

Information

Über alle bestehenden DIN-Normen und Norm-Entwürfe informieren der jährlich neu herausgegebene DIN-Katalog für technische Regeln und die dazu monatlich erscheinenden kumulierten Ergänzungshefte.

Die Zeitschrift DIN-MITTEILUNGEN + elektronorm – Zentralorgan der deutschen Normung – berichtet über die Normungsarbeit im In- und Ausland. Deren ständige Beilage "DIN-Anzeiger für technische Regeln" gibt sowohl die Veränderungen der technischen Regeln sowie die neu in das Arbeitsprogramm aufgenommenen Regelungsvorhaben als auch die Ergebnisse der regionalen und internationalen Normung wieder.

Auskünfte über den jeweiligen Stand der Normungsarbeit im nationalen Bereich sowie in den europäisch-regionalen und internationalen Normungsorganisationen vermittelt:
Deutsches Informationszentrum für technische Regeln (DITR) im DIN, Postanschrift: 10772 Berlin, Hausanschrift: Burggrafenstraße 6, 10787 Berlin; Telefon: (0 30) 26 01 - 26 00, Telefax: (0 30) 26 28 125.

Bezug der Normen und Normungsliteratur

Sämtliche Deutsche Normen und Norm-Entwürfe, Europäische Normen, Internationale Normen sowie alles weitere Normen-Schrifttum sind beziehbar durch den organschaftlich mit dem DIN verbundenen Beuth Verlag GmbH, Postanschrift: 10772 Berlin, Hausanschrift: Burggrafenstraße 6, 10787 Berlin; Telefon: (0 30) 26 01 - 22 60, Telex: 184 273 din d, Telefax: (0 30) 26 01 - 12 60.

DIN-Taschenbücher

In DIN-Taschenbüchern sind für einen Fach- oder Anwendungsbereich wichtige DIN-Normen, auf Format A5 verkleinert, zusammengestellt. Die DIN-Taschenbücher haben in der Regel eine Laufzeit von drei Jahren, bevor eine Neuauflage erscheint. In der Zwischenzeit kann ein Teil der abgedruckten DIN-Normen überholt sein: Maßgebend für das Anwenden jeder Norm ist jeweils deren Fassung mit dem neuesten Ausgabedatum.

---

*) Im folgenden in der Kurzform DIN verwendet

Loseblattwerk "Qualitätsmanagement und Statistik"

Das Loseblattwerk enthält im A4-Format eine umfangreiche Normensammlung zum Qualitätsmanagement und zur Statistik. Dazu gehören sowohl die Normen zu Forderungen, Verfahren und Anleitungen als auch zu Begriffen, ferner eine Anleitung zur Auswahl aus der Normenreihe DIN EN ISO 9000 und den unterstützenden Normen sowie Informationen über Hintergründe des Normungsgeschehens, aktuelle Vorgänge, Planungen, Interpretationen usw. Das Loseblattwerk wird durch Ergänzungslieferungen in Abständen von 4 bis 6 Monaten aktuell gehalten (ISBN 3-410-13291-0).

Vorwort

Das Qualitätsmanagement ist eine unternehmensweite Aufgabe. Diese Aufgabe verlangt von allen Beteiligten Mitwirkung, und das Qualitätsmanagement muß überall verstanden sein. Demzufolge richten sich die Normen an alle im Unternehmen. Sie richten sich ferner an Stellen außerhalb des Unternehmens, die zu dessen Qualitätsmanagementsystem beitragen oder es beurteilen.

Die in diesem Taschenbuch behandelten Themen sind

- Planung und Aufbau eines Qualitätsmanagementsystems
- Aufrechterhaltung und ständige Verbesserung eines bestehenden Qualitätsmanagementsystems
- Darlegung eines Qualitätsmanagementsystems gegenüber Stellen innerhalb des Unternehmens, z. B. gegenüber der Geschäftsleitung
- Darlegung eines Qualitätsmanagementsystems gegenüber Stellen außerhalb des Unternehmens, insbesondere gegenüber Kunden oder Zertifizierern
- Werkzeuge des Qualitätsmanagements, insbesondere Auditierungen und Meßmittel.

Die Darstellung spezialisierter Vorgehensweisen des Qualitätsmanagements in einzelnen Wirtschaftszweigen oder auf bestimmte Produkte (einschließlich Dienstleistungen) bezogen ist den entsprechenden Fachnormen oder anderer Literatur vorbehalten. Falls solche weiterführenden Unterlagen hinzugezogen werden, können sie die hier zusammengestellten Normen interpretieren, aber keinesfalls ersetzen oder modifizieren.

Alle in diesem Taschenbuch enthaltenen Normen gehören zur ISO-9000-Familie. Nach DIN EN ISO 9000-1 besteht die ISO-9000-Familie aus denjenigen Normen, die vom Technischen Komitee ISO/TC 176 "Qualitätsmanagement und Qualitätssicherung/QM-Darlegung" erstellt wurden bzw. werden. Das sind ISO 8402 sowie die Normen der Reihe ISO 9000 bis 9004 und ISO 10011 bis 10020 (soweit vorhanden).

Die Norm-Nummern sind teilweise in einem früheren Stadium der Normenentwicklung festgelegt oder geplant worden und können daher nicht immer optimal den heutigen Gegebenheiten oder neueren Entwicklungen angepaßt sein. Die Normungsorganisationen vermeiden unnötige Änderungen der Nummern, da diese zu hohem Verwaltungsaufwand bei den Anwendern führen können. So ist es z. B. zu erklären, daß Leitfäden der ISO-9000-Familie zum Teil mit der Hauptnummer 9004 und zum Teil mit Hauptnummern ab 10013 vorliegen bzw. in Bearbeitung sind.

Normen, die mit identischem Inhalt sowohl ISO-Normen als auch Europäische Normen sind und außerdem in das Deutsche Normenwerk übernommen wurden, tragen seit August 1994 die Norm-Nummern DIN EN ISO . . . Die auf das Normenzeichen, das heißt die Buchstaben DIN EN ISO folgende Zahl, ist identisch mit derjenigen bei der betreffenden ISO-Norm. Damit wurde die bisherige Praxis aufgegeben, nach der die Europäischen Normen, die mit ISO-Normen identisch waren, eine um 20 000 höhere Zahl trugen, z. B. 29000 statt 9000. Beispiele für die neue Praxis sind DIN EN ISO 9000-1, DIN EN ISO 9001, DIN EN ISO 9002, DIN EN ISO 9003, DIN EN ISO 9004-1.

Zum Verständnis der Normen sind untenstehend einige Begriffe ausgewählt worden, die wegen ihrer zentralen Bedeutung besonders vorgestellt werden sollen. Sie sind bei weitem nicht vollständig und ersetzen nicht die Kenntnis der Begriffsnormen. Zuerst wird jeweils die Benennung angeführt und anschließend die Definition.

Organisation

Gesellschaft, Körperschaft, Betrieb, Unternehmen oder Institution oder Teil davon, eingetragen oder nicht, öffentlich oder privat, mit eigenen Funktionen und eigener Verwaltung

aus DIN EN ISO 8402

Die Benennung Organisation wird hier im Interesse der Allgemeingültigkeit benutzt. Einige Normen der ISO-9000-Familie verwenden statt dessen noch die Benennung Lieferant. Der Begriff des Lieferanten ist in dem Begriff der Organisation eingeschlossen.

Qualitätsmanagementsystem

Zur Verwirklichung des Qualitätsmanagements erforderliche Organisationsstruktur, Verfahren, Prozesse und Mittel

aus DIN EN ISO 8402

Qualitätssicherung/QM-Darlegung

Alle geplanten und systematischen Tätigkeiten, die innerhalb des QM-Systems verwirklicht sind, und die wie erforderlich dargelegt werden, um ausreichendes Vertrauen zu schaffen, daß eine Einheit die Qualitätsforderung erfüllen wird

aus DIN EN ISO 8402

Die Doppelbenennung "Qualitätssicherung/QM-Darlegung" ist gewählt worden, um verschiedenen Forderungen der Anwender gerecht zu werden und gleichzeitig eine Verwechslung mit dem älteren Begriff "Qualitätssicherung" zu vermeiden. Mit Qualitätssicherung wurde früher der Oberbegriff bezeichnet, der jetzt Qualitätsmanagement heißt. Zwischenzeitlich hat die Benennung mit der zugehörigen Definition weitere Entwicklungsstufen durchlaufen, wodurch ebenfalls Möglichkeiten für Verwechslungen bestehen. Das Qualitätsmanagementsystem hieß früher Qualitätssicherungssystem. Diese veraltete Benennung sollte nicht mehr verwendet werden. In entsprechender Weise ist der Wortbestandteil "Qualitätssicherung ... " in anderen zusammengesetzten Benennungen durch "Qualitätsmanagement ... " oder abgekürzt "QM-... " ersetzt worden.

Bei dem Begriff in Tabelle 1 ist bei ungeänderter Benennung die Definition in den letzten Jahren geändert worden. Deshalb werden die alte und die neue Definition gegenübergestellt. Die aktuelle Definition des Qualitätsmanagements schließt demzufolge die frühere sinngemäß als Untermenge ein.

Tabelle 1: Qualitätsmanagement

Benennung	aktuelle Definition DIN EN ISO 8402 (08.95)	frühere Definition DIN 55350 Teil 11 (05.87)
Qualitätsmanagement	Alle Tätigkeiten des Gesamtmanagements, die im Rahmen des QM-Systems die Qualitätspolitik, die Ziele und Verantwortungen festlegen sowie diese durch Mittel wie Qualitätsplanung, Qualitätslenkung, Qualitätssicherung/QM-Darlegung und Qualitätsverbesserung verwirklichen	Derjenige Aspekt der Gesamtführungsaufgabe, welcher die Qualitätspolitik festlegt und zur Ausführung bringt

Die sogenannten Rahmennormen der ISO-9000-Familie liegen in überarbeiteter Form vor. Es sind DIN EN ISO 9000-1 (08.94), DIN EN ISO 9001 (08.94), DIN EN ISO 9002 (08.94), DIN EN ISO 9003 (08.94) und DIN EN ISO 9004-1 (08.94). Sie ersetzen DIN ISO 9000 (05.90), DIN ISO 9001 (05.90), DIN ISO 9002 (05.90), DIN ISO 9003 (05.90) und DIN

ISO 9004 (05.90). Dazu werden häufig von Anwendern Fragen gestellt, wie z. B.: Was hat sich geändert? Welche Änderungen sind wichtig?

Die Änderungen reichen von redaktionellen Änderungen bis zu grundsätzlichen. Die Wichtigkeit einer Änderung ist oft nicht allgemein bewertbar, sondern nur am Einzelfall zu ermessen. Dazu ein Beispiel: Die Formulierung des Abschnittes 4.1.2.3 in DIN ISO 9001 "Beauftragter der obersten Leitung" ist präzisiert worden (siehe in der Norm). Diese Änderung ist ohne Auswirkung auf diejenigen Unternehmen, die den Beauftragten der obersten Leitung bereits bisher aus ihrem eigenen Management ernannt hatten. Dieselbe Änderung kann jedoch personelle Auswirkungen haben, wenn ein Unternehmen die Forderungen der neuen Formulierung noch nicht erfüllt.

Die Anwender sollten sich deshalb durch Vergleich des neuen mit dem alten Text einen eigenen Eindruck verschaffen. In dem obenerwähnten Loseblattwerk ist eine Liste von wichtigen Änderungen enthalten.

Zur Anwendung der Normen für Zertifizierungszwecke sei auf folgendes hingewiesen:

> DIN EN ISO 9001, DIN EN ISO 9002 und DIN EN ISO 9003 legen als einzige Normen der ISO-9000-Familie die Forderungen für die Darlegung, Auditierung und Zertifizierung von Qualitätsmanagementsystemen fest. Nur diese Normen sind deshalb als Grundlage für die Prüfung von QM-Systemen in Auditierungen und Zertifizierungen zu verwenden. Sie sind Arbeitsgrundlage sowohl für Organisationen, die ihre QM-Systeme darlegen, als auch für die Zertifizierer. Weitere Normen aus der ISO-9000-Familie mit Leitfadencharakter können der Organisation und dem Auditor zur Information dienen, nicht jedoch als Forderungs-Checkliste für das Audit.

In Normen und Norm-Entwürfen können geänderte Benennungen jeweils erst bei der nächsten Überarbeitung angepaßt werden. Die Benennungen "Qualitätssicherung/QM-Darlegung" und "Qualitätsmanagement" und davon abgeleitete Benennungen sind mit der aktuellen Bedeutung in Normen und Norm-Entwürfen des NQSZ ab Ausgaben (11.92) verwendet worden (Ausnahme DIN 66066 Teil 3). In älteren Ausgaben von Normen und Norm-Entwürfen sind diese Benennungen mit ihren damaligen, d. h. jetzt veralteten, Bedeutungen verwendet. Bei der Anwendung der Normen sind die Benennungen daher sinngemäß zu ersetzen.

Alle in diesem DIN-Taschenbuch veröffentlichten deutschen Übersetzungen der internationalen Normen haben die Normungsorganisationen der Bundesrepublik Deutschland, Österreichs und der Schweiz untereinander abgestimmt.

Berlin, im Oktober 1995

Normenausschuß
Qualitätsmanagement,
Statistik und
Zertifizierungsgrundlagen,
NQSZ, im DIN
Dipl.-Ing. Klaus Graebig

Hinweise für das Anwenden des DIN-Taschenbuches

Eine **Norm** ist das herausgegebene Ergebnis der Normungsarbeit.

Deutsche Normen (DIN-Normen) sind vom DIN Deutsches Institut für Normung e.V. unter dem Zeichen DIN herausgegebene Normen.

Sie bilden das Deutsche Normenwerk.

Eine **Vornorm** war bis etwa März 1985 eine Norm, zu der noch Vorbehalte hinsichtlich der Anwendung bestanden und nach der versuchsweise gearbeitet werden konnte. Seit April 1985 wird eine Vornorm nicht mehr als Norm herausgegeben. Damit können auch Arbeitsergebnisse, zu deren Inhalt noch Vorbehalte bestehen oder deren Aufstellungsverfahren gegenüber dem einer Norm abweicht, als Vornorm herausgegeben werden (Einzelheiten siehe DIN 820-4).

Eine **Auswahlnorm** ist eine Norm, die für ein bestimmtes Fachgebiet einen Auszug aus einer anderen Norm enthält, jedoch ohne sachliche Veränderungen oder Zusätze.

Eine **Übersichtsnorm** ist eine Norm, die eine Zusammenstellung aus Festlegungen mehrerer Normen enthält, jedoch ohne sachliche Veränderungen oder Zusätze.

Teil (früher Blatt) kennzeichnete bis Juni 1994 eine Norm, die den Zusammenhang zu anderen Teilen mit gleicher Hauptnummer dadurch zum Ausdruck brachte, daß sich die DIN-Nummern nur in den Zählnummern hinter dem Zusatz "Teil" voneinander unterschieden haben. Das DIN hat sich bei der Art der Nummernvergabe der internationalen Praxis angeschlossen. Es entfällt deshalb bei der DIN-Nummer die Angabe "Teil"; diese Angabe wird in der DIN-Nummer durch "-" ersetzt. Das Wort "Teil" wird dafür mit in den Titel übernommen. In den Verzeichnissen dieses DIN-Taschenbuches wird deshalb für alle ab Juli 1994 erschienenen Normen die neue Schreibweise verwendet.

Ein **Beiblatt** enthält Informationen zu einer Norm, jedoch keine zusätzlichen genormten Festlegungen.

Ein **Norm-Entwurf** ist das vorläufig abgeschlossene Ergebnis einer Normungsarbeit, das in der Fassung der vorgesehenen Norm der Öffentlichkeit zur Stellungnahme vorgelegt wird.

Die Gültigkeit von Normen beginnt mit dem Zeitpunkt des Erscheinens (Einzelheiten siehe DIN 820-4). Das Erscheinen wird im DIN-Anzeiger angezeigt.

Hinweise für den Anwender von DIN-Normen

Die Normen des Deutschen Normenwerkes stehen jedermann zur Anwendung frei.

Festlegungen in Normen sind aufgrund ihres Zustandekommens nach hierfür geltenden Grundsätzen und Regeln fachgerecht. Sie sollen sich als "anerkannte Regeln der Technik" einführen. Bei sicherheitstechnischen Festlegungen in DIN-Normen besteht überdies eine tatsächliche Vermutung dafür, daß sie "anerkannte Regeln der Technik" sind. Die Normen bilden einen Maßstab für einwandfreies technisches Verhalten; dieser Maßstab ist auch im Rahmen der Rechtsordnung von Bedeutung. Eine Anwendungspflicht kann sich aufgrund von Rechts- oder Verwaltungsvorschriften, Verträgen oder sonstigen Rechtsgründen ergeben. DIN-Normen sind nicht die einzige, sondern eine Erkenntnisquelle für technisch ordnungsgemäßes Verhalten im Regelfall. Es ist auch zu berücksichtigen, daß DIN-Normen nur den zum Zeitpunkt der jeweiligen Ausgabe herrschenden Stand der Technik berücksichtigen können. Durch das Anwenden von Normen entzieht sich niemand der Verantwortung für eigenes Handeln. Jeder handelt insoweit auf eigene Gefahr.

Jeder, der beim Anwenden einer DIN-Norm auf eine Unrichtigkeit oder eine Möglichkeit einer unrichtigen Auslegung stößt, wird gebeten, dies dem DIN unverzüglich mitzuteilen, damit etwaige Mängel beseitigt werden können.

DIN-Nummernverzeichnis

Hierin bedeuten:

● Neu aufgenommen gegenüber der 1. Auflage des DIN-Taschenbuches 226

□ Geändert gegenüber der 1. Auflage des DIN-Taschenbuches 226

Alle abgedruckten Normen außer DIN ISO 9000-4 dreisprachig: Deutsch, Englisch, Französisch. DIN ISO 9000-4 in Deutsch.

Gegenüber der letzten Auflage nicht mehr abgedruckte Normen

E DIN ISO 9000-2

DIN ISO 9000-3

[1]) Ersatz für DIN ISO 9000 (05.90)

[2]) Ersatz für DIN ISO 9001 (05.90)

[3]) Ersatz für DIN ISO 9002 (05.90)

[4]) Ersatz für DIN ISO 9003 (05.90)

[5]) Ersatz für DIN ISO 9004 (05.90)

Verzeichnis abgedruckter Normen

Inserentenverzeichnis

Die inserierenden Firmen und die Aussagen in Inseraten stehen nicht notwendigerweise in einem Zusammenhang mit den in diesem Buch abgedruckten Normen. Aus dem Nebeneinander von Inseraten und redaktionellem Teil kann weder auf die Normgerechtheit der beworbenen Produkte oder Verfahren geschlossen werden, noch stehen die Inserenten notwendigerweise in einem besonderen Zusammenhang mit den wiedergegebenen Normen. Die Inserenten dieses Buches müssen auch nicht Mitarbeiter eines Normenausschusses oder Mitglied des DIN sein. Inhalt und Gestaltung der Inserate liegen außerhalb der Verantwortung des DIN.

DQS Deutsche Gesellschaft zur Zertifizierung von Qualitätssicherungssystemen mbH — 2. Umschlagseite
60433 Frankfurt am Main

Zuschriften bezüglich des Anzeigenteils werden erbeten an:

Darge
Verlag & Werbung

Potsdamer Straße 68
10785 Berlin

August 1994

Normen zum Qualitätsmanagement und zur Qualitätssicherung/QM-Darlegung

Teil 1: Leitfaden zur Auswahl und Anwendung
(ISO 9000-1 : 1994) Dreisprachige Fassung EN ISO 9000-1 : 1994

DIN EN ISO 9000-1

ICS 03.120.10

Ersatz für DIN ISO 9000 : 1990-05

Deskriptoren: Qualitätsmanagement, Qualitätssicherung/QM-Darlegung, Qualitätsaudit, Qualitätsmanagementsysteme, Auswahl, Anwendung, Allgemeine Bedingungen

Quality management and quality assurance standards —
Part 1: Guidelines for selection and use (ISO 9000-1 : 1994)
Trilingual version EN ISO 9000-1 : 1994

Normes pour le management de la qualité et l'assurance de la qualité —
Partie 1: Lignes directrices pour leur sélection et l'utilisation (ISO 9000-1 : 1994)
Version trilingue EN ISO 9000-1 : 1994

Die Europäische Norm EN ISO 9000-1: 1994 hat den Status einer Deutschen Norm.

Nationales Vorwort

Vertrauen in die Fähigkeiten eines Lieferanten zu gewinnen, daß er festgelegte Mindestforderungen an sein Qualitätsmanagementsystem erfüllt, wird heute weltweit immer mehr eine Voraussetzung für die Zusammenarbeit zwischen dem Kunden und seinem Lieferanten. Dieses Vertrauen kann durch die Darlegung des Qualitätsmanagementsystems gegenüber dem Kunden oder einer autorisierten Stelle gebildet werden. Alle in diesem Rahmen geplanten, systematischen, vertrauensbildenden Tätigkeiten werden nach DIN EN ISO 8402 als Qualitätssicherung oder Qualitätsmanagementdarlegung (kurz: QM-Darlegung) benannt. Dem Normenanwender bleibt es überlassen, welche der beiden Benennungen er verwendet. Im folgenden werden jeweils beide Benennungen genannt, die durch einen Schrägstrich getrennt sind: Qualitätssicherung/QM-Darlegung.

Die Normen DIN EN ISO 9001, DIN EN ISO 9002 und DIN EN ISO 9003 enthalten jeweils ein Modell zur Qualitätssicherung/QM-Darlegung. Nur diese drei Normen der DIN EN ISO 9000-Familie[1]) sind für Darlegungszwecke vorgesehen. Diese Normen zeigen einen Weg zur Schaffung von Vertrauen in die Fähigkeit eines Lieferanten.

Das Qualitätsmanagement einer Organisation wird durch zahlreiche interne und externe Einflüsse geprägt. Hier sind beispielsweise zu nennen: Die Ziele der Organisation, die erzeugten Produkte, die Anspruchsklasse für die Angebotsprodukte, die eingesetzte Technologie, die Größe der Organisation, das Arbeitsumfeld der Organisation, die Mitarbeiter. Ein universell geeignetes Qualitätsmanagementsystem kann es demnach nicht geben; folglich kann man ein solches System auch nicht normen. DIN EN ISO 9004-1 ist daher keine Norm für Qualitätsmanagementsysteme, sondern ein Leitfaden zur Errichtung solcher Systeme.

DIN EN ISO 9000-1 ist ein Leitfaden zur Auswahl der Normen zum Qualitätsmanagement. Sie gibt auch Anleitungen zur Anpassung der Forderungen bezüglich Darlegungsumfang und -grad.

Zur Terminologie des Qualitätsmanagements stehen die Normen DIN EN ISO 8402 sowie die Normenreihe DIN 55350 zur Verfügung.

In den Normen zum Qualitätsmanagement sind keine Forderungen an Produkte festgelegt. Die Erfüllung der Forderungen zur Qualitätssicherung/QM-Darlegung in den Normen DIN EN ISO 9001, DIN EN ISO 9002 und DIN EN ISO 9003 soll — wie oben erläutert — Vertrauen in die Fähigkeit der Organisation bzw. des Lieferanten bilden. Die Einhaltung der Normen zum Qualitätsmanagement ist deshalb kein direkter Nachweis für die Erfüllung der Qualitätsforderung durch das Angebotsprodukt.

Die deutschsprachigen Fassungen wurden zwischen den Normenorganisationen der Bundesrepublik Deutschland, Österreichs und der Schweiz abgestimmt.

Änderungen

Gegenüber DIN ISO 9000: 1990-05 wurden folgende Änderungen vorgenommen:

— ISO 9000-1 : 1994 übernommen

Die Norm wurde grundlegend überarbeitet, um die inzwischen eingetretenen Änderungen bei der ISO 9000-Familie zu berücksichtigen.

Frühere Ausgaben

DIN ISO 9000: 1987-05, 1990-05

---

[1]) Zur Definition "DIN EN ISO 9000-Familie" siehe DIN EN ISO 9000-1, Abschnitt 3.

Fortsetzung Seite 2
und 45 Seiten EN ISO

Normenausschuß Qualitätsmanagement, Statistik und Zertifizierungsgrundlagen (NQZS)
im DIN Deutsches Institut für Normung e.V.

Nationaler Anhang NA (informativ)

Literaturhinweise

DIN 55350-11	Begriffe zu Qualitätsmanagement und Statistik — Grundbegriffe des Qualitätsmanagements
DIN 55350-12	Begriffe der Qualitätssicherung und Statistik — Merkmalsbezogene Begriffe
DIN 55350-13	Begriffe der Qualitätssicherung und Statistik — Begriffe zur Genauigkeit von Ermittlungsverfahren und Ermittlungsergebnissen
DIN 55350-14	Begriffe der Qualitätssicherung und Statistik — Begriffe der Probenahme
DIN 55350-15	Begriffe der Qualitätssicherung und Statistik — Begriffe zu Mustern
DIN 55350-17	Begriffe der Qualitätssicherung und Statistik — Begriffe der Qualitätsprüfarten
DIN 55350-21	Begriffe der Qualitätssicherung und Statistik — Begriffe der Statistik; Zufallsgrößen und Wahrscheinlichkeitsverteilungen
DIN 55350-22	Begriffe der Qualitätssicherung und Statistik — Begriffe der Statistik; Spezielle Wahrscheinlichkeitsverteilungen
DIN 55350-23	Begriffe der Qualitätssicherung und Statistik — Begriffe der Statistik; Beschreibende Statistik
DIN 55350-24	Begriffe der Qualitätssicherung und Statistik — Begriffe der Statistik; Schließende Statistik
DIN 55350-31	Begriffe der Qualitätssicherung und Statistik — Begriffe der Annahmestichprobenprüfung
DIN 55350-33	Begriffe der Qualitätssicherung und Statistik — Begriffe der statistischen Prozeßlenkung (SPC)
DIN 55350-34	Begriffe der Qualitätssicherung und Statistik — Erkennungsgrenze, Erfassungsgrenze und Erfassungsvermögen
DIN EN ISO 9001	Qualitätsmanagementsysteme — Modell zur Qualitätssicherung/QM-Darlegung in Design/Entwicklung, Produktion, Montage und Kundendienst, (ISO 9001 : 1994), Dreisprachige Fassung EN ISO 9001 : 1994
DIN EN ISO 9002	Qualitätsmanagementsysteme — Modell zur Qualitätssicherung/QM-Darlegung in Produktion, Montage und Kundendienst, (ISO 9002), Dreisprachige Fassung EN ISO 9002 : 1994
DIN EN ISO 9003	Qualitätsmanagementsysteme — Modell zur Qualitätssicherung/QM-Darlegung bei der Endprüfung, (ISO 9003 : 1994), Dreisprachige Fassung EN ISO 9003 : 1994
DIN EN ISO 9004-1	Qualitätsmanagement und Elemente eines Qualitätsmanagementsystems — Teil 1: Leitfaden, (ISO 9004-1 : 1994), Dreisprachige Fassung EN ISO 9004-1 : 1994
E DIN ISO 8402	Qualitätsmanagement und Qualitätssicherung — Begriffe, (Identisch mit ISO/DIS 8402 : 1991)
E Bbl. 1 zu DIN ISO 8402	Qualitätsmanagement und Qualitätssicherung — Anmerkung zu Grundbegriffen
DIN ISO 9000	Qualitätsmanagement- und Qualitätssicherungsnormen — Leitfaden zur Auswahl und Anwendung, (Identisch mit ISO 9000 : 1987)
E DIN ISO 9000-2	Qualitätsmanagement- und Qualitätssicherungsnormen — Allgemeiner Leitfaden zur Anwendung von ISO 9001, ISO 9002, und ISO 9003
DIN ISO 9000-3	Qualitätsmanagement- und Qualitätssicherungsnormen — Leitfaden für die Anwendung von DIN ISO 9001 auf die Entwicklung, Lieferung und Wartung von Software, (Identisch mit ISO 9000-3 : 1991)
DIN ISO 9000-4	Normen zum Qualitätsmanagement und zur Darlegung von Qualitätsmanagementsystemen — Leitfaden zum Management von Zuverlässigkeitsprogrammen, (Identisch mit ISO 9000-4 : 1993 bzw. IEC 300-1 : 1993), Deutsche Fassung EN 60300-1 : 1993
DIN ISO 9004-2	Qualitätsmanagement und Qualitätsmanagementelemente — Leitfaden für Dienstleistungen, (Identisch mit ISO 9004-2 : 1991)
E DIN ISO 9004-3	Qualitätsmanagement und Elemente eines Qualitätssicherungssystems — Leitfaden für verfahrenstechnische Produkte, (Identisch mit ISO/DIS 9004-3 : 1992)
E DIN ISO 9004-4	Qualitätsmanagement und Elemente eines Qualitätssicherungssystems — Leitfaden für Qualitätsverbesserung, (Identisch mit ISO/DIS 9004-4 : 1992)
E DIN ISO 9004-7	Qualitätsmanagement und Elemente eines Qualitätssicherungssystems — Leitfaden für Konfigurationsmanagement, (Identisch mit ISO/DIS 9004-7 : 1993)
DIN ISO 10011-1	Leitfaden für das Audit von Qualitätsmanagementsystemen — Auditdurchführung, (Identisch mit ISO 10011-1 : 1990)
DIN ISO 10011-2	Leitfaden für das Audit von Qualitätsmanagementsystemen — Qualifikationskriterien für Qualitätsauditoren, (Identisch mit ISO 10011-2 : 1991)
DIN ISO 10011-3	Leitfaden für das Audit von Qualitätsmanagementsystemen — Management von Auditprogrammen, (Identisch mit ISO 10011-3 : 1991)
DIN ISO 10012	Forderungen an die Qualitätssicherung für Meßmittel — Bestätigungssystem für Meßmittel
E DIN ISO 10013	Leitfaden für die Erstellung von Qualitätsmanagement-Handbüchern (ISO/DIS 10013 : 1993)

EUROPÄISCHE NORM
EUROPEAN STANDARD
NORME EUROPÉENNE

EN ISO 9000-1

Juli 1994

ICS 03.120.10

Ersatz für EN 29000 : 1987

Deskriptoren: Qualitätsmanagement, Qualitätssicherung/QM-Darlegung, Qualitätsaudit, Qualitätsmanagementsysteme, Auswahl, Anwendung, Allgemeine Bedingungen

Deutsche Fassung

Normen zum Qualitätsmanagement und zur Qualitätssicherung/QM-Darlegung
Teil 1: Leitfaden zur Auswahl und Anwendung (ISO 9000-1 : 1994)

Quality management and quality assurance standards — Part 1: Guidelines for selection and use (ISO 9000-1 : 1994)

Normes pour le management de la qualité et l'assurance de la qualité — Partie 1: Lignes directrices pour leur sélection et l'utilisation (ISO 9000-1 : 1994)

Diese Europäische Norm wurde von CEN am 1994-06-20 angenommen.

Die CEN-Mitglieder sind gehalten, die CEN/CENELEC-Geschäftsordnung zu erfüllen, in der die Bedingungen festgelegt sind, unter denen dieser Europäischen Norm ohne jede Änderung der Status einer nationalen Norm zu geben ist.

Auf dem letzten Stand befindliche Listen dieser nationalen Normen mit ihren bibliographischen Angaben sind beim Zentralsekretariat oder bei jedem CEN-Mitglied auf Anfrage erhältlich.

Diese Europäische Norm besteht in drei offiziellen Fassungen (Deutsch, Englisch, Französisch). Eine Fassung in einer anderen Sprache, die von einem CEN-Mitglied in eigener Verantwortung durch Übersetzung in seine Landessprache gemacht und dem Zentralsekretariat mitgeteilt worden ist, hat den gleichen Status wie die offiziellen Fassungen.

CEN-Mitglieder sind die nationalen Normungsinstitute von Belgien, Dänemark, Deutschland, Finnland, Frankreich, Griechenland, Irland, Island, Italien, Luxemburg, Niederlande, Norwegen, Österreich, Portugal, Schweden, Schweiz, Spanien und dem Vereinigten Königreich.

CEN

EUROPÄISCHES KOMITEE FÜR NORMUNG
European Committee for Standardization
Comité Européen de Normalisation

Zentralsekretariat: rue de Stassart 36, B-1050 Brüssel

Ref.-Nr. EN ISO 9000-1 : 1994 D

Vorwort zur Europäischen Norm

Diese Europäische Norm wurde vom Technischen Komitee ISO/TC 176 "Quality management and quality assurance" der "International Organization for Standardization (ISO)" übernommen und wurde zufolge einer Parallelen Abstimmung von ISO und CEN angenommen.

Diese Europäische Norm ersetzt EN 29000 : 1987.

Diese Europäische Norm muß den Status einer nationalen Norm erhalten, entweder durch Veröffentlichung eines identischen Textes oder durch Anerkennung bis Januar 1995, und etwaige entgegenstehende nationale Normen müssen bis Januar 1995 zurückgezogen werden.

Entsprechend den Gemeinsamen CEN/CENELEC-Regeln sind folgende Länder gehalten, diese Europäische Norm zu übernehmen:

Belgien, Dänemark, Deutschland, Finnland, Frankreich, Griechenland, Irland, Island, Italien, Luxemburg, Niederlande, Norwegen, Österreich, Portugal, Schweden, Schweiz, Spanien und das Vereinigte Königreich.

Anerkennungsnotiz

Der Text der Internationalen Norm ISO 9000-1 : 1994 wurde von CEN als Europäische Norm ohne irgendeine Abänderung angenommen.

Vorwort

Die ISO (Internationale Organisation für Normung) ist die weltweite Vereinigung nationaler Normungsinstitute (ISO-Mitgliedskörperschaften). Die Erarbeitung Internationaler Normen obliegt den Technischen Komitees der ISO. Jede Mitgliedskörperschaft, die sich für ein Thema interessiert, für das ein Technisches Komitee eingesetzt wurde, ist berechtigt, in diesem Komitee mitzuarbeiten. Internationale (staatliche und nichtstaatliche) Organisationen, die mit der ISO in Verbindung stehen, sind an den Arbeiten ebenfalls beteiligt. Die ISO arbeitet in allen Fragen der elektrotechnischen Normung eng mit der International Electrotechnical Commission (IEC) zusammen.

Die von den Technischen Komitees verabschiedeten Entwürfe zu Internationalen Normen werden den Mitgliedskörperschaften zunächst zur Abstimmung vorgelegt. Die Veröffentlichung als internationale Norm erfordert eine Zustimmung von 75 % der Mitgliedskörperschaften, die eine Stimme abgegeben haben.

Die Internationale Norm ISO 9000-1 ist vom Technischen Komitee TC 176 "Quality management and quality assurance" der ISO, Unterkomitee SC 2 "Quality systems" erstellt worden.

Diese erste Ausgabe von ISO 9000-1 ersetzt ISO 9000 : 1987 und macht sie ungültig. ISO/TC 176 genehmigte 1990 eine Strategie für die Überarbeitung der Normenserie ISO 9000, die erstmals 1987 veröffentlicht wurde. Dies ist die erste Überarbeitung. Dieser Teil von ISO 9000 mit der Funktion eines Orientierungsplans für die Normenserie wurde erheblich erweitert.

ISO 9000 besteht unter dem allgemeinen Titel Normen zum Qualitätsmanagement und zur Qualitätssicherung/QM-Darlegung aus den folgenden Teilen:

Foreword

ISO (the International Organization for Standardization) is a worldwide federation of national standards bodies (ISO member bodies). The work of preparing International Standards is normally carried out through ISO technical committees. Each member body interested in a subject for which a technical committee has been established has the right to be represented on that committee. International organizations, governmental and non-governmental, in liaison with ISO, also take part in the work. ISO collaborates closely with the International Electrotechnical Commission (IEC) on all matters of electrotechnical standardization.

Draft International Standards adopted by the technical committees are circulated to the member bodies for voting. Publication as an International Standard requires approval by at least 75 % of the member bodies casting a vote.

International Standard ISO 9000-1 was prepared by Technical Committee ISO/TC 176, Quality management and quality assurance, Subcommittee SC 2, Quality systems.

The first edititon of ISO 9000-1 cancels and replaces ISO 9000 : 1987. ISO/TC 176 adopted in 1990 a strategy for revision of the ISO 9000 series originally published in published in 1987. This is the first revision. This part of ISO 9000, which has the role of road map for the series, has been expanded substantially.

ISO 9000 consists of the following parts, under the general title Quality management and quality assurance standards:

Avant-propos

L'ISO (Organisation internationale de normalisation) est une fédération mondiale d'organismes nationaux de normalisation (comités membres de l'ISO). L'élaboration des Normes internationales est en général confiée aux comités techniques de l'ISO. Chaque comité membre intéressé par une étude a le droit de faire partie du comité technique créé à cet effet. Les organisations internationales, gouvernementales et non gouvernementales, en liaison avec l'ISO participent également aux travaux. L'ISO collabore étroitement avec la Commission électrotechnique internationale (CEI) en ce qui concerne la normalisation électrotechnique.

Les projets de Normes internationales adoptés par les comités techniques sont soumis aux comités membres pour vote. Leur publication comme Normes internationales requiert l'approbation de 75 % au moins des comités membres votants.

La Norme internationale ISO 9000-1 a été élaborée par le comité technique ISO/TC 176, Management et assurance de la qualité, sous-comité SC 2, Systèmes qualité.

Cette première édition de l'ISO 9000-1 annule et remplace l'ISO 9000 : 1987. L'ISO/TC 176 a adopté en 1990 une stratégie pour la révision de la série ISO 9000 initialement publiée en 1987. Ceci est la première révision. La présente partie de l'ISO 9000, qui a un rôle de carte routière pour la série, a été substantiellement développée.

L'ISO 9000 comprend les parties suivantes, présentées sous le titre général Normes pour le management de la qualité et l'assurance de la qualité:

— Teil 1: Leitfaden zur Auswahl und Anwendung

— Teil 2: Allgemeiner Leitfaden zur Anwendung von ISO 9001, ISO 9002 und ISO 9003

— Teil 3: Leitfaden für die Anwendung von ISO 9001 auf die Entwicklung, Lieferung und Wartung von Software

— Teil 4: Leitfaden zum Management von Zuverlässigkeitsprogrammen

Anhang A ist ein Bestandteil dieses Teils von ISO 9000. Die Anhänge B, C, D und E dienen lediglich der Information.

— Part 1: Guidelines for selection and use

— Part 2: Generic guidelines for the application of ISO 9001, ISO 9002 and ISO 9003

— Part 3: Guidelines for the application of ISO 9001 to the development, supply and maintenance of software

— Part 4: Guide to dependability programme management

Annex A forms an integral part of this part of ISO 9000. Annexes B, C, D and E are for information only.

— Partie 1: Lignes directrices pour leur sélection et utilisation

— Partie 2: Lignes directrices pour l'application de l'ISO 9001, l'ISO 9002 et l'ISO 9003

— Partie 3: Lignes directrices pour l'application de l'ISO 9001 au développement, à la mise à disposition et à la maintenance du logiciel

— Partie 4: Guide de gestion du programme de sûreté de fonctionnement

L'annexe A fait partie intégrante de la présente partie de l'ISO 9000. Les annexes B, C, D et E sont données uniquement à titre d'information.

Inhalt

Contents

Sommaire

Normen zum Qualitätsmanagement und zur Qualitätssicherung/ QM-Darlegung

Teil 1: Leitfaden zur Auswahl und Anwendung

0 Einleitung

Industrielle, kommerzielle oder staatliche Organisationen liefern Produkte in der Absicht, Erfordernisse oder Forderungen von Kunden zu erfüllen. Steigender weltweiter Wettbewerb hat im Hinblick auf Qualität zunehmend zu höheren Kundenerwartungen geführt. Um konkurrenzfähig zu sein und um eine gute wirtschaftliche Leistungsfähigkeit aufrechtzuerhalten, müssen Organisationen/Lieferanten zunehmend effektive und effiziente Systeme anwenden. Solche Systeme sollten zu kontinuierlichen Qualitätsverbesserungen und zunehmender Zufriedenheit der Kunden und anderer Interessenpartner der Organisation führen (Mitarbeiter, Eigentümer, Unterlieferanten, Gesellschaft).

Kundenforderungen sind häufig in "Spezifikationen" enthalten. Allerdings geben Spezifikationen als solche möglicherweise noch keine Gewähr dafür, daß die Kundenforderungen ständig erfüllt werden, wenn im organisatorischen System zur Lieferung und Unterstützung des Produkts irgendwelche Unzulänglichkeiten bestehen. Diese Umstände haben folgerichtig zur Entwicklung von Normen und Leitfäden für Qualitätsmanagementsysteme geführt, welche die einschlägigen Forderungen an das Produkt ergänzen, wie sie in den technischen Spezifikationen festgelegt sind. Die Internationalen Normen der ISO 9000-Familie beabsichtigen die Bereitstellung eines übergeordneten Kernsystems von Normen, die auf einen breiten Bereich von Sektoren der Industrie und Wirtschaft anwendbar sind (siehe Abschnitt 7).

Das Führungssystem einer Organisation wird beeinflußt von den Zielen der Organisation, ihren Produkten und von den für die Organisation spezifischen Vorgehensweisen. Das Qualitätsmanagementsystem unterscheidet sich daher von einer Organisation zur anderen. Ein Hauptzweck des Qualitätsmanagements ist es, die Systeme und Prozesse so zu verbessern, daß eine kontinuierliche Qualitätsverbesserung erreicht werden kann.

Dieser Teil von ISO 9000, der die Funktion eines Orientierungsplans für die Normen der ISO 9000-Familie hat, wurde erheblich erweitert. Insbesondere enthält er Leitlinienkonzepte,

Quality management and quality assurance standards

Part 1: Guidelines for selection and use

0 Introduction

Organizations — industrial, commercial or governmental — supply products intended to satisfy customers' needs and/or requirements. Increased global competition has led to increasingly more stringent customer expectations with regard to quality. To be competitive and to maintain good economic performance, organizations/suppliers need to employ increasingly effective and efficient systems. Such systems should result in continual improvements in quality and increased satisfaction of the organization's customers and other stakeholders (employees, owners, subsuppliers, society).

Customer requirements often are incorporated in "specifications". However, specifications may not in themselves guarantee that a customer's requirements will be met consistently, if there are any deficiencies in the organizational system to supply and support the product. Consequently, these concerns have led to the development of quality system standards and guidelines that complement relevant product requirements given in the technical specifications. The International Standards in the ISO 9000 family are intended to provide a generic core of quality system standards applicable to a broad range of industry and economic sectors (clause 7).

The management system of an organization is influenced by the objectives of the organization, by its products and by the practices specific to the organization and, therefore, quality systems also vary from one organization to another. A major purpose of quality management is to improve the systems and processes so that continual improvement of quality can be achieved.

This part of ISO 9000, which has the role of road map for the ISO 9000 family, has been expanded substantially.

Normes pour le management de la qualité et l'assurance de la qualité

Partie 1: Lignes directrices pour leur sélection et utilisation

0 Introduction

Les organismes — industriels, commerciaux ou gouvernementaux — fournissent des produits destinés à satisfaire les besoins et/ou exigences des clients. Une concurrence globale accrue a entraîné des attentes de plus en plus contraignantes en ce qui concerne la qualité. Pour être compétitifs et maintenir de bonnes performances économiques, les organismes/fournisseurs doivent utiliser des systèmes de plus en plus efficients et efficaces. Il convient que ces systèmes entraînent des améliorations continues de la qualité et une satisfaction accrue des clients de l'organisme et des autres parties prenantes (employés, propriétaires, sous-contractants, société).

Les exigences du client sont souvent intégrées aux «spécifications». Cependant, des spécifications techniques peuvent ne pas assurer elles-mêmes que les exigences du client seront pleinement satisfaites, si des déficiences se produisent dans le système organisationnel de fourniture et de soutien au produit. En conséquence, ces préoccupations ont abouti au développement de normes et lignes directrices de système qualité qui complètent les exigences applicables relatives au produit données dans les spécifications techniques. Les Normes internationales de la famille ISO 9000 sont destinées à procurer un tronc commun générique de normes applicables à une large gamme d'industries et de secteurs économiques (voir article 7).

Le système de management d'un organisme est influencé par ses objectifs, par ses produits et par les pratiques spécifiques à l'organisme, et, en conséquence, les systèmes qualité varient également d'un organisme à un autre. L'objectif majeur du management de la qualité est d'améliorer les systèmes et processus afin qu'une amélioration continue de la qualité soit réalisée.

La présente partie de l'ISO 9000, qui joue le rôle de carte routière pour la famille ISO 9000, a été substantiellement développée. En particulier, la présente partie de l'ISO 9000 contient des die in der Ausgabe 1987 nicht vorhanden waren. Diese zusätzlichen Konzepte

— sind erforderlich für effektives Verstehen und laufende Anwendung der Normen der ISO 9000-Familie; und sie

— sind geplant für die vollständige Einbeziehung in die Architektur und den Inhalt der künftigen Überarbeitungen der Normen der ISO 9000-Familie .

In der Überarbeitung der ISO 9000-Familie gibt es keine bedeutenden Änderungen in den Architekturen von ISO 9001, ISO 9002, ISO 9003 und ISO 9004. (Verglichen mit der Ausgabe 1987 enthält ISO 9003 allerdings zusätzliche Abschnitte.) Jede dieser Internationalen Normen wurde geringfügig geändert. Diese Änderungen bewegen sich in Richtung auf künftige Überarbeitungen mit dem Ziel, die Erfordernisse der Normenanwender besser zufriedenzustellen.

Dieser Teil von ISO 9000 und alle anderen Internationalen Normen der ISO 9000-Familie sind unabhängig von spezifischen Industrie- oder Wirtschaftsbereichen. Gemeinsam geben sie Anleitungen für Qualitätsmanagement sowie allgemeine Forderungen an die Qualitätssicherung/QM-Darlegung.

Die Internationalen Normen der ISO 9000-Familie beschreiben, welche Elemente Qualitätsmanagementsysteme enthalten sollten, nicht aber, wie eine spezifische Organisation diese Elemente verwirklicht. Es ist nicht der Zweck dieser Internationalen Normen, für Einheitlichkeit von Qualitätsmanagementsystemen zu sorgen. Erfordernisse von Organisationen variieren. Das Design[1]) und die Verwirklichung eines Qualitätsmanagementsystems muß notwendigerweise durch die besonderen Ziele der Organisation, ihre Produkte und Prozesse sowie die spezifischen Vorgehensweisen beeinflußt sein.

Dieser Teil von ISO 9000 klärt die prinzipiellen qualitätsbezogenen Konzepte, wie sie in den Internationalen Normen für Qualitätsmanagement und zur Qualitätssicherung/QM-Darlegung enthalten sind und durch ISO/TC 176 entwickelt wurden, und sie gibt eine Anleitung für deren Auswahl und Anwendung.

[1]) Fußnote in der deutschsprachigen Fassung: "Design" kann "Entwicklung", "Berechnung", "Konstruktion" bzw. deren Ergebnis, "Entwurf", "Gestaltung" oder "Konzept" usw. einschliessen und entsprechend benannt werden.

In particular, it contains guidance concepts not included in the 1987 version. These additional concepts are

— needed for effective understanding and current application of the ISO 9000 family, and

— are planned for complete integration into the architecture and content of future revisions of the ISO 9000 family.

In revision of the ISO 9000 family, there are no major changes in the architectures of ISO 9001, ISO 9002, ISO 9003 and ISO 9004. (However, ISO 9003 does contain additional clauses compared to the 1987 version.) Each of these International Standards has had small-scale changes. These changes move toward future revisions to meet better the needs of users.

This part of ISO 9000 and all other International Standards in the ISO 9000 family are independent of any specific industry or economic sector. Collectively they provide guidance for quality management and general requirements for quality assurance.

The International Standards in the ISO 9000 family describe what elements quality systems should encompass but not how a specific organization implements these elements. It is not the purpose of these International Standards to enforce uniformity of quality systems. Needs of organizations vary. The design and implementation of a quality system must necessarily be influenced by the particular objectives, products and processes, and specific practices of the organization.

This part of ISO 9000 clarifies the principal quality-related concepts contained within the quality management and quality assurance International Standards generated by ISO/TC 176 and provides guidance on their selection and use.

concepts qui ne sont pas dans la version de 1987. Ces concepts supplémentaires

— sont nécessaires à une compréhension efficace et une application courante de la famille ISO 9000, et

— sont planifiés pour une intégration complète dans l'architecture et le contenu des révisions futures de la famille ISO 9000.

Dans la révision de la famille ISO 9000, il n'y a pas de changements majeurs dans les architectures de l'ISO 9001, l'ISO 9002, l'ISO 9003 et l'ISO 9004. (Cependant, l'ISO 9003 contient des articles supplémentaires par rapport à la version de 1987.) Chacune de ces Normes internationales, en particulier l'ISO 9004, comporte des changements mineurs. Ces changements constituent une avancée vers de futures révisions, afin de mieux satisfaire les besoins des utilisateurs.

La présente partie de l'ISO 9000 et toutes les autres Normes internationales de la famille ISO 9000 sont indépendantes de tout secteur industriel ou économique particulier. Elles fournissent de façon collective des conseils pour le management de la qualité et les exigences générales en matière d'assurance de la qualité.

Les Normes internationales de la famille ISO 9000 décrivent les éléments qu'il convient que les systèmes qualité englobent, mais non pas comment un organisme spécifique met ces éléments en œuvre. L'objectif de ces Normes internationales n'est pas de renforcer l'uniformité des systèmes qualité. Les besoins des organismes varient. La conception et la mise en œuvre d'un système qualité doivent nécessairement être influencées par les objectifs, les produits et processus, ainsi que les pratiques spécifiques de l'organisme particulier.

La présente partie de l'ISO 9000 clarifie les principaux concepts relatifs à la qualité contenus dans les Normes internationales de management de la qualité et d'assurance de la qualité élaborées par l'ISO/TC 176 et fournit des conseils quant à leur sélection et leur utilisation.

1 Anwendungsbereich

Dieser Teil von ISO 9000

a) klärt die grundlegenden qualitätsbezogenen Konzepte sowie die Unterschiede und Wechselbeziehungen zwischen diesen;

b) stellt für die Auswahl und Anwendung von Internationalen Normen der ISO 9000-Familie zum Qualitätsmanagement und zur Qualitätssicherung/QM-Darlegung eine Anleitung bereit.

2 Verweisungen auf andere Normen

Die folgende Norm enthält Festlegungen, die, durch Verweisungen in diesem Text, auch für diese Internationale Norm gelten. Zum Zeitpunkt der Veröffentlichung war die angegebene Ausgabe gültig. Alle Normen unterliegen der Überarbeitung. Vertragspartner, deren Vereinbarungen auf dieser Internationalen Norm basieren, sind gehalten, nach Möglichkeit die neueste Ausgabe der nachfolgend aufgeführten Norm anzuwenden. IEC- und ISO-Mitglieder verfügen über Verzeichnisse der gegenwärtig geltenden Internationalen Normen.

ISO 8402
Qualitätsmanagement — Begriffe

3 Begriffe

Diese Überarbeitung von ISO 9000, ISO 9001, ISO 9002, ISO 9003 und ISO 9004 hat die Harmonisierung der Terminologie für Organisationen in der Lieferkette verbessert. Tabelle 1 zeigt die in diesen Internationalen Normen verwendete Terminologie zur Lieferkette.

Tabelle 1: Beziehungen von Organisationen in der Lieferkette

ISO 9000-1	Unterlieferant → Lieferant oder Organisation → Kunde
ISO 9001, ISO 9002, ISO 9003	Unterauftragnehmer → Lieferant → Kunde
ISO 9004	Unterauftragnehmer → Organisation → Kunde

1 Scope

This part of ISO 9000

a) clarifies principal quality-related concepts and the distinctions and interrelationships among them;

b) provides guidance for the selection and use of the ISO 9000 family of International Standards on quality management and quality assurance.

2 Normative reference

The following standard contains provisions which, through reference in this text, constitute provisions of this part of ISO 9000. At the time of publication, the edition indicated was valid. All standards are subject to revision, and parties to agreements based on this part of ISO 9000 are encouraged to investigate the possibility of applying the most recent edition of the standard indicated below. Members of IEC and ISO maintain registers of currently valid International Standards.

ISO 8402 : 1994,
Quality management and quality assurance — Vocabulary.

3 Definitions

This revision of ISO 9000, ISO 9001, ISO 9002, ISO 9003 and ISO 9004 has improved the harmonization of terminology for organizations in the supply chain. Table 1 shows the supply chain terminology used in these International Standards.

Table 1: Relationships of organizations in the supply chain

ISO 9000-1	Subsupplier → supplier or organization → customer
ISO 9001, ISO 9002, ISO 9003	Subcontractor → supplier → customer
ISO 9004	Subcontractor → organization → customer

1 Domaine d'application

La présente partie de l'ISO 9000

a) clarifie les principaux concepts relatifs à la qualité et les distinctions et les relations entre eux;

b) fournit des conseils pour la sélection et l'utilisation des Normes internationales de la famille ISO 9000 relatives au management de la qualité et à l'assurance de la qualité.

2 Référence normative

La norme suivante contient des dispositions qui, par suite de la référence qui en est faite, constituent des dispositions valables pour la présente partie de l'ISO 9000. Au moment de la publication, l'édition indiquée était en vigueur. Toute norme est sujette à révision et les parties prenantes des accords fondés sur la présente partie de l'ISO 9000 sont invitées à rechercher la possibilité d'appliquer l'édition la plus récente de la norme indiquée ci-après. Les membres de la CEI et de l'ISO possèdent le registre des Normes internationales en vigueur à un moment donné.

ISO 8402 : 1994,
Management de la qualité et assurance de la qualité — Vocabulaire.

3 Définitions

La présente révision de l'ISO 9000, l'ISO 9001, l'ISO 9002, l'ISO 9003 et l'ISO 9004 a amélioré l'harmonisation de la terminologie des organismes jouant un rôle dans la chaîne d'approvisionnement. Le tableau 1 montre la terminologie de la chaîne d'approvisionnement utilisée dans ces Normes internationales.

Tableau 1: Relations des organismes dans la chaîne d'approvisionnement

ISO 9000-1	Souscontractant → fournisseur ou organisme → client
ISO 9001, ISO 9002, ISO 9003	Souscontractant → fournisseur → client
ISO 9004	Souscontractant → oganisme → client

Alle diese Begriffe werden übereinstimmend mit ihren genormten Definitionen in ISO 8402 verwendet. Die verbleibenden Begriffsabweichungen dieser Tabelle spiegeln teilweise einen Wunsch wider, im Hinblick auf den Gebrauch (von Benennungen) in der Ausgabe 1987 dieser Internationalen Normen die geschichtliche Kontinuität aufrecht zu erhalten.

ANMERKUNG 1: In allen diesen Internationalen Normen richtet sich die Formulierung des Leitfaden- oder Forderungstextes an die Organisation in ihrer Funktion als Lieferant von Produkten (die dritte Spalte von Tabelle 1).

ANMERKUNG 2: In Zeile ISO 9000 von Tabelle 1 betont der Gebrauch von "Unterlieferant" die Beziehung in der Lieferkette der drei organisatorischen Einheiten, indem das in Beziehung zum "Lieferanten" selbsterklärende Wort benutzt wird. Wo es zweckmäßig ist, insbesondere bei der Diskussion von Qualitätsmanagement-Situationen, wird die Bezeichnung "Organisation" der Bezeichnung "Lieferant" vorgezogen.

ANMERKUNG 3: In Zeile ISO 9001, ISO 9002, ISO 9003 von Tabelle 1 spiegelt die Benutzung von "Unterauftragnehmer" die Tatsache wider, daß bei einer externen Qualitätssicherung/QM-Darlegung die maßgebliche Beziehung oft (explizit oder implizit) eine vertragliche ist.

ANMERKUNG 4: In Zeile ISO 9004 der Tabelle 1 spiegelt die Benutzung von "Organisation" die Tatsache wider, daß ein Leitfaden für Qualitätsmanagement auf eine beliebige Organisationseinheit unabhängig von den durch sie gelieferten Produktkategorien oder unabhängig davon angewendet werden kann, ob sie selbständig oder Teil einer größeren Organisation ist.

Für die Zwecke dieses Teils von ISO 9000 gelten die in ISO 8402 gegebenen Definitionen zusammen mit den folgenden Definitionen.

ANMERKUNG 5: Zur Annehmlichkeit von Anwendern dieses Teils von ISO 9000 sind einige sachdienliche Begriffe aus ISO 8402 im Anhang A enthalten.

The usage of all of these terms conforms with their formal definitions in ISO 8402. The remaining differences in terminology in table 1 reflect, in part, a desire to maintain historical continuity with usage in the 1987 edition of these International Standards.

NOTE 1: In all these International Standards, the grammatical format of the guidance or requirements text is addressed to the organization in its role as a supplier of products (the third column of table 1).

NOTE 2: In the ISO 9000 row of table 1, the use of "subsupplier" emphasizes the supply chain relationship of the three organizational units, using the selfdefining term in relation to "supplier". Where appropriate, especially in discussing quality management situations, the term "organization" is used rather than "supplier".

NOTE 3: In the ISO 9001, ISO 9002 and ISO 9003 rows of table 1, the use of "subcontractor" reflects the fact that, in an external quality assurance context, the relevant relationship often is (explicity or implicitly) contractual.

NOTE 4: In the ISO 9004 row of table 1, the use of "organization" reflects the fact that quality management guidance is applicable to any organizational unit, irrespective of the categories of products it may supply, or whether it is a free-standing unit or part of a larger organization.

For the purposes of this part of ISO 9000, the definitions given in ISO 8402, together with the following definitions, apply.

NOTE 5: For the convenience of users of this part of ISO 9000, some relevant definitions from ISO 8402 are contained in annex A.

L'utilisation de tous ces termes est conforme à leurs définitions formelles données dans l'ISO 8402. Les différences de terminologie restant dans le tableau 1 reflètent, en partie, une volonté de conserver une continuité historique par rapport à l'utilisation dans l'édition 1987 de ces Normes internationales.

NOTE 1: Dans toutes ces Normes internationales, le format grammatical du texte des conseils ou des exigences concerne l'organisme dans son rôle de fournisseur de produits (la troisième colonne du tableau 1).

NOTE 2: Dans la ligne ISO 9000 du tableau 1, en anglais, l'utilisation de «sous-contractant» souligne la relation de type chaîne d'approvisionnement entre les trois unités organisationnelles, en utilisant ce terme qui implique le status de «fournisseur». Lorsque cela convient, particulièrement en débattant des situations de management de la qualité, le terme «organisme» est utilisé de préférence à «fournisseur».

NOTE 3: Dans la ligne ISO 9001, ISO 9002 et ISO 9003 du tableau 1, l'utilisation de «sous-contractant» reflète le fait que, dans un contexte d'assurance de la qualité externe, la relation applicable est souvent (explicitement ou implicitement) contractuelle.

NOTE 4: Dans la ligne ISO 9004 du tableau 1, l'utilisation de «organisme» reflète le fait que les conseils en matière de management de la qualité s'appliquent à toute unité organisationnelle, indépendamment des catégories de produits qu'elle peut fournir, ou que ce soit une unité indépendante ou une partie d'un organisme plus grand.

Dans le cadre de la présente partie de l'ISO 9000, les définitions données dans l'ISO 8402 ainsi que les définitions suivantes s'appliquent.

NOTE 5: Par commodité pour les utilisateurs de la présente partie de l'ISO 9000, certaines définitions de l'ISO 8402 sont contenues dans l'annexe A.

3.1 Hardware

Materielles, abgegrenztes Produkt mit kennzeichnender Gestalt.

ANMERKUNG 6: Hardware besteht im allgemeinen aus hergestellten, gebauten oder fabrizierten Stücken, Teilen und/oder Zusammenbauten.

3.1 Hardware

Tangible, discrete product with distinctive form.

NOTE 6: Hardware normally consists of manufactured, constructed or fabricated pieces, parts and/or assemblies.

3.1 Matériel

Produit tangible se présentant sous forme d'article distinct.

NOTE 6: Les matériels sont en principe constitués de pièces, éléments et/ou ensembles manufacturés, construits ou fabriqués.

3.2 Software

Ein intellektuelles Werk, bestehend aus einer durch ein Trägermedium ausgedrückten Information.

ANMERKUNG 7: Software gibt es in Form von Entwürfen, Berichten oder Verfahren.

ANMERKUNG 8: Ein Rechnerprogramm ist ein spezifisches Beispiel von Software.

3.3 Verfahrenstechnisches Produkt

Materielles Produkt, das mittels Umgestalten von Rohmaterial in einen gewünschten Zustand erzeugt wird.

ANMERKUNG 9: Der Zustand eines verfahrenstechnischen Produkts kann flüssig, gasförmig, schüttgutartig, barren-, faden- oder plattenförmig sein.

ANMERKUNG 10: Ein verfahrenstechnisches Produkt wird typischerweise in Tonnen, Beuteln, Tanks, Flaschen, Kannen, Kanistern, Rohrleitungen oder Rollen geliefert.

3.4 Industrie-/Wirtschaftssektor

Eine Gruppierung von Lieferanten, deren Angebotsprodukte ähnliche Kundenerfordernisse erfüllen oder deren Kunden auf dem Markt in enger Beziehung zueinander stehen.

ANMERKUNG 11: Der Doppelgebrauch "Industriesektor" und "Wirtschaftssektor" anerkennt, daß jede Bezeichnung für die beabsichtigte Bedeutung in speziellen Ländern oder Sprachen benutzt wird.

ANMERKUNG 12: Industrie-/Wirtschaftssektoren umfassen Verwaltung, Raumfahrt, Bankenwesen, Chemikalien, Bauwesen, Ausbildung, Ernährung, Gesundheitsvorsorge, Freizeitgestaltung, Versicherungswesen, Bergbau, Einzelhandel, Fernmeldewesen, Textilien, Fremdenverkehr usw.

ANMERKUNG 13: Industrie-/Wirtschaftssektoren betreffen die Weltwirtschaft oder eine nationale Wirtschaft.

3.5 Interessenpartner

Eine Einzelperson oder eine Gruppe von Personen mit gemeinsamem Interesse an der Leistung der Organisation eines Lieferanten und an der Umwelt, in der sie arbeitet.

3.6 ISO 9000-Familie

Alle durch das Technische Komitee ISO/TC 176 erstellten Internationalen Normen.

3.2 Software

An intellectual creation consisting of information expressed through supporting medium.

NOTE 7: Software can be in the form of concepts, transactions or procedures.

NOTE 8: A computer program is a specific example of software.

3.3 Processed material

Tangible product generated by transforming raw material into a desired state.

NOTE 9: The state of processed material can be liquid, gas, particulate material, ingot, filament or sheet.

NOTE 10: Processed material is typically delivered in drums, bags, tanks, cylinders, cans, pipelines or rolls.

3.4 Industry/economic sector

A grouping of suppliers whose offerings meet similar customer needs and/or whose customers are closely interrelated in the marketplace.

NOTE 11: Dual use of "industry sector" and "economic sector" recognizes that each term is used for the intended meaning in specific countries or languages.

NOTE 12: Industry/economic sectors include administration, aerospace, banking, chemicals, construction, education, food, health care, leisure, insurance, mining, retailing, telecommunications, textiles, tourism, and so forth.

NOTE 13: Industry/economic sectors apply to the global economy or a national economy.

3.5 Stakeholder

An individual or group of individuals with a common interest in the performance of the supplier organization and the environment in which it operates.

3.6 ISO 9000 family

All those International Standards produced by the technical committee ISO/TC 176.

3.2 Logiciel

Création intellectuelle consistant en informations, mises sur un support.

NOTE 7: Un logiciel peut prendre la forme de concepts, transactions ou procédures.

NOTE 8: Un programme informatique est un exemple particulier de logiciel.

3.3 Produits issus de processus à caractère continu

Matériaux obtenus par transformation de matière première.

NOTE 9: L'état des produits issus de processus à caractère continu peut être liquide, gazeux, sous forme de particules, de lingots, de fils ou de feuilles.

NOTE 10: Les produits issus de processus à caractère continu sont généralement livrés par fûts, sacs, réservoirs, cylindres, boîtes, conduites ou rouleaux.

3.4 Secteur économique/industriel

Groupement de fournisseurs dont les offres satisfont aux besoins similaires et/ou dont les clients sont étroitement liés sur le marché.

NOTE 11: Il est admis que l'une des expressions «secteur industriel» et «secteur économique» sera utilisée selon le sens voulu dans des pays ou des langues spécifiques.

NOTE 12: Les secteurs industriels/économiques comprennent l'administration, l'aéronautique, la finance, la chimie, la construction, l'éducation, l'alimentation, la santé, les loisirs, les assurances, les mines, la vente au détail, les télécommunications, le textile, le tourisme et ainsi de suite.

NOTE 13: Les secteurs industriels/économiques s'appliquent à l'économie globale ou à une économie nationale.

3.5 Parties prenantes

Personne ou groupe de personnes ayant un intérêt commun dans les résultats de l'organisme fournisseur et dans l'environnement dans lequel il agit.

3.6 Famille ISO 9000

Toutes les Normes internationales produites par le comité technique ISO/TC 176.

ANMERKUNG 14: Derzeit umfaßt die ISO 9000-Familie

a) alle Internationalen Normen mit Nummern von ISO 9000 bis ISO 9004, eingeschlossen alle Teile von ISO 9000 und von ISO 9004;

b) alle Internationalen Normen mit den Nummern ISO 10 001 bis ISO 10 020, eingeschlossen alle Teile; und

c) ISO 8402.

NOTE 14: At present, the family comprises

a) all the International Standards numbered ISO 9000 through to ISO 9004, including all parts of ISO 9000 and ISO 9004;

b) all the International Standards numbered ISO 10001 through to 10020, including all parts; and

c) ISO 8402.

NOTE 14: La famille comprend actuellement

a) toutes les Normes internationales numérotées ISO 9000 à ISO 9004, y compris toutes les parties de l'ISO 9000 et de l'ISO 9004;

b) toutes les Normes internationales numérotées ISO 10001 à l'ISO 10020, y compris toutes les parties; et

c) l'ISO 8402.

4 Grundsätzliche Konzepte

4.1 Qualitätsbezogene Schlüsselziele und Verantwortlichkeiten

Eine Organisation sollte

a) die Qualitätsforderung erfüllen sowie die Qualität ihrer Produkte aufrechterhalten und ständig zu verbessern bestrebt sein;

b) die Qualität ihrer eigenen Arbeitsweisen verbessern, so etwa um laufend alle festgelegten oder vorausgesetzten Erfordernisse aller Kunden und aller anderen Interessenpartner zu erfüllen;

c) ihrer internen Leitung und anderen Mitarbeitern Vertrauen verschaffen, daß die Qualitätsforderung erfüllt und (diese Erfüllung) aufrechterhalten werden wird, und daß Qualitätsverbesserung stattfindet;

d) dem Kunden und anderen Interessenpartnern Vertrauen verschaffen, daß beim gelieferten Produkt die Qualitätsforderung erfüllt wird oder werden wird;

e) Vertrauen schaffen, daß die Forderungen an die Darlegung des QM-Systems erfüllt sind.

4.2 Interessenpartner und ihre Erwartungen

Jede Organisation hat als Lieferant fünf prinzipielle Interessenpartner: Ihre Kunden, ihre Mitarbeiter, ihre Eigentümer, ihre Unterlieferanten und die Gesellschaft.

Der Lieferant sollte die Erwartungen und Erfordernisse aller seiner Interessenpartner erfüllen.

4 Principal concepts

4.1 Key objectives and responsibilities for quality

An organization should:

a) achieve, maintain and seek to improve continuously the quality of its products in relationship to the requirements for quality;

b) improve the quality of its own operations, so as to meet continually all customers' and other stakeholders stated and implied needs;

c) provide confidence to its internal management and other employees that the requirements for quality are being fulfilled and maintained, and that quality improvement is taking place;

d) provide confidence to the customers and other stakeholders that the requirements for quality are being, or will be, achieved in the delivered product;

e) provide confidence that quality system requirements are fulfilled.

4.2 Stakeholders and their expectations

Every organization as a supplier has five principal groups of stakeholders: its customers, its employees, its owners, its subsuppliers and society.

The supplier should address the expectations and needs of all its stakeholders.

4 Concepts principaux

4.1 Objectifs clés et responsabilités pour la qualité

Il convient qu'un organisme

a) réalise, maintienne et recherche une amélioration continue de la qualité de ses produits en regard des exigences en matière de qualité;

b) améliore la qualité de ses propres opérations, de façon à satisfaire continuellement les besoins exprimés ou implicites des clients et des autres parties prenantes;

c) donne confiance à sa direction interne et aux autres employés en ce que les exigences en matière de qualité sont satisfaites et maintenues, et en ce que l'amélioration de la qualité est mise en œuvre;

d) donne confiance aux clients et autres parties prenantes en ce que les exigences en matière de qualité sont ou seront satisfaites dans le produit livré;

e) donne confiance en ce que les exigences du système qualité sont satisfaites.

4.2 Les parties prenantes et leurs attentes

Chaque organisme, en tant que fournisseur, comporte cinq groupes principaux de parties prenantes: ses clients, ses employés, ses propriétaires, ses sous-contractants et la société.

Interessenpartner des Lieferanten	Typische Erwartungen und Erfordernisse
Kunden	Zufriedenstellende Produktqualität
Mitarbeiter	Zufriedenheit mit Karriere/Arbeit
Eigentümer	Ergebnis des Kapitaleinsatzes
Unterlieferanten	Andauernde Geschäftsverbindung
Gesellschaft	Verantwortungsvolles Handeln

Die Internationalen Normen der ISO 9000-Familie konzentrieren ihre Anleitungen und Forderungen auf Zufriedenstellung des Kunden.

Die Forderungen der Gesellschaft als einer der fünf Interessenpartner werden weltweit schärfer. Zusätzlich werden die Erwartungen und Erfordernisse deutlicher für Gesichtspunkte wie Gesundheit und Sicherheit am Arbeitsplatz, Umweltschutz (einschließlich Erhaltung von Energiereserven und Naturschätzen) und Sicherheit.

Im Hinblick darauf, daß die Internationalen Normen der ISO 9000-Familie einen weithin benutzten Ansatz für Managementsysteme bereitstellen, die der Erfüllung von Qualitätsforderungen dient, können diese Managementprinzipien für andere Angelegenheiten der Gesellschaft nützlich sein. Verträglichkeit des Managementsystem-Ansatzes in diesen verschiedenen Bereichen kann die Effektivität einer Organisation steigern. In der gleichen Weise, wie technische Spezifikationen für Produkte und Prozesse verschieden sind von Forderungen an Managementsysteme, sollten in diesen anderen Bereichen die technischen Spezifikationen gesondert entwickelt werden.

4.3 Unterscheidung zwischen Forderungen an die Qualitätssicherung/QM-Darlegung und Qualitätsforderungen an Produkte

Die Internationalen Normen der ISO 9000-Familie unterscheiden zwischen den Forderungen an die Qualitätssicherung/QM-Darlegung und der Qualitätsforderung an ein Produkt. Im Sinne dieser Unterscheidung wird die ISO 9000-Familie auf Organisationen angewendet, die Angebotsprodukte aller übergeordneten Produktkategorien bereitstellen, und auf alle Qualitätsmerkmale eines Produkts.

Supplier's stakeholders	Typical expectations or needs
Customers	Product quality
Employees	Career/work satisfaction
Owners	Investment performance
Sub-suppliers	Continuing business opportunity
Society	Responsible stewardship

The International Standards in the ISO 9000 family focus their guidance and requirements on satisfying the customer.

The requirements of society, as one of the five stakeholders, are becoming more stringent worldwide. In addition, expectations and needs are becoming more explicit for considerations such as: workplace health and safety; protection of the environment (including conservation of energy and natural resources); and security.

Recognizing that the ISO 9000 family of International Standards provides a widely used approach for management systems that can meet requirements for quality, these management principles can be useful for other concerns of society. Compatibility of the management system approach in these several areas can enhance the effectiveness of an organization. In the same manner that product and process technical specifications are separate from management systems requirements, the technical specifications in these other areas should be separately developed.

4.3 Distinguishing between quality system requirements and product requirements

The ISO 9000 family of International Standards makes a distinction between quality system requirements and product requirements. By means of this distinction, the ISO 9000 family applies to organizations providing products of all generic product categories, and to all product quality characteristics. The quality system requirements are complementary to the technical requirements of the product. The applicable

Parties prenantes du fournisseur	Attentes ou besoins caractéristique
Clients	Qualité du produit
Employés	Satisfaction dans le travail/carrière
Propriétaires	résultat des investissements
Sous-contractants	Opportunité permanente d'affaires
Société	Intendance responsable

Il est recommandé que le fournisseur satisfasse les attentes et besoins de toutes ses parties prenantes.

Les Normes internationales de la famille ISO 9000 centrent leurs conseils et leurs exigences sur la satisfaction du client.

Les exigences de la société, l'une des cinq parties prenantes, deviennent plus contraignantes dans le monde entier. En outre, les attentes et les besoins deviennent plus explicites pour des considérations telles que l'hygiène et la sécurité sur le lieu de travail, la protection de l'environnement (y compris la conservation de l'énergie et des ressources naturelles), et la sûreté.

Reconnaissant que les Normes internationales de la famille ISO 9000 fournissent une approche largement utilisée des systèmes de management qui peuvent satisfaire les exigences en matière de qualité, ces principes de management peuvent être utiles pour d'autres préoccupations de la société. La compatibilité des approches des systèmes de management dans ces différents domaines peut renforcer l'efficacité d'un organisme. De la même façon que les spécifications techniques du produit et du processus sont séparées des exigences des systèmes de management, il convient que les spécifications techniques de ces autres domaines soient développées séparément.

4.3 Distinction entre les exigences du système qualité et les exigences relatives au produit

Les Normes internationales de la famille ISO 9000 font une distinction entre les exigences du système qualité et les exigences relatives au produit. Grâce à cette distinction, la famille ISO 9000 s'applique à des organismes fournissant des produits de toute catégorie générique et à toutes les caractéristiques relatives à la qualité des produits.

Die Forderungen an die Qualitätssicherung/QM-Darlegung ergänzen die technischen Forderungen an das Produkt. Die anwendbaren technischen Forderungen an ein Produkt (wie sie beispielsweise in Produktnormen festgelegt sind) sowie die technischen Forderungen an den Prozeß sind getrennt und verschieden von den anwendbaren Forderungen und Anleitungen der ISO 9000-Familie.

Sowohl die Leitfäden als auch die Forderungen der Internationalen Normen der ISO 9000-Familie sind im Hinblick auf die zu erfüllenden Ziele von QM-Systemen niedergelegt. Diese Internationalen Normen geben nicht vor, wie die Ziele zu erreichen sind, sondern überlassen die betreffende Auswahl der Leitung der Organisation.

4.4 Übergeordnete Produktkategorien

Es ist nützlich, vier übergeordnete Produktkategorien wie folgt festzulegen (siehe Abschnitt 3 und Anhang A):

a) Hardware;

b) Software;

c) Verfahrenstechnische Produkte;

d) Dienstleistungen.

Diese vier übergeordneten Produktkategorien schließen alle Arten von Produkten ein, die von Organisationen geliefert werden. Die Internationalen Normen der ISO 9000-Familie sind anwendbar auf alle vier übergeordneten Produktkategorien. Die Forderungen an die Qualitätssicherung/QM-Darlegung sind für alle übergeordneten Produktkategorien im wesentlichen die gleichen, jedoch können sich die Begriffe sowie die Einzelheiten und Schwerpunkte des Managementsystems unterscheiden.

Zwei oder mehr übergeordnete Produktkategorien sind üblicherweise in Angebotsprodukten einer Organisation vorhanden, und zwar unabhängig vom Industrie-/Wirtschaftssektor (siehe Abschnitt 3), in dem die Organisation tätig ist. Beispielsweise haben die meisten Organisationen, die Hardware, Software oder verfahrenstechnische Produkte liefern, eine Dienstleistungskomponente zu ihren Angeboten. Kunden (und andere Interessenpartner) werden bei jeder der übergeordneten Produktkategorien nach dem Nutzen suchen, der im Angebot zu finden ist.

Analysegeräte sind Beispiele, wo Hardware (im Beispiel das Instrument), Software (für Rechenaufgaben innerhalb des Instruments), verfahrenstechnische Produkte (wie etwa Titrierlösungen oder Referenzmaterialien) und Dienstleistungen (wie etwa Schulungs- oder Wartungsdienste), allesamt wichtige Bestandteile des Angebots sein dürften.

technical specifications of the product (e.g. as set out in product standards) and technical specifications of the process are separate and distinct from the applicable ISO 9000 family requirements or guidance.

International Standards in the ISO 9000 family, both guidance and requirements, are written in terms of the quality system objectives to be satisfied. These International Standards do not prescribe how to achieve the objectives but leave that choice to the management of the organization.

4.4 Generic product categories

It is useful to identify four generic product categories (see clause 3 and annex A), as follows:

a) hardware;

b) software;

c) processed materials;

d) services.

These four generic product categories encompass all the kinds of product supplied by organizations. International Standards in the ISO 9000 family are applicable to all four generic product categories. The quality system requirements are essentially the same for all generic product categories, but the terminology and management system details and emphases may differ.

Two or more of the generic product categories usually are present in the marketplace offerings of any organization, whatever the industry/economic sector (see clause 3) in which the organization operates. For example, most organizations that supply hardware, software or processed materials have a service component to their offering. Customers (and other stakeholders) will look for value in each generic product category that is present in the offering.

Analytical instruments are examples where hardware (i.e. the instrument), software (for computing tasks within the instrument), processed materials (such as titrating solutions or reference materials) and services (such as training or maintenance servicing) might all be important features of the offering.

Les exigences du système qualité sont complémentaires aux exigences techniques relatives au produit. Les spécifications techniques du produit applicables (par exemple celles établies dans des normes de produits) et les spécifications techniques du processus applicables sont séparées et distinctes des exigences ou des conseils applicables de la famille ISO 9000.

Les Normes internationales de la famille ISO 9000, tant pour les conseils que pour les exigences, sont rédigées en termes d'objectifs de système qualité à satisfaire. Ces Normes internationales ne prescrivent pas comment réaliser les objectifs mais en laissent le choix à la direction de l'organisme.

4.4 Catégories génériques de produits

Il est utile d'identifier quatre catégories génériques de produits (voir article 3 et annexe A), comme suit:

a) matériels;

b) logiciels;

c) produits issus de processus à caractère continu;

d) services.

Ces quatre catégories génériques de produits englobent tous les types de produits fournis par des organismes. Les Normes internationales de la famille ISO 9000 s'applique à ces quatre catégories génériques de produit. Les exigences du système qualité sont essentiellement les mêmes pour toutes les catégories génériques de produit mais la terminologie, les détails et les points importants des systèmes de management peuvent varier.

Deux ou plusieurs catégories génériques de produits sont généralement présentes dans les offres de tout organisme sur le marché, quel que soit le secteur industriel/économique (voir article 3) dans lequel l'organisme opère. Par exemple, la plupart des organismes qui fournissent des matériels, logiciels ou produits issus de processus à caractère continu ont une composante service dans leur offre. Les clients (et autres parties prenantes) rechercheront la part de chacune des catégories génériques de produit présente dans l'offre.

Les instruments analytiques sont des exemples dans lesquels les matériels (c'est-à-dire l'instrument), les logiciels (pour informatiser les tâches à l'intérieur de l'instrument), les produits issus de processus à caractère continu (comme le titrage de solutions ou le raccordement à des étalons de référence), et les services (comme la formation ou la maintenance) peuvent tous être des caractéristiques importantes de l'offre.

Eine Dienstleistungsorganisation wie etwa ein Restaurant wird Komponenten von Hardware, Software, verfahrenstechnischen Produkten wie auch von Dienstleistungen haben.

4.5 Qualitätselemente [2])

Als Schlüsselbeiträge zur Produktqualität können vier Qualitätselemente wie folgt festgestellt werden:

a) Qualitätselement herrührend von der Festlegung von Erfordernissen an das Produkt

Das erste Qualitätselement betrifft das Festlegen und Aktualisieren der Erfordernisse für das Produkt, um Marktforderungen zu erfüllen und Marktchancen zu nutzen.

b) Qualitätselement herrührend von dem Produktdesign/der Produktentwicklung

Das zweite Qualitätselement betrifft das Design jener Merkmale des Produkts, die es geeignet machen, die Marktforderungen zu erfüllen und die Marktchancen zu nutzen sowie Kunden und anderen Interessenpartnern Nutzen zu verschaffen. Genauer gesagt, Qualitätselemente herrührend vom Produktdesign sind die Produktdesign-Merkmale, welche die angestrebte Leistung im Rahmen einer gegebenen Anspruchsklasse beeinflussen, plus Produktdesign-Merkmale, welche die Stabilität der Produktleistung unter wechselnden Bedingungen von Produktion und Anwendung beeinflussen.

c) Qualitätselement herrührend von der Konformität zum Produktdesign

Das dritte Qualitätselement betrifft das tagtägliche Aufrechterhalten von Beständigkeit beim Erreichen von Konformität zum Produktdesign und beim Bereitstellen der entwickelten Merkmale und Merkmalswerte für Kunden und andere Interessenpartner.

d) Qualitätselement herrührend von der Produktpflege

Das vierte Qualitätselement betrifft das Einrichten von Produktpflege während des gesamten Produkt-Lebenszyklus, wie es nötig ist, um die entwickelten Merkmale und Merkmalswerte für Kunden und andere Interessenpartner bereitzustellen.

Bei einigen Produkten enthalten die wichtigen Qualitätsmerkmale Zuverlässigkeitsmerkmale. Zuverlässigkeit (das ist Funktionsfähigkeit, Instandhaltbarkeit und Verfügbarkeit) kann durch alle vier Qualitätselemente eines Produkts beeinflußt werden.

---

[2]) Fußnote in der deutschsprachigen Fassung: Qualitätselement ist definiert als “Beitrag zur Qualität” und ist zu unterscheiden von Qualitätsmanagementelement (QM-Element).

A service organization such as a restaurant will have hardware, software and processed materials as well as service components.

4.5 Facets of quality

Four facets that are key contributions to product quality may be identified as follows.

a) Quality due to definition of needs for the product

The first facet is quality due to defining and updating the product, to meet marketplace requirements and opportunities.

b) Quality due to product design

The second facet is quality due to designing into the product the characteristics that enable it to meet marketplace requirements and opportunities, and to provide value to customers and other stakeholders. More precisely, quality due to product design is the product design features that influence the intended performance within a given grade, plus product design features that influence the robustness of product performance under variable conditions of production and use.

c) Quality due to conformance to product design

The third facet is quality due to maintaining day-to-day consistency in conforming to product design and in providing the designed characteristics and values for customers and other stakeholders.

d) Quality due to product support

The fourth facet is quality due to furnishing support throughout the product life cycle, as needed, to provide the designed characteristics and values for customers and other stakeholders.

For some products, the important quality characteristics include dependability characteristics. Dependability (i. e. reliability, maintainability and availability) may be influenced by all four facets of product quality.

Un organisme de service, tel qu'un restaurant, comportera des matériels, logiciels et produits issus de processus à caractère continu, ainsi que des éléments de service.

4.5 Facettes de la qualité

Quatre facettes contribuent de façon essentielle à la qualité du produit. Ce sont les suivantes.

a) Qualité découlant de la définition des besoins relatifs au produit

La première facette est la qualité découlant de la définition et de la mise à jour du produit, pour répondre aux exigences et aux opportunités du marché.

b) Qualité découlant de la conception du produit

La seconde facette est la qualité découlant de la conception, dans le produit, des caractéristiques qui lui permettent de répondre aux exigences et aux opportunités du marché, et de fournir un plus aux clients et autres parties prenantes. Plus précisément, la qualité découlant de la conception du produit est constituée des propriétés relatives à la conception du produit qui influencent les résultats attendus dans une certaine mesure, ainsi que des propriétés relatives à la conception du produit qui influencent la stabilité des résultats du produit dans des conditions variables de production et d'utilisation.

c) Qualité découlant de la conformité du produit de sa conception

La troisième facette est la qualité découlant du maintien, de la cohérence journalière dans la conformité du produit par rapport à sa conception et de la fourniture des caractéristiques et valeurs de conception des clients et autres parties prenantes.

d) Qualité découlant du soutien du produit

La quatrième facette est la qualité découlant de la fourniture d'un soutien tout au long du cycle de vie du produit, comme nécessaire, pour fournir les caractéristiques et valeurs de conception pour les clients et autres parties prenantes.

Pour certains produits, les caractéristiques importantes relatives à la qualité incluent les caractéristiques de sûreté de fonctionnement. La sûreté de fonctionnement (c'est-à-dire la fiabilité, la maintenabilité et la disponibilité) peut être influencée par les quatre facettes de la qualité du produit.

Ziel der Anleitungen und Forderungen der Internationalen Normen in der ISO 9000-Familie ist Erfüllung der Forderungen bei allen vier Qualitätselementen eines Produkts. Einige Qualitätselemente können besonders wichtig sein, beispielsweise in Vertragssituationen, jedoch tragen im allgemeinen alle Qualitätselemente zur Produktqualität bei. Die ISO 9000-Familie stellt in klarer Weise eine übergeordnete Anleitung für das Qualitätsmanagement und für externe Forderungen an die Qualitätssicherung/QM-Darlegung bezüglich der Qualitätselemente a), b), c) und d) zur Verfügung.

Wird das komplette Angebotsprodukt betrachtet, wird der Kunde zusätzliche Faktoren in Betracht ziehen. Diese enthalten folgendes:

— Marktstatus und Marktstrategie des Lieferanten: Wenn der Lieferant einen gesicherten und seriösen Marktstatus besitzt und/oder eine Strategie zur Erzielung eines zufriedenstellenden Marktanteils, wird der Kunde wahrscheinlich dem Angebotsprodukt des Lieferanten höheren Nutzen zuordnen.

— Finanzstatus und Finanzstrategie des Lieferanten: Wenn der Lieferant einen gesicherten und seriösen Finanzstatus besitzt und/oder eine Strategie zur Erzielung einer Verbesserung der Finanzleistung, wird der Kunde wahrscheinlich dem Angebotsprodukt des Lieferanten höheren Nutzen zuordnen.

— Status und Strategie des Lieferanten bezüglich personeller Ausstattung: Wenn der Lieferant einen gesicherten und seriösen Status bezüglich personeller Ausstattung besitzt und/oder eine Strategie zur Entwicklung verbesserter Fertigkeiten, Vielseitigkeit und Verpflichtung in seiner Belegschaft, wird der Kunde wahrscheinlich dem Angebotsprodukt des Lieferanten höheren Nutzen zuordnen.

Diese zusätzlichen Faktoren sind von lebenswichtiger Bedeutung für die Leitung einer Lieferanten-Organisation als Gesamtunternehmen.

ANMERKUNG 15: Produktnutzen umfaßt Qualität und Preis, der Preis als solcher ist indessen kein Qualitätselement.

A goal of the guidance and requirements of the International Standards in the ISO 9000 family is to meet the needs for all four facets of product quality. Some facets of quality may be specifically important, for example, in contractual situations, but, in general, all facets contribute to the quality of the product. The ISO 9000 family explicitly provides generic quality management guidance and external quality assurance requirements on facets a), b), c) and d).

When considering the complete product offering, the customer will bear in mind additional factors. These include the following.

— The suppliers market status and strategy: if the supplier has an established and reputable marketplace status and/or a strategy that is achieving a satisfactory market share, the customer is likely to place higher value on the suppliers offering.

— The supplier's financial status and strategy: if the supplier has an established and reputable financial status and/or a strategy that is improving financial performance, the customer is likely to place higher value on the suppliers offering.

— The supplier's human resources status and strategy: if the supplier has an established and reputable human resources status and/or a strategy that is developing improved skills, diversity and commitment in its human resources, the customer is likely to place higher value on the supplier's offering.

These additional factors are of vital importance in managing a supplier organization as a total enterprise.

NOTE 15: Product value involves both quality and price and, as such, price is not a facet of quality.

La satisfaction des besoins concernant les quatre facettes de la qualité du produit est un des objectifs des conseils et des exigences des Normes internationales de la famille ISO 9000. Certaines facettes de la qualité peuvent être particulièrement importantes, par exemple dans des situations contractuelles, mais en général, toutes les facettes contribuent à la qualité du produit. La famille ISO 9000 fournit explicitement des conseils génériques relatifs au management de la qualité et des exigences relatives à l'assurance externe de la qualité sur les facettes a), b), c) et d).

Lors de la prise en compte de l'offre totale concernant le produit, le client aura à l'esprit des facteurs supplémentaires. Ceux-ci incluent les aspects suivants.

— Le statut du fournisseur sur son marché et sa stratégie dans ce domaine: si le fournisseur a un statut et/ou une stratégie établie et réputée sur le marché, qui lui vaut une part de marché satisfaisante, le client est susceptible d'accorder une valeur plus grande à l'offre du fournisseur.

— Le statut financier du fournisseur et sa stratégie dans ce domaine: si le fournisseur a un statut et/ou une stratégie établie et réputée en matière de finance, qui lui vaut d'améliorer ses performances financières, le client est susceptible d'accorder une valeur plus grande à l'offre du fournisseur.

— Le statut du fournisseur en matière de ressources humaines et sa stratégie dans ce domaine: si le fournisseur a un statut et/ou une stratégie établie et réputée en matière de ressources humaines, qui lui permet d'améliorer ses compétences, la diversité et l'engagement dans ses ressources humaines, le client est susceptible d'accorder une valeur plus grande à l'offre du fournisseur.

Ces facteurs supplémentaires ont une importance vitale dans le management d'un organisme fournisseur en tant qu'entreprise globale.

NOTE 15: La valeur du produit implique à la fois la qualité et le prix et, en tant que tel, le prix n'est pas une facette de la qualité.

4.6 Konzept eines Prozesses

Die Internationalen Normen in der ISO 9000-Familie sind auf die Vorstellung gegründet, daß jegliches Werk durch einen Prozeß geschaffen wird (siehe Bild 1). Jeder Prozeß hat Eingaben. Die Ausgaben sind die Ergebnisse des Prozesses. Die Ergebnisse sind Produkte, materielle oder immaterielle. Der Prozeß selbst ist (oder sollte sein) eine Umwandlung, die Wert hinzufügt.

4.6 Concept of a process

The International Standards in the ISO 9000 family are founded upon the understanding that all work is accomplished by a process (see figure 1). Every process has inputs. The outputs are the results of the process. The outputs are products, tangible or intangible. The process itself is (or should be) a transformation that adds value.

4.6 Concept d'un processus

Les Normes internationales de la famille ISO 9000 sont fondées sur la compréhension que tout travail est accompli par un processus (voir figure 1). Chaque processus a des entrants. Les sortants sont les résultats du processus. Les sortants sont des produits, matériels ou immatériels. Le processus lui-même est (ou devrait être) une transformation qui ajoute de la valeur.

Jeder Prozeß bezieht Menschen und/ oder andere Mittel in verschiedener Weise ein. Ein Ergebnis kann z. B. eine Rechnung, Rechnersoftware, flüssiges Brennmaterial, eine klinische Einrichtung, eine Bankdienstleistung oder ein End- oder ein Zwischenprodukt irgendeiner übergeordneten Produktkategorie sein. Es gibt Möglichkeiten für Messungen an den Eingaben, an verschiedenen Stellen im Prozeß sowie an den Ergebnissen. Aus Bild 2 ist zu erkennen, daß Eingaben und Ergebnisse von unterschiedlichem Typ sind.

Typ von Eingabe und Ergebnis	Beispiele
produkt-bezogen (durch-gezogene Linien in Bild 2)	Rohmaterialien Zwischenprodukt Endprodukt Produktprobe
informations-bezogen (gestrichelte Linien in Bild 2)	Forderungen an das Produkt Produktmerkmale und -status Information Kommunikation zur Unterstützungs-funktion Rückmeldung über Produktleistung und -erfordernisse Meßergebnisse vom Produktmuster

Bild 2 zeigt den Lieferanten in Lieferketten-Beziehung zu einem Unterlieferanten und einem Kunden. In dieser Lieferketten-Struktur müssen die verschiedenen Eingaben und Ergebnisse in unterschiedliche Richtungen fließen, wie es in diesem Bild 2 gezeigt ist. Zu betonen ist, daß in diesem Zusammenhang "Produkt" alle vier übergeordneten Produktkategorien umfaßt.

Qualitätsmanagement wird in der Organisation gestaltet durch Prozeßmanagement. Ein Prozeß muß in zwei Hinsichten gestaltet werden

— die Struktur und die Arbeitsweise des Prozesses selbst, innerhalb dessen das Produkt oder Information fließt; und

— die Qualität des Produkts oder der Information, die innerhalb der Struktur fließen.

Every process involves people and/or other resources in some way. An output may be, for example, an invoice, computing software, liquid fuel, a clinical device, a banking service, or a final or intermediate product of any generic category. There are opportunities to make measurements on the inputs, at various places in the process, as well as on the outputs. As shown in figure 2, inputs and outputs are of several types.

Type	Examples
Product-related (solid lines in figure 2)	Raw materials Intermediate product Final product Sampled product
Information-related (dashed lines in figure 2)	Product requirements Product characteristics and status information Support-function communications Feedback on product performance and needs Measurement data from sampled product

Figure 2 shows the supplier in a supply chain relationship to a subsupplier and a customer. In this supply chain structure, the various inputs and outputs need to flow in different directions, as illustrated in figure 2. It is emphasized that in this context "product" includes all four generic product categories.

Quality management is accomplished by managing the processes in the organization. It is necessary to manage a process in two senses:

— the structure and operation of the process itself within which the product or information flows; and

— the quality of the product or information flowing within the structure.

Chaque processus implique des personnes et/ou d'autres ressources d'une certaine façon. Un sortant peut être, par exemple, une facture, un logiciel de calcul, un combustible liquide, un dispositif clinique, un service bancaire ou un produit final ou intermédiaire appartenant à une catégorie générique. Il existe des possibilités de réaliser des mesures sur les entrants, en divers endroits du processus, ainsi que sur les sortants. Comme indiqué à la figure 2, les entrants et les sortants sont de plusieurs types.

Type	Exemples
Relatif au produit (lignes continues à la figure 2)	Matières premières Produit intermédiaire Produit fini Produit échantillonné
Relatif à l'information lignes pointillées à la figure 2)	Exigences en matière de produit Information sur les caractéristiques et l'état d'un produit Communications de la fonction de soutien Retour d'information sur les besoins et les résultats du produit Résultats de mesure d'un produit échantillonné

La figure 2 représente le fournisseur dans la chaîne d'approvisionnement avec un sous-contractant et un client. Dans cette structure de chaîne d'approvisionnement, les divers entrants et sortants doivent s'écouler dans des directions différentes, comme illustré à la figure 2. Il convient de souligner que dans ce contexte, «produit» inclut les quatre catégories génériques de produit.

Le management de la qualité est réalisée en gérant les processus dans l'organisme. Il est nécessaire de gérer un processus dans deux sens:

— la structure et le fonctionnement du processus lui-même à l'intérieur duquel le produit ou l'information passe; et

— la qualité du produit ou de l'information passant à l'intérieur de la structure.

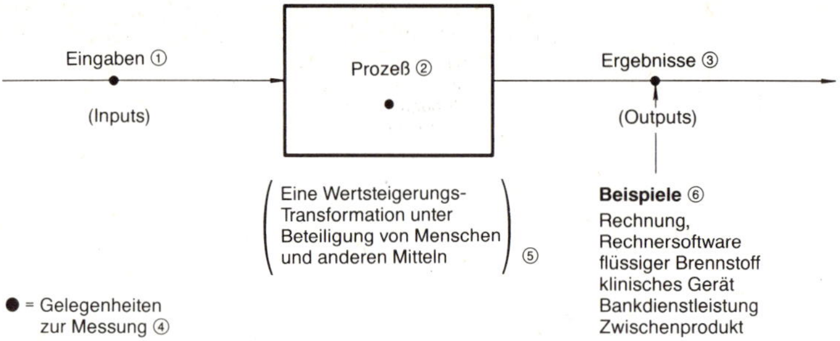

① Eingaben (Inputs)
② Prozeß
③ Ergebnisse (Outputs)
④ ● = Gelegenheiten zur Messung
⑤ Eine Wertsteigerungs-Transformation unter Beteiligung von Menschen und anderen Mitteln
⑥ **Beispiele**
Rechnung,
Rechnersoftware
flüssiger Brennstoff
klinisches Gerät
Bankdienstleistung
Zwischenprodukt

Bild 1: Jedes Werk wird durch einen Prozeß geschaffen

① Inputs
② Process
③ Outputs
④ ● = Opportunities to measure
⑤ A value-adding transformation involving people and other resources
⑥ **Examples**
Invoice
Computing software
Liquid fuel
Clinical device
Banking service
Intermediate product

Figure 1: All work is accomplished by a process

① Entrants
② Processus
③ Sortants
④ ● = Possibilités d'évaluation
⑤ Une transformation ajoutant de la valeur et impliquant des personnes et d'autres ressources
⑥ **Exemples:**
Facture
Logiciel de calcul
Combustible liquide
Dispositif clinique
Service bancaire
Produit intermédiaire

Figure 1: Tout travail est accompli par un processus

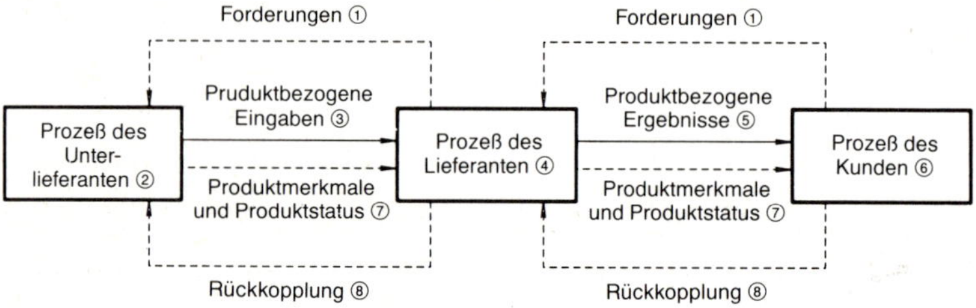

① Forderungen
② Prozeß des Unterlieferanten
③ Produktbezogene Eingaben
④ Prozeß des Lieferanten
⑤ Produktbezogene Ergebnisse
⑥ Prozeß des Kunden
⑦ Produktmerkmale und Produktstatus
⑧ Rückkopplung

Bild 2: Lieferketten-Beziehung von Prozessen mit produktbezogenem und informationsbezogenem Fluß

① Requirements
② Subsupplier's process
③ Pruduct-related inputs
④ Supplier's process
⑤ Product-related outputs
⑥ Customer's process
⑦ Product characteristics and status
⑧ Feedback

Figure 2: Supply chain relationship of processes, with product-related and information-related flow

① Exigences
② Processus du sous-contractant
③ Entrants relatifs au produit
④ Processus du fournisseur
⑤ Sortants relatifs au produit
⑥ Processus du client
⑦ Caractéristiques et statut du produit
⑧ Retour d'information

Figure 2: La chaîne d'approvisionnement des processus, avec les flux relatifs au produit et à l'information

4.7 Das Netzwerk von Prozessen in einer Organisation

Jede Organisation besteht, um wertsteigernde Arbeit zu schaffen. Die Arbeit wird vollendet durch ein Netzwerk von Prozessen. Die Struktur des Netzwerks ist üblicherweise keine einfache sequentielle Struktur, sondern typischerweise ziemlich komplex.

In einer Organisation müssen viele Funktionen ausgeführt werden. Sie umfassen Produktion, Produktdesign, Technologiemanagement, Marketing, Schulung, Management zur Personalausstattung, strategische Planung, Auslieferung, Rechnungsstellung und Instandhaltung. Bei gegebener Komplexität der meisten Organisationen ist es wichtig, die hauptsächlichen Prozesse hervorzuheben und Prozesse für Zwecke des Qualitätsmanagements zu vereinfachen und einer Rangfolge zu unterwerfen.

Eine Organisation muß ihr Netzwerk von Prozessen und Schnittstellen feststellen, organisieren und handhaben. Die Organisation schafft, verbessert und liefert durch das Netzwerk von Prozessen gleichbleibende Qualität ihrer Angebotsprodukte. Dies ist eine fundamentale Konzeptbasis für die DIN ISO 9000-Familie. Prozesse und ihre Schnittstellen sollten einer Analyse und ständigen Verbesserung unterzogen werden.

Probleme haben die Tendenz zu entstehen, wo Menschen mehrere Prozesse und ihre Schnittstellen zu bewältigen haben, insbesondere bei umfangreichen Prozessen, die mehrere Funktionen überspannen. Um Schnittstellen, Verantwortlichkeiten und Befugnisse zu klären, sollte ein Prozeß einen "Eigner" als die verantwortliche Person haben. Die Qualität der zur obersten Leitung gehörigen Prozesse wie etwa strategische Planung ist besonders bedeutungsvoll.

4.7 Network of processes in an organization

Every organization exists to accomplish value-adding work. The work is accomplished through a network of processes. The structure of the network is not usually a simple sequential structure, but typically is quite complex.

In an organization there are many functions to be performed. They include production, product design, technology management, marketing, training, human resources management, strategic planning, delivery, invoicing and maintenance. Given the complexity of most organizations, it is important to highlight the main processes and to simplify and prioritize processes for quality management purposes.

An organization needs to identify, organize and manage its network of processes and interfaces. The organization creates, improves and provides consistent quality in its offerings through the network of processes. This is a fundamental conceptual basis for the ISO 9000 family. Processes and their interfaces should be subject to analysis and continuous improvement.

Problems tend to arise where people have to manage several processes and their interrelationships, particularly for large processes that may span several functions. To clarify interfaces, responsibilities and authorities, a process should have an owner as the person responsible. The quality of executive management's own processes, such as strategic planning, is especially important.

4.7 Le réseau de processus d'un organisme

Chaque organisme existe pour accomplir un travail d'ajout de valeur. Le travail s'accomplit par l'intermédiaire d'un réseau de processus. La structure du réseau n'est généralement pas une simple structure séquentielle, mais est souvent très complexe.

Dans un organisme, de nombreuses fonctions doivent être exécutées. Elles comprennent la production, la conception du produit, le management de la technologie, la mercatique, la formation, le management des ressources humaines, la planification stratégique, la livraison, la facturation et la maintenance. Étant donné la complexité de la plupart des organismes, il est important de mettre en lumière les processus principaux et de simplifier et de donner la priorité aux processus relatifs aux objectifs de management de la qualité.

Un organisme doit identifier, organiser et gérer son réseau de processus et d'interfaces. L'organisme crée, améliore et procure une qualité cohérente dans ses offres, par l'intermédiaire du réseau de processus. Ceci est une base conceptuelle fondamentale de la famille ISO 9000. Il convient que les processus et leurs interfaces soient soumis à une analyse et à l'amélioration continue.

Les problèmes ont tendance à survenir lorsque des personnes doivent gérer plusieurs processus et leurs relations, en particulier des processus importants qui peuvent couvrir plusieurs fonctions. Afin de clarifier les interfaces, les responsabilités et les autorités, il est recommandé qu'un processus ait comme personne responsable un propriétaire. La qualité des propres processus du management de l'encadrement, comme la planification stratégique, est particulièrement importante.

4.8 Qualitätsmanagementsystem in bezug auf das Netzwerk von Prozessen

Man sagt üblicherweise, ein QM-System bestehe aus einer Anzahl von Elementen. Das QM-System wird mit Hilfe von Prozessen realisiert, die es sowohl innerhalb von als auch quer durch Funktionen gibt. Für ein QM-System, das effektiv sein muß, sollten diese Prozesse und die zugehörigen Verantwortlichkeiten, Befugnisse, Verfahren und Mittel festgelegt und in einer miteinander vereinbaren Art eingesetzt werden. Ein System ist mehr als die Summe von Prozessen. Um effektiv zu sein, benötigt ein QM-System Koordinierung und Verträglichkeit seiner einzelnen Prozesse sowie die Festlegung ihrer Schnittstellen.

4.8 Quality system in relation to the network of processes

It is conventional to speak of a quality system as consisting of a number of elements. The quality system is carried out by means of processes, which exist both within and across functions. For a quality system to be effective, these processes and the associated responsibilities, authorities, procedures and resources should be defined and deployed in a consistent manner. A system is more than a sum of processes. To be effective, the quality system needs coordination and compatibility of its component processes, and definition of their interfaces.

4.8 Le système qualité par rapport au réseau des processus

Il est habituel de parler d'un système qualité comme étant composé d'un certain nombre d'éléments. Le système qualité est mis en œuvre au moyen de processus qui existent à la fois à l'intérieur et entre les fonctions. Pour qu'un système qualité soit efficace, ces processus et les responsabilités, autorités, procédures et ressources associées doivent être définis et déployés de façon cohérente. Un système est plus que la somme des processus. Pour qu'il soit efficace, le système qualité nécessite la coordination et la compatibilité de ses processus constituants, et la définition de leurs interfaces.

4.9 Beurteilen von Qualitätsmanagementsystemen

4.9.1 Einleitung

Wenn QM-Systeme beurteilt werden, dann müssen wie folgt drei wesentliche Fragen in bezug auf jeden zu beurteilenden Prozeß gestellt werden:

a) Sind die Prozesse festgelegt und sind ihre Verfahren angemessen dokumentiert?

b) Sind die Prozesse wie dokumentiert vollständig entwickelt und verwirklicht?

c) Sind die Prozesse effektiv bei der Bereitstellung der erwarteten Ergebnisse?

Die gemeinsamen Antworten auf diese Fragen in bezug auf die jeweilige Methode, auf Entwicklungsstand und Ergebnisse werden das Resultat der Beurteilung bestimmen. Eine Beurteilung eines QM-Systems kann im Umfang variieren und umfaßt ein breitgefächertes Sortiment von Tätigkeiten, von denen einige in den Abschnitten 4.9.2 und 4.9.3 diskutiert sind.

4.9.2 QM-Bewertung

Eine der wichtigsten Tätigkeiten, welche die oberste Leitung der Organisation des Lieferanten systematisch ausführen muß, ist eine Beurteilung des Status und der Angemessenheit des QM-Systems, eingeschlossen die Qualitätspolitik, in bezug auf die Erwartungen der Interessenpartner. QM-Bewertungen ziehen üblicherweise viele zusätzliche Faktoren über die Forderungen hinaus in Betracht, die sich in ISO 9001, ISO 9002 und ISO 9003 finden. Die Ergebnisse von internen Qualitätsaudits und von externen Qualitätsaudits sind bedeutsame Informationsquellen. Es ist wichtig, daß das Ergebnis der QM-Bewertung zu einer erhöhten Effektivität und Effizienz des QM-Systems führen sollte.

4.9.3 Audits des Qualitätsmanagementsystems

Qualitätsaudits sind ein wichtiges Element bei der Beurteilung der Effektivität eines QM-Systems. Qualitätsaudits können durch die Organisation selbst (first party) oder in ihrem Auftrag, durch deren Kunden (second parties) oder durch unabhängige Stellen (third parties) durchgeführt werden. Aus der Sicht des Kunden kann ein Qualitätsaudit durch eine second party oder third party einen erhöhten Grad von Objektivität verschaffen.

Interne Qualitätsaudits (first-party-Qualitätsaudits) können durch Mitglieder der Organisation oder durch andere Personen im Auftrag der Organisation durchgeführt werden. Diese (Qualitätsaudits) beschaffen Information für eine

4.9 Evaluating quality systems

4.9.1 General

When evaluating quality systems, there are three essential questions that have to be asked in relation to every process being evaluated, as follows.

a) Are the processes defined and their procedures appropriately documented?

b) Are the processes fully deployed and implemented as documented?

c) Are the processes effective in providing the expected results?

The collective answers to these questions relating respectively to the approach, deployment and results, will determine the outcome of the evaluation. An evaluation of a quality system may vary in scope, and encompass a wide range of activities, some of which are discussed in 4.9.2 and 4.9.3.

4.9.2 Management review

One of the important activities that executive management of the supplier organization needs to carry out systematically is an evaluation of the status and adequacy of the quality system, including the quality policy, in relation to the expectations of the stakeholders. Management reviews usually take into account many additional factors beyond the requirements found in ISO 9001, ISO 9002 or ISO 9003. The results of internal audits and external audits are an important source of information. It is important that the outcome of the management review should lead to increased effectiveness and efficiency of the quality system.

4.9.3 Quality system audits

In evaluating the effectiveness of a quality system, audits are an important element. Audits may be conducted by, or on behalf of, the organization itself (first party), its customers (second parties) or independent bodies (third parties). The second or third party audit may provide an enhanced degree of objectivity from the customer's perspective.

First-party internal quality audits may be conducted by members of the organization or by other persons on behalf of the organization. These pro-

4.9 Évaluation des systèmes qualité

4.9.1 Introduction

Lors de l'évaluation de systèmes qualité, trois questions essentielles doivent être posées en relation avec chaque processus soumis à évaluation, comme suit:

a) Les processus sont-ils définis et leurs procédures sont-elles consignées par écrit de façon appropriée?

b) Les processus sont-ils totalement déployés et mis en œuvre tels qu'ils sont consignés par écrit?

c) Les processus sont-ils efficaces pour fournir les résultats attendus?

Les réponses collectives à ces questions concernant respectivement l'approche, le déploiement et les résultats, vont déterminer l'issue de l'évaluation. L'évaluation d'un système qualité peut varier en étendue et englober une large gamme d'activités, dont certaines sont évoquées en 4.9.2 et 4.9.3.

4.9.2 Revue de direction

L'une des activités importantes que la direction de l'organisme du fournisseur doit réaliser systématiquement est une évaluation de l'état et de l'adéquation du système qualité, y compris la politique qualité, par rapport aux attentes des parties prenantes. Les revues de direction tiennent généralement compte de nombreux facteurs supplémentaires allant au-delà des exigences indiquées dans l'ISO 9001, l'ISO 9002 ou l'ISO 9003. Les résultats des audits internes et des audits externes constituent une importante source d'information. Il est important que le résultat de la revue de direction entraîne une efficacité et une efficience accrues du système qualité.

4.9.3 Audits du système qualité

Dans l'évaluation de l'efficacité d'un système qualité, les audits constituent un élément important. Les audits peuvent être menés par, ou au nom de, l'organisme lui-même (première partie), ses clients (seconde partie) ou entités indépendantes (tierce partie). L'audit par seconde ou tierce partie peut fournir un degré d'objectivité supérieur du point de vue du client.

Les audits qualité internes par première partie peuvent être conduits par des membres de l'organisme ou par d'autres personnes au nom de l'organisme. Ceux-ci fournissent des informations effektive QM-Bewertung sowie für Korrektur-, Vorbeugungs- oder Verbesserungsmaßnahmen.

Kundenaudits (second-party-Qualitätsaudits) können durch Kunden der Organisation oder durch andere Personen im Auftrag des Kunden durchgeführt werden, wo ein Vertrag oder eine Reihe von Verträgen geprüft wird. Sie sorgen für Vertrauen gegenüber dem Lieferanten.

Zertifizierungsaudits (third-party-Qualitätsaudits) können durch kompetente Zertifizierungsstellen durchgeführt werden, um eine Zertifizierung oder Registrierung zu erlangen, wobei für eine Reihe möglicher Kunden für Vertrauen gesorgt wird.

Die Basisforderungen zur Qualitätssicherung/QM-Darlegung sind in ISO 9001, ISO 9002 und ISO 9003 enthalten. Die Teile 1, 2 und 3 von ISO 10 011 geben Anleitung zum Auditieren.

ANMERKUNG 16: Ein first-party-Qualitätsaudit wird oft ein "internes" Qualitätsaudit genannt, während second-party-Qualitätsaudits und third-party-Qualitätsaudits häufig "externe" Qualitätsaudits genannt werden.

vide information for effective management review and corrective, preventive or improvement action.

Second-party quality audits may be conducted by customers of the organization, or by other persons on behalf of the customer where there is a contract or a series of contracts under consideration. These provide confidence in the supplier.

Third-party quality audits may be carried out by competent certification bodies to gain certification or registration, thereby providing confidence to a range of potential customers.

The basic requirements for quality systems are contained in ISO 9001, ISO 9002 and ISO 9003. Parts 1, 2 and 3 of ISO 10011 give guidance on auditing.

NOTE 16: A first-party audit is often called an "internal" audit, whereas second-party and third-party quality audits are often called "external" quality audits.

pour une revue de direction efficace et des actions correctives, préventives ou d'amélioration.

Les audits qualité par seconde partie peuvent être conduits par des clients de l'organisme ou par d'autres personnes au nom du client, lorsqu'il existe un contrat ou une série de contrats à l'étude. Ceux-ci donnent confiance en le fournisseur.

Les audits qualité par tierce partie peuvent être réalisés par des organismes de certification compétents pour obtenir une certification ou une inscription, donnant ainsi confiance à un éventail de clients potentiels.

Les exigences fondamentales pour les systèmes qualité sont données dans l'ISO 9001, l'ISO 9002 et l'ISO9003. Les parties 1, 2 et 3 de l'ISO 10011 donnent des conseils sur les audits.

NOTE 16: Un audit première partie est souvent appelé audit «interne», alors que les audits qualité seconde partie et tierce partie sont souvent appelés audits qualité «externes».

5 Funktionen von Dokumentation

5.1 Der Nutzen von Dokumentation

Im Zusammenhang mit der ISO 9000-Familie ist Vorbereitung und Anwendung von Dokumentation dazu bestimmt, eine dynamische Tätigkeit zu hoher Wertsteigerung zu sein. Angemessene Dokumentation ist wesentlich für verschiedene entscheidende Aufgaben:

— Erfüllung der Qualitätsforderung (an das Produkt);

— Beurteilung von QM-Systemen;

— Qualitätsverbesserung;

— Aufrechterhalten der Verbesserungen.

5 Roles of documentation

5.1 Value of documentation

In the context of the ISO 9000 family, the preparation and use of documentation is intended to be a dynamic high-value-adding activity. Appropriate documentation is essential for several critical roles:

— achieving required (product) quality;

— evaluating quality systems;

— quality improvement;

— maintaining the improvements.

5 Rôles de la documentation

5.1 Valeur de la documentation

Dans le contexte de la famille ISO 9000, la préparation et l'utilisation de la documentation sont destinées à être des activités dynamiques à valeur ajoutée élevée. Une documentation appropriée est essentielle pour plusieurs rôles critiques:

— atteindre la qualité (du produit) requise;

— évaluer les systèmes qualité;

— améliorer la qualité;

— mettre à jour les améliorations.

5.2 Dokumentation und die Beurteilung von Qualitätsmanagementsystemen

Für Auditierungszwecke ist Dokumentieren der Verfahren Nachweis, daß

— ein Prozeß festgelegt worden ist,

— die Verfahren genehmigt sind, und

— die Verfahren dem Änderungsdienst unterworfen sind.

Nur unter diesen Umständen können interne oder externe Qualitätsaudits eine tiefergehende Beurteilung der Angemessenheit sowohl der Planung als auch der Verwirklichung verschaffen.

5.2 Documentation and evaluation of quality systems

For auditing purposes, documentation of procedures is objective evidence that

— a process has been defined,

— the procedures are approved, and

— the procedures are under change control.

Only under these circumstances can internal or external audits provide a meaningful evaluation of the adequacy of both deployment and implementation.

5.2 Documentation et évaluation des systèmes qualité

Dans le cadre des audits, la documentation des procédures est une preuve tangible que

— un processus a été défini,

— les procédures sont approuvées,

— les changements de procédures sont maîtrisés.

C'est seulement dans ces circonstances que des audits internes ou externes peuvent procurer une évaluation significative de l'adéquation du déploiement et de la mise en œuvre.

5.3 Dokumentation als Unterstützung für Qualitätsverbesserung

Dokumentation ist wichtig für Qualitätsverbesserung. Wenn Verfahren dokumentiert, geplant und verwirklicht sind, kann man verläßlich feststellen, wie Dinge laufend getan werden, und man kann die laufende Leistung messen. Dann ist auch eine verläßliche Messung der Wirkung einer Änderung verbessert. Darüber hinaus sind dokumentierte gebräuchliche Arbeitsverfahren wesentlich für die Aufrechterhaltung des Gewinns aus Qualitätsverbesserungsmaßnahmen.

5.4 Dokumentation und Schulung

Aufrechterhalten von Vereinbarkeit der geplanten und verwirklichten Verfahren resultiert aus einer Kombination der Dokumentation mit den Fertigkeiten und der Schulung des Personals. In jeder Situation sollte ein angemessenes Gleichgewicht zwischen dem Ausmaß an Dokumentierung und dem Ausmaß von Fertigkeiten und Schulung angestrebt werden, so etwa um Dokumentation auf einem angemessenen Niveau über angemessene Zeitintervalle aufrechterhalten zu können. Audits eines QM-Systems sollten mit dieser erforderlichen Ausgewogenheit in der Denkweise durchgeführt werden.

6 Qualitätsmanagementsystem-Situationen

Die ISO 9000-Familie ist zur Anwendung in vier Situationen vorgesehen:

a) Anleitung zum Qualitätsmanagement;

b) vertraglich, zwischen Lieferanten (first parties) und Kunden (second parties);

c) Genehmigung oder Registrierung durch einen Kunden (second party); und

d) Zertifizierung oder Registrierung durch eine unabhängige Stelle (third party).

Die Organisation des Lieferanten sollte ein QM-System einrichten und aufrechterhalten, dazu bestimmt, alle jene Situationen abzudecken [unter den unter a), b), c) und d) aufgelisteten], welche die Organisation betreffen.

In Situation a) wird dieses System seine eigene Wettbewerbsfähigkeit verbessern, die Qualitätsforderung an ein Produkt in einer kostengünstigen Weise zu erfüllen.

In Situation b) kann der Kunde an gewissen Elementen des QM-Systems (nachfolgend "QM-Elemente") des Lieferanten und den zugehörigen Risiken

5.3 Documentation as a support for quality improvement

Documentation is important for quality improvement. When procedures are documented, deployed and implemented, it is possible to determine with confidence how things are done currently and to measure current performance. Then reliable measurement of the effect of a change is enhanced. Moreover, documented standard operating procedures are essential for maintaining the gains from quality improvement activities.

5.4 Documentation and training

Maintaining consistency of the procedures that are deployed and implemented results from a combination of the documentation and the skills and training of personnel. In each situation an appropriate balance between the extent of documentation and the extent of skills and training should be sought, so as to keep documentation to a reasonable level that can be maintained at appropriate intervals. Quality system audits should be performed with this necessary balancing in mind.

6 Quality system situations

The ISO 9000 family is intended to be used in four situations:

a) guidance for quality management;

b) contractual, between first and second parties;

c) second-party approval or registration; and

d) third-party certification or registration.

The suppliers' organization should install and maintain a quality system designed to cover all the situations [among those listed under a), b), c) and d)] that the organization meets.

For situation a), this system will strengthen its own competitiveness to fulfil the requirements for product quality in a cost-effective way.

In situation b), the customer may be interested in certain elements of the suppliers quality system which affect the suppliers ability consistently to

5.3 Documentation en tant que soutien pour l'amélioration de la qualité

La documentation est importante pour l'amélioration de la qualité. Lorsque des procédures sont consignées par écrit, déployées et mises en œuvre, il est possible de déterminer avec confiance comment les choses sont faites habituellement et de mesurer les résultats habituels. Alors la fiabilité de la mesure de l'effet d'un changement est augmentée. En outre, des procédures opératoires courantes consignées par écrit sont essentielles pour le maintien des bénéfices provenant des activités d'amélioration de la qualité.

5.4 Documentation et formation

Le maintien de la cohérence des procédures qui sont déployées et mises en œuvre résulte d'une combinaison de la documentation, des compétences et de la formation du personnel. Dans chaque situation, un équilibre approprié entre l'étendue de la documentation et l'étendue des compétences et de la formation doit être recherché, afin de limiter la documentation à un niveau raisonnable qui peut être tenu à jour à des intervalles appropriés. Les audits du système qualité doivent être réalisés en gardant à l'esprit cet équilibre nécessaire.

6 Situations relatives aux systèmes qualité

La famille ISO 9000 est destinée à être utilisée dans quatre situations:

a) conseils pour le management de la qualité;

b) contractuelle, entre première et seconde parties;

c) approbation ou inscription par seconde partie; et

d) certification ou inscription par tierce partie.

Il convient que l'organisme fournisseur mette en place et tienne à jour un système qualité conçu pour couvrir toutes les situations [parmi celles indiquées en a), b), c) et d)] que rencontre l'organisme.

Pour la situation a), ce système renforcera sa propre compétitivité afin de satisfaire les exigences relatives à la qualité du produit de façon rentable.

Dans la situation b), le client peut être intéressé par certains éléments du système qualité du fournisseur qui touchent à l'aptitude du fournisseur à interessiert sein, welche die Fähigkeit des Lieferanten beeinflussen, ständig Produkte herzustellen, welche die betreffende Qualitätsforderung erfüllen. Deshalb fordert der Kunde vertraglich, daß gewisse QM-Elemente und Prozesse, wie es angebracht ist, Bestandteil des QM-Systems des Lieferanten sind, indem er ein spezielles Modell zur Qualitätssicherung/QM-Darlegung spezifiziert.

In Situation c) ist das QM-System des Lieferanten durch den Kunden beurteilt. Dem Lieferanten kann eine formelle Anerkennung gegeben werden, daß die Forderungen der Norm erfüllt sind.

In Situation d) ist das QM-System des Lieferanten durch die Zertifizierungsstelle beurteilt, und der Lieferant bestätigt, sein QM-System für alle Kunden aufrechtzuerhalten, es sei denn, es ist in einem individuellen Vertrag anders spezifiziert. Diese Art von Zertifizierung oder Registrierung eines QM-Systems vermindert häufig die Anzahl und/oder das Ausmaß von Beurteilungen eines QM-Systems durch Kunden.

Ein einzelner Lieferant wird oft von Situationen aller (vier) Arten betroffen sein. Der Lieferant kann irgendwelche Materialien oder Komponenten ohne vertragliche Forderungen zur Qualitätssicherung/QM-Darlegung aus einem Normteilelager erwerben und andere mit vertraglichen Forderungen zur Qualitätssicherung/QM-Darlegung kaufen. Derselbe Lieferant kann einige Produkte in nichtvertraglichen Situationen verkaufen, gleichviel ob der Kunde eine Zertifizierung des QM-Systems erwartet oder nicht, und er kann andere Produkte in vertraglichen Situationen verkaufen.

Ein Lieferant kann die ISO 9000-Familie mit zwei Zielsetzungen zur Benutzung wählen. Sie werden "leitungsmotiviert" und "interessenpartnermotiviert" genannt. In beiden Fällen sollte der Lieferant zuerst diesen Teil von ISO 9000 heranziehen, den Orientierungsplan für die ISO 9000-Familie, um die Grundkonzepte und die in der Familie verfügbaren Arten von Normen zu verstehen.

Der "interessenpartnermotivierte" Ansatz ist die vorherrschende Praxis in vielen Ländern und Industrie-/Wirtschafts-Sektoren. Der zunehmende Gebrauch der Zertifizierung/Registrierung von QM-Systemen ist ein Faktor in der Verbreitung dieses Ansatzes.

Beim "interessenpartnermotivierten" Ansatz verwirklicht der Lieferant in Reaktion auf unmittelbare Forderungen durch Kunden oder andere Interessenpartner zuerst ein QM-System. Das ausgewählte QM-System erfüllt die Darlegungsforderungen von ISO 9001, ISO 9002 oder

produce product to requirements, and the associated risks. The customer, therefore, contractually requires that certain quality system elements and processes, as appropriate, be part of the supplier's quality system, by specifying a particular quality assurance model.

In situation c), the supplier's quality system is assessed by the customer. The supplier may be given formal recognition of conformance with the standard.

In situation d), the supplier's quality system is evaluated by the certification body, and the supplier agrees to maintain the quality system for all customers unless otherwise specified in an individual contract. This type of quality system certification or registration often reduces the number and/or extent of quality system assessments by customers.

A single supplier often will be involved in situations of all types. The supplier may purchase some materials or components from standard inventory without contractual quality system requirements, and purchase others with contractual quality system requirements. The same supplier may sell some products in non-contractual situations, with or without customers expecting quality system certification, and may sell other products in contractual situations.

A supplier can elect to use the ISO 9000 family in either of two ways, which may be called "management motivated" and "stakeholder" motivated, respectively. In either case, the supplier should initially consult this part of ISO 9000, the road map for the ISO 9000 family, to understand basic concepts and the types of standards available in the family.

The stakeholder-motivated approach is the predominant practice in many nations and industry/economic sectors. The increasing use of quality system certification/registration is a factor in the spread of this approach.

In the stakeholder-motivated approach, the supplier initially implements a quality system in response to immediate demands by customers or other stakeholders. The selected quality system conforms to the requirements of ISO 9001, ISO 9002 or ISO 9003, as applicable. The supplier's management

produire uniformément le produit conformément aux exigences, et aux risques associés. Le client exige donc contractuellement que certains éléments et processus du système qualité, comme approprié, fassent partie du système qualité du fournisseur, en spécifiant un modèle particulier d'assurance de la qualité.

Dans la situation c), le système qualité du fournisseur est évalué par le client. Le fournisseur peut recevoir une reconnaissance formelle de conformité à la norme.

Dans la situation d), le système qualité du fournisseur est évalué par l'organisme de certification, et le fournisseur convient de maintenir le système qualité pour tous les clients, sauf spécification contraire dans un contrat individuel. Ce type de certification ou d'inscription du système qualité réduit souvent le nombre et/ou l'étendue des évaluations de systèmes qualité par les clients.

Un seul fournisseur est souvent impliqué dans des situations de tous les types. Le fournisseur peut acheter des matériels ou des composants à partir d'un stock standard, sans exigences contractuelles du système qualité, et en acheter d'autres, avec des exigences contractuelles de système qualité. Le même fournisseur peut vendre certains produits dans des situations non contractuelles, avec ou sans clients comptant sur une certification du système qualité, et peut vendre d'autres produits dans des situations contractuelles.

Un fournisseur peut choisir d'utiliser la famille ISO 9000 dans l'un ou l'autre sens, qui peuvent respectivement être appelés «incité par la direction» et «incité par les parties prenantes». Dans l'un ou l'autre cas, il convient que le fournisseur consulte préalablement la présente partie de l'ISO 9000, carte routière pour la famille ISO 9000, pour comprendre les concepts fondamentaux et les types de normes disponibles dans la famille.

L'approche incitée par les parties prenantes est la pratique prédominante dans de nombreux pays et secteurs industriels/économiques. L'utilisation croissante de certification/inscription de système qualité est un facteur dans le développement de cette approche.

Dans l'approche incitée par les parties prenantes, le fournisseur met initialement en œuvre un système qualité en réponse à des demandes immédiates des clients ou des autres parties prenantes. Le système qualité choisi est conforme aux exigences de l'ISO 9001, l'ISO 9002 ou l'ISO 9003 applicables.

ISO 9003, je nach Anwendung. Die oberste Leitung des Lieferanten muß bei diesem Ansatz eine bedeutende Führungsaktivität entfalten, jedoch wird die Anstrengung durch externe Interessenpartner gefordert. Typischerweise stellt der Lieferant fest, daß bedeutende Verbesserungen bei Produktqualität, Kosten und internen Arbeitsergebnissen erreicht werden. Gleichzeitig oder später kann der Lieferant eine QM-Anstrengung einleiten, um weitere Verbesserungen zu erringen, und zwar durch Aufbau eines umfassenderen QM-Systems auf der Basis des als Kernbaustein ausgewählten Modells zur Qualitätssicherung/QM-Darlegung.

Beim "leitungsmotivierten" Ansatz gibt die eigene oberste Leitung des Lieferanten unter Vorwegnahme auftauchender Marktforderungen und -trends den Anstoß zur Anstrengung. Auf diesem Weg werden zuerst die Norm ISO 9004-1 (und andere anwendbare Teile von ISO 9004) benutzt als Leitfaden für einen QM-Ansatz zur Einführung eines QM-Systems, das die Qualitätsfähigkeit des Lieferanten verbessern wird. Anschließend kann der Lieferant die passende Norm mit Darlegungsforderung benutzen, ISO 9001, ISO 9002 oder ISO 9003, als Modell zur Darlegung der Angemessenheit des QM-Systems, wobei er durch Anstreben einer Zertifizierung als Vorsorgemaßnahme möglicherweise einer Kundenforderung zuvorkommt.

Das nach diesem leitungsmotivierten Ansatz eingeführte QM-System wird normalerweise umfassender und erfolgreicher sein als das zur Darlegung der Angemessenheit des QM-Systems angewendete Modell.

must play a significant leadership role in this approach, but the effort is driven by external stakeholders. Typically, the supplier finds that significant improvements in product quality, costs and internal operating results are obtained. At the same time, or later, the supplier may initiate a quality management effort to gain further improvements, building a more comprehensive quality system from the selected quality assurance model as a core building block.

In the management-motivated approach, the supplier's own management initiates the effort in anticipation of emerging marketplace needs and trends. In this route, ISO 9004-1 (and other applicable parts of ISO 9004) are used first, to guide a quality management approach to installing a quality system that will enhance the supplier's quality achievement. Subsequently, the supplier can use the applicable requirement standard, ISO 9001, ISO 9002 or ISO 9003, as the quality assurance model for demonstrating the adequacy of the quality system, possibly seeking certification in advance of any customer requirement as a preparatory measure.

The quality system implemented in this management-motivated approach will normally be more comprehensive and fruitful than the model used for demonstrating the adequacy of the quality system.

La direction du fournisseur doit jouer un rôle moteur significatif dans cette approche, mais l'effort est conduit par des parties prenantes externes. Généralement, le fournisseur trouve que des améliorations significatives concernant la qualité du produit, les coûts et les résultats opératoires internes sont obtenues. Au même moment ou plus tard, le fournisseur peut entamer un effort de management de la qualité afin de bénéficier d'autres améliorations, de construire un système qualité plus complet à partir du modèle d'assurance de la qualité sélectionné comme base d'édification.

Dans l'approche incitée par la direction, la propre direction du fournisseur entame l'effort en anticipant les besoins et tendances émanant du marché. Dans cette voie, l'ISO 9004-1 (et les autres parties applicables de l'ISO 9004) sont utilisées d'abord, pour guider une approche de management de la qualité vers la mise en place d'un système qualité qui renforce l'obtention de qualité du fournisseur. Ensuite, le fournisseur peut utiliser la norme d'exigences applicable, l'ISO 9001, l'ISO 9002 ou l'ISO 9003, en tant que modèle d'assurance qualité pour démontrer l'adéquation du système qualité, s'il recherche, en mesure préparatoire, une certification avant toute exigence d'un client.

Le système qualité mis en œuvre dans cette approche incitée par la direction est généralement plus complet et fructueux que le modèle utilisé pour faire la preuve de l'adéquation du système qualité.

7 Auswahl und Anwendung qualitätsbezogener Internationaler Normen

7.1 Allgemeines

Für das Qualitätsmanagement sollten Organisationen die Internationalen Normen der ISO 9000-Familie benutzen, um ihr QM-System sowohl in "leitungsmotivierten" als auch in "interessenpartnermotivierten" Situationen zu entwickeln, zu verwirklichen und zu verbessern.

Die ISO 9000-Familie enthält zwei Arten von Normen mit Leitfäden. Für Zwecke der Qualitätssicherung/QM-Darlegung ist ein Anwendungsleitfaden durch die verschiedenen Teile von ISO 9000 bereitgestellt. Ein spezialisierter Anwendungsleitfaden für Zwecke des Qualitätsmanagements ist mit den Teilen von ISO 9004 verfügbar. Diese Teile von ISO 9004 sind nicht als Erläuterung der Darlegungsforderungs-Normen vorgesehen. Aller-

7 Selection and use of International Standards on quality

7.1 General

For quality management purposes, organizations should use the ISO 9000 family of International Standards in order to develop, implement and improve their quality system in both the management-motivated and stakeholder-motivated situations.

The ISO 9000 family contains two types of guidance standards. Application guidance for quality assurance purposes is provided by several parts of ISO 9000. Specialized application guidance for quality management purposes is provided by the parts of ISO 9004. These parts of ISO 9004 are not intended to be used to interpret the requirements of the quality assurance

7 Sélection et utilisation des Normes internationales relatives à la qualité

7.1 Généralités

À des fins de management de la qualité, il convient que les organismes utilisent les Normes internationales de la famille ISO 9000 afin de développer, mettre en œuvre et améliorer leur système qualité, à la fois en situation de «incité par la direction» et de «incité par les parties prenantes».

La famille ISO 9000 comprend deux types de normes de conseil. Plusieurs parties de l'ISO 9000 fournissent des conseils d'application dans un objectif d'assurance qualité. Les parties de l'ISO 9004 fournissent des conseils d'application spécialisés dans un objectif de management de la qualité. Ces parties de l'ISO 9004 ne sont pas faites pour être utilisées dans un but d'interprétation des exigences des dings geben sie nützliche Verweise. Ebenso können die Internationalen Normen mit den Nummern in der 10 000er-Folge für Hinweise benutzt werden.

Überall in der ISO 9000-Familie sind die Erfüllung der Erfordernisse des Kunden, die Festlegung funktionaler Verantwortlichkeiten und die Bedeutung einer Beurteilung — soweit möglich — des potentiellen Risikos und Nutzens betont. Alle diese Aspekte sowie deren ständige Verbesserung sollten beim Einführen und Aufrechterhalten eines effektiven QM-Systems betrachtet werden.

Besondere Aufmerksamkeit sollte ISO 9004-1 gewidmet werden, die sich mit Qualitätsmanagement bei einem beliebigen Produkt befaßt (siehe Abschnitt 7.9) sowie auf alle übergeordneten Produktkategorien und Industrie-/Wirtschaftssektoren anwendbar ist.

Der Lieferant sollte bei Anwendung von ISO 9004-1 entsprechend einer spezifischen Situation das Ausmaß festlegen, in welchem jedes QM-Element angewendet wird, und welche spezifischen Methoden und Technologien anzuwenden sind; zutreffende (andere) Teile der ISO 9000-Familie geben weitere Anleitungen.

Die Unterabschnitte 7.2 bis 7.16 geben Anleitung, um Organisationen in die Lage zu versetzen, passende Internationale Normen aus der ISO 9000-Familie auszuwählen, die möglicherweise nützliche Information zum Verwirklichen und zum Betreiben von QM-Systemen bereitstellen können.

7.2 Auswahl und Anwendung

ISO 9000-1: Normen zum Qualitätsmanagement und zur Qualitätssicherung/QM-Darlegung; Leitfaden zur Auswahl und Anwendung.

Jegliche Organisation, die an die Entwicklung und Verwirklichung eines QM-Systems denkt, sollte in ISO 9000-1 nachschlagen.

Steigender weltweiter Wettbewerb hat im Hinblick auf Qualität zunehmend zu höheren Kundenerwartungen geführt. Um konkurrenzfähig zu sein und eine gute wirtschaftliche Leistungsfähigkeit aufrechtzuerhalten, müssen Organisationen/Lieferanten zunehmend effektive und effiziente Systeme anwenden.

ISO 9000-1 erläutert die prinzipiellen qualitätsbezogenen Konzepte und stellt Anleitungen für die Auswahl und die Anwendung der Normen der ISO 9000-Familie für diesen Zweck bereit.

standards, however, they can provide useful references. Likewise, International Standards with numbers in the 10 000 sequence may be used for reference.

Throughout the ISO 9000 family, emphasis is placed on the satisfaction of customer's needs, the establishment of functional responsibilities, and the importance of assessing (as far as possible) the potential risk and benefits. All these aspects should be considered in establishing and maintaining an effective quality system, and its continuous improvement.

Special attention should be paid to ISO 9004-1 which deals with quality management of any product (see 7.9) and applies to all generic product categories and all industry/economic sectors.

Using ISO 9004-1, the supplier should determine according to a specific situation the extent to which each quality system element is applicable and which specific methods and technologies are to be applied; appropriate parts of the ISO 9000 family give further guidance.

Subclauses 7.2 to 7.16 give guidance to enable organizations to select appropriate International Standards from the ISO 9000 family that would provide useful information for implementing and operating quality systems.

7.2 Selection and use

ISO 9000-1 : 1994, Quality management and quality assurance standards Part 1: Guidelines for selection and use

Reference should be made to ISO 9000-1 by any organization which is contemplating the development and implementation of a quality system.

Increased global competition has led to increasingly more stringent customer expectations with regard to quality. To be competitive and sustain good economic performance, organizations/suppliers need to employ increasingly effective and efficient systems.

ISO 9000-1 clarifies the principal quality-related concepts and provides guidance for the selection and use of the ISO 9000 family for this purpose.

normes d'assurance qualité, cependant, elles peuvent fournir des références utiles. De la même façon, les Normes internationales de la série ISO 10 000 peuvent être utilisées comme référence.

Tout au long de la famille ISO 9000, l'accent est mis sur la satisfaction des besoins du client, l'établissement de responsabilités fonctionnelles et l'importance d'évaluer (autant que possible) le risque et les bénéfices potentiels. Il est recommandé que tous ces aspects soient pris en considération dans l'établissement et le maintien d'un système qualité efficace, et son amélioration continue.

Il convient qu'une attention particulière soit accordée à l'ISO 9004-1 qui traite du management de la qualité de tout produit (voir 7.9) et s'applique à toutes les catégories génériques de produits et à tous les secteurs industriels/économiques.

En utilisant l'ISO 9004-1, il convient que le fournisseur détermine, conformément à sa situation particulière, l'étendue dans laquelle chaque élément d'un système qualité est applicable, et quelles méthodes et technologies spécifiques doivent être appliquées; des parties appropriées de la famille ISO 9000 donnent des conseils supplémentaires.

Les paragraphes 7.2 à 7.16 donnent des conseils afin de permettre aux organismes de choisir dans la famille ISO 9000 les Normes internationales appropriées qui fourniront l'information utile pour mettre en œuvre et faire fonctionner des systèmes qualité.

7.2 Sélection et utilisation

ISO 9000-1 : 1994, Normes pour le management de la qualité et l'assurance de la qualité Partie 1: Lignes directrices pour leur sélection et utilisation

Il convient que tout organisme qui envisage le développement et la mise en œuvre d'un système qualité fasse référence à l'ISO 9000-1.

Une concurrence globale accrue a entraîné des attentes plus contraignantes du client concernant la qualité. Pour être compétitifs et prolonger de bons résultats économiques, les organismes/fournisseurs doivent employer des systèmes de plus en plus efficaces et rentables.

L'ISO 9000-1 clarifie les principaux concepts relatifs à la qualité et donne des conseils pour la sélection et l'utilisation des normes de la famille ISO 9000 à cet effet.

7.3 Anwendungsleitfäden

ISO 9000-2: Normen zum Qualitätsmanagement und zur Qualitätssicherung/QM-Darlegung; Allgemeiner Leitfaden zur Anwendung von ISO 9001, ISO 9002 und ISO 9003.

ISO 9000-2 sollte ausgewählt werden, wenn bei der Verwirklichung und Anwendung von ISO 9001, ISO 9002 und ISO 9003 (siehe Abschnitt 8) Unterstützung erforderlich ist.

Sie stellt Anleitungen für die Verwirklichung der Abschnitte in den Normen (mit Forderungen) zur Qualitätssicherung/QM-Darlegung bereit und ist insbesondere nützlich während der anfänglichen Verwirklichung.

7.3 Application guidelines

ISO 9000-2 : 1993, Quality management and quality assurance standards — Part 2: Generic guidelines for the application of ISO 9001, ISO 9002 and ISO 9003

ISO 9000-2 should be selected when assistance is needed in the implementation and application of ISO 9001, ISO 9002 and ISO 9003 (see clause 8).

It provides guidance on the implementation of the clauses in the quality assurance standards and is particularly useful during the initial implementation.

7.3 Lignes directrices d'application

ISO 9000-2 : 1993, Normes pour le management de la qualité et l'assurance de la qualité — Partie 2: Lignes directrices pour l'application de l'ISO 9001, l'ISO 9002 et l'ISO 9033

Il convient de sélectionner l'ISO 9000-2 en cas de besoin d'aide dans la mise en œuvre et l'application de l'ISO 9001, l'ISO 9002 et l'ISO 9003 (voir article 8).

Elle donne des conseils pour la mise en œuvre des articles des normes d'assurance de la qualité et est particulièrement utile pendant la mise en œuvre initiale.

7.4 Software

ISO 9000-3: Normen zum Qualitätsmanagement und zur Qualitätssicherung/QM-Darlegung; Leitfaden für die Anwendung von ISO 9001 auf die Entwicklung, Lieferung und Wartung von Software.

(ISO 9000-3 beschäftigt sich ausschließlich mit Rechnersoftware)

Lieferantenorganisationen, die betreffend ein Software-Produkt oder betreffend ein Produkt, das ein Software-Element enthält, ein QM-System nach ISO 9004-1 einrichten und entsprechend ISO 9001 darlegen, sollten in ISO 9000-3 nachschlagen.

Der Prozeß der Entwicklung, Lieferung und Wartung von Software ist verschieden von dem der meisten anderen Arten industrieller Produkte insofern, als es hier keine abgegrenzte Produktionsphase gibt. Software "geht nicht kaputt", und demzufolge sind die qualitätsbezogenen Tätigkeiten während der Designphase von größter Wichtigkeit für die Qualität des Endprodukts.

ISO 9000-3 stellt anhand des Vorschlags geeigneter Überwachungen und Methoden für diesen Zweck einen Leitfaden zur Erleichterung der Anwendung von ISO 9001 in Organisationen dar, die Software entwickeln, liefern und warten.

7.4 Software

ISO 9000-3 : 1991, Quality management and quality assurance standards — Part 3: Guidelines for the application of ISO 9001 to the development, supply and maintenance of software

(ISO 9000-3 deals exclusively with computer software.)

Reference should be made to ISO 9000-3 by supplier organizations implementing a quality system in accordance with ISO 9001 for a software product or a product which includes a software element.

The process of development, supply and maintenance of software is different from that of most other types of industrial products in that there is no distinct manufacturing phase. Software does not "wear out" and, consequently, quality activities during the design phase are of paramount importance to the final quality of the product.

ISO 9000-3 sets out guidelines to facilitate the application of ISO 9001 in organizations developing, supplying and maintaining software, by suggesting appropriate controls and methods for this purpose.

7.4 Logiciels

ISO 9000-3 : 1991, Normes pour la gestion de la qualité et làssurance de la qualité — Partie 3: Lignes directrices pour l'application de l'ISO 9001 au développement, à la mise à disposition et à la maintenance du logiciel

(L'ISO 9000-3 traite exclusivement des logiciels informatiques.)

Il convient que les organismes fournisseurs mettant en œuvre un système qualité, conformément à l'ISO 9001, pour un produit logiciel ou un produit qui inclue un élément logiciel, fassent référence à l'ISO 9000-3.

Le processus de développement, de mise à disposition et de maintenance d'un logiciel est différent de celui de la plupart des autres types de produits industriels, car il n'y a pas de phase de fabrication distincte. Le logiciel ne «s'use» pas et par conséquent, les activités relatives à la qualité pendant la phase de conception sont d'une importance capitale pour la qualité finale du produit.

L'ISO 9000-3 établit des lignes directrices afin de faciliter l'application de l'ISO 9001 dans des organismes développant, mettant à disposition et assurant la maintenance de logiciels, grâce à la suggestion de maîtrises et de méthodes appropriées à cet effet.

7.5 Zuverlässigkeit

ISO 9000-4: Normen zum Qualitätsmanagement und zur Qualitätssicherung/QM-Darlegung; Anleitung zum Management eines Zuverlässigkeitsprogramms.

ISO 9000-4 sollte ausgewählt werden, wenn der Lieferant seine Fähigkeit bezüglich der Erfüllung der Forderungen an die Zuverlässigkeitsmerkmale des Produkts (das sind Funktionsfähigkeits-, Instandhaltbarkeits- und Verfügbarkeitsmerkmale) darlegen muß.

7.5 Dependability

ISO 9000-4 : 1993, Quality management and quality assurance standards — Part 4: Guide to dependability programme management

ISO 9000-4 should be selected when the supplier needs to provide assurance of the dependability (i.e. reliability, maintainability and availability) characteristics of a product.

7.5 Sûreté de fonctionnement

ISO 9000-4 : 1993, Normes pour la gestion de la qualité et l'assurance de la qualité — Partie 4: Guide de gestion du programme de sûreté de fonctionnement

Il convient de sélectionner l'ISO 9000-4 lorsque le fournisseur doit donner l'assurance de la sûreté de fonctionnement (fiabilité, maintenabilité et disponibilité) des caractéristiques d'un produit.

Zunehmendes Vertrauen der Gesellschaft in Dienstleistungen wie etwa Transport, Elektrizitätsversorgung, Fernmelde- und Informationsdienstleistungen führt zu höheren Kundenforderungen und -erwartungen im Hinblick auf die Dienstleistungsqualität. Die Zuverlässigkeit von Produkten, angewendet für solche Dienstleistungen, ist ein großer Beitragsfaktor zu ihrer Dienstleistungsqualität.

ISO 9000-4 stellt eine Anleitung zum Management von Zuverlässigkeitsprogrammen bereit. Sie behandelt die wesentlichen Merkmale eines umfassenden Zuverlässigkeitsprogramms für die Planung, Gestaltung, Leitung und Überwachung von Mitteln zur Herstellung von Produkten, die funktionsfähig und wartbar sein werden.

Society's increasing reliance upon services such as transportation, electricity, telecommunications and information services leads to higher customer requirements and expectations with regard to quality of service. The dependability of products used for such services is a major contributing factor to their quality of service.

ISO 9000-4 provides guidance on dependability programme management. It covers the essential features of a comprehensive dependability programme for the planning, organization, direction and control of resources to produce products that will be reliable and maintainable.

La confiance accrue de la société dans les services tels que les transports, l'électricité, les télécommunications et les services d'information conduit à des exigences et des attentes plus élevées des utilisateurs en ce qui concerne la qualité du service. La sûreté de fonctionnement des produits utilisés pour ces services est un facteur contribuant grandement à leur qualité de service.

L'ISO 9000-4 donne des conseils relatifs au management d'un programme de sûreté de fonctionnement. Elle couvre les caractéristiques essentielles d'un programme complet relatif à la sûreté de fonctionnement pour la planification, l'organisation, la direction et la maîtrise des ressources pour produire des articles qui seront fiables et maintenables.

7.6 Qualitätssicherung/QM-Darlegung; Von Design bis Wartung

ISO 9001: QM-Systeme; Modell zur Qualitätssicherung/QM-Darlegung in Design/Entwicklung, Produktion, Montage und Wartung

ISO 9001 sollte ausgewählt und angewendet werden, wenn die Fähigkeit des Lieferanten dargelegt werden muß, die Prozesse sowohl für Design als auch für Herstellung eines Produkts zu überwachen, das die Qualitätsforderung erfüllt. Die spezifizierten Forderungen zielen in erster Linie auf Erreichen von Kundenzufriedenheit durch Fehlerverhütung in allen Stufen vom Design bis zur Wartung. ISO 9001 spezifiziert ein Modell zur Qualitätssicherung/QM-Darlegung für diesen Zweck.

7.6 Quality assurance: design, development, production, installation and servicing

ISO 9001 : 1994, Quality systems — Model for quality assurance in design, development, production, installation and servicing

ISO 9001 should be selected and used when the need is to demonstrate the supplier's capability to control the processes for design as well as production of conforming product. The requirements specified are aimed primarily at achieving customer satisfaction by preventing nonconformity at all stages from design through to servicing. ISO 9001 specifies a quality assurance model for this purpose.

7.6 Assurance de la qualité: conception, développement, production, installation et prestations associées

ISO 9001 : 1994, Systèmes qualité — Modèle pour l'assurance de la qualité en conception, développement, production, installation et prestations associées

Il convient de sélectionner et d'utiliser l'ISO 9001 lorsque le fournisseur a besoin de faire la preuve de son aptitude à maîtriser les processus pour la conception ainsi que la production de produits conformes. Les exigences spécifiées sont principalement destinées à obtenir la satisfaction du client en prévenant les non-conformités à toutes les étapes, depuis la conception jusqu'aux prestations associées. L'ISO 9001 spécifie un modèle de système d'assurance qualité à cet effet.

7.7 Qualitätssicherung/QM-Darlegung; Von Produktion bis Wartung

ISO 9002: QM-Systeme; Modell zur Qualitätssicherung/QM-Darlegung in Produktion, Montage und Wartung

ISO 9002 sollte ausgewählt und angewendet werden, wenn die Fähigkeit des Lieferanten dargelegt werden muß, die Prozesse für die Produktion eines Produkts zu überwachen, das die Qualitätsforderung erfüllt. ISO 9002 spezifiziert ein Modell zur Qualitätssicherung/QM-Darlegung für diesen Zweck.

7.7 Quality assurance: production, installation and servicing

ISO 9002 : 1994, Quality systems — Model for quality assurance in production, installation and servicing

ISO 9002 should be selected and used when the need is to demonstrate the supplier's capability to control the processes for production of conforming product. ISO 9002 specifies a quality assurance model for this purpose.

7.7 Assurance de la qualité: production, installation et prestations associées

ISO 9002 : 1994, Systèmes qualité — Modèle pour l'assurance de la qualité en production, installation et prestations associées

Il convient de sélectionner et d'utiliser l'ISO 9002 lorsque le fournisseur a besoin de faire la preuve de son aptitude à maîtriser les processus pour la production d'un produit conforme. L'ISO 9002 spécifie un modèle de système d'assurance qualité à cet effet.

7.8 Qualitätssicherung/QM-Darlegung; Endprüfung

ISO 9003: QM-Systeme; Modell zur Qualitätssicherung/QM-Darlegung bei der Endprüfung

7.8 Quality assurance: final inspection and test

ISO 9003 : 1994, Quality systems — Model for quality assurance in final inspection and test

7.8 Assurance de la qualité: contrôle et essais finals

ISO 9003 : 1994, Systèmes qualité — Modèle pour l'assurance de la qualité en contrôle et essais finals

ISO 9003 sollte ausgewählt und angewendet werden, wenn die Fähigkeit des Lieferanten ausschließlich bezüglich der Endprüfung dargelegt werden muß. ISO 9003 spezifiziert ein Modell zur Qualitätssicherung/QM-Darlegung für diesen Zweck.

7.9 Qualitätsmanagement

ISO 9004-1: Qualitätsmanagement und QM-Elemente — Leitfaden

Jede Organisation, die beabsichtigt, ein QM-System zu entwickeln und zu verwirklichen, sollte in ISO 9004-1 nachschlagen.

Die Organisation sollte zur Erreichung ihrer Ziele sicherstellen, daß die technischen, verwaltungsseitigen und menschlichen Faktoren, welche die Qualität ihrer Produkte beeinflussen, beherrscht werden, gleichgültig ob es sich um Hardware, Software, verfahrenstechnische Produkte oder Dienstleistungen handelt.

ISO 9004-1 erläutert eine umfangreiche Liste von QM-Elementen, relevant für alle Phasen und Tätigkeiten im Lebenszyklus eines Produkts, um einer Organisation zu helfen, gemäß ihren Erfordernissen passende QM-Elemente auszusuchen und anzuwenden.

7.10 Dienstleistungen

ISO 9004-2: Qualitätsmanagement und QM-Elemente — Leitfaden für Dienstleistungen

Organisationen, die Dienstleistungen liefern oder deren Produktangebote eine Dienstleistungskomponente enthalten, sollten in dieser Leitfaden-Norm nachschlagen.

Die Merkmale einer Dienstleistung können sich von denen anderer Produkte unterscheiden und können Aspekte wie Personal, Wartedauer, Lieferzeit, Hygiene, Glaubwürdigkeit und direkt an den Endverbraucher gelieferte Information enthalten. Kundenbeurteilung, oft sehr subjektiv, ist der oberste Maßstab für die Dienstleistungsqualität.

ISO 9004-2 ergänzt den Leitfaden ISO 9004-1 in bezug auf Produkte in der Dienstleistungskategorie und erläutert Konzepte, Prinzipien und QM-Elemente, die für alle Arten von Dienstleistungsangeboten anwendbar sind.

7.11 Verfahrenstechnische Produkte

ISO 9004-3: Qualitätsmanagement und QM-Elemente — Leitfaden für Verfahrenstechnische Produkte

Organisationen, deren (End- oder Zwischen-)Produkte aus Umarbeitungen

ISO 9003 should be selected and used when conformance to specified requirements is to be assured by the supplier solely at final inspection and test. ISO 9003 specifies a quality assurance model for this purpose.

7.9 Quality management

ISO 9004-1 : 1994, Quality management and quality system elements — Part 1: Guidelines

Reference should be made to ISO 9004-1 by any organization intending to develop and implement a quality system.

In order to meet its objectives, the organization should ensure that the technical, administrative and human factors affecting the quality of its products will be under control, whether hardware, software, processed materials or services.

ISO 9004-1 describes an extensive list of quality system elements pertinent to all phases and activities in the life cycle of a product to assist an organization to select and apply elements appropriate to its needs.

7.10 Services

ISO 9004-2 : 1991, Quality management and quality system elements — Part 2: Guidelines for services

Reference should be made to ISO 9004-2 by organizations that provide services or whose products include a service component.

The characteristics of a service can differ from those of other products and can include such aspects as personnel, waiting time, delivery time, hygiene, credibility and communication delivered directly to the final customer. Customer assessment, often very subjective, is the ultimate measure of the quality of a service.

ISO 9004-2 supplements the guidance of ISO 9004-1 with respect to products in the services category. It describes the concepts, principles and quality system elements which are applicable to all forms of service offerings.

7.11 Processed materials

ISO 9004-3 : 1993, Quality management and quality system elements — Part 3: Guidelines for processed materials

Reference should be made to ISO 9004-3 by organizations whose

Il convient de sélectionner et d'utiliser l'ISO 9003 lorsque la conformité à des exigences spécifiées doit être assurée par le fournisseur au moment des contrôles et essais finals. L'ISO 9003 spécifie un modèle de système d'assurance qualité à cet effet.

7.9 Management de la qualité

ISO 9004-1 : 1994, Management de a qualité et éléments de système qualité — Partie 1: Lignes directrices

Il convient que tout organisme qui entend développer et mettre en œuvre un système qualité fasse référence à l'ISO 9004-1.

Afin de satisfaire à ses objectifs, il convient qu'un organisme s'assure que tous les facteurs techniques, administratifs et humains liés à la qualité de ses produits sont maîtrisés, que ce soient des matériels, des logiciels, des produits issus de processus à caractère continu ou des services.

L'ISO 9004-1 décrit une liste complète d'éléments de système qualité liés à toutes les phases et activités du cycle de vie d'un produit, afin d'aider l'organisme à sélectionner et à appliquer les éléments adaptés à ses besoins.

7.10 Services

ISO 9004-2 : 1991, Gestion de la qualité et éléments de système qualité — Partie 2: Lignes directrices pour les services

Il convient que les organismes qui fournissent des services ou dont les offres de produits incluent un élément de service fasse référence à l'ISO 9004-2.

Les caractéristiques d'un service peuvent différer de celles d'autres produits et peuvent inclure des aspects tels que le personnel, le temps d'attente, le délai de livraison, l'hygiène, la crédibilité et la communication livrés directement au client final. L'évaluation du client, souvent très subjective, est la mesure fondamentale de la qualité d'un service.

L'ISO 9004-2 présente des conseils supplémentaires à l'ISO 9004-1 en ce qui concerne les produits de la catégorie des services. Elle décrit des concepts, des principes et des éléments de système qualité qui s'appliquent à toutes les formes d'offres de service.

7.11 Produits issus de processus à caractère continu

ISO 9004-3 : 1993, Management de la qualité et éléments de système qualité — Partie 3: Lignes directrices pour les produits issus de processus à caractère continu

Il convient que les organismes dont les produits (finaux ou intermédiaires) sont hervorgegangen sind, die aus Festkörpern, Flüssigkeiten, Gasen oder Kombinationen daraus bestehen (eingeschlossen Schüttgüter, Barren, Fäden oder flächige Strukturen), sollten in ISO 9004-3 nachschlagen. Solche Produkte werden typischerweise in Großsystemen wie Rohrleitungen, Trommeln, Säcken, Behältern, Kanistern oder Rollen geliefert.

Infolge ihrer Natur weisen verfahrenstechnische (Massen-) Produkte einzigartige Schwierigkeiten bezüglich der Verifizierung des Produkts an wichtigen Stellen im Produktionsprozeß auf. Dies erhöht die Bedeutung der Anwendung statistischer Stichproben- und Beurteilungsverfahren sowie deren Anwendung auf Qualitätslenkungsmaßnahmen während des Prozesses sowie auf Endprodukt-Spezifikationen.

ISO 9004-3 ergänzt den Leitfaden ISO 9004-1 in bezug auf Produkte in der Kategorie der verfahrenstechnischen Produkte.

products (final or intermediate) are prepared by transformations, and which consist of solids, liquids, gases or combinations thereof (including particulate materials, ingots, filaments or sheet structures). Such products are typically delivered in bulk systems such as pipelines, drums, bags, tanks, cans or rolls.

By their nature, processed (bulk) materials present unique difficulties with regard to the verification of the product at important points in the production process. This increases the importance of the use of statistical sampling and evaluation procedures and their application to in-process controls and final product specifications.

ISO 9004-3 supplements the guidance of ISO 9004-1 with respect to products in the processed materials category.

obtenus par transformation et constitués de solides, de liquides, de gaz ou de combinaisons de ceux-ci (y compris les matériaux en particules, les lingots, les fils ou des structures en feuilles), fassent référence à l'ISO 9004-3. Ces produits sont généralement livrés par des systèmes de vrac tels que conduites, fûts, sacs, réservoirs, boîtes ou rouleaux.

Par leur nature, les produits issus de processus à caractère continu (vrac) présentent des difficultés uniques en regard de la vérification du produit à des points importants du processus de fabrication. Ceci augmente l'importance de l'utilisation des procédures d'échantillonnage et d'évaluation statistique et de leur application à des spécifications de la maîtrise en cours de processus et de produits finis.

L'ISO 9004-3 présente des conseils supplémentaires à l'ISO 9004-1 en ce qui concerne les produits de la catégorie des produits issus de processus à caractère continu.

7.12 Qualitätsverbesserung

ISO 9004-4: Qualitätsmanagement und QM-Elemente — Leitfaden für Qualitätsverbesserung

Jede Organisation, welche ihre Effektivität zu verbessern wünscht (unabhängig davon, ob sie ein formelles QM-System verwirklicht hat oder nicht), sollte in ISO 9004-4 nachschlagen.

Ein ständiges Ziel der Leitung aller Funktionen und auf allen Hierarchie-Ebenen einer Organisation sollte es sein, Kundenzufriedenheit und kontinuierliche Qualitätsverbesserung anzustreben.

ISO 9004-4 erläutert grundlegende Konzepte und Prinzipien, Management-Anleitungen und Methodiken (Werkzeuge und Techniken) für Qualitätsverbesserungen.

7.12 Quality improvement

ISO 9004-4 : 1993, Quality management and quality system elements — Part 4: Guidelines for quality improvement

Reference should be made to ISO 9004-4 by any organization wishing to improve its effectiveness (whether or not it has implemented a formal quality system).

A constant goal of management of all functions and at all levels of an organization should be to strive for customer satisfaction and continuous quality improvement.

ISO 9004-4 describes fundamental concepts and principles, management guidelines and methodology (tools and techniques) for quality improvements.

7.12 Amélioration de la qualité

ISO 9004-4 : 1993, Management de la qualité et éléments de système qualité — Partie 4: Lignes directrices pour l'amélioration de la qualité

Il convient que tout organisme souhaitant améliorer l'efficacité (qu'il ait ou non mis en œuvre un système qualité formel) fasse référence à l'ISO 9004-4.

Il convient qu'un objectif constant de la direction de toutes les fonctions et à tous les niveaux d'un organisme soit d'essayer d'obtenir la satisfaction du client et l'amélioration continue de la qualité.

L'ISO 9004-4 décrit les concepts et les principes fondamentaux, les lignes directrices et la méthodologie du management (outils et techniques) pour les améliorations de la qualité.

7.13 Qualitätsaudits

ISO 10011-1: Leitfaden für das Audit von QM-Systemen — Auditdurchführung

ISO 10011-1 sollte ausgewählt werden für die Festlegung, Planung, Durchführung und Dokumentierung von Audits von QM-Systemen. Sie stellt Anleitungen für die Prüfung des Vorhandenseins und der Verwirklichung von QM-Elementen und für die Prüfung der Eignung des QM-Systems zur Erreichung der festgelegten Qualitätsziele bereit.

7.13 Audits

ISO 10011-1 : 1990, Guidelines for auditing quality systems — Part 1: Auditing

ISO 10011-1 should be selected when establishing, planning, carrying out and documenting audits of quality systems. It provides guidelines for verifying the existence and implementation of elements of a quality system, and for verifying the system's ability to achieve defined quality objectives.

7.13 Audits

ISO 10011-1 : 1990, Lignes directrices pour l'audit des systèmes qualité — Partie 1: Audit

Il convient de sélectionner l'ISO 10011-1 lors de l'établissement, de la planification, de la réalisation et de la documentation d'audits des systèmes qualité. Elle fournit des lignes directrices pour la vérification de l'existence et de la mise en œuvre des éléments d'un système qualité, et pour la vérification de l'aptitude du système à atteindre des objectifs qualité définis.

7.14 Qualitätsauditoren

ISO 10011-2: Leitfaden für das Audit von QM-Systemen — Qualifikationskriterien für Qualitätsauditoren

7.14 Auditors

ISO 10011-2 : 1991, Guidelines for auditing quality systems — Part 2: Qualification criteria for quality systems auditors

7.14 Auditeurs

ISO 10011-2 : 1991, Lignes directrices pour l'audit des systèmes qualité — Partie 2: Critères de qualification pour les auditeurs de systèmes qualité

ISO 10011-2 sollte ausgewählt werden, wenn Personalauswahl und Schulung von Qualitätsauditoren erforderlich ist.

Diese Norm stellt eine Anleitung zu den Qualifikationskriterien für Qualitätsauditoren bereit. Sie enthält eine Leitlinie für die Ausbildung, Schulung, Erfahrungen, persönliche Eigenschaften sowie Führungsfähigkeiten, wie sie für die Ausführung eines Qualitätsaudits erforderlich sind.

ISO 10011-2 should be selected when staff selection and training for quality systems auditors is needed.

It provides guidance on the qualification criteria for quality systems auditors. It contains guidance on the education, training, experience, personal attributes and management capabilities needed to carry out an audit.

Il convient de sélectionner l'ISO 10011-2 lorsqu'il est nécessaire de sélectionner et de former du personnel pour disposer d'auditeurs de système qualité.

Elle donne des conseils sur les critères de qualification des auditeurs de système qualité. Elle présente des conseils sur l'éducation, la formation, l'expérience, les caractéristiques des personnes et les aptitudes de l'encadrement nécessaires pour réaliser un audit.

7.15 Management von Qualitätsaudits

ISO 11011-3: Leitfaden für das Audit von QM-Systemen — Management von Auditprogrammen

ISO 11011-3 sollte ausgewählt werden für die Planung der Durchführung eines Auditprogramms. Sie stellt grundlegende Leitfäden zur Durchführung von Auditprogrammen bei QM-Systemen bereit. Sie ist vereinbar mit den anderen Teilen von ISO 10011.

7.15 Managing audits

ISO 10011-3 : 1991, Guidelines for auditing quality systems — Part 3: Management of audit programmes

ISO 10011-3 should be selected when planning the management of an audit programme. It provides basic guidelines for managing quality systems audit programmes. It is consistent with the other parts of ISO 10011.

7.15 Gestion des audits

ISO 10011-3 : 1991, Lignes directrices pour l'audit des systèmes qualité — Partie 3: Gestion des programmes d'audit

Il convient de sélectionner l'ISO 10011-3 lors de la planification d'un programme d'audit. Elle donne des lignes directrices de base concernant la gestion des programmes d'audit de système qualité. Elle est cohérente avec les autres parties de l'ISO 10011.

7.16 Qualitätssicherung/ QM-Darlegung bezüglich Messung

ISO 10012-1: Forderungen an die Darlegung des QM-Systems bezüglich Messung — Bestätigungssystem für Meßmittel

ISO 10012-1 sollte ausgewählt werden, wenn die Produkt- oder Prozeßqualität in hohem Maß von der Fähigkeit abhängt, genau zu messen. Die Norm spezifiziert die Hauptmerkmale des für die Meßmittel eines Lieferanten anzuwendenden Bestätigungssystems. Sie enthält die Forderungen an die Darlegung (der Eignung) der Meßmittel des Lieferanten, um sicherzustellen, daß Messungen mit der angestrebten Genauigkeit und Stetigkeit ausgeführt werden. Sie enthält mehr Einzelforderungen als diejenigen, welche in ISO 9001, ISO 9002 und ISO 9003 zu finden sind, sowie eine Anleitung zur Verwirklichung.

7.16 Quality assurance for measurement

ISO 10012-1 : 1992, Quality assurance requirements for measuring equipment — Part 1: Metrological confirmation system for measuring equipment

ISO 10012-1 should be selected when the product or process quality depends heavily on the ability to measure accurately. It specifies the main features of the confirmation system to be used for a supplier's measuring equipment. It contains the quality assurance requirements for a supplier's measurement equipment to ensure that measurements are made with the intended accuracy and consistency. It contains more detailed requirements than those found in ISO 9001, ISO 9002 and ISO 9003, and is presented with guidance for implementation.

7.16 Assurance de la qualité pour le mesurage

ISO 10012-1 : 1992, Exigences d'assurance de la qualité des équipements de mesure — Partie 1: Confirmation métrologique de l'équipement de mesure

Il convient de sélectionner l'ISO 10012-1 lorsque la qualité d'un produit ou d'un processus dépend fortement de la capacité à mesurer de façon exacte. Elle spécifie les principales caractéristiques du système de confirmation qui doit être utilisé pour les équipements de mesure du fournisseur. Elle contient les exigences en matière d'assurance de la qualité pour les équipements de mesure d'un fournisseur afin d'assurer que les mesurages sont effectués avec l'exactitude et l'uniformité voulues. Elle contient des exigences plus détaillées que celles contenues dans l'ISO 9001, l'ISO 9002 et l'ISO 9003, et est présentée avec des conseils pour la mise en œuvre.

8 Auswahl und Anwendung Internationaler Normen für externe Qualitätssicherung/ QM-Darlegung

8.1 Allgemeiner Leitfaden

Bei Genehmigung oder Registrierung durch den Kunden [second party; Situationen b) und c) im Abschnitt 6] sollten der Lieferant und der andere Vertragspartner vereinbaren, welche Internationale Norm als die Genehmigungsbasis angewendet werden wird.

8 Selection and use of International Standards for external quality assurance

8.1 General guidance

In second-party approval or registration [situations b) and c) in clause 6], the supplier and the other party should agree on which International Standard will be used as the basis for approval. The selection and application of a model for quality assurance appropriate to a given situation should provide benefits to both customer and supplier.

8 Sélection et utilisation des Normes internationales pour l'assurance de la qualité externe

8.1 Conseils généraux

Lors d'une approbation ou inscription par seconde partie [cas b) et c) de l'article 6], il convient que le fournisseur et l'autre partie se mettent d'accord sur la Norme internationale qui sera utilisée comme base de l'approbation. Il convient que la sélection et l'application

Beiden, dem Kunden und dem Lieferanten, sollte die für eine gegebene Situation angemessene Auswahl und Anwendung eines Modells zur Qualitätssicherung/QM-Darlegung Vorteile verschaffen.

Durch Untersuchung der Vorteile, Risiken und Kosten für beide Partner werden das Ausmaß und die Art von gegenseitiger Information sowie die durch jeden Partner auszuführenden Maßnahmen festgestellt, um für ausreichendes Vertrauen zu sorgen, daß die geplante Qualitätsforderung erfüllt werden wird. Der Lieferant hat die Verantwortung, für Unteraufträge das Modell (zur Qualitätssicherung/QM-Darlegung) auszuwählen, es sei denn, es gelten andere Vereinbarungen mit dem Kunden.

Bei Zertifizierung/Registrierung durch eine unabhängige Stelle sollten der Lieferant und die Zertifizierungsstelle vereinbaren, welche Internationale Norm als die Grundlage für Zertifizierung/Registrierung angewendet wird. Das ausgewählte Modell (zur Qualitätssicherung/QM-Darlegung) sollte aus der Sicht des Kunden des Lieferanten angemessen und nicht irreführend sein. Beispielsweise sind Funktion und Charakter der Design-Tätigkeiten, falls vorhanden, von spezieller Bedeutung für die Wahl zwischen ISO 9001 und ISO 9002. Die Auswahl und Anwendung eines Modells für eine der gegebenen Situation angemessene Qualitätssicherung/QM-Darlegung sollte auch die Ziele des Lieferanten unterstützen. Durch Untersuchung des Umfangs der durch das Zertifikat herbeigeführten Tätigkeiten des Lieferanten werden Ausmaß und Art der gegenseitigen Information und der durch jeden Partner zu ergreifenden Maßnahmen festgelegt, um Vertrauen herbeizuführen, daß die Zertifizierung entsprechend den Forderungen des ausgewählten Modells aufrechterhalten wird.

Examining the benefits, risks and costs for both parties will determine the extent and nature of reciprocal information and the measures each party should take to provide adequate confidence that the intended quality will be achieved. The supplier has the responsibility to select the model for subcontracts unless otherwise agreed with the customer.

In third-party certification/registration, the supplier and the certification body should agree on which International Standard will be used as the basis for certification/registration. The selected model should be adequate and not misleading from the point of view of the supplier's customers. For example, the role and character of design activities, if any, is especially important in selecting between ISO 9001 and ISO 9002. The selection and application of a model for quality assurance appropriate to a given situation should also support the supplier's objectives. Examining the scope of the supplier's activities which will be encompassed by the certificate will determine the extent and nature of reciprocal information and the measures each party should take to provide confidence that the certification is maintained in accordance with the requirements of the selected model.

d'un modèle pour l'assurance qualité appropriée à une situation donnée procurent des bénéfices à la fois au client et au fournisseur.

L'examen des bénéfices, des risques et des coûts pour les deux parties déterminera l'étendue et la nature de l'information réciproque et les mesures qu'il convient que chaque partie prenne pour donner la confiance adéquate dans le fait que la qualité voulue sera obtenue. Le fournisseur a la responsabilité de choisir le modèle pour les contrats de sous-traitance sauf accord contraire avec le client.

Lors de la certification/inscription par tierce partie, il convient que le fournisseur et l'organisme de certification se mettent d'accord sur la Norme internationale qui sera utilisée comme base de la certification/inscription. Il convient que le modèle sélectionné soit adéquat et non pas trompeur du point de vue des clients du fournisseur. Par exemple, le rôle et le caractère des activités de conception, le cas échéant, est particulièrement important dans la sélection entre l'ISO 9001 et l'ISO 9002. Il convient que la sélection et l'application d'un modèle pour une assurance de la qualité appropriée à une situation donnée soutiennent également les objectifs du fournisseur. L'examen du cadre des activités du fournisseur qui seront couvertes par le certificat déterminera l'étendue et la nature de l'information réciproque et des mesures que chaque partie doit prendre pour donner confiance en ce que la certification est maintenue conformément aux exigences du modèle sélectionné.

8.2 Auswahl des Modells zur Qualitätssicherung/QM-Darlegung

8.2.1 Drei Modelle für die Qualitätssicherung/QM-Darlegung

Wie in den Abschnitten 7.6 bis 7.8 gezeigt, wurden in den drei einschlägigen Internationalen Normen gewisse QM-Elemente gruppiert, um drei verschiedene Modelle zu schaffen, wie sie für den Zweck von Lieferanten geeignet sind, ihre Fähigkeiten darzulegen, und zur Prüfung dieser Lieferantenfähigkeit durch externe Stellen.

a) ISO 9001: zur Anwendung, wenn durch den Lieferanten Erfüllung von spezifizierten Forderungen während Design/Entwicklung, Produktion, Montage und Wartung sicherzustellen ist.

8.2 Selection of model

8.2.1 Three models for quality assurance

As indicated in 7.6 to 7.8, in the three relevant International Standards, certain quality system elements have been grouped to form three distinct models suitable for the purpose of suppliers demonstrating their capabilities and for assessment of such supplier capability by external parties.

a) ISO 9001: for use when conformance to specified requirements is to be assured by the supplier during design, development, production, installation and servicing.

8.2 Sélection d'un modèle

8.2.1 Trois modèles pour l'assurance de la qualité

Comme indiqué en 7.6 à 7.8, dans les trois Normes internationales applicables, certains éléments du système qualité ont été regroupés afin de former trois modèles distincts dans l'objectif du fournisseur à démontrer ses aptitudes et dans l'évaluation d'un tel fournisseur par des parties externes.

a) ISO 9001: à utiliser lorsque la conformité à des exigences spécifiées doit être assurée par le fournisseur pendant la conception, le développement, la production, l'installation et les prestations associées.

b) ISO 9002: zur Anwendung, wenn durch den Lieferanten Erfüllung von spezifizierten Forderungen während Produktion, Montage und Wartung sicherzustellen ist.

ANMERKUNG 17: ISO 9002 ist identisch mit ISO 9001 bis auf die Streichung aller Forderungen an die Qualitätssicherung/ QM-Darlegung bezüglich Design-Lenkung.

c) ISO 9003: zur Anwendung, wenn durch den Lieferanten Erfüllung von spezifizierten Forderungen bei der Endprüfung sicherzustellen ist.

In den Abschnitten 4.6 bis 4.8 und anderswo ist eine prozeßbezogene Betrachtungsweise betont. Das Ziel des QM-Systems ist es, die Qualitätsforderung an die Ergebnisse der Prozesse des Lieferanten zu erfüllen. Aber die Forderungen an die Qualitätssicherung/QM-Darlegung sind an die Verfahren für diese Prozesse gerichtet. Daher sind die spezifischen Forderungen an die Qualitätssicherung/ QM-Darlegung in ISO 9001, ISO 9002 und ISO 9003 üblicherweise formuliert:

"Der Lieferant muß Verfahrensanweisungen erstellen und aufrechterhalten ...".

8.2.2 Auswahl

Die im Abschnitt 8.2.1 zusammengestellten Anwendungsbereiche der Internationalen Normen zeigen, wie entsprechend den Situationen a), b), c) und d) im Abschnitt 6 die Auswahl zwischen ISO 9001, ISO 9002 oder ISO 9003 getroffen werden sollte.

8.3 Darlegung der Konformität mit dem ausgewählten Modell

Die QM-Elemente sollten in einer den Forderungen des gewählten Modells entsprechenden Weise dokumentiert und darlegbar sein.

Darlegung der QM-Elemente und der ihnen zugeordneten Prozesse liefern Vertrauen in

a) die Angemessenheit des QM-Systems;

b) die Fähigkeit, die Qualitätsforderung an das Produkt zu erfüllen.

Die Verantwortung für die Darlegung der Angemessenheit und Effektivität des QM-Systems liegt beim Lieferanten. Allerdings kann für den Lieferanten die Notwendigkeit bestehen, die Erwartungen bezüglich Darlegung der relevanten interessierten Partner zu betrachten, wie sie im Abschnitt 6 b), c) und d) beschrieben sind. Diese Überlegungen können die Mittel festlegen, welche zur Darlegung der Konformität mit dem ausgewählten Modell gewählt werden. Die Methoden können enthalten:

b) ISO 9002: for use when conformance to specified requirements is to be assured by the supplier during production, installation and servicing.

NOTE 17: ISO 9002 is identical to ISO 9001 except for the deletion of all quality system requirements for design control.

c) ISO 9003: for use when conformance to specified requirements is to be assured by the supplier at final inspection and test.

In 4.6 to 4.8 and elsewhere, a process perspective is emphasized. The goal of the quality system is to fulfil the requirements for quality in the results from the supplier's processes. But the quality system requirements are directed toward the procedures for these processes. Therefore, specific quality system requirements in ISO 9001, ISO 9002 and ISO 9003 usually are phrased:

"The supplier shall establish and maintain documented procedures ...".

8.2.2 Selection

The scopes of the International Standards as summarized in 8.2.1 indicate how the choice should be made among ISO 9001, ISO 9002 or ISO 9003 consistent with the situations a), b), c) and d) in clause 6.

8.3 Demonstration of conformance to the selected model

The quality system elements should be documented and demonstrable in a manner consistent with the requirements of the selected model.

Demonstration of the quality system elements and their associated processes provides confidence on:

a) adequacy of the quality system;

b) capability to achieve product conformity with the specified requirements.

The responsibility for demonstrating the adequacy and effectiveness of the quality system lies with the supplier. However, the supplier may need to consider the expectations for demonstration to the relevant interested parties as described in clause 6 b), c) and d). These considerations may determine the means adopted to demonstrate conformance to the selected model. Methods may include:

b) ISO 9002: à utiliser lorsque la conformité à des exigences spécifiées doit être assurée par le fournisseur pendant la production, l'installation et les prestations associées.

NOTE 17: L'ISO 9002 est identique à l'ISO 9001 à l'exception de la suppression de toutes les exigences du système qualité pour la maîtrise de la conception.

c) ISO 9003: à utiliser lorsque la conformité à des exigences spécifiées doit être assurée par le fournisseur lors des contrôles et essais finals.

En 4.6 à 4.8 et ailleurs, une perspective de processus est soulignée. L'objectif du système qualité est de satisfaire aux exigences relatives à la qualité dans les résultats provenant des processus du fournisseur. Mais les exigences du système qualité sont directement dirigées vers les procédures utilisées pour ces processus. En conséquence, les exigences spécifiques de système qualité dans l'ISO 9001, l'ISO 9002 et l'ISO 9003 sont généralement rédigées comme suit:

«Le fournisseur doit établir et tenir à jour des procédures écrites ...».

8.2.2 Sélection

Les domaines d'application des Normes internationales tels qu'ils sont résumés en 8.2.1 indiquent comment le choix doit se faire entre l'ISO 9001, l'ISO 9002 ou l'ISO 9003 de façon cohérente avec les cas a), b), c) et d) de l'article 6.

8.3 Démonstration de la conformité au modèle sélectionné

Il convient que les éléments du système qualité soient consignés par écrit et démonstrables d'une façon cohérente avec les exigences du modèle sélectionné.

La démonstration des éléments du système qualité et de leurs processus associés donne confiance en

a) l'adéquation du système qualité,

b) la capacité à obtenir la conformité du produit aux exigences spécifiées.

La responsabilité de faire la preuve de l'adéquation et de l'efficacité du système qualité incombe au fournisseur. Cependant, le fournisseur peut avoir besoin de tenir compte des attentes concernant la démonstration aux parties intéressées concernées comme décrit à l'article 6 b), c) et d). Ces considérations peuvent déterminer les moyens à adopter pour faire la preuve de la conformité au modèle sélectionné. Les méthodes peuvent inclure

— eine Konformitätserklärung des Lieferanten;

— Bereitstellen wesentlicher dokumentierter Nachweise;

— Bereitstellen eines Nachweises von Genehmigungen oder Registrierungen durch andere Kunden;

— Qualitätsaudit durch den Kunden;

— Qualitätsaudit durch eine unabhängige Stelle;

— Bereitstellen eines Nachweises von Zertifikaten kompetenter unabhängiger Stellen.

Einige dieser Mittel oder eine Kombination daraus kann in den Situationen b) und c) des Abschnitts 6 anwendbar sein. In der Situation von Abschnitt 6 d) sind die beiden letztgenannten Mittel anwendbar.

Die Art der Darlegung und der Darlegungsgrad können je nach Situation variieren entsprechend Kriterien wie:

a) die Wirtschaftlichkeit, Anwendungen und Anwendungsbedingungen des Produkts;

b) die für das Produktdesign verlangte Komplexität und Innovation;

c) die Komplexität und Schwierigkeit der Produktherstellung;

d) die Fähigkeit, Produktqualität allein auf der Basis einer Endprüfung zu beurteilen;

e) die Forderungen der Gesellschaft bezüglich des Produkts;

f) die frühere Leistung des Lieferanten;

g) dem Grad der Partnerschaft im Verhältnis mit dem Kunden.

8.4 Ergänzende Überlegungen für vertragliche Situationen

8.4.1 Anpassung und Vertragselemente

Die Erfahrung hat gezeigt, daß bei einer geringen festgelegten Anzahl verfügbarer Internationaler Normen in den meisten irgendwie gegebenen vertraglichen Situationen die Möglichkeit besteht, eine der Normen auszuwählen, welche die Erfordernisse angemessen erfüllen wird. Allerdings können gegebenenfalls gewisse in der ausgewählten Internationalen Norm verlangte QM-Elemente oder -Unterelemente gestrichen und in anderen Fällen Elemente oder Unterelemente hinzugefügt werden. Anpassung kann auch den Darlegungsgrad bei QM-Elementen betreffen. Sofern Anpassung für nötig befunden wurde, sollte sie zwischen dem Kunden und dem Lieferanten vereinbart und im Vertrag spezifiziert werden.

— supplier's declaration of conformity;

— providing basic documented evidence;

— providing evidence of approvals or registrations by other customers;

— audit by the customer;

— audit by a third party;

— providing evidence of competent third-party certificates.

Any of these means or a combination of them may apply in situations b) and c) of clause 6. In the 6 d) situation, the last two means are applicable.

The nature and degree of demonstration may vary from one situation to another in accordance with such criteria as:

a) the economics, uses and conditions of use of the product;

b) the complexity and innovation required to design the product;

c) the complexity and difficulty of producing the product;

d) the ability to judge product quality on the basis of final inspection and test alone;

e) the requirements of society regarding the product;

f) the past performance of the supplier;

g) the degree of partnership in the relationship with the customer.

8.4 Additional considerations in contractual situations

8.4.1 Tailoring and contractual elements

Experience has shown that with a small fixed number of International Standards available, it is possible in almost every given contractual situation to select one that will meet needs adequately. However, on occasions, certain quality system elements or subelements called for in the selected International Standard may be deleted and, on other occasions, elements or sub-elements may be added. Tailoring may also concern the degree of demonstration of quality system elements. If tailoring should prove necessary, it should be agreed between the customer and the supplier, and should be specified in the contract.

— la déclaration de conformité du fournisseur;

— la fourniture de preuves fondamentales consignées par écrit;

— la fourniture de la preuve des approbations ou inscriptions par d'autres clients;

— l'audit par le client;

— l'audit par une tierce partie;

— la fourniture d'une preuve de la certification par une tierce partie compétente.

L'un ou l'autre de ces moyens ou une combinaison de ceux-ci peut s'appliquer dans les cas b) et c) de l'article 6. Dans le cas 6 d), les deux derniers moyens sont applicables.

La nature et le degré de démonstration peuvent varier d'une situation à une autre selon des critères tels que

a) les considérations économiques, les utilisations et les conditions d'utilisation du produit;

b) la complexité et l'innovation requises pour concevoir le produit;

c) la complexité et la difficulté à produire l'article;

d) la capacité à juger de la qualité d'un produit sur la base unique des contrôles et essais finals;

e) les exigences de la société concernant le produit;

f) les résultats passés du fournisseur;

g) le degré de partenariat dans la relation avec le client.

8.4 Considérations supplémentaires dans des situations contractuelles

8.4.1 Ajustement des éléments contractuels

L'expérience a montré qu'avec un petit nombre fixé de Normes internationales disponibles, il est possible dans presque chaque situation contractuelle donnée d'en sélectionner une qui va répondre au besoin de façon adéquate. Cependant, dans certaines occasions, certains éléments ou sous-éléments du système qualité requis dans la Norme internationale sélectionnée peuvent être supprimés et, dans d'autres occasions, des éléments ou sous-éléments peuvent être ajoutés. L'ajustement peut également concerner le degré de démonstration des éléments du système qualité. Si l'ajustement s'avère nécessaire, il convient qu'il fasse l'objet d'un accord entre le client et le fournisseur et qu'il soit spécifié dans le contrat.

8.4.2 Prüfung der vertraglichen QM-Elemente

Beide Parteien sollten den vorgeschlagenen Vertrag prüfen, um sicher zu sein, daß sie die Forderungen an die Qualitätssicherung/QM-Darlegung verstanden haben, und daß in ihren jeweiligen Situationen die Forderungen im Hinblick auf Wirtschaftlichkeit und Risiken beiderseits annehmbar sind.

8.4.3 Ergänzende Forderungen an die Qualitätssicherung/ QM-Darlegung

Es kann nötig sein, im Vertrag zusätzliche Forderungen zu spezifizieren, wie etwa statistische Prozeßlenkung oder Darlegungsforderungen für sicherheitskritische Dinge.

8.4.4 Beurteilung vor Vertragsschluß

Vor Vertragsschluß werden Beurteilungen des QM-Systems eines Lieferanten entsprechend ISO 9001, ISO 9002 oder ISO 9003 und, wenn zweckmäßig, entsprechend ergänzenden Forderungen häufig benutzt, um die Fähigkeit des Lieferanten festzustellen, die Forderungen zu erfüllen. In vielen Fällen werden Beurteilungen direkt durch den Kunden vorgenommen.

8.4.5 Qualitätsaudits nach Vertragsschluß

Fortlaufende Darlegung des QM-Systems des Lieferanten nach Vertragsschluß kann durch eine Serie von Qualitätsaudits erreicht werden, ausgeführt durch den Kunden, den Beauftragten des Kunden oder eine vereinbarte unabhängige Stelle.

8.4.2 Review of contractual quality system elements

Both parties should review the proposed contract to be sure that they understand the quality system requirements and that the requirements are mutually acceptable considering the economics and risks in their respective situations.

8.4.3 Supplementary quality assurance requirements

There may be a need to specify supplementary requirements in the contract, such as statistical process control or systems requirements for safety-critical items.

8.4.4 Pre-contract assessment

Assessments of a supplier's quality system according to ISO 9001, ISO 9002 or ISO 9003 and, when appropriate, supplementary requirements often are utilized prior to a contract to determine the supplier's ability to satisfy the requirements. In many cases, assessments are performed directly by the customer.

8.4.5 Audits after award of the contract

Continuing demonstration of the supplier's quality system after award of the contract may be achieved by a series of quality audits conducted by the customer, the customer's agent, or an agreed third party.

8.4.2 Revue des éléments contractuels du système qualité

Il est recommandé que les deux parties revoient le contrat proposé, afin de s'assurer qu'elles comprennent les exigences du système qualité et que les exigences sont réciproquement acceptables étant donné les considérations économiques et les risques dans leurs situations respectives.

8.4.3 Exigences supplémentaires en matière d'assurance de la qualité

Il peut être nécessaire de spécifier des exigences supplémentaires dans le contrat, telles que la maîtrise statistique de processus ou des exigences des systèmes en vue de la sécurité des articles critiques.

8.4.4 Évaluation préalable au contrat

Les évaluations du système qualité d'un fournisseur conformément à l'ISO 9001, l'ISO 9002, l'ISO 9003 et, le cas échéant, à des exigences supplémentaires sont souvent utilisées avant un contrat afin de déterminer la capacité du fournisseur à répondre aux exigences. Dans de nombreux cas, les évaluations sont réalisées directement par le client.

8.4.5 Audits après conclusion du contrat

La démonstration du système qualité du fournisseur qui se poursuit après conclusion du contrat peut être réalisée par une série d'audits qualité menés par le client, l'agent du client ou une tierce partie agréée.

Anhang A (normativ)
Begriffe aus ISO 8402 : 1994

A.1 Qualität

Gesamtheit von Merkmalen (und Merkmalswerten) einer Einheit bezüglich ihrer Eignung, festgelegte und vorausgesetzte Erfordernisse zu erfüllen. [3])

ANMERKUNG 18: In einer vertraglichen Situation, oder in einer gesetzlich festgelegten Situation wie etwa auf dem Gebiet kerntechnischer Sicherheit, sind Erfordernisse spezifiziert, während in anderen Situationen vorausgesetzte Erfordernisse festgestellt und genau festgelegt werden müssen.

ANMERKUNG 19: In zahlreichen Fällen können sich Erfordernisse im Laufe der Zeit ändern; das bedeutet eine periodische Prüfung der Qualitätsforderung. [3])

ANMERKUNG 20: Erfordernisse werden gewöhnlich in Merkmale mit vorgegebenen Werten umgesetzt. Erfordernisse können z. B. Gesichtspunkte der Leistung, Brauchbarkeit, Zuverlässigkeit (Verfügbarkeit, Funktionsfähigkeit, Instandhaltbarkeit), Sicherheit, Umwelt, der Wirtschaftlichkeit und Ästhetik mit einbeziehen.

ANMERKUNG 21: Die Benennung "Qualität" sollte weder als einzelnes Wort gebraucht werden, um einen Vortrefflichkeitsgrad im vergleichenden Sinn auszudrücken, noch sollte sie in einem quantitativen Sinn für technische Bewertungen verwendet werden. [4]) Um diese Bedeutungen auszudrücken, sollte ein qualifizierendes Adjektiv benutzt werden. Z. B. können folgende Benennungen verwendet werden:

[3]) Fußnote in der deutschsprachigen Fassung: "Festgelegte und vorausgesetzte Erfordernisse" sind zwei spezifische Konkretisierungen der Qualitätsforderung. Die Qualitätsdefinition gilt, wie auch die Anmerkung 18 zeigt, für jeden beliebigen Bestandteil und jede beliebige Konkretisierung der Qualitätsforderung, gleichviel, wie diese jeweils genannt werden.

[4]) Fußnote in der deutschsprachigen Fassung: An diesen Stellen weicht die Originalfassung ISO 9000-1 (vermutlich unbeabsichtigt) geringfügig von der Originalfassung ISO 8402 ab. In die deutschsprachige Fassung dieser Norm ist die deutschsprachige Formulierung aus DIN ISO 8402 übernommen (kein Hinweis bei Interpunktionsabweichungon).

Annex A (normative)
Terms and definitions taken from ISO 8402 : 1994

A.1 Quality

Totality of characteristics of an entity that bear on its ability to satisfy stated and implied needs.

NOTE 18: In a contractual environment, or in a regulated environment, such as the nuclear safety field, needs are specified, whereas in other environments, implied needs should be identified and defined.

NOTE 19: In many instances, needs can change with time; this implies periodic review of requirements for quality.

NOTE 20: Needs are usually translated into characteristics with specified criteria. Needs may include, for example, aspects of performance, usability, dependability (availability, reliability, maintainability), safety, environment, economics and aesthetics.

NOTE 21: The term "quality" is not used as a single term to express a degree of excellence in a comparative sense, nor should it be used in a quantitative sense for technical evaluations. To express these meanings, a qualifying adjective should be used. For example, use can be made of the following terms:

Annexe A (normative)
Termes et définitions tirés de l'ISO 8402 : 1994

A.1 Qualité

Ensemble des caractéristiques d'une entité qui lui confèrent l'aptitude à satisfaire des besoins exprimés et implicites.

NOTE 18: Dans une situation contractuelle, ou dans un environnement réglementé, tel que le domaine de la sécurité nucléaire, les besoins sont spécifiés, tandis que dans d'autres, il convient d'identifier et de définir les besoins implicites.

NOTE 19: Dans de nombreux cas, les besoins peuvent évoluer avec le temps; ceci implique la revue périodique des exigences pour la qualité.

NOTE 20: Les besoins sont habituellement traduits en caractéristiques avec des critères spécifiés. Les besoins peuvent inclure, par exemple, des aspects de performance, de facilité d'emploi, de sûreté de fonctionnement (disponibilité, fiabilité, maintenabilité), de sécurité, des aspects relatifs à l'environnement, des aspects économiques et esthétiques.

NOTE 21: Il convient que le terme «qualité» ne soit utilisé isolément ni pour exprimer un degré d'excellence dans un sens comparatif, ni pour des évaluations techniques dans un sens quantitatif. Pour exprimer ces deux sens, il est bon qu'un adjectif qualificatif soit utilisé. Par exemple, on peut employer les termes suivants:

a) "Relative Qualität", wo Einheiten auf relativer Grundlage nach dem Vortrefflichkeitsgrad oder im vergleichenden Sinn geordnet werden (was nicht verwechselt werden darf mit der Anspruchsklasse). [4]

b) "Qualitätslage" in einem quantitativen Sinne (wie bei Annahmestichprobenprüfung benutzt), sowie "Qualitätsmeßgröße", wo genaue technische Bewertungen erfolgen. [4]

ANMERKUNG 22: Die Erzielung einer zufriedenstellenden Qualität bezieht alle Stadien des ganzen Qualitätskreises ein. Zur Betonung sind die Beiträge zur Qualität [5] aus diesen verschiedenen Stadien manchmal getrennt ausgewiesen; z. B. die von der Festlegung der Erfordernisse herrührende Qualität, die vom Produkt-Design herrührende Qualität, die von der Forderungserfüllung herrührende Qualität, die von der Produktpflege überall während seiner Lebensdauer herrührende Qualität.

ANMERKUNG 23: In einigen Literaturstellen ist Qualität als "fitness for use" oder "fitness for purpose", oder als "customer satisfaction" oder "conformance to the requirements" aufgefaßt. Diese Auffassungen beschreiben lediglich einige Facetten von Qualität, wie sie oben definiert ist.

a) "relative quality" where entities are ranked on a relative basis in the degree of excellence or comparative sense (not to be confused with grade);

b) "quality level" in a quantitative sense (as used in acceptance sampling) and "quality measure" where precise technical evaluations are carried out.

NOTE 22: The achievement of satisfactory quality involves all stages of the quality loop as a whole. The contributions to quality of these various stages are sometimes identified separately for emphasis; for example, quality due to definition of needs, quality due to product design, quality due to conformance, quality due to product support throughout its lifetime.

NOTE 23: In some references, quality is referred to as "fitness for use" or "fitness for purpose" or "customer satisfaction" or "conformance to the requirements". These represent only certain facets of quality, as defined above.

a) «qualité relative» lorsque les entités sont classées en fonction de leur degré d'excellence ou d'une manière comparative (à ne pas confondre avec classe);

b) «niveau de qualité» dans un sens quantitatif (tel qu'employé dans le contrôle par échantillonnage) et «mesure de la qualité» lorsque des évaluations techniques précises sont effectuées.

NOTE 22: L'obtention d'une qualité satisfaisante implique l'ensemble des phases de la boucle de la qualité. Les contributions à la qualité de ces différentes phases sont parfois considérées séparément pour les distinguer; par exemple, qualité due à la définition des besoins, qualité due à la conception du produit, qualité due à la conformité, qualité due au soutien du produit tout au long de son cycle de vie.

NOTE 23: Dans certains textes existants, on identifie la qualité à «l'aptitude à l'usage», ou à «l'aptitude à l'emploi», ou à «la satisfaction du client» ou à «la conformité aux exigences». Ces notions ne représentent que certaines facettes de la qualité, telle que définie ci-dessus.

A.2 Qualitätspolitik

Umfassende Absichten und Zielsetzungen einer Organisation zur Qualität, wie sie durch die oberste Leitung formell ausgedrückt werden.

ANMERKUNG 24: Die Qualitätspolitik bildet ein Element der Unternehmenspolitik und ist durch die oberste Leitung genehmigt.

A.2 Quality policy

Overall intentions and direction of an organization with regard to quality, as formally expressed by top management.

NOTE 24: The quality policy forms one element of the corporate policy and is authorized by top management.

A.2 Politique qualité

Orientations et objectifs généraux d'un organisme concernant la qualité, tels qu'ils sont exprimés formellement par la direction au plus haut niveau.

NOTE 24: La politique qualité est un élément de la politique générale et est approuvée par la direction au plus haut niveau.

A.3 Qualitätsmanagement [6]

Alle Tätigkeiten des Gesamtmanagements, die im Rahmen des QM-Systems die Qualitätspolitik, die Ziele und Verantwortungen festlegen sowie diese durch Mittel wie Qualitätsplanung, Qualitätslenkung, Qualitätssicherung/QM-Darlegung und Qualitätsverbesserung verwirklichen.

A.3 Quality management

All activities of the overall management function that determine the quality policy, objectives and responsibilities, and implement them by means such as quality planning, quality control, quality assurance and quality improvement within the quality system.

A.3 Management de la qualité

Ensemble des activités de la fonction générale de management qui déterminent la politique qualité, les objectifs et les responsabilités, et les mettent en œuvre par des moyens tels que la planification de la qualité, la maîtrise de la qualité, l'assurance de la qualité et l'amélioration de la qualité dans le cadre du système qualité.

[4] Siehe Fußnote auf Seite 33.

[5] Fußnote in der deutschsprachigen Fassung: "Beiträge zur Qualität" haben bei beliebigen Einheiten die genormte Benennung "Qualitätselement"; nicht zu verwechseln mit "QM-Element".

[6] Fußnote in der deutschsprachigen Fassung: Bisher "Qualitätssicherung"; siehe Fußnote [8]

ANMERKUNG 25: Qualitätsmanagement ist die Verantwortung aller Ausführungsebenen, muß jedoch von der obersten Leitung angeführt werden. Ihre Verwirklichung bezieht alle Mitglieder der Organisation ein.

ANMERKUNG 26: Beim Qualitätsmanagement werden Wirtschaftlichkeitsgesichtspunkte beachtet.

NOTE 25: Quality management is the responsibility of all levels of management but must be led by top management. Its implementation involves all members of the organization.

NOTE 26: In quality management, consideration is given to economic aspects.

NOTE 25: Le management de la qualité est la responsabilité de tous les niveaux de direction, mais il doit être conduit par la direction au plus haut niveau. Sa mise en œuvre implique tous les membres de l'organisme.

NOTE 26: Le management de la qualité prend en compte les aspects économiques.

A.4 Qualitätsmanagementsystem (kurz: QM-System) [7])

Zur Verwirklichung des Qualitätsmanagements erforderliche Organisationsstruktur, Verfahren, Prozesse und Mittel.

ANMERKUNG 27: Das QM-System sollte den zum Erreichen der Qualitätsziele erforderlichen Umfang haben.

ANMERKUNG 28: Das QM-System einer Organisation ist in erster Linie dazu vorgesehen, die internen Erfordernisse des Managements für die Organisation zu erfüllen. [4]) Es ist umfangreicher als die Forderungen eines speziellen Kunden, der nur den (für ihn) relevanten Teil des QM-Systems bewertet.

ANMERKUNG 29: Für vertragliche oder verbindliche Zwecke der Qualitätsbewertung kann eine Darlegung der Verwirklichung festgelegter Elemente des QM-Systems gefordert werden. [4])

A.4 Quality system

Organizational structure, procedures, processes and resources needed to implement quality management.

NOTE 27: The quality system should be as comprehensive as needed to meet the quality objectives.

NOTE 28: The quality system of an organization is designed primarily to meet the internal managerial needs of the organization. It is broader than the requirements of a particular customer, who evaluates only the relevant part of the quality system.

NOTE 29: For contractual or mandatory quality assessment purposes, demonstration of the implementation of the identified quality system elements may be required.

A.4 Système qualité

Ensemble de l'organisation, des procédures, des processus et des moyens nécessaires pour mettre en œuvre le management de la qualité.

NOTE 27: Il convient que le système qualité ne soit pas plus étendu qu'il n'est besoin pour atteindre les objectifs relatifs à la qualité.

NOTE 28: Le système qualité d'un organisme est conçu essentiellement pour satisfaire les besoins internes de management de l'organisme. Il va au-delà des exigences d'un client particulier qui n'évalue que la partie du système qualité qui le concerne.

NOTE 29: Pour les besoins d'une évaluation qualité contractuelle ou obligatoire, la démonstration de la mise en œuvre d'éléments identifiés du système qualité peut être exigée.

A.5 Qualitätslenkung

Die Arbeitstechniken und Tätigkeiten, die zur Erfüllung von Qualitätsforderungen angewendet werden. [4])

ANMERKUNG 30: Qualitätslenkung umfaßt Arbeitstechniken und Tätigkeiten, deren Zweck sowohl Überwachung eines Prozesses als auch Beseitigung von Ursachen nicht zufriedenstellender Leistung in allen Stadien des Qualitätskreises ist, um wirtschaftliche Effektivität zu erreichen. [4])

ANMERKUNG 31: Einige Maßnahmen von Qualitätslenkung und der Qualitätssicherung/QM-Darlegung stehen zueinander in Wechselbeziehung.

A.5 Quality control

Operational techniques and activities that are used to fulfil requirements for quality.

NOTE 30: Quality control involves operational techniques and activities aimed both at monitoring a process and at eliminating causes of unsatisfactory performance at all stages of the quality loop in order to achieve economic effectiveness.

NOTE 31: Some quality control and quality assurance actions are interrelated.

A.5 Maîtrise de la qualité

Techniques et activités à caractère opérationnel utilisées pour satisfaire aux exigences pour la qualité.

NOTE 30: La maîtrise de la qualité comprend des techniques et activités à caractère opérationnel qui ont pour but à la fois de piloter un processus et d'éliminer les causes de fonctionnement non satisfaisant à toutes les phases de la boucle de la qualité en vue d'atteindre la meilleure efficacité économique.

NOTE 31: Certaines actions de maîtrise de la qualité et d'assurance de la qualité sont liées entre elles.

---

[4]) Siehe Fußnote auf Seite 33.

[7]) Fußnote in der deutschsprachigen Fassung: Bisher "Qualitätssicherungssystem".

A.6 Qualitätssicherung/ QM-Darlegung [8])

Alle geplanten und systematischen Tätigkeiten, die innerhalb des QM-Systems verwirklicht sind, und die wie erforderlich dargelegt werden, um angemessenes Vertrauen zu schaffen, daß eine Einheit die Qualitätsforderung erfüllen wird.

ANMERKUNG 32: Es gibt sowohl interne und als auch externe Zwecke für Qualitätssicherung/ QM-Darlegung:

a) Interne Qualitätssicherung/ QM-Darlegung innerhalb einer Organisation verschafft der Führung Vertrauen;

b) Externe Qualitätssicherung/QM-Darlegung in vertraglichen oder anderen Situationen verschafft den Kunden oder anderen Vertrauen.

ANMERKUNG 33: Einige Maßnahmen von Qualitätslenkung und Qualitätssicherung/QM-Darlegung stehen zueinander in Wechselbeziehung.

ANMERKUNG 34: Wenn die Qualitätsforderung (an das Produkt) die Erfordernisse des Anwenders nicht in vollem Umfang widerspiegelt, kann Qualitätssicherung/QM-Darlegung angemessenes Vertrauen nicht verschaffen.

A.6 Quality assurance

All the planned and systematic activities implemented within the quality system, and demonstrated as needed, to provide adequate confidence that an entity will fulfil requirements for quality.

NOTE 32: There are both internal and external purposes for quality assurance:

a) internal quality assurance: within an organization, quality assurance provides confidence to the management;

b) external quality assurance: in contractual or other situations, quality assurance provides confidence to the customers or others.

NOTE 33: Some quality control and quality assurance actions are interrelated.

NOTE 34: Unless requirements for quality fully reflect the needs of the user, quality assurance may not provide adequate confidence.

A.6 Assurance de la qualité

Ensemble des activités préétablies et systématiques mises en œuvre dans le cadre du système qualité, et démontrées en tant que de besoin, pour donner la confiance appropriée en ce qu'une entité satisfera aux exigences pour la qualité.

NOTE 32: L'assurance de la qualité vise à la fois des objectifs internes et externes:

a) assurance de la qualité interne: au sein d'un organisme, l'assurance de la qualité sert à donner confiance à la direction;

b) assurance de la qualité externe: dans des situations contractuelles ou autres, l'assurance de la qualité sert à donner confiance aux clients ou à d'autres.

NOTE 33: Certaines actions de maîtrise de la qualité et d'assurance de la qualité sont liées entre elles.

NOTE 34: Si les exigences pour la qualité ne reflètent pas entièrement les besoins de l'utilisateur, l'assurance de la qualité peut ne pas donner la confiance appropriée.

A.7 Qualitätsverbesserung

Überall in der Organisation ergriffene Maßnahmen zur Erhöhung der Effektivität und Effizienz von Tätigkeiten und Prozessen zur Erzielung von zusätzlichem Nutzen sowohl für die Organisation als auch für ihre Kunden. [4])

A.7 Quality improvement

Actions taken throughout the organization to increase the effectiveness and efficiency of activities and processes in order to provide added benefits to both the organization and its customers.

A.7 Amélioration de la qualité

Actions entreprises dans tout l'organisme, en vue d'accroître l'efficacité et le rendement des activités et des processus, pour apporter des avantages accrus à la fois à l'organisme et à ses clients.

A.8 Produkt

Ergebnis von Tätigkeiten und Prozessen.

A.8 Product

Result of activities or processes.

A.8 Produit

Résultat d'activités ou de processus.

---

[4]) Siehe Fußnote auf Seite 33.

[8]) Fußnote in der deutschsprachigen Fassung: Die Benennung "Qualitätssicherung" wurde bisher für den Oberbegriff verwendet, der — der internationalen Entwicklung folgend — nunmehr mit "Qualitätsmanagement" benannt wird. Die bisherige Benennung für den hier definierten Begriff war "Darlegung der Qualitätssicherung", häufig auch kurz "QS-Darlegung". In dieser Norm wird entsprechend die Benennung "Qualitätssicherung/QM-Darlegung" verwendet, häufig auch kurz "QM-Darlegung".

ANMERKUNG 35: Der Begriff Produkt kann Dienstleistung, Hardware, verfahrenstechnische Produkte, Software oder Kombinationen daraus einschließen.

ANMERKUNG 36: Ein Produkt kann materiell (z. B. Montageergebnisse, verfahrenstechnische Produkte) oder immateriell (z. B. Wissen oder Entwürfe) oder eine Kombination daraus sein.

ANMERKUNG 37: Ein Produkt kann entweder beabsichtigt sein (z. B. Angebotsprodukt für Kunden) oder unbeabsichtigt (z. B. Schadstoffe oder unerwünschte Effekte).[4])

NOTE 35: A product may include service, hardware, processed materials, software or a combination thereof.

NOTE 36: A product can be tangible (e.g. assemblies or processed materials) or intangible (e.g. knowledge or concepts), or a combination thereof.

NOTE 37: Product can be either intended (e.g. offering to customers) or unintended (e.g. pollutant or unwanted effects).

NOTE 35: Le terme produit peut inclure les services, les matériels, les produits issus de processus à caractère continu, les logiciels. ou une combinaison des deux.

NOTE 36: Un produit peut être matériel (par exemple, assemblages ou produits issus de processus à caractère continu) ou immatériel (par exemple, connaissances ou concepts), ou une combinaison des deux.

NOTE 37: Un produit peut être soit intentionnel (par exemple, une offre aux clients), soit non intentionnel (par exemple, un polluant ou des effets indésirables).

A.9 Dienstleistung

An der Schnittstelle zwischen Lieferant und Kunde sowie durch interne Tätigkeiten des Lieferanten erbrachtes Ergebnis zur Erfüllung der Erfordernisse des Kunden.[4])

ANMERKUNG 38: Der Lieferant oder der Kunde können an der Schnittstelle durch Personal oder durch Einrichtungen vertreten sein.

ANMERKUNG 39: Für die Erbringung einer Dienstleistung können Kundentätigkeiten an der Schnittstelle zum Lieferanten wesentlich sein.

ANMERKUNG 40: Lieferung oder Gebrauch materieller Produkte kann Bestandteil der Erbringung einer Dienstleistung sein.

ANMERKUNG 41: Eine Dienstleistung kann mit der Herstellung und Lieferung eines materiellen Produkts verbunden sein.

A.9 Service

Result generated by activities at the interface between the supplier and the customer and by supplier internal activities to meet the customer needs.

NOTE 38: The supplier or the customer may be represented at the interface by personnel or equipment.

NOTE 39: Customer activities at the interface with the supplier may be essential to the service delivery.

NOTE 40: Delivery or use of tangible products may form part of the service delivery.

NOTE 41: A service may be linked with the manufacture and supply of tangible product.

A.9 Service

Résultat généré par des activités à l'interface entre le fournisseur et le client, et par des activités internes au fournisseur pour répondre aux besoins du client.

NOTE 38: Le fournisseur ou le client peut être représenté à l'interface par des personnes ou par des équipements.

NOTE 39: Les activités du client à l'interface avec le fournisseur peuvent être essentielles pour la prestation de service.

NOTE 40: La livraison ou l'utilisation de produits matériels peut faire partie de la prestation de service.

NOTE 41: Un service peut être lié à la fabrication et à la fourniture d'un produit matériel.

A.10 Kunde [9])

Empfänger eines vom Lieferanten bereitgestellten Produkts.

ANMERKUNG 42: In einer Vertragssituation wird der Kunde "Auftraggeber" genannt.

ANMERKUNG 43: Der Kunde kann z. B. der Endverbraucher, Anwender, Nutznießer oder Auftraggeber sein.

ANMERKUNG 44: Der Kunde kann in Beziehung zur Organisation entweder extern oder intern sein.

A.10 Customer

Recipient of a product provided by the supplier.

NOTE 42: In a contractual situation, the customer is called the "purchaser".

NOTE 43: The customer may be, for example, the ultimate consumer, user, beneficiary or purchaser.

NOTE 44: The customer can be either external or internal to the organization.

A.10 Client

Destinataire d'un produit fourni par le fournisseur.

NOTE 42: Dans une situation contractuelle, le client est dénommé «acheteur».

NOTE 43: Le client peut être, par exemple, le consommateur final, l'utilisateur, le bénéficiaire ou l'acheteur.

NOTE 44: Le client peut être interne ou externe à l'organisme.

A.11 Lieferant

Organisation, die dem Kunden ein Produkt bereitstellt.

ANMERKUNG 45: In einer Vertragssituation darf der Lieferant "Auftragnehmer" genannt werden.

A.11 Supplier

Organization that provides a product to the customer.

NOTE 45: In a contractual situation, the supplier may be called the "contractor".

A.11 Fournisseur

Organisme qui fournit un produit au client.

NOTE 45: Dans une situation contractuelle, le fournisseur peut être dénommé «titulaire du contrat».

---

[4]) Siehe Fußnote auf Seite 33.

[9]) Fußnote in der deutschsprachigen Fassung: Auch "Abnehmer".

ANMERKUNG 46: Ein Lieferant kann z.B. der Hersteller, Verteiler, Importeur, eine Montagefirma oder eine Dienstleistungsorganisation sein.

ANMERKUNG 47: Der Lieferant kann in Beziehung zur Organisation entweder extern oder intern sein.

A.12 Prozeß:

Satz von in Wechselbeziehungen stehenden Mitteln und Tätigkeiten, die Eingaben in Ergebnisse umgestalten.

ANMERKUNG 48: Zu den Mitteln können Personal, Finanzen, Anlagen, Einrichtungen, Techniken und Methoden gehören.

NOTE 46: The supplier may be, for example, the producer, distributor, importer, assembler or service organization.

NOTE 47: The supplier can be either external or internal to the organization.

A.12 Process

Set of interrelated resources and activities which transform inputs into outputs.

NOTE 48: Resources may include personnel, finance, facilities, equipment, techniques and methods.

NOTE 46: Le fournisseur peut être, par exemple, le producteur, le distributeur, l'importateur, l'ensemblier ou l'organisme de service.

NOTE 47: Le fournisseur peut être interne ou externe à l'organisme.

A.12 Processus, procédé

Ensemble de moyens et d'activités liés qui transforment des éléments entrants en éléments sortants.

NOTE 48: Ces moyens peuvent inclure le personnel, les finances, les installations, les équipements, les techniques et les méthodes.

Anhang B (informativ)

Produkt- und Prozeßfaktoren

B.1 Zweck dieses Anhangs

Produkt- und Prozeßmerkmale sind wichtig bei der Anwendung der ISO 9000-Familie. Dieser Anhang wirft ein Schlaglicht auf eine Anzahl von Produkt- und Prozeßfaktoren, die beispielweise betrachtet werden sollten

a) durch die Leitung des Lieferanten für Zwecke des Qualitätsmanagements, wenn der Ansatz und das Ausmaß der Verwirklichung eines QM-Elements geplant wird (siehe Abschnitt 7.1);

b) durch Qualitätsauditoren, wenn interne Qualitätsaudits, Kundenaudits oder Zertifizierungsaudits geplant werden (siehe Abschnitt 4.9.3);

c) durch Lieferant und Kunde gemeinsam, wenn Forderungen an die Qualitätssicherung/QM-Darlegung für einen Vertrag zwischen zwei Partnern ausgewählt und/oder angepaßt werden (siehe Abschnitt 8.4).

ANMERKUNG 49:
In ISO 9000 : 1987 waren diese Faktoren als Anleitung lediglich für den Zweck c) gegeben.

Annex B (informative)

Product and process factors

B.1 Purpose

Product and process characteristics are important in the application of the ISO 9000 family. This annex highlights a number of product and process factors that should be considered, for example:

a) by a supplier's management for quality management purposes, when planning the approach and extent of implementing a quality system element (see 7.1);

b) by auditors, when planning first-, second- or third-party audits (see 4.9.3);

c) by supplier and customer jointly when selecting and/or tailoring quality system requirements for a two-party contract (see 8.4).

NOTE 49: In ISO 9000 : 1987, these factors were given as guidance only for purpose c).

Annexe B (informative)

Facteurs relatifs au produit et au processus

B.1 Objet

Les caractéristiques relatives au produit et au processus sont importantes dans l'application de la famille ISO 9000. La présente annexe met en lumière un certain nombre de facteurs relatifs au produit et au processus qu'il convient de prendre en compte, par exemple

a) par la direction du fournisseur à des effets de management de la qualité, lors de la planification de l'approche et de l'étendue de la mise en œuvre d'un élément du système qualité (voir 7.1);

b) par les auditeurs, lors de la planification d'audits première, seconde et tierce partie (voir 4.9.3)

c) conjointement par le fournisseur et le client lors de la sélection et/ou de l'ajustement des exigences du système qualité pour un contrat seconde partie (voir 8.4).

NOTE 49: Dans l'ISO 9000 : 1987, ces facteurs étaient donnés comme conseils seulement pour le point c).

B.2 Faktoren

a) Komplexität der Designtätigkeiten

Dieser Faktor behandelt die Schwierigkeit der Designtätigkeiten bezüglich des Produkts und der Designtätigkeiten bezüglich der Produktions- sowie der unterstützenden Prozesse, wenn für diese ein Design zu erstellen ist, oder wenn das Design eine periodische Änderung erfordert.

b) Reife und Stabilität von Produktdesigns

Dieser Faktor behandelt das Ausmaß, in dem das gesamte Produktdesign bekannt und bewährt ist, entweder durch Leistungsprüfung oder durch Felderfahrung.

c) Komplexität eines Produktionsprozesses

Dieser Faktor behandelt:

1) die Verfügbarkeit bewährter Produktionsprozesse;

2) die Notwendigkeit für Entwicklung neuer Prozesse;

3) die Anzahl und Vielfalt geforderter Prozesse;

4) die Wirkung der (des) Prozesse(s) auf die Leistung des Produkts;

5) die Notwendigkeit für Prozeßlenkung.

d) Produktmerkmale

Dieser Faktor behandelt die Komplexität des Produkts, die Anzahl von wechselwirkenden Merkmalen sowie die Kritikalität jedes Merkmals für die Leistung.

e) Produktsicherheit

Dieser Faktor behandelt das Risiko des Vorkommens eines Ausfalls und die Folgen eines solchen Ausfalls.

f) Wirtschaftlichkeit

Dieser Faktor behandelt die wirtschaftlichen Kosten aus den vorausgehenden Faktoren, sowohl für den Lieferanten als auch für den Kunden, aufgewogen gegen das Risiko der von Produktfehlern herrührenden Kosten.

B.2 Factors

a) Complexity of designing

This factor deals with difficulty of designing the product and designing the production and support processes if they have to be designed, or if the design needs periodic change.

b) Maturity and stability of product designs

This factor deals with the extent to which the total product design is known and proven, either by performance testing or field experience.

c) Production process complexity

This factor deals with:

1) the availability of proven production processes;

2) the need for development of new processes;

3) the number and variety of processes required;

4) the impact of the process(es) on the performance of the product;

5) the need for process control.

d) Product characteristics

This factor deals with the complexity of the product, the number of interrelated characteristics, and whether each characteristic is critical to the performance.

e) Product safety

This factor deals with the risk of the occurrence of failure and the consequences of such a failure.

f) Economics

This factor deals with the economic costs, to both supplier and customer, of the preceding factors weighed against the risk of costs due to nonconformities in the product.

B.2 Facteurs

a) Complexité de la conception

Ce facteur traite de la difficulté de concevoir le produit et de concevoir les processus de production et de soutien s'ils doivent être conçus, ou si la conception doit changer périodiquement.

b) Maturité et stabilité des conceptions de produit

Ce facteur traite de la dimension dans laquelle la conception complète du produit est connue et éprouvée, par des essais de performances ou par des expériences en exploitation.

c) Complexité du processus de production

Ce facteur traite

1) de la disponibilité de processus de production prouvés;

2) du besoin de développer de nouveaux processus;

3) du nombre et de la variété de processus requis;

4) de l'impact du (des) processus sur les résultats du produit;

5) du besoin de maîtrise du processus.

d) Caractéristiques du produit

Ce facteur traite de la complexité du produit, du nombre de caractéristiques liées entre elles, et de la criticité de chaque caractéristique pour les résultats.

e) Sécurité du produit

Ce facteur traite du risque d'apparition d'un défaut et des conséquences de ce défaut.

f) Considérations économiques

Ce facteur traite des coûts économiques, à la fois pour le fournisseur et pour le client, des facteurs précédents comparés aux coûts imputables à des non-conformités du produit.

Anhang C (informativ)
Ausuferung von Normen

Diese ISO 9000-Familie — insbesondere die Internationalen Normen für vertraglichen, Bewertungs- oder Zertifizierungsgebrauch (ISO 9001, ISO 9002 und ISO 9003) — wird weltweit in vielen Industrie-/Wirtschaftssektoren für Produkte in allen vier übergeordneten Produktkategorien angewendet. Für einzelne Industrie-/Wirtschaftssektoren wurden spezifische entwickelt.

Annex C (informative)
Proliferation of standards

This ISO 9000 family — in particular, the International Standards for contractual, assessment or certification use (ISO 9001, ISO 9002 and ISO 9003) — is being employed worldwide in many industry/economic sectors for products in all four generic product categories. Various schemes have been developed specific to particular industry/economic sectors.

Annexe C (informative)
Prolifération des normes

La famille ISO 9000 en particulier les Normes internationales à utiliser dans les contrats, l'évaluation ou la certification (ISO 9001, ISO 9002 et ISO 9003) est employée dans le monde entier dans de nombreux secteurs industriels/économiques pour des produits appartenant aux quatre catégories génériques de produits. Divers schémas spécifiques à des secteurs industriels/économiques particuliers ont été développés.

<table>
<tr><td rowspan="2">Umsetzungs-Tätigkeit ②</td><td colspan="4">Umsetzungsbereich ①</td></tr>
<tr><td>International (weltweit) ⑧</td><td>Multinational (regional) ⑫</td><td>national ⑮</td><td>Industrie-/ Wirtschafts-Sektor ⑯</td></tr>
<tr><td>Entwicklung von Forderungs-Normen ③</td><td rowspan="2">Hauptsächliche Tätigkeiten ⑨</td><td colspan="3">dringend abgeraten ⑬</td></tr>
<tr><td>Entwicklung von Leitfaden-Normen ④</td><td colspan="2">ergänzende Tätigkeit ⑩</td><td>abgeraten ⑰</td></tr>
<tr><td>Erleichterung der Anwendung von Normen ⑤</td><td>ergänzende Tätigkeit ⑩</td><td colspan="2" rowspan="3">Hauptsächliche Tätigkeiten ⑭</td><td>Hauptsächliche Tätigkeit ⑱</td></tr>
<tr><td>Vertragliche Anwendung von Beurteilungs- und Genehmigungs- oder Registrierungs-Systemen (second party) ⑥</td><td rowspan="2">derzeit praktisch unmöglich ⑪</td><td>Anerkannte Tätigkeit ⑲</td></tr>
<tr><td>Anwendung von Beurteilungs- und Zertifizierungs-/Registrierungs-Systemen durch Dritte (third party) ⑦</td><td>abgeraten ⑰</td></tr>
</table>

Bild C.1: Tätigkeitsmatrix für Normen zur Darlegung des QM-Systems

① Umsetzungsbereich
② Umsetzungs-Tätigkeit
③ Entwicklung von Forderungs-Normen
④ Entwicklung von Leitfaden-Normen
⑤ Erleichterung der Anwendung von Normen
⑥ Vertragliche Anwendung von Beurteilungs- und Genehmigungs- oder Registrierungs-Systemen (second party)
⑦ Anwendung von Beurteilungs- und Zertifizierungs-/Registrierungs-Systemen durch Dritte (third party)
⑧ International (weltweit)
⑨ Hauptsächliche Tätigkeiten
⑩ ergänzende Tätigkeit
⑪ derzeit praktisch unmöglich
⑫ Multinational (regional)
⑬ dringend abgeraten
⑭ Hauptsächliche Tätigkeiten
⑮ national
⑯ Industrie-/Wirtschafts-Sektor
⑰ abgeraten
⑱ Hauptsächliche Tätigkeit
⑲ Anerkannte Tätigkeit

① Implementation domain
② Implementation activity
③ Development of "requirements" standards
④ Development of "guidance" standards
⑤ Facilitation of standards application
⑥ Operation of second-party assessment and approval or registration schemes
⑦ Operation of third-party assessment and certification/registration schemes
⑧ International (global)
⑨ Principal activities
⑩ Supplementary activity
⑪ Impractical at present
⑫ Multinational (regional)
⑬ Strongly discouraged
⑭ Principal activity
⑮ National
⑯ Industry/economic sector
⑰ Discouraged
⑱ Principal activity
⑲ Acknowledged activity

① Domaine de mise en œuvre
② Activité de mise en œuvre
③ Developpement de normes «d'exigences»
④ Developpement de normes de «lignes directrices»
⑤ Coordination de l'application des normes
⑥ Exploitation de l'evaluation par deuxième partie et des schémas d'approbation ou d'inscription
⑦ Exploitation de l'evaluation par tierce partie et des schémas de certification)/d'inscription
⑧ International (global)
⑨ Activités principales
⑩ Activité supplémentaire
⑪ Irréalisable pour le moment
⑫ Multinational (régional)
⑬ Fortement découragé
⑭ Activités principales
⑮ National
⑯ Secteur industriel/économique
⑰ Découragé
⑱ Activité principale
⑲ Activité reconnue

Es ist wichtig, Vorgehensweisen, die ohne Veränderung die ISO 9000-Familie verwirklichen, von solchen zu unterscheiden, die lokal begrenzte Fassungen dieser Normen enthalten. Wenn die ISO 9000-Familie nur der Ausgangspunkt für eine Ausuferung von lokal begrenzten Normen werden würde, die zwar aus der ISO 9000-Familie abgeleitet, jedoch in Inhalt und Architektur von ihr verschieden wären, dann würde es nur eine geringe weltweite Normung geben. Dies wiederum könnte wegen Ausuferung von Normen und ungleichen Forderungen ein weltweites Handelshemmnis werden.

Glücklicherweise treiben die derzeitigen weltweiten Markttrends viele Normenanwender zur strategischen Erkenntnis, daß sie Internationale Normen benötigen und diese erfüllen sollten. Die Internationalen Normen in der ISO 9000-Familie sowie die Pläne zu ihrer ständigen Überarbeitung zielen darauf ab, den erforderlichen Umfang, Inhalt sowie die Flexibilität zur Verfügung zu stellen, um laufende und entstehende Marktbedürfnisse in zeitgerechter Weise zu erfüllen.

Bild C.1 zeigt in Form einer Matrix, welche Umsetzungstätigkeiten zu Normen in jedem der vier Umsetzungsbereiche innerhalb der Arena von Qualitätsmanagement und Darlegung des QM-Systems empfohlen werden. Jedes Beurteilungs- und Zertifizierungs-System durch Dritte (third party) sollte mit Verfahren arbeiten, die voll mit allen Internationalen Normen, Internationalen Anleitungen und Internationalen Praktiken übereinstimmen, wie es für wechselseitige internationale Anerkennung von Zertifizierungen von QM-Systemen gefordert ist.

It is important to distinguish schemes which implement, without change, the ISO 9000 family, from schemes which involve localized versions of these International Standards. If the ISO 9000 family were to become only the nucleus of a proliferation of localized standards derived from, but varying in content and architecture from, the ISO 9000 family, then there would be little worldwide standardization. Once again, there could be worldwide restraint of trade because of the proliferation of standards and inconsistent requirements.

Fortunately, current global marketplace trends are driving many standards users toward strategic recognition that they need and should conform to International Standards. The International Standards in the ISO 9000 family, and the plans for continuing revision, are intended to provide the needed scope, content and flexibility to meet current and emerging marketplace needs in a timely way.

Figure C. 1 shows in matrix form which standards implementation activities are recommended in each of four implementation domains, within the quality management and quality assurance arena. Any third-party assessment and certification scheme should operate under procedures that conform fully to all the International Standards, guides and practices as required for mutual international recognition of quality system certification.

Il est important de faire la distinction entre les schémas qui mettent en œuvre, sans changement, la famille ISO 9000, et les schémas qui impliquent des versions localisées de ces Normes internationales. Si la famille ISO 9000 devait ne devenir que le noyau d'une prolifération de normes localisées dérivées de la famille ISO 9000, mais variant dans le contenu ou dans l'architecture, il y aurait une faible normalisation mondiale. Une fois encore, il pourrait y avoir une entrave mondiale au commerce en raison de la prolifération de normes et d'exigences incohérentes.

Heureusement, les tendances actuelles globales du marché entraînent de nombreux utilisateurs de normes vers la reconnaissance stratégique du fait qu'ils ont besoin des Normes internationales et de s'y conformer. La famille ISO 9000, et les plans pour une révision continue, sont destinées à fournir l'objet, le contenu et la flexibilité nécessaires pour satisfaire aux besoins actuels et à ceux qui surgiront dans le futur.

La figure C.1 représente, sous forme de matrice, quelles activités de mise en œuvre de normes sont recommandées dans chacun des quatre domaines de mise en œuvre, à l'intérieur du domaine du management de la qualité et de l'assurance de la qualité. Toute évaluation et schéma de certification par tierce partie doit fonctionner selon des procédures qui sont totalement conformes à toutes les Normes internationales, guides et pratiques comme cela est exigé pour la reconnaissance mutuelle internationale de la certification du système qualité.

Anhang D (informativ)
Vergleichsmatrix der Abschnittsnummern für einander entsprechende Themen

Annex D (informative)
Cross-reference list of clause numbers for corresponding topics

Annexe D (informative)
Tableau de correspondance entre les numéros des articles, des paragraphes et les sujets correspondants

Externe Qualitätssicherung/QM-Darlegung External quality assurance Assurance qualité externe								
Darlegungsforderung Requirements Exigences			Anwendungs-Leitfaden Application guide Guides d'application	Abschnittstitel in ISO 9001	Clause title in ISO 9001	Titre de paragraphe dans ISO 9001	QM-Leitfaden QM guidance Lignes directrices de management de la qualité	Übersichtskarte Road map Carte routière
ISO 9001	ISO 9002	ISO 9003	ISO 9000-2				ISO 9004-1	ISO 9000-1
4.1 ●	●	◐	4.1	Verantwortung der Leitung	Management responsibility	Responsabilité de la direction	4	4.1; 4.2; 4.3
4.2 ●	●	◐	4.2	QM-System	Quality system	Système qualité	5	4.4; 4.5; 4.8
4.3 ●	●	●	4.3	Vertragsprüfung	Contract review	Revue de contrat	○	8
4.4 ●	○	○	4.4	Designlenkung	Design control	Maîtrise de la conception	8	
4.5 ●	●	●	4.5	Lenkung der Dokumente und Daten	Document and data control	Maîtrise des documents et des données	5.3; 11.5	
4.6 ●	●	○	4.6	Beschaffung	Purchasing	Achats	9	
4.7 ●	●	●	4.7	Lenkung der vom Kunden beigestellten Produkte	Control of customer-supplied product	Maîtrise du produit fourni par le client	○	
4.8 ●	●	◐	4.8	Kennzeichnung und Rückverfolgbarkeit von Produkten	Product identification and traceability	Identification et traçabilité du produit	11.2	5
4.9 ●	●	○	4.9	Prozeßlenkung	Process control	Maîtrise du processus	10; 11	4.6; 4.7
4.10 ●	●	◐	4.10	Prüfungen	Inspection and testing	Contrôles et essais	12	
4.11 ●	●	●	4.11	Prüfmittelüberwachung	Control of inspection, measuring and test equipment	Maîtrise des équipements de contrôle, de mesure et d'essai	13	
4.12 ●	●	●	4.12	Prüfstatus	Inspection and test status	État des contrôles et des essais	11.7	
4.13 ●	●	◐	4.13	Lenkung fehlerhafter Produkte	Control of nonconforming product	Maîtrise du produit non conforme	14	
4.14 ●	●	◐	4.14	Korrektur- und Vorbeugungsmaßnahmen	Corrective and preventive action	Actions correctives et préventives	15	
4.15 ●	●	●	4.15	Handhabung, Lagerung, Verpackung, Schutz und Versand	Handling, storage, packaging, preservation and delivery	Manutention, stockage, conditionnement, préservation et livraison	10.4; 16.1; 16.2	
4.16 ●	●	◐	4.16	Lenkung von Qualitätsaufzeichnungen	Control of quality records	Maîtrise des enregistrements relatifs à la qualité	5.3; 17.2; 17.3	

(fortgesetzt) (continued) (suite)

(abgeschlossen) (concluded) (fin)

Externe Darlegung des QM-Systems / External quality assurance / Assurance qualité externe: Darlegungsforderung / Requirements / Exigences ISO 9001	ISO 9002	ISO 9003	Anwendungs-Leitfaden / Application guide / Guides d'application ISO 9000-2	Abschnittstitel in ISO 9001	Clause title in ISO 9001	Titre de paragraphe dans ISO 9001	QM-Leitfaden / QM guidance / Lignes directrices de management de la qualité ISO 9004-1	Übersichtskarte / Road map / Carte routière ISO 9000-1
4.17 ●	●	◐	4.17	Interne Qualitätsaudits	Internal quality audits	Audits qualité internes	5.4	4.9
4.18 ●	●	◐	4.18	Schulung	Training	Formation	18.1	5.4
4.19 ●	●	○	4.19	Wartung	Servicing	Prestations associées	16.4	
4.20 ●	●	◐	4.20	Statistische Methoden	Statistical techniques	Techniques statistiques	20	
				Qualitätsbezogene Wirtschaftlichkeit	Quality economics	Considérations financières relatives aux systèmes qualité	6	
				Produktsicherheit	Product safety	Sécurité relative au produit	19	
				Marketing	Marketing	Qualité en mercatique	7	

Zeichenschlüssel:
● = umfassende Forderung;
◐ = weniger umfassende Forderung als bei ISO 9001 und ISO 9002;
○ = QM-Element nicht vorhanden (in der internationalen Norm)

Key:
● = Comprehensive requirement;
◐ = Less-comprehensive requirement than ISO 9001 and ISO 9002;
○ = Element not present

Légende:
● = exigence complète;
◐ = exigences moins contraignantes que ISO 9001 et ISO 9002;
○ = élément absent

Anhang E (informativ)
Bibliographie

[1] ISO 9000-2 : 1993
Normen zum Qualitätsmanagement und zur Qualitätssicherung/QM-Darlegung — Allgemeiner Leitfaden zur Anwendung von ISO 9001, ISO 9002 und ISO 9003

[2] ISO 9000-3 : 1991
Normen zum Qualitätsmanagement und zur Qualitätssicherung/QM-Darlegung — Leitfaden für die Anwendung von ISO 9001 auf die Entwicklung, Lieferung und Wartung von Software

[3] ISO 9000-4 : 1993
Normen zum Qualitätsmanagement und zur Qualitätssicherung/QM-Darlegung — Leitfaden zum Management von Zuverlässigkeitsprogrammen

[4] ISO 9001 : 1994
Qualitätsmanagementsysteme — Modell zur Qualitätssicherung/QM-Darlegung in Design/Entwicklung, Produktion, Montage und Wartung

[5] ISO 9002 : 1994
Qualitätsmanagementsysteme — Modell zur Qualitätssicherung/QM-Darlegung in Produktion, Montage und Wartung

[6] ISO 9003 : 1994
Qualitätsmanagementsysteme — Modell zur Qualitätssicherung/QM-Darlegung bei der Endprüfung

[7] ISO 9004-1: : 1994
Qualitätsmanagement und Elemente eines Qualitätsmanagementsystems — Leitfaden

[8] ISO 9004-2 : 1991
Qualitätsmanagement und Elemente eines Qualitätsmanagementsystems — Leitfaden für Dienstleistungen

[9] ISO 9004-3 : 1993
Qualitätsmanagement und Elemente eines Qualitätsmanagementsystems — Leitfaden für verfahrenstechnische Produkte

[10] ISO 9004-4 : 1993
Qualitätsmanagement und Elemente eines Qualitätsmanagementsystems — Leitfaden für Qualitätsverbesserung

[11] ISO 10011-1: : 1990
Leitfaden für das Audit von Qualitätssicherungssystemen — Auditdurchführung

[12] ISO 10011-2 : 1991
Leitfaden für das Audit von Qualitätssicherungssystemen — Qualifikationskriterien für Qualitätsauditoren

Annex E (informative)
Bibliography

[1] ISO 9000-2 : 1993
Quality management and quality assurance standards — Part 2: Generic guidelines for the application of ISO 9001, ISO 9002 and ISO 9003

[2] ISO 9000-3 : 1991
Quality management and quality assurance standards — Part 3: Guidelines for the application of ISO 9001 to the development, supply and maintenance of software

[3] ISO 9000-4 : 1993
Quality management and quality assurance standards — Part 4: Guide to dependability programme management

[4] ISO 9001 : 1994
Quality systems — Model for quality assurance in design, development, production, installation and servicing

[5] ISO 9002 : 1994
Quality systems — Model for quality assurance in production, installation and servicing

[6] ISO 9003 : 1994
Quality systems — Model for quality assurance in final inspection and test

[7] ISO 9004-1 : 1994
Quality management and quality systems elements — Part 1: Guidelines

[8] ISO 9004-2 : 1991
Quality management and quality system elements — Part 2: Guidelines for services

[9] ISO 9004-3 : 1993
Quality management and quality system elements — Part 3: Guidelines for processed materials

[10] SO 9004-4 : 1993
Quality management and quality system elements — Part 4: Guidelines for quality improvement

[11] ISO 10011-1 : 1990
Guidelines for auditing quality systems — Part 1: Auditing

[12] ISO 10011-2 : 1991
Guidelines for auditing quality systems — Part 2: Qualification criteria for quality systems auditors

Annexe E (informative)
Bibliographie

[1] ISO 9000-2 : 1993
Normes pour le management de la qualité et l'assurance de la qualité — Partie 2: Lignes directrices pour l'application de l'ISO 9001, l'ISO 9002 et l'ISO 9003

[2] ISO 9000-3 : 1991
Normes pour la gestion de la qualité et l'assurance de la qualité — Partie 3: Lignes directrices pour l'application de l'ISO 9001 au développement, à la mise à disposition et à la maintenance du logiciel

[3] ISO 9000-4 : 1993
Normes pour la gestion de la qualité et l'assurance de la qualité — Partie 4: Guide de gestion du programme de sûreté de fonctionnement

[4] ISO 9001 : 1994
Systèmes qualité — Modèle pour l'assurance de la qualité en conception, développement, production, installation et prestations associées

[5] ISO 9002 : 1994
Systèmes qualité — Modèle pour l'assurance de la qualité en production, installation et prestations associées

[6] ISO 9003 : 1994
Systèmes qualité — Modèle pour l'assurance de la qualité en contrôle et essais finals

[7] ISO 9004-1 : 1994
Management de la qualité et éléments de système qualité — Partie 1: Lignes directrices

[8] ISO 9004-2 : 1991
Gestion de la qualité et éléments de système qualité — Partie 2: Lignes directrices pour les services

[9] ISO 9004-3 : 1993
Management de la qualité et éléments de système qualité — Partie 3: Lignes directrices pour les produits issus de processus à caractère continu

[10] ISO 9004-4 : 1993
Management de la qualité et éléments de système qualité — Partie 4: Lignes directrices pour l'amélioration de la qualité

[11] ISO 10011-1 : 1990
Lignes directrices pour l'audit des systèmes qualité — Partie 1: Audit

[12] ISO 10011-2 : 1991
Lignes directrices pour l'audit des systèmes qualité — Partie 2: Critères de qualification pour les auditeurs de systèmes qualité

[13] ISO 10011-3 : 1991
Leitfaden für das Audit von Qualitätssicherungssystemen — Management von Auditprogrammen

[14] ISO 10012-1 : 1992
Forderungen an die Qualitätssicherung für Meßmittel — Meßtechnisches Bestätigungssystem für Meßmittel

[15] ISO 10013 : 1994
Leitfaden für die Entwicklung von Qualitätsmanagement-Handbüchern

[16] ISO/TR 13425 : —[1])
Leitfaden für die Auswahl statistischer Methoden in Normung und Spezifikation

[17] ISO-Handbuch 3 : 1989,
Statistische Methoden

[1]) Veröffentlichung ist vorgesehen.

[13] ISO 10011-3 : 1991
Guidelines for auditing quality systems — Part 3: Management of audit programmes

[14] ISO 10012-1 : 1992
Quality assurance requirements for measuring equipment — Part 1: Metrological confirmation system for measuring equipment

[15] ISO 10013 : 1994
Guidelines for developing quality manuals

[16] ISO/TR 13425 : —[1])
Guidelines for the selection of statistical methods in standardization and specification

[17] ISO HANDBOOK 3 : 1989
Statistical methods

[1]) To be published.

[13] ISO 10011-3 : 1991
Lignes directrices pour l'audit des systèmes qualité — Partie 3: Gestion des programmes d'audit

[14] ISO 10012-1 : 1992
Exigences d'assurance de la qualité des équipements de mesure — Partie 1: Confirmation métrologique de l'équipement de mesure

[15] ISO 10013 : 1994'
Lignes directrices pour l'élaboration des manuels qualité

[16] ISO/TR 13425 : —[1])
Lignes directrices pour la sélection des méthodes statistiques dans la normalisation et les spécifications

[17] RECUEIL ISO 3 : 1989
Méthodes statistiques

[1]) Λ publier

August 1994

Qualitätsmanagementsysteme
Modell zur Qualitätssicherung/QM-Darlegung in Design, Entwicklung, Produktion, Montage und Wartung

(ISO 9001 : 1994) Dreisprachige Fassung EN ISO 9001 : 1994

DIN EN ISO 9001

ICS 03.120.10

Ersatz für DIN ISO 9001 : 1990-05

Deskriptoren: Qualitätssicherung/QM-Darlegung, Qualitätssicherungs-/QM-Darlegungsprogramm, Qualitätssicherungs-/QM-Darlegungssystem, Design, Entwicklung (Tätigkeit), Produktion, Montage, Wartung, Bezugsmodelle

Quality systems — Model for quality assurance in design/development, production, installation and servicing (ISO 9001 : 1994)
Trilingual version EN ISO 9001 : 1994

Systèmes qualité — Modèle pour l'assurance de la qualité en conception/développement, production, installation et prestations associées (ISO 9001 : 1994)
Version trilingue EN ISO 9001 : 1994

Die Europäische Norm EN ISO 9001 : 1994 hat den Status einer Deutschen Norm.

Nationales Vorwort

Vertrauen in die Fähigkeiten eines Lieferanten zu gewinnen, daß er festgelegte Mindestforderungen an sein Qualitätsmanagementsystem erfüllt, wird heute weltweit immer mehr eine Voraussetzung für die Zusammenarbeit zwischen dem Kunden und seinem Lieferanten. Dieses Vertrauen kann durch die Darlegung des Qualitätsmanagementsystems gegenüber dem Kunden oder einer autorisierten Stelle gebildet werden. Alle in diesem Rahmen geplanten, systematischen, vertrauensbildenden Tätigkeiten werden nach DIN EN ISO 8402 als Qualitätssicherung oder Qualitätsmanagementdarlegung (kurz: QM-Darlegung) benannt. Dem Normenanwender bleibt es überlassen, welche der beiden Benennungen er verwendet. Im folgenden werden jeweils beide Benennungen genannt, die durch einen Schrägstrich getrennt sind: Qualitätssicherung/QM-Darlegung.

Die Normen DIN EN ISO 9001, DIN EN ISO 9002 und DIN EN ISO 9003 enthalten jeweils ein Modell zur Qualitätssicherung/QM-Darlegung. Nur diese drei Normen der DIN EN ISO 9000-Familie[1]) sind für Darlegungszwecke vorgesehen. Diese Normen zeigen einen Weg zur Schaffung von Vertrauen in die Fähigkeit eines Lieferanten.

Das Qualitätsmanagement einer Organisation wird durch zahlreiche interne und externe Einflüsse geprägt. Hier sind beispielsweise zu nennen: Die Ziele der Organisation, die erzeugten Produkte, die Anspruchsklasse für die Angebotsprodukte, die eingesetzte Technologie, die Größe der Organisation, das Arbeitsumfeld der Organisation, die Mitarbeiter. Ein universell geeignetes Qualitätsmanagementsystem kann es demnach nicht geben; folglich kann man ein solches System auch nicht normen. DIN EN ISO 9004-1 ist daher keine Norm für Qualitätsmanagementsysteme, sondern ein Leitfaden zur Errichtung solcher Systeme.

DIN EN ISO 9000-1 ist ein Leitfaden zur Auswahl der Normen zum Qualitätsmanagement. Sie gibt auch Anleitungen zur Anpassung der Forderungen bezüglich Darlegungsumfang und -grad.

Zur Terminologie des Qualitätsmanagements stehen die Normen DIN EN ISO 8402 sowie die Normenreihe DIN 55350 zur Verfügung.

In den Normen zum Qualitätsmanagement sind keine Forderungen an Produkte festgelegt. Die Erfüllung der Forderungen zur Qualitätssicherung/QM-Darlegung in den Normen DIN EN ISO 9001, DIN EN ISO 9002 und DIN EN ISO 9003 soll — wie oben erläutert — Vertrauen in die Fähigkeit der Organisation bzw. des Lieferanten bilden. Die Einhaltung der Normen zum Qualitätsmanagement ist deshalb kein direkter Nachweis für die Erfüllung der Qualitätsforderung durch das Angebotsprodukt.

Die deutschsprachigen Fassungen wurden zwischen den Normenorganisationen der Bundesrepublik Deutschland, Österreichs und der Schweiz abgestimmt.

Änderungen

Gegenüber DIN ISO 9001 : 1990-05 wurden folgende Änderungen vorgenommen:

- ISO 9001 : 1994 übernommen.
- Beschränkung auf vertragliche Situationen entfallen.
- Verschiedene technische und redaktionalle Änderungen.

Frühere Ausgaben

DIN ISO 9001: 1987-05, 1990-05

[1]) Zur Definition "DIN EN ISO 9000-Familie" siehe DIN EN ISO 9000-1, Abschnitt 3.

Fortsetzung Seite 2 und 26 Seiten EN ISO

Normenausschuß Qualitätsmanagement, Statistik und Zertifizierungsgrundlagen (NQSZ) im DIN Deutsches Institut für Normung e.V.

Nationaler Anhang (informativ)

Literaturhinweise

DIN 55350-11	Begriffe zu Qualitätsmanagement und Statistik — Grundbegriffe des Qualitätsmanagements
DIN 55350-12	Begriffe der Qualitätssicherung und Statistik — Merkmalsbezogene Begriffe
DIN 55350-13	Begriffe der Qualitätssicherung und Statistik — Begriffe zur Genauigkeit von Ermittlungsverfahren und Ermittlungsergebnissen
DIN 55350-14	Begriffe der Qualitätssicherung und Statistik — Begriffe der Probenahme
DIN 55350-15	Begriffe der Qualitätssicherung und Statistik — Begriffe zu Mustern
DIN 55350-17	Begriffe der Qualitätssicherung und Statistik — Begriffe der Qualitätsprüfarten
DIN 55350-21	Begriffe der Qualitätssicherung und Statistik — Begriffe der Statistik — Zufallsgrößen und Wahrscheinlichkeitsverteilungen
DIN 55350-22	Begriffe der Qualitätssicherung und Statistik — Begriffe der Statistik — Spezielle Wahrscheinlichkeitsverteilungen
DIN 55350-23	Begriffe der Qualitätssicherung und Statistik — Begriffe der Statistik — Beschreibende Statistik
DIN 55350-24	Begriffe der Qualitätssicherung und Statistik — Begriffe der Statistik — Schließende Statistik
DIN 55350-31	Begriffe der Qualitätssicherung und Statistik — Begriffe der Annahmestichprobenprüfung
DIN 55350-33	Begriffe der Qualitätssicherung und Statistik — Begriffe der statistischen Prozeßlenkung (SPC)
DIN 55350-34	Begriffe der Qualitätssicherung und Statistik — Erkennungsgrenze, Erfassungsgrenze und Erfassungsvermögen
DIN EN ISO 9000-1	Normen zum Qualitätsmanagement und zur Qualitätssicherung/QM-Darlegung — Teil 1: Leitfaden zur Auswahl und Anwendung, (ISO 9000-1 : 1994), Dreisprachige Fassung EN ISO 9000-1 : 1994
DIN EN ISO 9002	Qualitätsmanagementsysteme — Modell zur Qualitätssicherung/QM-Darlegung in Produktion, Montage und Wartung, (ISO 9002), Dreisprachige Fassung EN ISO 9002 : 1994
DIN EN ISO 9003	Qualitätsmanagementsysteme — Modell zur Qualitätssicherung/QM-Darlegung bei der Endprüfung, (ISO 9003 : 1994), Dreisprachige Fassung EN ISO 9003 : 1994
DIN EN ISO 9004-1	Qualitätsmanagement und Elemente eines Qualitätsmanagementsystems — Teil 1: Leitfaden, (ISO 9004-1 : 1994), Dreisprachige Fassung EN ISO 9004-1 : 1994
E DIN ISO 8402	Qualitätsmanagement und Qualitätssicherung — Begriffe — Identisch mit ISO/DIS 8402 : 1991
E Beiblatt 1 zu DIN ISO 8402	Qualitätsmanagement und Qualitätssicherung — Anmerkungen zu Grundbegriffen
E DIN ISO 9000-2	Qualitätsmanagement- und Qualitätssicherungsnormen — Allgemeiner Leitfaden zur Anwendung von ISO 9001, ISO 9002, und ISO 9003
DIN ISO 9000-3	Qualitätsmanagement- und Qualitätssicherungsnormen — Leitfaden für die Anwendung von DIN ISO 9001 auf die Entwicklung, Lieferung und Wartung von Software, (Identisch mit ISO 9000-3 : 1991)
DIN ISO 9000-4	Normen zum Qualitätsmanagement und zur Darlegung von Qualitätsmanagementsystemen — Leitfaden zum Management von Zuverlässigkeitsprogrammen, (Identisch mit ISO 9000-4 : 1993 bzw. IEC 300-1 : 1993), Deutsche Fassung EN 60300-1 : 1993
DIN ISO 9004-2	Qualitätsmanagement und Qualitätsmanagementelemente — Leitfaden für Dienstleistungen, (Identisch mit ISO 9004-2 : 1991)
E DIN ISO 9004-3	Qualitätsmanagement und Elemente eines Qualitätssicherungssystems — Leitfaden für verfahrenstechnische Produkte, (Identisch mit ISO/DIS 9004-3 : 1992)
E DIN ISO 9004-4	Qualitätsmanagement und Elemente eines Qualitätssicherungssystems — Leitfaden für Qualitätsverbesserung, (Identisch mit ISO/DIS 9004-4 : 1992)
E DIN ISO 9004-7	Qualitätsmanagement und Elemente eines Qualitätssicherungssystems — Leitfaden für Konfigurationsmanagement, (Identisch mit ISO/DIS 9004-7 : 1993)
DIN ISO 10011-1	Leitfaden für das Audit von Qualitätsmanagementsystemen — Auditdurchführung, (Identisch mit ISO 10011-1 : 1990)
DIN ISO 10011-2	Leitfaden für das Audit von Qualitätsmanagementsystemen — Qualifikationskriterien für Qualitätsauditoren, (Identisch mit ISO 10011-2 : 1991)
DIN ISO 10011-3	Leitfaden für das Audit von Qualitätsmanagementsystemen — Management von Auditprogrammen, (Identisch mit ISO 10011-3 : 1991)
DIN ISO 10012	Forderungen an die Qualitätssicherung für Meßmittel — Bestätigungssystem für Meßmittel
E DIN ISO 10013	Leitfaden für die Erstellung von Qualitätsmanagement-Handbüchern (ISO/DIS 10013 : 1993)

EUROPÄISCHE NORM
EUROPEAN STANDARD
NORME EUROPÉENNE

EN ISO 9001

Juli 1994

ICS 03.120.10

Ersatz für EN 29001 : 1987

Deskriptoren: QM-Darlegung, QM-Darlegungsprogramm, QM-Darlegungssystem, Design, Entwicklung (Tätigkeit), Produktion, Montage, Wartung, Bezugsmodelle

Deutsche Fassung

Qualitätsmanagementsysteme
Modell zur Qualitätssicherung/QM-Darlegung in Design, Entwicklung, Produktion, Montage und Wartung

(ISO 9001 : 1994)

Quality systems — Model for quality assurance in design/development, production, installation and servicing (ISO 9001 : 1994)

Systèmes qualité — Modèle pour l'assurance de la qualité en conception/développement, production, installation et prestations associées (ISO 9001 : 1994)

Diese Europäische Norm wurde von CEN am 1994-06-20 angenommen.

Die CEN-Mitglieder sind gehalten, die CEN/CENELEC-Geschäftsordnung zu erfüllen, in der die Bedingungen festgelegt sind, unter denen dieser Europäischen Norm ohne jede Änderung der Status einer nationalen Norm zu geben ist.

Auf dem letzten Stand befindliche Listen dieser nationalen Normen mit ihren bibliographischen Angaben sind beim Zentralsekretariat oder bei jedem CEN-Mitglied auf Anfrage erhältlich.

Diese Europäische Norm besteht in drei offiziellen Fassungen (Deutsch, Englisch, Französisch). Eine Fassung in einer anderen Sprache, die von einem CEN-Mitglied in eigener Verantwortung durch Übersetzung in seine Landessprache gemacht und dem Zentralsekretariat mitgeteilt worden ist, hat den gleichen Status wie die offiziellen Fassungen.

CEN-Mitglieder sind die nationalen Normungsinstitute von Belgien, Dänemark, Deutschland, Finnland, Frankreich, Griechenland, Irland, Island, Italien, Luxemburg, Niederlande, Norwegen, Österreich, Portugal, Schweden, Schweiz, Spanien und dem Vereinigten Königreich.

CEN

EUROPÄISCHES KOMITEE FÜR NORMUNG
European Committee for Standardization
Comité Européen de Normalisation

Zentralsekretariat: rue de Stassart 36, B-1050 Brüssel

Ref.-Nr. EN ISO 9001 : 1994 D

Vorwort zur Europäischen Norm

Diese Europäische Norm wurde vom Technische Komittee ISO/TC 176 "Quality management and quality assurance" der "International Organization for Standardization (ISO)" übernommen und wurde zufolge einer Parallelen Abstimmung von ISO und CEN angenommen.

Diese Europäische Norm ersetzt EN 29001 : 1987.

Diese Europäische Norm muß den Status einer nationalen Norm erhalten, entweder durch Veröffentlichung eines identischen Textes oder durch Anerkennung bis Januar 1995, und etwaige entgegenstehende nationale Normen müssen bis Januar 1995 zurückgezogen werden.

Entsprechend der CEN/CENELEC-Geschäftsordnung sind folgende Länder gehalten, diese Europäische Norm zu übernehmen:

Belgien, Dänemark, Deutschland, Finnland, Frankreich, Griechenland, Irland, Island, Italien, Luxemburg, Niederlande, Norwegen, Österreich, Portugal, Schweden, Schweiz, Spanien und das Vereinigte Königreich.

Anerkennungsnotiz

Der Text der Internationalen Norm ISO 9001 : 1994 wurde von CEN ohne jegliche Änderung als Europäische Norm angenommen.

Vorwort

Die ISO (Internationale Organisation für Normung) ist die weltweite Vereinigung nationaler Normungsinstitute (ISO-Mitgliedskörperschaften). Die Erarbeitung Internationaler Normen obliegt den Technischen Komitees der ISO. Jede Mitgliedskörperschaft, die sich für ein Thema interessiert, für das ein Technisches Komitee eingesetzt wurde, ist berechtigt, in diesem Komitee mitzuarbeiten. Internationale (staatliche und nichtstaatliche) Organisationen, die mit der ISO in Verbindung stehen, sind an den Arbeiten ebenfalls beteiligt. Die ISO arbeitet in allen Fragen der elektrotechnischen Normung eng mit der International Electrotechnical Commission (IEC) zusammen.

Die von den Technischen Komitees verabschiedeten Entwürfe zu Internationalen Normen werden den Mitgliedskörperschaften zunächst zur Abstimmung vorgelegt. Die Veröffentlichung als Internationale Norm erfordert eine Zustimmung von 75 % der Mitgliedskörperschaften, die eine Stimme abgegeben haben.

Die Internationale Norm ISO 9001 ist vom Technischen Komitee TC 176 "Quality management and quality assurance" der ISO, Unterkomitee SC 2 "Quality systems" erstellt worden.

Diese zweite Ausgabe macht die erste Ausgabe (ISO 9001 : 1987), die technisch revidiert worden ist, ungültig und ersetzt sie.

Anhang A dieser Internationalen Norm dient ausschließlich der Information.

Foreword

ISO (the International Organization for Standardization) is a worldwide federation of national standards bodies (ISO member bodies). The work of preparing International Standards is normally carried out through ISO technical committees. Each member body interested in a subject for which a technical committee has been established has the right to be represented on that committee. International organizations, governmental and non-governmental, in liaison with ISO, also take part in the work. ISO collaborates closely with the International Electrotechnical Commission (IEC) on all matters of electrotechnical standardization.

Draft International Standards adopted by the technical committees are circulated to the member bodies for voting. Publication as an International Standard requires approval by at least 75 % of the member bodies casting a vote.

International Standard ISO 9001 was prepared by Technical Committee ISO/TC 176, Quality management and quality assurance, Subcommittee SC 2, Quality Systems.

This second edition cancels and replaces the first edition (ISO 9001 : 1987), which has been technically revised.

Annex A of this International Standard is for information only.

Avant-propos

L'ISO (Organisation internationale de normalisation) est une fédération mondiale d'organismes nationaux de normalisation (comités membres de l'ISO). L'élaboration des Normes internationales est en général confiée aux comités techniques de l'ISO. Chaque comité membre intéressé par une étude a le droit de faire partie du comité technique créé à cet effet. Les organisations internationales, gouvernementales et non gouvernementales, en liaison avec l'ISO participent également aux travaux. L'ISO collabore étroitement avec la Commission électrotechnique internationale (CEI) en ce qui concerne la normalisation électrotechnique.

Les projets de Normes internationales adoptés par les comités techniques sont soumis aux comités membres pour vote. Leur publication comme Normes internationales requiert l'approbation de 75 % au moins des comités membres votants.

La Norme internationale ISO 9001 a été élaborée par le comité technique ISO/TC 176, Management et assurance de la qualité, sous-comité SC 2, Systèmes qualité.

Cette deuxième édition annule et remplace la première édition (ISO 9001 : 1987), dont elle constitue une révision technique.

L'annexe A de la présente Norme internationale est donnée uniquement à titre d'information.

Inhalt

Contents

Sommaire

Qualitätsmanagementsysteme Modell zur Qualitätssicherung/ QM-Darlegung in Design, Entwicklung, Produktion, Montage und Wartung

0 Einleitung

Diese Internationale Norm ist eine von drei Internationalen Normen zu Forderungen an die Qualitätssicherung/QM-Darlegung, die zur Darlegung nach außen hin angewendet werden können. Die nachfolgend angeführten, in drei Internationalen Normen beschriebenen Modelle zur Qualitätssicherung/QM-Darlegung stellen drei Möglichkeiten dar, die sich für den Zweck eignen, daß ein Lieferant seine Fähigkeit darlegt sowie für die Beurteilung der Fähigkeit eines Lieferanten durch externe Stellen.

a) ISO 9001, Qualitätsmanagementsysteme; Modell zur Qualitätssicherung/QM-Darlegung in Design[1]), Entwicklung, Produktion, Montage und Wartung

— anzuwenden, wenn durch den Lieferanten/Auftragnehmer die Erfüllung festgelegter Forderungen während Design[1]), Entwicklung, Produktion, Montage und Wartung zu sichern ist.

b) ISO 9002, Qualitätsmanagementsysteme; Modell zur Qualitätssicherung/QM-Darlegung in Produktion, Montage und Wartung

— anzuwenden, wenn durch den Lieferanten/Auftragnehmer die Erfüllung festgelegter Forderungen während Produktion, Montage und Wartung zu sichern ist.

c) ISO 9003, Qualitätsmanagementsysteme; Modell zur Qualitätssicherung/QM-Darlegung bei der Endprüfung

— anzuwenden, wenn durch den Lieferanten/Auftragnehmer die Erfüllung festgelegter Forderungen nur bei der Endprüfung zu sichern ist.

Es ist zu betonen, daß die Forderungen an die Qualitätssicherung/QM-Darlegung, die in dieser Internationalen Norm, in ISO 9002 und ISO 9003 festgelegt sind, eine Ergänzung (nicht eine Alternative) zu den festgelegten Qualitätsforderungen (an Produkte) sind.

[1]) Fußnote in der deutschsprachigen Fassung: "Design" kann "Entwicklung", "Berechnung", "Konstruktion" bzw. deren Ergebnis, "Entwurf", "Gestaltung" oder "Konzept" usw. einschließen und entsprechend benannt werden.

Quality systems Model for quality assurance in design, development, production, installation and servicing

0 Introduction

This International Standard is one of three International Standards dealing with quality system requirements that can be used for external quality assurance purposes. The quality assurance models, set out in the three International Standards listed below, represent three distinct forms of quality system requirements suitable for the purpose of a supplier demonstrating its capability, and for the assessment of the capability of a supplier by external parties.

a) ISO 9001, Quality systems — Model for quality assurance in design, development, production, installation and servicing

— for use when conformance to specified requirements is to be assured by the supplier during design, development, production, installation and servicing.

b) ISO 9002, Quality systems — Model for quality assurance in production, installation and servicing

— for use when conformance to specified requirements is to be assured by the supplier during production, installation and servicing.

c) ISO 9003, Quality systems — Model for quality assurance in final inspection and test

— for use when conformance to specified requirements is to be assured by the supplier solely at final inspection and test.

It is emphasized that the quality system requirements specified in this International Standard, ISO 9002 and ISO 9003 are complementary (not alternative) to the technical (product) specified requirements. They specify requirements which determine what elements quality Systems have to encompass, but it is not the purpose of these International Standards to enforce uniformity of quality Systems. They are generic and independent of

Systèmes qualité Modèle pour l'assurance de la qualité en conception, développement, production, installation et prestations associées

0 Introduction

La présente Norme internationale fait partie d'une série de trois Normes internationales sur les exigences en matière de système qualité qui peuvent être utilisées dans le cadre de l'assurance externe de la qualité. Les modèles pour l'assurance de la qualité, définis dans les trois Normes internationales mentionnées ci-dessous, décrivent trois formes distinctes d'exigences en matière de système qualité qui conviennent pour la démonstration des aptitudes dun fournisseur et leur évaluation par des parties externes.

a) ISO 9001, Systèmes qualité — Modèle pour l'assurance de la qualité en conception, développement, production, installation et prestations associées

— à utiliser lorsque la conformité à des exigences spécifiées est à assurer par le fournisseur pendant la conception, le développement, la production, l'installation et les prestations associées.

b) ISO 9002, Systèmes qualité — Modèle pour l'assurance de la qualité en production, installation et prestations associées

— à utiliser lorsque la conformité à des exigences spécifiées est à assurer par le fournisseur pendant la production, l'installation et les prestations associées.

c) ISO 9003, Systèmes qualité — Modèle pour l'assurance de la qualité en contrôle et essais finals

— à utiliser lorsque la conformité à des exigences spécifiées est à assurer par le fournisseur uniquement lors des contrôles et essais finals.

Il faut souligner que les exigences en matière de système qualité, spécifiées dans la présente Norme internationale, dans l'ISO 9002 et l'ISO 9003, sont complémentaires (et ne se substituent pas) aux exigences techniques spécifiées (pour le produit). Elles spécifient

Diese Normen spezifizieren Forderungen, die festlegen, welche Elemente Qualitätsmanagementsysteme (nachfolgend "QM-Systeme") zu umfassen haben, jedoch ist es nicht der Zweck dieser Internationalen Normen, für Einheitlichkeit von Qualitätsmanagementsystemen zu sorgen. Die Normen sind übergeordnet und unabhängig von einer spezifischen Industrie oder einem Wirtschaftssektor. Die Gestaltung und die Verwirklichung eines Qualitätsmanagementsystems werden notwendigerweise durch die unterschiedlichen Erfordernisse einer Organisation, ihrer besonderen Ziele, die gelieferten Produkte und Dienstleistungen sowie die angewendeten Prozesse und spezifischen Arbeitsweisen beeinflußt.

Es ist beabsichtigt, daß diese Internationalen Normen in ihrer vorliegenden Form angewendet werden. Gelegentlich kann es aber nötig sein, sie durch Hinzufügen oder Streichen gewisser Forderungen an die Qualitätssicherung/QM-Darlegung an spezielle Vertragssituationen anzupassen. ISO 9000-1 liefert sowohl für einen derartigen Zuschnitt als auch für die Auswahl des zweckmäßigen Modells zur Qualitätssicherung/QM-Darlegung, nämlich ISO 9001, ISO 9002 oder ISO 9003, einen Leitfaden.

any specific industry or economic sector. The design and implementation of a quality system will be influenced by the varying needs of an organization, its particular objectives, the products and services supplied, and the processes and specific practices employed.

It is intended that these International Standards will be adopted in their present form, but on occasions they may need to be tailored by adding or deleting certain quality System requirements for specific contractual situations. ISO 9000-1 provides guidance on such tailoring as well as on selection of the appropriate quality assurance model, viz. ISO 9001, ISO 9002 or ISO 9003.

des exigences qui déterminent les éléments que doivent comprendre les systèmes qualité, mais leur but n'est pas d'imposer l'uniformité des systèmes qualité. Ces Normes internationales sont génériques, indépendantes de tout secteur industriel ou économique particulier. La conception et la mise en œuvre d'un système qualité tiendront compte des différents besoins d'un organisme, de ses objectifs particuliers, des produits et services fournis et des processus et pratiques spécifiques en usage.

Il est prévu que ces Normes internationales soient utilisées telles quelles, mais, dans certains cas, il peut être nécessaire de les ajuster en ajoutant ou en supprimant certaines exigences de système qualité en fonction de situations contractuelles particulières. L'ISO 9000-1 fournit des indications sur cet ajustement et sur le choix du modèle approprié pour l'assurance de la qualité, à savoir ISO 9001, ISO 9002 ou ISO 9003.

1 Anwendungsbereich

Diese Internationale Norm legt Forderungen an die Qualitätssicherung/QM-Darlegung für den Fall der Notwendigkeit fest, daß die Fähigkeit eines Lieferanten/Auftragnehmers[2]) darzulegen ist, ein Produkt zu entwickeln und zu liefern, das die Qualitätsforderung erfüllt.

Die festgelegten Forderungen dienen in erster Linie dazu, Kundenzufriedenheit durch die Verhütung von Fehlern in allen Phasen vom Design bis hin zur Wartung zu erreichen.

Diese Internationale Norm ist anwendbar in Situationen, wenn

a) Design verlangt wird und die Qualitätsforderung an das Produkt hauptsächlich in Form von Leistungsangaben festgelegt ist oder noch der Festlegung bedarf, und

1 Scope

This International Standard specifies quality system requirements for use where a supplier's capability to design and supply conforming product needs to be demonstrated.

The requirements specified are aimed primarily at achieving customer satisfaction by preventing nonconformity at all stages from design through to servicing.

This International Standard is applicable in situations when

a) design is required and the product requirements are stated principally in performance terms, or they need to be established, and

1 Domaine d'application

La présente Norme internationale spécifie des exigences en matière de système qualité à utiliser lorsque l'aptitude d'un fournisseur à concevoir et fournir un produit conforme doit être démontrée.

Les exigences spécifiées visent en premier lieu la satisfaction du client, par la prévention des non-conformités à tous les stades, depuis la conception jusqu'aux prestations associées.

La présente Norme internationale est applicable lorsque

a) de la conception est exigée et les exigences relatives au produit sont formulées principalement en termes de résultats ou lorsqu'il est nécessaire d'établir ces exigences, et

[2]) Fußnote in der deutschsprachigen Fassung: Nachfolgend kurz "Lieferant" genannt, auch im Fall einer Organisation, welche Dienstleistungen erbringt.

b) das Vertrauen in die Erfüllung der Qualitätsforderung durch das Produkt durch eine angemessene Darlegung der Fähigkeiten eines Lieferanten in Design, Entwicklung, Produktion, Montage und Wartung erreicht werden kann.

ANMERKUNG 1: Informative Verweisungen auf andere Normen: siehe Anhang A

b) confidence in product conformance can be attained by adequate demonstration of a supplier's capabilities in design, development, production, installation and servicing.

NOTE 1: For informative references, see annex A.

b) la confiance dans la conformité du produit peut être obtenue par une démonstration adéquate des aptitudes d'un fournisseur en matière de conception, développement, production, installation et prestations associées.

NOTE 1: Pour les références informatives, voir annexe A.

2 Verweisungen auf andere Normen

Die folgende Norm enthält Festlegungen, die, durch Verweisungen in diesem Text, auch für diese Internationale Norm gelten. Zum Zeitpunkt der Veröffentlichung war die angegebene Ausgabe gültig. Alle Normen unterliegen der Überarbeitung. Vertragspartner, deren Vereinbarungen auf dieser Internationalen Norm basieren, sind gehalten, nach Möglichkeit die neueste Ausgabe der nachfolgend aufgeführten Norm anzuwenden. IEC- und ISO-Mitglieder verfügen über Verzeichnisse der gegenwärtig geltenden Internationalen Normen.

ISO 8402 : 1994
Qualitätsmanagement — Begriffe

2 Normative reference

The following standard contains provisions which, through reference in this text, constitute provisions of this International Standard. At the time of publication, the edition indicated was valid. All standards are subject to revision, and parties to agreements based on this International Standard are encouraged to investigate the possibility of applying the most recent edition of the standard indicated below. Members of IEC and ISO maintain registers of currently valid International Standards.

ISO 8402 : 1994
Quality management and quality assurance — Vocabulary

2 Référence normative

La norme suivante contient des dispositions qui, par suite de la référence qui en est faite, constituent des dispositions valables pour la présente Norme internationale. Au moment de la publication, l'édition indiquée était en vigueur. Toute norme est sujette à révision et les parties prenantes des accords fondés sur la présente Norme internationale sont invitées à rechercher la possibilité d'appliquer l'édition la plus récente de la norme indiquée ci-après. Les membres de la CEI et de l'ISO possèdent le registre des Normes internationales en vigueur à un moment donné.

ISO 8402 : 1994
Management de la qualité et assurance de la qualité — Vocabulaire

3 Begriffe

Für diese Internationale Norm gelten die in ISO 8402 angegebenen und die folgenden Begriffe.

3 Definitions

For the purposes of this International Standard, the definitions given in ISO 8402 and the following definitions apply.

3 Définitions

Pour les besoins de la présente Norme internationale, les définitions données dans l'ISO 8402 et les définitions suivantes s'appliquent.

3.1 Produkt

Ergebnis von Tätigkeiten und Prozessen.

ANMERKUNG 2: Der Begriff Produkt kann Dienstleistung, Hardware, verfahrenstechnische Produkte, Software oder Kombinationen daraus einschließen.

ANMERKUNG 3: Ein Produkt kann materiell (z. B. Montageergebnisse, verfahrenstechnische Produkte) oder immateriell (z. B. Wissen oder Entwürfe) oder eine Kombination daraus sein.

ANMERKUNG 4: In dieser Internationalen Norm wird der Begriff Produkt nur auf das beabsichtigte Angebotsprodukt angewendet und nicht auf unbeabsichtigte Nebenprodukte, die die Umwelt beeinträchtigen. Dies weicht von der Definition gemäß ISO 8402 ab.

3.1 Product

Result of activities or processes.

NOTE 2: A product may include service, hardware, processed materials, software or a combination thereof.

NOTE 3: A product can be tangible (e.g. assemblies or processed materials) or intangible (e.g. knowledge or concepts), or a combination thereof.

NOTE 4: For the purposes of this International Standard, the term "product" applies to the intended product offering only and not to unintended "by-products" affecting the environment. This differs from the definition given in ISO 8402.

3.1 Produit

Résultat d'activités ou de processus.

NOTE 2: Le terme produit peut inclure les services, les matériels, les produits issus de processus à caractère continu, les logiciels, ou une combinaison des deux.

NOTE 3: Un produit peut être matériel (par exemple, assemblages ou produits issus de processus à caractère continu) ou immatériel (par exemple, connaissances ou concepts), ou une combinaison des deux.

NOTE 4: Dans le cadre de la présente Norme internationale, le terme «produit» s'applique au produit intentionnel et ne s'applique pas aux sous-produits non-intentionnels affectant l'environnement. Ceci diffère de la définition donnée dans l'ISO 8402.

3.2 Angebot

Eine nach Aufforderung abgegebene Bereitschaftserklärung eines Lieferanten, einen zustandekommenden Vertrag über die Lieferung eines Produktes zu erfüllen.

3.3 Vertrag

Zwischen einem Lieferanten und einem Kunden vereinbarte Forderungen, übermittelt durch beliebige Mittel.

4 Forderungen an die Qualitätssicherung/ QM-Darlegung

4.1 Verantwortung der Leitung

4.1.1 Qualitätspolitik

Die oberste Leitung des Lieferanten muß ihre Qualitätspolitik, eingeschlossen ihre Zielsetzungen und ihre Verpflichtung zur Qualität, festlegen und dokumentieren. Die Qualitätspolitik muß relevant für die organisatorischen Ziele des Lieferanten sowie für die Erwartungen und Erfordernisse seiner Kunden sein. Der Lieferant muß sicherstellen, daß diese Politik in allen Ebenen der Organisation verstanden, verwirklicht und aufrechterhalten wird.

4.1.2 Organisation

4.1.2.1 Verantwortung und Befugnis

Die Verantwortung, Befugnis und die gegenseitige Beziehung von Personal mit leitender, ausführender und prüfender Tätigkeit, welche die Qualität beeinflußt, müssen festgelegt und dokumentiert sein, insbesondere für jenes Personal, welches die organisatorische Unabhängigkeit und Befugnis benötigt, um

a) Vorbeugungsmaßnahmen gegen mögliche Fehler bei einem Produkt, Prozeß oder beim QM-System zu veranlassen;

b) Probleme bei einem Produkt, Prozeß oder beim QM-System festzustellen und aufzuzeichnen;

c) Problemlösungen nach festgelegten Abläufen zu veranlassen, zu empfehlen oder vorzusehen;

d) die Verwirklichung von Problemlösungen zu verifizieren;

e) die weitere Behandlung, Auslieferung oder Montage fehlerhafter Produkte so lange zu überwachen, bis die Unzulänglichkeit oder der unbefriedigende Zustand behoben sind.

3.2 Tender

Offer made by a supplier in response to an invitation to satisfy a contract award to provide product.

3.3 Contract

Agreed requirements between a supplier and customer transmitted by any means.

4 Quality system requirements

4.1 Management responsibility

4.1.1 Quality policy

The supplier's management with executive responsibility shall define and document its policy for quality, including objectives for quality and its commitment to quality. The quality policy shall be relevant to the supplier's organizational goals and the expectations and needs of its customers. The supplier shall ensure that this policy is understood, implemented and maintained at all levels of the organization.

4.1.2 Organization

4.1.2.1 Responsibility and authority

The responsibility, authority and the interrelation of personnel who manage, perform and verify work affecting quality shall be defined and documented, particularly for personnel who need the organizational freedom and authority to:

a) initiate action to prevent the occurrence of any nonconformities relating to the product, process and quality system;

b) identify and record any problems relating to the product, process and quality system;

c) initiate, recommend or provide solutions through designated channels;

d) verify the implementation of solutions;

e) control further processing, delivery or installation of nonconforming product until the deficiency or unsatisfactory condition has been corrected.

3.2 Offre

Une offre est faite par un fournisseur en réponse à un appel d'offre en vue de l'attribution d'un contrat de fourniture d'un produit.

3.3 Contrat

Exigences ayant fait l'objet d'un accord entre un fournisseur et un client et transmises par un moyen quelconque.

4 Exigences en matière de système qualité

4.1 Responsabilité de la direction

4.1.1 Politique qualité

La direction du fournisseur, qui a pouvoir de décision doit définir et consigner par écrit sa politique en matière de qualité, y compris ses objectifs et son engagement en la matière. La politique qualité doit être pertinente par rapport aux objectifs généraux du fournisseur et aux attentes et besoins de ses clients. Le fournisseur doit assurer que cette politique est comprise, mise en œuvre et entrenue à tous les niveaux de l'organisme.

4.1.2 Organisation

4.1.2.1 Responsabilité et autorité

La responsabilité, l'autorité et les relations entre les personnes qui dirigent, exécutent et vérifient des tâches qui ont une incidence sur la qualité doivent être définies par écrit; cela concerne, en particulier les personnes qui ont besoin de la liberté et de l'autorité sur le plan de l'organisation pour

a) déclencher des actions permettant de prévenir l'apparition de toute non-conformité relative au produit, au processus et au système qualité;

b) identifier et enregistrer tout problème relatif au produit, au processus et au système qualité;

c) déclencher, recommander ou fournir des solutions en suivant des circuits définis;

d) vérifier la mise en œuvre des solutions;

e) maîtriser la poursuite des opérations relatives au produit non conforme, sa livraison ou son installation jusqu'à ce que la déficience ou la situation non satisfaisante ait été corrigée.

4.1.2.2 Mittel

Der Lieferant muß erforderliche Mittel feststellen und angemessene Mittel bereitstellen sowie geschultes Personal (siehe Abschnitt 4.18) für leitende, ausführende und prüfende Tätigkeiten bestellen, eingeschlossen interne Qualitätsaudits.

4.1.2.3 Beauftragter der obersten Leitung

Die oberste Leitung des Lieferanten muß ein Mitglied des lieferanteneigenen Führungskreises benennen, das — abgesehen von anderen Verantwortlichkeiten — die festgelegte Befugnis besitzt, um

a) sicherzustellen, daß ein QM-System festgelegt, verwirklicht und aufrechterhalten ist in Übereinstimmung mit dieser Internationalen Norm,[3])

b) der Leitung des Lieferanten einen Überblick über die Leistung des QM-Systems als Grundlage für dessen Verbesserung zu geben.

ANMERKUNG 5: Die Verantwortung des Beauftragten der obersten Leitung kann in Angelegenheiten des QM-Systems des Lieferanten auch eine Verbindung mit externen Stellen einschließen.

4.1.3 QM-Bewertung

Die oberste Leitung des Lieferanten muß das QM-System in festgelegten Zeitabständen bewerten, die ausreichen, um seine ständige Eignung und Wirksamkeit bei der Erfüllung der Forderungen dieser Internationalen Norm sowie der festgelegten Qualitätspolitik und -ziele (siehe Abschnitt 4.1.1) sicherzustellen. Aufzeichnungen über solche Bewertungen müssen aufbewahrt werden (siehe Abschnitt 4.16).

4.2 Qualitätsmanagementsystem[4])

4.2.1 Allgemeines

Der Lieferant muß als ein Mittel zur Sicherstellung, daß ein Produkt die festgelegte Qualitätsforderung erfüllt,

[3]) Fußnote in der deutschsprachigen Fassung: In der Praxis hat der Beauftragte der obersten Leitung häufig außer den Aufgaben im Zusammenhang mit dieser Norm auch Aufgaben im Hinblick auf die Normenreihe ISO 9004 bei der Festlegung der Aufgaben an das QM-System.

[4]) Fußnote in der deutschsprachigen Fassung: Auch die Abschnitte 4.1 sowie 4.3 bis 4.20 betreffen das QM-System.

4.1.2.2 Resources

The supplier shall identify resource requirements and provide adequate resources, including the assignment of trained personnel (see 4.18), for management, performance of work and verification activities including internal quality audits.

4.1.2.3 Management representative

The supplier's management with executive responsibility shall appoint a member of the supplier's own management who, irrespective of other responsibilities, shall have defined authority for

a) ensuring that a quality system is established, implemented and maintained in accordance with this International Standard, and

b) reporting on the performance of the quality system to the supplier's management for review and as a basis for improvement of the quality system.

NOTE 5: The responsibility of a management representative may also include liaison with external parties on matters relating to the supplier's quality system.

4.1.3 Management review

The supplier's management with executive responsibility shall review the quality system at defined intervals sufficient to ensure its continuing suitability and effectiveness in satisfying the requirements of this International Standard and the supplier's stated quality policy and objectives (see 4.1.1). Records of such reviews shall be maintained (see 4.16).

4.2 Quality system

4.2.1 General

The supplier shall establish, document and maintain a quality system as a means of ensuring that product conforms to specified requirements. The

4.1.2.2 Moyens

Le fournisseur doit identifier les exigences relatives aux moyens et fournir les moyens adéquats, y compris la désignation de personnes formées (voir 4.18), pour le management, l'exécution et la vérification des tâches, ainsi que les audits qualité internes.

4.1.2.3 Représentant de la direction

La direction du fournisseur, qui a pouvoir de décision, doit nommer un de ses membres qui, nonobstant d'autres responsabilités, doit avoir une autorité définie pour

a) assurer qu'un système qualité est défini, mis en œuvre et entretenu conformément à la présente Norme internationale, et

b) rendre compte du fonctionnement du système qualité à la direction du fournisseur pour en faire la revue et servir de base à l'amélioration du système qualité.

NOTE 5: La responsabilité du représentant de la direction peut également comprendre les relations avec des parties extérieures en ce qui concerne les sujets relatifs au système qualité du fournisseur.

4.1.3 Revue de direction

La direction du fournisseur, qui a pouvoir de décision, doit faire une revue du système qualité à une fréquence définie et suffisante pour assurer qu'il demeure constamment approprié et efficace afin de satisfaire aux exigences de la présente Norme internationale ainsi quà la politique et aux objectifs qualité fixés par le fournisseur (voir 4.1.1). Des enregistrements de ces revues doivent être conservés (voir 4.16).

4.2 Système qualité

4.2.1 Généralités

Le fournisseur doit établir, consigner par écrit et entretenir un système qualité en tant que moyen pour assurer que le produit est conforme aux exiein QM-System einführen, dokumentieren und aufrechterhalten. Der Lieferant muß ein Qualitätsmanagement-Handbuch (nachfolgend "QM-Handbuch") erstellen, das die Forderungen dieser Internationalen Norm behandelt. Das QM-Handbuch muß die Verfahrensanweisungen zum QM-System (nachfolgend "QM-Verfahrensanweisungen") enthalten oder auf sie verweisen sowie die Struktur der Dokumentation des QM-Systems skizzieren.

ANMERKUNG 6: Ein Leitfaden zu QM-Handbüchern findet sich in ISO 10013.

4.2.2 QM-Verfahrensanweisungen

Der Lieferant muß

a) Verfahrensanweisungen in Übereinstimmung mit den Forderungen dieser Internationalen Norm und mit der festgelegten Qualitätspolitik des Lieferanten erstellen;

b) das QM-System und seine Verfahrensanweisungen tatsächlich verwirklichen.

Im Zusammenhang mit dieser Internationalen Norm hängen der Umfang und die Einzelheiten der zum QM-System gehörigen Verfahren von der Komplexität der Arbeit, den angewendeten Methoden sowie von den Fertigkeiten und der Schulung ab, die das Personal für das Mitwirken an der Ausführung der Tätigkeit benötigt.

ANMERKUNG 7: Verfahrensanweisungen können auf Arbeitsanweisungen Bezug nehmen, die festlegen, wie eine Tätigkeit ausgeführt wird.

4.2.3 Qualitätsplanung (zum QM-System)

Der Lieferant muß festlegen und dokumentieren, wie er die Qualitätsforderungen (an Produkte) erfüllen will. Qualitätsplanung zum QM-System muß in Einklang stehen mit allen anderen Forderungen an ein QM-System des Lieferanten. Sie muß in einer Struktur dokumentiert werden, die zur Arbeitsmethode des Lieferanten paßt. Der Lieferant muß in angemessener Weise die folgenden Tätigkeiten bedenken, um die festgelegten Forderungen an Produkte, Projekte oder Verträge zu erfüllen:

a) das Ausarbeiten von Qualitätsmanagementplänen (nachfolgend kurz "QM-Plan");

b) das Feststellen und Bereitstellen von Lenkungsmaßnahmen, Prozessen, Einrichtungen (eingeschlossen Prüfeinrichtungen), von Vorrichtungen, Mitteln und Fertigkeiten, die zur Erfüllung der Qualitätsforderung benötigt werden könnten;

supplier shall prepare a quality manual covering the requirements of this International Standard. The quality manual shall include or make reference to the quality system procedures and outline the structure of the documentation used in the quality system.

NOTE 6: Guidance on quality manuals is given in ISO 10013.

4.2.2 Quality system procedures

The supplier shall

a) prepare documented procedures consistent with the requirements of this International Standard and the supplier's stated quality policy, and

b) effectively implement the quality system and its documented procedures.

For the purposes of this International Standard, the range and detail of the procedures that form part of the quality system shall be dependent upon the complexity of the work, the methods used, and the skills and training needed by personnel involved in carrying out the activity.

NOTE 7: Documented procedures may make reference to work instructions that define how an activity is performed.

4.2.3 Quality planning

The supplier shall define and document how the requirements for quality will be met. Ouality planning shall be consistent with all other requirements of a supplier's quality system and shall be documented in a format to suit the supplier's method of operation. The supplier shall give consideration to the following activities, as appropriate, in meeting the specified requirements for products, projects or contracts:

a) the preparation of quality plans;

b) the identification and acquisition of any controls, processes, equipment (including inspection and test equipment), fixtures, resources and skills that may be needed to achieve the required quality;

c) ensuring the compatibility of the design, the production process, installation, servicing, inspection and test procedures and the applicable documentation;

gences spécifiées. Le fournisseur doit établir un manuel qualité couvrant les exigences de la présente Norme internationale. Le manuel qualité doit comprendre les procédures du système qualité ou y faire référence, et exposer la structure de la documentation utilisée dans le cadre du système qualité.

NOTE 6: L'ISO 10013 fournit des conseils relatifs à l'élaboration des manuels qualité.

4.2.2 Procédures du système qualité

Le fournisseur doit

a) établir des procédures écrites cohérentes avec les exigences de la présente Norme internationale et avec la politique qualité qu'il a formulée, et

b) mettre réellement en œuvre le système qualité et ses procédures écrites.

Dans le cadre de la présente Norme internationale, l'étendue et le niveau de détail des procédures qui font partie du système qualité doivent dépendre de la complexité des tâches, des méthodes utilisées, des compétences et de la formation nécessaires au personnel impliqué dans l'exécution de ces tâches.

NOTE 7: Les procédures écrites peuvent faire référence à des instructions de travail qui définissent comment une tâche est réalisée.

4.2.3 Planification de la qualité

Le fournisseur doit définir et consigner par écrit comment satisfaire les exigences pour la qualité. La planification de la qualité doit être cohérente avec l'ensemble des exigences du système qualité du fournisseur et doit être consignée sous une forme adaptée aux méthodes de travail du fournisseur. Ce dernier doit porter toute son attention sur les activités suivantes, s'il y a lieu, pour satisfaire aux exigences spécifiées pour les produits, les projets ou les contrats:

a) l'établissement de plans qualité;

b) l'identification et l'acquisition de tous moyens de maîtrise des activités, processus, équipements (y compris les équipements de contrôle et d'essai), dispositifs, ensemble des moyens et compétences qui peuvent être nécessaires pour obtenir la qualité requise;

c) l'assurance de la compatibilité de la conception, du processus de production, de l'installation, des prestations associées, des procédures de contrôle et d'essai et de la documentation applicable;

c) Sicherstellen der Verträglichkeit des Designs, des Produktionsprozesses, von Montage, Wartung, Prüfverfahren und der zugehörigen Dokumentation;

d) soweit erforderlich, das Aktualisieren der Qualitätslenkungs- und Prüfverfahren, eingeschlossen die Entwicklung neuer Geräteausstattungen;

e) das Feststellen von Forderungen an die Meßtechnik einschließlich derjenigen, die dem bekannten Stand der Technik voraus sind, um genügend Zeit für die Entwicklung der benötigten Fähigkeit zu haben;

f) das Feststellen einer geeigneten Verifizierung an zweckmäßigen Stellen der Produktrealisierung;

g) das Klären von Annahmekriterien bezüglich aller Merkmale und Forderungen, eingeschlossen diejenigen, die ein subjektives Element enthalten;

h) Das Feststellen und Vorbereiten von Qualitätsaufzeichnungen (siehe Abschnitt 4.16).

ANMERKUNG 8: Die erwähnten QM-Pläne (siehe Abschnitt 4.2.3 a)) können in der Form eines Verweises auf die passenden Verfahrensanweisungen bestehen, die ein fester Bestandteil des QM-Systems des Lieferanten sind.

d) the updating, as necessary, of quality control, inspection and testing techniques, including the development of new instrumentation;

e) the identification of any measurement requirement involving capability that exceeds the known state of the art, in sufficient time for the needed capability to be developed;

f) the identification of suitable verification at appropriate stages in the realization of product;

g) the clarification of standards of acceptability for all features and requirements, including those which contain a subjective element;

h) the identification and preparation of quality records (see 4.16).

NOTE 8: The quality plans referred to [see 4.2.3 a)] may be in the form of a reference to the appropriate documented procedures that form an integral part of the supplier's quality system.

d) la mise à jour, autant que nécessaire, des techniques de maîtrise de la qualité, de contrôle et d'essai, y compris le développement d'une nouvelle instrumentation;

e) l'identification, en temps voulu, de toute exigence en matière de mesurage mettant en jeu une aptitude qui dépasse les possibilités actuelles de l'état de l'art, afin de developper l'aptitude nécessaire;

f) l'identification des vérifications adéquates aux phases appropriées de la réalisation du produit;

g) la clarification des normes d'acceptation pour toutes les caractéristiques et exigences, y compris celles qui contiennent un élément subjectif;

h) l'identification et la préparation d'enregistrements relatifs à la qualité (voir 4.16).

NOTE 8: Les plans qualité mentionnés [voir 4.2.3 a)] peuvent faire référence aux procédures écrites appropriées qui font partie intégrante du système qualité du fournisseur.

4.3 Vertragsprüfung

4.3.1 Allgemeines

Der Lieferant muß Verfahrensanweisungen zur Vertragsprüfung und für die Koordinierung dieser Tätigkeiten einführen und aufrechterhalten.

4.3.2 Prüfung

Vor Unterbreitung eines Angebots oder der Annahme eines Vertrags oder Auftrags (Feststellung der Forderung) muß das Angebot, der Vertrag oder Auftrag durch den Lieferanten geprüft werden, um sicherzustellen, daß

a) die Forderungen angemessen festgelegt und dokumentiert sind; wo keine schriftliche Feststellung der Forderung für einen mündlich erhaltenen Auftrag verfügbar ist, muß der Lieferant sicherstellen, daß über die Forderungen zum Auftrag vor ihrer Annahme Einvernehmen besteht;

b) Forderungen eines Vertrags oder eines angenommenen Auftrags, die von denen im betreffenden Angebot abweichen, geklärt sind;

c) der Lieferant die Fähigkeit zur Erfüllung der Forderungen des Vertrags oder des angenommenen Auftrags besitzt.

4.3 Contract review

4.3.1 General

The supplier shall establish and maintain documented procedures for contract review and for the coordination of these activities.

4.3.2 Review

Before submission of a tender, or the acceptance of a contract or order (statement of requirement), the tender, contract or order shall be reviewed by the supplier to ensure that:

a) the requirements are adequately defined and documented; where no written statement of requirement is available for an order received by verbal means, the supplier shall ensure that the order requirements are agreed before their acceptance;

b) any differences between the contract or order requirements and those in the tender are resolved;

c) the supplier has the capability to meet the contract or order requirements.

4.3 Revue de contrat

4.3.1 Généralités

Le fournisseur doit établir et tenir à jour des procédures écrites de revue de contrat et de coordination de ces activités.

4.3.2 Revue

Avant soumission d'une offre ou acceptation d'un contrat ou d'une commande (formulation des exigences), l'offre, le contrat ou la commande doit être revu(e) par le fournisseur afin d'assurer que

a) les exigences sont définies et documentées de façon adéquate; lorsqu'il n'existe pas d'exigences écrites pour une commande verbale, le fournisseur doit assurer que les exigences de cette commande ont bien fait l'objet d'un accord avant d'être acceptées;

b) toute différence entre les exigences d'un contrat ou d'une commande et celles de l'offre a fait l'objet d'une solution;

c) le fournisseur présente l'aptitude à satisfaire aux exigences du contrat ou de la commande.

4.3.3 Vertragsänderung

Der Lieferant muß feststellen, wie eine Vertragsänderung durchgeführt und korrekt an die betroffenen Funktionen in der Organisation des Lieferanten weitergegeben ist.

4.3.4 Aufzeichnungen

Aufzeichnungen über Vertragsprüfungen müssen aufbewahrt werden (siehe Abschnitt 4.16).

ANMERKUNG 9: Kommunikationswege und Schnittstellen mit der Organisation des Kunden in Angelegenheiten dieses Vertrags sollten festgelegt werden.

4.4 Designlenkung

4.4.1 Allgemeines

Der Lieferant muß Verfahrensanweisungen zur Lenkung und Verifizierung des Produktdesigns einführen und aufrechterhalten, um die Erfüllung der festgelegten Qualitätsforderung sicherzustellen.

4.4.2 Design- und Entwicklungsplanung

Der Lieferant muß Pläne für jede Design- und Entwicklungstätigkeit erstellen. Die Pläne müssen diese Tätigkeiten beschreiben oder auf sie Bezug nehmen sowie die Verantwortung für ihre Verwirklichung festlegen. Die Design- und Entwicklungstätigkeiten müssen qualifiziertem Personal zugeordnet werden, das mit angemessenen Mitteln ausgerüstet ist. Die Pläne müssen entsprechend dem Design-Fortschritt aktualisiert werden.

4.4.3 Organisatorische und technische Schnittstellen

Organisatorische und technische Schnittstellen zwischen verschiedenen Gruppen, die zum Designprozeß beitragen, müssen festgelegt und die erforderliche Information muß dokumentiert, übermittelt und regelmäßig geprüft werden.

4.4.4 Designvorgaben

Die produktbezogenen Forderungen, die als Designvorgaben dienen, eingeschlossen die anwendbaren gesetzlichen und behördlichen Forderungen, müssen festgestellt und dokumentiert werden, und ihre Auswahl muß hinsichtlich ihrer Angemessenheit durch den Lieferanten geprüft werden. Unvollständige, unklare oder sich widersprechende Forderungen müssen mit denjenigen geklärt werden, die für das Aufstellen dieser Forderungen verantwortlich sind.

4.3.3 Amendment to a contract

The supplier shall identify how an amendment to a contract is made and correctly transferred to the functions concerned within the supplier's organization.

4.3.4 Records

Records of contract reviews shall be maintained (see 4.16).

NOTE 9: Channels for communication and interfaces with the customer's organization in these contract matters should be established.

4.4 Design control

4.4.1 General

The supplier shall establish and maintain documented procedures to control and verify the design of the product in order to ensure that the specified requirements are met.

4.4.2 Design and development planning

The supplier shall prepare plans for each design and development activity. The plans shall describe or reference these activities, and define responsibility for their implementation. The design and development actvities shall be assigned to qualified personnel equipped with adequate resources. The plans shall be updated as the design evolves.

4.4.3 Organizational and technical interfaces

Organizational and technical interfaces between different groups which input into the design process shall be defined and the necessary information documented, transmitted and regularly reviewed.

4.4.4 Design input

Design input requirements relating to the product, including applicable statutory and regulatory requirements, shall be identified, documented and their selection reviewed by the supplier for adequacy. Incomplete, ambiguous or conflicting requirements shall be resolved with those responsible for imposing these requirements.

4.3.3 Avenant au contrat

Le fournisseur doit définir comment un avenant à un contrat est traité et comment il le transmet correctement aux fonctions concernées de son organisation.

4.3.4 Enregistrements

Des enregistrements de ces revues de contrat doivent être conservés (voir 4.16).

NOTE 9: Il convient de constituer des circuits de communication et des interfaces avec le client en matière de contrat.

4.4 Maîtrise de la conception

4.4.1 Généralités

Le fournisseur doit établir et tenir à jour des procédures écrites pour maîtriser et vérifier la conception du produit afin d'assurer que les exigences spécifiées sont satisfaites.

4.4.2 Planification de la conception et du développement

Le fournisseur doit élaborer des plans pour chaque activité de conception et de développement. Ces plans décrivent ces activités ou y font référence, et définissent les responsabilités pour leur mise en œuvre. Les activités de conception et de développement doivent être affectées à du personnel qualifié doté de moyens adéquats. Les plans doivent être mis à jour au fur et à mesure de l'évolution de la conception.

4.4.3 Interfaces organisationnelles et techniques

Les interfaces organisationnelles et techniques entre les différents groupes, qui contribuent au processus de conception, doivent être définies et les informations nécessaires doivent être consignées par écrit, transmises et revues régulièrement.

4.4.4 Données d'entrée de la conception

Les exigences concernant le produit relatives aux données d'entrée de la conception et comprenant les exigences légales et réglementaires applicables doivent être identifiées et consignées par écrit, et leur sélection doit être revue par le fournisseur quant à leur adéquation. Il faut apporter une solution aux exigences incomplètes, ambigues ou incompatibles avec ceux qui les ont imposées.

Designvorgaben müssen die Ergebnisse aller Tätigkeiten der Vertragsprüfung berücksichtigen.

4.4.5 Designergebnis

Das Designergebnis muß dokumentiert und in einer Form dargestellt werden, die in bezug auf die Designvorgaben verifiziert und validiert werden kann.

Das Designergebnis muß

a) die Forderungen der Designvorgaben erfüllen;

b) Annahmekriterien enthalten oder auf sie verweisen;

c) diejenigen Designmerkmale aufzeigen, die bezüglich Sicherheit und einwandfreier Funktion des Produkts entscheidend sind (z. B. Forderungen bezüglich Betrieb, Lagerung, Handhabung, Instandhaltung und Beseitigung);

Vor der Freigabe müssen Designergebnis-Dokumente geprüft werden.

4.4.6 Design-Prüfung

In zweckmäßigen Designphasen müssen formelle, dokumentierte Prüfungen der Designergebnisse geplant und ausgeführt werden. Teilnehmer jeder Design-Prüfung müssen sowohl Vertreter aller Stellen einschließen, die mit der Designphase befaßt sind, die der Prüfung unterzogen wird, als auch andere Spezialisten, die erforderlich sind. Aufzeichnungen über solche Prüfungen müssen aufbewahrt werden (siehe Abschnitt 4.16).

4.4.7 Designverifizierung

In zweckmäßigen Designphasen muß eine Designverifizierung ausgeführt werden, um sicherzustellen, daß das Entwicklungsergebnis der betreffenden Phase die Forderungen aus den Designvorgaben für die betreffende Phase erfüllt. Die Maßnahmen der Designverifizierung müssen aufgezeichnet werden (siehe Abschnitt 4.16).

ANMERKUNG 10: Designverifizierung (siehe Abschnitt 4.4.6) kann in Ergänzung zur Durchführung von Designprüfungen Tätigkeiten wie etwa die folgenden umfassen:

— Durchführen alternativer Berechnungen,

— Vergleichen des neuen Designs mit einem ähnlichen bewährten Design, falls verfügbar,

— Durchführen von Untersuchungen und Demonstrationen und

— Prüfung der Dokumente der Designphase vor der Freigabe.

Design input shall take into consideration the results of any contract review activities.

4.4.5 Design output

Design output shall be documented and expressed in terms that can be verified and validated against design input requirements.

Design output shall:

a) meet the design input requirements;

b) contain or make reference to acceptance criteria;

c) identify those characteristics of the design that are crucial to the safe and proper functioning of the product (e.g. operating, storage, handling, maintenance and disposal requirements).

Design output documents shall be reviewed before release.

4.4.6 Design review

At appropriate stages of design, formal documented reviews of the design results shall be planned and conducted. Participants at each design review shall include representatives of all functions concerned with the design stage being reviewed, as well as other specialist personnel, as required. Records of such reviews shall be maintained (see 4.16).

4.4.7 Design verification

At appropriate stages of design, design verification shall be performed to ensure that the design stage output meets the design stage input requirements. The design verification measures shall be recorded (see 4.16).

NOTE 10: In addition to conducting design reviews (see 4.4.6), design verification may include activities such as

— performing alternative calculations,

— comparing the new design with a similar proven design, if available,

— undertaking tests and demonstrations, and

— reviewing the design stage documents before release.

Les données d'entrée de la conception doivent prendre en compte les résultats de toutes les activités de revue de contrat.

4.4.5 Données de sortie de la conception

Les données de sortie de la conception doivent être consignées par écrit et exprimées de façon à pouvoir être vérifiées et validées par rapport aux données d'entrée de la conception.

Les données de sortie de la conception doivent

a) satisfaire aux exigences des données d'entrée de la conception;

b) contenir ou faire référence à des critères d'acceptation;

c) identifier les caractéristiques de conception critiques pour le fonctionnement correct et en toute sécurité du produit (par exemple, les exigences en matière d'exploitation, de stockage, de manutention, de maintenance et de mise hors service).

Les documents relatifs aux données de sortie de la conception doivent être revus avant leur mise en circulation.

4.4.6 Revue de conception

Des revues formelles et consignées par écrit des résultats de la conception doivent être planifiées et conduites à des phases appropriées de la conception. Les participants à chacune de ces revues doivent comprendre des représentants de toutes les fonctions concernées par la phase de conception, objet de la revue, ainsi que tout autre expert, comme requis. Des enregistrements de ces revues doivent être conservés (voir 4.16).

4.4.7 Vérification de la conception

La vérification de la conception doit être effectuée à des phases appropriées de la conception afin d'assurer que les données de sortie de chacune de ces phases satisfont aux exigences des données d'entrée de cette même phase. Les actions de vérification de la conception doivent être enregistrées (voir 4.16).

NOTE 10: En plus des revues de conception (voir 4.4.6), la vérification de la conception peut comprendre des tâches telles que

— l'exécution de calculs par d'autres méthodes,

— la comparaison de la nouvelle conception avec une conception similaire éprouvée si elle existe,

— la réalisation d'essais et de modèles de démonstration, et

— la revue des documents relatifs aux différentes phases de la conception avant leur mise en circulation.

4.4.8 Designvalidierung

Designvalidierung muß ausgeführt werden, um sicherzustellen, daß das Produkt die festgelegten Erfordernisse und/oder Forderungen des Anwenders erfüllt.

ANMERKUNG 11: Designvalidierung schließt sich an eine erfolgreiche Designverifizierung an (siehe Abschnitt 4.4.7).

ANMERKUNG 12: Validierung wird üblicherweise unter festgelegten Betriebsbedingungen ausgeführt.

ANMERKUNG 13: Validierung wird üblicherweise am Endprodukt ausgeführt, sie kann aber in früheren Phasen vor der Fertigstellung des Produkts erforderlich sein.

ANMERKUNG 14: Mehrfache Validierungen können ausgeführt werden, wenn es unterschiedliche beabsichtigte Anwendungen des Produkts gibt.

4.4.8 Design validation

Design validation shall be performed to ensure that product conforms to defined user needs and/or requirements.

NOTE 11: Design validation follows successful design verification (see 4.4.7).

NOTE 12: Validation is normally performed under defined operating conditions.

NOTE 13: Validation is normally performed on the final product, but may be necessary in earlier stages prior to product completion.

NOTE 14: Multiple validations may be performed if there are different intended uses.

4.4.8 Validation de la conception

La validation de la conception doit être effectuée pour assurer que le produit est conforme aux besoins et/ou aux exigences définis de l'utilisateur.

NOTE 11: Cette validation fait suite à une vérification satisfaisante de la conception (voir 4.4.7).

NOTE 12: La validation est effectuée normalement dans des conditions de fonctionnement définies.

NOTE 13: La validation est effectuée normalement sur le produit final, mais peut être nécessaire à des phases antérieures à l'achèvement du produit.

NOTE 14: Des validations multiples peuvent être exécutées si différentes utilisations sont prévues.

4.4.9 Designänderungen

Alle Designänderungen und -modifikationen müssen identifiziert, dokumentiert, einer Prüfung unterzogen und vor ihrer Verwirklichung durch befugtes Personal genehmigt werden.

4.4.9 Design changes

All design changes and modifications shall be identified, documented, reviewed and approved by authorized personnel before their implementation.

4.4.9 Modifications de la conception

Tous les changements et toutes les modifications de la conception doivent être identifiés, consignés par écrit, revus et approuvés par des personnes habilitées avant d'être mis en œuvre.

4.5 Lenkung der Dokumente und Daten

4.5.1 Allgemeines

Der Lieferant muß zur Lenkung aller Dokumente und Daten Verfahrensanweisungen erstellen und aufrechterhalten, die sich auf die Forderungen dieser Internationalen Norm beziehen, wobei in anwendbarem Ausmaß Dokumente externer Herkunft wie Normen und Kundenzeichnungen eingeschlossen sind.

ANMERKUNG 15: Dokumente und Daten können in Form irgendeines Trägermediums existieren wie etwa als Papierkopie oder in elektronischen Medien.

4.5 Document and data control

4.5.1 General

The supplier shall establish and maintain documented procedures to control all documents and data that relate to the requirements of this International Standard including, to the extent applicable, documents of external origin such as standards and customer drawings.

NOTE 15: Documents and data can be in the form of any type of media, such as hard copy or electronic media.

4.5 Maîtrise des documents et des données

4.5.1 Généralités

Le fournisseur doit établir et tenir à jour des procédures écrites pour maîtriser tous les documents et données relatifs aux exigences de la présente Norme internationale, y compris, dans les limites de ce qui est applicable, des documents d'origine extérieure tels que les normes et les plans du client.

NOTE 15: Les documents et les données peuvent se présenter sur tout support, tel que support papier ou support informatique.

4.5.2 Genehmigung und Herausgabe von Dokumenten und Daten

Die Dokumente und Daten müssen vor ihrer Herausgabe durch befugtes Personal bezüglich ihrer Angemessenheit geprüft und genehmigt werden. Eine Änderungs-Sammelliste oder ein entsprechendes Dokumenten-Überwachungsverfahren, das den laufenden Revisionsstatus von Dokumenten identifiziert, muß eingerichtet werden und leicht verfügbar sein, um den Gebrauch ungültiger und/oder überholter Dokumente auszuschließen.

Diese Lenkung muß sicherstellen, daß

a) die zutreffenden Ausgaben der einschlägigen Dokumente an allen jenen Stellen verfügbar sind, wo Tätigkeiten ausgeführt werden, die für das effektive Funktionieren des QM-Systems wesentlich sind;

4.5.2 Document and data approval and issue

The documents and data shall be reviewed and approved for adequacy by authorized personnel prior to issue. A master list or equivalent document control procedure identifying the current revision status of documents shall be established and be readily available to preclude the use of invalid and/or obsolete documents.

This control shall ensure that:

a) the pertinent issues of appropriate documents are available at all locations where operations essential to the effective functioning of the quality system are performed;

4.5.2 Approbation et diffusion des documents et des données

Avant leur diffusion, les documents et les données doivent être revus et approuvés en ce qui concerne leur adéquation, par des personnes habilitées. Une liste de référence ou toute procédure de maîtrise de documents équivalente indiquant la révision en vigueur des documents doit être établie et être facilement accessible pour empêcher l'utilisation de documents non valables et/ou périmés.

Cette maîtrise doit assurer que

a) les éditions pertinentes des documents appropriés sont disponibles à tous les endroits où des opérations essentielles au fonctionnement efficace du système qualité sont effectuées;

b) ungültige und/oder überholte Dokumente sofort an allen Stellen entfernt werden, an denen sie herausgegeben oder benutzt werden, oder in anderer Weise Sicherheit gegen ihren unbeabsichtigten Gebrauch geschaffen wird;

c) jegliche überholte Dokumente, die aus gesetzlichen Gründen und/oder zur Erhaltung des Wissensstandes aufbewahrt werden, angemessen gekennzeichnet sind.

b) invalid and/or obsolete documents are promptly removed from all points of issue or use, or otherwise assured against unintended use;

c) any obsolete documents retained for legal and/or knowledge-preservation purposes are suitably identified.

b) les documents non valables et/ou périmés sont aussitôt retirés de tous les points de diffusion ou d'utilisation, ou sinon qu'ils ne peuvent pas être utilisés de façon non intentionnelle;

c) tout document périmé conservé à des fins légales ou de conservation des connaissances est convenablement identifié.

4.5.3 Änderungen von Dokumenten und Daten

Sofern nicht ausdrücklich anders festgelegt, müssen Änderungen von Dokumenten und Daten durch dieselben Funktionen/Stellen geprüft und genehmigt werden, welche die Prüfung und Genehmigung der Erstausgaben ausgeführt haben. Die benannten Funktionen/Stellen müssen Zugang zu einschlägigen Hintergrund-Informationen haben, auf die ihre Prüfung und Genehmigung zu gründen ist.

Wo durchführbar, muß die Art der Änderung im Dokument selbst oder in geeigneten Anlagen ausgewiesen werden.

4.5.3 Document and data changes

Changes to documents and data shall be reviewed and approved by the same functions/organizations that performed the original review and approval, unless specifically designated otherwise. The designated functions/organizations shall have access to pertinent background information upon which to base their review and approval.

Where practicable, the nature of the change shall be identified in the document or the appropriate attachments.

4.5.3 Modifications des documents et des données

Les modifications des documents et des données doivent être revues et approuvées par les mêmes fonctions/organismes qui les ont revus et approuvés à l'origine, à moins qu'il n'en soit spécifié autrement.

Les fonctions/organismes désignés doivent avoir accès à toutes informations appropriées sur lesquelles ils peuvent fonder leur revue et leur approbation.

Lorsque cela est réalisable, la nature de la modification doit être identifiée dans le document ou dans les annexes appropriées.

4.6 Beschaffung

4.6.1 Allgemeines

Der Lieferant muß Verfahrensanweisungen erstellen und aufrechterhalten, um sicherzustellen, daß beschaffte Produkte (siehe Abschnitt 3.1) die festgelegten Qualitätsforderungen erfüllen.

4.6.2 Beurteilung von Unterauftragnehmern

Der Lieferant muß

a) Unterauftragnehmer aufgrund ihrer Eignung zur Erfüllung der Forderungen des Untervertrags, eingeschlossen die Forderungen an die Qualitätssicherung/QM-Darlegung auch spezifische, beurteilen und auswählen.

b) die Art und den Umfang der Überwachung festlegen, die durch den Lieferanten über den Unterauftragnehmer ausgeübt wird. Diese soll abhängen vom Produkttyp, vom Einfluß des zugelieferten Produkts auf die Qualität des Endprodukts und — wo anwendbar — von Berichten über Qualitätsaudits und/oder von qualitätsbezogenen Aufzeichnungen über die früher dargelegte Fähigkeit und Leistung des Unterauftragnehmers;

c) qualitätsbezogene Aufzeichnungen über annehmbare Unterauftragnehmer erstellen und aufrechterhalten (siehe Abschnitt 4.16)

4.6 Purchasing

4.6.1 General

The supplier shall establish and maintain documented procedures to ensure that purchased product (see 3.1) conforms to specified requirements.

4.6.2 Evaluation of subcontractors

The supplier shall:

a) evaluate and select subcontractors on the basis of their ability to meet subcontract requirements including the quality system and any specific quality assurance requirements;

b) define the type and extent of control exercised by the supplier over subcontractors. This shall be dependent upon the type of product, the impact of subcontracted product on the quality of final product and, where applicable, on the quality audit reports and/or quality records of the previously demonstrated capability and performance of subcontractors;

c) establish and maintain quality records of acceptable subcontractors (see 4.16).

4.6 Achats

4.6.1 Généralités

Le fournisseur doit établir et tenir à jour des procédures écrites pour assurer que le produit acheté (voir 3.1) est conforme aux exigences spécifiées.

4.6.2 Évaluation des sous-contractants

Le fournisseur doit

a) évaluer et sélectionner les sous-contractants sur la base de leur aptitude à satisfaire aux exigences de la sous-commande, y compris les exigences de système qualité et toutes exigences spécifiques d'assurance de la qualité;

b) définir le type et l'étendue de la maîtrise exercée par le fournisseur sur ses sous-contractants. Celle-ci doit dépendre du type de produit commandé au sous-contractant, de l'incidence de ce produit sur la qualité du produit final et, lorsque cela est applicable, des rapports d'audits qualité et/ou des enregistrements relatifs aux aptitudes et performances dont le sous-contractant a fait la démonstration précédemment;

c) établir, tenir à jour et conserver des enregistrements relatifs à la qualité des sous-contractants acceptables (voir 4.16).

4.6.3 Beschaffungsangaben

Beschaffungsdokumente müssen Angaben enthalten, die das bestellte Produkt klar beschreiben. Sie müssen, soweit anwendbar, enthalten

a) den Typ, die Sorte, Anspruchsklasse oder eine andere genaue Identifizierung;

b) den Titel oder eine andere eindeutige Kennzeichnung sowie die anzuwendenden Ausgaben von Spezifikationen, Zeichnungen, Forderungen an Prozesse, Prüfanweisungen und anderer sachdienlicher technischer Angaben, eingeschlossen die Forderungen bezüglich Genehmigung oder Qualifikation des Produkts, der Verfahren, der Fertigungseinrichtungen und des Personals;

c) den Titel, die Nummer und die Ausgabe der anzuwendenden Norm zum QM-System.

Der Lieferant muß die Beschaffungsdokumente vor ihrer Freigabe bezüglich der Angemessenheit der festgelegten Forderungen prüfen und genehmigen.

4.6.4 Prüfung von beschafften Produkten

4.6.4.1 Prüfung durch den Lieferanten beim Unterauftragnehmer

Wo der Lieferant vorschlägt, eingekaufte Produkte auf dem Gelände des Unterauftragnehmers zu prüfen, muß der Lieferant Prüfvereinbarungen und die Methode der Produktfreigabe in den Beschaffungsdokumenten festlegen.

4.6.4.2 Prüfung des Produkts des Unterauftragnehmers durch den Kunden

Wo es im Vertrag festgelegt ist, muß dem Kunden des Lieferanten oder seinem Beauftragten das Recht eingeräumt werden, beim Unterauftragnehmer und beim Lieferanten zu prüfen, daß ein Unterauftrags-Produkt die festgelegte Qualitätsforderung erfüllt. Eine solche Prüfung darf durch den Lieferanten nicht als Beweis für eine wirksame Qualitätsüberwachung durch den Unterauftragnehmer ausgelegt werden.

Prüfung durch den Kunden darf weder den Lieferanten von seiner Verantwortung zur Bereitstellung annehmbarer Produkte entbinden, noch darf dadurch eine nachfolgende Rückweisung durch den Kunden ausgeschlossen sein.

4.7 Lenkung der vom Kunden beigestellten Produkte

Der Lieferant muß für vom Kunden beigestellte Produkte, die für die Einfügung in die Lieferungen oder für zugehörige Tätigkeiten vorgesehen sind, Verfahrensanweisungen für die Lenkung von Verifizierung, Lagerung und

4.6.3 Purchasing data

Purchasing documents shall contain data clearly describing the product ordered, including where applicable:

a) the type, class, grade or other precise identification;

b) the title or other positive identification, and applicable issues of specifications, drawings, process requirements, inspection instructions and other relevant technical data, including requirements for approval or qualification of product, procedures, process equipment and personnel;

c) the title, number and issue of the quality system standard to be applied.

The supplier shall review and approve purchasing documents for adequacy of the specified requirements prior to release.

4.6.4 Verification of purchased product

4.6.4.1 Supplier verification at subcontractor's premises

Where the supplier proposes to verify purchased product at the subcontractor's premises, the supplier shall specify verification arrangements and the method of product release in the purchasing documents.

4.6.4.2 Customer verification of subcontracted product

Where specified in the contract, the supplier's customer or the customer's representative shall be afforded the right to verify at the subcontractor's premises and the supplier's premises that subcontracted product conforms to specified requirements. Such verification shall not be used by the supplier as evidence of effective control of quality by the subcontractor.

Verification by the customer shall not absolve the supplier of the responsibility to provide acceptable product, nor shall it preclude subsequent rejection by the customer.

4.7 Control of customer-supplied product

The supplier shall establish and maintain documented procedures for the control of verification, storage and maintenance of customer-supplied product provided for incorporation into the supplies or for related activities.

4.6.3 Données d'achat

Les documents d'achat doivent contenir des données décrivant clairement le produit commandé et comprenant, lorsque cela est applicable

a) le type, la catégorie, la classe ou toute autre identification précise;

b) le titre ou toute autre identification formelle et l'édition applicable des spécifications, plans, exigences en matière de processus, instructions de contrôle et autres données techniques pertinentes, y compris les exigences pour l'approbation ou la qualification du produit, des procédures, de l'équipement et du personnel relatifs au processus;

c) le titre, le numéro et l'édition de la norme de système qualité à appliquer.

Le fournisseur doit revoir et approuver les documents d'achat en ce qui concerne l'adéquation des exigences spécifiées avant de les diffuser.

4.6.4 Vérification du produit acheté

4.6.4.1 Vérification par le fournisseur chez le sous-contractant

Lorsque le fournisseur a l'intention de vérifier le produit acheté chez le sous-contractant, il doit spécifier dans les documents d'achat les dispositions à prendre pour la vérification et les modalités de mise à disposition du produit.

4.6.4.2 Vérification par le client du produit sous-contracté

Lorsque cela est spécifié dans le contrat, le client du fournisseur ou son représentant doit avoir le droit de vérifier dans les locaux du sous-contractant et du fournisseur que le produit sous-contracté est conforme aux exigences spécifiées. Cette vérification ne doit pas être utilisée par le fournisseur comme preuve de la maîtrise effective de la qualité par le sous-contractant.

La vérification par le client ne doit pas décharger le fournisseur de sa responsabilité de fournir un produit acceptable, ni empêcher un rejet ultérieur du produit par le client.

4.7 Maîtrise du produit fourni par le client

Le fournisseur doit établir et tenir à jour des procédures écrites pour la vérification, le stockage et la préservation du produit fourni par le client pour être incorporé dans les fournitures ou pour des activités qui y sont liées. Tout pro-

Erhaltung erstellen und aufrechterhalten. Geht ein solches Produkt verloren, wird es beschädigt oder in anderer Weise unbrauchbar, muß dies aufgezeichnet und dem Kunden berichtet werden (siehe Abschnitt 4.16).

Verifizierung durch den Lieferanten befreit den Kunden nicht von der Verantwortung zur Beistellung annehmbarer Produkte.

4.8 Kennzeichnung und Rückverfolgbarkeit von Produkten

Wo es zweckmäßig ist, muß der Lieferant Verfahrensanweisungen zur Kennzeichnung des Produkts mit geeigneten Mitteln von der Entgegennahme an und während aller Phasen der Produktion, Lieferung und Montage erstellen und aufrechterhalten.

Wo und in dem Ausmaß, in dem Rückverfolgbarkeit eine festgelegte Forderung ist, muß der Lieferant Verfahrensanweisungen für eine eindeutige Kennzeichnung eines einzelnen Produkts oder einer einzelnen Charge erstellen und aufrechterhalten. Diese Kennzeichnung muß aufgezeichnet werden (siehe Abschnitt 4.16).

4.9 Prozeßlenkung

Der Lieferant muß die Produktions-, Montage- und Wartungsprozesse, welche die Qualität direkt beeinflussen, identifizieren und planen. Er muß sicherstellen, daß diese Prozesse unter beherrschten Bedingungen ausgeführt werden. Beherrschte Bedingungen müssen folgendes enthalten

a) Verfahrensanweisungen, welche die Art und Weise von Produktion, Montage und Wartung festlegen, wo ein Fehlen solcher Anweisungen die Qualität beeinträchtigen würde;

b) Benutzung geeigneter Produktions-, Montage- und Wartungseinrichtungen, und eine geeignete Arbeitsumgebung;

c) Erfüllung der einschlägigen Normen/Regeln, QM-Pläne und/oder Verfahrensanweisungen;

d) Überwachung und Lenkung passender Prozeßparameter und Produktmerkmale;

e) sofern zweckmäßig, die Genehmigung von Prozessen und Einrichtungen;

f) Kriterien für eine Arbeitsausführung, die in der klarsten praktischen Weise festgelegt werden muß (z. B. schriftliche Festlegungen, Sollmuster oder Veranschaulichungen);

Any such product that is lost, damaged or is otherwise unsuitable for use shall be recorded and reported to the customer (see 4.16).

Verification by the supplier does not absolve the customer of the responsibility to provide acceptable product.

4.8 Product identification and traceability

Where appropriate, the supplier shall establish and maintain documented procedures for identifying the product by suitable means from receipt and during all stages of production, delivery and installation.

Where and to the extent that traceability is a specified requirement, the supplier shall establish and maintain documented procedures for unique identification of individual product or batches. This identification shall be recorded (see 4.16).

4.9 Process control

The supplier shall identify and plan the production, installation and servicing processes which directly affect quality and shall ensure that these processes are carried out under controlled conditions. Controlled conditions shall include the following:

a) documented procedures defining the manner of production, installation and servicing, where the absence of such procedures could adversely affect quality;

b) use of suitable production, installation and servicing equipment, and a suitable working environment;

c) compliance with reference standards/codes, quality plans and/or documented procedures;

d) monitoring and control of suitable process parameters and product characteristics;

e) the approval of processes and equipment, as appropriate;

f) criteria for workmanship, which shall be stipulated in the clearest practical manner (e.g. written standards, representative samples or illustrations);

duit de cette nature perdu, endommagé ou encore impropre à l'utilisation doit être enregistré et le client doit en être informé (voir 4.16).

La vérification par le fournisseur ne décharge pas le client de sa responsabilité de fournir un produit acceptable.

4.8 Identification et traçabilité du produit

Lorsque cela est approprié, le fournisseur doit établir et tenir à jour des procédures écrites pour l'identification du produit à l'aide de moyens adéquats, de la réception jusqu'à la livraison et l'installation, ainsi qu'au cours de toutes les phases de production.

Lorsque et dans la mesure où la traçabilité est une exigence spécifiée, le fournisseur doit établir et tenir à jour des procédures écrites pour l'identification spécifique de produits ou de lots particuliers. Cette identification doit être enregistrée (voir 4.16).

4.9 Maîtrise des processus

Le fournisseur doit identifier et planifier les processus de production, d'installation et les processus relatifs aux prestations associées qui ont une incidence directe sur la qualité, et il doit aussi assurer que ces processus sont mis en œuvre dans des conditions maîtrisées. Ces dernières doivent comprendre

a) des procédures écrites définissant les pratiques de production, d'installation et les pratiques relatives aux prestations associées lorsque l'absence de ces procédures pourrait avoir une incidence néfaste sur la qualité;

b) l'utilisation d'équipements adéquats pour la production, l'installation et les prestations associées, ainsi qu'un environnement de travail approprié;

c) la conformité aux normes et codes de référence, aux plans qualité et/ou aux procédures écrites;

d) le pilotage et la maîtrise des paramètres des processus et des caractéristiques du produit appropriés;

e) l'approbation des processus et de l'équipement, s'il y a lieu;

f) les critères d'exécution qui doivent être prescrits le plus clairement possible (par exemple au moyen de normes écrites, d'échantillons représentatifs ou d'illustrations);

g) eine zweckmäßige Instandhaltung von Einrichtungen, um fortdauernde Prozeßfähigkeit sicherzustellen.

Wo Prozessergebnisse durch anschließende Qualitätsprüfungen am Produkt nicht in vollem Umfang verifiziert werden können, so daß sich beispielsweise Unzulänglichkeiten im Prozeßablauf erst zeigen können, nachdem das Produkt in Gebrauch genommen wurde, müssen die Prozesse durch qualifizierte Personen ausgeführt werden und/oder sie verlangen eine ständige Überwachung und Lenkung der Prozeßparameter, um sicherzustellen, daß die festgelegte Qualitätsforderung erfüllt wird.

Die Forderungen an eine Qualifikation von Prozeßabläufen müssen spezifiziert werden, eingeschlossen zugehörige Einrichtungen und zugehöriges Personal (siehe Abschnitt 4.18).

ANMERKUNG 16: Solche Prozesse, die eine Vorab-Qualifikation ihrer Prozeßfähigkeit verlangen, werden häufig als "Spezielle Prozesse" bezeichnet.

Aufzeichnungen über qualifizierte Prozesse und Einrichtungen sowie qualifiziertes Personal müssen in angemessener Weise aufbewahrt werden (siehe Abschnitt 4.16).

g) suitable maintenance of equipment to ensure continuing process capability.

Where the results of processes cannot be fully verified by subsequent inspection and testing of the product and where, for example, processing deficiencies may become apparent only after the product is in use, the processes shall be carried out by qualified operators and/or shall require continuous monitoring and control of process parameters to ensure that the specified requirements are met.

The requirements for any qualification of process operations, including associated equipment and personnel (see 4.18), shall be specified.

NOTE 16: Such processes requiring pre-qualification of their process capability are frequently referred to as special processes.

Records shall be maintained for qualified processes, equipment and personnel, as appropriate (see 4.16).

g) la maintenance appropriée de l'équipement de manière à assurer en permanence l'aptitude des processus.

Quand les résultats des processus ne peuvent pas être entièrement vérifiés par des contrôles et des essais du produit effectués a posteriori et pour lesquels, par exemple, des déficiences peuvent n'apparaître qu'en cours d'utilisation du produit, les processus doivent être conduits par des opérateurs qualifiés et/ou doivent exiger un pilotage continu des opérations et la maîtrise permanente des paramètres de processus, de manière à assurer leur conformité aux exigences spécifiées.

Les exigences relatives à la qualification des processus, y compris l'équipement et le personnel associés (voir 4.18), doivent être spécifiées.

NOTE 16: De tels processus qui nécessitent une préqualification de leur aptitude sont souvent appelés procédés spéciaux.

Des enregistrements doivent être conservés pour les processus, équipements et personnels qualifiés, s'il y a lieu (voir 4.16).

4.10 Prüfungen

4.10.1 Allgemeines

Der Lieferant muß für Prüftätigkeiten Verfahrensanweisungen erstellen und aufrechterhalten, um zu verifizieren, daß die festgelegte Qualitätsforderung an das Produkt erfüllt wird. Die verlangten Prüfungen und die zu erstellenden Aufzeichnungen müssen im QM-Plan oder in Verfahrensanweisungen im einzelnen festgelegt sein.

4.10.2 Eingangsprüfung

4.10.2.1 Der Lieferant muß sicherstellen, daß ein zugeliefertes Produkt nicht verwendet oder verarbeitet wird (ausgenommen unter den in Abschnitt 4.10.2.3 beschriebenen Umständen), solange nicht geprüft oder in anderer Weise verifiziert wurde, daß es die festgelegte Qualitätsforderung erfüllt. Die Verifizierung bezüglich Erfüllung der festgelegten Qualitätsforderung muß dem QM-Plan und/oder den Verfahrensanweisungen entsprechen.

4.10.2.2 Bei Festlegung von Umfang und Art der Eingangsprüfung muß das Ausmaß der beim Unterauftragnehmer durchgeführten Überwachung sowie der bereitgestellten aufgezeichneten Beweise der Konformität berücksichtigt werden.

4.10 Inspection and testing

4.10.1 General

The supplier shall establish and maintain documented procedures for inspection and testing activities in order to verify that the specified requirements for the product are met. The required inspection and testing, and the records to be established, shall be detailed in the quality plan or documented procedures.

4.10.2 Receiving inspection and testing

4.10.2.1 The supplier shall ensure that incoming product is not used or processed (except in the circumstances described in 4.10.2.3) until it has been inspected or otherwise verified as conforming to specified requirements. Verification of conformance to the specified requirements shall be in accordance with the quality plan and/or documented procedures.

4.10.2.2 In determining the amount and nature of receiving inspection, consideration shall be given to the amount of control exercised at the subcontractor's premises and the recorded evidence of conformance provided.

4.10 Contrôles et essais

4.10.1 Généralités

Le fournisseur doit établir et tenir à jour des procédures écrites pour les opérations de contrôles et d'essais afin de vérifier que les exigences spécifiées pour le produit sont respectées. Les contrôles et essais requis ainsi que les enregistrements à effectuer doivent figurer dans le plan qualité ou dans des procédures écrites.

4.10.2 Contrôles et essais à la réception

4.10.2.1 Le fournisseur doit assurer que le produit entrant n'est ni utilisé, ni mis en œuvre (sauf dans les cas décrits en 4.10.2.3) tant qu'il n'a pas été contrôlé ou tant que sa conformité aux exigences spécifiées n'a pas été vérifiée d'une autre manière. La vérification de la conformité aux exigences spécifiées doit être effectuée conformément au plan qualité et/ou aux procédures écrites.

4.10.2.2 Lors de la détermination de l'importance et de la nature des contrôles à la réception, il faut prendre en considération l'importance du contrôle exercé dans les locaux des sous-contractants et le fait qu'une preuve enregistrée de la conformité a été fournie.

4.10.2.3 Wo ein zugeliefertes Produkt für eine dringende Produktion vor seiner Verifizierung freigegeben wird, muß es eindeutig gekennzeichnet und dies aufgezeichnet werden (siehe Abschnitt 4.16), um im Fall der Nichterfüllung festgelegter Forderungen einen unverzüglichen Rückruf und Ersatz zu ermöglichen.

4.10.3 Zwischenprüfung

Der Lieferant muß

a) ein Produkt wie im QM-Plan und/oder in Verfahrensanweisungen gefordert prüfen;

b) ein Produkt zurückhalten, bis die geforderten Prüfungen abgeschlossen oder die erforderlichen Berichte entgegengenommen und geprüft worden sind, ausgenommen wenn ein Produkt eindeutig widerrufbar freigegeben ist (siehe Abschnitt 4.10.2.3). Eine eindeutig widerrufbare Freigabe darf die im Abschnitt 4.10.3 a) beschriebenen Tätigkeiten nicht ausschließen.

4.10.4 Endprüfung

Der Lieferant muß alle Endprüfungen entsprechend dem QM-Plan und/oder den Verfahrensanweisungen ausführen, um den Nachweis der Erfüllung der festgelegten Qualitätsforderung durch das Endprodukt zu vervollständigen.

Der QM-Plan und/oder Verfahrensanweisungen zur Endprüfung müssen fordern, daß alle festgelegten Qualitätsprüfungen, eingeschlossen diejenigen, die entweder beim Produkteingang oder als Zwischenprüfung festgelegt sind, ausgeführt worden sind, und daß die Ergebnisse die Qualitätsforderungen erfüllen.

Kein Produkt darf versandt werden, bevor alle im QM-Plan und/oder in Verfahrensanweisungen festgelegten Tätigkeiten zufriedenstellend abgeschlossen sind sowie die zugehörigen Daten und Dokumente verfügbar und genehmigt sind.

4.10.5 Prüfaufzeichnungen

Der Lieferant muß Aufzeichnungen einführen und aufrechterhalten, die für den Nachweis sorgen, daß das Produkt geprüft worden ist. Diese Aufzeichnungen müssen klar zeigen, ob das Produkt die Prüfungen gemäß den festgelegten Annahmekriterien bestanden hat oder nicht. Sofern das Produkt eine Prüfung nicht bestanden hat, müssen die Verfahren für die Lenkung fehlerhafter Produkte angewendet werden (siehe Abschnitt 4.13).

Aufzeichnungen müssen die für die Produkt-Freigabe verantwortliche Prüfstelle ausweisen (siehe Abschnitt 4.16).

4.10.2.3 Where incoming product is released for urgent production purposes prior to verification, it shall be positively identified and recorded (see 4.16) in order to permit immediate recall and replacement in the event of nonconformity to specified requirements.

4.10.3 In-process inspection and testing

The supplier shall:

a) inspect and test the product as required by the quality plan and/or documented procedures;

b) hold product until the required inspection and tests have been completed or necessary reports have been received and verified, except when product is released under positive-recall procedures (see 4.10.2.3). Release under positive-recall procedures shall not preclude the activities outlined in 4.10.3a).

4.10.4 Final inspection and testing

The supplier shall carry out all final inspection and testing in accordance with the quality plan and/or documented procedures to complete the evidence of conformance of the finished product to the specified requirements.

The quality plan and/or documented procedures for final inspection and testing shall require that all specified inspection and tests, including those specified either on receipt of product or in-process, have been carried out and that the results meet specified requirements.

No product shall be dispatched until all the activities specified in the quality plan and/or documented procedures have been satisfactorily completed and the associated data and documentation are available and authorized.

4.10.5 Inspection and test records

The supplier shall establish and maintain records which provide evidence that the product has been inspected and/or tested. These records shall show clearly whether the product has passed or failed the inspections and/or tests according to defined acceptance criteria. Where the product fails to pass any inspection and/or test, the procedures for control of nonconforming product shall apply (see 4.13).

Records shall identify the inspection authority responsible for the release of product (see 4.16).

4.10.2.3 Lorsque, pour des raisons d'urgence, le produit entrant est lancé en production avant d'être vérifié, il doit être identifié de façon formelle et enregistré (voir 4.16), afin de permettre son rappel immédiat et son remplacement dans le cas de non-conformité aux exigences spécifiées.

4.10.3 Contrôles et essais en cours de réalisation

Le fournisseur doit

a) contrôler le produit et faire des essais conformément au plan qualité et/ou aux procédures écrites;

b) bloquer le produit jusqu'à ce que les contrôles et les essais requis soient terminés ou jusqu'à ce que les rapports nécessaires aient été reçus et vérifiés, excepté lorsque le produit est mis en circulation conformément à des procédures de rappel préétablies (voir 4.10.2.3). La mise en circulation suivant ces procédures ne doit pas empêcher de mener les activités prévues en 4.10.3 a).

4.10.4 Contrôles et essais finals

Le fournisseur doit effectuer tous les contrôles et essais finals conformément au plan qualité et/ou aux procédures écrites afin de démontrer la conformité du produit fini aux exigences spécifiées.

Le plan qualité et/ou les procédures écrites pour les contrôles et les essais finals doivent exiger que tous les contrôles et essais spécifiés, y compris ceux spécifiés à la réception du produit ou pendant sa réalisation, aient été menés à bien et que les résultats satisfassent aux exigences spécifiées.

Aucun produit ne doit être expédié avant que toutes les activités spécifiées dans le plan qualité et/ou dans les procédures écrites aient été accomplies de façon satisfaisante et que les données et la documentation qui y sont associées soient disponibles et acceptées.

4.10.5 Enregistrements des contrôles et essais

Le fournisseur doit établir et conserver des enregistrements apportant la preuve que le produit a subi des contrôles et/ou des essais. Ces enregistrements doivent montrer clairement si le produit a satisfait ou non aux contrôles et/ou aux essais conformément à des critères d'acceptation définis. Lorsque le produit ne passe pas avec succès les contrôles et/ou les essais, les procédures de maîtrise du produit non conforme doivent s'appliquer (voir 4.13).

Les enregistrements doivent identifier la personne habilitée pour le contrôle et la mise en circulation du produit (voir 4.16).

4.11 Prüfmittelüberwachung

4.11.1 Allgemeines

Der Lieferant muß Verfahrensanweisungen erstellen und aufrechterhalten, um die durch ihn zur Darlegung der Konformität von Produkten mit der festgelegten Qualitätsforderung benutzten Prüfmittel[5]) (eingeschlossen Prüfsoftware) zu überwachen, zu kalibrieren und instandzuhalten. Prüfmittel müssen in einer Weise benutzt werden, die sicherstellt, daß die Meßunsicherheit bekannt und mit der betreffenden Forderung vereinbar ist.

Wo Prüfsoftware oder Bezugsnormale wie Prüfhardware als geeignete Mittel zur Prüfung benutzt werden, müssen sie geprüft werden, um nachzuweisen, daß sie geeignet sind, die Annehmbarkeit eines Produkts zu verifizieren, bevor sie zur Benutzung während Produktion, Montage oder Wartung freigegeben werden, und sie müssen in vorgegebenen Intervallen einer wiederkehrenden Prüfung unterzogen werden. Der Lieferant muß Umfang und Häufigkeit solcher Prüfungen festlegen und Aufzeichnungen als Überwachungsnachweis aufbewahren (siehe Abschnitt 4.16).

Wo die Verfügbarkeit der die Prüfmittel betreffenden technischen Daten eine festgelegte Forderung ist, müssen solche Daten zugänglich gemacht werden, wenn sie vom Kunden oder seinem Beauftragten für die Verifizierung angefordert werden, um prüfen zu können, ob die Prüfmittel in ihrer Funktion angemessen sind.

> ANMERKUNG 17: Für diese Internationale Norm schließt der Begriff Meßeinrichtung Meßgeräte ein.

4.11 Control of inspection, measuring and test equipment

4.11.1 General

The supplier shall establish and maintain documented procedures to control, calibrate and maintain inspection, measuring and test equipment (including test software) used by the supplier to demonstrate the conformance of product to the specified requirements. Inspection, measuring and test equipment shall be used in a manner which ensures that the measurement uncertainty is known and is consistent with the required measurement capability.

Where test software or comparative references such as test hardware are used as suitable forms of inspection, they shall be checked to prove that they are capable of verifying the acceptability of product, prior to release for use during production, installation or servicing, and shall be rechecked at prescribed intervals. The supplier shall establish the extent and frequency of such checks and shall maintain records as evidence of control (see 4.16).

Where the availability of technical data pertaining to the inspection, measuring and test equipment is a specified requirement, such data shall be made available, when required by the customer or customer's representative, for verification that the inspection, measuring and test equipment is functionally adequate.

> NOTE 17: For the purposes of this International Standard, the term "measuring equipment" includes measurement devices.

4.11 Maîtrise des équipements de contrôle, de mesure et d'essai

4.11.1 Généralités

Le fournisseur doit établir et tenir à jour des procédures écrites pour maîtriser, étalonner et maintenir en état les équipements de contrôle, de mesure et d'essai (y compris les logiciels d'essais) utilisés par le fournisseur pour démontrer la conformité du produit aux exigences spécifiées. Les équipements de contrôle, de mesure et d'essai doivent être utilisés de façon à assurer que l'incertitude de mesure est connue et compatible avec l'aptitude requise en matière de mesurage.

Lorsque des logiciels d'essai ou des références de comparaison, tels que des matériels d'essai, sont utilisés comme moyens de contrôle appropriés, ils doivent être vérifiés pour démontrer qu'ils sont capables de contrôler que le produit est acceptable, avant sa mise en circulation pour utilisation lors de la production, de l'installation ou des prestations associées, et doivent être vérifiés de nouveau aux intervalles prescrits. Le fournisseur doit fixer l'étendue et la fréquence de telles vérifications et conserver des enregistrements comme preuve de sa maîtrise des équipements considérés (voir 4.16).

Lorsque la disponibilité des données techniques relatives aux équipements de contrôle, de mesure et d'essai est une exigence spécifiée, de telles données doivent être mises à la disposition du client ou de son représentant, à leur demande, afin de vérifier que les équipements de contrôle, de mesure et d'essai conviennent sur le plan fonctionnel.

> NOTE 17: Pour les besoins de la présente Norme internationale, le terme équipement de mesure comprend les appareils et instruments de mesure.

4.11.2 Überwachungsverfahren

Der Lieferant muß

a) die durchzuführenden Messungen und die geforderte Genauigkeit festlegen sowie die geeigneten Prüfmittel auswählen, die bezüglich der erforderlichen Richtigkeit und Präzision (erforderliche Genauigkeit) geeignet sind;

b) alle Prüfmittel, welche die Produktqualität betreffen können, identifizieren und sie in vorgegebenen Intervallen oder vor dem Einsatz kalibrieren und justieren, und zwar

4.11.2 Control procedure

The supplier shall:

a) determine the measurements to be made and the accuracy required, and select the appropriate inspection, measuring and test equipment that is capable of the necessary accuracy and precision;

b) identify all inspection, measuring and test equipment that can affect product quality, and calibrate and adjust them at prescribed intervals, or prior to use, against certified equipment having a known

4.11.2 Procédures de maîtrise

Le fournisseur doit

a) déterminer les mesurages à effectuer, l'exactitude requise et sélectionner l'équipement de contrôle, de mesure et d'essai approprié capable d'apporter l'exactitude et la précision nécessaires;

b) identifier tous les équipements de contrôle, de mesure et d'essai qui peuvent avoir une influence sur la qualité du produit, les étalonner et les régler aux intervalles pres-

[5]) Fußnote in der deutschsprachigen Fassung: Prüfmittel sind z. B. Meßeinrichtungen und Lehren.

mit zertifizierten Mitteln, die in bekannter Weise an anerkannte internationale oder nationale Normale angeschlossen sind. Wo solche Normale nicht existieren, muß die benutzte Kalibriergrundlage dokumentiert werden;

c) den für die Kalibrierung von Prüfmitteln angewendeten Prozeß festlegen, eingeschlossen Einzelheiten zu Gerätetyp, eindeutiger Identifikation, Einsatzort, Prüfhäufigkeit und -methode, Annahmekriterien sowie zu den durchzuführenden Maßnahmen bei nicht zufriedenstellenden Ergebnissen;

d) zur Aufzeigung des Kalibrierstatus Prüfmittel mit einem geeigneten Indikator oder mit einer anerkannten Identifikationsaufzeichnung identifizieren;

e) Aufzeichnungen über Kalibrierung von Prüfmitteln aufbewahren (siehe Abschnitt 4.16);

f) die Gültigkeit von Ergebnissen vorausgegangener Qualitätsprüfungen bewerten und dokumentieren, wenn ein Prüfmittel bei der Kalibrierung als fehlerhaft befunden wurde;

g) sicherstellen, daß die Umgebungsbedingungen für die durchzuführenden Kalibrierungen, Prüfungen und Messungen geeignet sind;

h) sicherstellen, daß die Handhabung, der Schutz und die Lagerung von Prüfmitteln so erfolgen, daß die Genauigkeit und Gebrauchstauglichkeit aufrechterhalten bleiben;

i) Prüfmittel samt Prüfhardware und -software vor Verstellungen schützen, welche die Kalibriereinstellung ungültig machen würden.

ANMERKUNG 18: Das meßtechnische Bestätigungssystem für Meßmittel nach ISO 10012 kann als Leitfaden benutzt werden.

valid relationship to internationally or nationally recognized standards. Where no such standards exist, the basis used for calibration shall be documented;

c) define the process employed for the calibration of inspection, measuring and test equipment, including details of equipment type, unique identification, location, frequency of checks, check method, acceptance criteria and the action to be taken when results are unsatisfactory;

d) identify inspection, measuring and test equipment with a suitable indicator or approved identification record to show the calibration status;

e) maintain calibration records for inspection, measuring and test equipment (see 4.16);

f) assess and document the validity of previous inspection and test results when inspection, measuring or test equipment is found to be out of calibration;

g) ensure that the environmental conditions are suitable for the calibrations, inspections, measurements and tests being carried out;

h) ensure that the handling, preservation and storage of inspection, measuring and test equipment is such that the accuracy and fitness for use are maintained;

i) safeguard inspection, measuring and test facilities, including both test hardware and test software, from adjustments which would invalidate the calibration setting.

NOTE 18: The metrological confirmation system for measuring equipment given in ISO 10012 may be used for guidance.

crits, ou avant utilisation, par rapport à des équipements certifiés reliés de façon valable à des étalons reconnus au plan international ou national. Lorsque ces étalons n'existent pas, la référence utilisée pour l'étalonnage doit faire l'objet d'une description écrite;

c) définir le processus utilisé pour l'étalonnage des équipements de contrôle, de mesure et d'essai en détaillant le type d'équipement, l'identification spécifique, l'emplacement, la fréquence des vérifications, la méthode de vérification, les critères d'acceptation et l'action à entreprendre lorsque les résultats ne sont pas satisfaisants;

d) identifier les équipements de contrôle, de mesure et d'essai avec un marquage approprié ou un enregistrement d'identification approuvé pour indiquer la validité de l'étalonnage;

e) conserver des enregistrements d'étalonnage pour les équipements de contrôle, de mesure et d'essai (voir 4.16);

f) évaluer et consigner par écrit la validité de résultats de contrôle et d'essai antérieurs lorsque les équipements de contrôle, de mesure et d'essai s'avèrent être en dehors des limites fixées pour l'étalonnage;

g) assurer que les conditions d'environnement sont appropriées pour la réalisation des étalonnages, contrôles, mesures et essais;

h) assurer que la manutention, la préservation et le stockage des équipements de contrôle, de mesure et d'essai sont tels que l'exactitude et l'aptitude à l'emploi sont maintenues;

i) protéger les moyens de contrôle, de mesure et d'essai, y compris les matériels et les logiciels d'essai, contre des manipulations qui invalideraient les réglages d'étalonnage.

NOTE 18: Les exigences en matière d'assurance de la qualité des équipements de mesure données dans l'ISO 10012 peuvent être utilisées en tant que guide.

4.12 Prüfstatus

Der Prüfstatus eines Produkts muß durch geeignete Mittel gekennzeichnet werden, welche die Konformität oder Nichtkonformität eines Produkts im Hinblick auf die durchgeführten Qualitätsprüfungen anzeigen. Die Kennzeichnung des Prüfstatus muß überall in Produktion, Montage und Wartung des Produkts beibehalten werden, wie im QM-Plan und/oder in Verfahrensanweisungen festgelegt, um sicherzustellen, daß nur ein Produkt versandt,

4.12 Inspection and test status

The inspection and test status of product shall be identified by suitable means, which indicate the conformance or nonconformance of product with regard to inspection and tests performed. The identification of inspection and test status shall be maintained, as defined in the quality plan and/or documented procedures, throughout production, installation and servicing of the product to ensure that only product that has passed the required inspec-

4.12 État des contrôles et des essais

L'état des contrôles et des essais du produit doit être identifié par des moyens appropriés qui indiquent la conformité ou la non-conformité du produit par rapport aux contrôles et essais effectués. L'identification de l'état des contrôles et des essais doit être tenue à jour, conformément au plan qualité et/ou aux procédures écrites, tout au long de la réalisation, de l'installation du produit et des prestations verwendet oder montiert wird, das die geforderten Qualitätsprüfungen bestanden hat [oder das nach einer genehmigten Sonderfreigabe (nach Realisierung) freigegeben wurde (siehe Abschnitt 4.13.2)].

4.13 Lenkung fehlerhafter Produkte

4.13.1 Allgemeines

Der Lieferant muß Verfahrensanweisungen erstellen und aufrechterhalten, um sicherzustellen, daß ein Produkt, welches die festgelegte Qualitätsforderung nicht erfüllt, von unbeabsichtigter Benutzung oder Montage ausgeschlossen ist. Diese Lenkung muß sorgen für: Kennzeichnung, Dokumentation, Beurteilung, Absonderung (wenn ausführbar), Behandlung fehlerhafter Produkte und Benachrichtigung der betroffenen Stellen.

4.13.2 Bewertung und Behandlung fehlerhafter Produkte

Die Verantwortung für die Bewertung und die Befugnis zur Behandlung eines fehlerhaften Produkts muß festgelegt sein.

Ein fehlerhaftes Produkt muß nach Verfahrensanweisungen bewertet werden. Es kann

a) zur Erfüllung der festgelegten Qualitätsforderung nachgearbeitet,

b) mit oder ohne Reparatur aufgrund einer Sonderfreigabe angenommen,

c) für alternative Verwendungen neu eingestuft oder

d) rückgewiesen oder verschrottet

werden. Wo durch den Vertrag gefordert, muß die beabsichtigte Verwendung oder Reparatur eines Produkts (siehe Abschnitt 4.13.2 b)), das die festgelegte Qualitätsforderung nicht erfüllt, zwecks Sonderfreigabe an den Kunden oder seinen Beauftragten gemeldet werden. Die Beschreibung des akzeptierten Fehlers sowie von Reparaturen muß aufgezeichnet werden, um den tatsächlichen Zustand zu bezeichnen (siehe Abschnitt 4.16).

Ein repariertes und/oder nachgearbeitetes Produkt muß entsprechend dem QM-Plan und/oder Verfahrensanweisungen erneut geprüft werden.

4.14 Korrektur- und Vorbeugungsmaßnahmen

4.14.1 Allgemeines

Der Lieferant muß zur Verwirklichung von Korrektur- und Vorbeugungsmaßnahmen Verfahrensanweisungen erstellen und aufrechterhalten.

Eine Korrektur- oder Vorbeugungsmaßnahme zur Beseitigung der Ursachen von tatsächlichen oder potentiel-

tions and tests [or released under an authorized concession (see 4.13.2)] is dispatched, used or installed.

4.13 Control of nonconforming product

4.13.1 General

The supplier shall establish and maintain documented procedures to ensure that product that does not conform to specified requirements is prevented from unintended use or installation. This control shall provide for identification, documentation, evaluation, segregation (when practical), disposition of nonconforming product, and for notification to the functions concerned.

4.13.2 Review and disposition of nonconforming product

The responsibility for review and authority for the disposition of nonconforming product shall be defined.

Nonconforming product shall be reviewed in accordance with documented procedures. It may be

a) reworked to meet the specified requirements,

b) accepted with or without repair by concession,

c) regraded for alternative applications, or

d) rejected or scrapped.

Where required by the contract, the proposed use or repair of product [see 4.13.2 b)] which does not conform to specified requirements shall be reported for concession to the customer or customer's representative. The description of the nonconformity that has been accepted, and of repairs, shall be recorded to denote the actual condition (see 4.16).

Repaired and/or reworked product shall be reinspected in accordance with the quality plan and/or documented procedures.

4.14 Corrective and preventive action

4.14.1 General

The supplier shall establish and maintain documented procedures for implementing corrective and preventive action.

Any corrective or preventive action taken to eliminate the causes of actual or potential nonconformities shall be to

associées, afin d'assurer que seul le produit qui a subi avec succès les contrôles et essais requis [ou a été mis en circulation par dérogation autorisée (voir 4.13.2)] est expédié, utilisé ou installé.

4.13 Maîtrise du produit non conforme

4.13.1 Généralités

Le fournisseur doit établir et tenir à jour des procédures écrites afin dassurer que tout produit non conforme aux exigences spécifiées ne puisse être utilisé ou livré de façon non intentionnelle. Cette maîtrise doit comprendre l'identification, la documentation, l'évaluation, l'isolement (lorsqu'il est possible), le traitement du produit non conforme et la notification aux fonctions concernées.

4.13.2 Examen et traitement du produit non conforme

La responsabilité relative à l'examen et à la décision pour le traitement du produit non conforme doit être définie.

Le produit non conforme doit être examiné selon des procédures écrites. Il peut être

a) repris pour satisfaire aux exigences spécifiées,

b) accepté par dérogation avec ou sans réparation,

c) déclassé pour d'autres applications, ou bien

d) rejeté ou mis au rebut.

Si le contrat l'exige, la proposition d'utilisation ou de réparation du produit [voir 4.13.2 b)] qui n'est pas conforme aux exigences spécifiées doit être présentée pour dérogation au client ou à son représentant. La description de la non-conformité qui a été acceptée et des réparations doit être enregistrée pour indiquer l'état réel (voir 4.16).

Le produit réparé et/ou repris doit être contrôlé de nouveau conformément aux exigences du plan qualité et/ou des procédures écrites.

4.14 Actions correctives et préventives

4.14.1 Généralités

Le fournisseur doit établir et tenir à jour des procédures écrites pour mettre en œuvre des actions correctives et préventives.

Toute action corrective ou préventive conduite pour éliminer les causes des non-conformités réelles ou potentielles len Fehlern muß ein Ausmaß haben, das dem Problemumfang angemessen ist und den angetroffenen Risiken entspricht.

Der Lieferant muß aus Korrektur- und Vorbeugungsmaßnahmen resultierende Änderungen verwirklichen und in den Verfahrensanweisungen aufzeichnen.

a degree appropriate to the magnitude of problems and commensurate with the risks encountered.

The supplier shall implement and record any changes to the documented procedures resulting from corrective and preventive action.

doit l'être à un niveau correspondant à l'importance des problèmes et en rapport avec les risques encourus.

Le fournisseur doit mettre en œuvre et enregistrer toutes les modifications des procédures écrites qui résultent des actions correctives et préventives.

4.14.2 Korrekturmaßnahmen

Die Verfahren für Korrekturmaßnahmen müssen einschließen

a) die wirksame Behandlung von Kundenbeschwerden und Berichten über Produktfehler;

b) Untersuchen von Fehlerursachen bezüglich Produkt, Prozeß und QM-System sowie Aufzeichnen der Untersuchungsergebnisse (siehe Abschnitt 4.16);

c) Festlegen der zur Beseitigung der Fehlerursache nötigen Korrekturmaßnahme;

d) Anwenden von Überwachungen, um sicherzustellen, daß eine Korrekturmaßnahme ergriffen, und daß sie wirksam ist.

4.14.2 Corrective action

The procedures for corrective action shall include:

a) the effective handling of customer complaints and reports of product nonconformities;

b) investigation of the cause of nonconformities relating to product, process and quality system, and recording the results of the investigation (see 4.16);

c) determination of the corrective action needed to eliminate the cause of nonconformities;

d) application of controls to ensure that corrective action is taken and that it is effective.

4.14.2 Actions correctives

Les procédures d'actions correctives doivent comprendre

a) le traitement effectif des réclamations du client et des rapports de non-conformité du produit;

b) la recherche des causes de non-conformité relatives au produit, au processus et au système qualité ainsi que l'enregistrement des résultats de cette recherche (voir 4.16);

c) la détermination des actions correctives nécessaires pour éliminer les causes de non-conformité;

d) l'application de moyens de maîtrise pour assurer que l'action corrective est mise en œuvre et qu'elle produit l'effet escompté.

4.14.3 Vorbeugungsmaßnahmen

Die Verfahren für Vorbeugungsmaßnahmen müssen einschließen

a) den Gebrauch geeigneter Informationsquellen wie Prozesse und Arbeitsvorgänge, welche die Produktqualität beeinflussen, Sonderfreigaben, Ergebnisse von Qualitätsaudits, Qualitätsaufzeichnungen, Wartungsberichte und Kundenbeschwerden, um potentielle Fehlerursachen zu entdecken, zu analysieren und zu beseitigen;

b) Festlegen der erforderlichen Schritte zur Behandlung von Problemen, die eine Vorbeugungsmaßnahme verlangen;

c) Veranlassen einer Vorbeugungsmaßnahme sowie Anwenden von Überwachungen, um sicherzustellen, daß sie wirksam ist;

d) Sicherstellen der Vorlage sachdienlicher Information über ergriffene Maßnahmen für ein QM-Bewertung (siehe Abschnitt 4.1.3).

4.14.3 Preventive action

The procedures for preventive action shall include:

a) the use of appropriate sources of information such as processes and work operations which affect product quality, concessions, audit results, quality records, service reports and customer complaints to detect, analyse and eliminate potential causes of nonconformities;

b) determination of the steps needed to deal with any problems requiring preventive action;

c) initiation of preventive action and application of controls to ensure that it is effective;

d) ensuring that relevant information on actions taken is submitted for management review (see 4.1.3).

4.14.3 Actions préventives

Les procédures d'action préventive doivent comprendre

a) l'utilisation de sources d'informations appropriées telles que processus et opérations affectant la qualité du produit, dérogations, résultats d'audits, enregistrements relatifs à la qualité, rapports de maintenance et réclamations des clients, de manière à détecter, analyser et éliminer les causes potentielles de non-conformités;

b) la détermination des étapes appropriées pour traiter tout problème nécessitant une action préventive;

c) le déclenchement d'actions préventives et l'application de moyens de maîtrise pour assurer qu'elles produisent l'effet escompté;

d) l'assurance qu'une information pertinente relative aux actions mises en œuvre est soumise à la revue de direction (voir 4.1.3).

4.15 Handhabung, Lagerung, Verpackung, Konservierung und Versand

4.15.1 Allgemeines

Der Lieferant muß Verfahrensanweisungen für Handhabung, Lagerung, Verpackung, Konservierung und Versand des Produkts erstellen und aufrechterhalten.

4.15 Handling, storage, packaging, preservation and delivery

4.15.1 General

The supplier shall establish and maintain documented procedures for handling, storage, packaging, preservation and delivery of product.

4.15 Manutention, stockage, conditionnement, préservation et livraison

4.15.1 Généralités

Le fournisseur doit établir et tenir à jour des procédures écrites pour la manutention, le stockage, le conditionnement, la préservation et la livraison du produit.

4.15.2 Handhabung

Der Lieferant muß Methoden für die Produkthandhabung vorsehen, die eine Beschädigung oder Beeinträchtigung verhindern.

4.15.3 Lagerung

Der Lieferant muß gekennzeichnete Lagerbereiche oder Lagerräume vorsehen, um eine Produkt-Beschädigung oder -Beeinträchtigung bis zur Verwendung oder Lieferung zu verhindern. Geeignete Methoden für die Erteilung der Befugnis zur Annahme und zur Lieferung an und aus solchen Bereichen müssen festgesetzt werden.

Der Produkt-Zustand im Lager muß in angemessenen Intervallen beurteilt werden, um eine Beeinträchtigung zu entdecken.

4.15.4 Verpackung

Der Lieferant muß die Prozesse des Einpackens, Verpackens und Kennzeichnens (eingeschlossen die dafür benutzten Materialien) im nötigen Umfang überwachen, um die Erfüllung der festgelegten Qualitätsforderung sicherzustellen.

4.15.5 Konservierung

Der Lieferant muß angemessene Methoden für Konservierung und Getrennthalten eines Produkts anwenden, solange es sich in seiner Verfügungsgewalt befindet.

4.15.6 Versand

Der Lieferant muß nach der Endprüfung für die Bewahrung der Qualität des Produkts sorgen. Wo es vertraglich festgelegt ist, muß dieser Schutz ausgedehnt werden bis zur Einbeziehung der Auslieferung am Bestimmungsort.

4.16 Lenkung von Qualitätsaufzeichnungen

Der Lieferant muß Verfahrensanweisungen für Kennzeichnung, Sammlung, Registrierung, Zugänglichkeit, Ablage, Aufbewahrung, Pflege und Beseitigung von Qualitätsaufzeichnungen erstellen und aufrechterhalten.

Qualitätsaufzeichnungen müssen aufbewahrt werden, um die Erfüllung festgelegter Qualitätsforderungen und das wirksame Arbeiten des QM-Systems darzulegen. Zugehörige Qualitätsaufzeichnungen vom Unterauftragnehmer müssen ein Element dieser Daten sein.

Alle Qualitätsaufzeichnungen müssen leserlich sein und in Einrichtungen unter geeigneten Aufbewahrungsbedingungen zur Vermeidung von Beschädigungen oder Beeinträchtigungen und zur Verhütung eines Verlustes so aufbewahrt und in Ordnung gehalten werden, daß man sie leicht wieder auffinden kann. Aufbewahrungsdauern von Qualitätsaufzeich-

4.15.2 Handling

The supplier shall provide methods of handling product that prevent damage or deterioration.

4.15.3 Storage

The supplier shall use designated storage areas or stock rooms to prevent damage or deterioration of product, pending use or delivery. Appropriate methods for authorizing receipt to and dispatch from such areas shall be stipulated.

In order to detect deterioration, the condition of product in stock shall be assessed at appropriate intervals.

4.15.4 Packaging

The supplier shall control packing, packaging and marking processes (including materials used) to the extent necessary to ensure conformance to specified requirements.

4.15.5 Preservation

The supplier shall apply appropriate methods for preservation and segregation of product when the product is under the supplier's control.

4.15.6 Delivery

The supplier shall arrange for the protection of the quality of product after final inspection and test. Where contractually specified, this protection shall be extended to include delivery to destination.

4.16 Control of quality records

The supplier shall establish and maintain documented procedures for identification, collection, indexing, access, filing, storage, maintenance and disposition of quality records.

Quality records shall be maintained to demonstrate conformance to specified requirements and the effective operation of the quality system. Pertinent quality records from the subcontractor shall be an element of these data.

All quality records shall be legible and shall be stored and retained in such a way that they are readily retrievable in facilities that provide a suitable environment to prevent damage or deterioration and to prevent loss. Retention times of quality records shall be established and recorded. Where agreed contractually, quality records shall be made available for evaluation by the customer or the customer's representative for an agreed period.

4.15.2 Manutention

Le fournisseur doit prévoir des méthodes et des moyens de manutention du produit qui empêchent son endommagement ou sa détérioration.

4.15.3 Stockage

Le fournisseur doit utiliser les aires ou les locaux de stockage désignés afin d'empêcher l'endommagement ou la détérioration du produit lorsqu'il est en attente d'utilisation ou de livraison. Des méthodes appropriées doivent être prescrites pour autoriser la réception dans ces aires et l'expédition à partir de celles-ci.

L'état du produit en stock doit être évalué à intervalles appropriés afin de détecter toute détérioration.

4.15.4 Conditionnement

Le fournisseur doit maîtriser les processus d'emballage, de conditionnement et de marquage (y compris les matériaux utilisés) autant qu'il est nécessaire pour assurer la conformité aux exigences spécifiées.

4.15.5 Préservation

Le fournisseur doit appliquer des méthodes appropriées pour la préservation et l'isolement du produit lorsque le produit est sous le contrôle du fournisseur.

4.15.6 Livraison

Le fournisseur doit prendre des dispositions pour la protection de la qualité du produit après les contrôles et essais finals. Lorsque cela est spécifié contractuellement, cette protection doit être étendue pour inclure la livraison à destination.

4.16 Maîtrise des enregistrements relatifs à la qualité

Le fournisseur doit établir et tenir à jour des procédures écrites d'identification, de collecte, d'indexage, d'accès, de classement, de stockage, de conservation et d'élimination des enregistrements relatifs à la qualité.

Les enregistrements relatifs à la qualité doivent être conservés pour démontrer la conformité aux exigences spécifiées et que le système qualité est opérationnel. Des enregistrements pertinents relatifs à la qualité, concernant les sous-contractants, doivent être un élément de ces données.

Tous les enregistrements relatifs à la qualité doivent être lisibles, stockés et conservés de façon à être facilement retrouvés dans des installations qui offrent un environnement approprié pour éviter les détériorations, les endommagements et les pertes. Les durées de conservation des enregisnungen müssen festgelegt und aufgezeichnet werden. Wo es vertraglich vereinbart ist, müssen Qualitätsaufzeichnungen zur Auswertung durch den Kunden oder seinen Beauftragten für eine vereinbarte Zeitdauer zugänglich gemacht werden.

ANMERKUNG 19: Aufzeichnungen können in beliebiger Form existieren wie etwa als Papierkopie oder als elektronische Medien.

NOTE 19: Records may be in the form of any type of media, such as hard copy or electronic media.

trements relatifs à la qualité doivent être définies et enregistrées. Lorsque cela est convenu contractuellement, ces enregistrements doivent être disponibles pour évaluation par le client ou son représentant, pendant une durée convenue.

NOTE 19: Les enregistrements peuvent se présenter sur tout support, tel que support papier ou support informatique.

4.17 Interne Qualitätsaudits

Der Lieferant muß für die Planung und Verwirklichung interner Qualitätsaudits Verfahrensanweisungen erstellen und aufrechterhalten, um zu prüfen, ob die qualitätsbezogenen Tätigkeiten und zugehörige Ergebnisse die geplanten Festlegungen erfüllen, und um die Wirksamkeit des QM-Systems festzustellen.

Interne Qualitätsaudits müssen entsprechend dem Status und der Bedeutung der Tätigkeit, die zu auditieren ist, in einem Plan festgelegt und von Personal ausgeführt werden, das unabhängig von demjenigen ist, das direkte Verantwortung für die zu auditierende Tätigkeit hat.

Die Ergebnisse der internen Qualitätsaudits müssen aufgezeichnet (siehe Abschnitt 4.16) und zur Kenntnis jenes Personals gebracht werden, das Verantwortung im auditierten Bereich hat. Die für den Bereich verantwortlichen Führungskräfte müssen rechtzeitig Korrekturmaßnahmen im Hinblick auf die beim Qualitätsaudit gefundenen Unzulänglichkeiten ergreifen.

Tätigkeiten von Folgeaudits müssen die Verwirklichung und Wirksamkeit der ergriffenen Korrekturmaßnahmen prüfen und aufzeichnen (siehe Abschnitt 4.16).

ANMERKUNG 20: Die Ergebnisse interner Qualitätsaudits sind ein integraler Bestandteil der Eingabeinformation für Tätigkeiten der QM-Bewertung (siehe Abschnitt 4.1.3).

ANMERKUNG 21: Ein Leitfaden für das Audit von QM-Systemen ist gegeben in ISO 10011.

4.17 Internal quality audits

The supplier shall establish and maintain documented procedures for planning and implementing internal quality audits to verify whether quality activities and related results comply with planned arrangements and to determine the effectiveness of the quality system.

Internal quality audits shall be scheduled on the basis of the status and importance of the activity to be audited and shall be carried out by personnel independent of those having direct responsibility for the activity being audited.

The results of the audits shall be recorded (see 4.16) and brought to the attention of the personnel having responsibility in the area audited. The management personnel responsible for the area shall take timely corrective action on deficiencies found during the audit.

Follow-up audit activities shall verify and record the implementation and effectiveness of the corrective action taken (see 4.16).

NOTE 20: The results of internal quality audits form an integral part of the input to management review activities (see 4.1.3).

NOTE 21: Guidance on quality system audits is given in ISO 10011.

4.17 Audits qualité internes

Le fournisseur doit établir et tenir à jour des procédures écrites pour la planification et la réalisation des audits qualité internes, afin de vérifier si les activités relatives à la qualité et les résultats correspondants sont conformes aux dispositions prévues et de déterminer l'efficacité du système qualité.

Les audits qualité internes doivent être programmés en fonction de la nature et de l'importance de l'activité soumise à l'audit. Ils doivent être conduits par des personnes indépendantes de celles qui ont la responsabilité directe de l'activité auditée.

Les résultats des audits doivent être enregistrés (voir 4.16) et portés à la connaissance des personnes qui ont la responsabilité du domaine soumis à l'audit. Les responsables de ce domaine doivent engager des actions correctives en temps utile pour remédier aux déficiences trouvées lors de l'audit.

Les activités de suivi d'audit doivent comprendre la vérification et l'enregistrement de la mise en œuvre et de l'efficacité des actions correctives engagées (voir 4.16).

NOTE 20: Les résultats des audits qualité internes font partie intégrante des activités de revue de direction (voir 4.1.3).

NOTE 21: L'ISO 10011 donne des informations relatives aux audits des systèmes qualité.

4.18 Schulung

Der Lieferant muß Verfahrensanweisungen zur Ermittlung des Schulungsbedarfs erstellen und aufrechterhalten und für die Schulung aller Mitarbeiter sorgen, die mit qualitätswirksamen Tätigkeiten betraut sind. Personal, das eine ihm speziell zugeordnete Aufgabe ausführt, muß auf der Basis einer angemessenen Ausbildung, Schulung und/oder Erfahrung entsprechend den Forderungen qualifiziert sein. Zweckentsprechende Aufzeichungen über Schulung müssen aufbewahrt werden (siehe Abschnitt 4.16).

4.18 Training

The supplier shall establish and maintain documented procedures for identifying training needs and provide for the training of all personnel performing activities affecting quality. Personnel performing specific assigned tasks shall be qualified on the basis of appropriate education, training and/or experience, as required. Appropriate records of training shall be maintained (see 4.16).

4.18 Formation

Le fournisseur doit établir et tenir à jour des procédures écrites permettant d'identifier les besoins de formation et de pourvoir à la formation de toutes les personnes chargées d'une activité ayant une incidence sur la qualité. Les personnes chargées d'accomplir des tâches particulières doivent être qualifiées sur la base d'une formation initiale appropriée, d'une formation complémentaire et/ou d'une expérience appropriée, selon les exigences. Des enregistrements appropriés de la formation doivent être tenus à jour (voir 4.16).

4.19 Wartung

Wo Wartung eine festgelegte Forderung ist, muß der Lieferant Verfahrensanweisungen erstellen und aufrechterhalten zu deren Ausführung und Prüfung sowie zur Berichterstattung darüber, daß die Wartung die festgelegten Forderungen erfüllt.

4.20 Statistische Methoden

4.20.1 Feststellen des Bedarfs

Der Lieferant muß den Bedarf für statistische Methoden feststellen, die für die Ermittlung, Überwachung und Prüfung von Prozeßfähigkeit und Produktmerkmalen gefordert sind.

4.20.2 Verfahren

Der Lieferant muß Verfahrensanweisungen zum Verwirklichen und Überwachen der Anwendung der im Abschnitt 4.20.1 ausgewiesenen statistischen Methoden erstellen und aufrechterhalten.

4.19 Servicing

Where servicing is a specified requirement, the supplier shall establish and maintain documented procedures for performing, verifying and reporting that the servicing meets the specified requirements.

4.20 Statistical techniques

4.20.1 Identification of need

The supplier shall identify the need for statistical techniques required for establishing, controlling and verifying process capability and product characteristics.

4.20.2 Procedures

The supplier shall establish and maintain documented procedures to implement and control the application of the statistical techniques identified in 4.20.1.

4.19 Prestations associées

Lorsque les prestations associées sont une exigence spécifiée, le fournisseur doit établir et tenir à jour des procédures écrites pour effectuer, vérifier et rendre compte que ces prestations sont conformes aux exigences spécifiées.

4.20 Techniques statistiques

4.20.1 Identification des besoins

Le fournisseur doit identifier les besoins en techniques statistiques requises pour établir, maîtriser et vérifier l'aptitude de processus et les caractéristiques du produit.

4.20.2 Procédures

Le fournisseur doit établir et tenir à jour les procédures écrites pour mettre en œuvre et maîtriser l'application des techniques statistiques identifiées en 4.20.1.

Anhang A (informativ)

Literaturhinweise

[1] ISO 9000-1 : 1994
Normen zum Qualitätsmanagement und zur Qualitätssicherung/QM-Darlegung — Leitfaden zur Auswahl und Anwendung

[2] ISO 9000-2 : 1993
Qualitätsmanagement und Qualitätssicherungsnormen — Allgemeiner Leitfaden zur Anwendung von ISO 9001, ISO 9002 und ISO 9003

[3] ISO 9000-3 : 1991
Qualitätsmanagement und Qualitätssicherungsnormen — Leitfaden für die Anwendung von ISO 9001 auf die Entwicklung, Lieferung und Wartung von Software

[4] ISO 9002 : 1994
Qualitätsmanagementsysteme — Modell zur Qualitätssicherung/QM-Darlegung in Produktion, Montage und Wartung

[5] ISO 9003 : 1994
Qualitätsmanagementsysteme — Modell zur Qualitätssicherung/QM-Darlegung bei der Endprüfung

[6] ISO 10011-1 : 1990
Leitfaden für das Audit von Qualitätssicherungssystemen — Auditdurchführung

[7] ISO 10011-2 : 1991
Leitfaden für das Audit von Qualitätssicherungssystemen — Qualifikationskriterien für Qualitätsauditoren

[8] ISO 10011-3 : 1991
Leitfaden für das Audit von Qualitätssicherungssystemen — Management von Auditprogrammen

[9] ISO 10012-1 : 1992
Forderungen an die Qualitätssicherung für Meßmittel — Bestätigungssystem für Meßmittel

[10] ISO 10013 : —[1])
Leitfaden für die Erstellung von Qualitätsmanagement-Handbüchern

[11] ISO/TR 13425 : —[1])
Leitfaden für die Auswahl statistischer Methoden in Normung und Spezifikation

Annex A (informative)

Bibliography

[1] ISO 9000-1 : 1994
Quality management and quality assurance standards — Part 1: Guidelines for selection and use

[2] ISO 9000-2 : 1993
Quality management and quality assurance standards — Part 2: Generic guidelines for the application of ISO 9001, ISO 9002 and ISO 9003

[3] ISO 9000-3 : 1991
Quality management and quality assurance standards — Part 3: Guidelines for the application of ISO 9001 to the development, supply and maintenance of software

[4] ISO 9002 : 1994
Quality systems — Model for quality assurance in production installation and servicing

[5] ISO 9003 : 1994
Quality systems — Model for quality assurance in final inspection and test

[6] ISO 10011-1 : 1990
Guidelines for auditing quality systems — Part 1: Auditing

[7] ISO 10011-2 : 1991
Guidelines for auditing quality systems — Part 2: Qualification criteria for quality systems auditors

[8] ISO 10011-3 : 1991
Guidelines for auditing quality systems — Part 3: Management of audit programmes

[9] ISO 10012-1 : 1992
Quality assurance requirements for measuring equipment — Part 1: Metrological confirmation system for measuring equipment

[10] ISO 10013 : —[1])
Guidelines for developing quality manuals

[11] ISO/TR 13425 : —[1])
Guidelines for the selection of statistical methods in standardization and specification

Annexe A (informative)

Bibliographie

[1] ISO 9000-1 : 1994
Normes pour le management de la qualité et l'assurance de la qualité — Partie 1: Lignes directrices pour leur sélection et utilisation

[2] ISO 9000-2 : 1993
Normes pour le management de la qualité et l'assurance de la qualité — Partie 2: Lignes directrices pour l'application de l'ISO 9001, l'ISO 9002 et l'ISO 9003

[3] ISO 9000-3 : 1991
Normes pour la gestion de la qualité et l'assurance de la qualité — Partie 3: Lignes directrices pour l'application de l'ISO 9001 au développement à la mise à disposition et à la maintenance du logiciel

[4] ISO 9002 : 1994
Systèmes qualité — Modèle pour l'assurance de la qualité en production, installation et prestations associées

[5] ISO 9003 : 1994
Systèmes qualité — Modèle pour l'assurance de la qualité en contrôle et essais finals

[6] ISO 10011-1 : 1990
Lignes directrices pour l'audit des systèmes qualité — Partie 1: Audit

[7] ISO 10011-2 : 1991
Lignes directrices pour l'audit des systèmes qualité — Partie 2: Critères de qualification pour les auditeurs de systèmes qualité

[8] ISO 10011-3 : 1991
Lignes directrices pour l'audit des systèmes qualité — Partie 3: Gestion des programmes d'audit

[9] ISO 10012-1 : 1992
Exigences d'assurance de la qualité des équipements de mesure — Partie 1: Confirmation métrologique de l'équipement de mesure

[10] ISO 10013 : —[1])
Lignes directrices pour l'élaboration des manuels qualité

[11] ISO/TR 13425 : —[1])
Lignes directrices pour la sélection des méthodes statistiques dans la normalisation et les spécifications

[1]) Veröffentlichung ist vorgesehen.

[1]) To be published

[1]) À publier

August 1994

	Qualitätsmanagementsysteme Modell zur Qualitätssicherung/QM-Darlegung in Produktion, Montage und Wartung (ISO 9002 : 1994) Dreisprachige Fassung EN ISO 9002 : 1994	DIN EN ISO 9002

ICS 03.120.10 Ersatz für DIN ISO 9002 : 1990-05

Deskriptoren: Qualitätssicherung/QM-Darlegung, Qualitätssicherungs-/QM-Darlegungsprogramm, Qualitätssicherungs-/QM-Darlegungssystem, Produktion, Montage, Wartung, Bezugsmodelle

Quality systems — Model for quality assurance in production,
installation and servicing (ISO 9002 : 1994)
Trilingual version EN ISO 9002 : 1994

Systèmes qualité — Modèle pour l'assurance de la qualité en production,
installation et prestations associées (ISO 9002 : 1994)
Version trilingue EN ISO 9002 : 1994

Die Europäische Norm EN ISO 9002 : 1994 hat den Status einer Deutschen Norm.

Nationales Vorwort

Vertrauen in die Fähigkeiten eines Lieferanten zu gewinnen, daß er festgelegte Mindestforderungen an sein Qualitätsmanagementsystem erfüllt, wird heute weltweit immer mehr eine Voraussetzung für die Zusammenarbeit zwischen dem Kunden und seinem Lieferanten. Dieses Vertrauen kann durch die Darlegung des Qualitätsmanagementsystems gegenüber dem Kunden oder einer autorisierten Stelle gebildet werden. Alle in diesem Rahmen geplanten, systematischen, vertrauensbildenden Tätigkeiten werden nach DIN EN ISO 8402 als Qualitätssicherung oder Qualitätsmanagementdarlegung (kurz: QM-Darlegung) benannt. Dem Normenanwender bleibt es überlassen, welche der beiden Benennungen er verwendet. Im folgenden werden jeweils beide Benennungen genannt, die durch einen Schrägstrich getrennt sind: Qualitätssicherung/QM-Darlegung.

Die Normen DIN EN ISO 9001, DIN EN ISO 9002 und DIN EN ISO 9003 enthalten jeweils ein Modell zur Qualitätssicherung/QM-Darlegung. Nur diese drei Normen der DIN EN ISO 9000-Familie[1]) sind für Darlegungszwecke vorgesehen. Diese Normen zeigen einen Weg zur Schaffung von Vertrauen in die Fähigkeit eines Lieferanten.

Das Qualitätsmanagement einer Organisation wird durch zahlreiche interne und externe Einflüsse geprägt. Hier sind beispielsweise zu nennen: Die Ziele der Organisation, die erzeugten Produkte, die Anspruchsklasse für die Angebotsprodukte, die eingesetzte Technologie, die Größe der Organisation, das Arbeitsumfeld der Organisation, die Mitarbeiter. Ein universell geeignetes Qualitätsmanagementsystem kann es demnach nicht geben; folglich kann man ein solches System auch nicht normen. DIN EN ISO 9004-1 ist daher keine Norm für Qualitätsmanagementsysteme, sondern ein Leitfaden zur Errichtung solcher Systeme.

DIN EN ISO 9000-1 ist ein Leitfaden zur Auswahl der Normen zum Qualitätsmanagement. Sie gibt auch Anleitungen zur Anpassung der Forderungen bezüglich Darlegungsumfang und -grad.

Zur Terminologie des Qualitätsmanagements stehen die Normen DIN EN ISO 8402 sowie die Normenreihe DIN 55350 zur Verfügung.

In den Normen zum Qualitätsmanagement sind keine Forderungen an Produkte festgelegt. Die Erfüllung der Forderungen zur Qualitätssicherung/QM-Darlegung in den Normen DIN EN ISO 9001, DIN EN ISO 9002 und DIN EN ISO 9003 soll — wie oben erläutert — Vertrauen in die Fähigkeit der Organisation bzw. des Lieferanten bilden. Die Einhaltung der Normen zum Qualitätsmanagement ist deshalb kein direkter Nachweis für die Erfüllung der Qualitätsforderung durch das Angebotsprodukt.

Die deutschsprachigen Fassungen wurden zwischen den Normenorganisationen der Bundesrepublik Deutschland, Österreichs und der Schweiz abgestimmt.

Änderungen

Gegenüber DIN ISO 9002 : 1990-05 wurden folgende Änderungen vorgenommen:

- ISO 9002 : 1994 übernommen.
- Beschränkung auf vertragliche Situationen entfallen.
- Verschiedene technische und redaktionalle Änderungen. Qualitätsmanagementelement "Wartung" aus ISO 9001 übernommen.

Frühere Ausgaben

DIN ISO 9002: 1987-05, 1990-05

---

[1]) Zur Definition "DIN EN ISO 9000-Familie" siehe DIN EN ISO 9000-1, Abschnitt 3.

Fortsetzung Seite 2
und 23 Seiten EN ISO

Normenausschuß Qualitätsmanagement, Statistik und Zertifizierungsgrundlagen (NQSZ)
im DIN Deutsches Institut für Normung e.V.

Nationaler Anhang NA (informativ)

Literaturhinweise

DIN 55350-11 Begriffe zu Qualitätsmanagement und Statistik — Grundbegriffe des Qualitätsmanagements

DIN 55350-12 Begriffe der Qualitätssicherung und Statistik — Merkmalsbezogene Begriffe

DIN 55350-13 Begriffe der Qualitätssicherung und Statistik — Begriffe zur Genauigkeit von Ermittlungsverfahren und Ermittlungsergebnissen

DIN 55350-14 Begriffe der Qualitätssicherung und Statistik — Begriffe der Probenahme

DIN 55350-15 Begriffe der Qualitätssicherung und Statistik — Begriffe zu Mustern

DIN 55350-17 Begriffe der Qualitätssicherung und Statistik — Begriffe der Qualitätsprüfarten

DIN 55350-21 Begriffe der Qualitätssicherung und Statistik — Begriffe der Statistik — Zufallsgrößen und Wahrscheinlichkeitsverteilungen

DIN 55350-22 Begriffe der Qualitätssicherung und Statistik — Begriffe der Statistik — Spezielle Wahrscheinlichkeitsverteilungen

DIN 55350-23 Begriffe der Qualitätssicherung und Statistik — Begriffe der Statistik — Beschreibende Statistik

DIN 55350-24 Begriffe der Qualitätssicherung und Statistik — Begriffe der Statistik — Schließende Statistik

DIN 55350-31 Begriffe der Qualitätssicherung und Statistik — Begriffe der Annahmestichprobenprüfung

DIN 55350-33 Begriffe der Qualitätssicherung und Statistik — Begriffe der statistischen Prozeßlenkung (SPC)

DIN 55350-34 Begriffe der Qualitätssicherung und Statistik — Erkennungsgrenze, Erfassungsgrenze und Erfassungsvermögen

DIN EN ISO 9000-1 Normen zum Qualitätsmanagement und zur Qualitätssicherung/QM-Darlegung — Teil 1: Leitfaden zur Auswahl und Anwendung, (ISO 9000-1 : 1994), Dreisprachige Fassung EN ISO 9000-1 : 1994

DIN EN ISO 9001 Qualitätsmanagementsysteme — Modell zur Qualitätssicherung/QM-Darlegung in Design/Entwicklung, Produktion, Montage und Wartung, (ISO 9001 : 1994), Dreisprachige Fassung EN ISO 9001 : 1994

DIN EN ISO 9003 Qualitätsmanagementsysteme — Modell zur Qualitätssicherung/QM-Darlegung bei der Endprüfung, (ISO 9003 : 1994), Dreisprachige Fassung EN ISO 9003 : 1994

DIN EN ISO 9004-1 Qualitätsmanagement und Elemente eines Qualitätsmanagementsystems — Teil 1: Leitfaden, (ISO 9004-1 : 1994), Dreisprachige Fassung EN ISO 9004-1 : 1994

E DIN ISO 8402 Qualitätsmanagement und Qualitätssicherung — Begriffe — Identisch mit ISO/DIS 8402 : 1991

E Beiblatt 1 zu DIN ISO 8402 Qualitätsmanagement und Qualitätssicherung — Anmerkungen zu Grundbegriffen

E DIN ISO 9000-2 Qualitätsmanagement- und Qualitätssicherungsnormen — Allgemeiner Leitfaden zur Anwendung von ISO 9001, ISO 9002, und ISO 9003

DIN ISO 9000-3 Qualitätsmanagement- und Qualitätssicherungsnormen — Leitfaden für die Anwendung von DIN ISO 9001 auf die Entwicklung, Lieferung und Wartung von Software, (Identisch mit ISO 9000-3 : 1991)

DIN ISO 9000-4 Normen zum Qualitätsmanagement und zur Darlegung von Qualitätsmanagementsystemen — Leitfaden zum Management von Zuverlässigkeitsprogrammen, (Identisch mit ISO 9000-4 : 1993 bzw. IEC 300-1 : 1993), Deutsche Fassung EN 60300-1 : 1993

DIN ISO 9004-2 Qualitätsmanagement und Qualitätsmanagementelemente — Leitfaden für Dienstleistungen, (Identisch mit ISO 9004-2 : 1991)

E DIN ISO 9004-3 Qualitätsmanagement und Elemente eines Qualitätssicherungssystems — Leitfaden für verfahrenstechnische Produkte, (Identisch mit ISO/DIS 9004-3 : 1992)

E DIN ISO 9004-4 Qualitätsmanagement und Elemente eines Qualitätssicherungssystems — Leitfaden für Qualitätsverbesserung, (Identisch mit ISO/DIS 9004-4 : 1992)

E DIN ISO 9004-7 Qualitätsmanagement und Elemente eines Qualitätssicherungssystems — Leitfaden für Konfigurationsmanagement, (Identisch mit ISO/DIS 9004-7 : 1993)

DIN ISO 10011-1 Leitfaden für das Audit von Qualitätsmanagementsystemen — Auditdurchführung, (Identisch mit ISO 10011-1 : 1990)

DIN ISO 10011-2 Leitfaden für das Audit von Qualitätsmanagementsystemen — Qualifikationskriterien für Qualitätsauditoren, (Identisch mit ISO 10011-2 : 1991)

DIN ISO 10011-3 Leitfaden für das Audit von Qualitätsmanagementsystemen — Management von Auditprogrammen, (Identisch mit ISO 10011-3 : 1991)

DIN ISO 10012 Forderungen an die Qualitätssicherung für Meßmittel — Bestätigungssystem für Meßmittel

E DIN ISO 10013 Leitfaden für die Erstellung von Qualitätsmanagement-Handbüchern (ISO/DIS 10013 : 1993)

EUROPÄISCHE NORM
EUROPEAN STANDARD
NORME EUROPÉENNE

EN ISO 9002

Juli 1994

ICS 03.120.10

Deskriptoren: QM-Darlegung, QM-Darlegungsprogramm, QM-Darlegungssystem, Produktion, Montage, Wartung, Bezugsmodelle

Deutsche Fassung

Qualitätsmanagementsysteme
Modell zur Darlegung des Qualitätsmanagementsystems in Produktion, Montage und Wartung
(ISO 9002 : 1994)

Quality systems — Model for quality assurance in production, installation and servicing (ISO 9002 : 1994)

Systèmes qualité — Modèle pour l'assurance de la qualité en production, installation et prestations associées (ISO 9002 : 1994)

Diese Europäische Norm wurde von CEN am 1994-06-20 angenommen.

Die CEN-Mitglieder sind gehalten, die CEN/CENELEC-Geschäftsordnung zu erfüllen, in der die Bedingungen festgelegt sind, unter denen dieser Europäischen Norm ohne jede Änderung der Status einer nationalen Norm zu geben ist.

Auf dem letzten Stand befindliche Listen dieser nationalen Normen mit ihren bibliographischen Angaben sind beim Zentralsekretariat oder bei jedem CEN-Mitglied auf Anfrage erhältlich.

Diese Europäische Norm besteht in drei offiziellen Fassungen (Deutsch, Englisch, Französisch). Eine Fassung in einer anderen Sprache, die von einem CEN-Mitglied in eigener Verantwortung durch Übersetzung in seine Landessprache gemacht und dem Zentralsekretariat mitgeteilt worden ist, hat den gleichen Status wie die offiziellen Fassungen.

CEN-Mitglieder sind die nationalen Normungsinstitute von Belgien, Dänemark, Deutschland, Finnland, Frankreich, Griechenland, Irland, Island, Italien, Luxemburg, Niederlande, Norwegen, Österreich, Portugal, Schweden, Schweiz, Spanien und dem Vereinigten Königreich.

CEN

EUROPÄISCHES KOMITEE FÜR NORMUNG
European Committee for Standardization
Comité Européen de Normalisation

Zentralsekretariat: rue de Stassart 36, B-1050 Brüssel

Ref.-Nr. EN ISO 9002 : 1994 D

Vorwort zur Europäischen Norm

Diese Europäische Norm wurde vom Technischen Komitee ISO/TC 176 "Quality management and quality assurance" der "International Organization for Standardization (ISO)" übernommen und wurde zufolge einer Parallelen Abstimmung von ISO und CEN angenommen.

Diese Europäische Norm ersetzt EN 29002 : 1987.

Diese Europäische Norm muß den Status einer nationalen Norm erhalten, entweder durch Veröffentlichung eines identischen Textes oder durch Anerkennung bis Januar 1995, und etwaige entgegenstehende nationale Normen müssen bis Januar 1995 zurückgezogen werden.

Entsprechend der CEN/CENELEC-Geschäftsordnung sind folgende Länder gehalten, diese Europäische Norm zu übernehmen:

Belgien, Dänemark, Deutschland, Finnland, Frankreich, Griechenland, Irland, Island, Italien, Luxemburg, Niederlande, Norwegen, Österreich, Portugal, Schweden, Schweiz, Spanien und das Vereinigte Königreich.

Anerkennungsnotiz

Der Text der Internationalen Norm ISO 9002 : 1994 wurde von CEN ohne jegliche Änderung als Europäische Norm angenommen.

Vorwort

Die ISO (Internationale Organisation für Normung) ist die weltweite Vereinigung nationaler Normungsinstitute (ISO-Mitgliedskörperschaften). Die Erarbeitung Internationaler Normen obliegt den Technischen Komitees der ISO. Jede Mitgliedskörperschaft, die sich für ein Thema interessiert, für das ein Technisches Komitee eingesetzt wurde, ist berechtigt, in diesem Komitee mitzuarbeiten. Internationale (staatliche und nichtstaatliche) Organisationen, die mit der ISO in Verbindung stehen, sind an den Arbeiten ebenfalls beteiligt. Die ISO arbeitet in allen Fragen der elektrotechnischen Normung eng mit der International Electrotechnical Commission (IEC) zusammen.

Die von den Technischen Komitees verabschiedeten Entwürfe zu Internationalen Normen werden den Mitgliedskörperschaften zunächst zur Abstimmung vorgelegt. Die Veröffentlichung als internationale Norm erfordert eine Zustimmung von 75 % der Mitgliedskörperschaften, die eine Stimme abgegeben haben.

Die Internationale Norm ISO 9002 ist vom Technischen Komitee TC 176 "Quality management and quality assurance" der ISO, Unterkomitee SC 2 "Quality systems" erstellt worden.

Diese zweite Ausgabe macht die erste Ausgabe (ISO 9002 : 1987), die technisch revidiert worden ist, ungültig und ersetzt sie.

Anhang A dieser Internationalen Norm dient ausschließlich der Information.

Foreword

ISO (the International Organization for Standardization) is a worldwide federation of national standards bodies (ISO member bodies). The work of preparing International Standards is normally carried out through ISO technical committees. Each member body interested in a subject for which a technical committee has been established has the right to be represented on that committee. International organizations, governmental and non-governmental, in liaison with ISO, also take part in the work. ISO collaborates closely with the International Electrotechnical Commission (IEC) on all matters of electrotechnical standardization.

Draft International Standards adopted by the technical committees are circulated to the member bodies for voting. Publication as an International Standard requires approval by at least 75 % of the member bodies casting a vote.

International Standard ISO 9002 was prepared by Technical Committee ISO TC 176, Quality management and quality assurance, Subcommittee SC 2, Quality systems.

This second edition cancels and replaces the first edition (ISO 9002 : 1987), which has been technically revised.

Annex A of this International Standard is for information only.

Avant-propos

L'ISO (Organisation internationale de normalisation) est une fédération mondiale d'organismes nationaux de normalisation (comités membres de l'ISO). L'élaboration des Normes internationales est en général confiée aux comités techniques de l'ISO. Chaque comité membre intéressé par une étude a le droit de faire partie du comité technique créé à cet effet. Les organisations internationales, gouvernementales et non gouvernementales, en liaison avec l'ISO participent également aux travaux. L'ISO collabore étroitement avec la Commission électrotechnique internationale (CEI) en ce qui concerne la normalisation électrotechnique.

Les projets de Normes internationales adoptés par les comités techniques sont soumis aux comités membres pour vote. Leur publication comme Normes internationales requiert l'approbation de 75 % au moins des comités membres votants.

La Norme internationale ISO 9002 a été élaborée par le comité technique ISO/TC 176, Management et assurance de la qualité, sous-comité SC 2, Systèmes qualité.

Cette deuxième édition annule et remplace la première édition (ISO 9002 : 1987), dont elle constitue une révision technique.

L'annexe A de la présente Norme internationale est donnée uniquement à titre d'information.

Inhalt

Contents

Sommaire

Qualitätsmanagementsysteme
Modell zur Qualitätssicherung/QM-Darlegung in Produktion, Montage und Wartung

0 Einleitung

Diese Internationale Norm ist eine von drei Internationalen Normen zu Forderungen an die Qualitätssicherung/QM-Darlegung, die zur Darlegung nach außen hin angewendet werden können. Die nachfolgend angeführten, in drei Internationalen Normen beschriebenen Modelle zur Qualitätssicherung/QM-Darlegung stellen drei unterschiedlich ausgeprägte Formen dar, die sich für den Zweck eignen, daß ein Lieferant seine Fähigkeit darlegt sowie für die Beurteilung der Fähigkeit eines Lieferanten durch externe Stellen.

a) ISO 9001, Qualitätsmanagementsysteme; Modell zur Qualitätssicherung/QM-Darlegung in Design[1]), Entwicklung, Produktion, Montage und Wartung

— anzuwenden, wenn durch den Lieferanten/Auftragnehmer die Erfüllung festgelegter Forderungen während Design, Entwicklung, Produktion, Montage und Wartung zu sichern ist.

b) ISO 9002, Qualitätsmanagementsysteme; Modell zur Qualitätssicherung/QM-Darlegung in Produktion, Montage und Wartung

— anzuwenden, wenn durch den Lieferanten/Auftragnehmer die Erfüllung festgelegter Forderungen während Produktion, Montage und Wartung zu sichern ist.

c) ISO 9003, Qualitätsmanagementsysteme; Modell zur Qualitätssicherung/QM-Darlegung bei der Endprüfung

— anzuwenden, wenn durch den Lieferanten/Auftragnehmer die Erfüllung festgelegter Forderungen nur bei der Endprüfung zu sichern ist.

Es ist zu betonen, daß die Forderungen an die Qualitätssicherung/QM-Darlegung, die in dieser Internationalen Norm, in ISO 9001 und ISO 9003 festgelegt sind, eine Ergänzung (nicht eine Alternative) zu den Qualitätsforderungen (an Produkte) sind. Diese Normen

[1]) Fußnote in der deutschsprachigen Fassung: "Design" kann "Entwicklung", "Berechnung", "Konstruktion" bzw. deren Ergebnis, "Entwurf", "Gestaltung" oder "Konzept" usw. einschließen und entsprechend benannt werden.

Quality systems
Model for quality assurance in production, installation and servicing

0 Introduction

This International Standard is one of three International Standards dealing with quality system requirements that can be used for external quality assurance purposes. The quality assurance models, set out in the three International Standards listed below, represent three distinct forms of quality system requirements suitable for the purpose of a supplier demonstrating its capability, and for the assessment of the capability of a supplier by external parties.

a) ISO 9001, Quality systems — Model for quality assurance in design, development, production, installation and servicing

— for use when conformance to specified requirements is to be assured by the supplier during design, development, production, installation and servicing.

b) ISO 9002, Quality systems — Model for quality assurance in production, installation and servicing

— for use when conformance to specified requirements is to be assured by the supplier during production, installation and servicing.

c) ISO 9003, Quality systems — Model for quality assurance in final inspection and test

— for use when conformance to specified requirements is to be assured by the supplier solely at final inspection and test.

It is emphasized that the quality system requirements specified in this International Standard, ISO 9001 and ISO 9003 are complementary (not alternative) to the technical (product) specified requirements. They specify

Systèmes qualité
Modèle pour l'assurance de la qualité en production, installation et prestations associées

0 Introduction

La présente Norme internationale fait partie d'une série de trois Normes internationales sur les exigences en matière de système qualité qui peuvent être utilisées dans le cadre de l'assurance externe de la qualité. Les modèles pour l'assurance de la qualité, définis dans les trois Normes internationales mentionnées ci-dessous, décrivent trois formes distinctes d'exigences en matière de système qualité qui conviennent pour la démonstration des aptitudes d'un fournisseur et leur évaluation par des parties externes.

a) ISO 9001, Systèmes qualité — Modèle pour l'assurance de la qualité en conception, développement, production, installation et prestations associées

— à utiliser lorsque la conformité à des exigences spécifiées est à assurer par le fournisseur pendant la conception, le développement, la production, l'installation et les prestations associées.

b) ISO 9002, Systèmes qualité — Modèle pour l'àssurance de la qualité en production, installation et prestations associées

— à utiliser lorsque la conformité à des exigences spécifiées est à assurer par le fournisseur pendant la production, l'installation et les prestations associées.

c) ISO 9003, Systèmes qualité — Modèle pour lassurance de la qualité en contrôle et essais finals

— à utiliser lorsque la conformité à des exigences spécifiées est à assurer par le fournisseur uniquement lors des contrôles et essais finals.

Il faut souligner que les exigences en matière de système qualité, spécifiées dans la présente Norme internationale, dans l'ISO 9001 et l'ISO 9003, sont complémentaires (et ne se substituent pas) aux exigences techniques spécifiées (pour le produit). Elles spécifient spezifizieren Forderungen, die festlegen, welche Elemente Qualitätsmanagementsysteme (nachfolgend "QM-Systeme") zu umfassen haben, jedoch ist es nicht der Zweck dieser Internationalen Normen, für Einheitlichkeit von Qualitätsmanagementsystemen zu sorgen. Die Normen sind übergeordnet und unabhängig von einer spezifischen Industrie oder einem Wirtschaftssektor. Die Gestaltung und die Verwirklichung eines Qualitätsmanagementsystems werden notwendigerweise durch die unterschiedlichen Erfordernisse einer Organisation, ihrer besonderen Ziele, die gelieferten Produkte und Dienstleistungen sowie die angewendeten Prozesse und spezifischen Arbeitsweisen beeinflußt.

Es ist beabsichtigt, daß diese Internationalen Normen in ihrer vorliegenden Form angewendet werden. Gelegentlich kann es aber nötig sein, sie durch Hinzufügen oder Streichen gewisser Forderungen an die Qualitätssicherung/QM-Darlegung an spezielle Vertragssituationen anzupassen. ISO 9000-1 liefert sowohl für einen derartigen Zuschnitt als auch für die Auswahl des zweckmäßigen Modells zur Qualitätssicherung/QM-Darlegung nämlich ISO 9001, ISO 9002, ISO 9003, einen Leitfaden.

requirements which determine what elements quality systems have to encompass, but it is not the purpose of these International Standards to enforce uniformity of quality systems. They are generic and independent of any specific industry or economic sector. The design and implementation of a quality system will be influenced by the varying needs of an organization, its particular objectives, the products and services supplied, and the processes and specific practices employed.

It is intended that these International Standards will be adopted in their present form, but on occasions they may need to be tailored by adding or deleting certain quality system requirements for specific contractual situations. ISO 9000-1 provides guidance on such tailoring as well as on selection of the appropriate quality assurance model, viz. ISO 9001, ISO 9002 or ISO 9003.

des exigences qui déterminent les éléments que doivent comprendre les systèmes qualité, mais leur but n'est pas d'imposer l'uniformité des systèmes qualité. Ces Normes internationales sont génériques, indépendantes de tout secteur industriel ou économique particulier. La conception et la mise en œuvre d'un système qualité tiendront compte des différents besoins d'un organisme, de ses objectifs particuliers, des produits et services fournis et des processus et pratiques spécifiques en usage.

Il est prévu que ces Normes internationales soient utilisées telles quelles, mais, dans certains cas, il peut être nécessaire de les ajuster en ajoutant ou en supprimant certaines exigences de système qualité en fonction de situations contractuelles particulières. L'ISO 9000-1 fournit des indications sur cet ajustement et sur le choix du modèle approprié pour lassurance de la qualité, à savoir ISO 9001, ISO 9002 ou ISO 9003.

1 Anwendungsbereich

Diese Internationale Norm legt Forderungen an die Qualitätssicherung/QM-Darlegung für den Fall der Notwendigkeit fest, daß die Fähigkeit eines Lieferanten/Auftragnehmers[2]) darzulegen ist, ein Produkt gemäß einem festliegenden Entwurf zu liefern, das die Qualitätsforderung erfüllt.

Die festgelegten Forderungen dienen in erster Linie dazu, Kundenzufriedenheit durch die Verhütung von Fehlern in allen Phasen von der Produktion bis hin zur Wartung zu erreichen.

Diese Internationale Norm ist anwendbar in Situationen, wenn

a) die Qualitätsforderung an das Produkt in Form eines vorgegebenen Entwurfs oder einer vorgegebenen Spezifikation festgelegt ist, und

b) das Vertrauen in die Erfüllung der Qualitätsforderung durch das Produkt durch eine angemessene Darlegung der Fähigkeiten eines Lieferanten in Produktion, Montage und Wartung erreicht werden kann.

ANMERKUNG 1: Informative Verweisungen auf andere Normen: siehe Anhang A

[2]) Fußnote in der deutschsprachigen Fassung: Nachfolgend kurz "Lieferant" genannt, auch im Fall einer Organisation, welche Dienstleistungen erbringt.

1 Scope

This International Standard specifies quality system requirements for use where a supplier's capability to supply conforming product to an established design needs to be demonstrated.

The requirements specified are aimed primarily at achieving customer satisfaction by preventing nonconformity at all stages from production through to servicing.

This International Standard is applicable in situations when

a) the specified requirements for product are stated in terms of an established design or specification, and

b) confidence in product conformance can be attained by adequate demonstration of a supplier's capabilities in production, installation and servicing.

NOTE 1: For informative references, see annex A.

1 Domaine d'application

La présente Norme internationale spécifie des exigences en matière de système qualité à utiliser lorsque l'aptitude d'un fournisseur à fournir un produit conforme à une conception établie doit être démontrée.

Les exigences spécifiées visent en premier lieu la satisfaction du client, par la prévention des non-conformités à tous les stades, depuis la production jusqu'aux prestations associées.

La présente Norme internationale est applicable lorsque

a) les exigences spécifiées pour le produit sont formulées en termes de conception ou de spécification établie, et

b) la confiance dans la conformité du produit peut être obtenue par une démonstration adéquate des aptitudes dun fournisseur en matière de production, installation et prestations associées.

NOTE 1: Pour les références informatives, voir annexe A.

2 Verweisungen auf andere Normen

Die folgende Norm enthält Festlegungen, die, durch Verweisungen in diesem Text, auch für diese Internationale Norm gelten. Zum Zeitpunkt der Veröffentlichung war die angegebene Ausgabe gültig. Alle Normen unterliegen der Überarbeitung. Vertragspartner, deren Vereinbarungen auf dieser Internationalen Norm basieren, sind gehalten, nach Möglichkeit die neueste Ausgabe der nachfolgend aufgeführten Norm anzuwenden. IEC- und ISO-Mitglieder verfügen über Verzeichnisse der gegenwärtig geltenden Internationalen Normen.

ISO 8402 : 1994
Qualitätsmanagement — Begriffe

2 Normative reference

The following standard contains provisions which, through reference in this text, constitute provisions of this International Standard. At the time of publication, the edition indicated was valid. All standards are subject to revision, and parties to agreements based on this International Standard are encouraged to investigate the possibility of applying the most recent edition of the standard indicated below. Members of IEC and ISO maintain registers of currently valid International Standards.

ISO 8402 : 1994
Quality management and quality assurance — Vocabulary

2 Référence normative

La norme suivante contient des dispositions qui, par suite de la référence qui en est faite, constituent des dispositions valables pour la présente Norme internationale. Au moment de la publication, l'édition indiquée était en vigueur. Toute norme est sujette à révision et les parties prenantes des accords fondés sur la présente Norme internationale sont invitées à rechercher la possibilité d'appliquer l'édition la plus récente de la norme indiquée ci-après. Les membres de la CEI et de l'ISO possèdent le registre des Normes internationales en vigueur à un moment donné.

ISO 8402 : 1994
Management de la qualité et assurance de la qualité — Vocabulaire

3 Begriffe

Für diese Internationalen Norm gelten die in ISO 8402 angegebenen und die folgenden Begriffe.

3 Definitions

For the purposes of this International Standard, the definitions given in ISO 8402 and the following definitions apply.

3 Définitions

Pour les besoins de la présente Norme internationale, les définitions données dans l'ISO 8402 et les définitions suivantes s'appliquent.

3.1 Produkt

Ergebnis von Tätigkeiten und Prozessen.

ANMERKUNG 2: Der Begriff Produkt kann Dienstleistung, Hardware, verfahrenstechnische Produkte, Software oder Kombinationen daraus einschließen.

ANMERKUNG 3: Ein Produkt kann materiell (z. B. Montageergebnisse, verfahrenstechnische Produkte) oder immateriell (z. B. Wissen oder Entwürfe) oder eine Kombination daraus sein.

ANMERKUNG 4: In dieser Internationalen Norm wird der Begriff Produkt nur auf das beabsichtigte Angebotsprodukt angewendet und nicht auf unbeabsichtigte Nebenprodukte, die die Umwelt beeinträchtigen. Dies weicht von der Definition gemäß ISO 8402 ab.

3.1 Product

Result of activities or processes.

NOTE 2: A product may include service, hardware, processed materials, software or a combination thereof.

NOTE 3: A product can be tangible (e.g. assemblies or processed materials) or intangible (e.g. knowledge or concepts), or a combination thereof.

NOTE 4: For the purposes of this International Standard, the term product applies to the intended "product" offering only and not to unintended "by-products" affecting the environment. This differs from the definition given in ISO 8402.

3.1 Produit

Résultat d'activités ou de processus.

NOTE 2: Le terme produit peut inclure les services, les matériels, les produits issus de processus à caractère continu, les logiciels, ou une combinaison des deux.

NOTE 3: Un produit peut être matériel (par exemple, assemblages ou produits issus de processus à caractère continu) ou immatériel (par exemple, connaissances ou concepts), ou une combinaison des deux.

NOTE 4: Dans le cadre de la présente Norme internationale, le terme «produit» s'applique au produit intentionnel et ne s'applique pas aux sous-produits non-intentionnels affectant l'environnement. Ceci diffère de la définition donnée dans l'ISO 8402.

3.2 Angebot

Eine nach Aufforderung abgegebene Bereitschaftserklärung eines Lieferanten, einen zustandegekommenen Vertrag über die Lieferung eines Produkts zu erfüllen.

3.2 Tender

Offer made by a supplier in response to an invitation to satisfy a contract award to provide product.

3.2 Offre

Une offre est faite par un fournisseur en réponse à un appel d'offre en vue de l'attribution d'un contrat de fourniture d'un produit.

3.3 Vertrag

Zwischen einem Lieferanten und einem Kunden vereinbarte Forderungen, übermittelt durch beliebige Mittel.

3.3 Contract

Agreed requirements between a supplier and customer transmitted by any means.

3.3 Contrat

Exigences ayant fait l'objet d'un accord entre un fournisseur et un client et transmises par un moyen quelconque.

4 Forderungen an die Qualitätssicherung/ QM-Darlegung

4.1 Verantwortung der Leitung

4.1.1 Qualitätspolitik

Die oberste Leitung des Lieferanten muß ihre Qualitätspolitik, eingeschlossen ihre Zielsetzungen und ihre Verpflichtung zur Qualität, festlegen und dokumentieren. Die Qualitätspolitik muß relevant für die organisatorischen Ziele des Lieferanten sowie für die Erwartungen und Erfordernisse seiner Kunden sein. Der Lieferant muß sicherstellen, daß diese Politik in allen Ebenen der Organisation verstanden, verwirklicht und aufrechterhalten wird.

4.1.2 Organisation

4.1.2.1 Verantwortung und Befugnis

Die Verantwortung, Befugnis und die gegenseitige Beziehung von Personal mit leitender, ausführender und prüfender Tätigkeit, welche die Qualität beeinflußt, müssen festgelegt und dokumentiert sein, insbesondere für jenes Personal, welches die organisatorische Unabhängigkeit und Befugnis benötigt, um

a) Verhütungsmaßnahmen gegen mögliche Fehler bei einem Produkt, Prozeß oder beim QM-System zu veranlassen;

b) Probleme bei einem Produkt, Prozeß oder beim QM-System festzustellen und aufzuzeichnen;

c) Problemlösungen nach festgelegten Abläufen zu veranlassen, zu empfehlen oder vorzusehen;

d) die Verwirklichung von Problemlösungen zu verifizieren;

e) die weitere Behandlung, Auslieferung oder Montage fehlerhafter Produkte so lange zu überwachen, bis die Unzulänglichkeit oder der unbefriedigende Zustand behoben sind.

4.1.2.2 Mittel

Der Lieferant muß erforderliche Mittel feststellen und angemessene Mittel bereitstellen sowie geschultes Personal (siehe Abschnitt 4.18) für leitende, ausführende und prüfende Tätigkeiten bestellen, eingeschlossen interne Qualitätsaudits.

4 Quality system requirements

4.1 Management responsibility

4.1.1 Quality policy

The supplier's management with executive responsibility shall define and document its policy for quality, including objectives for quality and its commitment to quality. The quality policy shall be relevant to the supplier's organizational goals and the expectations and needs of its customers. The supplier shall ensure that this policy is understood, implemented and maintained at all levels of the organization.

4.1.2 Organization

4.1.2.1 Responsibility and authority

The responsibility, authority and the interrelation of personnel who manage, perform and verify work affecting quality shall be defined and documented, particularly for personnel who need the organizational freedom and authority to:

a) initiate action to prevent the occurrence of any nonconformities relating to the product, process and quality system;

b) identify and record any problems relating to the product, process and quality system;

c) initiate, recommend or provide solutions through designated channels;

d) verify the implementation of solutions;

e) control further processing, delivery or installation of non-conforming product until the deficiency or unsatisfactory condition has been corrected.

4.1.2.2 Resources

The supplier shall identify resource requirements and provide adequate resources, including the assignment of trained personnel (see 4.18), for management, performance of work and verification activities including internal quality audits.

4 Exigences en matière de système qualité

4.1 Responsabilité de la direction

4.1.1 Politique qualité

La direction du fournisseur, qui a pouvoir de décision doit définir et consigner par écrit sa politique en matière de qualité, y compris ses objectifs et son engagement en la matière. La politique qualité doit être pertinente par rapport aux objectifs généraux du fournisseur et aux attentes et besoins de ses clients. Le fournisseur doit assurer que cette politique est comprise, mise en œuvre et entrenue à tous les niveaux de l'organisme.

4.1.2 Organisation

4.1.2.1 Responsabilité et autorité

La responsabilité, l'autorité et les relations entre les personnes qui dirigent, exécutent et vérifient des tâches qui ont une incidence sur la qualité doivent être définies par écrit; cela concerne, en particulier les personnes qui ont besoin de la liberté et de l'autorité sur le plan de l'organisation pour

a) déclencher des actions permettant de prévenir l'apparition de toute non-conformité relative au produit, au processus et au système qualité;

b) identifier et enregistrer tout problème relatif au produit, au processus et au système qualité;

c) déclencher, recommander ou fournir des solutions en suivant des circuits définis;

d) vérifier la mise en œuvre des solutions;

e) maîtriser la poursuite des opérations relatives au produit non conforme, sa livraison ou son installation jusqu'à ce que la déficience ou la situation non satisfaisante ait été corrigée.

4.1.2.2 Moyens

Le fournisseur doit identifier les exigences relatives aux moyens et fournir les moyens adéquats, y compris la désignation de personnes formées (voir 4.18), pour le management, l'exécution et la vérification des tâches, ainsi que les audits qualité internes.

4.1.2.3 Beauftragter der obersten Leitung

Die oberste Leitung des Lieferanten muß ein Mitglied des lieferanteneigenen Führungskreises benennen, das — abgesehen von anderen Verantwortlichkeiten — die festgelegte Befugnis besitzt, um

a) sicherzustellen, daß ein QM-System festgelegt, verwirklicht und aufrechterhalten ist in Übereinstimmung mit dieser Internationalen Norm,[3])

b) der Leitung des Lieferanten einen Überblick über die Leistung des QM-Systems als Grundlage für dessen Verbesserung zu geben.

ANMERKUNG 5: Die Verantwortung des Beauftragten der obersten Leitung kann in Angelegenheiten des QM-Systems des Lieferanten auch eine Verbindung mit externen Stellen einschließen.

4.1.2.3 Management representative

The supplier's management with executive responsibility shall appoint a member of the supplier's own management who, irrespective of other responsibilities, shall have defined authority for

a) ensuring that a quality system is established, implemented and maintained in accordance with this International Standard, and

b) reporting on the performance of the quality system to the supplier's management for review and as a basis for improvement of the quality system.

NOTE 5: The responsibility of a management representative may also include liaison with external parties on matters relating to the supplier's quality system.

4.1.2.3 Représentant de la direction

La direction du fournisseur, qui a pouvoir de décision, doit nommer un de ses membres qui, nonobstant d'autres responsabilités, doit avoir une autorité définie pour

a) assurer qu'un système qualité est défini, mis en œuvre et entretenu conformément à la présente Norme internationale, et

b) rendre compte du fonctionnement du système qualité à la direction du fournisseur pour en faire la revue et servir de base à l'amélioration du système qualité.

NOTE 5: La responsabilité du représentant de la direction peut également comprendre les relations avec des parties extérieurs en ce qui concerne les sujets relatifs au système qualité du fournisseur.

4.1.3 QM-Bewertung

Die oberste Leitung des Lieferanten muß das QM-System in festgelegten Zeitabständen bewerten, die ausreichen, um seine ständige Eignung und Wirksamkeit bei der Erfüllung der Forderungen dieser Internationalen Norm sowie der festgelegten Qualitätspolitik und -ziele (siehe Abschnitt 4.1.1) sicherzustellen. Aufzeichnungen über solche Bewertungen müssen aufbewahrt werden (siehe Abschnitt 4.16).

4.1.3 Management review

The supplier's management with executive responsibility shall review the quality system at defined intervals sufficient to ensure its continuing suitability and effectiveness in satisfying the requirements of this International Standard and the supplier's stated quality policy and objectives (see 4.1.1). Records of such reviews shall be maintained (see 4.16).

4.1.3 Revue de direction

La direction du fournisseur, qui a pouvoir de décision, doit faire une revue du système qualité à une fréquence définie et suffisante pour assurer qu'il demeure constamment approprié et efficace afin de satisfaire aux exigences de la présente Norme internationale ainsi qu'à la politique et aux objectifs qualité fixés par le fournisseur (voir 4.1.1). Des enregistrements de ces revues doivent être conservés (voir 4.16).

4.2 Qualitätsmanagementsystem[4])

4.2.1 Allgemeines

Der Lieferant muß als ein Mittel zur Sicherstellung, daß ein Produkt die festgelegte Qualitätsforderung erfüllt, ein QM-System einführen, dokumentieren und aufrechterhalten. Der Lieferant muß ein Qualitätsmanagement-Handbuch (nachfolgend "QM-Handbuch") erstellen, das die Forderungen dieser Internationalen Norm behandelt. Das QM-Handbuch muß die Verfahrensanweisungen zum QM-System (nachfolgend "QM-Verfahrensanweisungen") enthalten oder auf sie verweisen sowie die Struktur der Dokumentation des QM-Systems skizzieren.

ANMERKUNG 6: Ein Leitfaden zu QM-Handbüchern findet sich in ISO 10013.

4.2 Quality system

4.2.1 General

The supplier shall establish, document and maintain a quality system as a means of ensuring that product conforms to specified requirements. The supplier shall prepare a quality manual covering the requirements of this International Standard. The quality manual shall include or make reference to the quality system procedures and outline the structure of the documentation used in the quality system.

NOTE 6: Guidance on quality manuals is given in ISO 10013.

4.2 Système qualité

4.2.1 Généralités

Le fournisseur doit établir, consigner par écrit et entretenir un système qualité en tant que moyen pour assurer que le produit est conforme aux exigences spécifiées. Le fournisseur doit établir un manuel qualité couvrant les exigences de la présente Norme internationale. Le manuel qualité doit comprendre les procédures du système qualité ou y faire référence, et exposer la structure de la documentation utilisée dans le cadre du système qualité.

NOTE 6: L'ISO 10013 fournit des conseils relatifs à l'élaboration des manuels qualité.

---

[3]) Fußnote in der deutschsprachigen Fassung: In der Praxis hat der Beauftragte der obersten Leitung häufig außer den Aufgaben im Zusammenhang mit dieser Norm auch Aufgaben im Hinblick auf die Normenreihe ISO 9004 bei der Festlegung der Aufgaben an das QM-System.

[4]) Fußnote in der deutschsprachigen Fassung: Auch die Abschnitte 4.1 sowie 4.3 bis 4.20 betreffen das QM-System.

4.2.2 QM-Verfahrensanweisungen

Der Lieferant muß

a) Verfahrensanweisungen in Übereinstimmung mit den Forderungen dieser Internationalen Norm und mit der festgelegten Qualitätspolitik des Lieferanten erstellen;

b) das QM-System und seine Verfahrensanweisungen tatsächlich verwirklichen

Im Zusammenhang mit dieser Internationalen Norm hängen der Umfang und die Einzelheiten der zum QM-System gehörigen Verfahren von der Komplexität der Arbeit, den angewendeten Methoden sowie von den Fertigkeiten und der Schulung ab, die das Personal für das Mitwirken an der Ausführung der Tätigkeit benötigt.

ANMERKUNG 7: Verfahrensanweisungen können auf Arbeitsanweisungen Bezug nehmen, die festlegen, wie eine Tätigkeit ausgeführt wird.

4.2.2 Quality System procedures

The supplier shall

a) prepare documented procedures consistent with the requirements of this International Standard and the supplier's stated quality policy, and

b) effectively implement the quality system and its documented procedures.

For the purposes of this International Standard, the range and detail of the procedures that form part of the quality system shall be dependent upon the complexity of the work, the methods used, and the skills and training needed by personnel involved in carrying out the activity.

NOTE 7: Documented procedures may make reference to work instructions that define how an activity is performed.

4.2.2 Procédures du système qualité

Le fournisseur doit

a) établir des procédures écrites cohérentes avec les exigences de la présente Norme internationale et avec la politique qualité qu'il a formulée, et

b) mettre réellement en œuvre le système qualité et ses procédures écrites.

Dans le cadre de la présente Norme internationale, l'étendue et le niveau de détail des procédures qui font partie du système qualité doivent dépendre de la complexité des tâches, des méthodes utilisées, des compétences et de la formation nécessaires au personnel impliqué dans l'exécution de ces tâches.

NOTE 7: Les procédures écrites peuvent faire référence à des instructions de travail qui définissent comment une tâche est réalisée.

4.2.3 Qualitätsplanung (zum QM-System)

Der Lieferant muß festlegen und dokumentieren, wie er die Qualitätsforderungen (an Produkte) erfüllen will. Qualitätsplanung zum QM-System muß in Einklang stehen mit allen anderen Forderungen an ein QM-System des Lieferanten. Sie muß in einer Struktur dokumentiert werden, die zur Arbeitsmethode des Lieferanten paßt. Der Lieferant muß in angemessener Weise die folgenden Tätigkeiten bedenken, um die festgelegten Forderungen an Produkte, Projekte oder Verträge zu erfüllen:

a) das Ausarbeiten von Qualitätsmanagementplänen (nachfolgend kurz "QM-Plan");

b) das Feststellen und Bereitstellen von Lenkungsmaßnahmen, Prozessen, Einrichtungen (eingeschlossen Prüfeinrichtungen), von Vorrichtungen, Mitteln und Fertigkeiten, die zur Erfüllung der Qualitätsforderung benötigt werden könnten;

c) Sicherstellen der Verträglichkeit des Designs, des Produktionsprozesses, von Montage, Wartung, Prüfverfahren und der zugehörigen Dokumentation;

d) soweit erforderlich, das Aktualisieren der Qualitätslenkungs- und Prüfverfahren, eingeschlossen die Entwicklung neuer Geräteausstattungen;

e) das Feststellen von Forderungen an die Meßtechnik einschließlich derjenigen, die dem bekannten Stand der Technik voraus sind, um genügend Zeit für die Entwicklung der benötigten Fähigkeit zu haben;

4.2.3 Quality planning

The supplier shall define and document how the requirements for quality will be met. Quality planning shall be consistent with all other requirements of a supplier's quality system and shall be documented in a format to suit the supplier's method of operation. The supplier shall give consideration to the following activities, as appropriate, in meeting the specified requirements for products, projects or contracts:

a) the preparation of quality plans;

b) the identification and acquisition of any controls, processes, equipment (including inspection and test equipment), fixtures, resources and skills that may be needed to achieve the required quality;

c) ensuring the compatibility of the production process, installation, servicing, inspection and test procedures and the applicable documentation;

d) the updating, as necessary, of quality control, inspection and testing techniques, including the development of new instrumentation;

e) the identification of any measurement requirement involving capability that exceeds the known state of the art, in sufficient time for the needed capability to be developed;

4.2.3 Planification de la qualité

Le fournisseur doit définir et consigner par écrit comment satisfaire les exigences pour la qualité. La planification de la qualité doit être cohérente avec l'ensemble des exigences du système qualité du fournisseur et doit être consignée sous une forme adaptée aux méthodes de travail du fournisseur. Ce dernier doit porter toute son attention sur les activités suivantes, s'il y a lieu, pour satisfaire aux exigences spécifiées pour les produits, les projets ou les contrats:

a) l'établissement de plans qualité;

b) l'identification et l'acquisition de tous moyens de maîtrise des activités, processus, équipements (y compris les équipements de contrôle et d'essai), dispositifs, ensemble des moyens et compétences qui peuvent être nécessaires pour obtenir la qualité requise;

c) l'assurance de la compatibilité du processus de production, de l'installation, des prestations associées, des procédures de contrôle et dessai et de la documentation applicable;

d) la mise à jour, autant que nécessaire, des techniques de maîtrise de la qualité, de contrôle et d'essai, y compris le développement d'une nouvelle instrumentation;

e) l'identification, en temps voulu, de toute exigence en matière de mesurage mettant en jeu une aptitude qui dépasse les possibilités actuelles de l'état de l'art, afin de developper l'aptitude nécessaire;

f) das Feststellen geeigneter Verifizierung an zweckmäßigen Stellen der Produktrealisierung;

g) das Klären von Annahmekriterien bezüglich aller Merkmale und Forderungen, eingeschlossen diejenigen, die ein subjektives Element enthalten;

h) Das Feststellen und Vorbereiten von Qualitätsaufzeichnungen (siehe Abschnitt 4.16).

ANMERKUNG 8: Die erwähnten QM-Pläne (siehe Abschnitt 4.2.3 a)) können in der Form eines Verweises auf die passenden Verfahrensanweisungen bestehen, die ein fester Bestandteil des QM-Systems des Lieferanten sind.

f) the identification of suitable verification at appropriate stages in the realization of product;

g) the clarification of standards of acceptability for all features and requirements, including those which contain a subjective element;

h) the identification and preparation of quality records (see 4.16).

NOTE 8: The quality plans referred to [see 4.2.3 a)] may be in the form of a reference to the appropriate documented procedures that form an integral part of the supplier's quality system.

f) l'identification des vérifications adéquates aux phases appropriées de la réalisation du produit;

g) la clarification des normes d'acceptation pour toutes les caractéristiques et exigences, y compris celles qui contiennent un élément subjectif;

h) l'identification et la préparation d'enregistrements relatifs à la qualité (voir 4.16).

NOTE 8: Les plans qualité mentionnés [voir 4.2.3 a)] peuvent faire référence aux procédures écrites appropriées qui font partie intégrante du système qualité du fournisseur.

4.3 Vertragsprüfung

4.3.1 Allgemeines

Der Lieferant muß Verfahrensanweisungen zur Vertragsprüfung und für die Koordinierung dieser Tätigkeiten einführen und aufrechterhalten.

4.3.2 Prüfung

Vor Unterbreitung eines Angebots oder der Annahme eines Vertrags oder Auftrags (Feststellung der Forderung) muß das Angebot, der Vertrag oder Auftrag durch den Lieferanten geprüft werden, um sicherzustellen, daß

a) die Forderungen angemessen festgelegt und dokumentiert sind; wo keine schriftliche Feststellung der Forderung für einen mündlich erhaltenen Auftrag verfügbar ist, muß der Lieferant sicherstellen, daß über die Forderungen zum Auftrag vor ihrer Annahme Einvernehmen besteht;

b) Forderungen eines Vertrags oder eines angenommenen Auftrags, die von denen im betreffenden Angebot abweichen, geklärt sind;

c) der Lieferant die Fähigkeit zur Erfüllung der Forderungen des Vertrags oder des angenommenen Auftrags besitzt.

4.3.3 Vertragsänderung

Der Lieferant muß feststellen, wie eine Vertragsänderung durchgeführt und korrekt an die betroffenen Funktionen in der Organisation des Lieferanten weitergegeben ist.

4.3.4 Aufzeichnungen

Aufzeichnungen über Vertragsprüfungen müssen aufbewahrt werden (siehe Abschnitt 4.16).

ANMERKUNG 9: Kommunikationswege und Schnittstellen mit der Organisation des Kunden in Angelegenheiten dieses Vertrags sollten festgelegt werden.

4.3 Contract review

4.3.1 General

The supplier shall establish and maintain documented procedures for contract review and for the coordination of these activities.

4.3.2 Review

Before submission of a tender, or the acceptance of a contract or order (statement of requirement), the tender, contract or order shall be reviewed by the supplier to ensure that:

a) the requirements are adequately defined and documented; where no written statement of requirement is available for an order received by verbal means, the supplier shall ensure that the order requirements are agreed before their acceptance;

b) any differences between the contract or order requirements and those in the tender are resolved;

c) the supplier has the capability to meet the contract or order requirements.

4.3.3 Amendment to a contract

The supplier shall identify how an amendment to a contract is made and correctly transferred to the functions concerned within the supplier's organization.

4.3.4 Records

Records of contract reviews shall be maintained (see 4.16).

NOTE 9: Channels for communication and interfaces with the customers organization in these contract matters should be established.

4.3 Revue de contrat

4.3.1 Généralités

Le fournisseur doit établir et tenir à jour des procédures écrites de revue de contrat et de coordination de ces activités.

4.3.2 Revue

Avant soumission d'une offre ou acceptation d'un contrat ou d'une commande (formulation des exigences), l'offre, le contrat ou la commande doit être revu(e) par le fournisseur afin d'assurer que

a) les exigences sont définies et documentées de façon adéquate; lorsqu'il n'existe pas d'exigences écrites pour une commande verbale, le fournisseur doit assurer que les exigences de cette commande ont bien fait l'objet d'un accord avant d'être acceptées;

b) toute différence entre les exigences d'un contrat ou d'une commande et celles de l'offre a fait l'objet d'une solution;

c) le fournisseur présente l'aptitude à satisfaire aux exigences du contrat ou de la commande.

4.3.3 Avenant au contrat

Le fournisseur doit définir comment un avenant à un contrat est traité et comment il le transmet correctement aux fonctions concernées de son organisation.

4.3.4 Enregistrements

Des enregistrements de ces revues de contrat doivent être conservés (voir 4.16).

NOTE 9: Il convient de constituer des circuits de communication et des interfaces avec le client en matière de contrat.

4.4 Designlenkung

Der Anwendungsbereich dieser Internationalen Norm schließt Forderungen zur Darlegung des QM-Systems bezüglich Designlenkung nicht ein. Dieser Abschnitt ist eingefügt zur Angleichung der Abschnittsnumerierung an ISO 9001.

4.5 Lenkung der Dokumente und Daten

4.5.1 Allgemeines

Der Lieferant muß zur Lenkung aller Dokumente und Daten Verfahrensanweisungen erstellen und aufrechterhalten, die sich auf die Forderungen dieser Internationalen Norm beziehen, wobei in anwendbarem Ausmaß Dokumente externer Herkunft wie Normen und Kundenzeichnungen eingeschlossen sind.

ANMERKUNG 10: Dokumente und Daten können in Form irgendeines Trägermediums existieren wie etwa als Papierkopie oder in elektronischen Medien.

4.5.2 Genehmigung und Herausgabe von Dokumenten und Daten

Die Dokumente und Daten müssen vor ihrer Herausgabe durch befugtes Personal bezüglich ihrer Angemessenheit geprüft und genehmigt werden. Eine Änderungs-Sammelliste oder ein entsprechendes Dokumenten-Überwachungsverfahren, das den laufenden Revisionsstatus von Dokumenten identifiziert, muß eingerichtet werden und leicht verfügbar sein, um den Gebrauch ungültiger und/oder überholter Dokumente auszuschließen.

Diese Lenkung muß sicherstellen, daß

a) die zutreffenden Ausgaben der einschlägigen Dokumente an allen jenen Stellen verfügbar sind, wo Tätigkeiten ausgeführt werden, die für das effektive Funktionieren des QM-Systems wesentlich sind;

b) ungültige und/oder überholte Dokumente sofort an allen Stellen entfernt werden, an denen sie herausgegeben oder benutzt werden, oder in anderer Weise Sicherheit gegen ihren unbeabsichtigten Gebrauch geschaffen wird;

c) jegliche überholte Dokumente, die aus gesetzlichen Gründen und/oder zur Erhaltung des Wissensstandes aufbewahrt werden, angemessen gekennzeichnet sind.

4.5.3 Änderungen von Dokumenten und Daten

Sofern nicht ausdrücklich anders festgelegt, müssen Änderungen von Dokumenten und Daten durch dieselben Funktionen/Stellen geprüft und genehmigt werden, welche die Prüfung und Genehmigung der Erstausgaben aus-

4.4 Design control

The scope of this International Standard does not include quality-system requirements for design control. This subclause is included to align the clause numbering with ISO 9001.

4.5 Document and data control

4.5.1 General

The supplier shall establish and maintain documented procedures to control all documents and data that relate to the requirements of this International Standard including, to the extent applicable, documents of external origin such as standards and customer drawings.

NOTE 10: Documents and data can be in the form of any type of media, such as hard copy or electronic media.

4.5.2 Document and data approval and issue

The documents and data shall be reviewed and approved for adequacy by authorized personnel prior to issue. A master list or equivalent document control procedure identifying the current revision status of documents shall be established and be readily available to preclude the use of invalid and/or obsolete documents.

This control shall ensure that:

a) the pertinent issues of appropriate documents are available at all locations where operations essential to the effective functioning of the quality system are performed;

b) invalid and/or obsolete documents are promptly removed from all points of issue or use, or otherwise assured against unintended use;

c) any obsolete documents retained for legal and/or knowledge-preservation purposes are suitably identified.

4.5.3 Document and data changes

Changes to documents and data shall be reviewed and approved by the same functions/organizations that performed the original review and approval, unless specifically designated otherwise. The designated functions/organizations shall have access to pertinent

4.4 Maîtrise de la conception

Le domaine d'application de la présente Norme internationale ne comprend pas d'exigences de système qualité pour la maîtrise de la conception. Ce paragraphe est inclus afin d'aligner la numérotation des articles avec l'ISO 9001.

4.5 Maîtrise des documents et des données

4.5.1 Généralités

Le fournisseur doit établir et tenir à jour des procédures écrites pour maîtriser tous les documents et données relatifs aux exigences de la présente Norme internationale, y compris, dans les limites de ce qui est applicable, des documents d'origine extérieure tels que les normes et les plans du client.

NOTE 10: Les documents et les données peuvent se présenter sur tout support, tel que support papier ou support informatique.

4.5.2 Approbation et diffusion des documents et des données

Avant leur diffusion, les documents et les données doivent être revus et approuvés en ce qui concerne leur adéquation, par des personnes habilitées. Une liste de référence ou toute procédure de maîtrise de documents équivalente indiquant la révision en vigueur des documents doit être établie et être facilement accessible pour empêcher lutilisation de documents non valables et/ou périmés.

Cette maîtrise doit assurer que

a) les éditions pertinentes des documents appropriés sont disponibles à tous les endroits où des opérations essentielles au fonctionnement efficace du système qualité sont effectuées;

b) les documents non valables et/ou périmés sont aussitôt retirés de tous les points de diffusion ou d'utilisation, ou sinon qu'ils ne peuvent pas être utilisés de façon non intentionnelle;

c) tout document périmé conservé à des fins légales ou de conservation des connaissances est convenablement identifié.

4.5.3 Modifications des documents et des données

Les modifications des documents et des données doivent être revues et approuvées par les mêmes fonctions/organismes qui les ont revus et approuvés à l'origine, à moins qu'il n'en soit spécifié autrement. Les fonctions/

Genehmigung der Erstausgaben ausgeführt haben. Die benannten Funktionen/Stellen müssen Zugang zu einschlägigen Hintergrund-Informationen haben, auf die ihre Prüfung und Genehmigung zu gründen ist.

Wo durchführbar, muß die Art der Änderung im Dokument selbst oder in geeigneten Anlagen ausgewiesen werden.

4.6 Beschaffung

4.6.1 Allgemeines

Der Lieferant muß Verfahrensanweisungen erstellen und aufrechterhalten, um sicherzustellen, daß beschaffte Produkte (siehe Abschnitt 3.1) die festgelegten Qualitätsforderungen erfüllen.

4.6.2 Beurteilung von Unterauftragnehmern

Der Lieferant muß

a) Unterauftragnehmer aufgrund ihrer Eignung zur Erfüllung der Forderungen des Untervertrags, eingeschlossen die Forderungen an die Qualitätssicherung/QM-Darlegung, auch spezifische, beurteilen und auswählen;

b) die Art und den Umfang der Überwachung festlegen, die durch den Lieferanten über den Unterauftragnehmer ausgeübt wird. Diese soll abhängen vom Produkttyp, vom Einfluß des zugelieferten Produkts auf die Qualität des Endprodukts und — wo anwendbar — von Berichten über Qualitätsaudits und/oder von qualitätsbezogenen Aufzeichnungen über die früher dargelegte Fähigkeit und Leistung des Unterauftragnehmers;

c) qualitätsbezogene Aufzeichnungen über annehmbare Unterauftragnehmer erstellen und aufrechterhalten (siehe Abschnitt 4.16).

4.6.3 Beschaffungsangaben

Beschaffungsdokumente müssen Angaben enthalten, die das bestellte Produkt klar beschreiben. Sie müssen, soweit anwendbar, enthalten

a) den Typ, die Sorte, Anspruchsklasse oder eine andere genaue Identifizierung;

b) den Titel oder eine andere eindeutige Kennzeichnung sowie die anzuwendenden Ausgaben von Spezifikationen, Zeichnungen, Forderungen an Prozesse, Prüfanweisungen und anderer sachdienlicher technischer Angaben, eingeschlossen die Forderungen bezüglich Genehmigung oder Qualifikation des Produkts, der Verfahren, der Fertigungseinrichtungen und des Personals;

c) den Titel, die Nummer und die Ausgabe der anzuwendenden Norm zum QM-System.

background information upon which to base their review and approval.

Where practicable, the nature of the change shall be identified in the document or the appropriate attachments.

4.6 Purchasing

4.6.1 General

The supplier shall establish and maintain documented procedures to ensure that purchased product (see 3.1) conforms to specified requirements.

4.6.2 Evaluation of subcontractors

The supplier shall:

a) evaluate and select subcontractors on the basis of their ability to meet subcontract requirements including the quality system and any specific quality assurance requirements;

b) define the type and extent of control exercised by the supplier over subcontractors. This shall be dependent upon the type of product, the impact of subcontracted product on the quality of final product and, where applicable, on the quality audit reports and/or quality records of the previously demonstrated capability and performance of subcontractors;

c) establish and maintain quality records of acceptable subcontractors (see 4.16).

4.6.3 Purchasing data

Purchasing documents shall contain data clearly describing the product ordered, including where applicable:

a) the type, class, grade or other precise identification;

b) the title or other positive identification, and applicable issues of specifications, drawings, process requirements, inspection instructions and other relevant technical data, including requirements for approval or qualification of product, procedures, process equipment and personnel;

c) the title, number and issue of the quality system standard to be applied.

organismes désignés doivent avoir accès à toutes informations appropriées sur lesquelles ils peuvent fonder leur revue et leur approbation.

Lorsque cela est réalisable, la nature de la modification doit être identifiée dans le document ou dans les annexes appropriées.

4.6 Achats

4.6.1 Généralités

Le fournisseur doit établir et tenir à jour des procédures écrites pour assurer que le produit acheté (voir 3.1) est conforme aux exigences spécifiées.

4.6.2 Évaluation des sous-contractants

Le fournisseur doit

a) évaluer et sélectionner les sous-contractants sur la base de leur aptitude à satisfaire aux exigences de la sous-commande, y compris les exigences de système qualité et toutes exigences spécifiques d'assurance de la qualité;

b) définir le type et l'étendue de la maîtrise exercée par le fournisseur sur ses sous-contractants. Celle-ci doit dépendre du type de produit commandé au sous-contractant, de l'incidence de ce produit sur la qualité du produit final et, lorsque cela est applicable, des rapports d'audits qualité et/ou des enregistrements relatifs aux aptitudes et performances dont le sous-contractant a fait la démonstration précédemment;

c) établir, tenir à jour et conserver des enregistrements relatifs à la qualité des sous-contractants acceptables (voir 4.16).

4.6.3 Données d'achat

Les documents d'achat doivent contenir des données décrivant clairement le produit commandé et comprenant, lorsque cela est applicable

a) le type, la catégorie, la classe ou toute autre identification précise;

b) le titre ou toute autre identification formelle et l'édition applicable des spécifications, plans, exigences en matière de processus, instructions de contrôle et autres données techniques pertinentes, y compris les exigences pour l'approbation ou la qualification du produit, des procédures, de l'équipement et du personnel relatifs au processus;

c) le titre, le numéro et l'édition de la norme de système qualité à appliquer.

Der Lieferant muß die Beschaffungsdokumente vor ihrer Freigabe bezüglich der Angemessenheit der festgelegten Forderungen prüfen und genehmigen.

The supplier shall review and approve purchasing documents for adequacy of the specified requirements prior to release.

Le fournisseur doit revoir et approuver les documents d'achat en ce qui concerne l'adéquation des exigences spécifiées avant de les diffuser.

4.6.4 Prüfung von beschafften Produkten

4.6.4.1 Prüfung durch den Lieferanten beim Unterauftragnehmer

Wo der Lieferant vorschlägt, eingekaufte Produkte auf dem Gelände des Unterauftragnehmers zu prüfen, muß der Lieferant Prüfvereinbarungen und die Methode der Produktfreigabe in den Beschaffungsdokumenten festlegen.

4.6.4.2 Prüfung des Produkts des Unterauftragnehmers durch den Kunden

Wo es im Vertrag festgelegt ist, muß dem Kunden des Lieferanten oder seinem Beauftragten das Recht eingeräumt werden, beim Unterauftragnehmer und beim Lieferanten zu prüfen, daß ein Unterauftrags-Produkt die festgelegte Qualitätsforderung erfüllt. Eine solche Prüfung darf durch den Lieferanten nicht als Beweis für eine wirksame Qualitätsüberwachung durch den Unterauftragnehmer ausgelegt werden.

Prüfung durch den Kunden darf weder den Lieferanten von seiner Verantwortung zur Bereitstellung annehmbarer Produkte entbinden, noch darf dadurch eine nachfolgende Rückweisung durch den Kunden ausgeschlossen sein.

4.6.4 Verification of purchased product

4.6.4.1 Supplier verification at subcontractor's premises

Where the supplier proposes to verify purchased product at the subcontractor's premises, the supplier shall specify verification arrangements and the method of product release in the purchasing documents.

4.6.4.2 Customer verification of subcontracted product

Where specified in the contract, the supplier's customer or the customer's representative shall be afforded the right to verify at the subcontractor's premises and the supplier's premises that subcontracted product conforms to specified requirements. Such verification shall not be used by the supplier as evidence of effective control of quality by the subcontractor.

Verification by the customer shall not absolve the supplier of the responsibility to provide acceptable product, nor shall it preclude subsequent rejection by the customer.

4.6.4 Vérification du produit acheté

4.6.4.1 Vérification par le fournisseur chez le sous-contractant

Lorsque le fournisseur a l'intention de vérifier le produit acheté chez le sous-contractant, il doit spécifier dans les documents d'achat les dispositions à prendre pour la vérification et les modalités de mise à disposition du produit.

4.6.4.2 Vérification par le client du produit sous-contracté

Lorsque cela est spécifié dans le contrat, le client du fournisseur ou son représentant doit avoir le droit de vérifier dans les locaux du sous-contractant et du fournisseur que le produit sous-contracté est conforme aux exigences spécifiées. Cette vérification ne doit pas être utilisée par le fournisseur comme preuve de la maîtrise effective de la qualité par le sous-contractant.

La vérification par le client ne doit pas décharger le fournisseur de sa responsabilité de fournir un produit acceptable, ni empêcher un rejet ultérieur du produit par le client.

4.7 Lenkung der vom Kunden beigestellten Produkte

Der Lieferant muß für vom Kunden beigestellte Produkte, die für die Einfügung in die Lieferungen oder für zugehörige Tätigkeiten vorgesehen sind, Verfahrensanweisungen für die Lenkung von Verifizierung, Lagerung und Erhaltung erstellen und aufrechterhalten. Geht ein solches Produkt verloren, wird es beschädigt oder in anderer Weise unbrauchbar, muß dies aufgezeichnet und dem Kunden berichtet werden (siehe Abschnitt 4.16).

Verifizierung durch den Lieferanten befreit den Kunden nicht von der Verantwortung zur Beistellung annehmbarer Produkte.

4.7 Control of customer-supplied product

The supplier shall establish and maintain documented procedures for the control of verification, storage and maintenance of customer-supplied product provided for incorporation into the supplies or for related activities. Any such product that is lost, damaged or is otherwise unsuitable for use shall be recorded and reported to the customer (see 4.16).

Verification by the supplier does not absolve the customer of the responsibility to provide acceptable product.

4.7 Maîtrise du produit fourni par le client

Le fournisseur doit établir et tenir à jour des procédures écrites pour la vérification, le stockage et la préservation du produit fourni par le client pour être incorporé dans les fournitures ou pour des activités qui y sont liées. Tout produit de cette nature perdu, endommagé ou encore impropre à l'utilisation doit être enregistré et le client doit en être informé (voir 4.16).

La vérification par le fournisseur ne décharge pas le client de sa responsabilité de fournir un produit acceptable.

4.8 Kennzeichnung und Rückverfolgbarkeit von Produkten

Wo es zweckmäßig ist, muß der Lieferant Verfahrensanweisungen zur Kennzeichnung des Produkts mit geeigneten Mitteln von der Entgegennahme an und während aller Phasen der Produktion, Lieferung und Montage erstellen und aufrechterhalten.

4.8 Product identification and traceability

Where appropriate, the supplier shall establish and maintain documented procedures for identifying the product by suitable means from receipt and during all stages of production, delivery and installation.

4.8 Identification et traçabilité du produit

Lorsque cela est approprié, le fournisseur doit établir et tenir à jour des procédures écrites pour l'identification du produit à l'aide de moyens adéquats, de la réception jusquà la livraison et l'installation, ainsi qu'au cours de toutes les phases de production.

Wo und in dem Ausmaß, in dem Rückverfolgbarkeit eine festgelegte Forderung ist, muß der Lieferant Verfahrensanweisungen für eine eindeutige Kennzeichnung eines einzelnen Produkts oder einer einzelnen Charge erstellen und aufrechterhalten. Diese Kennzeichnung muß aufgezeichnet werden (siehe Abschnitt 4.16).

Where and to the extent that traceability is a specified requirement, the supplier shall establish and maintain documented procedures for unique identification of individual product or batches. This identification shall be recorded (see 4.16).

Lorsque et dans la mesure où la traçabilité est une exigence spécifiée, le fournisseur doit établir et tenir à jour des procédures écrites pour l'identification spécifique de produits ou de lots particuliers. Cette identification doit être enregistrée (voir 4.16).

4.9 Prozeßlenkung

Der Lieferant muß die Produktions-, Montage- und Wartungsprozesse, welche die Qualität direkt beeinflussen, identifizieren und planen. Er muß sicherstellen, daß diese Prozesse unter beherrschten Bedingungen ausgeführt werden. Beherrschte Bedingungen müssen folgendes enthalten

a) Verfahrensanweisungen, welche die Art und Weise von Produktion, Montage und Wartung festlegen, wo ein Fehlen solcher Anweisungen die Qualität beeinträchtigen würde;

b) Benutzung geeigneter Produktions-, Montage- und Wartungseinrichtungen, und eine geeignete Arbeitsumgebung;

c) Erfüllung der einschlägigen Normen/Regeln, QM-Pläne und/oder Verfahrensanweisungen;

d) Überwachung und Lenkung passender Prozeßparameter und Produktmerkmale;

e) sofern zweckmäßig, die Genehmigung von Prozessen und Einrichtungen;

f) Kriterien für eine Arbeitsausführung, die in der klarsten praktischen Weise festgelegt werden muß (z. B. schriftliche Festlegungen, Sollmuster oder Veranschaulichungen);

g) eine zweckmäßige Instandhaltung von Einrichtungen, um fortdauernde Prozeßfähigkeit sicherzustellen.

Wo Prozessergebnisse durch anschließende Qualitätsprüfungen am Produkt nicht in vollem Umfang verifiziert werden können, so daß sich beispielsweise Unzulänglichkeiten im Prozeßablauf erst zeigen können, nachdem das Produkt in Gebrauch genommen wurde, müssen die Prozesse durch qualifizierte Personen ausgeführt werden und/oder sie verlangen eine ständige Überwachung und Lenkung der Prozeßparameter, um sicherzustellen, daß die festgelegte Qualitätsforderung erfüllt wird.

Die Forderungen an eine Qualifikation von Prozeßabläufen müssen spezifiziert werden, eingeschlossen zugehörige Einrichtungen und zugehöriges Personal (siehe Abschnitt 4.18).

4.9 Process control

The supplier shall identify and plan the production, installation and servicing processes which directly affect quality and shall ensure that these processes are carried out under controlled conditions. Controlled conditions shall include the following:

a) documented procedures defining the manner of production, installation and servicing, where the absence of such procedures could adversely affect quality;

b) use of suitable production, installation and servicing equipment, and a suitable working environment;

c) compliance with reference standards/codes, quality plans and/or documented procedures;

d) monitoring and control of suitable process parameters and product characteristics;

e) the approval of processes and equipment, as appropriate;

f) criteria for workmanship, which shall be stipulated in the clearest practical manner (e.g. written standards, representative samples or illustrations);

g) suitable maintenance of equipment to ensure continuing process capability.

Where the results of processes cannot be fully verified by subsequent inspection and testing of the product and where, for example, processing deficiencies may become apparent only after the product is in use, the processes shall be carried out by qualified operators and/or shall require continuous monitoring and control of process parameters to ensure that the specified requirements are met.

The requirements for any qualification of process operations, including associated equipment and personnel (see 4.18), shall be specified.

4.9 Maîtrise des processus

Le fournisseur doit identifier et planifier les processus de production, d'installation et les processus relatifs aux prestations associées qui ont une incidence directe sur la qualité, et il doit aussi assurer que ces processus sont mis en œuvre dans des conditions maîtrisées. Ces dernières doivent comprendre

a) des procédures écrites définissant les pratiques de production, dinstallation et les pratiques relatives aux prestations associées lorsque l'absence de ces procédures pourrait avoir une incidence néfaste sur la qualité;

b) l'utilisation d'équipements adéquats pour la production, l'installation et les prestations associées, ainsi qu'un environnement de travail approprié;

c) la conformité aux normes et codes de référence, aux plans qualité et/ou aux procédures écrites;

d) le pilotage et la maîtrise des paramètres des processus et des caractéristiques du produit appropriés;

e) l'approbation des processus et de l'équipement, s'il y a lieu;

f) les critères d'exécution qui doivent être prescrits le plus clairement possible (par exemple au moyen de normes écrites, d'échantillons représentatifs ou d'illustrations);

g) la maintenance appropriée de l'équipement de manière à assurer en permanence l'aptitude des processus.

Quand les résultats des processus ne peuvent pas être entièrement vérifiés par des contrôles et des essais du produit effectués a posteriori et pour lesquels, par exemple, des déficiences peuvent n'apparaître qu'en cours d'utilisation du produit, les processus doivent être conduits par des opérateurs qualifiés et/ou doivent exiger un pilotage continu des opérations et la maîtrise permanente des paramètres de processus, de manière à assurer leur conformité aux exigences spécifiées.

Les exigences relatives à la qualification des processus, y compris l'équipement et le personnel associés (voir 4.18), doivent être spécifiées.

ANMERKUNG 11: Solche Prozesse, die eine Vorab-Qualifikation ihrer Prozeßfähigkeit verlangen, werden häufig als "Spezielle Prozesse" bezeichnet.

Aufzeichnungen über qualifizierte Prozesse und Einrichtungen sowie qualifiziertes Personal müssen in angemessener Weise aufbewahrt werden (siehe Abschnitt 4.16).

NOTE 11: Such processes requiring pre-qualification of their process capability are frequently referred to as special processes.

Records shall be maintained for qualified processes, equipment and personnel, as appropriate (see 4.16).

NOTE 11: De tels processus qui nécessitent une préqualification de leur aptitude sont souvent appelés procédés spéciaux.

Des enregistrements doivent être conservés pour les processus, équipements et personnels qualifiés, s'il y a lieu (voir 4.16).

4.10 Prüfungen

4.10.1 Allgemeines

Der Lieferant muß für Prüftätigkeiten Verfahrensanweisungen erstellen und aufrechterhalten, um zu verifizieren, daß die festgelegte Qualitätsforderung an das Produkt erfüllt wird. Die verlangten Prüfungen und die zu erstellenden Aufzeichnungen müssen im QM-Plan oder in Verfahrensanweisungen im einzelnen festgelegt sein.

4.10.2 Eingangsprüfung

4.10.2.1 Der Lieferant muß sicherstellen, daß ein zugeliefertes Produkt nicht verwendet oder verarbeitet wird (ausgenommen unter den in Abschnitt 4.10.2.3 beschriebenen Umständen), solange nicht geprüft oder in anderer Weise verifiziert wurde, daß es die festgelegte Qualitätsforderung erfüllt. Die Verifizierung bezüglich Erfüllung der festgelegten Qualitätsforderung muß dem QM-Plan und/oder den Verfahrensanweisungen entsprechen.

4.10.2.2 Bei Festlegung von Umfang und Art der Eingangsprüfung muß das Ausmaß der beim Unterauftragnehmer durchgeführten Überwachung sowie der bereitgestellten aufgezeichneten Beweise der Konformität berücksichtigt werden.

4.10.2.3 Wo ein zugeliefertes Produkt für eine dringende Produktion vor seiner Verifizierung freigegeben wird, muß es eindeutig gekennzeichnet und dies aufgezeichnet werden (siehe Abschnitt 4.16), um im Fall der Nichterfüllung festgelegter Forderungen einen unverzüglichen Rückruf und Ersatz zu ermöglichen.

4.10.3 Zwischenprüfung

Der Lieferant muß

a) ein Produkt wie im QM-Plan und/oder in Verfahrensanweisungen gefordert prüfen;

b) ein Produkt zurückhalten, bis die geforderten Prüfungen abgeschlossen oder die erforderlichen Berichte entgegengenommen und geprüft worden sind, ausgenommen wenn ein Produkt eindeutig

4.10 Inspection and testing

4.10.1 General

The supplier shall establish and maintain documented procedures for inspection and testing activities in order to verify that the specified requirements for the product are met. The required inspection and testing, and the records to be established, shall be detailed in the quality plan or documented procedures.

4.10.2 Receiving inspection and testing

4.10.2.1 The supplier shall ensure that incoming product is not used or processed (except in the circumstances described in 4.10.2.3) until it has been inspected or otherwise verified as conforming to specified requirements. Verification of conformance to the specified requirements shall be in accordance with the quality plan and/or documented procedures.

4.10.2.2 In determining the amount and nature of receiving inspection, consideration shall be given to the amount of control exercised at the subcontractor's premises and the recorded evidence of conformance provided.

4.10.2.3 Where incoming product is released for urgent production purposes prior to verification, it shall be positively identified and recorded (see 4.16) in order to permit immediate recall and replacement in the event of nonconformity to specified requirements.

4.10.3 In-process inspection and testing

The supplier shall:

a) inspect and test the product as required by the quality plan and/or documented procedures;

b) hold product until the required inspection and tests have been completed or necessary reports have been received and verified, except when product is released

4.10 Contrôles et essais

4.10.1 Généralités

Le fournisseur doit établir et tenir à jour des procédures écrites pour les opérations de contrôles et d'essais afin de vérifier que les exigences spécifiées pour le produit sont respectées. Les contrôles et essais requis ainsi que les enregistrements à effectuer doivent figurer dans le plan qualité ou dans des procédures écrites.

4.10.2 Contrôles et essais à la réception

4.10.2.1 Le fournisseur doit assurer que le produit entrant n'est ni utilisé, ni mis en œuvre (sauf dans les cas décrits en 4.10.2.3) tant qu'il n'a pas été contrôlé ou tant que sa conformité aux exigences spécifiées n'a pas été vérifiée d'une autre manière. La vérification de la conformité aux exigences spécifiées doit être effectuée conformément au plan qualité et/ou aux procédures écrites.

4.10.2.2 Lors de la détermination de l'importance et de la nature des contrôles à la réception, il faut prendre en considération l'importance du contrôle exercé dans les locaux des sous-contractants et le fait qu'une preuve enregistrée de la conformité a été fournie.

4.10.2.3 Lorsque, pour des raisons d'urgence, le produit entrant est lancé en production avant d'être vérifié, il doit être identifié de façon formelle et enregistré (voir 4.16), afin de permettre son rappel immédiat et son remplacement dans le cas de non-conformité aux exigences spécifiées.

4.10.3 Contrôles et essais en cours de réalisation

Le fournisseur doit

a) contrôler le produit et faire des essais conformément au plan qualité et/ou aux procédures écrites;

b) bloquer le produit jusqu'à ce que les contrôles et les essais requis soient terminés ou jusqu'à ce que les rapports nécessaires aient été reçus et vérifiés, excepté lorsque le produit widerrufbar freigegeben ist (siehe Abschnitt 4.10.2.3). Eine eindeutig widerrufbare Freigabe darf die im Abschnitt 4.10.3 a) beschriebenen Tätigkeiten nicht ausschließen.

under positive-recall procedures (see 4.10.2.3). Release under positive-recall procedures shall not preclude the activities outlined in 4.10.3a).

est mis en circulation conformément à des procédures de rappel préétablies (voir 4.10.2.3). La mise en circulation suivant ces procédures ne doit pas empêcher de mener les activités prévues en 4.10.3 a).

4.10.4 Endprüfung

Der Lieferant muß alle Endprüfungen entsprechend dem QM-Plan und/oder den Verfahrensanweisungen ausführen, um den Nachweis der Erfüllung der festgelegten Qualitätsforderung durch das Endprodukt zu vervollständigen.

Der QM-Plan und/oder Verfahrensanweisungen zur Endprüfung müssen fordern, daß alle festgelegten Qualitätsprüfungen, eingeschlossen diejenigen, die entweder beim Produkteingang oder als Zwischenprüfung festgelegt sind, ausgeführt worden sind, und daß die Ergebnisse die Qualitätsforderungen erfüllen.

Kein Produkt darf versandt werden, bevor alle im QM-Plan und/oder in Verfahrensanweisungen festgelegten Tätigkeiten zufriedenstellend abgeschlossen sind sowie die zugehörigen Daten und Dokumente verfügbar und genehmigt sind.

4.10.4 Final inspection and testing

The supplier shall carry out all final inspection and testing in accordance with the quality plan and/or documented procedures to complete the evidence of conformance of the finished product to the specified requirements.

The quality plan and/or documented procedures for final inspection and testing shall require that all specified inspection and tests, including those specified either on receipt of product or in-process, have been carried out and that the results meet specified requirements.

No product shall be dispatched until all the activities specified in the quality plan and/or documented procedures have been satisfactorily completed and the associated data and documentation are available and authorized.

4.10.4 Contrôles et essais finals

Le fournisseur doit effectuer tous les contrôles et essais finals conformément au plan qualité et/ou aux procédures écrites afin de démontrer la conformité du produit fini aux exigences spécifiées.

Le plan qualité et/ou les procédures écrites pour les contrôles et les essais finals doivent exiger que tous les contrôles et essais spécifiés, y compris ceux spécifiés à la réception du produit ou pendant sa réalisation, aient été menés à bien et que les résultats satisfassent aux exigences spécifiées.

Aucun produit ne doit être expédié avant que toutes les activités spécifiées dans le plan qualité et/ou dans les procédures écrites aient été accomplies de façon satisfaisante et que les données et la documentation qui y sont associées soient disponibles et acceptées.

4.10.5 Prüfaufzeichnungen

Der Lieferant muß Aufzeichnungen einführen und aufrechterhalten, die für den Nachweis sorgen, daß das Produkt geprüft worden ist. Diese Aufzeichnungen müssen klar zeigen, ob das Produkt die Prüfungen gemäß den festgelegten Annahmekriterien bestanden hat oder nicht. Sofern das Produkt eine Prüfung nicht bestanden hat, müssen die Verfahren für Lenkung fehlerhafter Produkte angewendet werden (siehe Abschnitt 4.13).

Aufzeichnungen müssen die für die Produkt-Freigabe verantwortliche Prüfstelle ausweisen (siehe Abschnitt 4.16).

4.10.5 Inspection and test records

The supplier shall establish and maintain records which provide evidence that the product has been inspected and/or tested. These records shall show clearly whether the product has passed or failed the inspections and/or tests according to defined acceptance criteria. Where the product fails to pass any inspection and/or test, the procedures for control of nonconforming product shall apply (see 4.13).

Records shall identify the inspection authority responsible for the release of product (see 4.16).

4.10.5 Enregistrements des contrôles et essais

Le fournisseur doit établir et conserver des enregistrements apportant la preuve que le produit a subi des contrôles et/ou des essais. Ces enregistrements doivent montrer clairement si le produit a satisfait ou non aux contrôles et/ou aux essais conformément à des critères d'acceptation définis. Lorsque le produit ne passe pas avec succès les contrôles et/ou les essais, les procédures de maîtrise du produit non conforme doivent s'appliquer (voir 4.13).

Les enregistrements doivent identifier la personne habilitée pour le contrôle et la mise en circulation du produit (voir 4.16).

4.11 Prüfmittelüberwachung

4.11.1 Allgemeines

Der Lieferant muß Verfahrensanweisungen erstellen und aufrechterhalten, um die durch ihn zur Darlegung der Konformität von Produkten mit der festgelegten Qualitätsforderung benutzten Prüfmittel[5]) (eingeschlossen Prüfsoftware) zu überwachen, zu kalibrieren und instandzuhalten. Prüfmittel müssen in einer Weise benutzt werden, die sicherstellt, daß die Meßunsicherheit bekannt und mit der betreffenden Forderung vereinbar ist.

4.11 Control of inspection, measuring and test equipment

4.11.1 General

The supplier shall establish and maintain documented procedures to control, calibrate and maintain inspection, measuring and test equipment (including test software) used by the supplier to demonstrate the conformance of product to the specified requirements. Inspection, measuring and test equipment shall be used in a manner which ensures that the measurement uncertainty is known and is consistent with the required measurement capability.

4.11 Maîtrise des équipements de contrôle, de mesure et d'essai

4.11.1 Généralités

Le fournisseur doit établir et tenir à jour des procédures écrites pour maîtriser, étalonner et maintenir en état les équipements de contrôle, de mesure et d'essai (y compris les logiciels d'essais) utilisés par le fournisseur pour démontrer la conformité du produit aux exigences spécifiées. Les équipements de contrôle, de mesure et d'essai doivent être utilisés de façon à assurer que l'incertitude de mesure est connue et compatible avec l'aptitude requise en matière de mesurage.

---

[5]) Fußnote mit der deutschsprachigen Fassung: Prüfmittel sind z.B. Meßeinrichtungen und Lehren.

Wo Prüfsoftware oder Bezugsnormale wie Prüfhardware als geeignete Mittel zur Prüfung benutzt werden, müssen sie geprüft werden, um nachzuweisen, daß sie geeignet sind, die Annehmbarkeit eines Produkts zu verifizieren, bevor sie zur Benutzung während Produktion, Montage oder Wartung freigegeben werden, und sie müssen in vorgegebenen Intervallen einer wiederkehrenden Prüfung unterzogen werden. Der Lieferant muß Umfang und Häufigkeit solcher Prüfungen festlegen und Aufzeichnungen als Überwachungsnachweis aufbewahren (siehe Abschnitt 4.16).

Wo die Verfügbarkeit der die Prüfmittel betreffenden technischen Daten eine festgelegte Forderung ist, müssen solche Daten zugänglich gemacht werden, wenn sie vom Kunden oder seinem Beauftragten für die Verifizierung angefordert werden, um prüfen zu können, ob die Prüfmittel in ihrer Funktion angemessen sind.

ANMERKUNG 12: Für diese Internationale Norm schließt der Begriff Meßeinrichtung Meßgeräte ein.

4.11.2 Überwachungsverfahren

Der Lieferant muß

a) die durchzuführenden Messungen und die geforderte Genauigkeit festlegen sowie die geeigneten Prüfmittel auswählen, die bezüglich der erforderlichen Richtigkeit und Präzision (erforderliche Genauigkeit) geeignet sind;

b) alle Prüfmittel, welche die Produktqualität betreffen können, identifizieren und sie in vorgegebenen Intervallen oder vor dem Einsatz kalibrieren und justieren, und zwar mit zertifizierten Mitteln, die in bekannter Weise an anerkannte internationale oder nationale Normale angeschlossen sind. Wo solche Normale nicht existieren, muß die benutzte Kalibriergrundlage dokumentiert werden;

c) den für die Kalibrierung von Prüfmitteln angewendeten Prozeß festlegen, eingeschlossen Einzelheiten zu Gerätetyp, eindeutiger Identifikation, Einsatzort, Prüfhäufigkeit und -methode, Annahmekriterien sowie zu den durchzuführenden Maßnahmen bei nicht zufriedenstellenden Ergebnissen;

d) zur Aufzeigung des Kalibrierstatus Prüfmittel mit einem geeigneten Indikator oder mit einer anerkannten Identifikationsaufzeichnung identifizieren;

e) Aufzeichnungen über Kalibrierung von Prüfmitteln aufbewahren (siehe Abschnitt 4.16);

Where test software or comparative references such as test hardware are used as suitable forms of inspection, they shall be checked to prove that they are capable of verifying the acceptability of product, prior to release for use during production, installation or servicing, and shall be rechecked at prescribed intervals. The supplier shall establish the extent and frequency of such checks and shall maintain records as evidence of control (see 4.16).

Where the availability of technical data pertaining to the inspection, measuring and test equipment is a specified requirement, such data shall be made available, when required by the customer or customer's representative, for verification that the inspection, measuring and test equipment is functionally adequate.

NOTE 12: For the purposes of this International Standard, the term "measuring equipment" includes measurement devices.

4.11.2 Control procedure

The supplier shall:

a) determine the measurements to be made and the accuracy required, and select the appropriate inspection, measuring and test equipment that is capable of the necessary accuracy and precision;

b) identify all inspection, measuring and test equipment that can affect product quality, and calibrate and adjust them at prescribed intervals, or prior to use, against certified equipment having a known valid relationship to internationally or nationally recognized standards. Where no such standards exist, the basis used for calibration shall be documented;

c) define the process employed for the calibration of inspection, measuring and test equipment, including details of equipment type, unique identification, location, frequency of checks, check method, acceptance criteria and the action to be taken when results are unsatisfactory;

d) identify inspection, measuring and test equipment with a suitable indicator or approved identification record to show the calibration status;

e) maintain calibration records for inspection, measuring and test equipment (see 4.16);

Lorsque des logiciels d'essai ou des références de comparaison, tels que des matériels d'essai, sont utilisés comme moyens de contrôle appropriés, ils doivent être vérifiés pour démontrer qu'ils sont capables de contrôler que le produit est acceptable, avant sa mise en circulation pour utilisation lors de la production, de l'installation ou des prestations associées, et doivent être vérifiés de nouveau aux intervalles prescrits. Le fournisseur doit fixer l'étendue et la fréquence de telles vérifications et conserver des enregistrements comme preuve de sa maîtrise des équipements considérés (voir 4.16).

Lorsque la disponibilité des données techniques relatives aux équipements de contrôle, de mesure et d'essai est une exigence spécifiée, de telles données doivent être mises à la disposition du client ou de son représentant, à leur demande, afin de vérifier que les équipements de contrôle, de mesure et d'essai conviennent sur le plan fonctionnel.

NOTE 12: Pour les besoins de la présente Norme internationale, le terme équipement de mesure comprend les appareils et instruments de mesure.

4.11.2 Procédures de maîtrise

Le fournisseur doit

a) déterminer les mesurages à effectuer, l'exactitude requise et sélectionner l'équipement de contrôle, de mesure et dessai approprié capable d'apporter l'exactitude et la précision nécessaires;

b) identifier tous les équipements de contrôle, de mesure et d'essai qui peuvent avoir une influence sur la qualité du produit, les étalonner et les régler aux intervalles prescrits, ou avant utilisation, par rapport à des équipements certifiés reliés de façon valable à des étalons reconnus au plan international ou national. Lorsque ces étalons n'existent pas, la référence utilisée pour l'étalonnage doit faire l'objet d'une description écrite;

c) définir le processus utilisé pour l'étalonnage des équipements de contrôle, de mesure et d'essai en détaillant le type d'équipement, l'identification spécifique, l'emplacement, la fréquence des vérifications, la méthode de vérification, les critères dacceptation et l'action à entreprendre lorsque les résultats ne sont pas satisfaisants;

d) identifier les équipements de contrôle, de mesure et d'essai avec un marquage approprié ou un enregistrement d'identification approuvé pour indiquer la validité de l'étalonnage;

e) conserver des enregistrements d'étalonnage pour les équipements de contrôle, de mesure et d'essai (voir 4.16);

f) die Gültigkeit von Ergebnissen vorausgegangener Qualitätsprüfungen bewerten und dokumentieren, wenn ein Prüfmittel bei der Kalibrierung als fehlerhaft befunden wurde;

g) sicherstellen, daß die Umgebungsbedingungen für die durchzuführenden Kalibrierungen, Prüfungen und Messungen geeignet sind;

h) sicherstellen, daß die Handhabung, der Schutz und die Lagerung von Prüfmitteln so erfolgen, daß die Genauigkeit und Gebrauchstauglichkeit aufrechterhalten bleiben;

i) Prüfmittel samt Prüfhardware und -software vor Verstellungen schützen, welche die Kalibriereinstellung ungültig machen würden.

ANMERKUNG 13: Das meßtechnische Bestätigungssystem für Meßmittel nach ISO 10012 kann als Leitfaden benutzt werden.

f) assess and document the validity of previous inspection and test results when inspection, measuring or test equipment is found to be out of calibration;

g) ensure that the environmental conditions are suitable for the calibrations, inspections, measurements and tests being carried out;

h) ensure that the handling, preservation and storage of inspection, measuring and test equipment is such that the accuracy and fitness for use are maintained;

i) safeguard inspection, measuring and test facilities, including both test hardware and test software, from adjustments which would invalidate the calibration setting.

NOTE 13: The metrological confirmation system for measuring equipment given in ISO 10012 may be used for guidance.

f) évaluer et consigner par écrit la validité de résultats de contrôle et d'essai antérieurs lorsque les équipements de contrôle, de mesure et d'essai s'avèrent être en dehors des limites fixées pour l'étalonnage;

g) assurer que les conditions d'environnement sont appropriées pour la réalisation des étalonnages, contrôles, mesures et essais;

h) assurer que la manutention, la préservation et le stockage des équipements de contrôle, de mesure et d'essai sont tels que l'exactitude et l'aptitude à l'emploi sont maintenues;

i) protéger les moyens de contrôle, de mesure et d'essai, y compris les matériels et les logiciels d'essai, contre des manipulations qui invalideraient les réglages d'étalonnage.

NOTE 13: Les exigences en matière d'assurance de la qualité des équipements de mesure données dans l'ISO 10012 peuvent être utilisées en tant que guide.

4.12 Prüfstatus

Der Prüfstatus eines Produkts muß durch geeignete Mittel gekennzeichnet werden, welche die Konformität oder Nichtkonformität eines Produkts im Hinblick auf die durchgeführten Qualitätsprüfungen anzeigen. Die Kennzeichnung des Prüfstatus muß überall in Produktion, Montage und Wartung des Produkts beibehalten werden, wie im QM-Plan und/oder in Verfahrensanweisungen festgelegt, um sicherzustellen, daß nur ein Produkt versandt, verwendet oder montiert wird, das die geforderten Qualitätsprüfungen bestanden hat [oder das nach einer genehmigten Sonderfreigabe (nach Realisierung) freigegeben wurde (siehe Abschnitt 4.13.2)].

4.12 Inspection and test status

The inspection and test status of product shall be identified by suitable means, which indicate the conformance or nonconformance of product with regard to inspection and tests performed. The identification of inspection and test status shall be maintained, as defined in the quality plan and/or documented procedures, throughout production, installation and servicing of the product to ensure that only product that has passed the required inspections and tests [or released under an authorized concession (see 4.13.2)] is dispatched, used or installed.

4.12 État des contrôles et des essais

L'état des contrôles et des essais du produit doit être identifié par des moyens appropriés qui indiquent la conformité ou la non-conformité du produit par rapport aux contrôles et essais effectués. L'identification de l'état des contrôles et des essais doit être tenue à jour, conformément au plan qualité et/ou aux procédures écrites, tout au long de la réalisation, de l'installation du produit et des prestations associées, afin d'assurer que seul le produit qui a subi avec succès les contrôles et essais requis [ou a été mis en circulation par dérogation autorisée (voir 4.13.2)] est expédié, utilisé ou installé.

4.13 Lenkung fehlerhafter Produkte

4.13.1 Allgemeines

Der Lieferant muß Verfahrensanweisungen erstellen und aufrechterhalten, um sicherzustellen, daß ein Produkt, welches die festgelegte Qualitätsforderung nicht erfüllt, von unbeabsichtigter Benutzung oder Montage ausgeschlossen ist. Diese Lenkung muß sorgen für: Kennzeichnung, Dokumentation, Beurteilung, Absonderung (wenn ausführbar), Behandlung fehlerhafter Produkte und Benachrichtigung der betroffenen Stellen.

4.13.2 Bewertung und Behandlung fehlerhafter Produkte

Die Verantwortung für die Bewertung und die Befugnis zur Behandlung eines fehlerhaften Produkts muß festgelegt sein.

4.13 Control of nonconforming product

4.13.1 General

The supplier shall establish and maintain documented procedures to ensure that product that does not conform to specified requirements is prevented from unintended use or installation. This control shall provide for identification, documentation, evaluation, segregation (when practical), disposition of nonconforming product, and for notification to the functions concerned.

4.13.2 Review and disposition of nonconforming product

The responsibility for review and authority for the disposition of nonconforming product shall be defined.

4.13 Maîtrise du produit non conforme

4.13.1 Généralités

Le fournisseur doit établir et tenir à jour des procédures écrites afin d'assurer que tout produit non conforme aux exigences spécifiées ne puisse être utilisé ou livré de façon non intentionnelle. Cette maîtrise doit comprendre lidentification, la documentation, l'évaluation, l'isolement (lorsqu'il est possible), le traitement du produit non conforme et la notification aux fonctions concernées.

4.13.2 Examen et traitement du produit non conforme

La responsabilité relative à l'examen et la décision pour le traitement du produit non conforme doit être définie.

Ein fehlerhaftes Produkt muß nach Verfahrensanweisungen bewertet werden. Es kann

a) zur Erfüllung der festgelegten Qualitätsforderung nachgearbeitet,

b) mit oder ohne Reparatur aufgrund einer Sonderfreigabe angenommen,

c) für alternative Verwendungen neu eingestuft oder

d) rückgewiesen oder verschrottet

werden. Wo durch den Vertrag gefordert, muß die beabsichtigte Verwendung oder Reparatur eines Produkts (siehe Abschnitt 4.13.2 b)), das die festgelegte Qualitätsforderung nicht erfüllt, zwecks Sonderfreigabe an den Kunden oder seinen Beauftragten gemeldet werden. Die Beschreibung des akzeptierten Fehlers sowie von Reparaturen muß aufgezeichnet werden, um den tatsächlichen Zustand zu bezeichnen (siehe Abschnitt 4.16).

Ein repariertes und/oder nachgearbeitetes Produkt muß entsprechend dem QM-Plan und/oder Verfahrensanweisungen erneut geprüft werden.

Nonconforming product shall be reviewed in accordance with documented procedures. It may be

a) reworked to meet the specified requirements,

b) accepted with or without repair by concession,

c) regraded for alternative applications, or

d) rejected or scrapped.

Where required by the contract, the proposed use or repair of product [see 4.13.2 b)] which does not conform to specified requirements shall be reported for concession to the customer or customer's representative. The description of the nonconformity that has been accepted, and of repairs, shall be recorded to denote the actual condition (see 4.16).

Repaired and/or reworked product shall be reinspected in accordance with the quality plan and/or documented procedures.

Le produit non conforme doit être examiné selon des procédures écrites. Il peut être

a) repris pour satisfaire aux exigences spécifiées,

b) accepté par dérogation avec ou sans réparation,

c) déclassé pour d'autres applications, ou bien

d) rejeté ou mis au rebut.

Si le contrat l'exige, la proposition d'utilisation ou de réparation du produit [voir 4.13.2 b)] qui n'est pas conforme aux exigences spécifiées doit être présentée pour dérogation au client ou à son représentant. La description de la non-conformité qui a été acceptée et des réparations doit être enregistrée pour indiquer l'état réel (voir 4.16).

Le produit réparé et/ou repris doit être contrôlé de nouveau conformément aux exigences du plan qualité et/ou des procédures écrites.

4.14 Korrektur- und Vorbeugungsmaßnahmen

4.14.1 Allgemeines

Der Lieferant muß zur Verwirklichung von Korrektur- und Vorbeugungsmaßnahmen Verfahrensanweisungen erstellen und aufrechterhalten.

Eine Korrektur- oder Vorbeugungsmaßnahme zur Beseitigung der Ursachen von tatsächlichen oder potentiellen Fehlern muß ein Ausmaß haben, das dem Problemumfang angemessen ist und den angetroffenen Risiken entspricht.

Der Lieferant muß aus Korrektur- und Vorbeugungsmaßnahmen resultierende Änderungen verwirklichen und in den Verfahrensanweisungen aufzeichnen.

4.14.2 Korrekturmaßnahmen

Die Verfahren für Korrekturmaßnahmen müssen einschließen

a) die wirksame Behandlung von Kundenbeschwerden und Berichten über Produktfehler;

b) Untersuchen von Fehlerursachen bezüglich Produkt, Prozeß und QM-System sowie Aufzeichnen der Untersuchungsergebnisse (siehe Abschnitt 4.16);

c) Festlegen der zur Beseitigung der Fehlerursache nötigen Korrekturmaßnahme;

d) Anwenden von Überwachungen, um sicherzustellen, daß eine Korrekturmaßnahme ergriffen, und daß sie wirksam ist.

4.14 Corrective and preventive action

4.14.1 General

The supplier shall establish and maintain documented procedures for implementing corrective and preventive action.

Any corrective or preventive action taken to eliminate the causes of actual or potential nonconformities shall be to a degree appropriate to the magnitude of problems and commensurate with the risks encountered.

The supplier shall implement and record any changes to the documented procedures resulting from corrective and preventive action.

4.14.2 Corrective action

The procedures for corrective action shall include:

a) the effective handling of customer complaints and reports of product nonconformities;

b) investigation of the cause of nonconformities relating to product, process and quality system, and recording the results of the investigation (see 4.16);

c) determination of the corrective action needed to eliminate the cause of nonconformities;

d) application of controls to ensure that corrective action is taken and that it is effective.

4.14 Actions correctives et préventives

4.14.1 Généralités

Le fournisseur doit établir et tenir à jour des procédures écrites pour mettre en œuvre des actions correctives et préventives.

Toute action corrective ou préventive conduite pour éliminer les causes des non-conformités réelles ou potentielles doit l'être à un niveau correspondant à l'importance des problèmes et en rapport avec les risques encourus.

Le fournisseur doit mettre en œuvre et enregistrer toutes les modifications des procédures écrites qui résultent des actions correctives et préventives.

4.14.2 Actions correctives

Les procédures d'actions correctives doivent comprendre

a) le traitement effectif des réclamations du client et des rapports de non-conformité du produit;

b) la recherche des causes de non-conformité relatives au produit, au processus et au système qualité ainsi que l'enregistrement des résultats de cette recherche (voir 4.16);

c) la détermination des actions correctives nécessaires pour éliminer les causes de non-conformité;

d) l'application de moyens de maîtrise pour assurer que l'action corrective est mise en œuvre et quelle produit l'effet escompté.

4.14.3 Vorbeugungsmaßnahmen

Die Verfahren für Vorbeugungsmaßnahmen müssen einschließen

a) den Gebrauch geeigneter Informationsquellen wie Prozesse und Arbeitsvorgänge, welche die Produktqualität beeinflussen, Sonderfreigaben, Ergebnisse von Qualitätsaudits, Qualitätsaufzeichnungen, Wartungsberichte und Kundenbeschwerden, um potentielle Fehlerursachen zu entdecken, zu analysieren und zu beseitigen;

b) Festlegen der erforderlichen Schritte zur Behandlung von Problemen, die eine Vorbeugungsmaßnahme verlangen;

c) Veranlassen einer Vorbeugungsmaßnahme sowie Anwenden von Überwachungen, um sicherzustellen, daß sie wirksam ist;

d) Sicherstellen der Vorlage sachdienlicher Information über ergriffene Maßnahmen für ein QM-Bewertung (siehe Abschnitt 4.1.3).

4.14.3 Preventive action

The procedures for preventive action shall include:

a) the use of appropriate sources of information such as processes and work operations which affect product quality, concessions, audit results, quality records, service reports and customer complaints to detect, analyse and eliminate potential causes of nonconformities;

b) determination of the steps needed to deal with any problems requiring preventive action;

c) initiation of preventive action and application of controls to ensure that it is effective;

d) ensuring that relevant information on actions taken is submitted for management review (see 4.1.3).

4.14.3 Actions préventives

Les procédures d'action préventive doivent comprendre

a) l'utilisation de sources d'informations appropriées telles que processus et opérations affectant la qualité du produit, dérogations, résultats d'audits, enregistrements relatifs à la qualité, rapports de maintenance et réclamations des clients, de manière à détecter, analyser et éliminer les causes potentielles de non-conformités;

b) la détermination des étapes appropriées pour traiter tout problème nécessitant une action préventive;

c) le déclenchement d'actions préventives et l'application de moyens de maîtrise pour assurer qu'elles produisent l'effet escompté;

d) l'assurance qu'une information pertinente relative aux actions mises en œuvre est soumise à la revue de direction (voir 4.1.3).

4.15 Handhabung, Lagerung, Verpackung, Konservierung und Versand

4.15.1 Allgemeines

Der Lieferant muß Verfahrensanweisungen für Handhabung, Lagerung, Verpackung, Konservierung und Versand eines Produkts erstellen und aufrechterhalten.

4.15.2 Handhabung

Der Lieferant muß Methoden für die Produkthandhabung vorsehen, die eine Beschädigung oder Beeinträchtigung verhindern.

4.15.3 Lagerung

Der Lieferant muß gekennzeichnete Lagerbereiche oder Lagerräume vorsehen, um eine Produkt-Beschädigung oder -Beeinträchtigung bis zur Verwendung oder Lieferung zu verhindern. Geeignete Methoden für die Erteilung der Befugnis zur Annahme und zur Lieferung an und aus solchen Bereichen müssen festgesetzt werden.

Der Produkt-Zustand im Lager muß in angemessenen Intervallen beurteilt werden, um eine Beeinträchtigung zu entdecken.

4.15.4 Verpackung

Der Lieferant muß die Prozesse des Einpackens, Verpackens und Kennzeichnens (eingeschlossen die dafür benutzten Materialien) im nötigen Umfang überwachen, um die Erfüllung der festgelegten Qualitätsforderung sicherzustellen.

4.15 Handling, storage, packaging, preservation and delivery

4.15.1 General

The supplier shall establish and maintain documented procedures for handling, storage, packaging, preservation and delivery of product.

4.15.2 Handling

The supplier shall provide methods of handling product that prevent damage or deterioration.

4.15.3 Storage

The supplier shall use designated storage areas or stock rooms to prevent damage or deterioration of product, pending use or delivery. Appropriate methods for authorizing receipt to and dispatch from such areas shall be stipulated.

In order to detect deterioration, the condition of product in stock shall be assessed at appropriate intervals.

4.15.4 Packaging

The supplier shall control packing, packaging and marking processes (including materials used) to the extent necessary to ensure conformance to specified requirements.

4.15 Manutention, stockage, conditionnement, préservation et livraison

4.15.1 Généralités

Le fournisseur doit établir et tenir à jour des procédures écrites pour la manutention, le stockage, le conditionnement, la préservation et la livraison du produit.

4.15.2 Manutention

Le fournisseur doit prévoir des méthodes et des moyens de manutention du produit qui empêchent son endommagement ou sa détérioration.

4.15.3 Stockage

Le fournisseur doit utiliser les aires ou les locaux de stockage désignés afin d'empêcher l'endommagement ou la détérioration du produit lorsqu'il est en attente d'utilisation ou de livraison. Des méthodes appropriées doivent être prescrites pour autoriser la réception dans ces aires et l'expédition à partir de celles-ci.

L'état du produit en stock doit être évalué à intervalles appropriés afin de détecter toute détérioration.

4.15.4 Conditionnement

Le fournisseur doit maîtriser les processus d'emballage, de conditionnement et de marquage (y compris les matériaux utilisés) autant qu'il est nécessaire pour assurer la conformité aux exigences spécifiées.

4.15.5 Konservierung

Der Lieferant muß angemessene Methoden für Konservierung und Getrennthalten eines Produkts anwenden, solange es sich in seiner Verfügungsgewalt befindet.

4.15.6 Versand

Der Lieferant muß nach der Endprüfung für die Bewahrung der Qualität des Produkts sorgen. Wo es vertraglich festgelegt ist, muß dieser Schutz ausgedehnt werden bis zur Einbeziehung der Auslieferung am Bestimmungsort.

4.16 Lenkung von Qualitätsaufzeichnungen

Der Lieferant muß Verfahrensanweisungen für Kennzeichnung, Sammlung, Registrierung, Zugänglichkeit, Ablage, Aufbewahrung, Pflege und Beseitigung von Qualitätsaufzeichnungen erstellen und aufrechterhalten.

Qualitätsaufzeichnungen müssen aufbewahrt werden, um die Erfüllung festgelegter Qualitätsforderungen und das wirksame Arbeiten des QM-Systems darzulegen. Zugehörige Qualitätsaufzeichnungen vom Unterauftragnehmer müssen ein Element dieser Daten sein.

Alle Qualitätsaufzeichnungen müssen leserlich sein und in Einrichtungen mit geeigneten Aufbewahrungsbedingungen zur Vermeidung von Beschädigungen oder Beeinträchtigungen und zur Verhütung eines Verlustes so aufbewahrt und in Ordnung gehalten werden, daß man sie leicht wieder auffinden kann. Aufbewahrungsdauern von Qualitätsaufzeichnungen müssen festgelegt und aufgezeichnet werden. Wo es vertraglich vereinbart ist, müssen Qualitätsaufzeichnungen zur Auswertung durch den Kunden oder seinen Beauftragten für eine vereinbarte Zeitdauer zugänglich gemacht werden.

ANMERKUNG 14: Aufzeichnungen können in beliebiger Form existieren wie etwa als Papierkopie oder als elektronische Medien.

4.17 Interne Qualitätsaudits

Der Lieferant muß für die Planung und Verwirklichung interner Qualitätsaudits Verfahrensanweisungen erstellen und aufrechterhalten, um zu prüfen, ob die qualitätsbezogenen Tätigkeiten und zugehörige Ergebnisse die geplanten Festlegungen erfüllen, und um die Wirksamkeit des QM-Systems festzustellen.

Interne Qualitätsaudits müssen entsprechend dem Status und der Bedeutung der Tätigkeit, die zu auditieren ist, in einem Plan festgelegt und von Personal ausgeführt werden, das unabhängig von demjenigen ist, das direkte Verantwortung für die zu auditierende Tätigkeit hat.

4.15.5 Preservation

The supplier shall apply appropriate methods for preservation and segregation of product when the product is under the supplier's control.

4.15.6 Delivery

The supplier shall arrange for the protection of the quality of product after final inspection and test. Where contractually specified, this protection shall be extended to include delivery to destination.

4.16 Control of quality records

The supplier shall establish and maintain documented procedures for identification, collection, indexing, access, filing, storage, maintenance and disposition of quality records.

Quality records shall be maintained to demonstrate conformance to specified requirements and the effective operation of the quality system. Pertinent quality records from the subcontractor shall be an element of these data.

All quality records shall be legible and shall be stored and retained in such a way that they are readily retrievable in facilities that provide a suitable environment to prevent damage or deterioration and to prevent loss. Retention times of quality records shall be established and recorded. Where agreed contractually, quality records shall be made available for evaluation by the customer or the customer's representative for an agreed period.

NOTE 14: Records may be in the form of any type of media, such as hard copy or electronic media.

4.17 Internal quality audits

The supplier shall establish and maintain documented procedures for planning and implementing internal quality audits to verify whether quality activities and related results comply with planned arrangements and to determine the effectiveness of the quality system.

Internal quality audits shall be scheduled on the basis of the status and importance of the activity to be audited and shall be carried out by personnel independent of those having direct responsibility for the activity being audited.

4.15.5 Préservation

Le fournisseur doit appliquer des méthodes appropriées pour la préservation et l'isolement du produit lorsque le produit est sous le contrôle du fournisseur.

4.15.6 Livraison

Le fournisseur doit prendre des dispositions pour la protection de la qualité du produit après les contrôles et essais finals. Lorsque cela est spécifié contractuellement, cette protection doit être étendue pour inclure la livraison à destination.

4.16 Maîtrise des enregistrements relatifs à la qualité

Le fournisseur doit établir et tenir à jour des procédures écrites d'identification, de collecte, d'indexage, d'accès, de classement, de stockage, de conservation et d'élimination des enregistrements relatifs à la qualité.

Les enregistrements relatifs à la qualité doivent être conservés pour démontrer la conformité aux exigences spécifiées et que le système qualité est opérationnel. Des enregistrements pertinents relatifs à la qualité, concernant les sous-contractants, doivent être un élément de ces données.

Tous les enregistrements relatifs à la qualité doivent être lisibles, stockés et conservés de façon à être facilement retrouvés dans des installations qui offrent un environnement approprié pour éviter les détériorations, les endommagements et les pertes. Les durées de conservation des enregistrements relatifs à la qualité doivent être définies et enregistrées. Lorsque cela est convenu contractuellement, ces enregistrements doivent être disponibles pour évaluation par le client ou son représentant, pendant une durée convenue.

NOTE 14: Les enregistrements peuvent se présenter sur tout support, tel que support papier ou support informatique.

4.17 Audits qualité internes

Le fournisseur doit établir et tenir à jour des procédures écrites pour la planification et la réalisation des audits qualité internes, afin de vérifier si les activités relatives à la qualité et les résultats correspondants sont conformes aux dispositions prévues et de déterminer l'efficacité du système qualité.

Les audits qualité internes doivent être programmés en fonction de la nature et de l'importance de l'activité soumise à l'audit. Ils doivent être conduits par des personnes indépendantes de celles qui ont la responsabilité directe de l'activité auditée.

Die Ergebnisse der internen Qualitätsaudits müssen aufgezeichnet (siehe Abschnitt 4.16) und zur Kenntnis jenes Personals gebracht werden, das Verantwortung im auditierten Bereich hat. Die für den Bereich verantwortlichen Führungskräfte müssen rechtzeitig Korrekturmaßnahmen im Hinblick auf die beim Qualitätsaudit gefundenen Unzulänglichkeiten ergreifen.

Tätigkeiten von Folgeaudits müssen die Verwirklichung und Wirksamkeit der ergriffenen Korrekturmaßnahmen prüfen und aufzeichnen (siehe Abschnitt 4.16).

ANMERKUNG 15: Die Ergebnisse interner Qualitätsaudits sind ein integraler Bestandteil der Eingabeinformation für Tätigkeiten der QM-Bewertung (siehe Abschnitt 4.1.3).

ANMERKUNG 16: Ein Leitfaden für das Audit von QM-Systemen ist gegeben in ISO 10011.

The results of the audits shall be recorded (see 4.16) and brought to the attention of the personnel having responsibility in the area audited. The management personnel responsible for the area shall take timely corrective action on deficiencies found during the audit.

Follow-up audit activities shall verify and record the implementation and effectiveness of the corrective action taken (see 4.16).

NOTES 15: The results of internal quality audits form an integral part of the input to management review activities (see 4.1.3).

NOTE 16: Guidance on quality system audits is given in ISO 10011.

Les résultats des audits doivent être enregistrés (voir 4.16) et portés à la connaissance des personnes qui ont la responsabilité du domaine soumis à l'audit. Les responsables de ce domaine doivent engager des actions correctives en temps utile pour remédier aux déficiences trouvées lors de l'audit.

Les activités de suivi d'audit doivent comprendre la vérification et l'enregistrement de la mise en œuvre et de l'efficacité des actions correctives engagées (voir 4.16).

NOTE 15: Les résultats des audits qualité internes font partie intégrante des activités de revue de direction (voir 4.1.3).

NOTE 16: L'ISO 10011 donne des informations relatives aux audits des systèmes qualité.

4.18 Schulung

Der Lieferant muß Verfahrensanweisungen zur Ermittlung des Schulungsbedarfs erstellen und aufrechterhalten und für die Schulung aller Mitarbeiter sorgen, die mit qualitätswirksamen Tätigkeiten betraut sind. Personal, das eine ihm speziell zugeordnete Aufgabe ausführt, muß auf der Basis einer angemessenen Ausbildung, Schulung und/oder Erfahrung entsprechend den Forderungen qualifiziert sein. Zweckentsprechende Aufzeichungen über Schulung müssen aufbewahrt werden (siehe Abschnitt 4.16).

4.18 Training

The supplier shall establish and maintain documented procedures for identifying training needs and provide for the training of all personnel performing activities affecting quality. Personnel performing specific assigned tasks shall be qualified on the basis of appropriate education, training and/or experience, as required. Appropriate records of training shall be maintained (see 4.16).

4.18 Formation

Le fournisseur doit établir et tenir à jour des procédures écrites permettant d'identifier les besoins de formation et de pourvoir à la formation de toutes les personnes chargées d'une activité ayant une incidence sur la qualité. Les personnes chargées d'accomplir des tâches particulières doivent être qualifiées sur la base d'une formation initiale appropriée, d'une formation complémentaire et/ou dune expérience appropriée, selon les exigences. Des enregistrements appropriés de la formation doivent être tenus à jour (voir 4.16).

4.19 Wartung

Wo Wartung eine festgelegte Forderung ist, muß der Lieferant Verfahrensanweisungen erstellen und aufrechterhalten zu deren Ausführung und Prüfung sowie zur Berichterstattung darüber, daß die Wartung die festgelegten Forderungen erfüllt.

4.19 Servicing

Where servicing is a specified requirement, the supplier shall establish and maintain documented procedures for performing, verifying and reporting that the servicing meets the specified requirements.

4.19 Prestations associées

Lorsque les prestations associées sont une exigence spécifiée, le fournisseur doit établir et tenir à jour des procédures écrites pour effectuer, vérifier et rendre compte que ces prestations sont conformes aux exigences spécifiées.

4.20 Statistische Methoden

4.20.1 Feststellen des Bedarfs

Der Lieferant muß den Bedarf für statistische Methoden feststellen, die für die Ermittlung, Überwachung und Prüfung von Prozeßfähigkeit und Produktmerkmalen gefordert sind.

4.20.2 Verfahren

Der Lieferant muß Verfahrensanweisungen zum Verwirklichen und Überwachen der Anwendung der im Abschnitt 4.20.1 ausgewiesenen statistischen Methoden erstellen und aufrechterhalten.

4.20 Statistical techniques

4.20.1 Identification of need

The supplier shall identify the need for statistical techniques required for establishing, controlling and verifying process capability and product characteristics.

4.20.2 Procedures

The supplier shall establish and maintain documented procedures to implement and control the application of the statistical techniques identified in 4.20.1.

4.20 Techniques statistiques

4.20.1 Identification des besoins

Le fournisseur doit identifier les besoins en techniques statistiques requises pour établir, maîtriser et vérifier l'aptitude de processus et les caractéristiques du produit.

4.20.2 Procédures

Le fournisseur doit établir et tenir à jour les procédures écrites pour mettre en œuvre et maîtriser l'application des techniques statistiques identifiées en 4.20.1.

Anhang (informativ)

Literaturhinweise

[1] ISO 9000-1 : 1994
Normen zum Qualitätsmanagement und zur Qualitätssicherung/QM-Darlegung — Leitfaden zur Auswahl und Anwendung

[2] ISO 9000-2 : 1993
Qualitätsmanagement und Qualitätssicherungsnormen — Allgemeiner Leitfaden zur Anwendung von ISO 9001, ISO 9002 und ISO 9003

[3] ISO 9000-3 : 1991
Qualitätsmanagement und Qualitätssicherungsnormen — Leitfaden für die Anwendung von ISO 9001 auf die Entwicklung, Lieferung und Wartung von Software

[4] ISO 9001 : 1994
Qualitätsmanagementsysteme; Modell zur Qualitätssicherung/QM-Darlegung in Design, Entwicklung, Produktion, Montage und Wartung

[5] ISO 9003 : 1994
Qualitätsmanagementsysteme; Modell zur Qualitätssicherung/QM-Darlegung bei der Endprüfung

[6] ISO 10011-1 : 1990
Leitfaden für das Audit von Qualitätssicherungssystemen; Auditdurchführung

[7] ISO 10011-2 : 1991
Leitfaden für das Audit von Qualitätssicherungssystemen; Qualifikationskriterien für Qualitätsauditoren

[8] ISO 10011-3 : 1991
Leitfaden für das Audit von Qualitätssicherungssystemen; Management von Auditprogrammen

[9] ISO 10012-1 : 1992
Forderungen an die Qualitätssicherung für Meßmittel; Bestätigungssystem für Meßmittel

[10] ISO 10013 : —[1])
Leitfaden für die Erstellung von Qualitätsmanagement-Handbüchern

[11] ISO/TR 13425 : —[1])
Leitfaden für die Auswahl statistischer Methoden in Normung und Spezifikation

Annex A (informative)

Bibliography

[1] ISO 9000-1 : 1994
Quality management and quality assurance standards — Part 1: Guidelines for selection and use

[2] ISO 9000-2 : 1993
Quality management and quality assurance standards — Part 2: Generic guidelines for the application of ISO 9001, ISO 9002 and ISO 9003

[3] ISO 9000-3 : 1991
Quality management and quality assurance standards — Part 3: Guidelines for the application of ISO 9001 to the development, supply and maintenance of software

[4] ISO 9001 : 1994
Quality systems — Model for quality assurance in design, development, production, installation and servicing

[5] ISO 9003 : 1994
Quality systems — Model for quality assurance in final inspection and test

[6] ISO 10011-1 : 1990
Guidelines for auditing quality systems — Part 1: Auditing

[7] ISO 10011-2 : 1991
Guidelines for auditing quality systems — Part 2: Qualification criteria for quality systems auditors

[8] ISO 10011-3 : 1991
Guidelines for auditing quality systems — Part 3: Management of audit programmes

[9] ISO 10012-1 : 1992
Quality assurance requirements for measuring equipment — Part 1: Metrological confirmation system for measuring equipment

[10] ISO 10013 : —[1])
Guidelines for developing quality manuals

[11] ISO/TR 13425 : —[1])
Guidelines for the selection of statistical methods in standardization and specification

Annexe A (informative)

Bibliographie

[1] ISO 9000-1 : 1994
Normes pour le management de la qualité et l'assurance de la qualité — Partie 1: Lignes directrices pour leur sélection et utilisation

[2] ISO 9000-2 : 1993
Normes pour le management de la qualité et l'assurance de la qualité — Partie 2: Lignes directrices pour l'application de l'ISO 9001, l'ISO 9002 et l'ISO 9003

[3] ISO 9000-3 : 1991
Normes pour la gestion de la qualité et l'assurance de la qualité — Partie 3: Lignes directrices pour l'application de l'ISO 9001 au développement, à la mise à disposition et à la maintenance du logiciel

[4] ISO 9001 : 1994
Systèmes qualité — Modèle pour l'assurance de la qualité en conception, développement, production, installation et prestations associées

[5] ISO 9003 : 1994
Systèmes qualité — Modèle pour l'assurance de la qualité en contrôle et essais finals

[6] ISO 10011-1 : 1990
Lignes directrices pour l'audit des systèmes qualité — Partie 1: Audit

[7] ISO 10011-2 : 1991
Lignes directrices pour l'audit des systèmes qualité — Partie 2: Critères de qualification pour les auditeurs de systèmes qualité

[8] ISO 10011-3 : 1991
Lignes directrices pour l'audit des systèmes qualité — Partie 3: Gestion des programmes d'àudit

[9] ISO 10012-1 : 1992
Exigences d'assurance de la qualité des équipements de mesure — Partie 1: Confirmation métrologique de l'équipement de mesure.

[10] ISO 10013 : —[1])
Lignes directrices pour l'élaboration des manuels qualité

[11] ISO/TR 13425 : —[1])
Lignes directrices pour la sélection des méthodes statistiques dans la normalisation et les spécifications

[1]) Veröffentlichung ist vorgesehen.

[1]) To be published.

[1]) À publier.

August 1994

Qualitätsmanagementsysteme

Modell zur Qualitätssicherung/QM-Darlegung bei der Endprüfung

(ISO 9003 : 1994) Dreisprachige Fassung EN ISO 9003 : 1994

DIN

EN ISO 9003

ICS 03.120.10

Ersatz für DIN ISO 9003 : 1990-05

Deskriptoren: Qualitätssicherung/QM-Darlegung, Qualitätssicherungs-/QM-Darlegungsprogramm, Qualitätssicherungs-/QM-Darlegungssystem, Prüfung, Bezugsmodelle

Quality systems – Model for quality assurance in final inspection and test (ISO 9003 : 1994), Trilingual version EN ISO 9003 : 1994

Systèmes qualité – Modèle pour l'assurance de la qualité en contrôle et essais finals (ISO 9003 : 1994), Version trilingue EN ISO 9003 : 1994

Die Europäische Norm EN ISO 9003 : 1994 hat den Status einer Deutschen Norm.

Nationales Vorwort

Vertrauen in die Fähigkeiten eines Lieferanten zu gewinnen, daß er festgelegte Mindestforderungen an sein Qualitätsmanagementsystem erfüllt, wird heute weltweit immer mehr eine Voraussetzung für die Zusammenarbeit zwischen dem Kunden und seinem Lieferanten. Dieses Vertrauen kann durch die Darlegung des Qualitätsmanagementsystems gegenüber dem Kunden oder einer autorisierten Stelle gebildet werden. Alle in diesem Rahmen geplanten, systematischen, vertrauensbildenden Tätigkeiten werden nach DIN EN ISO 8402 als Qualitätssicherung oder Qualitätsmanagementdarlegung (kurz: QM-Darlegung) benannt. Dem Normenanwender bleibt es überlassen, welche der beiden Benennungen er verwendet. Im folgenden werden jeweils beide Benennungen genannt, die durch einen Schrägstrich getrennt sind: Qualitätssicherung/QM-Darlegung.

Die Normen DIN EN ISO 9001, DIN EN ISO 9002 und DIN EN ISO 9003 enthalten jeweils ein Modell zur Qualitätssicherung/QM-Darlegung. Nur diese drei Normen der DIN EN ISO 9000-Familie [1]) sind für Darlegungszwecke vorgesehen. Diese Normen zeigen einen Weg zur Schaffung von Vertrauen in die Fähigkeit eines Lieferanten auf.

Das Qualitätsmanagement einer Organisation wird durch zahlreiche interne und externe Einflüsse geprägt. Hier sind beispielsweise zu nennen: die Ziele der Organisation, die erzeugten Produkte, die Anspruchsklasse für die Angebotsprodukte, die eingesetzte Technologie, die Größe der Organisation, das Arbeitsumfeld der Organisation, die Mitarbeiter. Ein universell geeignetes Qualitätsmanagementsystem kann es demnach nicht geben; folglich kann man ein solches System auch nicht normen. DIN EN ISO 9004-1 ist daher keine Norm für Qualitätsmanagementsysteme, sondern ein Leitfaden zur Errichtung solcher Systeme.

DIN EN ISO 9000-1 ist ein Leitfaden zur Auswahl der Normen zum Qualitätsmanagement. Sie gibt auch Anleitungen zur Anpassung der Forderungen bezüglich Darlegungsumfang und -grad.

Zur Terminologie des Qualitätsmanagements stehen die Normen DIN EN ISO 8402 sowie die Normenreihe DIN 55350 zur Verfügung.

In den Normen zum Qualitätsmanagement sind keine Forderungen an Produkte festgelegt. Die Erfüllung der Forderungen zur Qualitätssicherung/QM-Darlegung in den Normen DIN EN ISO 9001, DIN EN ISO 9002 und DIN EN ISO 9003 soll – wie oben erläutert – Vertrauen in die Fähigkeit der Organisation bzw. des Lieferanten bilden. Die Einhaltung der Normen zum Qualitätsmanagement ist deshalb kein direkter Nachweis für die Erfüllung der Qualitätsforderung durch das Angebotsprodukt.

Die deutschsprachigen Fassungen wurden zwischen den Normenorganisationen der Bundesrepublik Deutschland, Österreichs und der Schweiz abgestimmt.

Änderungen

Gegenüber DIN ISO 9003 : 1990-05 wurden folgende Änderungen vorgenommen:

- ISO 9003 : 1994 übernommen.
- Beschränkung auf vertragliche Situationen entfallen.
- Verschiedene technische und redaktionelle Änderungen.
- Qualitätsmanagementelemente "Vertragsprüfung", "Lenkung der vom Kunden beigestellten Produkte", "Korrektur und Vorbeugungsmaßnahmen" und "Interne Qualitätsaudits" aus ISO 9001 übernommen.

Frühere Ausgaben

DIN ISO 9003: 1987-05, 1990-05

---

[1]) Zur Definition "DIN EN ISO 9000-Familie" siehe DIN EN ISO 9000-1, Abschnitt 3.6

Fortsetzung Seite 2 und 18 Seiten EN ISO

Normenausschuß Qualitätsmanagement, Statistik und Zertifizierungsgrundlagen (NQSZ) im DIN Deutsches Institut für Normung e.V.

Nationaler Anhang NA (informativ)

Literaturhinweise

DIN 55350-11	Begriffe zu Qualitätsmanagement und Statistik – Grundbegriffe des Qualitätsmanagements
DIN 55350-12	Begriffe der Qualitätssicherung und Statistik – Merkmalsbezogene Begriffe
DIN 55350-13	Begriffe der Qualitätssicherung und Statistik – Begriffe zur Genauigkeit von Ermittlungsverfahren und Ermittlungsergebnissen
DIN 55350-14	Begriffe der Qualitätssicherung und Statistik – Begriffe der Probenahme
DIN 55350-15	Begriffe der Qualitätssicherung und Statistik – Begriffe zu Mustern
DIN 55350-17	Begriffe der Qualitätssicherung und Statistik – Begriffe der Qualitätsprüfarten
DIN 55350-21	Begriffe der Qualitätssicherung und Statistik – Begriffe der Statistik; Zufallsgrößen und Wahrscheinlichkeitsverteilungen
DIN 55350-22	Begriffe der Qualitätssicherung und Statistik – Begriffe der Statistik; Spezielle Wahrscheinlichkeitsverteilungen
DIN 55350-23	Begriffe der Qualitätssicherung und Statistik – Begriffe der Statistik; Beschreibende Statistik
DIN 55350-24	Begriffe der Qualitätssicherung und Statistik – Begriffe der Statistik; Schließende Statistik
DIN 55350-31	Begriffe der Qualitätssicherung und Statistik – Begriffe der Annahmestichprobenprüfung
DIN 55350-33	Begriffe der Qualitätssicherung und Statistik – Begriffe der statistischen Prozeßlenkung (SPC)
DIN 55350-34	Begriffe der Qualitätssicherung und Statistik – Erkennungsgrenze, Erfassungsgrenze und Erfassungsvermögen
DIN EN ISO 9000-1	Normen zum Qualitätsmanagement und zur Qualitätssicherung/QM-Darlegung – Teil 1: Leitfaden zur Auswahl und Anwendung, (ISO 9000-1 : 1994), Dreisprachige Fassung EN ISO 9000-1 : 1994
DIN EN ISO 9001	Qualitätsmanagementsysteme – Modell zur Qualitätssicherung/QM-Darlegung in Design/Entwicklung, Produktion, Montage und Wartung, (ISO 9001 : 1994), Dreisprachige Fassung EN ISO 9001 : 1994
DIN EN ISO 9002	Qualitätsmanagementsysteme – Modell zur Qualitätssicherung/QM-Darlegung in Produktion, Montage und Wartung, (ISO 9002 : 1994), Dreisprachige Fassung EN ISO 9002 : 1994
DIN EN ISO 9003	Qualitätsmanagementsysteme – Modell zur Qualitätssicherung/QM-Darlegung bei der Endprüfung, (ISO 9003 : 1994), Dreisprachige Fassung EN ISO 9003 : 1994
DIN EN ISO 9004-1	Qualitätsmanagement und Elemente eines Qualitätsmanagementsystems – Teil 1: Leitfaden, (ISO 9004-1 : 1994), Dreisprachige Fassung EN ISO 9004-1 : 1994
E DIN ISO 8402	Qualitätsmanagement und Qualitätssicherung – Begriffe – Identisch mit ISO/DIS 8402 : 1991
E Bbl 1 zu DIN ISO 8402	Qualitätsmanagement und Qualitätsbildung – Anmerkungen zu Grundbegriffen
E DIN ISO 9000-2	Qualitätsmanagement- und Qualitätssicherungsnormen – Allgemeiner Leitfaden zur Anwendung von ISO 9001, ISO 9002 und ISO 9003
DIN ISO 9000-3	Qualitätsmanagement- und Qualitätssicherungsnormen – Leitfaden für die Anwendung von DIN ISO 9001 auf die Entwicklung, Lieferung und Wartung von Software, (Identisch mit ISO 9000-3 : 1991)
DIN ISO 9000-4	Normen zum Qualitätsmanagement und zur Darlegung von Qualitätsmanagementsystemen – Leitfaden zum Management von Zuverlässigkeitsprogrammen, (Identisch mit ISO 9000-4 : 1993 bzw. IEC 300-1 : 1993), Deutsche Fassung EN 60300-1 : 1993
DIN ISO 9004-2	Qualitätsmanagement und Elemente eines Qualitätssicherungssystems – Leitfaden für Dienstleistungen, (Identisch mit ISO 9004-2 : 1991)
E DIN ISO 9004-3	Qualitätsmanagement und Elemente eines Qualitätssicherungssystems – Leitfaden für verfahrenstechnische Produkte, (Identisch mit ISO/DIS 9004-3 : 1992)
E DIN ISO 9004-4	Qualitätsmanagement und Elemente eines Qualitätssicherungssystems – Leitfaden für Qualitätsverbesserung, (Identisch mit ISO/DIS 9004-4 : 1992)
E DIN ISO 9004-7	Qualitätsmanagement und Elemente eines Qualitätssicherungssystems – Leitfaden für Konfigurationsmanagement, (Identisch mit ISO/DIS 9004-7 : 1993)
DIN ISO 10011-1	Leitfaden für das Audit von Qualitätssicherungssystemen – Auditdurchführung, (Identisch mit ISO 10011-1 : 1990)
DIN ISO 10011-2	Leitfaden für das Audit von Qualitätssicherungssystemen – Qualifikationskriterien für Qualitätsauditoren, (Identisch mit ISO 10011-2 : 1991)
DIN ISO 10011-3	Leitfaden für das Audit von Qualitätssicherungssystemen – Management von Auditprogrammen, (Identisch mit ISO 10011-3 : 1991)
DIN ISO 10012	Forderungen an die Qualitätssicherung für Meßmittel – Bestätigungssystem für Meßmittel
E DIN ISO 10013	Leitfaden für die Erstellung von Qualitätsmanagement-Handbüchern (ISO/DIS 10013 : 1993)

EUROPÄISCHE NORM
EUROPEAN STANDARD
NORME EUROPÉENNE

EN ISO 9003

Juli 1994

ICS 03.120.10

Deskriptoren: QM-Darlegung, QM-Darlegungsprogramm, QM-Darlegungssystem, Prüfung, Bezugsmodelle

Deutsche Fassung

Qualitätsmanagementsysteme

Modell zur Qualitätssicherung/QM-Darlegung bei der Endprüfung (ISO 9003:1994)

Quality systems – Model for quality assurance in final inspection and test (ISO 9003:1994)

Systèmes qualité – Modèle pour l'assurance de la qualité en contrôle et essais finals (ISO 9003:1994)

Diese Europäische Norm wurde von CEN am 1994-06-20 angenommen.

Die CEN-Mitglieder sind gehalten, die CEN/CENELEC-Geschäftsordnung zu erfüllen, in der die Bedingungen festgelegt sind, unter denen dieser Europäischen Norm ohne jede Änderung der Status einer nationalen Norm zu geben ist.

Auf dem letzten Stand befindliche Listen dieser nationalen Normen mit ihren bibliographischen Angaben sind beim Zentralsekretariat oder bei jedem CEN-Mitglied auf Anfrage erhältlich.

Diese Europäische Norm besteht in drei offiziellen Fassungen (Deutsch, Englisch, Französisch). Eine Fassung in einer anderen Sprache, die von einem CEN-Mitglied in eigener Verantwortung durch Übersetzung in die Landessprache gemacht und dem Zentralsekretariat mitgeteilt worden ist, hat den gleichen Status wie die offiziellen Fassungen.

CEN-Mitglieder sind die nationalen Normungsinstitute von Belgien, Dänemark, Deutschland, Finnland, Frankreich, Griechenland, Irland, Island, Italien, Luxemburg, Niederlande, Norwegen, Österreich, Portugal, Schweden, Schweiz, Spanien und dem Vereinigten Königreich.

CEN

EUROPÄISCHES KOMITEE FÜR NORMUNG
European Committee for Standardization
Comité Européen de Normalisation

Zentralsekretariat: rue de Stassart 36, B-1050 Brüssel

Ref.-Nr. EN ISO 9003:1994 D

Vorwort zur Europäischen Norm

Diese Europäische Norm wurde von Technischen Komittee ISO/TC 176 "Quality management and quality assurance" der "International Organization for Standardization (ISO)" übernommen und wurde zufolge einer Parallelen Abstimmung von ISO und CEN angenommen.

Diese Europäische Norm ersetzt EN 29003:1987.

Diese Europäische Norm muß den Status einer nationalen Norm erhalten, entweder durch Veröffentlichung eines identischen Textes oder durch Anerkennung bis Januar 1995, und etwaige entgegenstehende nationale Normen müssen bis Januar 1995 zurückgezogen werden.

Entsprechend der CEN/CENELEC-Geschäftsordnung sind folgende Länder gehalten, diese Europäische Norm zu übernehmen:

Belgien, Dänemark, Deutschland, Finnland, Frankreich, Griechenland, Irland, Island, Italien, Luxemburg, Niederlande, Norwegen, Österreich, Portugal, Schweden, Schweiz, Spanien und das Vereinigte Königreich.

Anerkennungsnotiz

Der Text der Internationalen Norm ISO 9003:1994 wurde von CEN ohne jegliche Änderung als Europäische Norm angenommen.

Vorwort

Die ISO (Internationale Organisation für Normung) ist die weltweite Vereinigung nationaler Normungsinstitute (ISO-Mitgliedskörperschaften). Die Erarbeitung Internationaler Normen obliegt den Technischen Komitees der ISO. Jede Mitgliedskörperschaft, die sich für ein Thema interessiert, für das ein Technisches Komitee eingesetzt wurde, ist berechtigt, in diesem Komitee mitzuarbeiten. Internationale (staatliche und nichtstaatliche) Organisationen, die mit der ISO in Verbindung stehen, sind an den Arbeiten ebenfalls beteiligt. Die ISO arbeitet in allen Fragen der elektrotechnischen Normung eng mit der International Electrotechnical Commission (IEC) zusammen.

Die von den Technischen Komitees verabschiedeten Entwürfe zu Internationalen Normen werden den Mitgliedskörperschaften zunächst zur Abstimmung vorgelegt. Die Veröffentlichung als Internationale Norm erfordert eine Zustimmung von 75% der Mitgliedskörperschaften, die eine Stimme abgegeben haben.

Die Internationale Norm ISO 9003 ist vom Technischen Komitee TC 176 "Quality management and quality assurance" der ISO, Unterkomitee SC 2 "Quality systems" erstellt worden.

Diese zweite Ausgabe macht die erste Ausgabe (ISO 9003:1987), die technisch revidiert worden ist, ungültig und ersetzt sie.

Anhang A dieser Internationalen Norm dient ausschließlich der Information.

Foreword

ISO (the International Organization for Standardization) is a worldwide federation of national standards bodies (ISO member bodies). The work of preparing International Standards is normally carried out through ISO technical committees. Each member body interested in a subject for which a technical committee has been established has the right to be represented on that committee. International organizations, governmental and non-governmental, in liaison with ISO, also take part in the work. ISO collaborates closely with the International Electrotechnical Commission (IEC) on all matters of electrotechnical standardization.

Draft International Standards adopted by the technical committees are circulated to the member bodies for voting. Publication as an International Standard requires approval by at least 75% of the member bodies casting a vote.

International Standard ISO 9003 was prepared by Technical Committee ISO/TC 176, Quality management and quality assurance, Subcommittee SC 2, Quality systems.

This second edition cancels and replaces the first edition (ISO 9003:1987), which has been technically revised.

Annex A of this International Standard is for information only.

Avant-propos

L'ISO (Organisation internationale de normalisation) est une fédération mondiale d'organismes nationaux de normalisation (comités membres de l'ISO). L'élaboration des Normes internationales est en général confiée aux comités techniques de l'ISO. Chaque comité membre intéressé par une étude a le droit de faire partie du comité technique créé à cet effet. Les organisations internationales, gouvernementales et non gouvernementales, en liaison avec l'ISO participent également aux travaux. L'ISO collabore étroitement avec la Commission électrotechnique internationale (CEI) en ce qui concerne la normalisation électrotechnique.

Les projets de Normes internationales adoptés par les comités techniques sont soumis aux comités membres pour vote. Leur publication comme Normes internationales requiert l'approbation de 75% au moins des comités membres votants.

La Norme internationale ISO 9003 a été élaborée par le comité technique ISO/TC 176, Management et assurance de la qualité, sous-comité SC 2, Systèmes qualité.

Cette deuxième édition annule et remplace la première édition (ISO 9003:1987), dont elle constitue une révision technique.

L'annexe A de la présente Norme internationale est donnée uniquement à titre d'information.

Inhalt

Contents

Sommaire

Qualitätsmanagementsysteme Modell zur Qualitätssicherung/ QM-Darlegung bei der Endprüfung

0 Einleitung

Diese Internationale Norm ist eine von drei Internationalen Normen zu Forderungen an die Qualitätssicherung/QM-Darlegung, die zur Darlegung nach außen hin angewendet werden können. Die nachfolgend angeführten, in drei Internationalen Normen beschriebenen Modelle zur Qualitätssicherung/QM-Darlegung stellen drei Möglichkeiten dar, die sich für den Zweck eignen, daß ein Lieferant seine Fähigkeit darlegt, sowie für die Beurteilung der Fähigkeit eines Lieferanten durch externe Stellen.

a) ISO 9001, Qualitätsmanagementsysteme; Modell zur Qualitätssicherung/QM-Darlegung in Design [1]) Entwicklung, Produktion, Montage und Wartung

   – anzuwenden, wenn durch den Lieferanten/Auftragnehmer die Erfüllung festgelegter Forderungen während Design [1]) Entwicklung, Produktion, Montage und Wartung zu sichern ist.

b) ISO 9002, Qualitätsmanagementsysteme; Modell zur Qualitätssicherung/QM-Darlegung in Produktion, Montage und Wartung

   – anzuwenden, wenn durch den Lieferanten/Auftragnehmer die Erfüllung festgelegter Forderungen während Produktion, Montage und Wartung zu sichern ist.

c) ISO 9003, Qualitätsmanagementsysteme; Modell zur Qualitätssicherung/QM-Darlegung bei der Endprüfung

   – anzuwenden, wenn durch den Lieferanten/Auftragnehmer die Erfüllung festgelegter Forderungen nur bei der Endprüfung zu sichern ist.

Es ist zu betonen, daß die Forderungen an die Qualitätssicherung/QM-Darlegung, die in dieser Internationalen Norm, in ISO 9001 und ISO 9002 festgelegt sind, eine Ergänzung (nicht eine Alternative) zu den Qualitätsforderungen (an Produkte) sind. Diese Normen spezifizieren Forderungen, die festlegen, welche Elemente Qualitätsmanagementsysteme (nachfolgend "QM-System") zu umfassen haben, jedoch ist es nicht der Zweck dieser In-

[1]) Fußnote in der deutschsprachigen Fassung: "Design" kann "Entwicklung", "Berechnung", "Konstruktion" bzw. deren Ergebnis, "Entwurf", "Gestaltung" oder "Konzept" usw. einschließen und entsprechend benannt werden.

Quality systems – Model for quality assurance in final inspection and test

0 Introduction

This International Standard is one of three International Standards dealing with quality system requirements that can be used for external quality assurance purposes. The quality assurance models, set out in the three International Standards listed below, represent three distinct forms of quality system requirements suitable for the purpose of a supplier demonstrating its capability, and for the assessment of the capability of a supplier by external parties.

a) ISO 9001, Quality systems – Model for quality assurance in design, development, production, installation and servicing

   – for use when conformance to specified requirements is to be assured by the supplier during design, development, production, installation and servicing.

b) ISO 9002, Quality systems – Model for quality assurance in production, installation and servicing

   – for use when conformance to specified requirements is to be assured by the supplier during production, installation and servicing.

c) ISO 9003, Quality systems – Model for quality assurance in final inspection and test

   – for use when conformance to specified requirements is to be assured by the supplier solely at final inspection and test.

It is emphasized that the quality system requirements specified in this International Standard, ISO 9001 and ISO 9002 are complementary (not alternative) to the technical (product) specified requirements. They specify requirements which determine what elements quality systems have to encompass, but it is not the purpose of these International Standards to enforce uniformity of quality systems. They are generic and independent of any specific industry or economic sector. The design and implementation of a quality system will be influenced by the varying needs of an organization, its particular objectives, the products and services supplied, and the processes and specific practices employed.

Systèmes qualité – Modèle pour l'assurance de la qualité en contrôle et essais finals

0 Introduction

La présente Norme internationale fait partie d'une série de trois Normes internationales sur les exigences en matière de système qualité qui peuvent être utilisées dans le cadre de l'assurance externe de la qualité. Les modèles pour l'assurance de la qualité, définis dans les trois Normes internationales mentionnées ci-dessous, décrivent trois formes distinctes d'exigences en matière de système qualité qui conviennent pour la démonstration des aptitudes d'un fournisseur et leur évaluation par des parties externes.

a) ISO 9001, Systèmes qualité – Modèle pour l'assurance de la qualité en conception, développement, production, installation et prestations associées

   – à utiliser lorsque la conformité à des exigences spécifiées est à assurer par le fournisseur pendant la conception, le développement, la production, l'installation et les prestations associées.

b) ISO 9002, Systèmes qualité – Modèle pour l'assurance de la qualité en production, installation et prestations associées

   – à utiliser lorsque la conformité à des exigences spécifiées est à assurer par le fournisseur pendant la production, l'installation et les prestations associées.

c) ISO 9003, Systèmes qualité – Modèle pour l'assurance de la qualité en contrôle et essais finals

   – à utiliser lorsque la conformité à des exigences spécifiées est à assurer par le fournisseur uniquement lors des contrôles et essais finals.

Il faut souligner que les exigences en matière de système qualité, spécifiées dans la présente Norme internationale, dans l'ISO 9001 et l'ISO 9002, sont complémentaires (et ne se substituent pas) aux exigences techniques spécifiées (pour le produit). Elles spécifient des exigences qui déterminent les éléments que doivent comprendre les systèmes qualité, mais leur but n'est pas d'imposer l'uniformité des systèmes qualité. Ces Normes internationales sont génériternationalen Normen, für Einheitlichkeit von Qualitätsmanagementsystemen zu sorgen. Die Normen sind übergeordnet und unabhängig von einer spezifischen Industrie oder einem Wirtschaftssektor. Die Gestaltung und die Verwirklichung eines Qualitätsmanagementsystems werden notwendigerweise durch die unterschiedlichen Erfordernisse einer Organisation, ihrer besonderen Ziele, die gelieferten Produkte und Dienstleistungen sowie die angewendeten Prozesse und spezifischen Arbeitsweisen beeinflußt.

Es ist beabsichtigt, daß diese Internationalen Normen in ihrer vorliegenden Form angewendet werden. Gelegentlich kann es aber nötig sein, sie durch Hinzufügen oder Streichen gewisser Forderungen an die Qualitätssicherung/QM-Darlegung an spezielle Vertragssituationen anzupassen. ISO 9000-1 liefert sowohl für einen derartigen Zuschnitt als auch für die Auswahl des zweckmäßigen Modells zur Qualitätssicherung/QM-Darlegung, nämlich ISO 9001, ISO 9002, ISO 9003, einen Leitfaden.

It is intended that these International Standards will be adopted in their present form, but on occasions they may need to be tailored by adding or deleting certain quality system requirements for specific contractual situations. ISO 9000-1 provides guidance on such tailoring as well as on selection of the appropriate quality assurance model, viz. ISO 9001, ISO 9002 or ISO 9003.

ques, indépendantes de tout secteur industriel ou économique particulier. La conception et la mise en œuvre d'un système qualité tiendront compte des différents besoins d'un organisme, de ses objectifs particuliers, des produits et services fournis et des processus et pratiques spécifiques en usage.

Il est prévu que ces Normes internationales soient utilisées telles quelles, mais, dans certains cas, il peut être nécessaire de les ajuster en ajoutant ou en supprimant certaines exigences de système qualité en fonction de situations contractuelles particulières. L'ISO 9000-1 fournit des indications sur cet ajustement et sur le choix du modèle approprié pour l'assurance de la qualité, à savoir ISO 9001, ISO 9002 ou ISO 9003.

1 Anwendungsbereich

Diese Internationale Norm legt Forderungen an die Qualitätssicherung/QM-Darlegung für den Fall der Notwendigkeit fest, daß die Fähigkeit eines Lieferanten/Auftragnehmers[2]) darzulegen ist, während der Endprüfung jegliche Produktfehler festzustellen und ihre Behandlung zu lenken.

Sie ist anwendbar in Situationen, wenn die Erfüllung der festgelegten Qualitätsforderung durch das Produkt mit angemessener Verläßlichkeit gezeigt werden kann, vorausgesetzt, daß die sichere Fähigkeit des Lieferanten für Qualitätsprüfungen am Endprodukt zufriedenstellend dargelegt werden kann.

ANMERKUNG 1: Informative Verweisungen auf andere Normen: siehe Anhang A

1 Scope

This International Standard specifies quality system requirements for use where a supplier's capability to detect and control the disposition of any product nonconformity during final inspection and test needs to be demonstrated.

It is applicable in situations when the conformance of product to specified requirements can be shown with adequate confidence providing that certain supplier's capabilities for inspection and tests conducted on finished product can be satisfactorily demonstrated.

NOTE 1: For informative references, see annex A.

1 Domaine d'application

La présente Norme internationale spécifie des exigences en matière de système qualité à utiliser lorsque le contrat exige que soit démontrée l'aptitude du fournisseur à détecter toute non-conformité du produit et à maîtriser les dispositions correspondantes pendant les contrôles et essais finals.

La présente Norme internationale est applicable dans toutes les situations où l'on peut mettre en évidence, avec une confiance appropriée, la conformité du produit aux exigences spécifiées, ceci étant réalisé à partir d'une démonstration satisfaisante de certaines aptitudes du fournisseur en matière de contrôles et d'essais effectués sur le produit fini.

NOTE 1: Pour les références informatives, voir annexe A.

2 Verweisungen auf andere Normen

Die folgende Norm enthält Festlegungen, die, durch Verweisungen in diesem Text, auch für diese Internationale Norm gelten. Zum Zeitpunkt der Veröffentlichung war die angegebene Ausgabe gültig.

[2]) Fußnote in der deutschsprachigen Fassung: Nachfolgend kurz "Lieferant" genannt, auch im Fall einer Organisation, welche Dienstleistungen erbringt.

2 Normative reference

The following standard contains provisions which, through reference in this text, constitute provisions of this International Standard. At the time of publication, the edition indicated was valid. All standards are subject to revi-

2 Référence normative

La norme suivante contient des dispositions qui, par suite de la référence qui en est faite, constituent des dispositions valables pour la présente Norme internationale. Au moment de la publication, l'édition indiquée était en vigueur.

Alle Normen unterliegen der Überarbeitung. Vertragspartner, deren Vereinbarungen auf dieser Internationalen Norm basieren, sind gehalten, nach Möglichkeit die neueste Ausgabe der nachfolgend aufgeführten Norm anzuwenden. IEC- und ISO-Mitglieder verfügen über Verzeichnisse der gegenwärtig geltenden Internationalen Normen.

ISO 8402:1994
Qualitätsmanagement – Begriffe

3 Begriffe

Für diese Internationale Norm gelten die in ISO 8402 angegebenen und die folgenden Begriffe.

3.1 Produkt

Ergebnis von Tätigkeiten und Prozessen.

ANMERKUNG 2: Der Begriff Produkt kann Dienstleistung, Hardware, verfahrenstechnische Produkte, Software oder Kombinationen daraus einschließen.

ANMERKUNG 3: Ein Produkt kann materiell (z. B. Montageergebnisse, verfahrenstechnische Produkte) oder immateriell (z. B. Wissen oder Entwürfe) oder eine Kombination daraus sein.

ANMERKUNG 4: In dieser Internationalen Norm wird der Begriff Produkt nur auf das beabsichtigte Angebotsprodukt angewendet und nicht auf unbeabsichtigte Nebenprodukte, die die Umwelt beeinträchtigen. Dies weicht von der Definition gemäß ISO 8402 ab.

3.2 Angebot

Eine nach Aufforderung abgegebene Bereitschaftserklärung eines Lieferanten, einen zustandegekommenen Vertrag über die Lieferung eines Produktes zu erfüllen.

3.3 Vertrag

Zwischen einem Lieferanten und einem Kunden vereinbarte Forderungen, übermittelt durch beliebige Mittel.

4 Forderungen an die Qualitätssicherung/ QM-Darlegung

4.1 Verantwortung der Leitung

4.1.1 Qualitätspolitik

Die oberste Leitung des Lieferanten muß ihre Qualitätspolitik, eingeschlossen ihre Zielsetzungen und ihre Verpflichtung zur Qualität, festlegen und dokumentieren. Die Qualitätspolitik muß relevant für die organisatorischen Ziele des Lieferanten sowie für die

sion, and parties to agreements based on this International Standard are encouraged to investigate the possibility of applying the most recent edition of the standard indicated below. Members of IEC and ISO maintain registers of currently valid International Standards.

ISO 8402:1994
Quality management and quality assurance – Vocabulary

3 Definitions

For the purposes of this International Standard, the definitions given in ISO 8402 and the following definitions apply.

3.1 Product

Result of activities or processes.

NOTE 2: A product may include service, hardware, processed materials, software or a combination thereof.

NOTE 3: A product can be tangible (e.g. assemblies or processed materials) or intangible (e.g. knowledge or concepts), or a combination thereof.

NOTE 4: For the purposes of this International Standard, the term "product" applies to the intended product offering only and not to unintended "by-products" affecting the environment. This differs from the definition given in ISO 8402.

3.2 Tender

Offer made by a supplier in response to an invitation to satisfy a contract award to provide product.

3.3 Contract

Agreed requirements between a supplier and customer transmitted by any means.

4 Quality system requirements

4.1 Management responsibility

4.1.1 Quality policy

The supplier's management with executive responsibility shall define and document its policy for quality, including objectives for quality and its commitment to quality. The quality policy shall be relevant to the supplier's organiza-

Toute norme est sujette à révision et les parties prenantes des accords fondés sur la présente Norme internationale sont invitées à rechercher la possibilité d'appliquer l'édition la plus récente de la norme indiquée ci-après. Les membres de la CEI et de l'ISO possèdent le registre des Normes internationales en vigueur à un moment donné.

ISO 8402:1994
Management de la qualité et assurance de la qualité – Vocabulaire

3 Définitions

Pour les besoins de la présente Norme internationale, les définitions données dans l'ISO 8402 et les définitions suivantes s'appliquent.

3.1 produit

Résultat d'activités ou de processus.

NOTE 2: Le terme produit peut inclure le service, le matériel, les produits issus de processus à caractère continu, les logiciels, ou une combinaison de ceux-ci.

NOTE 3: Un produit peut être matériel (par exemple assemblages ou produits issus de processus à caractère continu) ou immatériel (par exemple connaissances ou concepts), ou une combinaison de ceux-ci.

NOTE 4: Dans le cadre de la présente Norme internationale, le terme «produit» s'applique au produit intentionnel et ne s'applique pas aux sous-produits non-intentionnels affectant l'environnement. Ceci diffère de la définition donnée dans l'ISO 8402.

3.2 Offre

Une offre est faite par un fournisseur en réponse à un appel d'offre en vue de l'attribution d'un contrat de fourniture d'un produit.

3.3 Contrat

Exigences ayant fait l'objet d'un accord entre un fournisseur et un client et transmises par un moyen quelconque.

4 Exigences en matière de système qualité

4.1 Responsabilité de la direction

4.1.1 Politique qualité

La direction du fournisseur, qui a pouvoir de décision doit définir et consigner par écrit sa politique en matière de qualité, y compris ses objectifs et son engagement en la matière. La politique qualité doit être pertinente par rapport aux

Erwartungen und Erfordernisse seiner Kunden sein. Der Lieferant muß sicherstellen, daß diese Politik in allen Ebenen der Organisation verstanden, verwirklicht und aufrechterhalten wird.

4.1.2 Organisation

4.1.2.1 Verantwortung und Befugnis

Die Verantwortung, Befugnis und die gegenseitige Beziehung von Personal mit leitender, ausführender und prüfender Tätigkeit, die den Forderungen dieser Internationalen Norm unterliegt, müssen festgelegt und dokumentiert sein, insbesondere für jenes Personal, welches die organisatorische Unabhängigkeit und Befugnis benötigt, um

a) Endprüfungen durchzuführen und

b) sicherzustellen, daß Ingebrauchnahme und Auslieferung eines Endprodukts verhindert wird, das die Qualitätsforderung nicht erfüllt.

4.1.2.2 Mittel

Der Lieferant muß erforderliche Mittel feststellen und angemessene Mittel bereitstellen sowie geschultes Personal (siehe Abschnitt 4.18) für leitende, ausführende und prüfende Tätigkeiten bestellen, eingeschlossen interne Qualitätsaudits.

4.1.2.3 Beauftragter der obersten Leitung

Die oberste Leitung des Lieferanten muß ein Mitglied des lieferanteneigenen Führungskreises benennen, das – abgesehen von anderen Verantwortlichkeiten – die festgelegte Befugnis besitzt, um

a) sicherzustellen, daß ein QM-System festgelegt, verwirklicht und aufrechterhalten ist in Übereinstimmung mit dieser Internationalen Norm [3]),

b) der Leitung des Lieferanten einen Überblick über die Leistung des QM-Systems als Grundlage für dessen Verbesserung zu geben.

ANMERKUNG 5: Die Verantwortung des Beauftragten der obersten Leitung kann in Angelegenheiten des QM-Systems des Lieferanten auch eine Verbindung mit externen Stellen einschließen.

3) Fußnote in der deutschsprachigen Fassung: In der Praxis hat der Beauftragte der obersten Leitung häufig außer den Aufgaben im Zusammenhang mit dieser Norm auch Aufgaben im Hinblick auf die Normenreihe ISO 9004 bei der Festlegung der Aufgaben an das QM-System.

tional goals and the expectations and needs of its customers. The supplier shall ensure that this policy is understood, implemented and maintained at all levels of the organization.

4.1.2 Organization

4.1.2.1 Responsibility and authority

The responsibility, authority and the interrelation of personnel who manage, perform and verify work that is subject to the requirements of this International Standard shall be defined and documented, particularly for personnel who need the organizational freedom and authority to

a) conduct final inspection and tests, and

b) ensure that finished product that does not conform to specified requirements is prevented from being used or delivered.

4.1.2.2 Resources

The supplier shall identify resource requirements and provide adequate resources, including the assignment of trained personnel (see 4.18), for management, performance of work and verification activities including internal quality audits.

4.1.2.3 Management representative

The supplier's management with executive responsibility shall appoint a member of the supplier's own management who, irrespective of other responsibilities, shall have defined authority for

a) ensuring that a quality system is established, implemented and maintained in accordance with this International Standard, and

b) reporting on the performance of the quality system to the supplier's management for review and as a basis for improvement of the quality system.

NOTE 5: The responsibility of a management representative may also include liaison with external parties on matters relating to the suppliers quality system.

objectifs généraux du fournisseur et aux attentes et besoins de ses clients. Le fournisseur doit assurer que cette politique est comprise, mise en œuvre et entrenue à tous les niveaux de l'organisme.

4.1.2 Organisation

4.1.2.1 Responsabilité et autorité

La responsabilité, l'autorité et les relations entre les personnes qui dirigent, exécutent et vérifient des tâches qui sont soumises aux exigences de la présente Norme internationale doivent être définies par écrit, cela concernant, en particulier, les personnes qui ont besoin de la liberté et de l'autorité sur le plan de l'organisation pour

a) conduire les contrôles et essais finals, et

b) assurer que le produit fini non conforme aux exigences spécifiées ne sera pas utilisé ni livré.

4.1.2.2 Moyens

Le fournisseur doit identifier les exigences relatives aux moyens et fournir les moyens adéquats, y compris la désignation de personnes formées (voir 4.18), pour le management, l'exécution et la vérification des tâches, ainsi que les audits qualité internes.

4.1.2.3 Représentant de la direction

La direction du fournisseur, qui a pouvoir de décision, doit nommer un de ses membres qui, nonobstant d'autres responsabilités, doit avoir une autorité définie pour

a) assurer qu'un système qualité est défini, mis en oeuvre et entretenu conformément à la présente Norme internationale, et

b) rendre compte du fonctionnement du système qualité à la direction du fournisseur pour en faire la revue et servir de base à l'amélioration du système qualité.

NOTE 5: La responsabilité du représentant de la direction peut également comprendre les relations avec des parties extérieures en ce qui concerne les sujets relatifs au système qualité du fournisseur.

4.1.3 QM-Bewertung

Die oberste Leitung des Lieferanten muß das QM-System in festgelegten Zeitabständen bewerten, die ausreichen, um seine ständige Eignung und Wirksamkeit bei der Erfüllung der Forderungen dieser Internationalen Norm sowie der festgelegten Qualitätspolitik und -ziele (siehe Abschnitt 4.1.1) sicherzustellen. Aufzeichnungen über solche Bewertungen müssen aufbewahrt werden (siehe Abschnitt 4.16).

4.2 Qualitätsmanagement-system [4])

4.2.1 Allgemeines

Der Lieferant muß als ein Mittel zur Sicherstellung, daß ein Produkt die festgelegte Qualitätsforderung erfüllt, ein QM-System einführen, dokumentieren und aufrechterhalten. Der Lieferant muß ein Qualitätsmanagement-Handbuch (nachfolgend "QM-Handbuch") erstellen, das die Forderungen dieser Internationalen Norm behandelt. Das QM-Handbuch muß die Verfahrensanweisungen zum QM-System (nachfolgend "QM-Verfahrensanweisungen") enthalten oder auf sie verweisen sowie die Struktur der Dokumentation des QM-Systems skizzieren.

ANMERKUNG 6: Ein Leitfaden zu QM-Handbüchern findet sich in ISO 10013.

4.2.2 QM-Verfahrensanweisungen

Der Lieferant muß

a) Verfahrensanweisungen in Übereinstimmung mit den Forderungen dieser Internationalen Norm und mit der festgelegten Qualitätspolitik des Lieferanten erstellen,

b) das QM-System und seine Verfahrensanweisungen tatsächlich verwirklichen.

Im Zusammenhang mit dieser Internationalen Norm hängen der Umfang und die Einzelheiten der zum QM-System gehörigen Verfahren von der Komplexität der Arbeit, den angewendeten Methoden sowie von den Fertigkeiten und der Schulung ab, die das Personal für das Mitwirken an der Ausführung der Tätigkeit benötigt.

ANMERKUNG 7: Verfahrensanweisungen können auf Arbeitsanweisungen Bezug nehmen, die festlegen, wie eine Tätigkeit ausgeführt wird.

4.2.3 Qualitätsplanung (zum QM-System)

Der Lieferant muß festlegen und dokumentieren, wie er die Qualitätsforderungen an das Endprodukt erfüllen will.

[4]) Fußnote in der deutschsprachigen Fassung: Auch die Abschnitte 4.1 sowie 4.3 bis 4.20 betreffen das QM-System.

4.1.3 Management review

The supplier's management with executive responsibility shall review the quality system at defined intervals sufficient to ensure its continuing suitability and effectiveness in satisfying the requirements of this International Standard and the supplier's stated quality policy and objectives (see 4.1.1). Records of such reviews shall be maintained (see 4.16).

4.2 Quality system

4.2.1 General

The supplier shall establish, document and maintain a quality system as a means of ensuring that product on completion conforms to specified requirements. The supplier shall prepare a quality manual covering the requirements of this International Standard. The quality manual shall include or make reference to the quality system procedures and outline the structure of the documentation used in the quality system.

NOTE 6: Guidance on quality manuals is given in ISO 10013.

4.2.2 Quality system procedures

The supplier shall

a) prepare documented procedures consistent with the requirements of this International Standard and the supplier's stated quality policy, and

b) effectively implement the quality system and its documented procedures.

For the purposes of this International Standard, the range and detail of the procedures that form part of the quality system shall be dependent upon the complexity of the work, the methods used, and the skills and training needed by personnel involved in carrying out the activity.

NOTE 7: Documented procedures may make reference to work instructions that define how an activity is performed.

4.2.3 Quality planning

The supplier shall define and document how the requirements for quality of the finished product will be met. Quality planning shall be consistent with all

4.1.3 Revue de direction

La direction du fournisseur, qui a pouvoir de décision, doit faire une revue du système qualité à une fréquence définie et suffisante pour assurer qu'il demeure constamment approprié et efficace afin de satisfaire aux exigences de la présente Norme internationale ainsi qu'à la politique et aux objectifs qualité fixés par le fournisseur (voir 4.1.1). Des enregistrements de ces revues doivent être conservés (voir 4.16).

4.2 Système qualité

4.2.1 Généralités

Le fournisseur doit établir, consigner par écrit et entretenir un système qualité en tant que moyen pour assurer que le produit fini est conforme aux exigences spécifiées. Le fournisseur doit établir un manuel qualité couvrant les exigences de la présente Norme internationale. Le manuel qualité doit comprendre les procédures du système qualité ou y faire référence, et exposer la structure de la documentation utilisée dans le cadre du système qualité.

NOTE 6: L'ISO 10013 fournit des conseils relatifs à l'élaboration des manuels qualité.

4.2.2 Procédures du système qualité

Le fournisseur doit

a) établir des procédures écrites cohérentes avec les exigences de la présente Norme internationale et avec la politique qualité qu'il a formulée, et

b) mettre réellement en œuvre le système qualité et ses procédures écrites.

Dans le cadre de la présente Norme internationale, l'étendue et le niveau de détail des procédures qui font partie du système qualité doivent dépendre de la complexité des tâches, des méthodes utilisées, des compétences et de la formation nécessaires au personnel impliqué dans l'exécution de ces tâches.

NOTE 7: Les procédures écrites peuvent faire référence à des instructions de travail qui définissent comment une tâche est réalisée.

4.2.3 Planification de la qualité

Le fournisseur doit définir et consigner par écrit comment satisfaire les exigences pour la qualité du produit fini. La planification de la qualité doit être cohé-

Qualitätsplanung zum QM-System muß in Einklang stehen mit allen anderen Forderungen an ein QM-System des Lieferanten. Sie muß in einer Struktur dokumentiert werden, die zur Arbeitsmethode des Lieferanten paßt. Der Lieferant muß in angemessener Weise die folgenden Tätigkeiten bedenken:

a) das Ausarbeiten eines Qualitätsmanagementplans (nachfolgend "QM-Plan") für Endprüfungen;

b) das Feststellen und Bereitstellen von Prüfmitteln für die Endprüfung, Mitteln und Fertigkeiten, die zur Erfüllung der Qualitätsforderung benötigt werden könnten;

c) soweit erforderlich, das Aktualisieren der Methoden der Endprüfung;

d) das Feststellen von Forderungen an die Meßtechnik von Endprüfungen einschließlich derjenigen, die dem bekannten Stand der Technik voraus sind, um genügend Zeit für die Entwicklung der benötigten Fähigkeit zu haben;

e) das Feststellen geeigneter Prüfung am Endprodukt;

f) das Klären von Annahmekriterien bezüglich aller Merkmale und Forderungen, eingeschlossen diejenigen, die ein subjektives Element enthalten;

g) Das Feststellen und Vorbereiten von Qualitätsaufzeichnungen (siehe Abschnitt 4.16).

ANMERKUNG 8: Die erwähnten QM-Pläne (siehe Abschnitt 4.2.3 a)) können in der Form eines Verweises auf die passenden Verfahrensanweisungen bestehen, die ein fester Bestandteil des QM-Systems des Lieferanten sind.

other requirements of a supplier's quality system and shall be documented in a format to suit the supplier's method of operation. The supplier shall give consideration to the following activities, as appropriate:

a) the preparation of a quality plan for final inspection and tests;

b) the identification and acquisition of any final inspection and test equipment, resources and skills that may be needed to achieve the required quality;

c) the updating, as necessary, of final inspection and testing techniques;

d) the identification of any final inspection and test measurement requirement involving capability that exceeds the known state of the art in sufficient time for the needed capability to be developed;

e) the identification of suitable verification at the finished product stage;

f) the clarification of standards of acceptability for all features and requirements, including those which contain a subjective element;

g) the identification and preparation of quality records (see 4.16).

NOTE 8: The quality plan referred to (see 4.2.3 a)) may be in the form of a reference to the appropriate documented procedures that form an integral part of the supplier's quality system.

rente avec l'ensemble des exigences du système qualité du fournisseur et doit être consignée sous une forme adaptée aux méthodes de travail du fournisseur. Ce dernier doit porter toute son attention sur les activités suivantes, selon le cas

a) l'élaboration d'un plan qualité pour les contrôles et essai finals;

b) l'identification et l'acquisition de tout équipement de contrôle et d'essai finals, des moyens et compétences qui peuvent être nécessaires pour obtenir la qualité requise;

c) la mise à jour, si nécessaire, des techniques de contrôle et d'essai;

d) l'identification, en temps voulu, de toute exigence en matière de contrôle final et d'essai de mesurage mettant en jeu une aptitude qui dépasse les possibilités actuelles de l'état de l'art, afin de developper l'aptitude nécessaire;

e) l'identification d'une vérification appropriée au stade du produit fini;

f) la clarification des normes d'acceptation pour toutes les caractéristiques et exigences, y compris celles qui contiennent un élément subjectif;

g) l'identification et la préparation d'enregistrements relatifs à la qualité (voir 4.16).

NOTE 8: Le plan qualité mentionné (voir 4.2.3 a)) peut faire référence aux procédures écrites appropriées qui font partie intégrante du système qualité du fournisseur.

4.3 Vertragsprüfung

4.3.1 Allgemeines

Der Lieferant muß Verfahrensanweisungen zur Vertragsprüfung und für die Koordinierung dieser Tätigkeiten einführen und aufrechterhalten.

4.3.2 Prüfung

Vor Unterbreitung eines Angebots oder der Annahme eines Vertrags oder Auftrags (Feststellung der Forderung) muß das Angebot, der Vertrag oder Auftrag durch den Lieferanten geprüft werden, um sicherzustellen, daß

a) die Forderungen angemessen festgelegt und dokumentiert sind; wo keine schriftliche Feststellung der Forderung für einen mündlich erhaltenen Auftrag verfügbar ist, muß der Lieferant sicherstellen, daß über die Forderungen zum Auftrag vor ihrer Annahme Einvernehmen besteht;

4.3 Contract review

4.3.1 General

The supplier shall establish and maintain documented procedures for contract review and for the coordination of these activities.

4.3.2 Review

Before submission of a tender, or the acceptance of a contract or order (statement of requirement), the tender, contract or order shall be reviewed by the supplier to ensure that:

a) the requirements are adequately defined and documented; where no written statement of requirement is available for an order received by verbal means, the supplier shall ensure that the order requirements are agreed before their acceptance;

4.3 Revue de contrat

4.3.1 Généralités

Le fournisseur doit établir et tenir à jour des procédures écrites de revue de contrat et de coordination de ces activités.

4.3.2 Revue

Avant soumission d'une offre ou acceptation d'un contrat ou d'une commande (formulation des exigences), l'offre, le contrat ou la commande doit être revu(e) par le fournisseur afin d'assurer que

a) les exigences sont définies et documentées de façon adéquate; lorsqu' il n'existe pas d'exigences écrites pour une commande verbale, le fournisseur doit assurer que les exigences de cette commande ont bien fait l'objet d'un accord avant d'être acceptées;

b) Forderungen eines Vertrags oder eines angenommenen Auftrags, die von denen im betreffenden Angebot abweichen, geklärt sind;

c) der Lieferant die Fähigkeit zur Erfüllung der Forderungen des Vertrags oder des angenommenen Auftrags für das Endprodukt besitzt.

4.3.3 Vertragsänderung

Der Lieferant muß feststellen, wie eine Vertragsänderung durchgeführt und korrekt an die betroffenen Funktionen in der Organisation des Lieferanten weitergegeben ist.

4.3.4 Aufzeichnungen

Aufzeichnungen über Vertragsprüfungen müssen aufbewahrt werden (siehe Abschnitt 4.16).

ANMERKUNG 9: Kommunikationswege und Schnittstellen mit der Organisation des Kunden in Angelegenheiten dieses Vertrags sollten festgelegt werden.

4.4 Designlenkung

Der Anwendungsbereich dieser Internationalen Norm schließt Forderungen an die Qualitätssicherung / QM-Darlegung bezüglich Designlenkung nicht ein. Dieser Abschnitt ist eingefügt zur Angleichung der Abschnittsnumerierung an ISO 9001.

4.5 Lenkung der Dokumente und Daten

4.5.1 Allgemeines

Der Lieferant muß zur Lenkung aller Dokumente und Daten Verfahrensanweisungen erstellen und aufrechterhalten, die sich auf die Forderungen dieser Internationalen Norm beziehen, wobei in anwendbarem Ausmaß Dokumente externer Herkunft wie Normen und Kundenzeichnungen eingeschlossen sind.

ANMERKUNG 10: Dokumente und Daten können in Form irgendeines Trägermediums existieren wie etwa als Papierkopie oder in elektronischen Medien.

4.5.2 Genehmigung und Herausgabe von Dokumenten und Daten

Die Dokumente und Daten müssen vor ihrer Herausgabe durch befugtes Personal bezüglich ihrer Angemessenheit geprüft und genehmigt werden. Eine Änderungs-Sammelliste oder ein entsprechendes Dokumenten-Überwachungsverfahren, das den laufenden Revisionsstatus von Dokumenten identifiziert, muß eingerichtet werden und leicht verfügbar sein, um den Gebrauch ungültiger und/oder überholter Dokumente auszuschließen.

Diese Lenkung muß sicherstellen, daß

b) any differences between the contract or order requirements and those in the tender are resolved;

c) the supplier has the capability to meet the contract or order requirements for finished product.

4.3.3 Amendment to a contract

The supplier shall identify how an amendment to a contract is made and correctly transferred to the functions concerned within the supplier's organization.

4.3.4 Records

Records of contract reviews shall be maintained (see 4.16).

NOTE 9: Channels for communication and interfaces with the customer's organization in these contract matters should be established.

4.4 Design control

The scope of this International Standard does not include quality system requirements for design control. This subclause is included to align the clause numbering with ISO 9001.

4.5 Document and data control

4.5.1 General

The supplier shall establish and maintain documented procedures to control all documents and data that relate to the requirements of this International Standard including, to the extent applicable, documents of external origin such as standards and customer drawings.

NOTE 10: Documents and data may be in the form of any type of media, such as hard copy or electronic media.

4.5.2 Document and data approval and issue

The documents and data shall be reviewed and approved for adequacy by authorized personnel prior to issue. A master list or equivalent document control procedure identifying the current revision status of documents shall be established and be readily available to preclude the use of invalid and/or obsolete documents.

This control shall ensure that:

b) toute différence entre les exigences d'un contrat ou d'une commande et celles de l'offre a fait l'objet d'une solution;

c) le fournisseur présente l'aptitude à satisfaire aux exigences du contrat ou de la commande pour le produit fini.

4.3.3 Avenant au contrat

Le fournisseur doit définir comment un avenant à un contrat est traité et comment il le transmet correctement aux fonctions concernées de son organisation.

4.3.4 Enregistrements

Des enregistrements de ces revues de contrat doivent être conservés (voir 4.16).

NOTE 9: Il convient de constituer des circuits de communication et des interfaces avec le client en matière de contrat.

4.4 Maîtrise de la conception

Le domaine d'application de la présente Norme internationale ne comprend pas d'exigences de système qualité pour la maîtrise de la conception. Ce paragraphe est inclus afin d'aligner la numérotation des articles avec l'ISO 9001.

4.5 Maîtrise des documents et des données

4.5.1 Généralités

Le fournisseur doit établir et tenir à jour des procédures écrites pour maîtriser tous les documents et données relatifs aux exigences de la présente Norme internationale, y compris, dans les limites de ce qui est applicable, des documents d'origine extérieure tels que les normes et les plans du client.

NOTE 10: Les documents et les données peuvent se présenter sous tout support, tel que support papier ou support informatique.

4.5.2 Approbation et diffusion des documents et des données

Avant leur diffusion, les documents et les données doivent être revus et approuvés en ce qui concerne leur adéquation, par des personnes habilitées. Une liste de référence ou toute procédure de maîtrise de documents équivalente indiquant la révision en vigueur des documents doit être établie et être facilement accessible pour empêcher l'utilisation de documents non valables et/ou périmés.

Cette maîtrise doit assurer que

a) die zutreffenden Ausgaben der einschlägigen Dokumente an allen jenen Stellen verfügbar sind, wo Tätigkeiten ausgeführt werden, die für das effektive Funktionieren des QM-Systems wesentlich sind;

b) ungültige und/oder überholte Dokumente sofort an allen Stellen entfernt werden, an denen sie herausgegeben oder benutzt werden, oder daß in anderer Weise Sicherheit gegen ihren unbeabsichtigten Gebrauch geschaffen wird;

c) jegliche überholte Dokumente, die aus gesetzlichen Gründen und/oder zur Erhaltung des Wissensstandes aufbewahrt werden, angemessen gekennzeichnet sind.

a) the pertinent issues of appropriate documents are available at all locations where operations essential to the effective functioning of the quality system are performed;

b) invalid and/or obsolete documents are promptly removed from all points of issue or use, or otherwise assured against unintended use;

c) any obsolete documents retained for legal and/or knowledge-preservation purposes are suitably identified.

a) les éditions pertinentes des documents appropriés sont disponibles à tous les endroits où des opérations essentielles au fonctionnement efficace du système qualité sont effectuées;

b) les documents non valables et/ou périmés sont aussitôt retirés de tous les points de diffusion ou d'utilisation, ou sinon qu'ils ne peuvent pas être utilisés de façon non intentionnelle;

c) tout document périmé conservé à des fins légales ou de conservation des connaissances est convenablement identifié.

4.5.3 Änderungen von Dokumenten und Daten

Sofern nicht ausdrücklich anders festgelegt, müssen Änderungen von Dokumenten und Daten durch dieselben Funktionen/Stellen geprüft und genehmigt werden, welche die Prüfung und Genehmigung der Erstausgaben ausgeführt haben. Die benannten Funktionen/Stellen müssen Zugang zu einschlägigen Hintergrund-Informationen haben, auf die ihre Prüfung und Genehmigung zu gründen ist.

Wo durchführbar, muß die Art der Änderung im Dokument selbst oder in geeigneten Anlagen ausgewiesen werden.

4.5.3 Document and data changes

Changes to documents and data shall be reviewed and approved by the same functions/organizations that performed the original review and approval, unless specifically designated otherwise. The designated functions/organizations shall have access to pertinent background information upon which to base their review and approval.

Where practicable, the nature of the change shall be identified in the document or the appropriate attachments.

4.5.3 Modifications des documents et des données

Les modifications des documents et des données doivent être revues et approuvées par les mêmes fonctions/organismes qui les ont revus et approuvés à l'origine, à moins qu'il n'en soit spécifié autrement. Les fonctions/organismes désignés doivent avoir accès à toutes informations appropriées sur lesquelles ils peuvent fonder leur revue et leur approbation.

Lorsque cela est réalisable, la nature de la modification doit être identifiée dans le document ou dans les annexes appropriées.

4.6 Beschaffung

Der Anwendungsbereich dieser Internationalen Norm schließt Forderungen zur Darlegung des QM-Systems bezüglich Beschaffung nicht ein. Dieser Abschnitt ist eingefügt zur Angleichung der Abschnittsnumerierung an ISO 9001.

4.6 Purchasing

The scope of this International Standard does not include quality system requirements for purchasing. This subclause is included to align the clause numbering with ISO 9001.

4.6 Achats

Le domaine d'application de la présente Norme internationale ne comprend pas d'exigences de système qualité pour les achats. Ce paragraphe est inclus afin d'aligner la numérotation des articles avec l'ISO 9001.

4.7 Lenkung der vom Kunden beigestellten Produkte

Der Lieferant muß für vom Kunden beigestellte Produkte, die für die Einfügung in das Endprodukt oder für zugehörige Tätigkeiten vorgesehen sind, Verfahrensanweisungen für die Lenkung von Verifizierung, Lagerung und Erhaltung erstellen und aufrechterhalten. Geht ein solches Produkt verloren, wird es beschädigt oder in anderer Weise unbrauchbar, muß dies aufgezeichnet und dem Kunden berichtet werden (siehe Abschnitt 4.16).

Verifizierung durch den Lieferanten befreit den Kunden nicht von der Verantwortung zur Beistellung annehmbarer Produkte.

4.7 Control of customer-supplied product

The supplier shall establish and maintain documented procedures for the control of verification, storage and maintenance of customer-supplied product provided for incorporation into the finished product or for related activities. Any such product that is lost, damaged or is otherwise unsuitable for use shall be recorded and reported to the customer (see 4.16).

Verification by the supplier does not absolve the customer of the responsibility to provide acceptable product.

4.7 Maîtrise du produit fourni par le client

Le fournisseur doit établir et tenir à jour des procédures écrites pour la vérification, le stockage et la préservation du produit fourni par le client pour être incorporé dans le produit fini ou pour des activités qui y sont liées. Tout produit de cette nature perdu, endommagé ou encore impropre à l'utilisation doit être enregistré et le client doit en être informé (voir 4.16).

La vérification par le fournisseur ne décharge pas le client de sa responsabilité de fournir un produit acceptable.

4.8 Kennzeichnung und Rückverfolgbarkeit von Produkten

Wo und in dem Ausmaß, in dem Rückverfolgbarkeit eine festgelegte Forderung ist, muß der Lieferant Verfahrensanwei-

4.8 Product identification and traceability

Where and to the extent that traceability is a specified requirement, the supplier shall establish and maintain documented procedures for unique identification

4.8 Identification et traçabilité du produit

Lorsque et dans la mesure où la traçabilité est une exigence spécifiée, le fournisseur doit établir et tenir à jour des procédures écrites pour l'identification sungen für eine eindeutige Kennzeichnung eines einzelnen Produkts oder einer einzelnen Charge erstellen und aufrechterhalten. Diese Kennzeichnung muß aufgezeichnet werden (siehe Abschnitt 4.16).

4.9 Prozeßlenkung

Der Anwendungsbereich dieser Internationalen Norm schließt Forderungen an die Qualitätssicherung/QM-Darlegung bezüglich Prozeßlenkung nicht ein. Dieser Abschnitt ist eingefügt zur Angleichung der Abschnittsnumerierung an ISO 9001.

4.10 Prüfungen

4.10.1 Allgemeines

Der Lieferant muß für Tätigkeiten der Endprüfung Verfahrensanweisungen erstellen und aufrechterhalten, um zu verifizieren, daß die festgelegte Qualitätsforderung an das Endprodukt erfüllt wird. Die verlangte Endprüfung und die zu erstellenden Aufzeichnungen müssen im QM-Plan oder in Verfahrensanweisungen im einzelnen festgelegt sein.

4.10.2 Endprüfung

Der Lieferant muß alle Endprüfungen entsprechend dem QM-Plan und/oder den Verfahrensanweisungen ausführen und angemessene Aufzeichnungen aufbewahren, um den Nachweis der Erfüllung der festgelegten Qualitätsforderung durch das Produkt zu vervollständigen. Sollte die Erfüllung der festgelegten Qualitätsforderung am Endprodukt nicht vollständig verifiziert werden können, dann muß eine Verifizierung annehmbarer Ergebnisse anderer, vorher durchgeführter erforderlicher Qualitätsprüfungen einbezogen werden, um die Erfüllung der Produktforderung anläßlich der Endprüfung zu verifizieren.

Aufzeichnungen müssen die verantwortliche Prüfbefugnis für die Freigabe eines zufriedenstellenden Produkts ausweisen (siehe Abschnitt 4.16).

4.11 Prüfmittelüberwachung

4.11.1 Allgemeines

Der Lieferant muß Verfahrensanweisungen erstellen und aufrechterhalten, um die durch ihn zur Darlegung der Konformität von Produkten mit der festgelegten Qualitätsforderung benutzten Prüfmittel[5]) (eingeschlossen Prüfsoftware) zu überwachen, zu kalibrieren und instandzuhalten. Prüfmittel müssen in einer Weise benutzt werden, die sicherstellt, daß die Meßunsicherheit bekannt und mit der betreffenden Forderung vereinbar ist.

---

[5]) Fußnote in der deutschsprachigen Fassung: Prüfmittel sind z. B. Meßeinrichtungen und Lehren.

of individual product or batches. This identification shall be recorded (see 4.16).

4.9 Process control

The scope of this International Standard does not include quality system requirements for process control. This subclause is included to align the clause numbering with ISO 9001.

4.10 Inspection and testing

4.10.1 General

The supplier shall establish and maintain documented procedures for final inspection and testing activities in order to verify that the specified requirements for finished product are met. The required final inspection and testing, and the records to be established, shall be detailed in the quality plan or documented procedures.

4.10.2 Final inspection and testing

The supplier shall carry out all final inspection and testing in accordance with the quality plan and/or documented procedures and maintain appropriate records to complete the evidence of conformance of product to the specified requirements. When conformance to the specified requirements cannot be fully verified on the finished product, then a verification of acceptable results of other necessary inspection and tests performed previously shall be included for the purpose of verifying conformance to product requirements at final inspection and test.

Records shall identify the inspection authority responsible for the release of conforming product (see 4.16).

4.11 Control of inspection, measuring and test equipment

4.11.1 General

The supplier shall establish and maintain documented procedures to control, calibrate and maintain final inspection, measuring and test equipment (including test software) used by the supplier to demonstrate the conformance of product to the specified requirements. Inspection, measuring and test equipment shall be used in a manner which ensures that the measurement uncertainty is known and is consistent with the required measurement capability.

spécifique de produits ou de lots particuliers. Cette identification doit être enregistrée (voir 4.16).

4.9 Maîtrise des processus

Le domaine d'application de la présente Norme internationale ne comprend pas d'exigences de système qualité pour la maîtrise des processus. Ce paragraphe est inclus afin d'aligner la numérotation des articles avec l'ISO 9001.

4.10 Contrôles et essais

4.10.1 Généralités

Le fournisseur doit établir et tenir à jour des procédures écrites pour les opérations de contrôles et d'essais finals afin de vérifier que les exigences spécifiées pour le produit fini sont respectées. Les contrôles et essais finals requis ainsi que les enregistrements à effectuer doivent figurer dans le plan qualité ou dans des procédures écrites.

4.10.2 Contrôle: et essais finals

Le fournisseur doit effectuer tous les contrôles et essais finals conformément au plan qualité et/ou aux procédures écrites; il doit également tenir à jour les enregistrements appropriés afin de démontrer la conformité du produit aux exigences spécifiées. Lorsque la conformité aux exigences spécifiées ne peut pas être entièrement vérifiée sur le produit fini, la vérification des résultats acceptables issus des contrôles et essais obligatoires effectués auparavant doit alors être incluse aux contrôles et essais finals à titre de vérification de la conformité aux exigences du produit.

Les enregistrements doivent identifier l'autorité de contrôle responsable de la mise en circulation d'un produit conforme (voir 4.16).

4.11 Maîtrise des équipements de contrôle, de mesure et d'essai

4.11.1 Généralités

Le fournisseur doit établir et tenir à jour des procédures écrites pour maîtriser, étalonner et maintenir en état les équipements de contrôle, de mesure et d'essai final (y compris les logiciels d'essais) utilisés par le fournisseur pour démontrer la conformité du produit aux exigences spécifiées. Les équipements de contrôle, de mesure et d'essai doivent être utilisés de façon à assurer que l'incertitude de mesure est connue et compatible avec l'aptitude requise en matière de mesurage.

Wo Prüfsoftware oder Bezugsnormale wie Prüfhardware als geeignete Mittel zur Prüfung benutzt werden, müssen sie geprüft werden, um nachzuweisen, daß sie geeignet sind, die Annehmbarkeit eines Produkts zu verifizieren, bevor sie zur Benutzung bei der Endprüfung freigegeben werden, und sie müssen in vorgegebenen Intervallen einer wiederkehrenden Prüfung unterzogen werden. Der Lieferant muß Umfang und Häufigkeit solcher Prüfungen festlegen und Aufzeichnungen als Überwachungsnachweis aufbewahren (siehe Abschnitt 4.16).

Wo die Verfügbarkeit der die Prüfmittel betreffenden technischen Daten eine festgelegte Forderung ist, müssen solche Daten zugänglich gemacht werden, wenn sie vom Kunden oder seinem Beauftragten für die Verifizierung angefordert werden, um prüfen zu können, ob die Prüfmittel in ihrer Funktion angemessen sind.

ANMERKUNG 11: Für diese Internationale Norm schließt der Begriff Meßeinrichtung Meßgeräte ein.

Where test software or comparative references such as test hardware are used as suitable forms of inspection, they shall be checked to prove that they are capable of verifying the acceptability of product, prior to release for use during final inspection and testing and shall be rechecked at prescribed intervals. The supplier shall establish the extent and frequency of such checks and shall maintain records as evidence of control (see 4.16).

Where the availability of technical data pertaining to the inspection, measuring and test equipment is a specified requirement, such data shall be made available, when required by the customer or customer's representative, for verification that the inspection, measuring and test equipment is functionally adequate.

NOTE 11: For the purposes of this International Standard, the term "measuring equipment" includes measurement devices.

Lorsque des logiciels d'essai ou des références de comparaison, tels que des matériels d'essai, sont utilisés comme moyens de contrôle appropriés, ils doivent être vérifiés pour démontrer qu'ils sont capables de contrôler que le produit est acceptable, avant sa mise en circulation pour utilisation lors des contrôles et essais finals, et doivent être vérifiés de nouveau aux intervalles prescrits. Le fournisseur doit fixer l'étendue et la fréquence de telles vérifications et conserver des enregistrements comme preuve de sa maîtrise des équipements considérés (voir 4.16).

Lorsque la disponibilité des données techniques relatives aux équipements de contrôle, de mesure et d'essai est une exigence spécifiée, de telles données doivent être mises à la disposition du client ou de son représentant, à leur demande, afin de vérifier que les équipements de contrôle, de mesure et d'essai conviennent sur le plan fonctionnel.

NOTE 11: Dans le cadre de la présente Norme internationale, le terme équipement de mesure comprend les appareils et instruments de mesure.

4.11.2 Überwachungsverfahren

Der Lieferant muß

a) die durchzuführenden Messungen und die geforderte Genauigkeit festlegen sowie die geeigneten Prüfmittel auswählen, die bezüglich der erforderlichen Richtigkeit und Präzision (erforderliche Genauigkeit) geeignet sind;

b) alle Prüfmittel, welche die Produktqualität betreffen können, identifizieren und sie in vorgegebenen Intervallen oder vor dem Einsatz kalibrieren und justieren, und zwar mit zertifizierten Mitteln, die in bekannter Weise an anerkannte internationale oder nationale Normale angeschlossen sind. Wo solche Normale nicht existieren, muß die benutzte Kalibriergrundlage dokumentiert werden;

c) den für die Kalibrierung von Prüfmitteln angewendeten Prozeß festlegen, eingeschlossen Einzelheiten zu Gerätetyp, eindeutiger Identifikation, Einsatzort, Prüfhäufigkeit und -methode, Annahmekriterien sowie zu den durchzuführenden Maßnahmen bei nicht zufriedenstellenden Ergebnissen;

d) zur Aufzeigung des Kalibrierstatus Prüfmittel mit einem geeigneten Indikator oder mit einer anerkannten Identifikationsaufzeichnung identifizieren;

4.11.2 Control procedure

The supplier shall:

a) determine the measurements to be made and the accuracy required, and select the appropriate inspection, measuring and test equipment that is capable of the necessary accuracy and precision;

b) identify all inspection, measuring and test equipment that can affect product quality, and calibrate and adjust them at prescribed intervals, or prior to use, against certified equipment having a known valid relationship to internationally or nationally recognized standards. Where no such standards exist, the basis used for calibration shall be documented;

c) define the process employed for the calibration of inspection, measuring and test equipment, including details of equipment type, unique identification, location, frequency of checks, check method, acceptance criteria and the action to be taken when results are unsatisfactory;

d) identify inspection, measuring and test equipment with a suitable indicator or approved identification record to show the calibration status;

4.11.2 Procédures de maîtrise

Le fournisseur doit

a) déterminer les mesurages à effectuer, l'exactitude requise et sélectionner l'équipement de contrôle, de mesure et d'essai approprié capable d'apporter l'exactitude et la précision nécessaires;

b) identifier tous les équipements de contrôle, de mesure et d'essai qui peuvent avoir une influence sur la qualité du produit, les étalonner et les régler aux intervalles prescrits, ou avant utilisation, par rapport à des équipements certifiés reliés de façon valable à des étalons reconnus au plan international ou national. Lorsque ces étalons n'existent pas, la référence utilisée pour l'étalonnage doit faire l'objet d'une description écrite;

c) définir le processus utilisé pour l'étalonnage des équipements de contrôle, de mesure et d'essai en détaillant le type d'équipement, l'identification spécifique, l'emplacement, la fréquence des vérifications, la méthode de vérification, les critères d'acceptation et l'action à entreprendre lorsque les résultats ne sont pas satisfaisants;

d) identifier les équipements de contrôle, de mesure et d'essai avec un marquage approprié ou un enregistrement d'identification approuvé pour indiquer la validité de l'étalonnage;

e) Aufzeichnungen über Kalibrierung von Prüfmitteln aufbewahren (siehe Abschnitt 4.16).

f) die Gültigkeit von Ergebnissen vorausgegangener Qualitätsprüfungen bewerten und dokumentieren, wenn ein Prüfmittel bei der Kalibrierung als fehlerhaft befunden wurde;

g) sicherstellen, daß die Umgebungsbedingungen für die durchzuführenden Kalibrierungen, Prüfungen und Messungen geeignet sind;

h) sicherstellen, daß die Handhabung, der Schutz und die Lagerung von Prüfmitteln so erfolgen, daß die Genauigkeit und Gebrauchstauglichkeit aufrechterhalten bleiben;

i) Prüfmittel samt Prüfhardware und -software vor Verstellungen schützen, welche die Kalibriereinstellung ungültig machen würden.

ANMERKUNG 12: Das meßtechnische Bestätigungssystem für Meßmittel nach ISO 10012 kann als Leitfaden benutzt werden.

e) maintain calibration records for inspection, measuring and test equipment (see 4.16);

f) assess and document the validity of previous inspection and test results when inspection, measuring or test equipment is found to be out of calibration;

g) ensure that the environmental conditions are suitable for the calibrations, inspections, measurements and tests being carried out;

h) ensure that the handling, preservation and storage of inspection, measuring and test equipment is such that the accuracy and fitness for use are maintained;

i) safeguard inspection, measuring and test facilities, including both test hardware and test software, from adjustments which would invalidate the calibration setting.

NOTE 12: The metrological confirmation system for measuring equipment given in ISO 10012 may be used for guidance.

e) conserver des enregistrements d'étalonnage pour les équipements de contrôle, de mesure et d'essai (voir 4.16);

f) évaluer et consigner par écrit la validité de résultats de contrôle et d'essai antérieurs lorsque les équipements de contrôle, de mesure et d'essai s'avèrent être en dehors des limites fixées pour l'étalonnage;

g) assurer que les conditions d'environnement sont appropriées pour la réalisation des étalonnages, contrôles, mesures et essais;

h) assurer que la manutention, la préservation et le stockage des équipements de contrôle, de mesure et d'essai sont tels que l'exactitude et l'aptitude à l'emploi sont maintenues;

i) protéger les moyens de contrôle, de mesure et d'essai, y compris les matériels et les logiciels d'essai, contre des manipulations qui invalideraient les réglages d'étalonnage.

NOTE 12: Les exigences en matière d'assurance de la qualité des équipements de mesure données dans l'ISO 10012 peuvent être utilisées en tant que guide.

4.12 Prüfstatus

Der Prüfstatus eines Produkts muß durch geeignete Mittel gekennzeichnet werden, welche die Konformität oder Nichtkonformität eines Produkts im Hinblick auf die durchgeführten Qualitätsprüfungen anzeigen. Die Kennzeichnung des Prüfstatus muß beibehalten werden, wie im QM-Plan und/oder in Verfahrensanweisungen festgelegt, um sicherzustellen, daß nur ein Produkt versandt wird, das die geforderte Endprüfung bestanden hat, (oder das nach einer genehmigten Sonderfreigabe (nach Realisierung) freigegeben wurde (siehe Abschnitt 4.13)).

4.12 Inspection and test status

The inspection and test status of product shall be identified by suitable means, which indicate the conformance or nonconformance of product with regard to inspection and tests performed. The identification of inspection and test status shall be maintained, as defined in the quality plan and/or documented procedures to ensure that only product that has passed the required final inspection and test (or released under an authorized concession (see 4.13)) is dispatched.

4.12 État des contrôles et des essais

L'état des contrôles et des essais du produit doit être identifié par des moyens appropriés qui indiquent la conformité ou la non-conformité du produit par rapport aux contrôles et essais effectués. L'identification de l'état des contrôles et des essais doit être tenue à jour, conformément au plan qualité et/ ou aux procédures écrites, afin d'assurer que seul le produit qui a subi avec succès les contrôles et essais finals requis (ou a été mis en circulation par dérogation autorisée (voir 4.13)) est expédié.

4.13 Lenkung fehlerhafter Produkte

Der Lieferant muß eine Überwachung von Produkten einrichten und aufrechterhalten, welche die festgelegte Qualitätsforderung nicht erfüllen, um sicherzustellen, daß eine unbeabsichtigte Benutzung oder Lieferung ausgeschlossen ist.

Diese Lenkung muß sorgen für: Kennzeichnung, Dokumentation, Beurteilung, Absonderung (wenn ausführbar), Behandlung fehlerhafter Produkte und für eine Benachrichtigung der betroffenen Stellen.

Die Beschreibung von Reparaturen sowie eines durch genehmigte Sonderfreigabe akzeptierten Fehlers muß aufgezeichnet werden, um den tatsächlichen Zustand zu bezeichnen (siehe Abschnitt 4.16).

4.13 Control of nonconforming product

The supplier shall establish and maintain control of product that does not conform to specified requirements to ensure that unintended use or delivery is avoided.

Control shall provide for identification, documentation, evaluation, segregation (when practical), disposition of nonconforming product and for notification to the functions concerned.

The description of repairs, and of any nonconformity that has been accepted under authorized concession, shall be recorded to denote the actual condition (see 4.16).

4.13 Maîtrise du produit non conforme

Le fournisseur doit établir et conserver la maîtrise du produit qui n'est pas conforme aux exigences spécifiées afin d'assurer qu'il ne puisse être utilisé ou livré de façon non intentionnelle.

La maîtrise doit comprendre l'identification, la documentation, l'évaluation, l'isolement (lorsqu'il est possible), le traitement du produit non conforme et la notification aux fonctions concernées.

La description des réparations et de toute nonconformité qui a été acceptée par dérogation officielle doit être enregistrée pour indiquer l'état réel (voir 4.16).

Ein repariertes und/oder nachgearbeitetes Produkt muß entsprechend dem QM-Plan und/oder Verfahrensanweisungen erneut geprüft werden.

Repaired and/or reworked product shall be reinspected in accordance with the quality plan and/or documented procedures.

Le produit réparé et/ou repris doit être contrôlé de nouveau conformément aux exigences du plan qualité et/ou des procédures écrites.

4.14 Korrektur- und Vorbeugungsmaßnahmen

Der Lieferant muß

a) Fehler untersuchen, die aufgrund der Analyse von Berichten über die Endprüfung und aufgrund von Kundenbeschwerden über das Produkt festgestellt worden sind;

b) bezüglich der Fehler angemessene Korrekturmaßnahmen festlegen und verwirklichen;

c) sicherstellen, daß sachdienliche Information über ergriffene Maßnahmen für eine QM-Bewertung vorgelegt wird (siehe Abschnitt 4.1.3).

4.14 Corrective action

The supplier shall:

a) investigate nonconformities that have been identified from the analysis of final inspection and test reports and customer complaints of product;

b) determine and implement appropriate corrective action on the nonconformities;

c) ensure that relevant information on the actions taken is submitted for management review (see 4.1.3).

4.14 Actions correctives

Le fournisseur doit:

a) rechercher les non-conformités identifiées d'après l'analyse des rapports sur les contrôles et essais finals ainsi que des plaintes du client vis-à-vis du produit;

b) déterminer et mettre en œuvre les actions correctives pour traiter les non-conformités;

c) s'assurer que les informations relatives aux actions correctives prises sont soumises à une revue de direction (voir 4.1.3).

4.15 Handhabung, Lagerung, Verpackung, Konservierung und Versand

4.15.1 Allgemeines

Der Lieferant muß Verfahrensanweisungen für Handhabung, Lagerung, Verpackung, Konservierung und Versand eines Endprodukts nach der Endprüfung erstellen und aufrechterhalten.

4.15.2 Handhabung

Der Lieferant muß Methoden für die Produkthandhabung vorsehen, die eine Beschädigung oder Beeinträchtigung verhindern.

4.15.3 Lagerung

Der Lieferant muß gekennzeichnete Lagerbereiche oder Lagerräume vorsehen, um eine Produkt-Beschädigung oder -Beeinträchtigung bis zur Verwendung oder Lieferung zu verhindern. Geeignete Methoden für die Erteilung der Befugnis zur Annahme und zur Lieferung an und aus solchen Bereichen müssen festgesetzt werden.

Der Produkt-Zustand im Lager muß in angemessenen Intervallen beurteilt werden, um eine Beeinträchtigung zu entdecken.

4.15.4 Verpackung

Der Lieferant muß die Prozesse des Einpackens, Verpackens und Kennzeichnens (eingeschlossen die dafür benutzten Materialien) im nötigen Umfang überwachen, um die Erfüllung der festgelegten Qualitätsforderung sicherzustellen.

4.15.5 Konservierung

Der Lieferant muß angemessene Methoden für Konservierung und Getrennthalten eines Produkts anwenden, solange es sich in seiner Verfügungsgewalt befindet.

4.15 Handling, storage, packaging, preservation and delivery

4.15.1 General

The supplier shall establish and maintain documented procedures for handling, storage, packaging, preservation and delivery of completed product after final inspection and test.

4.15.2 Handling

The supplier shall provide methods of handling product that prevent damage or deterioration.

4.15.3 Storage

The supplier shall use designated storage areas or stock rooms to prevent damage or deterioration of product, pending delivery. Appropriate methods for authorizing receipt to and dispatch from such areas shall be stipulated.

In order to detect deterioration, the condition of product in stock shall be assessed at appropriate intervals.

4.15.4 Packaging

The supplier shall control packing, packaging and marking processes (including materials used) to the extent necessary to ensure conformance to specified requirements.

4.15.5 Preservation

The supplier shall apply appropriate methods for preservation and segregation of product when the product is under the supplier's control.

4.15 Manutention, stockage, conditionnement, préservation et livraison

4.15.1 Généralités

Le fournisseur doit établir et tenir à jour des procédures écrites pour la manutention, le stockage, le conditionnement, la préservation et la livraison du produit fini après contrôle et essai finals.

4.15.2 Manutention

Le fournisseur doit prévoir des méthodes et des moyens de manutention du produit qui empêchent son endommagement ou sa détérioration.

4.15.3 Stockage

Le fournisseur doit utiliser les aires ou les locaux de stockage désignés afin d'empêcher l'endommagement ou la détérioration du produit lorsqu'il est en attente de livraison. Des méthodes appropriées doivent être prescrites pour autoriser la réception dans ces aires et l'expédition à partir de celles-ci.

L'état du produit en stock doit être évalué à intervalles appropriés afin de détecter toute détérioration.

4.15.4 Conditionnement

Le fournisseur doit maîtriser les processus d'emballage, de conditionnement et de marquage (y compris les matériaux utilisés) autant qu'il est nécessaire pour assurer la conformité aux exigences spécifiées.

4.15.5 Préservation

Le fournisseur doit appliquer des méthodes appropriées pour la préservation et l'isolement du produit lorsque le produit est sous le contrôle du fournisseur.

4.15.6 Versand

Der Lieferant muß nach der Endprüfung für die Bewahrung der Qualität des Produkts sorgen. Wo es vertraglich festgelegt ist, muß dieser Schutz ausgedehnt werden bis zur Einbeziehung der Auslieferung am Bestimmungsort.

4.16 Lenkung von Qualitätsaufzeichnungen

Der Lieferant muß eine Überwachung angemessener Qualitätsaufzeichnungen einrichten und aufrechterhalten, um darzulegen, daß das Endprodukt eine festgelegte Qualitätsforderung erfüllt und das QM-System wirksam arbeitet.

Qualitätsaufzeichnungen müssen leserlich sein und dem betreffenden Produkt zugeordnet werden können. Qualitätsaufzeichnungen, welche die Erfüllung der festgelegten Qualitätsforderung durch das Endprodukt sowie das wirksame Arbeiten des QM-Systems belegen, müssen für eine vereinbarte Zeitspanne aufbewahrt und auf Verlangen zugänglich gemacht werden.

ANMERKUNG 13: Aufzeichnungen können in beliebiger Form existieren wie etwa als Papierkopie oder als elektronische Medien.

4.17 Interne Qualitätsaudits

Der Lieferant muß interne Qualitätsaudits durchführen, um zu prüfen, ob die qualitätsbezogenen Tätigkeiten und zugehörige Ergebnisse die geplanten Festlegungen sowie die Forderungen dieser Internationalen Norm erfüllen, und um die Wirksamkeit des QM-Systems festzustellen.

Interne Qualitätsaudits müssen entsprechend dem Status und der Bedeutung der Tätigkeit, die zu auditieren ist, in einem Plan festgelegt und von Personal ausgeführt werden, das unabhängig von demjenigen ist, das direkte Verantwortung für die zu auditierende Tätigkeit hat.

Die Ergebnisse der internen Qualitätsaudits müssen aufgezeichnet (siehe Abschnitt 4.16) und zur Kenntnis jenes Personals gebracht werden, das Verantwortung im auditierten Bereich hat. Die für den Bereich verantwortlichen Führungskräfte müssen rechtzeitig Korrekturmaßnahmen im Hinblick auf die beim Qualitätsaudit gefundenen Unzulänglichkeiten ergreifen.

Tätigkeiten von Folgeaudits müssen die Verwirklichung und Wirksamkeit der ergriffenen Korrekturmaßnahmen prüfen und aufzeichnen (siehe Abschnitt 4.16).

ANMERKUNG 14: Die Ergebnisse interner Qualitätsaudits sind ein integraler Bestandteil der Eingabeinformation für Tätigkeiten der QM-Bewertung (siehe Abschnitt 4.1.3).

4.15.6 Delivery

The supplier shall arrange for the protection of the quality of product after final inspection and test. Where contractually specified, this protection shall be extended to include delivery to destination.

4.16 Control of quality records

The supplier shall establish and maintain control of appropriate quality records to demonstrate conformance of the finished product to specified requirements and the effective operation of the quality system.

Quality records shall be legible and identifiable to the product involved. Quality records that substantiate conformance of the finished product with the specified requirements and the effective operation of the quality system shall be retained for an agreed period and made available on request.

NOTE 13: Records may be in the form of any type of media, such as hard copy or electronic media.

4.17 Internal quality audits

The supplier shall carry out internal quality audits to verify whether quality activities and related results comply with planned arrangements covering the requirements of this International Standard and to determine the effectiveness of the quality system.

Internal quality audits shall be scheduled on the basis of the status and importance of the activity to be audited and shall be carried out by personnel independent of those having direct responsibility for the activity being audited.

The results of the audits shall be recorded (see 4.16) and brought to the attention of the personnel having responsibility in the area audited. The management personnel responsible for the area shall take timely corrective action on deficiencies found during the audit.

Follow-up audit activities shall verify and record the implementation and effectiveness of the corrective action taken (see 4.16).

NOTE 14: The results of internal quality audits form an integral part of the input to management review activities (see 4.1.3).

4.15.6 Livraison

Le fournisseur doit prendre des dispositions pour la protection de la qualité du produit après les contrôles et essais finals. Lorsque cela est spécifié contractuellement, cette protection doit être étendue pour inclure la livraison à destination.

4.16 Maîtrise des enregistrements relatifs à la qualité

Le fournisseur doit établir et conserver la maîtrise des enregistrements appropriés relatifs à la qualité de manière à démontrer que le produit fini est conforme aux exigences spécifiées et que le système qualité fonctionne réellement.

Les enregistrements relatifs à la qualité doivent être lisibles et identifiables par rapport au produit concerné. Ces enregistrements qui attestent de la conformité du produit fini avec les exigences spécifiées et du fonctionnement réel du système qualité doivent être conservés pendant une durée convenue et être disponibles sur simple demande.

NOTE 13: Les enregistrements peuvent se présenter sur tout support, tel que support papier ou support informatique.

4.17 Audits qualité internes

Le fournisseur doit effectuer des audits qualité internes, afin de vérifier si les activités relatives à la qualité et les résultats correspondants sont conformes aux dispositions prévues couvrant les exigences de la présente Norme internationale et de déterminer l'efficacité du système qualité.

Les audits qualité internes doivent être programmés en fonction de la nature et de l'importance de l'activité soumise à l'audit. Ils doivent être conduits par des personnes indépendantes de celles qui ont la responsabilité directe de l'activité auditée.

Les résultats des audits doivent être enregistrés (voir 4.16) et portés à la connaissance des personnes qui ont la responsabilité du domaine soumis à l'audit. Les responsables de ce domaine doivent engager des actions correctives en temps utile pour remédier aux déficiences trouvées lors de l'audit.

Les activités de suivi d'audit doivent comprendre la vérification et l'enregistrement de la mise en œuvre et de l'efficacité des actions correctives engagées (voir 4.16).

NOTE 14: Les résultats des audits qualité internes font partie intégrante des activités de revue de direction (voir 4.1.3).

ANMERKUNG 15: Ein Leitfaden für das Audit von QM-Systemen ist gegeben in ISO 10011.

4.18 Schulung

Personal, welches Tätigkeiten der Endprüfung in Erfüllung der Forderungen dieser Internationalen Norm ausführt, muß geeignete Erfahrung und/oder Schulung haben, eingeschlossen eine erforderliche Qualifikation für spezifisch übertragene Aufgaben. Zweckentsprechende Aufzeichnungen über Schulung müssen aufbewahrt werden (siehe Abschnitt 4.16).

4.19 Wartung

Der Anwendungsbereich dieser Internationalen Norm schließt Forderungen zur Darlegung des QM-Systems bezüglich Wartung nicht ein. Dieser Abschnitt ist eingefügt zur Angleichung der Abschnittsnumerierung an ISO 9001.

4.20 Statistische Methoden

Der Lieferant muß

a) den Bedarf für statistische Methoden zur Ermittlung der Annehmbarkeit eines Produktmerkmals feststellen;

b) die statistischen Methoden einführen und ihre Anwendung überwachen.

NOTE 15: Guidance on quality system audits is given in ISO 10011.

4.18 Training

Personnel performing final inspection and test activities covering the requirements of this International Standard shall have appropriate experience and/or training, including any necessary qualification for specific assigned tasks. Appropriate records of training shall be maintained (see 4.16).

4.19 Servicing

The scope of this International Standard does not include quality system requirements for servicing. This subclause is included to align the clause numbering with ISO 9001.

4.20 Statistical techniques

The supplier shall:

a) identify the need for statistical techniques required for the acceptability of product characteristics;

b) implement and control the application of the statistical techniques.

NOTE 15: L'ISO 10011 donne des informations relatives aux audits des systèmes qualité.

4.18 Formation

Les personnes chargées des activités de contrôles et d'essais finals couvrant les exigences de la présente Norme internationale doivent avoir une expérience appropriée et/ou une formation offrant la qualification nécessaire à l'accomplissement des tâches assignées particulières. Des enregistrements appropriés de la formation doivent être tenus à jour (voir 4.16).

4.19 Prestations associées

Le domaine d'application de la présente Norme internationale ne comprend pas d'exigences de système qualité pour les prestations associées. Ce paragraphe est inclus afin d'aligner la numérotation des articles avec l'ISO 9001.

4.20 Techniques statistiques

Le fournisseur doit:

a) identifier les besoins en techniques statistiques requises pour l'acceptabilité des caractéristiques du produit;

b) mettre en œuvre et maîtriser l'application des techniques statistiques.

Anhang A (informativ)

Literaturhinweise

[1] ISO 9000-1:1994
Normen zum Qualitätsmanagement und zur Qualitätssicherung/QM-Darlegung – Leitfaden zur Auswahl und Anwendung

[2] ISO 9000-2:1993
Qualitätsmanagement und Qualitätssicherungsnormen – Allgemeiner Leitfaden zur Anwendung von ISO 9001, ISO 9002 und ISO 9003

[3] ISO 9000-3:1991
Qualitätsmanagement und Qualitätssicherungsnormen – Leitfaden für die Anwendung von ISO 9001 auf die Entwicklung, Lieferung und Wartung von Software

[4] ISO 9001:1994
Qualitätsmanagementsysteme; Modell zur Qualitätssicherung/QM-Darlegung in Design Entwicklung, Produktion, Montage und Wartung

[5] ISO 9002:1994
Qualitätsmanagementsysteme; Modell zur Qualitätssicherung/QM-Darlegung in Produktion, Montage und Wartung

[6] ISO 10011-1:1990
Leitfaden für das Audit von Qualitätssicherungssystemen; Auditdurchführung

[7] ISO 10011-2:1991
Leitfaden für das Audit von Qualitätssicherungssystemen; Qualifikationskriterien für Qualitätsauditoren

[8] ISO 10011-3:1991
Leitfaden für das Audit von Qualitätssicherungssystemen; Management von Auditprogrammen

[9] ISO 10012-1:1992
Forderungen an die Qualitätssicherung für Meßmittel; Bestätigungssystem für Meßmittel

[10] ISO 10013:–[1])
Leitfaden für die Erstellung von Qualitätsmanagement - Handbüchern

[11] ISO/TR 13424:–[1])
Leitfaden zur Auswahl statistischer Methoden in normung und Spezifikation

[1]) Veröffentlichung ist vorgesehen.

Annex A (informative)

Bibliography

[1] ISO 9000-1:1994
Quality management and quality assurance standards – Part 1: Guidelines for selection and use

[2] ISO 9000-2:1993
Quality management and quality assurance standards – Part 2: Generic guidelines for the application of ISO 9001, ISO 9002 and ISO 9003

[3] ISO 9000-3:1991
Quality management and quality assurance standards – Part 3: Guidelines for the application of ISO 9001 to the development, supply and maintenance of software

[4] ISO 9001:1994
Quality systems – Model for quality assurance in design, development, production, installation and servicing

[5] ISO 9002:1994
Quality systems – Model for quality assurance in production, installation and servicing

[6] ISO 10011-1:1990
Guidelines for auditing quality systems – Part 1: Auditing

[7] ISO 10011-2:1991
Guidelines for auditing quality systems – Part 2: Qualification criteria for quality systems auditors

[8] ISO 10011-3:1991
Guidelines for auditing quality systems – Part 3: Management of audit programmes

[9] ISO 10012-1:1992
Quality assurance requirements for measuring equipment – Part 1: Metrological confirmation system for measuring equipment

[10] ISO 10013:–[1])
Guidelines for developing quality manuals

[11] ISO/TR 13425:–[1])
Guidelines for the selection of statistical methods in standardization and specification

[1]) To be published.

Annexe A (informative)

Bibliographie

[1] ISO 9000-1:1994
Normes pour le management de la qualité et l'assurance de la qualité – Partie 1: Lignes directrices pour leur sélection et utilisation

[2] ISO 9000-2:1993
Normes pour le management de la qualité et l'assurance de la qualité – Partie 2: Lignes directrices pour l'application de l'ISO 9001, l'ISO 9002 et l'ISO 9003

[3] ISO 9000-3:1991
Normes pour la gestion de la qualité et l'assurance de la qualité – Partie 3: Lignes directrices pour l'application de l'ISO 9001 au développement, à la mise à disposition et à la maintenance du logiciel

[4] ISO 9001:1994
Systèmes qualité – Modèle pour l'assurance de la qualité en conception, développement, production, installation et prestations associées

[5] ISO 9002:1994
Systèmes qualité – Modèle pour l'assurance de la qualité en production, installation et prestations associées

[6] ISO 10011-1:1990
Lignes directrices pour l'audit des systèmes qualité – Partie 1: Audit

[7] ISO 10011-2:1991
Lignes directrices pour l'audit des systèmes qualité – Partie 2: Critères de qualification pour les auditeurs de systèmes qualité

[8] ISO 10011-3:1991
Lignes directrices pour l'audit des systèmes qualité – Partie 3: Gestion des programmes d'audit

[9] ISO 10012-1:1992
Exigences d'assurance de la qualité des équipements de mesure – Partie 1: Confirmation métrologique de l'équipement de mesure

[10] ISO 10013: –[1])
Lignes directrices pour l'élaboration des manuels qualité

[11] ISO/TR 13425: –[1])
Lignes directrices pour la sélection des méthodes statistiques dans la normalisation et les spécifications

[1]) À publier.

August 1994

Qualitätsmanagement und Elemente eines Qualitätsmanagementsystems

Teil 1: Leitfaden

(ISO 9004-1 : 1994) Dreisprachige Fassung EN ISO 9004-1 : 1994

DIN

EN ISO 9004-1

ICS 03.120.10

Ersatz für DIN ISO 9004 : 1990-05

Deskriptoren: Qualitätsmanagement, Qualitätssicherung, Qualitätssicherungssystem, Leitfaden

Quality management and quality system elements – Part 1: Guidelines (ISO 9004-1 : 1994), Trilingual version EN ISO 9004-1 : 1994

Management de la qualité et éléments de système qualité – Partie 1: Lignes directrices (ISO 9004-1 : 1994), Version trilingue EN ISO 9004-1 : 1994

Die Europäische Norm EN ISO 9004-1 : 1994 hat den Status einer Deutschen Norm.

Nationales Vorwort

Vertrauen in die Fähigkeiten eines Lieferanten zu gewinnen, daß er festgelegte Mindestforderungen an sein Qualitätsmanagementsystem erfüllt, wird heute weltweit immer mehr eine Voraussetzung für die Zusammenarbeit zwischen dem Kunden und seinem Lieferanten. Dieses Vertrauen kann durch die Darlegung des Qualitätsmanagementsystems gegenüber dem Kunden oder einer autorisierten Stelle gebildet werden. Alle in diesem Rahmen geplanten, systematischen, vertrauensbildenden Tätigkeiten werden nach DIN EN ISO 8402 als Qualitätssicherung oder Qualitätsmanagementdarlegung (kurz: QM-Darlegung) benannt. Dem Normenanwender bleibt es überlassen, welche der beiden Benennungen er verwendet. Im folgenden werden jeweils beide Benennungen genannt, die durch einen Schrägstrich getrennt sind: Qualitätssicherung/QM-Darlegung.

Die Normen DIN EN ISO 9001, DIN EN ISO 9002 und DIN EN ISO 9003 enthalten jeweils ein Modell zur Qualitätssicherung/QM-Darlegung. Nur diese drei Normen der DIN EN ISO 9000-Familie [1]) sind für Darlegungszwecke vorgesehen. Diese Normen zeigen einen Weg zur Schaffung von Vertrauen in die Fähigkeit eines Lieferanten auf.

Das Qualitätsmanagement einer Organisation wird durch zahlreiche interne und externe Einflüsse geprägt. Hier sind beispielsweise zu nennen: die Ziele der Organisation, die erzeugten Produkte, die Anspruchsklasse für die Angebotsprodukte, die eingesetzte Technologie, die Größe der Organisation, das Arbeitsumfeld der Organisation, die Mitarbeiter. Ein universell geeignetes Qualitätsmanagementsystem kann es demnach nicht geben; folglich kann man ein solches System auch nicht normen. DIN EN ISO 9004-1 ist daher keine Norm für Qualitätsmanagementsysteme, sondern ein Leitfaden zur Errichtung solcher Systeme.

DIN EN ISO 9000-1 ist ein Leitfaden zur Auswahl der Normen zum Qualitätsmanagement. Sie gibt auch Anleitungen zur Anpassung der Forderungen bezüglich Darlegungsumfang und -grad.

Zur Terminologie des Qualitätsmanagements stehen die Normen DIN EN ISO 8402 sowie die Normenreihe DIN 55350 zur Verfügung.

In den Normen zum Qualitätsmanagement sind keine Forderungen an Produkte festgelegt. Die Erfüllung der Forderungen zur Qualitätssicherung/QM-Darlegung in den Normen DIN EN ISO 9001, DIN EN ISO 9002 und DIN EN ISO 9003 soll – wie oben erläutert – Vertrauen in die Fähigkeit der Organisation bzw. des Lieferanten bilden. Die Einhaltung der Normen zum Qualitätsmanagement ist deshalb kein direkter Nachweis für die Erfüllung der Qualitätsforderung durch das Angebotsprodukt.

Die deutschsprachigen Fassungen wurden zwischen den Normenorganisationen der Bundesrepublik Deutschland, Österreichs und der Schweiz abgestimmt.

Änderungen

Gegenüber DIN ISO 9004 : 1990-05 wurden folgende Änderungen vorgenommen:

- ISO 9004-1 : 1994 übernommen.
- Verschiedene technische und redaktionelle Änderungen.

Frühere Ausgaben

DIN ISO 9004-1: 1987-05, 1990-05

[1]) Zur Definition "DIN EN ISO 9000-Familie" siehe DIN EN ISO 9000-1, Abschnitt 3.6

Fortsetzung Seite 2
und 53 Seiten EN ISO

Normenausschuß Qualitätsmanagement, Statistik und Zertifizierungsgrundlagen (NQSZ)
im DIN Deutsches Institut für Normung e.V.

Nationaler Anhang NA (informativ)

Literaturhinweise

DIN 55350-11	Begriffe zu Qualitätsmanagement und Statistik – Grundbegriffe des Qualitätsmanagements
DIN 55350-12	Begriffe der Qualitätssicherung und Statistik – Merkmalsbezogene Begriffe
DIN 55350-13	Begriffe der Qualitätssicherung und Statistik – Begriffe zur Genauigkeit von Ermittlungsverfahren und Ermittlungsergebnissen
DIN 55350-14	Begriffe der Qualitätssicherung und Statistik – Begriffe der Probenahme
DIN 55350-15	Begriffe der Qualitätssicherung und Statistik – Begriffe zu Mustern
DIN 55350-17	Begriffe der Qualitätssicherung und Statistik – Begriffe der Qualitätsprüfarten
DIN 55350-21	Begriffe der Qualitätssicherung und Statistik – Begriffe der Statistik; Zufallsgrößen und Wahrscheinlichkeitsverteilungen
DIN 55350-22	Begriffe der Qualitätssicherung und Statistik – Begriffe der Statistik; Spezielle Wahrscheinlichkeitsverteilungen
DIN 55350-23	Begriffe der Qualitätssicherung und Statistik – Begriffe der Statistik; Beschreibende Statistik
DIN 55350-24	Begriffe der Qualitätssicherung und Statistik – Begriffe der Statistik; Schließende Statistik
DIN 55350-31	Begriffe der Qualitätssicherung und Statistik – Begriffe der Annahmestichprobenprüfung
DIN 55350-33	Begriffe der Qualitätssicherung und Statistik – Begriffe der statistischen Prozeßlenkung (SPC)
DIN 55350-34	Begriffe der Qualitätssicherung und Statistik – Erkennungsgrenze, Erfassungsgrenze und Erfassungsvermögen
DIN EN ISO 9000-1	Normen zum Qualitätsmanagement und zur Qualitätssicherung/QM-Darlegung – Teil 1: Leitfaden zur Auswahl und Anwendung, (ISO 9000-1 : 1994), Dreisprachige Fassung EN ISO 9000-1 : 1994
DIN EN ISO 9001	Qualitätsmanagementsysteme – Modell zur Qualitätssicherung/QM-Darlegung in Design/Entwicklung, Produktion, Montage und Wartung, (ISO 9001 : 1994), Dreisprachige Fassung EN ISO 9001 : 1994
DIN EN ISO 9002	Qualitätsmanagementsysteme – Modell zur Qualitätssicherung/QM-Darlegung in Produktion, Montage und Wartung, (ISO 9002 : 1994), Dreisprachige Fassung EN ISO 9002 : 1994
DIN EN ISO 9003	Qualitätsmanagementsysteme – Modell zur Qualitätssicherung/QM-Darlegung bei der Endprüfung, (ISO 9003 : 1994), Dreisprachige Fassung EN ISO 9003 : 1994
DIN EN ISO 9004-1	Qualitätsmanagement und Elemente eines Qualitätsmanagementsystems – Teil 1: Leitfaden, (ISO 9004-1 : 1994), Dreisprachige Fassung EN ISO 9004-1 : 1994
E DIN ISO 8402	Qualitätsmanagement und Qualitätssicherung – Begriffe – Identisch mit ISO/DIS 8402 : 1991
E Bbl 1 zu DIN ISO 8402	Qualitätsmanagement und Qualitätsbildung – Anmerkungen zu Grundbegriffen
E DIN ISO 9000-2	Qualitätsmanagement- und Qualitätssicherungsnormen – Allgemeiner Leitfaden zur Anwendung von ISO 9001, ISO 9002 und ISO 9003
DIN ISO 9000-3	Qualitätsmanagement- und Qualitätssicherungsnormen – Leitfaden für die Anwendung von DIN ISO 9001 auf die Entwicklung, Lieferung und Wartung von Software, (Identisch mit ISO 9000-3 : 1991)
DIN ISO 9000-4	Normen zum Qualitätsmanagement und zur Darlegung von Qualitätsmanagementsystemen – Leitfaden zum Management von Zuverlässigkeitsprogrammen, (Identisch mit ISO 9000-4 : 1993 bzw. IEC 300-1 : 1993), Deutsche Fassung EN 60300-1 : 1993
DIN ISO 9004-2	Qualitätsmanagement und Elemente eines Qualitätssicherungssystems – Leitfaden für Dienstleistungen, (Identisch mit ISO 9004-2 : 1991)
E DIN ISO 9004-3	Qualitätsmanagement und Elemente eines Qualitätssicherungssystems – Leitfaden für verfahrenstechnische Produkte, (Identisch mit ISO/DIS 9004-3 : 1992)
E DIN ISO 9004-4	Qualitätsmanagement und Elemente eines Qualitätssicherungssystems – Leitfaden für Qualitätsverbesserung, (Identisch mit ISO/DIS 9004-4 : 1992)
E DIN ISO 9004-7	Qualitätsmanagement und Elemente eines Qualitätssicherungssystems – Leitfaden für Konfigurationsmanagement, (Identisch mit ISO/DIS 9004-7 : 1993)
DIN ISO 10011-1	Leitfaden für das Audit von Qualitätssicherungssystemen – Auditdurchführung, (Identisch mit ISO 10011-1 : 1990)
DIN ISO 10011-2	Leitfaden für das Audit von Qualitätssicherungssystemen – Qualifikationskriterien für Qualitätsauditoren, (Identisch mit ISO 10011-2 : 1991)
DIN ISO 10011-3	Leitfaden für das Audit von Qualitätssicherungssystemen – Management von Auditprogrammen, (Identisch mit ISO 10011-3 : 1991)
DIN ISO 10012	Forderungen an die Qualitätssicherung für Meßmittel – Bestätigungssystem für Meßmittel
E DIN ISO 10013	Leitfaden für die Erstellung von Qualitätsmanagement-Handbüchern (ISO/DIS 10013 : 1993)

EUROPÄISCHE NORM
EUROPEAN STANDARD
NORME EUROPÉENNE

EN ISO 9004-1

Juli 1994

ICS 03.120.10

Ersatz für EN 29004 : 1987

Deskriptoren: Qualitätsmanagement, Qualitätsmanagementsystem, Komponenten, Allgemeine Bedingungen

Deutsche Fassung

Qualitätsmanagement und Elemente eines Qualitätsmanagementsystems
Teil 1: Leitfaden
(ISO 9004-1 : 1994)

Quality management and quality system elements — Part 1: Guidelines
(ISO 9004-1 : 1994)

Management de la qualité et éléments de système qualité — Partie 1: Lignes directrices
(ISO 9004-1 : 1994)

Diese Europäische Norm wurde von CEN am 1994-06-20 angenommen.

Die CEN-Mitglieder sind gehalten, die CEN/CENELEC-Geschäftsordnung zu erfüllen, in der die Bedingungen festgelegt sind, unter denen dieser Europäischen Norm ohne jede Änderung der Status einer nationalen Norm zu geben ist.

Auf dem letzten Stand befindliche Listen dieser nationalen Normen mit ihren bibliographischen Angaben sind beim Zentralsekretariat oder bei jedem CEN-Mitglied auf Anfrage erhältlich.

Diese Europäische Norm besteht in drei offiziellen Fassungen (Deutsch, Englisch, Französisch). Eine Fassung in einer anderen Sprache, die von einem CEN-Mitglied in eigener Verantwortung durch Übersetzung in seine Landessprache gemacht und dem Zentralsekretariat mitgeteilt worden ist, hat den gleichen Status wie die offiziellen Fassungen.

CEN-Mitglieder sind die nationalen Normungsinstitute von Belgien, Dänemark, Deutschland, Finnland, Frankreich, Griechenland, Irland, Island, Italien, Luxemburg, Niederlande, Norwegen, Österreich, Portugal, Schweden, Schweiz, Spanien und dem Vereinigten Königreich.

CEN

EUROPÄISCHES KOMITEE FÜR NORMUNG
European Committee for Standardization
Comité Européen de Normalisation

Zentralsekretariat: rue de Stassart 36, B-1050 Brüssel

Ref.-Nr. EN ISO 9004-1 : 1994 D

Vorwort zur Europäischen Norm

Diese Europäische Norm wurde vom Technischen Komitee ISO/TC 176 "Quality management and quality assurance" der "International Organization for Standardization (ISO)" übernommen und wurde zufolge einer Parallelen Abstimmung von ISO und CEN angenommen.

Diese Europäische Norm ersetzt EN 29004 : 1987.

Diese Europäische Norm muß den Status einer nationalen Norm erhalten, entweder durch Veröffentlichung eines identischen Textes oder durch Anerkennung bis Januar 1995, und etwaige entgegenstehende nationale Normen müssen bis Januar 1995 zurückgezogen werden.

Entsprechend der CEN/CENELEC-Geschäftsordnung sind folgende Länder gehalten, diese Europäische Norm zu übernehmen:

Belgien, Dänemark, Deutschland, Finnland, Frankreich, Griechenland, Irland, Island, Italien, Luxemburg, Niederlande, Norwegen, Österreich, Portugal, Schweden, Schweiz, Spanien und das Vereinigte Königreich.

Anerkennungsnotiz

Der Text der Internationalen Norm ISO 9004-1 : 1994 wurde von CEN ohne jegliche Änderung als Europäische Norm angenommen.

Vorwort

Die ISO (Internationale Organisation für Normung) ist die weltweite Vereinigung nationaler Normungsinstitute (ISO-Mitgliedskörperschaften). Die Erarbeitung Internationaler Normen obliegt den Technischen Komitees der ISO. Jede Mitgliedskörperschaft, die sich für ein Thema interessiert, für das ein Technisches Komitee eingesetzt wurde, ist berechtigt, in diesem Komitee mitzuarbeiten. Internationale (staatliche und nichtstaatliche) Organisationen, die mit der ISO in Verbindung stehen, sind an den Arbeiten ebenfalls beteiligt. Die ISO arbeitet in allen Fragen der elektrotechnischen Normung eng mit der International Electrotechnical Commission (IEC) zusammen.

Die von den Technischen Komitees verabschiedeten Entwürfe zu Internationalen Normen werden den Mitgliedskörperschaften zunächst zur Abstimmung vorgelegt. Die Veröffentlichung als internationale Norm erfordert eine Zustimmung von 75% der Mitgliedskörperschaften, die eine Stimme abgegeben haben.

Foreword

ISO (the International Organization for Standardization) is a worldwide federation of national standards bodies (ISO member bodies). The work of preparing International Standards is normally carried out through ISO technical committees. Each member body interested in a subject for which a technical committee has been established has the right to be represented on that committee. International organizations, governmental and non-governmental, in liaison with ISO, also take part in the work. ISO collaborates closely with the International Electrotechnical Commission (IEC) on all matters of electrotechnical standardization.

Draft International Standards adopted by the technical committees are circulated to the member bodies for voting. Publication as an International Standard requires approval by at least 75% of the member bodies casting a vote.

Avant-propos

L'ISO (Organisation internationale de normalisation) est une fédération mondiale d'organismes nationaux de normalisation (comités membres de l'ISO). L'élaboration des Normes internationales est en général confiée aux comités techniques de l'ISO. Chaque comité membre intéressé par une étude a le droit de faire partie du comité technique créé à cet effet. Les organisations internationales, gouvernementales et non gouvernementales, en liaison avec l'ISO participent également aux travaux. L'ISO collabore étroitement avec la Commission électrotechnique internationale (CEI) en ce qui concerne la normalisation électrotechnique.

Les projets de Normes internationales adoptés par les comités techniques sont soumis aux comités membres pour vote. Leur publication comme Normes internationales requiert l'approbation de 75% au moins des comités membres votants.

Die Internationale Norm ISO 9004-1 ist vom Technischen Komitee TC 176 "Quality management and quality assurance" der ISO, Unterkomitee SC 2 "Quality systems" erstellt worden.

Diese erste Ausgabe von ISO 9004 Teil 1 macht ISO 9004 : 1987 ungültig und ersetzt sie. Sie wurde vorbereitet als Ergebnis der Stellungnahmen, die zu ISO 9004 : 1987 eingegangen sind. ISO fordert, daß alle ihre Normen einer routinemäßigen Fünfjahresprüfung unterzogen werden. Weil ISO 9004 zu einer Normenreihe erweitert worden ist, wurde überlegt, daß die Revision der Ausgabe von 1987 der ISO 9004 der Teil 1 der Reihe werden sollte, also ISO 9004-1.

Die durch die Arbeitsgruppe WG 12 des ISO/TC 176/SC 2 während der Überarbeitung übernommenen Stellungnahmen gründeten sich auf die folgenden Überlegungen:

a) ISO 9004 ist ein Dokument für den internen Gebrauch durch eine Organisation. Es ist nicht als Leitfaden zu ISO 9001, ISO 9002 oder ISO 9003 gedacht. Dafür steht ISO 9000 Teil 2 zur Verfügung.

b) Aus redaktionellen Gründen wurde die Gliederung des Dokuments von 1987 in der Ausgabe von 1994 beibehalten. Die Gliederung aller vier Normen ISO 9001, ISO 9002, ISO 9003 und ISO 9004 wird in der nächsten großen Fünfjahresrevision geändert und aufeinander ausgerichtet werden.

c) Diese Ausgabe ist im wesentlichen eine redaktionelle Revision, um die Terminologie auf ISO 8402 auszurichten und der Notwendigkeit nachzukommen, nicht nur der herstellenden Industrie, sondern auch der verfahrenstechnischen und der Dienstleistungsindustrie besser zu dienen.

d) Diese Ausgabe führt auch einige neuere allgemeine Konzepte zum Qualitätsmanagement ein, wie zum Beispiel, daß alle Tätigkeiten als Prozesse mit Eingaben und Ergebnissen betrachtet werden können.

e) Mehr betont wurden Planungs- und Vorbeugungsmaßnahmen. Deshalb wurden nun Tätigkeiten wie Handhabungs-, Kennzeichnungs- und Verpackungsprozesse zusätzlich unter Qualität bei Auslegung und Design (Abschnitt 8), Qualität von Prozessen (Abschnitt 10) und Prozeßlenkung (Abschnitt 11) behandelt.

f) Bild 1 wurde neu gefaßt, um die qualitätsbezogenen Tätigkeiten während des Lebenszyklus eines Produktes wiederzugeben.

g) Für die finanzielle Berichterstattung über die Wirksamkeit des Qualitätsmanagements sind neue Methoden eingeführt worden.

International Standard ISO 9004-1 was prepared by Technical Committee ISO/TC 176, Quality management and quality assurance, Subcommittee SC 2, Quality systems.

This first edition of ISO 9004-1 cancels and replaces ISO 9004 : 1987, and has been prepared as a result of comments received on ISO 9004 : 1987. ISO requires that all its standards be reviewed every five years and, as ISO 9004 has been expanded into a series of standards, it was considered that the revision to the 1987 edition of ISO 9004 should become the first part in the series, i.e. ISO 9004-1.

Comments adopted by Working Group 12 of ISO/TC 176/SC 2 during the review were based on the following considerations.

a) ISO 9004 is a document for internal use by an organization. It is not intended as guidance to ISO 9001, ISO 9002 or ISO 9003, for which ISO 9000-2 is available.

b) For editorial reasons, the 1987 document structure was retained in the 1994 edition. The structure of all four standards ISO 9001, ISO 9002, ISO 9003 and ISO 9004 will be changed and aligned with each other in the next five-year major revision.

c) This edition is essentially an editorial revision to align terminology with ISO 8402 and to reflect the need to serve better not only manufacturing but also process and service industries.

d) This edition also introduces some newer general quality management concepts, such as that all activities can be considered as processes, with input and output.

e) More emphasis has been placed on planning and preventive action. For this reason, activities such as handling, identification and packaging processes are now additionally dealt with under Quality in specification and design (clause 8), Quality of processes (clause 10) and Control of processes (clause 11).

f) Figure 1 has been updated to reflect quality activities in the life cycle of a product.

g) New methods for the financial reporting of quality management effectiveness have been introduced.

La Norme internationale ISO 9004-1 a été élaborée par le comité technique ISO/TC 176, Management et assurance de la qualité, sous-comité SC 2, Systèmes qualité.

Cette première édition de l'ISO 9004-1 annule et remplace l'ISO 9004 : 1987, et a été préparée sur la base des commentaires reçus sur l'ISO 9004 : 1987. L'ISO prescrit que toutes les Normes internationales soient révisées tous les cinq ans, et l'ISO 9004 s'étant élargie en une série de normes, on a considéré que la révision de l'édition de 1987 de l'ISO 9004 devait devenir la première partie de la série, c'est-à-dire l'ISO 9004-1.

Les commentaires pris en compte par le groupe de travail 12 de l'ISO/TC 176/SC 2 pendant la révision ont été fondés sur les considérations suivantes.

a) L'ISO 9004 est un document à usage interne pour un organisme. Il n'a pas pour vocation d'être un guide pour l'ISO 9001, l'ISO 9002 ou l'ISO 9003, pour lesquelles on dispose de l'ISO 9000-2.

b) Pour des raisons rédactionnelles, la structure du document de 1987 a été retenue pour l'édition de 1994. Les structures de l'ensemble des quatre normes ISO 9001, ISO 9002, ISO 9003 et ISO 9004 seront modifiées et alignées les unes par rapport aux autres lors de la prochaine révision majeure des cinq ans.

c) La présente édition est essentiellement une révision rédactionnelle qui a pour but d'aligner la terminologie avec l'ISO 8402 et de mieux répondre aux besoins non seulement des industries de matériels manufacturés, mais aussi des industries de processus et de service.

d) La présente édition introduit également quelques concepts plus récents sur le management de la qualité; par exemple, toutes les activités peuvent être considérées comme des processus, avec des entrées et des sorties.

e) Une importance plus grande a été donnée à la planification et à l'action préventive. Pour cette raison, des activités telles que les processus de manutention, d'identification et de conditionnement sont maintenant traitées de façon complémentaire dans la Qualité en définition et conception (article 8), dans la Qualité des processus (article 10) et dans la Maîtrise des processus (article 11).

f) La figure 1 a été mise à jour afin de refléter les activités de la qualité dans le cycle de vie d'un produit.

g) De nouvelles méthodes pour le suivi financier de l'efficacité du management de la qualité ont été introduites.

Die Normenreihe ISO 9004 besteht unter dem allgemeinen Titel Qualitätsmanagement und Elemente eines Qualitätsmanagementsystems aus den folgenden Teilen:

- Teil 1: Leitfaden
- Teil 2: Leitfaden für Dienstleistungen
- Teil 3: Leitfaden für verfahrenstechnische Produkte
- Teil 4: Leitfaden für Qualitätsverbesserung
- Teil 5: Leitfaden für Qualitätsmanagementpläne
- Teil 6: Leitfaden für Qualitätsmanagement im Projektmanagement
- Teil 7: Leitfaden für Konfigurationsmanagement
- Teil 8: Leitfaden für qualitätsbezogene Grundsätze und ihre Anwendung auf Mangement-Verfahrensweisen

Anhang A dieses Teils von ISO 9004 dient lediglich der Information.

ISO 9004 consists of the following parts, under the general title Quality management and quality system elements:

- Part 1: Guidelines
- Part 2: Guidelines for services
- Part 3: Guidelines for processed materials
- Part 4: Guidelines for quality improvement
- Part 5: Guidelines for quality plans
- Part 6: Guidelines on quality assurance for project management
- Part 7: Guidelines for configuration management
- Part 8: Guidelines on quality principles and their application to management practices

Annex A of this part of ISO 9004 is for information only.

L'ISO 9004 comprend les parties suivantes, présentées sous le titre général Management de la qualité et éléments de système qualité:

- Partie 1: Lignes directrices
- Partie 2: Lignes directrices pour les services
- Partie 3: Lignes directrices pour les produits issus de processus à caractère continu
- Partie 4: Lignes directrices pour l'amélioration de la qualité
- Partie 5: Lignes directrices pour les plans qualité
- Partie 6: Lignes directrices pour l'assurance de la qualité de la conduite de projet
- Partie 7: Lignes directrices pour la gestion de configuration
- Partie 8: Lignes directrices pour les principes de la qualité et leur application aux pratiques de management

L'annexe A de la présente partie de l'ISO 9004 est donnée uniquement à titre d'information.

Inhalt

Contents

Sommaire

Qualitätsmanagement und Elemente eines Qualitätsmanagementsystems Teil 1: Leitfaden

0 Einleitung

0.1 Allgemeines

Dieser Teil von ISO 9004 und alle anderen Internationalen Normen der ISO 9000-Familie gelten übergeordnet und unabhängig von speziellen industriellen oder wirtschaftlichen Bereichen. Gemeinsam geben sie Anleitung für das Qualitätsmanagement sowie Modelle für die Qualitätssicherung/QM-Darlegung.

Die Internationalen Normen der ISO 9000-Familie beschreiben, was Elemente eines Qualitätsmanagementsystems (nachfolgend "QM-Elemente") bewirken sollten, nicht aber, wie eine spezielle Organisation diese Elemente ausgestalten sollte. Weil sich die Erfordernisse von Organisationen unterscheiden, ist es nicht der Zweck dieser Internationalen Normen, für Einheitlichkeit von Qualitätsmanagementsystemen (nachfolgend "QM-Systeme") zu sorgen. Die Gestaltung und die Verwirklichung eines QM-Systems werden durch die besonderen Ziele, Produkte, Prozesse und individuellen Verfahrensweisen der Organisation beeinflußt sein.

Ein vordringliches Anliegen jeder Organisation sollte die Qualität ihrer Produkte sein (siehe die Definition von Produkt in Abschnitt 3.5, die Dienstleistungen einschließt).

Um erfolgreich zu sein, sollte eine Organisation Produkte anbieten, die

a) einem Bedarf, einem Gebrauch oder einem Zweck entsprechen, die genau festgelegt sind;

b) Kundenerwartungen erfüllen;

c) zutreffende Normen und Spezifikationen erfüllen;

d) Forderungen der Gesellschaft (siehe Abschnitt 3.3) erfüllen;

e) Umwelterfordernisse berücksichtigen;

f) zu konkurrenzfähigen Preisen verfügbar sind;

g) wirtschaftlich zur Verfügung gestellt werden.

0.2 Organisatorische Ziele

Um ihre Ziele zu erreichen, sollte eine Organisation sicherstellen, daß die technischen, organisatorischen und menschlichen Faktoren beherrscht werden, welche die Qualität ihrer Produkte beeinflussen, seien es Hardware, Software, verfahrenstechnische Produkte oder Dienstleistungen. Alle diese Lenkungsmaßnahmen sollten auf das Vermindern, Eliminieren und, was am wichtigsten ist, auf das Verhüten von Fehlern abzielen.

Quality management and quality system elements Part 1: Guidelines

0 Introduction

0.1 General

This part of ISO 9004 and all other International Standards in the ISO 9000 family are generic and independent of any specific industry or economic sector. Collectively they provide guidance for quality management and models for quality assurance.

The International Standards in the ISO 9000 family describe what elements quality systems should encompass, but not how a specific organization should implement these elements. Because the needs of organizations vary, it is not the purpose of these International Standards to enforce uniformity of quality systems. The design and implementation of a quality system will be influenced by the particular objectives, products, processes and individual practices of the organization.

A primary concern of any organization should be the quality of its products. (See 3.5 for the definition of "product" which includes service.)

In order to be successful, an organization should offer products that:

a) meet a well-defined need, use or purpose;

b) satisfy customer's expectations;

c) comply with applicable standards and specifications;

d) comply with requirements of society (see 3.3);

e) reflect environmental needs;

f) are made available at competitive prices;

g) are provided economically.

0.2 Organizational goals

In order to meet its objectives, an organization should ensure that the technical, administrative and human factors affecting the quality of its products will be under control, whether hardware, software, processed materials or services. All such control should be oriented towards the reduction, elimination and, most importantly, prevention of nonconformities.

Management de la qualité et éléments de système qualité Partie 1: Lignes directrices

0 Introduction

0.1 Généralités

La présente partie de l'ISO 9004 et toutes les autres Normes internationales de la famille ISO 9000 sont génériques et indépendantes de tout secteur économique ou industriel spécifique. Leur ensemble donne des conseils pour le management de la qualité et des modèles pour l'assurance de la qualité.

Les Normes internationales de la famille ISO 9000 décrivent les éléments que les systèmes qualité devraient englober, mais non pas la façon dont il convient qu'un organisme spécifique mette en œuvre ces éléments. Comme les besoins des organismes varient, l'objet de ces Normes internationales n'est pas d'imposer l'uniformité des systèmes qualité. La conception et la mise en œuvre d'un système qualité dépendront des objectifs, des produits, des processus et des pratiques spécifiques de l'organisme.

Il convient que l'une des préoccupations essentielles de tout organisme soit la qualité de ses produits. (Voir en 3.5 la définition de «produit» qui comprend le service.)

Pour réussir, il convient qu'un organisme propose des produits qui

a) répondent à un besoin, un usage ou un objectif bien définis;

b) satisfont aux attentes des clients;

c) sont conformes aux normes et aux spécifications applicables;

d) sont conformes aux exigences de société (voir 3.3);

e) tiennent compte des besoins de l'environnement;

f) sont offerts à des prix compétitifs;

g) sont produits de façon économique.

0.2 Objectifs liés à l'organisation

Pour atteindre ses objectifs, il convient que l'organisme s'assure que les facteurs techniques, administratifs et humains ayant une incidence sur la qualité de ses produits seront maîtrisés, qu'il s'agisse de matériels, de logiciels, de produits issus de processus à caractère continu ou de services. Il convient que cette maîtrise soit orientée vers la réduction, l'élimination et, surtout vers la prévention des non-conformités.

Um die in der Qualitätspolitik der Organisation festgelegten Ziele zu erreichen, sollte ein QM-System entwickelt und verwirklicht werden.

Die Bedeutung jedes Elements (oder jeder Forderung) in einem QM-System unterscheidet sich je nach Art der Tätigkeit und des Produkts.

Um eine optimale Wirksamkeit zu erzielen und die Erwartungen des Kunden zu erfüllen, ist es wesentlich, daß das QM-System an die Art der Tätigkeit der Organisation und an das Angebotsprodukt angepaßt wird.

0.3 Erfüllung von Erfordernissen und Erwartungen des Kunden und der Organisation

Ein QM-System hat folgende zwei miteinander verknüpfte Aspekte:

a) Die Erfordernisse und Erwartungen des Kunden

Für den Kunden besteht ein Erfordernis, auf die Fähigkeit der Organisation zu vertrauen, sowohl die gewünschte Qualität zu liefern als auch diese Qualität stets aufrechtzuerhalten.

b) Die Erfordernisse und Interessen der Organisation

Für die Organisation besteht eine geschäftliche Notwendigkeit, die gewünschte Qualität zu optimalen Kosten zu erreichen und aufrechtzuerhalten. Die Erfüllung dieses Aspektes steht in Beziehung zur geplanten und wirksamen Nutzung der technologischen, menschlichen und materiellen Mittel, die der Organisation zur Verfügung stehen.

Jeder der oben erwähnten Aspekte eines QM-Systems erfordert Nachweise in der Form von Informationen und Daten in bezug auf die Qualität des Systems und auf die Qualität der Produkte der Organisation.

0.4 Nutzen, Kosten und Risiken

Überlegungen zu Nutzen, Kosten und Risiken haben sowohl für die Organisation als auch für den Kunden große Bedeutung. Diese Überlegungen sind Aspekte, welche für die meisten Produkte gelten. Die möglichen Auswirkungen und Aspekte dieser Überlegungen sind in a) bis c) angegeben.

a) Nutzenbetrachtungen

Für den Kunden sind verminderte Kosten, verbesserte Eignung zum Gebrauch, gestiegene Zufriedenheit und wachsendes Vertrauen zu betrachten.

Für die Organisation sind wachsender Gewinn und Marktanteil zu betrachten.

b) Kostenbetrachtungen

Für den Kunden sind Kosten für Sicherheit, Beschaffung, Betrieb, Instandhal-

A quality system should be developed and implemented for the purpose of accomplishing the objectives set out in the organization's quality policy.

Each element (or requirement) in a quality system varies in importance from one type of activity to another and from one product to another.

In order to achieve maximum effectiveness and to satisfy customer expectations, it is essential that the quality system be appropriate to the type of activity and to the product being offered.

0.3 Meeting customer/organization needs and expectations

A quality system has two interrelated aspects, as follows.

a) The customer's needs and expectations

For the customer, there is a need for confidence in the ability of the organization to deliver the desired quality as well as the consistent maintenance of that quality.

b) The organization's needs and interests

For the organization, there is a business need to attain and to maintain the desired quality at an optimum cost; the fulfilment of this aspect is related to the planned and efficient utilization of the technological, human and material resources available to the organization.

Each of the above aspects of a quality system requires objective evidence in the form of information and data concerning the quality of the system and the quality of the organization's products.

0.4 Benefits, costs and risks

Benefit, cost and risk considerations have great importance for both the organization and customer. These considerations are inherent aspects of most products. The possible effects and ramifications of these considerations are given in a) to c).

a) Benefit considerations

For the customer, consideration has to be given to reduced costs, improved fitness for use, increased satisfaction and growth in confidence.

For the organization, consideration has to be given to increased profitability and market share.

b) Cost considerations

For the customer, consideration has to be given to safety, acquisition cost,

Il convient qu'un système qualité soit développé et mis en œuvre afin d'atteindre les objectifs fixés dans la politique qualité de l'organisme.

L'importance de chaque élément (ou exigence) au sein d'un système qualité varie suivant le type d'activité et suivant le produit.

Afin d'obtenir une efficacité maximale et de satisfaire aux attentes du client, il est essentiel que le système qualité soit adapté au type d'activité et au produit proposé.

0.3 Conformité aux besoins et attentes de l'organisme et du client

Un système qualité présente deux aspects qui sont liés, comme indiqué ci-après.

a) Les besoins et attentes du client

Le client a besoin d'avoir confiance tant dans l'aptitude de l'organisme à fournir la qualité voulue que dans le maintien cohérent de cette qualité.

b) Les besoins et intérêts de l'organisme

L'organisme a besoin pour sa pérennité d'atteindre et de maintenir la qualité voulue à un coût optimal; la réalisation de cet aspect est liée à une utilisation planifiée et efficace des ressources technologiques, humaines et matérielles dont il dispose.

Chacun des aspects ci-dessus d'un système qualité implique de fournir une preuve tangible sous la forme d'informations et de données concernant la qualité du système et la qualité des produits de l'organisme.

0.4 Bénéfices, coûts et risques

Les considérations relatives aux bénéfices, aux coûts et aux risques jouent un rôle important, à la fois pour l'organisme et pour le client. Ces considérations sont des aspects propres à la plupart des produits. Les effets et les suites possibles de ces considérations sont donnés en a) à c).

a) Considérations relatives aux bénéfices

Pour le client, la réduction des coûts, l'amélioration de l'aptitude à l'usage, l'accroissement de la satisfaction et de la confiance sont à prendre en considération.

Pour l'organisme, l'accroissement du profit et de la part de marché est à prendre en considération.

b) Considérations relatives aux coûts

Pour le client, la sécurité, les coûts d'acquisition, les coûts de fonctionnement, tung, Ausfalldauer und Reparatur sowie für eine mögliche Beseitigung (des Produkts) zu betrachten.

Für die Organisation sind Kosten zu betrachten, die auf Unzulänglichkeiten des Marketings und des Designs zurückzuführen sind, eingeschlossen nicht zufriedenstellende Produkte, Nacharbeit, Reparatur, Ersatz, wiederholte Realisierung, Produktionsausfall, Gewährleistung und Reparatur beim Kunden.

c) Risikobetrachtungen

Für den Kunden sind Risiken zu betrachten wie diejenigen, die Gesundheit und Sicherheit von Personen, die Unzufriedenheit mit Produkten, Verfügbarkeit, Beanstandungen bezüglich des Marketings und den Verlust von Vertrauen betreffen.

Für die Organisation sind Risiken bezüglich unzulänglicher Produkte zu betrachten, die zu Verlusten an Prestige oder Ansehen, zu Marktverlusten, Beanstandungen, Ersatzansprüchen, Haftung und zur Verschwendung menschlicher und finanzieller Mittel führen.

0.5 Schlußfolgerung

Ein wirksames QM-System sollte so ausgelegt sein, daß es die Erfordernisse und Erwartungen des Kunden erfüllt, bei gleichzeitiger Wahrnehmung der Interessen der Organisation. Ein gut strukturiertes QM-System ist ein wertvolles Führungsmittel für die Optimierung der Qualitätsforderung und für die Qualitätslenkung im Hinblick auf Nutzen-, Kosten- und Risikobetrachtungen.

1 Anwendungsbereich

Dieser Teil von ISO 9004 gibt Anleitungen für Qualitätsmanagement und QM-Elemente.

Die QM-Elemente sind für die Anwendung bei der Entwicklung und Verwirklichung eines umfassenden und wirksamen internen QM-Systems mit Blick auf Sicherstellung von Kundenzufriedenheit geeignet.

Dieser Teil von ISO 9004 ist nicht vorgesehen für den Gebrauch in vertraglichen, gesetzlichen oder Zertifizierungs-Situationen und demzufolge auch keine Richtlinie zum Vollzug von ISO 9001, ISO 9002 und ISO 9003. Für diesen Zweck sollte ISO 9000-2 angewendet werden.

Die Auswahl geeigneter Elemente, die in diesem Teil von ISO 9004 enthalten sind, und der Umfang, in welchem sie von einer Organisation übernommen und angewendet werden, hängt von Faktoren wie dem zu bedienenden Markt, der Art der Produkte, den Produktionsprozessen sowie von den Erfordernissen der Kunden und Verbraucher ab.

operating, maintenance, downtime and repair costs, and possible disposal costs.

For the organization, consideration has to be given to costs due to marketing and design deficiencies, including unsatisfactory product, rework, repair, replacement, reprocessing, loss of production, warranties and field repair.

c) Risk considerations

For the customer, consideration has to be given to risks such as those pertaining to the health and safety of people, dissatisfaction with product, availability, marketing claims and loss of confidence.

For the organization, consideration has to be given to risks related to deficient products which lead to loss of image or reputation, loss of market, complaints, claims, liability and waste of human and financial resources.

0.5 Conclusions

An effective quality system should be designed to satisfy customer needs and expectations while serving to protect the organization's interests. A well-structured quality system is a valuable management resource in the optimization and control of quality in relation to benefit, cost and risk considerations.

1 Scope

This part of ISO 9004 provides guidance on quality management and quality system elements.

The quality system elements are suitable for use in the development and implementation of a comprehensive and effective in-house quality system, with a view to ensuring customer satisfaction.

This part of ISO 9004 is not intended for contractual, regulatory or certification use. Consequently, it is not a guideline for the implementing of ISO 9001, ISO 9002 and ISO 9003. ISO 9000-2 should be used for that purpose.

The selection of appropriate elements contained in this part of ISO 9004 and the extent to which these elements are adopted and applied by an organization depends upon factors such as the market being served, nature of the product, production processes, and customer and consumer needs.

de maintenance, d'arrêts et de réparation, ainsi que les coûts éventuels de mise hors service sont à prendre en considération.

Pour l'organisme, les coûts imputables aux déficiences de la mercatique et de la conception, qui comprennent les produits non satisfaisants, les reprises, les réparations, les remplacements, les retraitements, les pertes de production, les garanties et les réparations sur site, sont à prendre en considération.

c) Considérations relatives aux risques

Pour le client, les risques tels que ceux liés à la santé et à la sécurité des personnes, l'insatisfaction qu'entraînent les produits, la disponibilité, les réclamations des clients et la perte de confiance, sont à prendre en considération.

Pour l'organisme, les risques liés à des produits défectueux qui entraînent une perte d'image ou de réputation, une perte de marché, des plaintes, des réclamations, une responsabilité, un gaspillage des ressources humaines et financières, sont à prendre en considération.

0.5 Conclusions

Il convient qu'un système qualité effectif soit conçu pour répondre aux besoins et aux attentes du client, tout en servant à protéger les intérêts de l'organisme. Un système qualité bien structuré est un précieux moyen de management pour optimiser et maîtriser la qualité en regard des considérations relatives aux bénéfices, aux coûts et aux risques.

1 Domaine d'application

La présente partie de l'ISO 9004 fournit des conseils concernant le management de la qualité et les éléments du système qualité.

Les éléments du système qualité conviennent au développement et la mise en œuvre d'un système qualité interne complet et effectif, en vue d'assurer la satisfaction du client.

La présente partie de l'ISO 9004 n'est pas destinée à une utilisation contractuelle, réglementaire ou de certification. En conséquence, elle ne constitue pas un guide pour la mise en œuvre de l'ISO 9001, l'ISO 9002 et l'ISO 9003. Il est recommandé d'utiliser l'ISO 9000-2 à cette fin.

La sélection des éléments appropriés figurant dans la présente partie de l'ISO 9004 et la mesure dans laquelle ces éléments sont adoptés et appliqués par un organisme dépendent de facteurs tels que le marché concerné, la nature des produits, les processus de production, le client et les besoins du consommateur.

Wenn in diesem Teil von ISO 9004 ein "Produkt" erwähnt wird, sollte dies verstanden werden als anwendbar auf die übergeordneten Produktkategorien von Hardware, Software, Verfahrenstechnischen Produkten und Dienstleistung (entsprechend der Definition von "Produkt" in ISO 8402).

ANMERKUNG 1: Weitere Anleitungen siehe ISO 9004-2 und ISO 9004-3.

ANMERKUNG 2: Literaturhinweise siehe Anhang A.

References in this part of ISO 9004 to a "product" should be interpreted as applicable to the generic product categories of hardware, software, processed materials or service (in accordance with the definition of "product" in ISO 8402).

NOTE 1: For further guidance, see ISO 9004-2 and ISO 9004-3.

NOTE 2: For informative references, see annex A.

Il convient, dans la présente partie de l'ISO 9004, interpréter les références à un «produit» comme s'appliquant aux catégories génériques de produits, c'est à dire les matériels, les logiciels, les produits issus de processus à caractère continu et les services (conformément à la définition de «produit» dans l'ISO 8402).

NOTE 1: Pour d'autres conseils, voir l'ISO 9004-2 et l'ISO 9004-3.

NOTE 2: Pour les références informatives, voir annexe A.

2 Normative Verweisungen

Die folgenden Normen enthalten Festlegungen, die, durch Verweisungen in diesem Text, auch für diese Internationale Norm gelten. Zum Zeitpunkt der Veröffentlichung waren die angegebenen Ausgaben gültig. Alle Normen unterliegen der Überarbeitung. Vertragspartner, deren Vereinbarungen auf dieser Internationalen Norm basieren, sind gehalten, nach Möglichkeit die neuesten Ausgaben der nachfolgend aufgeführten Normen anzuwenden. IEC- und ISO-Mitglieder verfügen über Verzeichnisse der gegenwärtig geltenden Internationalen Normen.

ISO 8402 : 1994
Qualitätsmanagement – Begriffe

ISO 9000-1 : 1994
Normen zum Qualitätsmanagement und Qualitätssicherung/QM-Darlegung – Teil 1: Leitfaden zur Auswahl und Anwendung

2 Normative references

The following standards contain provisions which, through reference in this text, constitute provisions of this part of ISO 9004. At the time of publication, the editions indicated were valid. All standards are subject to revision, and parties to agreements based on this part of ISO 9004 are encouraged to investigate the possibility of applying the most recent editions of the standards indicated below. Members of IEC and ISO maintain registers of currently valid International Standards.

ISO 8402 : 1994
Quality management and quality assurance – Vocabulary

ISO 9000-1 : 1994
Quality management and quality assurance standards – Part 1: Guidelines for selection and use

2 Références normatives

Les normes suivantes contiennent des dispositions qui, par suite de la référence qui en est faite, constituent des dispositions valables pour la présente partie de l'ISO 9004. Au moment de la publication, les éditions indiquées étaient en vigueur. Toute norme est sujette à révision et les parties prenantes des accords fondés sur la présente partie de l'ISO 9004 sont invitées à rechercher la possibilité d'appliquer les éditions les plus récentes des normes indiquées ci-après. Les membres de la CEI et de l'ISO possèdent le registre des Normes internationales en vigueur à un moment donné.

ISO 8402 : 1994
Management de la qualité et assurance de la qualité – Vocabulaire

ISO 9000-1 : 1994
Normes pour le management de la qualité et làssurance de la qualité – Partie 1: Lignes directrices pour leur sélection et utilisation

3 Begriffe

Diese Überarbeitung von ISO 9004 hat die Harmonisierung der Terminologie mit anderen Internationalen Normen in der ISO 9000-Familie verbessert. Die Tabelle 1 zeigt die in diesen Internationalen Normen verwendete Terminologie zur Lieferkette.

Tabelle 1: Beziehungen von Organisationen in der Lieferkette

ISO 9000-1	Unterlieferant	→	Lieferant oder Organisation	→	Kunde
ISO 9001, ISO 9002, ISO 9003	Unterauftragnehmer	→	Lieferant	→	Kunde
ISO 9004-1	Unterauftragnehmer	→	Organisation	→	Kunde

Somit ist die Benennung "Unterauftragnehmer" gegenüber der Benennung "Lieferant" in diesem Teil von

3 Definitions

This revision of ISO 9004 has improved the harmonization of terminology with other International Standards in the ISO 9000 family. Table 1 shows the supply chain terminology used in these International Standards.

Table 1: Relationships of organizations in the supply chain

ISO 9000-1	Sub-supplier	→	supplier or organization	→	customer
ISO 9001, ISO 9002, ISO 9003	Sub-contractor	→	supplier	→	customer
ISO 9004-1	Sub-contractor	→	organization	→	customer

Thus, the term "subcontractor" is used rather than the term "supplier" in this part of ISO 9004 to avoid confusion

3 Définitions

La présente révision de l'ISO 9004 a amélioré l'harmonisation de la terminologie avec d'autres Normes internationales de la famille ISO 9000. Le tableau 1 montre la terminologie de la chaîne d'approvisionnement utilisée dans ces Normes internationales.

Tableau 1: Relations des organismes dans la chaîne d'approvisionnement

ISO 9000-1	Sous-contractant	→	fournisseur ou organisme	→	client
ISO 9001, ISO 9002, ISO 9003	Sous-contractant	→	fournisseur	→	client
ISO 9004-1	Sous-contractant	→	organisme	→	client

Ainsi, le terme «sous-contractant» est utilisé plutôt que le terme «fournisseur» dans la présente partie de l'ISO 9004,

ISO 9004 bevorzugt, um Verwechslungen mit der Bedeutung der Benennung "Lieferant" in ISO 9000 und in ISO 9001 zu vermeiden. Siehe ISO 9000-1 für eine umfassendere Erklärung der Grundlage für die Verwendung dieser Benennungen.

Für die Zwecke dieses Teils von ISO 9004 gelten die in ISO 8402 gegebenen Definitionen.

Zur Annehmlichkeit des Anwenders dieses Teils von ISO 9004 sind die nachfolgenden Begriffe aus ISO 8402 zitiert:

with the meaning of the term "supplier", in ISO 9000 and ISO 9001. See ISO 9000-1 for a fuller explanation of the basis for usage of these terms.

For the purposes of this part of ISO 9004, the definitions given in ISO 8402 apply.

For the convenience of users of this part of ISO 9004, the following definitions are quoted from ISO 8402.

afin d'éviter une confusion avec la signification du terme «fournisseur» dans l'ISO 9000 et l'ISO 9001. Voir l'ISO 9000-1 pour une explication plus complète des cas d'utilisation de ces termes.

Pour les besoins de la présente partie de l'ISO 9004, les définitions données dans l'ISO 8402 s'appliquent.

Pour la commodité des utilisateurs de la présente partie de l'ISO 9004, les définitions suivantes sont extraites de l'ISO 8402.

3.1 Organisation

Gesellschaft, Körperschaft, Betrieb, Unternehmen oder Institution oder Teil davon, eingetragen oder nicht, öffentlich oder privat, mit eigenen Funktionen und eigener Verwaltung.

3.1 Organization

Company, corporation, firm, enterprise or institution, or part thereof, whether incorporated or not, public or private, that has its own functions and administration.

3.1 Organisme

Compagnie, société, firme, entreprise ou institution, ou partie de celles-ci, à responsabilité limitée ou d'un autre statut, de droit public ou privé, qui a sa propre structure fonctionnelle et administrative.

3.2 Kunde[1])

Empfänger eines vom Lieferanten bereitgestellten Produkts.

ANMERKUNG 3: In einer Vertragssituation wird der Kunde "Auftraggeber" genannt.

ANMERKUNG 4: Der Kunde kann z. B. der Endverbraucher, Anwender, Nutznießer oder Auftraggeber sein.

ANMERKUNG 5: Der Kunde kann in Beziehung zur Organisation entweder extern oder intern sein.

3.2 Customer

Recipient of a product provided by the supplier.

NOTE 3: In a contractual situation, the customer is called the "purchaser".

NOTE 4: The customer may be, for example, the ultimate consumer, user, beneficiary or purchaser.

NOTE 5: The customer can be either external or internal to the organization.

3.2 Client

Destinataire d'un produit fourni par le fournisseur.

NOTE 3: Dans une situation contractuelle, le client est dénommé «acheteur».

NOTE 4: Le client peut être, par exemple, le consommateur final, l'utilisateur, le bénéficiaire ou l'acheteur.

NOTE 5: Le client peut être interne ou externe à l'organisme.

3.3 Forderungen der Gesellschaft

Verpflichtungen aufgrund von Gesetzen, Vorschriften, Verordnungen, Kodizes, Statuten und anderen Erwägungen.

ANMERKUNG 6: Andere Erwägungen betreffen vor allem Schutz der Umwelt, Gesundheit, Sicherheit, Schutz, Erhaltung von Energie- und natürlichen Hilfsquellen.

ANMERKUNG 7: Alle Forderungen der Gesellschaft sollten bei der Festlegung der Qualitätsforderung in Betracht gezogen werden.

ANMERKUNG 8: Forderungen der Gesellschaft enthalten juristische und gesetzliche Forderungen. Diese können je nach Rechtsprechung unterschiedlich sein.

3.3 Requirements of society

Obligations resulting from laws, regulations, rules, codes, statutes and other considerations.

NOTE 6: "Other considerations" include notably protection of the environment, health, safety, security, conservation of energy and natural resources.

NOTE 7: All requirements of society should be taken into account when defining the requirements for quality.

NOTE 8: Requirements of society include jurisdictional and regulatory requirements. These may vary from one jurisdiction to another.

3.3 Exigences de société

Obligations résultant de lois, de règlements, de règles, de codes, d'actes et d'autres considérations.

NOTE 6: L'expression «d'autres considérations» vise notamment la protection de l'environnement, la santé, la sécurité, la sûreté, la conservation de l'énergie et des ressources naturelles.

NOTE 7: Il convient que toutes les exigences de société soient prises en compte lors de la définition des exigences pour la qualité.

NOTE 8: Les exigences de société comprennent des exigences juridiques et réglementaires. Elles peuvent varier selon les juridictions.

---

[1]) Fußnote in der deutschsprachigen Fassung: Auch "Abnehmer".

3.4 Qualitätsmanagementplan [2)]

Dokument, in dem die spezifischen qualitätsbezogenen Arbeitsweisen und Hilfsmittel sowie der Ablauf der Tätigkeiten im Hinblick auf ein einzelnes Produkt, ein einzelnes Projekt oder einen einzelnen Vertrag dargelegt sind.

ANMERKUNG 9: Ein Qualitätsmanagementplan nimmt üblicherweise Bezug auf diejenigen Teile des Qualitätsmanagement-Handbuchs [2)], die im spezifischen Fall anwendbar sind.

ANMERKUNG 10: Abhängig vom Anwendungsbereich des Plans sollte eine qualifizierende Benennung benutzt werden, z. B. Qualitätssicherungsplan/QM-Darlegungsplan. [2)]

3.5 Produkt

Ergebnis von Tätigkeiten und Prozessen.

ANMERKUNG 11: Der Begriff Produkt kann Dienstleistung, Hardware, verfahrenstechnische Produkte, Software oder Kombinationen daraus einschließen.

ANMERKUNG 12: Ein Produkt kann materiell (z. B. Montageergebnisse, verfahrenstechnische Produkte) oder immateriell (z. B. Wissen oder Entwürfe) oder eine Kombination daraus sein.

ANMERKUNG 13: Ein Produkt kann entweder beabsichtigt sein (z. B. Angebotsprodukt für Kunden) oder unbeabsichtigt (z. B. Schadstoff oder unerwünschte Effekte).

3.6 Dienstleistung

An der Schnittstelle zwischen Lieferant und Kunde sowie durch interne Tätigkeiten des Lieferanten erbachtes Ergebnis zur Erfüllung der Erfordernisse des Kunden.

ANMERKUNG 14: Der Lieferant oder der Kunde können an der Schnittstelle durch Personal oder durch Einrichtungen vertreten sein.

---

2) Fußnote in der deutschsprachigen Fassung: Obwohl in ISO 8402:1994 für "quality manual" folgende Benennungshierarchie eingeführt ist: "quality manual" für den Oberbegriff und für die Unterbegriffe "quality management manual" und "quality assurance manual", bleibt die deutsche Benennung "Qualitätsmanagement-Handbuch" für "quality manual" erhalten. Entsprechendes gilt für "quality plan" und "quality management plan". Die betreffenden deutschen Benennungen entsprechen damit auch der durch ISO/TC 176 festgelegten Hierarchie, wonach "quality management" Benennung des Oberbegriffs ist.

3.4 Quality plan

Document setting out the specific quality practices, resources and sequence of activities relevant to a particular product, project or contract.

NOTE 9: A quality plan usually makes reference to the parts of the quality manual applicable to the specific case.

NOTE 10: Depending on the scope of the plan, a qualifier may be used, for example, "quality assurance plan", "quality management plan".

3.5 Product

Result of activities or processes.

NOTE 11: A product may include service, hardware, processed materials, software or a combination thereof.

NOTE 12: A product can be tangible (e.g. assemblies or processed materials) or intangible (e.g. knowledge or concepts), or a combination thereof.

NOTE 13: A product can be either intended (e.g. offering to customers) or unintended (e.g. pollutant or unwanted effects).

3.6 Service

Result generated by activities at the interface between the supplier and the customer and by supplier internal activities to meet the customer needs.

NOTE 14: The supplier or the customer may be represented at the interface by personnel or equipment.

3.4 Plan qualité

Document énonçant les pratiques, les moyens et la séquence des activités liées à la qualité, spécifiques à un produit, projet ou contrat particulier.

NOTE 9: Un plan qualité fait généralement référence aux parties du manuel qualité applicables spécifiquement.

NOTE 10: Selon l'objet du plan, un qualificatif peut être utilisé, par exemple «plan assurance qualité», «plan management de la qualité».

3.5 Produit

Résultat d'activités ou de processus.

NOTE 11: Le terme produit peut inclure les services, les matériels, les produits issus de processus à caractère continu, les logiciels. ou une combinaison des deux.

NOTE 12: Un produit peut être matériel (par exemple, assemblages ou produits issus de processus à caractère continu) ou immatériel (par exemple, connaissances ou concepts), ou une combinaison des deux.

NOTE 13: Un produit peut être soit intentionnel (par exemple, une offre aux clients), soit non intentionnel (par exemple, un polluant ou des effets indésirables).

3.6 Service

Résultat généré par des activités à l'interface entre le fournisseur et le client, et par des activités internes au fournisseur pour répondre aux besoins du client.

NOTE 14: Le fournisseur ou le client peut être représenté à l'interface par des personnes ou par des équipements.

ANMERKUNG 15: Für die Erbringung einer Dienstleistung können Kundentätigkeiten an der Schnittstelle zum Lieferanten wesentlich sein.

ANMERKUNG 16: Lieferung oder Gebrauch materieller Produkte kann Bestandteil der Erbringung einer Dienstleistung sein.

ANMERKUNG 17: Eine Dienstleistung kann mit der Herstellung und Lieferung eines materiellen Produkts verbunden sein.

NOTE 15: Customer activities at the interface with the supplier may be essential to the service delivery.

NOTE 16: Delivery or use of tangible products may form part of the service delivery.

NOTE 17: A service may be linked with the manufacture and supply of tangible product.

NOTE 15: Les activités du client à l'interface avec le fournisseur peuvent être essentielles pour la prestation de service.

NOTE 16: La livraison ou l'utilisation de produits matériels peut faire partie de la prestation de service.

NOTE 17: Un service peut être lié à la fabrication et à la fourniture d'un produit matériel.

4 Verantwortung der Leitung

4.1 Allgemeines

Die Verantwortung für eine Qualitätspolitik und die Verpflichtung auf sie gehören zur obersten Führungsebene. Qualitätsmanagement[3]) umfaßt alle Tätigkeiten des Gesamtmanagements, die im Rahmen des QM-Systems die Qualitätspolitik, die Ziele und Verantwortungen festlegen sowie diese durch Mittel wie Qualitätsplanung, Qualitätslenkung, Qualitätssicherung/QM-Darlegung und Qualitätsverbesserung verwirklichen.

4.2 Qualitätspolitik

Die Leitung[4]) einer Organisation sollte deren Qualitätspolitik festlegen und dokumentieren. Diese Qualitätspolitik sollte mit anderen Grundsätzen in der Organisation vereinbar sein. Die Leitung[4]) sollte alle nötigen Maßnahmen ergreifen, um sicherzustellen, daß ihre Qualitätspolitik verstanden, verwirklicht und auf allen Ebenen der Organisation geprüft[5]) wird.

4.3 Qualitätsziele

4.3.1 Die Leitung sollte Ziele für und Verpflichtung auf die Schlüsselelemente der Qualität schriftlich niederlegen, wie Eignung zum Gebrauch, Leistung, Sicherheit und Zuverlässigkeit.

4.3.2 Die Berechnung und Bewertung der allen Qualitätselementen und Qualitätszielen zugeordneten Kosten sollte stets eine wichtige Überlegung mit dem Ziel sein, Qualitätseinbußen zu minimieren.

---

3) Fußnote in der deutschsprachigen Fassung: Gemeint sind mit der nachfolgend entsprechend dem Original aus DIN ISO 8402 zitierten Definition alle qualitätsbezogenen Tätigkeiten und Zielsetzungen auf allen Hierarchie-Ebenen. Für diesen Oberbegriff Qualitätsmanagement wurde bisher die Benennung "Qualitätssicherung" verwendet.

4) Fußnote in der deutschsprachigen Fassung: Gemeint ist die oberste Leitung (suppliers management with executive responsibility).

5) Fußnote in der deutschsprachigen Fassung: Gemeint ist eine Prüfung in der Anwendung.

4 Management responsibility

4.1 General

The responsibility for and commitment to a quality policy belongs to the highest level of management. Quality management encompasses all activities of the overall management function that determine the quality policy, objectives and responsibilities, and implement them by means such as quality planning, quality control, quality assurance and quality improvement within the quality system.

4.2 Quality policy

The management of an organization should define and document its quality policy. This policy should be consistent with other policies within the organization. Management should take all necessary measures to ensure that its quality policy is understood, implemented and reviewed, at all levels of the organization.

4.3 Quality objectives

4.3.1 Management should document objectives and commitments pertaining to key elements of quality, such as fitness for use, performance, safety and dependability.

4.3.2 The calculation and evaluation of costs associated with all quality elements and objectives should always be an important consideration, with the objective of minimizing quality losses.

4 Responsabilité de la direction

4.1 Généralités

La responsabilité et l'engagement relatifs à la politique qualité incombent au plus haut niveau de la direction. Le management de la qualité comprend l'ensemble des activités de la fonction générale de management qui déterminent la politique qualité, les objectifs et les responsabilités, et les mettent en œuvre par des moyens tels que la planification de la qualité, la maîtrise de la qualité, l'assurance de la qualité et l'amélioration de la qualité dans le cadre du système qualité.

4.2 Politique qualité

Il convient que la direction d'un organisme définisse et consigne par écrit sa politique qualité. Il convient que cette politique soit cohérente avec les autres politiques de l'organisme. Il convient que la direction prenne toutes les mesures nécessaires pour assurer que sa politique qualité soit comprise, mise en œuvre et revue, à tous les niveaux de l'organisme.

4.3 Objectif qualité

4.3.1 Il convient que la direction consigne par écrit les objectifs et les engagements qu'elle prend vis-à-vis des éléments-clés de la qualité, tels que l'aptitude à l'usage, la performance, la sécurité et la sûreté de fonctionnement.

4.3.2 Il est recommandé que le calcul et l'évaluation des coûts associés à tous les éléments et objectifs de qualité soient toujours une considération importante, dans le but de minimiser les pertes relatives à la qualité.

4.3.3 Die zuständigen Führungsebenen sollten spezifische Qualitätsziele schriftlich niederlegen, die mit der Qualitätspolitik sowie mit den anderen Zielen der Organisation in Einklang stehen.

4.4 Qualitätsmanagementsystem (QM-System)

4.4.1 Ein QM-System besteht aus der Organisationsstruktur, den Verfahren, Prozessen und Mitteln, die für die Verwirklichung des Qualitätsmanagements [3]) erforderlich sind.

4.4.2 Die Leitung der Organisation sollte ein QM-System entwickeln, festlegen und verwirklichen, um die festgelegte Politik und die festgelegten Ziele zu vollenden.

4.4.3 Das QM-System sollte entsprechend der besonderen Art der Geschäftstätigkeit der Organisation strukturiert und ihr angepaßt sein. Dazu sollten die in diesem Teil von ISO 9004 geschilderten geeigneten Elemente in Betracht gezogen werden.

4.4.4 Das QM-System sollte derart funktionieren, daß Vertrauen geschaffen wird, daß

a) das System verstanden, verwirklicht, aufrechterhalten und wirksam ist;

b) die Produkte tatsächlich die Kundenerfordernisse und -erwartungen erfüllen;

c) die Forderungen sowohl der Gesellschaft als auch des Umweltschutzes angesprochen wurden;

d) das Hauptaugenmerk auf die Vermeidung von Problemen gelegt wird, statt sich auf ihre Entdeckung nach dem Auftreten zu verlassen.

5 Qualitätsmanagement-Elemente (QM-Elemente)

5.1 Grad der Anwendung

5.1.1 Typischerweise wird das QM-System auf alle Tätigkeiten angewendet, welche die Qualität eines Produkts betreffen, und es steht in Wechselbeziehung zu diesen. Es wird alle Phasen im Lebenszyklus eines Produkts sowie Prozesse enthalten, von der anfänglichen Feststellung von Markterfordernissen bis zur abschließenden Erfüllung der Forderungen. Typische Phasen sind:

a) Marketing (einschließlich Vertrieb) und Marktforschung;

b) Produktdesign und -entwicklung;

c) Prozeßplanung und -entwicklung;

d) Beschaffung;

e) Produktion oder Erbringung von Dienstleistungen;

[3]) Siehe Seite 11.

4.3.3 Appropriate levels of management should document specific quality objectives consistent with quality policy as well as other objectives of the organization.

4.4 Quality system

4.4.1 A quality system is the organizational structure, procedures, processes and resources needed to implement quality management.

4.4.2 The organization's management should develop, establish and implement a quality system to accomplish the stated policies and objectives.

4.4.3 The quality system should be structured and adapted to the organization's particular type of business and should take into account the appropriate elements outlined in this part of ISO 9004.

4.4.4 The quality system should function in such a manner as to provide confidence that:

a) the system is understood, implemented, maintained and effective;

b) the products actually do satisfy customer needs and expectations;

c) the needs of both society and the environment have been addressed;

d) emphasis is placed on problem prevention rather than dependence on detection after occurrence.

5 Quality system elements

5.1 Extent of application

5.1.1 The quality system typically applies to, and interacts with, all activities pertinent to the quality of a product. It will involve all phases in the life cycle of a product and processes, from initial identification of market needs to final satisfaction of requirements. Typical phases are:

a) marketing and market research;

b) product design and development;

c) process planning and development;

d) purchasing;

e) production, or provision of services;

4.3.3 Il est recommandé que les niveaux hiérarchiques appropriés de la direction consignent par écrit leurs objectifs qualité spécifiques, ces objectifs étant cohérents avec la politique qualité ainsi qu'avec les autres objectifs de l'organisme.

4.4 Système qualité

4.4.1 Un système qualité comprend l'organisation, les procédures, les processus et les moyens nécessaires à la mise en œuvre du management de la qualité.

4.4.2 Pour réaliser les politiques et objectifs formulés, il convient que la direction de l'organisme développe, établisse et mette en œuvre un système qualité.

4.4.3 Il convient que le système qualité soit structuré et adapté au type particulier d'activité de l'organisme et tienne compte des éléments appropriés décrits dans la présente partie de l'ISO 9004.

4.4.4 Il convient que le système qualité fonctionne de telle façon qu'il donne confiance en ce que

a) le système est compris, mis en œuvre, entretenu et appliqué;

b) les produits satisfont réellement les besoins et les attentes du client;

c) les besoins de la société et de l'environnement ont été pris en compte;

d) une attention particulière est portée à la prévention des problèmes, plutôt qu'à leur correction après apparition.

5 Éléments d'un système qualité

5.1 Portée de l'application

5.1.1 Le système qualité s'applique à, et interagit avec toutes les activités relatives à la qualité d'un produit. Il concerne toutes les phases du cycle de vie d'un produit et celles des processus, depuis l'identification initiale des besoins du marché jusqu'à la satisfaction finale des exigences. Les phases caractéristiques sont les suivantes:

a) recherche et étude de marché;

b) conception et développement du produit;

c) planification et développement des processus;

d) achats;

e) production, ou fourniture de services;

f) Verifizierung (Qualitätsprüfungen);

g) Verpackung und Lagerung;

h) Verkauf und Verteilung;

i) Montage und Inbetriebnahme;

j) Technische Unterstützung und Wartung;

k) Produktnutzung;

l) Beseitigung oder Wiederaufarbeitung am Ende der Nutzungsdauer.

ANMERKUNG 18: Bild 1 zeigt eine schematische Darstellung der typischen Phasen des Lebenszyklus eines Produkts.

5.1.2 Im Zusammenhang mit den sich wechselseitig beeinflussenden Tätigkeiten innerhalb einer Organisation müssen Marketing und Design als besonders wichtig hervorgehoben werden für das

- Ermitteln und Festlegen der Erfordernisse und Erwartungen der Kunden und anderer Forderungen an das Produkt und das
- Bereitstellen der Konzepte (einschließlich unterstützender Angaben) zur Realisierung eines Produkts nach dokumentierten Spezifikationen zu optimalen Kosten.

f) verification;

g) packaging and storage;

h) sales and distribution;

i) installation and commissioning;

j) technical assistance and servicing;

k) after sales;

l) disposal or recycling at the end of useful life.

NOTE 18: Figure 1 gives a schematic representation of the typical life-cycle phases of a product.

5.1.2 In the context of interacting activities within an organization, marketing and design should be emphasized as especially important for

- determining and defining customer needs, expectations and other product requirements, and
- providing the concepts (including supporting data) for producing a product to documented specifications at optimum cost.

f) vérification;

g) conditionnement et stockage;

h) vente et distribution;

i) installation et mise en service;

j) assistance technique et prestations associés;

k) après-vente;

l) mise hors service ou recyclage en fin de vie;

NOTE 18: La figure 1 donne une représentation schématique des phases du cycle de vie d'un produit.

5.1.2 Dans le contexte d'activités interdépendantes au sein d'un organisme, il convient de porter l'accent sur la mercatique et la conception qui sont particulièrement importantes pour

- déterminer et définir les besoins du client, les attentes et exigences relatives au produit, et
- préciser les concepts (y compris les données de soutien) permettant de réaliser un produit répondant à des spécifications écrites, à un coût optimal.

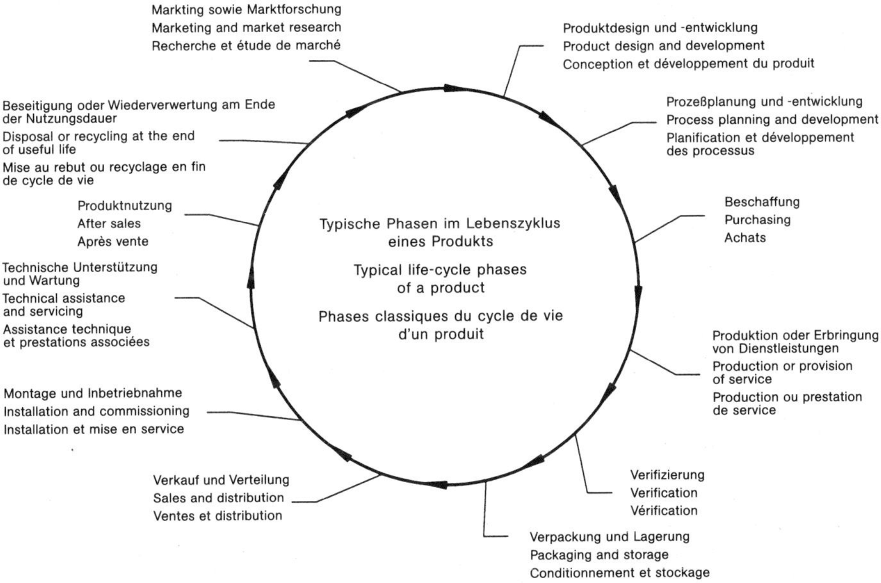

Bild 1: Hauptsächliche qualitätswirksame Tätigkeiten

Figure 1: Main activities having an impact on quality

Figure 1: Activités ayant une incidence sur la qualité

5.2 Struktur des QM-Systems

5.2.1 Allgemeines

Informationen aus dem Markt sollten benutzt werden, um neue und existierende Produkte sowie das QM-System zu verbessern.

Die Leitung [4]) ist letztlich verantwortlich für das Festlegen der Qualitätspolitik und für Entscheidungen zur Einführung, Entwicklung, Verwirklichung und Aufrechterhaltung des QM-Systems.

5.2.2 Verantwortung und Befugnis

Es sollten die zur Qualität direkt oder indirekt beitragenden Tätigkeiten festgelegt und dokumentiert und die folgenden Maßnahmen getroffen werden:

a) Die allgemeinen und speziellen Qualitätsverantwortungen sollten klar festgelegt werden.

b) Verantwortung und Befugnis für jede qualitätswirksame Tätigkeit sollten klar festgelegt sein; Verantwortung, organisatorische Handlungsfreiheit und -befugnis sollten ausreichend sein, um die zugewiesenen Qualitätsziele mit der gewünschten Effizienz zu erreichen.

c) Maßnahmen zur Lenkung und Koordinierung von Schnittstellen zwischen verschiedenen Tätigkeiten sollten festgelegt werden.

d) Beim Einrichten eines gut gegliederten und wirksamen QM-Systems sollte besonderer Wert auf die Feststellung von potentiellen oder tatsächlichen Qualitätsproblemen sowie auf die Durchführung von Vorbeugungs- oder Korrekturmaßnahmen gelegt werden. (Siehe Abschnitt 14 und Abschnitt 15.)

5.2.3 Organisationsstruktur

Die auf das QM-System bezogenen Funktionen sollten innerhalb der gesamten Organisationsstruktur klar festgelegt werden. Die Verantwortlichkeits- und Kommunikationslinien sollten festgelegt werden.

5.2.4 Mittel und Personal

Die Leitung sollte die erforderlichen Mittel feststellen sowie ausreichende und geeignete Mittel bereitstellen, die für die Verwirklichung der Qualitätspolitik und zur Erreichung der Qualitätsziele wichtig sind. Beispielsweise können diese Mittel enthalten:

a) Mittel bezüglich Personal und spezialisierte Fertigkeiten;

b) Einrichtungen für Design und Entwicklung;

[4]) Siehe Seite 11.

5.2 Structure of the quality system

5.2.1 General

Input from the market should be used to improve new and existing products and to improve the quality system.

Management is ultimately responsible for establishing the quality policy and for decisions concerning the initiation, development, implementation and maintenance of the quality system.

5.2.2 Responsibility and authority

Activities contributing to quality, whether directly or indirectly, should be defined and documented, and the following actions taken.

a) General and specific quality-related responsibilities should be explicitly defined.

b) Responsibility and authority delegated to each activity contributing to quality should be clearly established. Responsibility, organizational freedom and authority to act should be sufficient to attain the assigned quality objectives with the desired efficiency.

c) Interface control and coordination measures between different activities should be defined.

d) In organizing a well-structured and effective quality system, emphasis should be placed on the identification of potential or actual quality problems and the implementation of preventive or corrective action (see clauses 14 and 15).

5.2.3 Organizational structure

Functions related to the quality system should be clearly established within the overall organizational structure. The lines of authority and communication should be defined.

5.2.4 Resources and personnel

Management should identify resource requirements, and provide sufficient and appropriate resources essential to the implementation of the quality policy and the achievement of quality objectives. For example, these resources can include:

a) human resources and specialized skills;

b) design and development equipment;

5.2 Structure du système qualité

5.2.1 Généralités

Il convient que les informations en provenance du marché soient utilisées pour améliorer les produits nouveaux et existants et pour améliorer le système qualité.

La direction est la seule responsable de l'établissement de la politique qualité et des décisions concernant le démarrage, le développement, la mise en œuvre et l'entretien du système qualité.

5.2.2 Responsabilité et autorité

Il convient de définir et de consigner par écrit les activités contribuant directement ou indirectement à la qualité, et d'entreprendre les actions suivantes.

a) Il convient que les responsabilités générales et celles spécifiques à la qualité soient clairement définies.

b) Il convient que les responsabilités et l'autorité qui sont déléguées dans le cadre de chaque activité contribuant à la qualité soient clairement établies. Il convient que les responsabilités, la liberté d'organisation et l'autorité pour agir soient suffisantes pour atteindre les objectifs qualité fixés avec l'efficacité voulue.

c) Il convient de bien définir les mesures de maîtrise des interfaces et de coordination entre les diverses activités.

d) Dans l'organisation d'un système qualité bien structuré et effectif, il convient de mettre l'accent sur l'identification des problèmes réels ou potentiels en matière de qualité et sur la mise en œuvre d'actions préventives ou correctives (voir articles 14 et 15).

5.2.3 Organisation

Il convient que les fonctions relatives au système qualité soient clairement définies au sein de l'ensemble de l'organisation. Il convient de définir les liaisons hiérarchiques et les circuits de communication.

5.2.4 Moyens et personnel

Il convient que la direction identifie les exigences en matière de moyens et fournisse des moyens suffisants et appropriés essentiels à la mise en œuvre de la politique qualité et à la réalisation des objectifs qualité. Par exemple, ces moyens peuvent inclure

a) les ressources humaines et les compétences spécialisées;

b) les outils de conception et de développement;

c) Fertigungseinrichtungen;

d) Prüfmittel und Untersuchungseinrichtungen;

e) Instrumentierung und Rechnersoftware.

Die Leitung sollte das zur Sicherstellung der Eignung des Personals erforderliche Fach-, Erfahrungs- und Schulungsniveau festlegen (siehe Abschnitt 18).

Die Leitung sollte qualitätsbezogene Faktoren feststellen, welche die Marktposition und -ziele bezüglich Produkte, Prozesse oder zugehörige Dienstleistungen beeinflussen, um die Mittel der Organisation geplant und zeitgerecht zuteilen zu können.

Programme und Zeitpläne zur Erfassung dieser Mittel und Fähigkeiten sollten mit den umfassenden Zielen der Organisation vereinbar sein.

c) manufacturing equipment;

d) inspection, test and examination equipment;

e) instrumentation and computer software.

Management should determine the level of competence, experience and training necessary to ensure the capability of personnel (see clause 18).

Management should identify quality-related factors affecting market position and objectives relative to products, processes or associated services, in order to allocate organization resources on a planned and timely basis.

Programmes and schedules covering these resources and skills should be consistent with the organization's overall objectives.

c) les équipements de fabrication;

d) les équipements de contrôle, d'essai et d'examen;

e) les logiciels d'instrumentation et de calculs.

Il convient que la direction détermine les niveaux de compétence, d'expérience et de formation nécessaires pour assurer l'aptitude du personnel (voir article 18).

Il convient que la direction identifie les facteurs relatifs à la qualité qui ont une influence sur la position sur le marché et les objectifs liés aux produits, processus ou services associés, afin d'y consacrer les moyens de l'organisme selon un plan et un calendrier bien définis.

Il convient que les programmes et les calendriers portant sur ces moyens et ces compétences soient cohérents avec les objectifs globaux de l'organisme.

5.2.5 Ausführungsverfahren

Das QM-System sollte in einer Weise organisiert sein, daß alle qualitätswirksamen Tätigkeiten angemessen und fortdauernd gelenkt werden.

Das QM-System sollte besonderen Nachdruck auf Vorbeugungsmaßnahmen legen, die das Auftreten von Qualitätsproblemen vermeiden. Gleichzeitig sollte die Fähigkeit aufrechterhalten bleiben, auf Fehler zu reagieren und sie zu korrigieren, falls sie vorkommen sollten.

Dokumentierte Ausführungsverfahren zum Koordinieren der verschiedenen Tätigkeiten in bezug auf ein wirksames QM-System sollten entwickelt, herausgegeben und aufrechterhalten werden, um die Qualitätspolitik und die Qualitätsziele zu verwirklichen. Diese Verfahrensanweisungen sollten die Ziele und die Ausführung der verschiedenen qualitätswirksamen Tätigkeiten spezifizieren (siehe Bild 1).

Alle Verfahrensanweisungen sollten einfach, eindeutig und verständlich formuliert sein und sollten die anzuwendenden Methoden und die zu erfüllenden Kriterien angeben.

5.2.5 Operational procedures

The quality system should be organized in such a way that adequate and continuous control is exercised over all activities affecting quality.

The quality system should emphasize preventive actions that avoid occurrence of problems, while maintaining the ability to respond to and correct failures should they occur.

Documented operational procedures coordinating different activities with respect to an effective quality system should be developed, issued and maintained to implement the quality policy and objectives. These documented procedures should specify the objectives and performance of the various activities having an impact on quality (see figure 1).

All documented procedures should be stated simply, unambiguously and understandably, and should indicate methods to be used and criteria to be satisfied.

5.2.5 Procédures opérationnelles

Il convient d'organiser le système qualité de telle sorte que toutes les activités ayant une influence sur la qualité soient maîtrisées de façon adéquate et continue.

Il convient que le système qualité mette l'accent sur les actions préventives qui évitent l'apparition de problèmes, tout en conservant l'aptitude à prendre en compte et à corriger les défaillances lorsqu'elles se produisent.

Il convient que les procédures opérationnelles écrites, assurant la coordination des différentes activités dans le cadre d'un système qualité effectif, soient développées, publiées et tenues à jour en vue de la mise en œuvre de la politique et des objectifs qualité. Il convient que ces procédures écrites précisent les objectifs et les résultats attendus des diverses activités ayant une incidence sur la qualité (voir figure 1).

Il convient que toutes les procédures écrites soient formulées en termes simples, non ambigus et compréhensibles, et qu'elles indiquent les méthodes à utiliser et les critères à satisfaire.

5.2.6 Konfigurationsmanagement

Das QM-System sollte Verfahrensanweisungen für das Konfigurationsmanagement in angemessenem Umfang enthalten. Diese Ordnungsmaßnahme wird früh in der Design-/Entwicklungsphase eingeleitet und setzt sich durch den ganzen Lebenszyklus eines Produkts fort. Sie unterstützt bei Ausführung und Lenkung von Design, Entwicklung, Produktion und Anwendung eines Produkts und macht für die Leitung den Dokumentations- und Produktstatus während des Lebenszyklus des Produkts sichtbar.

5.2.6 Configuration management

The quality system should include documented procedures for configuration management to the extent appropriate. This discipline is initiated early in the design phase and continues through the whole life cycle of a product. It assists in the operation and control of design, development, production and use of a product, and gives management visibility of the state of documentation and product during is life-time.

5.2.6 Gestion de conffguration

Il convient que le système qualité comprenne des procédures écrites relatives à la gestion de configuration autant que nécessaire. Cette discipline commence au début de la phase de conception et se poursuit tout au long du cycle de vie d'un produit. Elle aide au déroulement et à la maîtrise de la conception, du développement, de la production et de l'utilisation d'un produit, et donne à la direction la visibilité sur l'état de la documentation et du produit pendant sa durée de vie.

Konfigurationsmanagement kann enthalten: Feststellung der Konfiguration, Konfigurationslenkung, Konfigurationsstatus-Buchführung und Konfigurationsaudit. Konfigurationsmanagement bezieht sich auf mehrere der in diesem Teil von ISO 9004 beschriebenen Tätigkeiten.

Configuration management can include: configuration identification, configuration control, configuration status accounting and configuration audit. It relates to several of the activities described in this part of ISO 9004.

La gestion de configuration peut comprendre l'identification, la maîtrise, l'enregistrement et suivi et l'audit de la configuration. Elle est liée à plusieurs activités décrites dans la présente partie de l'ISO 9004.

5.3 Dokumentation des QM-Systems

5.3.1 Qualitätsbezogene Grundsätze und Verfahren

Alle von einer Organisation für ihr QM-System übernommenen Elemente, Forderungen und Vorkehrungen sollten in einer systematischen, geordneten und verständlichen Weise in Form von Grundsätzen und Verfahren dokumentiert sein. Allerdings sollte darauf geachtet werden, Dokumentation auf das für die Anwendung sachdienliche Ausmaß zu begrenzen.

Das QM-System sollte angemessene Vorkehrungen für die korrekte Kennzeichnung, Verteilung, Sammlung und Pflege aller qualitätsbezogenen Dokumente enthalten.

5.3.2 QM-System-Dokumentation

5.3.2.1 Die typische Form des wichtigsten Dokuments zur Darlegung und Beschreibung eines dokumentierten QM-Systems ist ein "Qualitätsmanagement-Handbuch" (nachfolgend "QM-Handbuch")2). Weitere Anleitung, siehe ISO 10013.

5.3.2.2 Der Hauptzweck eines QM-Handbuchs besteht darin, eine Grobstruktur des QM-Systems festzulegen und gleichzeitig als ständige Referenz bei der Verwirklichung und Aufrechterhaltung dieses Systems zu dienen.

5.3.2.3 Zur Durchführung von Änderungen, Modifikationen, Überarbeitungen oder Ergänzungen des Inhalts des QM-Handbuchs sollten Verfahrensanweisungen eingeführt werden.

5.3.2.4 Verfahrensanweisungen zum QM-System unterstützen das QM-Handbuch (z. B. Design-, Beschaffungs- und Arbeitsanweisungen). Diese Verfahrensanweisungen können unterschiedliche Formen annehmen, abhängig von

- der Größe der Organisation,
- der spezifischen Art der Tätigkeit und
- dem beabsichtigten Anwendungsbereich und der Struktur des QM-Handbuchs.

Verfahrensanweisungen können für einen oder mehrere Teile der Organisation gelten.

2) Siehe Seite 10.

5.3 Documentation of the quality system

5.3.1 Quality policies and procedures

All the elements, requirements and provisions adopted by an organization for its quality system should be documented in a systematic, orderly and understandable manner in the form of policies and procedures. However, care should be taken to limit documentation to the extent pertinent to the application.

The quality system should include adequate provision for the proper identification, distribution, collection and maintenance of all quality documents.

5.3.2 Quality system documentation

5.3.2.1 The typical form of the main document used to demonstrate or describe a documented quality system is a "quality manual". For further guidance, see ISO 10013.

5.3.2.2 The primary purpose of a quality manual is to define an outline structure of the quality system while serving as a permanent reference in the implementation and maintenance of that system.

5.3.2.3 Documented procedures should be established for making changes, modifications, revisions or additions to the contents of a quality manual.

5.3.2.4 Supporting the quality manual are documented quality system procedures (e.g. design, purchasing and process work instructions). These documented procedures can take various forms, depending on

- the size of the organization,
- the specific nature of the activity, and
- the intended scope and structure of the quality manual.

Documented procedures may apply to one or more parts of the organization.

5.3 Documentation du système qualité

5.3.1 Politiques et procédures relatives à la qualité

Il convient que tous les éléments, exigences et dispositions adoptés par un organisme pour son système qualité soient écrits de façon systématique, ordonnée et compréhensible sous forme de politiques et de procédures. Cependant, il convient de veiller à limiter la documentation à ce qui est nécessaire à l'application envisagée.

Il convient que le système qualité prévoie des dispositions adéquates pour l'identification, la diffusion, la collecte et la mise à jour corrects de tous les documents relatifs à la qualité.

5.3.2 Documentation du système qualité

5.3.2.1 La forme caractéristique du document principal utilisé pour démontrer ou décrire un système qualité est un «manuel qualité». Pour des conseils supplémentaires, voir l'ISO 10013.

5.3.2.2 L'objectif essentiel d'un manuel qualité est de définir la structure d'ensemble du système qualité, tout en servant de référence permanente dans la mise en œuvre et l'entretien de ce système.

5.3.2.3 Il convient d'établir des procédures écrites sur la manière d'apporter des changements, des modifications, des révisions ou des suppléments au contenu du manuel qualité.

5.3.2.4 Le manuel qualité s'appuie sur des procédures écrites (par exemple, des instructions sur la conception, les achats et la production). La forme de ces procédures écrites peut varier selon

- la taille de l'organisme,
- la spécificité de l'activité,
- le domaine d'application et la structure prévus pour le manuel qualité.

Les procédures écrites peuvent s'appliquer à une ou plusieurs parties de l'organisme.

5.3.3 Qualitätsmanagementpläne (QM-Pläne)

Die Leitung sollte für alle Produkte und Prozesse sicherstellen, daß dokumentierte QM-Pläne erarbeitet und aufrecht erhalten werden. Diese sollten mit allen anderen Forderungen des QM-Systems der Organisation vereinbar sein und sicherstellen, daß Qualitätsforderungen an ein Produkt, Projekt oder einen Vertrag erfüllt werden. Ein QM-Plan kann Teil eines größeren Gesamtplans sein. Insbesondere ist ein QM-Plan erforderlich für ein neues Produkt, einen neuen Prozeß oder dann, wenn es eine bedeutsame Änderung an einem bestehenden Produkt oder Prozeß gibt.

QM-Pläne sollten festlegen:

a) die zu erreichenden Qualitätsziele (z. B. Merkmale oder Spezifikationen, Einheitlichkeit, Wirksamkeit, Ästhetik, Zyklusdauer, Kosten, Rohstoffe, Gebrauch, Ertrag und Zuverlässigkeit);

b) diejenigen Schritte im Prozeß, welche die Ausführungspraxis der Organisation ausmachen (ein Flußdiagramm oder ein ähnliches Diagramm kann zur Darlegung der Prozeßelemente benutzt werden);

c) die spezielle Zuordnung der Verantwortungen, Befugnisse und Mittel während der verschiedenen Phasen des Projekts;

d) die anzuwendenden spezifischen Verfahrens- und Arbeitsanweisungen;

e) geeignete Programme für Qualitätsprüfungen, Untersuchungen und Qualitätsaudits in den entsprechenden Phasen (z. B. Design und Entwicklung);

f) eine Verfahrensanweisung für Änderungen und Modifikationen eines QM-Plans entsprechend dem Projektablauf;

g) eine Methode zur Messung des Erreichens der Qualitätsziele;

h) andere Maßnahmen, die zum Erreichen der Ziele nötig sind.

QM-Pläne können je nach Anwendungsfall in QM-Handbücher einbezogen oder es kann in diesen auf sie verwiesen sein.

Um das Erreichen der Ziele eines QM-Plans zu erleichtern, sollte eine dokumentierte Lenkung der Ausführung benutzt werden, wie sie in diesem Teil von ISO 9004 beschrieben ist.

5.3.4 Qualitätsaufzeichnungen

Qualitätsaufzeichnungen, eingeschlossen Tabellen betreffend Design, Qualitätsprüfungen, Begutachtungen, Qualitätsaudits, Reviews oder zugehörige Ergebnisse, sollten als wichtige Nachweise zur Darlegung der Erfüllung festgelegter Forderungen und der effektiven Arbeitsweise des QM-Systems aufbewahrt werden (siehe Abschnitt 17).

5.3.3 Quality plans

For any product or process, management should ensure that documented quality plans are prepared and maintained. These should be consistent with all other requirements of the organization's quality system, and should ensure that specified requirements for a product, project or contract are met. A quality plan may be a part of a larger overall plan. A quality plan is particularly necessary for a new product or process, or when there is significant change to an existing product or process.

Quality plans should define:

a) the quality objectives to be attained (e.g. characteristics or specifications, uniformity, effectiveness, aesthetics, cycle time, cost, natural resources, utilization, yield and dependability);

b) the steps in the processes that constitute the operating practice of the organization (a flowchart or similar diagram can be used to demonstrate the elements of the process);

c) the specific allocation of responsibilities, authority and resources during the different phases of the project;

d) the specific documented procedures and instructions to be applied;

e) suitable testing, inspection, examination and audit programmes at appropriate stages (e.g. design and development);

f) a documented procedure for changes and modifications in a quality plan as projects proceed;

g) a method for measuring the achievement of the quality objectives;

h) other actions necessary to meet the objectives.

Quality plans may be included or referenced in the quality manual, as appropriate.

To facilitate achievement of the objectives of a quality plan, documented operational control as described in this part of ISO 9004 should be used.

5.3.4 Quality records

Quality records, including charts pertaining to design, inspection, testing, survey, audit, review or related results, should be maintained as important evidence to demonstrate conformance to specified requirements and the effective operation of the quality system (see clause 17).

5.3.3 Plans qualité

Pour tout produit ou processus, il convient que la direction assure que des plans qualité écrits sont préparés et mis à jour. Il convient qu'ils soient cohérents avec toutes les autres exigences du système qualité de l'organisme, et qu'ils assurent que les exigences spécifiées pour un produit, un projet ou un contrat sont satisfaites. Un plan qualité peut faire partie d'un plan global plus important. Un plan qualité est particulièrement nécessaire pour un produit ou processus nouveau, ou pour une modification significative d'un produit ou processus existant.

Il convient que les plans qualité définissent

a) les objectifs qualité à atteindre (par exemple les caractéristiques ou spécifications, l'uniformité, l'efficacité, l'esthétique, la durée de vie, le coût, les ressources naturelles, l'utilisation, le rendement et la sûreté de fonctionnement);

b) les étapes des processus qui constituent la pratique opératoire de l'organisme (un schéma de flux ou un diagramme similaire peut être utilisé pour représenter les éléments du processus);

c) l'attribution spécifique des responsabilités, de l'autorité et des moyens au cours des différentes phases du projet;

d) les procédures et instructions écrites spécifiques à appliquer;

e) des programmes appropriés d'essai, de contrôle, d'examen et d'audit aux stades appropriés (par exemple conception et développement);

f) une procédure écrite concernant les changements et les modifications à apporter au plan qualité au fur et à mesure de l'avancement des projets;

g) une méthode permettant de mesurer le degré de réalisation des objectifs qualité;

h) les autres actions nécessaires pour atteindre les objectifs.

Les plans qualité peuvent être inclus ou mis en référence dans le manuel qualité, comme il convient.

Afin de faciliter la réalisation des objectifs d'un plan qualité, il convient de maîtriser les opérations en s'appuyant sur des documents de la manière décrite dans la présente partie de l'ISO 9004.

5.3.4 Enregistrements relatifs à la qualité

Il convient de conserver les enregistrements relatifs à la qualité, y compris les états se rapportant à la conception, au contrôle, aux essais, à la surveillance, à l'audit, à la revue ou aux résultats qui correspondent, car ils constituent une preuve importante de la conformité aux exigences spécifiées et du fonctionnement effectif du système qualité (voir article 17).

5.4 Auditieren des QM-Systems

5.4.1 Allgemeines

Zur Feststellung, ob die Tätigkeiten und zugehörigen Ergebnisse im QM-System der Organisation die geplanten Anordnungen erfüllen, sowie zur Feststellung der Wirksamkeit des QM-Systems, sind Qualitätsaudits zu planen und auszuführen. Alle QM-Elemente sollten regelmäßig intern einem Qualitätsaudit unterzogen und bewertet werden, wobei der Status und die Bedeutung der zu auditierenden Tätigkeit berücksichtigt werden soll. Zu diesem Zweck sollte durch die Leitung der Organisation ein angemessenes Auditprogramm aufgestellt und eingeführt werden.

5.4.2 Auditprogramm

Das Auditprogramm sollte abdecken:

a) Planen der spezifischen Tätigkeiten und Bereiche, welche einem Qualitätsaudit zu unterziehen sind, sowie Zeitablaufplan dazu;

b) Beauftragung von Personal mit angemessenen Qualifikationen, um Qualitätsaudits durchzuführen;

c) Verfahrensanweisungen für das Durchführen von Qualitätsaudits, eingeschlossen das Aufzeichnen und Berichten über die Ergebnisse des Qualitätsaudits und über die Erzielung von Einvernehmen über rechtzeitige Korrekturmaßnahmen bezüglich der Unzulänglichkeiten, die während des Qualitätsaudits gefunden wurden.

Über die geplanten und systematischen Qualitätsaudits hinaus können organisatorische Veränderungen, Rückmeldungen vom Markt, Fehlerberichte und Untersuchungen andere Faktoren sein, die Qualitätsaudits nötig machen.

5.4.3 Umfang von Qualitätsaudits

Objektive Bewertungen der Tätigkeiten im QM-System durch kompetentes Personal sollten die folgenden Tätigkeiten und Bereiche einschließen:

a) Organisationsstrukturen;

b) Verfahren zur Verwaltung, zum Arbeitsablauf und zum QM-System;

c) Mittel bezüglich Personal, Einrichtungen und Material;

d) Arbeitsbereiche, -durchführungen und -prozesse;

e) hergestellte Produkte (um den Grad der Konformität mit Normen und Spezifikationen festzustellen);

f) Dokumentation, Berichte sowie Aufbewahrung von Aufzeichnungen.

Personal, das Qualitätsaudits der QM-Elemente durchführt, sollte unabhängig von denjenigen sein, welche direkte Ver-

5.4 Auditing the quality system

5.4.1 General

Audits should be planned and carried out to determine if the activities and related results of the organization's quality system comply with planned arrangements, and to determine the effectiveness of the quality system. All elements should be internally audited and evaluated on a regular basis, considering the status and importance of the activity to be audited. For this purpose, an appropriate audit programme should be established and implemented by the organization's management.

5.4.2 Audit programme

The audit programme should cover:

a) planning and scheduling the specific activities and areas to be audited;

b) assignment of personnel with appropriate qualifications to conduct audits;

c) documented procedures for carrying out audits, including recording and reporting the results of the quality audit and reaching agreement on timely corrective actions on the deficiencies found during the audit.

Apart from planned and systematic audits, other factors necessitating audits can be organizational changes, market feedback, nonconformity reports and surveys.

5.4.3 Extent of audits

Objective evaluations of quality system activities by competent personnel should include the following activities or areas:

a) organizational structures;

b) administrative, operational and quality system procedures;

c) personnel, equipment and material resources;

d) work areas, operations and processes;

e) products being produced (to establish the degree of conformance to standards and specifications);

f) documentation, reports and record-keeping.

Personnel conducting audits of quality system elements should be independent of those having direct responsibili-

5.4 Audit du système qualité

5.4.1 Généralités

Il convient que des audits soient planifiés et réalisés afin de déterminer si les activités du système qualité de l'organisme, et les résultats qui s'y rapportent, sont conformes aux dispositions prévues, et afin de déterminer l'efficacité du système qualité. Il convient que tous les éléments soient audités en interne et régulièrement évalués, en tenant compte de l'état et de l'importance de l'activité à auditer. A cet effet, il convient qu'un programme d'audit approprié soit établi et mis en œuvre par la direction de l'organisme.

5.4.2 Programme d'audit

Il convient que le programme d'audit couvre

a) la planification et le calendrier des audits à effectuer sur des activités et domaines spécifiques;

b) l'affectation du personnel ayant les qualifications appropriées pour conduire des audits;

c) les procédures écrites pour réaliser des audits, y compris pour enregistrer et rendre compte des résultats de l'audit qualité et pour convenir des actions correctives à mettre en œuvre en temps voulu pour corriger les déficiences trouvées pendant l'audit.

À part les audits planifiés et systématiques, des changements dans l'organisation, des retours d'information du marché, des rapports de non-conformités, ou des enquêtes peuvent être des facteurs justifiant un audit.

5.4.3 Étendue des audits

Il convient que les évaluations objectives des activités du système qualité par des personnes compétentes portent sur les activités ou domaines suivants:

a) l'organisation;

b) les procédures administratives, opérationnelles et relatives au système qualité;

c) les ressources humaines et les moyens en équipement et en matériel;

d) les lieux de travail, les opérations et processus;

e) les produits en cours de production (pour établir le degré de conformité du système aux normes et aux spécifications);

f) la documentation, les rapports et enregistrements de suivi.

Il convient que les personnes conduisant des audits sur les éléments du système qualité soient indépendantes antwortungen für die spezifischen Tätigkeiten und Bereiche haben, die dem Qualitätsaudit unterzogen werden. Ein Auditplan sollte ausgearbeitet und dokumentiert werden, um die Punkte einzubeziehen, die unter a) bis f) aufgelistet sind.

5.4.4 Berichterstattung über Qualitätsaudits

Qualitätsaudit-Feststellungen, Schlußfolgerungen und Vereinbarungen über zeitgerechte Korrekturmaßnahmen sollten aufgezeichnet werden und zur Ergreifung geeigneter Maßnahmen durch die für den auditierten Bereich verantwortliche Leitung und zur Information der Leitung mit qualitätsbezogener Geschäftsführungsverantwortung übermittelt werden.

Die folgenden Punkte sollten in den Auditberichten abgedeckt sein:

a) alle Beispiele von Fehlern oder Unzulänglichkeiten;

b) angemessene und zeitgerechte Korrekturmaßnahmen.

5.4.5 Folgemaßnahme

Verwirklichung und Wirksamkeit von Korrekturmaßnahmen, die sich aus vorausgegangenen Qualitätsaudits ergeben, sollten beurteilt und dokumentiert werden.

ANMERKUNG 19: Weitere Anleitung zum Qualitätsaudit, zur Qualifikation von Qualitätsauditoren und zum Management von Auditprogrammen: siehe Teile 1 bis 3 von ISO 10011.

5.5 Bewertung des QM-Systems

Die Leitung der Organisation sollte Vorkehrungen für eine unabhängige Bewertung des QM-Systems (nachfolgend: QM-Bewertung) in festgelegten Zeitabständen treffen. Die Bewertungen der Qualitätspolitik und Qualitätsziele sollten durch die oberste Leitung durchgeführt werden. Die Bewertung von unterstützenden Tätigkeiten sollte durch die Leitung mit qualitätsbezogener Geschäftsführungsverantwortung und durch andere geeignete Mitglieder der Leitung durchgeführt werden, wobei gemäß Entscheidung der Leitung kompetentes, unabhängiges Personal eingesetzt werden sollte.

Die Bewertungen sollten gut gegliedert und umfassend sein. Sie sollten enthalten:

a) Ergebnisse interner Qualitätsaudits, konzentriert auf verschiedene QM-Elemente (siehe Abschnitt 5.4.3);

b) die Gesamtwirksamkeit bei der Verwirklichung der Anleitung dieses Teils von ISO 9004 und der für die Organisation vorgegebenen Qualitätspolitik und Qualitätsziele;

c) Überlegungen zur Anpassung des QM-Systems im Hinblick auf Änderungen, die durch neue Technologien, qualitätsbezogene Kon

ties for the specific activities or areas being audited. An audit plan should be prepared and documented to include the items listed in a) to f).

5.4.4 Audit reporting

Audit observations, conclusions and agreements on timely corrective action should be recorded and submitted for appropriate action by the management responsible for the area audited, and communicated for the information of management with executive responsibility for quality.

The following items should be covered in the audit report:

a) all examples of nonconformities or deficiencies;

b) appropriate and timely corrective action.

5.4.5 Follow-up action

Implementation and effectiveness of corrective actions resulting from previous audits should be assessed and documented.

NOTE 19: For further guidance on quality auditing, qualifications of auditors and management of audit programmes, see parts 1 to 3 of ISO 10011.

5.5 Review and evaluation of the quality system

The organization's management should provide for independent review and evaluation of the quality system at defined intervals. The reviews of the quality policy and objectives should be carried out by top management, and the review of supporting activities should be carried out by management with executive responsibilities for quality and other appropriate members of management, utilizing competent independent personnel as decided on by the management.

Reviews should consist of well-structured and comprehensive evaluations which include:

a) results from internal audits centred on various elements of the quality system (see 5.4.3);

b) the overall effectiveness in satisfying the guidance of this part of ISO 9004 and the organization's stated quality policy and objectives;

c) considerations for updating the quality system in relation to changes brought about by new technologies, quality concepts, market strategies,

de celles ayant une responsabilité directe sur les activités ou domaines spécifiques audités. Il convient de préparer et de consigner par écrit un plan d'audit pour tenir compte des aspects consignés en a) à f).

5.4.4 Rapport d'audit

Il convient que les observations, les conclusions de l'audit et les actions correctives convenues soient enregistrées et soumises pour action appropriée au responsable du domaine audité, et communiquées pour information à la direction ayant pouvoir de décision en matière de qualité.

Il convient que les points suivants figurent dans le rapport d'audit:

a) tous les cas de non-conformité ou de déficience;

b) les actions correctives appropriées, en temps utile.

5.4.5 Suite de l'audit

Il convient d'évaluer la mise en œuvre et l'efficacité des actions correctives résultant d'audits antérieurs, et d'en consigner les résultats par écrit.

NOTE 19: Pour d'autres conseils sur l'audit qualité, les quelifications des auditeurs et le management des programmes d'audit, voir les parties 1 à 3 de l'ISO 10011.

5.5 Revue et évaluation du système qualité

Il convient que la direction de l'organisme prenne des dispositions pour passer en revue et évaluer de façon indépendante le système qualité à des intervalles définis. Il convient que les revues de la politique et des objectifs qualité soient effectuées au plus haut niveau de direction et que la revue des activités de soutien le soit par les membres de la direction ayant pouvoir de décision en matière de qualité et par d'autres membres appropriés, en utilisant des personnes compétentes indépendantes, conformément aux décisions de la direction.

Il convient que les revues consistent en des évaluations complètes et bien structurées qui incluent

a) les résultats des audits internes centrés sur divers éléments du système qualité (voir 5.4.3);

b) la manière dont les conseils de la présente partie de l'ISO 9004 ainsi que la politique et les objectifs qualité de l'organisme, tels qu'ils sont formulés, sont bien pris en compte;

c) la capacité à maintenir à jour le système qualité en fonction des changements qu'apportent les nouvelles technologies, les concepts rezepte, Marktstrategien und soziale oder Umweltbedingungen verursacht werden.

Feststellungen, Schlußfolgerungen und Empfehlungen, die als Ergebnis einer QM-Bewertung erzielt wurden, sollten für erforderliche Maßnahmen dokumentiert werden.

and social or environmental conditions.

Observations, conclusions and recommendations reached as a result of review and evaluation should be documented for necessary action.

latifs à la qualité, les stratégies commerciales et les conditions sociales ou environnementales.

Afin d'entreprendre les actions nécessaires, il convient de consigner par écrit les observations, les conclusions et les recommandations résultant des revues et des évaluations.

5.6 Qualitätsverbesserung

Wenn ein QM-System verwirklicht wird, sollte die Leitung einer Organisation sicherstellen, daß das System eine ständige Qualitätsverbesserung erleichtert und fördert.

Qualitätsverbesserung bezieht sich auf die Maßnahmen, welche überall in der Organisation ergriffen werden zur Erhöhung der Effektivität und Effizienz der Tätigkeiten und Prozesse zur Erzielung von zusätzlichem Nutzen sowohl für die Organisation als auch für deren Kunden.

Um ein günstiges Umfeld für Qualitätsverbesserung zu schaffen, sollte in Erwägung gezogen werden:

a) Ermutigen und Aufrechterhalten eines unterstützenden Führungsstils;

b) Fördern von Werten, Einstellungen und Verhaltensweisen, die Verbesserung fördern;

c) Festlegen klarer Ziele für Qualitätsverbesserung;

d) Ermutigen effektiver Verständigung und Teamarbeit;

e) Anerkennen von Erfolgen und Leistungen;

f) Schulung und Fortbildung für Verbesserung.

ANMERKUNG 20: Weitere Anleitung gibt ISO 9004-4.

5.6 Quality improvement

When implementing a quality system, the management of an organization should ensure that the system will facilitate and promote continuous quality improvement.

Quality improvement refers to the actions taken throughout the organization to increase the effectiveness and efficiency of activities and processes to provide added benefits to both the organization and its customers.

In creating an environment for quality improvement, consideration should be given to:

a) encouraging and sustaining a supportive style of management;

b) promoting values, attitudes and behaviour that foster improvement;

c) setting clear quality improvement goals;

d) encouraging effective communication and teamwork;

e) recognizing successes and achievements;

f) training and educating for improvement.

NOTE 20: Further guidance is given in ISO 9004-4.

5.6 Amélioration de la qualité

Lors de la mise en œuvre d'un système qualité, il convient que la direction d'un organisme assure que le système facilitera et favorisera l'amélioration continue de la qualité.

Par amélioration de la qualité, on entend les actions entreprises dans tout l'organisme en vue d'accroître l'efficacité et le rendement des activités et des processus, pour apporter des avantages accrus, à la fois à l'organisme et à ses clients.

Pour la création d'un environnement favorable à l'amélioration de la qualité, il convient de prendre en considération les points suivants:

a) encourager et entretenir un style de management prêt à soutenir l'action;

b) promouvoir les valeurs, attitudes et comportements qui stimulent l'amélioration;

c) fixer des objectifs clairs en matière d'amélioration de la qualité;

d) encourager une communication réelle et le travail d'équipe;

e) reconnaître les succès et les réalisations;

f) former et éduquer en vue de l'amélioration.

NOTE 20: Des conseils complémentaires sont donnés dans l'ISO 9004-4.

6 Finanzielle Überlegungen zu Qualitätsmanagementsystemen (QM-Systemen)

6.1 Allgemeines

Es ist wichtig, daß die Wirksamkeit eines QM-Systems in finanziellen Größen gemessen wird. Die Auswirkung eines effektiven QM-Systems auf die Gewinn- und Verlustrechnung der Organisation kann hochbedeutsam sein, insbesondere durch Verbesserung der Arbeit, was sich in verminderten Verlusten infolge von Mißverständnissen und durch Beiträge zur Kundenzufriedenheit bemerkbar macht.

Solche Messung und Berichterstattung kann Mittel für das Feststellen nichteffizienter Tätigkeiten bereitstellen und interne Verbesserungstätigkeiten auslösen.

Durch Berichterstattung über Tätigkeiten und Wirksamkeit des QM-Systems in finanziellen Größen wird die Leitung die Ergebnisse von allen Abteilungen in einer allgemein üblichen Geschäftssprache erhalten.

6 Financial considerations of quality systems

6.1 General

It is important that the effectiveness of a quality system be measured in financial terms. The impact of an effective quality system upon the organization's profit and loss statement can be highly significant, particularly by improvement of operations, resulting in reduced losses due to error and by making a contribution to customer satisfaction.

Such measurement and reporting can provide a means for identifying inefficient activities, and initiating internal improvement activities.

By reporting quality system activities and effectiveness in financial terms, management will receive the results in a common business language from all departments.

6 Considérations financières relatives aux systèmes qualité

6.1 Généralités

Il est important que l'efficacité d'un système qualité soit mesurée en termes financiers. L'impact d'un système qualité efficace sur les profits et les pertes de l'organisme peut être très important, particulièrement par l'amélioration des opérations, qui aboutit à réduire les pertes dues à des erreurs, et par sa contribution à la satisfaction du client.

Cette façon de mesurer les résultats et d'en rendre compte peut fournir un moyen d'identifier les activités inefficaces, et d'initier des activités d'amélioration internes.

Par le rapport des activités et de l'efficacité du système qualité en termes financiers, la direction reçoit les résultats provenant de tous les départements dans un langage commun.

6.2 Ansätze zur finanziellen Berichterstattung über Tätigkeiten im QM-System

6.2.1 Allgemeines

Einige Organisationen finden es zweckdienlich, unter Anwendung systematischer qualitätsbezogener Verfahren finanzieller Berichterstattung über den finanziellen Nutzen zu berichten.

Die durch die einzelnen Organisationen ausgewählten und angewendeten Ansätze finanzieller Berichterstattung werden von ihrer individuellen Struktur, ihren Tätigkeiten und der Reife ihres QM-Systems abhängig sein.

6.2.2 Ansätze

Für das Sammeln, Vorstellen und Analysieren der Elemente von Finanzdaten gibt es verschiedene Ansätze. Die in a) bis c) angegebenen Ansätze haben sich als brauchbar erwiesen, aber sie schließen andere nicht aus. Sie können auch angepaßt oder kombiniert werden.

a) Ansatz qualitätsbezogener Kosten

Dieser Ansatz bezieht sich auf qualitätsbezogene Kosten, die grob in diejenigen unterteilt werden, welche von internen Arbeitsweisen und von externen Tätigkeiten herrühren.

Kostenelemente der internen Arbeitsweisen werden entsprechend dem FPF-Kalkulationsmodell analysiert (Fehlerverhütung, Prüfung, Fehler).

Fehlerverhütungs- und Prüfkosten werden als Investition betrachtet, während Fehlerkosten als Verluste betrachtet werden. Die Kostenkomponenten sind:

1) Fehlerverhütung: Anstrengungen zur Fehlerverhütung;

2) Prüfung: Prüfung und Untersuchung zur Beurteilung, ob Qualitätsforderungen erfüllt werden;

3) Interne Fehler: Kosten, die aus der Nichterfüllung der Qualitätsforderung durch ein Produkt vor der Auslieferung resultieren (z. B. wiederholte Erbringung einer Dienstleistung, erneute Fertigung, Nacharbeit, Wiederholungsprüfung, Ausschuß);

4) Externe Fehler: Kosten, die aus der Nichterfüllung der Qualitätsforderung durch ein Produkt nach der Auslieferung resultieren (z. B. Produkt-Instandhaltung und -Reparatur, Garantieleistungen und Rücklieferungen, unmittelbare Kosten und Entschädigungen, Kosten für Produkt-Rückrufe, Produkthaftungskosten).

b) Ansatz prozeßbezogener Kosten

Dieser Ansatz analysiert die Konformitätskosten und die Fehlerkosten aller Prozesse, die beide der Ursprung von Einsparungen sein können. Diese sind wie folgt definiert.

6.2 Approaches to financial reporting of quality system activities

6.2.1 General

Some organizations find it useful to report the financial benefits using systematic quality financial reporting procedures.

The approach(es) to financial reporting selected and used by particular organizations will be dependent upon their individual structures, their activities, and the maturity of their quality systems.

6.2.2 Approaches

There are various approaches to gathering, presenting and analysing the elements of financial data. The approaches given in a) to c) have been found to be useful, but do not exclude others, or adaptations or combinations of them.

a) Quality-cost approach

This approach addresses quality-related costs, which are broadly divided into those arising from internal operations and external activities.

Cost elements for internal operations are analysed according to the PAF (prevention, appraisal, failure) costing model.

Prevention and appraisal costs are considered as investments, while failure costs are considered as losses. The components of the costs are:

1) prevention: efforts to prevent failures;

2) appraisal: testing, inspection and examination to assess whether requirements for quality are being fulfilled;

3) internal failure: costs resulting from a product failing to meet the quality requirements prior to delivery (e.g. re-performing a service, reprocessing, rework, retest, scrap);

4) external failure: costs resulting from a product failing to meet the quality requirements after delivery (e.g. product maintenance and repair, warranties and returns, direct costs and allowances, product recall costs, liability costs).

b) Process-cost approach

This approach analyses the costs of conformity and the costs of nonconformity for any process, both of which can be the source of savings. These are defined as:

6.2 Approches pour rendre compte des activités du système qualité en termes financiers

6.2.1 Généralités

Certains organismes trouvent utile de rendre compte financièrement des bénéfices en utilisant les procédures systématiques de compte rendu financier.

Les approches choisies et utilisées par certains organismes pour rendre compte de leurs résultats en termes financiers dépendront de leur propre structure, de leurs activités et de leur maturité en matière de système qualité.

6.2.2 Approches

Il existe différentes approches pour rassembler, présenter et analyser les éléments des données financières. Les approches indiquées en a) à c) ont été jugées utiles, cependant elles n'excluent pas les autres, et peuvent aussi être adaptées ou combinées entre elles.

a) Approche par le coût de la qualité

Cette approche utilise les coûts relatifs à la qualité, qui sont globalement répartis entre ceux qui résultent d'opérations internes et ceux qui résultent d'activités externes.

Les éléments de coûts des opérations internes sont analysés conformément au modèle de coût PED (prévention, évaluation, défaillance).

Les coûts de prévention et d'évaluation sont considérés comme des investissements, alors que les coûts de défaillance sont considérés comme des pertes. Les composantes des coûts sont

1) prévention: efforts pour prévenir les défaillances;

2) évaluation: essais, contrôle et examen pour évaluer si les exigences pour la qualité sont satisfaites;

3) défaillance interne: coûts résultant de l'incapacité d'un produit à satisfaire aux exigences pour la qualité avant livraison (par exemple, prestation de service à reprendre, retraitement, reprise, nouvel essai, rebut);

4) défaillance externe: coûts résultant de l'incapacité d'un produit à satisfaire aux exigences pour la qualité après livraison (par exemple, maintenance et réparation du produit, garanties et retours, coûts directs et indemnités, coûts liés au rappel de produits, coûts liés à la responsabilité du fait du produit).

b) Approche par le coût du processus

Cette approche prend en compte les coûts de conformité et les coûts de non-conformité pour tout processus, les deux pouvant être sources d'économies. Ils sont définis comme suit:

1) Konformitätskosten: Kosten der Erfüllung aller festgelegten und vorausgesetzten Erfordernisse von Kunden bei Nichtvorhandensein eines Fehlers beim betrachteten Prozeß.

2) Fehlerkosten: Durch einen Fehler des betrachteten Prozesses verursachte Kosten.

c) Ansatz qualitätsbezogener Verluste

Diese Methode konzentriert sich auf interne und externe Verluste infolge schlechter Qualität und ermittelt materielle und immaterielle Verlustarten. Typische externe immaterielle Verluste sind ein Verlust an künftigen Verkäufen infolge von Unzufriedenheit eines Kunden.

Typische interne immaterielle Verluste entstehen aus verminderter Arbeitseffizienz infolge von Nacharbeit, schlechter Ergonomie, versäumten Gelegenheiten usw. Materielle Verluste sind interne und externe Fehlerkosten.

1) cost of conformity: cost to fulfil all of the stated and implied needs of customers in the absence of failure of the existing process;

2) cost of nonconformity: cost incurred due to failure of the existing process.

c) Quality-loss approach

This approach focuses on internal and external losses due to poor quality and indentifies tangible and intangible loss types. Typical external intangible losses are loss of future sales due to customer dissatisfaction. Typical internal intangible losses arise from lower work efficiency due to rework, poor ergonomics, missed opportunities, etc. Tangible losses are internal and external failure costs.

1) coût de conformité: coût pour satisfaire tous les besoins exprimés et implicites des clients en l'absence de défaillance du processus existant;

2) coût de non-conformité: coût encouru dû à une défaillance du processus existant.

c) Approche par la perte relative à la qualité

Cette approche vise les pertes internes et externes dues à la mauvaise qualité et identifie les types de pertes matérielles et immatérielles. Un type de perte externe immatérielle est la perte de futures ventes imputable à la non-satisfaction du client. Des types internes de pertes immatérielles sont celles provenant d'une efficacité de travail insuffisante imputable aux reprises, à une mauvaise ergonomie, à des occasions manquées, etc.

Les pertes matérielles sont des coûts des défaillances internes et externes.

6.3 Berichterstattung

Die finanzielle Berichterstattung über qualitätsbezogene Tätigkeiten sollte regelmäßig für die Leitung bereitgestellt und von dieser überwacht sowie auf andere geschäftliche Meßgrößen bezogen werden wie etwa auf "Verkäufe", "Umsatz" oder "Wertschöpfung", um für eine realistische unternehmerische Sicht zu sorgen bezüglich

- Beurteilung der Angemessenheit und Wirksamkeit des QM-Systems,
- Feststellung zusätzlicher Bereiche, die Aufmerksamkeit und Verbesserung verlangen, und
- Festlegung von Qualitäts- und Kostenzielen für die nachfolgende Periode.

Die Elemente finanzieller qualitätsbezogener Berichte sind in der Organisation bereits in vielen Fällen verfügbar, jedoch in anderer Form. Ihre Darstellung als finanzieller qualitätsbezogener Bericht kann eine Umgruppierung einzelner Elemente aus anderen Berichten verlangen.

6.3 Reporting

The financial reporting of quality activities should be regularly provided to and monitored by management, and be related to other business measures such as "sales", "turnover" or "added value" in order to provide for a realistic, entrepreneurial

- evaluation of the adequacy and effectiveness of the quality system,
- identification of additional areas requiring attention and improvement, and
- establishment of quality and cost objectives for the following period.

The elements of financial quality reports are in many cases already available in the organization, but in other forms. Their reporting as a financial quality report can require regrouping of individual elements from other reports.

6.3 Compte rendu

Il convient que le compte rendu financier des activités relatives à la qualité soit régulièrement fourni à et contrôlé par la direction, et mis en relation avec d'autres données commerciales telles que le «carnet de commande», le «chiffre d'affaires» ou la «valeur ajoutée», afin de permettre, de façon réaliste et avec esprit d'entreprise

- l'évaluation de l'adéquation et de l'efficacité du système qualité,
- l'identification d'autres domaines nécessitant attention et amélioration, et
- l'établissement d'objectifs de qualité et de coût prévisionnels.

Les éléments des comptes rendus financiers relatifs à la qualité sont souvent déjà disponibles dans l'organisme, mais sous d'autres formes. Leur présentation sous forme de compte rendu financier relatif à la qualité peut exiger le regroupement d'éléments provenant d'autres comptes rendus.

7 Qualität im Marketing

7.1 Forderungen an das Marketing

Die Marketingfunktion sollte eine angemessen festgelegte und dokumentierte Qualitätsforderung an das Produkt erstellen. Vor allem ist es in diesem frühen Stadium des Produkt-Lebenszyklus wichtig, die Forderungen an alle Elemente des ganzen Produkts zu betrachten, sei es Hardware, Software, ein verfahrenstechnisches Produkt oder eine Dienstleistung. Tatsächlich beinhalten alle Pro-

7 Quality in marketing

7.1 Marketing requirements

The marketing function should establish adequately defined and documented requirements for the quality of the product. Particularly at this early stage in the product life cycle, it is important to consider the requirements for all the elements of the total product, whether hardware, software, processed materials or services. In fact, all products involve some element of service, and

7 Qualité en mercatique

7.1 Exigences en matière de mercatique

Il convient que la fonction mercatique définisse et consigne par écrit les exigences qui s'imposent pour la qualité du produit. Il est particulièrement important à cette première étape du cycle de vie du produit, de prendre en compte les exigences concernant tous les éléments du produit dans sa globalité, qu'il s'agisse de matériels, de logiciels, de produits issus de processus à caractère dukte einige Dienstleistungs-Elemente, und zahlreiche Produkte beinhalten mehrere übergeordnete Produktkategorien. Die Marketingfunktion sollte

a) den Bedarf für ein Produkt ermitteln;

b) die Marktnachfrage und den Marktsektor festlegen, so daß Anspruchsklasse, Menge, Preis und Zeitplan ermittelt werden können;

c) spezifische Kundenforderungen ermitteln oder die allgemeinen Marktfordernisse prüfen; diese Maßnahmen schließen eine Einschätzung nicht ausgedrückter Erwartungen oder Neigungen ein, welche die Kunden haben;

d) innerhalb der Organisation alle Kundenforderungen bekanntgeben;

e) sicherstellen, daß alle zuständigen Funktionen in der Organisation zustimmen, daß sie die Fähigkeit zur Erfüllung der Kundenforderungen haben.

7.2 Festlegen der Produktspezifikation

Die Marketingfunktion sollte die Organisation mit einer formellen Darstellung oder einem kurzen Abriß der Qualitätsforderung an das Produkt versorgen. Kundenspezifische und allgemein marktübliche Forderungen und Erwartungen sollten als Basis für nachfolgende Designtätigkeiten in einen vorläufigen Satz von Spezifikationen umgesetzt werden. Unter den Elementen, die enthalten sein können, befinden sich die folgenden Forderungen:

a) Leistungsmerkmale (z. B. Umwelt- und Einsatzbedingungen sowie Zuverlässigkeit);

b) sensorische Merkmale (z. B. Stil, Farbe, Geschmack, Geruch);

c) Einbau, Gestaltung der Einrichtung oder Einpassung;

d) anzuwendende Normen und gesetzliche Regelungen;

e) Verpackung;

f) qualitätsbezogene Prüfung und/ oder Qualitätssicherung/QM-Darlegung.

7.3 Kunden-Rückinformation

Die Marketingfunktion sollte ein System der Informationsüberwachung und Informationsrückführung auf kontinuierlicher Basis einführen. Alle Informationen über die Produktnutzung durch den Kunden sowie über seine Zufriedenheit mit der Produktqualität sollten entsprechend festgelegten Verfahren analysiert, kritisch verglichen, interpretiert und bekanntgemacht werden. Solche Informationen werden bei der Feststellung der Art und des Ausmaßes von Problemen mit Produkten in bezug auf Erfahrungen und Erwartungen des Kun-

many products involve several generic product categories. The marketing function should:

a) determine the need for a product;

b) define the market demand and sector, so that product grade, quantity, price and timing can be determined;

c) determine specific customer requirements, or review general market needs; actions include assessment of any unstated expectations or biases held by customers;

d) communicate all customer requirements within the organization;

e) ensure that all relevant organizational functions agree that they have the capability to meet customer requirements.

7.2 Defining product specification

The marketing function should provide the organization with a formal statement or outline of product requirements. Specific customer and general market requirements and expectations should be translated into a preliminary set of specifications as the basis for subsequent design work. Among the elements that may be included are the following requirements:

a) performance characteristics (e.g. environmental and usage conditions and dependability);

b) sensory characteristics (e.g. style, colour, taste, smell);

c) installation, arrangement layout or fit;

d) applicable standards and statutory regulations;

e) packaging;

f) quality verification and/or assurance.

7.3 Customer feedback information

The marketing function should establish an information-monitoring and feedback system on a continuous basis. All information pertinent to the customer's use of and satisfaction with the quality of a product should be analysed, collated, interpreted, verified and reported in accordance with documented procedures. Such information will help to determine the nature and extent of product problems in relation to customer experience and expectations. In addition, the feedback information can lead

continu ou de services. En fait, tous les produits présentent un aspect service, et de nombreux produits mettent en jeu plusieurs des catégories génériques de produits. Il convient que la fonction mercatique

a) détermine s'il existe un besoin pour un produit;

b) définisse la demande et le secteur du marché, de façon à déterminer la classe, la quantité, le prix et les délais concernant le produit;

c) détermine les exigences spécifiques du client ou passe en revue les besoins généraux du marché; les actions comprennent une évaluation de toutes les attentes ou particularités non formulées des clients;

d) communique toutes les exigences du client au sein de l'organisme;

e) assure que toutes les fonctions concernées de l'organisme reconnaissent avoir l'aptitude à satisfaire aux exigences des clients.

7.2 Définition des spécifications du produit

Il convient que la fonction mercatique donne à l'organisme, de façon formelle, une description ou les grandes lignes des exigences relatives au produit. Il convient que les exigences et les attentes d'un client spécifique et du marché en général soient traduites en un ensemble préliminaire de spécifications pour servir de base aux travaux de conception ultérieurs. Parmi les éléments susceptibles d'être inclus, figurent les exigences suivantes:

a) caractéristiques de fonctionnement (par exemple conditions d'environnement et d'utilisation, sûreté de fonctionnement);

b) caractéristiques sensorielles (par exemple, aspect, couleur, goût, odeur);

c) conditions d'installation, de disposition et d'adaptation;

d) normes et textes réglementaires applicables;

e) conditionnement;

f) vérification et/ou assurance de la qualité.

7.3 Retour d'information du client

Il convient que la fonction mercatique établisse un système permanent de retour de l'information et de suivi de cette information. Il convient que toutes les informations liées à l'utilisation du produit, ainsi que la satisfaction procurée au client par la qualité de ce produit soient analysées, collationnées, interprétées, vérifiées et communiquées conformément aux procédures écrites. Ces informations aideront à déterminer la nature et la portée des problèmes liés au produit du fait de la connaissance et des attentes du client à l'égard du proden behilflich sein. Zusätzlich kann die Rückinformation zu einer Führungsmaßnahme führen, die zu einer Produktverbesserung oder zu einem neuen Angebotsprodukt führt (siehe auch Abschnitte 8.8, 8.9, 15 und 16.6).

8 Qualität bei Auslegung und Design

8.1 Beitrag von Auslegung und Design zur Qualität

Die Auslegungs- und Designfunktion sollte für die Übertragung der Kundenerfordernisse in technische Spezifikationen für Materialien, Produkte und Prozesse sorgen. Das sollte zu einem Produkt führen, das den Kunden zu einem annehmbaren Preis zufriedenstellt, der für die Organisation eine befriedigende Rentabilität (Return-on-investment) ergibt. Die Auslegung und das Design sollten so sein, daß das Produkt unter den vorgeschlagenen Produktions-, Montage-, Inbetriebnahme- oder Einsatzbedingungen realisierbar, prüfbar und lenkbar ist.

8.2 Designplanung und -ziele (Projektfestlegung)

8.2.1 Die Leitung sollte Pläne vorbereiten, welche die Verantwortung für jede Design- und Entwicklungstätigkeit innerhalb und/oder außerhalb der Organisation festlegen. Sie sollte sicherstellen, daß alle, die zum Design beitragen, sich ihrer Verantwortung bezüglich des Gesamtumfangs des Projekts bewußt sind.

8.2.2 Bei ihrer Übertragung von Verantwortung und Befugnis für Qualität sollte die Leitung sicherstellen, daß die Designtätigkeiten klare und verbindliche technische Angaben für die Beschaffung, die Arbeitsausführung und die Verifizierung der Erfüllung der festgelegten Forderungen durch die Produkte und Prozesse liefern.

8.2.3 Die Leitung sollte in zeitliche Phasen gegliederte Designprogramme mit Haltepunkten festlegen, die für die Art des Produkts und des Prozesses passend sind. Der Umfang jeder Phase sowie die Lage der Haltepunkte, an denen Bewertungen des Produkts oder des Prozesses stattfinden werden, können von mehreren Elementen abhängen wie von

- der Anwendung des Produkts,
- seiner Designkomplexität,
- vom Umfang der Innovation und der einzuführenden Technologie und
- vom Grad der Vereinheitlichung und Ähnlichkeit mit bereits erprobten Designs.

to management action resulting in product improvement or to new product offerings (see also 8.8, 8.9, clause 15 and 16.6).

8 Quality in specification and design

8.1 Contribution of specification and design to quality

The specification and design function should provide for the translation of customer needs into technical specifications for materials, products and processes. This should result in a product that provides customer satisfaction at an acceptable price that gives a satisfactory financial return for the organization. The specification and design should be such that the product is producible, verifiable and controllable under the proposed production, installation, commissioning or operational conditions.

8.2 Design planning and objectives (defining the project)

8.2.1 Management should prepare plans that define the responsibility for each design and development activity inside and/or outside the organization, and ensure that all those who contribute to design are aware of their responsibilities in relation to the full scope of the project.

8.2.2 In its delegation of responsibilities and authority for quality, management should ensure that design functions provide clear and definitive technical data for procurement, the execution of work, and verification of conformance of products and pro cesses to specified requirements.

8.2.3 Management should establish time-phased design programmes with holdpoints appropriate to the nature of the product and process. The extent of each phase, and the position of the holdpoints at which evaluations of the product or the process will take place, can depend upon several elements, such as

- the product's application,
- its design complexity,
- the extent of innovation and technology being introduced, and
- the degree of standardization and similarity with past proven designs.

duit. En outre, le retour d'information peut conduire à des actions de la direction se traduisant par une amélioration du produit ou l'offre d'un nouveau produit (voir également 8.8, 8.9, article 15 et 16.6).

8 Qualité en définition et conception

8.1 Contribution de la définition et de la conception à la qualité

Il convient que les fonctions définition et conception traduisent les besoins du client en spécifications techniques concernant les matériels, les produits et les processus. Il convient que ceci aboutisse à la création d'un produit qui satisfasse le client à un prix acceptable et qui permette un profit satisfaisant pour l'organisme. Il convient que la définition et la conception soient telles que le produit soit apte à être élaboré, vérifié et contrôlé dans les conditions proposées de production, d'installation, de mise en route et de fonctionnement.

8.2 Planification et objectifs de la conception (définition du projet)

8.2.1 Il convient que la direction planifie les dispositions qui définissent les responsabilités pour chaque activité de conception et de développement à l'intérieur et/ou à l'extérieur de l'organisme, et assure que tous ceux qui contribuent à la conception sont conscients de leurs responsabilités vis à vis de l'ensemble du projet.

8.2.2 Dans sa délégation de responsabilités et d'autorité en matière de qualité, il convient que la direction assure que les fonctions de conception fournissent des données techniques claires et figées pour l'approvisionnement, l'exécution du travail ainsi que la vérification de conformité des produits et processus aux exigences spécifiées.

8.2.3 Il convient que la direction établisse une planification des phases de conception incluant des points d'arrêt appropriés à la nature du produit et du processus. L'étendue de chaque phase, et la position des points d'arrêt auxquels auront lieu les évaluations du produit ou du processus peuvent dépendre de plusieurs éléments tels que

- la destination du produit,
- la complexité de sa conception,
- le degré d'innovation et le niveau de technologie mis en œuvre,
- le degré de normalisation et de similitude avec des conceptions ayant fait leurs preuves dans le passé.

8.2.4 Zusätzlich zu den Erfordernissen des Kunden sollten die Forderungen aus Sicherheits-, Umwelt- und anderen Vorschriften genau beachtet werden, eingeschlossen Aspekte der Qualitätspolitik der Organisation, welche über die Forderungen bestehender gesetzlicher Regelwerke hinausgehen können (siehe auch Abschnitt 3.3).

8.2.5 Das Design sollte unzweideutig und angemessen die für die Qualität wichtigen Merkmale festlegen, wie etwa die Annahmekriterien. Sowohl die Zwecktauglichkeit als auch die Sicherheitsvorkehrungen gegen Mißbrauch sollten betrachtet werden. Die Produktfestlegung kann, wenn zweckmäßig, auch Zuverlässigkeit und Bedienbarkeit während einer vertretbaren Lebenserwartung enthalten, eingeschlossen unkritische Ausfälle und sichere Entsorgbarkeit, sofern angebracht.

8.3 Untersuchung und Messung des Produkts

Die Meß- und Untersuchungsmethoden sowie die zur Bewertung des Produkts und der Prozesse sowohl während der Design- als auch während der Produktionsphasen anzuwendenden Annahmekriterien sollten festgelegt werden. Diese sollten folgendes enthalten:

a) Sollwerte für die Leistungsmerkmale, Toleranzen und qualitative Merkmale;

b) Annahmekriterien;

c) Untersuchungs- und Meßmethoden, -einrichtungen sowie Rechnersoftware (siehe Abschnitt 13).

8.4 Designprüfung

8.4.1 Allgemeines

Zum Abschluß einer jeden Designphase sollte eine formelle, dokumentierte, systematische und kritische nochmalige Prüfung der Designergebnisse geplant und durchgeführt werden. Diese sollte unterschieden werden von einer Projektfortschrittsbesprechung. An jeder Designprüfung sollten Vertreter aller Funktionen/Stellen teilnehmen, welche die Qualität beeinflussen, und zwar wie es für die Phase angemessen ist, die der Prüfung unterzogen wird. Die Designprüfung sollte Problembereiche und Unzulänglichkeiten feststellen und voraussehen sowie Korrekturmaßnahmen einleiten, um sicherzustellen, daß das endgültige Design und die zugehörigen Angaben die Kundenforderungen erfüllen.

8.4.2 Elemente der Designprüfung

Soweit es im Hinblick auf die Designphase und das Produkt zweckmäßig ist, sollten die unter a) bis c) aufgeführten Elemente betrachtet werden:

8.2.4 In addition to customer needs, consideration should be given to the requirements relating to safety, environmental and other regulations, including items in the organization's quality policy which may go beyond existing statutory requirements (see also 3.3).

8.2.5 The design should unambiguously and adequately define characteristics important to quality, such as the acceptance criteria. Both fitness for purpose and safeguards against misuse should be considered. Product definition can also include dependability and serviceability through a reasonable life expectancy, including benign failure and safe disposability, as appropriate.

8.3 Product testing and measurement

The methods of measurement and test, and the acceptance criteria applied to evaluate the product and processes during both the design and production phases, should be specified. These should include the following:

a) performance target values, tolerances and attribute features;

b) acceptance criteria;

c) test and measurement methods, equipment and computer software (see clause 13).

8.4 Design review

8.4.1 General

At the conclusion of each phase of design development, a formal, documented, systematic and critical review of the design results should be planned and conducted. This should be distinguished from a project progress meeting. Participants at each design review should include representatives of all functions affecting quality, as appropriate to the phase being reviewed. The design review should identify and anticipate problem areas and inadequacies, and initiate corrective actions to ensure that the final design and supporting data meet customer requirements.

8.4.2 Elements of design reviews

As appropriate to the design phase and product, the elements outlined in a) to c) should be considered.

8.2.4 Outre les besoins du client, il est recommandé de prendre en compte les exigences liées à la sécurité, à l'environnement et autres réglementations, y compris les éléments de la politique qualité de l'organisme qui dépassent les contraintes réglementaires (voir également 3.3).

8.2.5 Il convient que la conception définisse de façon non ambiguë et adéquate les caractéristiques importantes pour la qualité telles que les critères d'acceptation. Il convient de prendre en compte à la fois l'aptitude à l'emploi et la prévention contre une mauvaise utilisation. La définition du produit peut aussi porter sur la sûreté de fonctionnement et l'aptitude à l'entretien pendant une durée de vie raisonnable et comprenant, selon le cas, les défaillances légères et la mise hors service sans danger.

8.3 Essais et mesurages sur le produit

Il convient de spécifier les méthodes de mesurage et d'essai, et les critères d'acceptation appliqués à l'évaluation du produit et des processus tant dans les phases de conception que de production. Il est recommandé que ceux-ci comprennent ce qui suit:

a) les valeurs cibles de fonctionnement, les tolérances et les caractéristiques d'attributs (non mesurables);

b) les critères d'acceptation;

c) les méthodes de mesure et d'essai, les équipements et les logiciels (voir article 13).

8.4 Revue de conception

8.4.1 Généralités

Il convient qu'à la fin de chaque phase du déroulement de la conception, on planifie et effectue une revue formelle, documentée, systématique et critique des résultats de la conception. Il est recommandé que celle-ci soit distincte d'une réunion concernant l'avancement du projet. Il convient que les participants à chaque revue de conception soient représentatifs de toutes les fonctions ayant une incidence sur la qualité, selon la phase soumise à revue. Il convient que la revue de conception identifie et prévoie les sujets à problème et les inadéquations, et déclenche des actions correctives afin d'assurer que la conception finale et les données associées satisfont aux exigences du client.

8.4.2 Éléments relatifs aux revues de conception

Selon la phase de conception et le produit, il convient de prendre en considération les éléments indiqués en a) à c):

a) Gesichtspunkte betreffend Erfordernisse und Zufriedenheit des Kunden

1) Vergleich der Kundenerfordernisse gemäß Produktspezifikation mit den technischen Spezifikationen für Materialien, Produkte und Prozesse;

2) Validierung des Designs durch Prototypuntersuchungen;

3) Funktionseignung unter erwarteten Gebrauchs- und Umweltbedingungen;

4) nicht vorgesehener und mißbräuchlicher Gebrauch;

5) Sicherheit und Umweltverträglichkeit;

6) Erfüllung gesetzlicher Vorschriften, nationaler und internationaler Normen sowie von Verfahrensfestlegungen der Organisation;

7) Vergleiche mit Konkurrenz-Designs;

8) Vergleich mit ähnlichen Designs, insbesondere Analyse der Vorgeschichte interner und externer Probleme, um zu vermeiden, daß sich diese wiederholen.

b) Gesichtspunkte betreffend Produktspezifikation

1) Forderungen bezüglich Zuverlässigkeit und Bedienbarkeit;

2) erlaubte Toleranzen und Vergleich mit den Prozeßstreubreiten;

3) Annahmekriterien für das Produkt;

4) Einbaubarkeit, leichte Montierbarkeit, Lagererfordernisse, Lagerfähigkeit und Entsorgbarkeit;

5) Merkmale zu unkritischen Fehlern und zur Ausfallsicherheit;

6) ästhetische Spezifikationen und Annahmekriterien;

7) Fehlermöglichkeits- und -Einflußanalyse sowie Fehlerbaumanalyse;

8) Eignung, Probleme zu erkennen und zu korrigieren;

9) Forderungen an Beschriftung, Warnhinweise, Kennzeichnung, Rückverfolgbarkeit sowie Gebrauchsanleitungen;

10) Bewertung und Gebrauch von Normteilen.

c) Gesichtspunkte betreffend Prozeßspezifikation

1) Fähigkeit, das Produkt in Übereinstimmung mit dem Design herzustellen, eingeschlossen spezielle Prozeßerfordernisse, Mechanisierung, Automatisierung, Montage und Einbau von Komponenten;

2) Prüfbarkeit des Designs, eingeschlossen besondere Forderungen an Qualitätsprüfungen;

a) Items pertaining to customer needs and satisfaction

1) comparison of customer needs expressed in the product specification with technical specifications for materials, products and processes;

2) validation of the design through prototype tests;

3) ability to perform under expected conditions of use and environment;

4) unintended uses and misuses;

5) safety and environmental compatibility;

6) compliance with regulatory requirements, national and International Standards, and organization practices;

7) comparisons with competitive designs;

8) comparison with similar designs, especially analysis of the history of internal and external problems to avoid repeating problems.

b) Items pertaining to product specification

1) dependability and serviceability requirements;

2) permissible tolerances and comparison with process capabilities;

3) product acceptance criteria;

4) installability, ease of assembly, storage needs, shelf-life and disposability;

5) benign failure and fail-safe characteristics;

6) aesthetic specifications and acceptance criteria;

7) failure mode and effect analysis, and fault tree analysis;

8) ability to diagnose and correct problems;

9) labelling, warnings, identification, traceability requirements and user instructions;

10) review and use of standard parts.

c) Items pertaining to process specification

1) ability to produce product conforming to the design, including special process needs, mechanization, automation, assembly and installation of components;

2) capability to inspect and test the design, including special inspection and test requirements;

a) Éléments relatifs aux besoins et à la satisfaction du client

1) comparaison des besoins du client exprimés dans le descriptif du produit, aux spécifications techniques pour les matériaux, les produits et les processus;

2) validation de la conception au moyen d'essais de prototypes;

3) aptitude à fonctionner dans les conditions prévues d'utilisation et d'environnement;

4) utilisations non prévues et anormales;

5) sécurité et compatibilité environnementale;

6) conformité aux exigences réglementaires, aux Normes nationales et internationales, et aux pratiques de l'organisme;

7) comparaisons à des conceptions concurrentes;

8) comparaisons à des conceptions similaires, en particulier analyse de l'historique des problèmes internes et externes, afin d'éviter qu'ils se reproduisent.

b) Éléments relatifs aux exigences de spéciffcation du produit

1) exigences relatives à sûreté de fonctionnement et à l'aptitude à l'entretien;

2) tolérances admissibles et comparaison aux aptitudes des processus;

3) critères d'acceptation du produit;

4) facilité d'installation, d'assemblage, besoins liés au stockage, durée de conservation et aptitude à la mise hors service;

5) caractéristiques concernant les défaillances légères et la sûreté intégrée;

6) spécifications et critères d'acceptation concernant l'esthétique;

7) analyse des modes de défaillance et de leurs effets, et analyse par arbre de défaillance;

8) aptitude à diagnostiquer et corriger les problèmes;

9) exigences concernant l'étiquetage, les mises en garde, l'identification, la traçabilité et les instructions d'utilisation;

10) revue et utilisation d'éléments standardisés.

c) Éléments relatifs aux spécifications de processu:

1) aptitude à produire un produit conforme à la conception, y compris les besoins relatifs aux procédés spéciaux, la mécanisation, l'automatisation, l'assemblage et l'installation des composants;

2) aptitude à contrôler et vérifier la conception, y compris les exigences particulières de contrôle et d'essai;

3) Spezifikation von Materialien, Komponenten und Baugruppen, eingeschlossen freigegebene Zulieferungen und Unterauftragnehmer wie auch Verfügbarkeit;

4) Forderungen an Verpackung, Handhabung, Lagerung und Lagerfähigkeit, insbesondere Sicherheitsfaktoren betreffend eingehende und ausgehende Einheiten.

8.4.3 Designverifizierung

Alle Designs sollten geprüft werden, um sicherzustellen, daß die Produktspezifikationen erfüllt sind (siehe Abschnitt 7.2). In Ergänzung zur Designprüfung sollte eine Designverifizierung eine oder mehrere der folgenden Methoden umfassen:

a) Durchführen alternativer Berechnungen, um die Richtigkeit der ursprünglichen Berechnungen und Analysen zu verifizieren;

b) Untersuchungen und Demonstrationen (z. B. anhand von Untersuchungen eines Entwicklungsmusters oder Prototyps). Wenn diese Methode angewendet wird, sollten die Untersuchungsprogramme klar festgelegt und die Ergebnisse dokumentiert werden;

c) unabhängige Prüfung, um die Richtigkeit der ursprünglichen Berechnungen und/oder anderer Designtätigkeiten zu verifizieren.

8.5 Designqualifizierung und -validierung

Der Designprozeß sollte an wichtigen Punkten eine periodische Bewertung des Designs vorsehen. Eine solche Bewertung kann die Form analytischer Methoden annehmen wie etwa einer FMEA (Fehlermöglichkeits- und -einflußanalyse), einer Fehlerbaumanalyse oder Risiko-Abschätzung, aber auch einer Qualitätsprüfung von Entwicklungsmustern/Prototypen und/oder von Proben aus der laufenden Produktion. Umfang und Grad der Untersuchung (siehe Abschnitt 8.3) sollten den festgestellten Risiken angepaßt sein. Sofern es zweckmäßig ist, kann eine unabhängige Bewertung genutzt werden, um ursprüngliche Berechnungen zu verifizieren, alternative Berechnungen vorzusehen oder Untersuchungen durchzuführen. Eine Anzahl von Proben sollte durch Tests und/oder Prüfung untersucht werden, um für ein angemessenes statistisches Vertrauen in die Ergebnisse zu sorgen. Die Untersuchungen sollten die folgenden Tätigkeiten enthalten:

a) Beurteilung der Leistung, Dauerhaltbarkeit, Sicherheit, Funktionsfähigkeit und Instandhaltbarkeit unter erwarteten Lagerungs- und Einsatzbedingungen;

3) specification of materials, components and sub-assemblies, including approved supplies and subcontractors as well as availability;

4) packaging, handling, storage and shelf-life requirements, especially safety factors relating to incoming and outgoing items.

8.4.3 Design verification

All designs should be verified to ensure that product specifications are fulfilled (see 7.2). In addition to design review, design verification should include one or more of the following methods:

a) performing alternative calculations, made to verify the correctness of the original calculations and analyses;

b) testing and demonstrations (e.g. by model or prototype tests); if this method is adopted, the test programmes should be clearly defined and the results documented;

c) independent verification, to verify the correctness of the original calculations and/or other design activities.

8.5 Design qualification and validation

The design process should provide periodic evaluation of the design at significant stages. Such evaluation can take the form of analytical methods, such as FMEA (failure mode and effect analysis), fault tree analysis or risk assessment, as well as inspection and test of prototype models and/or actual production samples. The amount and degree of testing (see 8.3) should be related to the identified risks. Independent evaluation can be used, as appropriate, to verify original calculations, provide alternative calculations or perform tests. A number of samples should be examined by tests and/or inspection to provide adequate statistical confidence in the results. The tests should include the following activities:

a) evaluation of performance, durability, safety and dependability under expected storage and operational conditions;

3) spécification, ainsi que disponibilité, des matériaux, des composants et des sous-ensembles, y compris les approvisionnements et les sous-contractants agréés;

4) exigences concernant le conditionnement, la manutention, le stockage et la durée de conservation, en particulier les facteurs liés à la sécurité et concernant les articles entrant et sortant.

8.4.3 Vérification de la conception

Il convient de vérifier tous les aspects de la conception pour assurer que les spécifications du produit sont satisfaites (voir 7.2). Outre la revue de conception, il convient que la vérification de la conception comporte une ou plusieurs des méthodes suivantes:

a) exécution de calculs parallèles, afin de vérifier l'exactitude des calculs et des analyses initiaux;

b) essais et démonstrations (par exemple essais de maquette ou de prototype); si cette méthode est adoptée, il convient que les programmes d'essai soient clairement définis et leurs résultats consignés;

c) vérification indépendante, de l'exactitude des calculs initiaux et/ou d'autres activités de conception.

8.5 Qualification et validation de la conception

Il convient que le processus de conception fournisse une évaluation périodique de la conception à des étapes significatives. Cette évaluation peut prendre la forme de méthodes analytiques, comme l'AMDE (analyse des modes de défaillance et de leurs effets), l'analyse par arbre de défaillance ou l'évaluation du risque, ainsi que le contrôle et l'essai de prototypes et/ou d'échantillons prélevés dans la production réelle. Il convient que l'étendue et le niveau de sévérité des essais (voir 8.3) soient fonction des risques identifiés. Une évaluation indépendante peut être utilisée, s'il y a lieu, pour vérifier les calculs initiaux, pour fournir d'autres modes de calcul ou réaliser des essais. Il convient qu'un certain nombre d'échantillons soient soumis à des essais et/ou des contrôles pour donner une confiance statistique adéquate dans les résultats. Il est recommandé que les essais comprennent les activités suivantes:

a) l'évaluation des pertormances, de la durabilité, de la sécurité et de la sûreté de fonctionnement dans des conditions prévues de fonctionnement et de stockage;

b) Qualitätsprüfungen, um zu verifizieren, daß alle Designmerkmale die festgelegten Anwender-Erfordernisse erfüllen und daß alle genehmigten Designänderungen durchgeführt und aufgezeichnet sind;

c) Validierung von Rechnersystemen und -software.

Die Ergebnisse aller Untersuchungen und Bewertungen sollten während des Qualifikations-Untersuchungszyklus regelmäßig dokumentiert werden. Eine Bewertung der Untersuchungsergebnisse sollte eine Fehler- und Ausfallanalyse einschließen.

b) inspections to verify that all design features conform to defined user needs and that all authorized design changes have been accomplished and recorded;

c) validation of computer systems and software.

The results of all tests and evaluations should be documented regularly throughout the qualification test cycle. Review of test results should include nonconformity and failure analysis.

b) les contrôles ayant pour objet de vérifier que toutes les caractéristiques de conception sont conformes aux besoins définis de l'utilisateur et que toutes les modifications de conception autorisées ont été effectuées et enregistrées;

c) la validation des systèmes informatiques et des logiciels.

Il convient que les résultats de tous les essais et évaluations soient consignés régulièrement tout au long du cycle d'essai de qualification. Il convient qu'une revue des résultats d'essais inclue une analyse des non-conformités et des défaillances.

8.6 Abschließende Designprüfung sowie Produktionsfreigabe

Das fertiggestellte Design sollte geprüft und die Ergebnisse sollten entsprechend in Spezifikationen und Zeichnungen dokumentiert werden, die dann das grundlegende Design darstellen. Wo es angebracht ist, sollte dieses eine Beschreibung von anfänglichen Erprobungseinheiten sowie von Änderungen einschließen, die durchgeführt wurden, um Unzulänglichkeiten zu korrigieren, die während der Programme der Qualifikationsuntersuchungen festgestellt wurden. Für die Gesamtheit aller Dokumente, die das grundlegende Design (-Ergebnis) festlegen, sollte die Genehmigung auf angemessenen Führungsebenen erforderlich sein, welche mit dem Produkt zu tun haben oder einen Beitrag dazu leisten. Diese Genehmigung stellt die Produktionsfreigabe dar und bedeutet, daß das Design realisiert werden kann.

8.6 Final design review and production release

The final design should be reviewed and the results appropriately documented in specifications and drawings, which then form the design baseline. Where appropriate, this should include a description of initial test units and any modifications made to correct deficiencies identified during the qualification test programmes. The total document package that defines the design baseline (output) should require approval at appropriate levels of management affected by or contributing to the product. This approval constitutes the production release and signifies that the design can be realized.

8.6 Revue de conception finale et autorisation de lancement de la production

Il convient que la conception finale soit revue et les résultats consignés de façon appropriée dans des spécifications et dessins qui forment ensuite la conception de référence. S'il y a lieu, il convient que ceci inclue une description des individus ayant subi les essais initiaux et toutes modifications apportées pour corriger les déficiences identifiées pendant les programmes d'essais de qualification. Il convient que la totalité des documents qui définissent la conception de référence (données de sortie) fasse l'objet d'une approbation aux échelons appropriés de la direction qui sont concernés par le produit ou qui contribuent à sa réalisation. Cette approbation constitue l'autorisation de lancement de la production et signifie que l'on peut passer de la conception à la réalisation.

8.7 Prüfung der Marktreife

Eine Feststellung sollte erfolgen, inwieweit die Organisation die Fähigkeit hat, das neue oder das weiterentwickelte Produkt zu liefern. Abhängig von der Art des Produkts kann die Prüfung die folgenden Punkte einschließen:

a) Verfügbarkeit und Angemessenheit von Handbüchern für Einbau, Betrieb, Wartung und Reparatur;

b) Vorhandensein einer angemessenen Vertriebs- und Kundendienst-Organisation;

c) Schulung von Außendienstpersonal;

d) Verfügbarkeit von Ersatzteilen;

e) Einsatzerprobungen;

f) zufriedenstellender Abschluß von Qualifikationsuntersuchungen;

g) körperliche Prüfung der ersten produzierten Einheiten, ihrer Verpakkung und Beschriftung;

h) Nachweis der Fähigkeit des Prozesses, die Spezifikation an die Produktionseinrichtungen zu erfüllen.

8.7 Market-readiness review

A determination should be made as to whether the organization has the capability to deliver the new or redesigned product. Depending upon the type of product, the review can cover the following points:

a) availability and adequacy of installation, operation, maintenance and repair manuals;

b) existence of adequate distribution and customer after-sales service;

c) training of field personnel;

d) availability of spare parts;

e) field trials;

f) satisfactory completion of qualification tests;

g) physical inspection of early production units and their packaging and labelling;

h) evidence of process capability to meet specification on production equipment.

8.7 Revue d'aptitude à la mise sur marché

Il convient de déterminer si l'organisme est apte à livrer le produit nouveau ou reconçu. Selon le type de produit, cette revue peut couvrir les points suivants:

a) disponibilité et adéquation des manuels d'installation, de fonctionnement, de maintenance et de réparation;

b) existence d'une organisation de distribution et d'un service après vente adéquats;

c) formation du personnel d'exploitation;

d) disponibilité de pièces de rechange;

e) essais sur site;

f) succès des essais de qualification;

g) contrôle des premières unités produites, de leur conditionnement et de leur étiquetage;

h) preuve de l'aptitude du processus à satisfaire aux spécifications sur les équipements de production.

8.8 Lenkung von Designänderungen

Das QM-System sollte Verfahrensanweisungen zur Lenkung der Freigabe, Änderung und Benutzung jener Dokumente einschließen, welche die Designvorgaben und das grundlegende Design (Ergebnis) festlegen, und zur Erteilung der Berechtigung, die nötigen Arbeiten zur Einführung von Änderungen auszuführen, die sich auf das Produkt während seines ganzen Lebenszyklus auswirken können, eingeschlossen Änderungen in der Software und in Dienstleistungs-Anweisungen. Die Verfahren sollten verschiedene erforderliche Genehmigungen, festgelegte Stellen und Zeitpunkte für die Durchführung von Änderungen, die Zurückziehung überholter Zeichnungen und Spezifikationen aus den Arbeitsbereichen sowie die Prüfung vorsehen, daß Änderungen zu den festgesetzten Zeitpunkten und an den festgelegten Orten durchgeführt wurden. Diese Verfahren sollten auch notfallmäßige Änderungen abwickeln können, die erforderlich sind, um Produktion und Lieferung fehlerhafter Produkte zu verhindern. Überlegungen für die Einrichtung formeller Designprüfungen und von Untersuchungen zur Validierung sollten angestellt werden, wenn die Wichtigkeit, die Komplexität oder das Risiko, die mit der Änderung verbunden sind, solche Maßnahmen rechtfertigen.

8.8 Design change control

The quality system should include documented procedures for controlling the release, change and use of documents that define the design input and the design baseline (output), and for authorizing the necessary work to be performed to implement changes and modifications that can affect product during its entire life cycle, including changes in software and service instructions. The procedures should provide for various necessary approvals, specified points and times for implementing changes, removing obsolete drawings and specifications from work areas, and verification that changes are made at the appointed times and places. These procedures should handle emergency changes necessary to prevent production or delivery of nonconforming product. Consideration should be given to instituting formal design reviews and validation testing when the magnitude, complexity or risk associated with the change warrant such actions.

8.8 Maîtrise des modifications de conception

Il convient que le système qualité prévoie des procédures écrites pour maîtriser la publication, la modification et l'utilisation des documents définissant les données d'entrée de la conception et la conception de référence (données de sorties), et pour autoriser les tâches nécessaires à la mise en œuvre des changements et modifications qui peuvent avoir une influence sur le produit pendant l'ensemble de son cycle de vie, y compris les changements dans les logiciels et les instructions d'utilisation. Il convient que les procédures prévoient, pour les diverses approbations nécessaires, les points et moments spécifiés pour la mise en œuvre des modifications, le retrait aux postes de travail, des dessins et spécifications périmés, et la vérification que les modifications sont faites aux moments et aux endroits fixés. Il convient que ces procédures prennent en compte les modifications urgentes nécessaire pour prévenir la production ou la livraison d'un produit non conforme. Il convient de tenir compte de l'instauration de revues de conception formelles et d'essais de validation lorsque l'ampleur, la complexité ou les risques associés à la modification justifient de telles mesures.

8.9 Wiederholungsqualifizierung des Designs

Periodische Bewertungen eines Produkts sollten durchgeführt werden, um sicherzustellen, daß das Design noch gültig ist. Dies sollte eine Bewertung von Kundenerfordernissen und eine Prüfung der technischen Spezifikationen einschließen, und zwar im Hinblick auf Einsatzerfahrungen, Produktverhaltensprüfungen oder neue Technologien und Techniken. Die Bewertung sollte auch Prozeßänderungen in Betracht ziehen. Das QM-System sollte sicherstellen, daß jegliche Produktions- und Einsatzerfahrung, welche auf die Notwendigkeit der Änderung eines Designs schließen läßt, zwecks Analyse rückgemeldet wird. Es sollte dafür gesorgt werden, daß Designänderungen beispielsweise keine Qualitätsminderung des Produkts verursachen und daß vorgeschlagene Änderungen bezüglich ihrer Auswirkung auf alle Produktmerkmale in der ursprünglichen Produktspezifikation untersucht werden.

8.9 Design requalification

Periodic evaluation of product should be performed in order to ensure that the design is still valid. This should include a review of customer needs and technical specifications in the light of field experiences, field performance surveys, or new technology and techniques. The evaluation should also consider process modifications. The quality system should ensure that any production and field experience indicating the need for design change is fed back for analysis. Care should be taken that design changes do not cause degradation of product quality for example, and that proposed changes are evaluated for their impact on all product characteristics in the original product specification.

8.9 Requalification de la conception

Il convient qu'une évaluation périodique des produits soit exécutée pour assurer que la conception est toujours valable. Il est recommandé que l'évaluation inclue une revue des besoins du client et des spécifications techniques à la lumière de l'expérience opérationnelle, d'enquête sur les résultats d'exploitation ou de nouvelles technologies et techniques. Il convient que l'évaluation tienne compte également des modifications relatives au processus. Il convient que le système qualité assure qu il existe pour analyse, un retour d'information de toute expérience en production et en exploitation. Il convient de veiller à ce que les modifications de conception n'entraînent pas une dégradation de la qualité du produit par exemple, et que soit évaluée l'incidence des modifications proposées sur toutes les caractéristiques du produit entrant dans sa spécification initiale.

8.10 Konfigurationsmanagement zum Design

Diese Aufgabe kann begonnen werden, wenn die Forderungen festgelegt wurden, jedoch ist sie besonders zweckmäßig während der Designphase.

8.10 Configuration management in design

This discipline may be initiated once the requirements have been defined, but is most useful during the design phase. It

8.10 Gestion de configuration en conception

Cette discipline peut être commencée dès que les exigences ont été définies, mais elle est surtout utile pendant la phase de conception. Elle se poursuit

Sie setzt sich durch den ganzen Lebenszyklus eines Produkts fort (siehe Abschnitt 5.2.6).

continues through the whole life cycle of a product (see 5.2.6).

tout au long du cycle de vie du produit (voir 5.2.6).

9 Qualität bei der Beschaffung

9.1 Allgemeines

Beschaffte Produkte werden Bestandteile des Produkts der Organisation und beeinflussen direkt dessen Qualität. Alle Beschaffungstätigkeiten sollten anhand von Verfahrensanweisungen geplant und gelenkt werden. Eingekaufte Dienstleistungen, wie z. B. Erprobung, Kalibrierung und Arbeitsabläufe bei Unterlieferanten, sollten ebenfalls einbezogen sein. Mit jedem Unterauftragnehmer sollte ein System enger Zusammenarbeit und Informations-Rückkoppelung eingerichtet werden. Auf diese Weise können laufende Qualitätsverbesserungen aufrechterhalten und Meinungsverschiedenheiten vermieden oder schnell geklärt werden. Diese enge Zusammenarbeit und das Rückmeldesystem werden beiden Vertragspartnern nützen.

Das QM-System sollte für die Beschaffung mindestens die folgenden Elemente enthalten:

a) die anzuwendende Ausgabe von Spezifikationen, Zeichnungen, Beschaffungsdokumenten und anderen technischen Angaben (siehe Abschnitt 9.2);

b) eine Auswahl von qualifizierten Unterauftragnehmern (siehe Abschnitt 9.3);

c) eine Vereinbarung über Qualitätssicherung/QM-Darlegung (siehe Abschnitt 9.4);

d) eine Vereinbarung über die Verifizierungsmethoden (siehe Abschnitt 9.5);

e) Vorkehrungen zur Beilegung von Streitigkeiten (siehe Abschnitt 9.6);

f) Verfahren zur Eingangsprüfung (siehe Abschnitt 9.7);

g) Eingangsprüfungen (siehe Abschnitt 9.7);

h) Qualitätsaufzeichnungen über Zulieferungen (siehe Abschnitt 9.8).

9 Quality in purchasing

9.1 General

Purchases become part of the organization's product and directly affect the quality of its product. All purchasing activities should be planned and controlled by documented procedures. Purchased services such as testing, calibration and subcontracted processing should also be included. A close working relationship and feedback system should be established with each subcontractor. In this way, continual quality improvements can be maintained and disputes avoided or settled quickly. This close working relationship and feedback system will benefit both parties.

The quality system for purchasing should include the following elements as a minimum:

a) the applicable issue of specifications, drawings, purchase documents and other technical data (see 9.2);

b) selection of acceptable subcontractors (see 9.3);

c) agreement on quality assurance (see 9.4);

d) agreement on verification methods (see 9.5);

e) provisions for settlement of disputes (see 9.6);

f) receiving inspection procedures (see 9.7);

g) receiving controls (see 9.7);

h) receiving quality records (see 9.8).

9 Qualité aux achats

9.1 Généralités

Les produits achetés sont incorporés au produit de l'organisme et ont une influence directe sur sa qualité. Il convient que toutes les activités d'achat soient planifiées et maîtrisées par des procédures écrites. Il convient que les services achetés, tels que les essais, l'étalonnage et les opérations sous-traitées soient également inclus. Il est recommandé qu'une étroite collaboration et un système de retour d'information soient établis avec chaque sous-contractant. De cette façon, les améliorations de la qualité peuvent être continues et les différends évités ou rapidement réglés. Cette étroite collaboration et ce système de retour d'information profiteront aux deux parties.

Il convient que la partie du système qualité applicable aux achats comprenne au moins les éléments suivants:

a) l'édition en vigueur des spécifications, dessins, documents d'achat et autres données techniques (voir 9.2);

b) le choix de sous-contractants acceptables (voir 9.3);

c) l'accord relatif à l'assurance de la qualité (voir 9.4);

d) l'accord relatif aux méthodes de vérification (voir 9.5);

e) des dispositions pour le règlement des différends (voir 9.6);

f) les procédures de contrôle de réception (voir 9.7);

g) les contrôles de réception (voir 9.7);

h) les enregistrements qualité relatifs à la réception (voir 9.8).

9.2 Forderungen an Spezifikationen, Zeichnungen und Beschaffungsdokumente

Die erfolgreiche Beschaffung von Zulieferungen beginnt mit einer klaren Festlegung der Forderungen. Üblicherweise sind diese Forderungen in den vertraglichen Spezifikationen, Zeichnungen und Beschaffungsdokumenten enthalten, die dem Unterauftragnehmer übergeben werden.

Der Einkauf sollte geeignete Verfahrensanweisungen entwickeln, um sicherzustellen, daß die Forderungen an die

9.2 Requirements for specifications, drawings and purchase documents

The successful purchase of supplies begins with a clear definition of the requirements. Usually these requirements are contained in contract specifications, drawings and purchase documents which are provided to the subcontractor.

The purchasing function should develop documented procedures to ensure that the requirements for the supplies are

9.2 Exigences relatives aux spécifications, aux dessins et aux documents d'achat

L'approvisionnement correct en fournitures commence par une définition claire des exigences. Généralement, ces exigences figurent dans les spécifications du contrat, dans les dessins et dans les documents d'achat qui sont transmis au sous-contractant.

Il convient que la fonction d'achat établisse des procédures écrites afin d'assurer que les exigences applicables aux

Zulieferungen klar festgelegt, übermittelt und – was am wichtigsten ist – vom Unterauftragnehmer vollständig verstanden worden sind. Diese Methoden können Verfahrensanweisungen für die Erstellung von Spezifikationen, Zeichnungen und Beschaffungsdokumenten, für Besprechungen mit den Unterauftragnehmern vor Freigabe des Beschaffungsdokuments sowie für andere Maßnahmen enthalten, die für die zu beschaffenden Zulieferungen angemessen sind.

Beschaffungsdokumente sollten Angaben enthalten, die das bestellte Produkt klar beschreiben. Typische Elemente sind die folgenden:

a) eine genaue Kennzeichnung von Art, Sorte und Anspruchsklasse;

b) Prüfanweisungen und anzuwendende Ausgaben von Spezifikationen;

c) anzuwendende Norm bezüglich QM-System.

Beschaffungsdokumente sollten vor ihrer Freigabe bezüglich ihrer Genauigkeit und Vollständigkeit geprüft und genehmigt werden.

clearly defined, communicated and, most importantly, are completely understood by the subcontractor. These methods may include documented procedures for the preparation of specifications, drawings and purchase documents, meetings with subcontractors prior to the release of the purchase document, and other activities appropriate for the supplies being procured.

Purchasing documents should contain data clearly describing the product ordered. Typical elements are as follows:

a) precise identification of type, class and grade;

b) inspection instructions and applicable issue of specifications;

c) quality system standard to be applied.

Purchasing documents should be reviewed and approved for accuracy and completeness prior to release.

fournitures sont clairement définies, communiquées et, surtout, complètement comprises par le sous-contractant. Ces méthodes peuvent inclure des procédures écrites pour la préparation des spécifications, des dessins et des documents d'achat, des réunions avec les sous-contractants avant l'envoi des documents d'achat, et d'autres activités appropriées pour les fournitures en cours d'approvisionnement.

Il convient que les documents d'achat contiennent des données décrivant clairement le produit commandé. Les éléments habituels sont les suivants:

a) l'identification précise du type, de la catégorie et de la classe;

b) les instructions de contrôle et la publication des spécifications applicables;

c) la norme de système qualité à appliquer.

Il convient que les documents d'achat soient revus et approuvés avant envoi pour en déterminer l'exactitude et l'exhaustivité.

9.3 Auswahl annehmbarer Unterauftragnehmer

Jeder Unterauftragnehmer sollte eine dargelegte Fähigkeit zur Lieferung eines Produkts haben, das alle Forderungen der Spezifikationen, Zeichnungen und Beschaffungsdokumente erfüllt.

Die Methoden zur Feststellung dieser Fähigkeit können irgendeine Kombination der folgenden Punkte enthalten, sind aber nicht darauf beschränkt:

a) Bewertung der Fähigkeit des Unterauftragnehmers und/oder seines QM-Systems an Ort und Stelle;

b) Bewertung von Produktmustern;

c) Vorgeschichte mit ähnlichen Produkten;

d) Untersuchungsergebnisse von ähnlichen Produkten;

e) veröffentlichte Erfahrung anderer Anwender.

9.3 Selection of acceptable subcontractors

Each subcontractor should have a demonstrated capability to furnish product which meets all the requirements of the specifications, drawings and purchase documents.

The methods of establishing this capability can include, but are not limited to, any combination of the following:

a) non-site evaluation of subcontractor's capability and/or quality system;

b) evaluation of product samples;

c) past history with similar products;

d) test results of similar products;

e) published experience of other users.

9.3 Sélection des sous-contractants pour acceptation

Il convient que chaque sous-contractant puisse démontrer son aptitude à livrer un produit qui réponde à toutes les exigences des spécifications, des dessins et des documents d'achat.

Cette aptitude peut être établie en utilisant les méthodes ci-dessous, une combinaison de celles-ci, ou toute autre méthode:

a) l'évaluation sur le site de l'aptitude du sous-contractant et/ou de son système qualité;

b) l'évaluation d'échantillons de produit;

c) l'expérience relative à des produits similaires;

d) les résultats d'essai relatifs à des produits similaires;

e) l'information diffusée par d'autres utilisateurs.

9.4 Vereinbarung über Qualitätssicherung/QM-Darlegung

Die Organisation sollte eine klare Vereinbarung mit Unterauftragnehmern zur Darlegung eines Zulieferprodukts entwickeln. Dies kann durch einen oder mehrere der folgenden Punkte erreicht werden:

a) Vertrauen in das QM-System des Unterauftragnehmers;

b) Vorlage von Ergebnissen festgelegter Qualitätsprüfungen und von Aufzeichnungen zur Prozeßlenkung mit den Zulieferungen;

9.4 Agreement on quality assurance

The organization should develop a clear agreement with subcontractors for the assurance of product supplied. This can be achieved by one or more of the following:

a) reliance on subcontractor's quality system;

b) submission of specified inspection/test data and process control records with shipments;

9.4 Accord relatif à l'assurance de la qualité

Il convient que l'organisme se mette d'accord sans ambiguïté avec les sous-contractants en ce qui concerne l'assurance de la qualité relative au produit fourni. Ceci peut être obtenu grâce à un ou plusieurs des points suivants:

a) confiance dans le système qualité du sous-contractant;

b) soumission avec les livraisons de données spécifiées de contrôle ou d'essai et d'enregistrements relatifs à la maîtrise du processus;

c) 100%-Prüfungen durch den Unterauftragnehmer;

d) losweise Annahmestichprobenprüfung durch den Unterauftragnehmer;

e) Einrichtung eines formellen QM-Systems durch den Unterauftragnehmer gemäß Vorgabe durch die Organisation. In gewissen Fällen kann ein formelles Modell für die Qualitätssicherung / QM-Darlegung herangezogen werden (zur weiteren Information siehe ISO 9001, ISO 9002 oder ISO 9003);

f) regelmäßige Bewertung der qualitätsbezogenen Arbeitsweisen des Unterauftragnehmers durch die Organisation oder durch eine unabhängige Stelle;

g) Eingangsprüfung oder Aussortierung im Hause.

c) 100 % inspection/testing by the subcontractor;

d) lot acceptance inspection/testing by sampling by the subcontractor;

e) implementation of a formal quality system by the subcontractor as specified by the organization; in certain cases, a formal quality assurance model may be involved (see ISO 9001, ISO 9002 and ISO 9003 for further information);

f) periodic evaluation of subcontractor quality practices by the organization or by a third party;

g) in-house receiving inspection or sorting.

c) contrôles/essais à 100 % par le sous-contractant;

d) contrôles/essais d'acceptation de lot par échantillonnage, effectués par le sous-contractant;

e) mise en œuvre d'un système qualité formel par le sous-contractant, tel que spécifié par l'organisme; dans certains cas, un modèle formel pour l'assurance de la qualité peut être utilisé (voir ISO 9001, ISO 9002 ou ISO 9003 pour plus ample information);

f) évaluation périodique par l'organisme ou par une tierce partie des pratiques du sous-contractant en matière de qualité;

g) contrôle ou tri à la réception dans les locaux de l'organisme.

9.5 Vereinbarung über Verifizierungsmethoden

Eine klare Vereinbarung über die Methoden, mit denen die Erfüllung der Forderungen verifiziert wird, sollte mit dem Unterauftragnehmer entwickelt werden. Solche Vereinbarungen können auch den Austausch von Ergebnissen von Qualitätsprüfungen mit dem Ziel weiterer Qualitätsverbesserungen enthalten. Eine Vereinbarung zu erzielen, kann Schwierigkeiten bei der Auslegung sowohl der Forderungen als auch der Methoden der Qualitätsprüfungen oder Stichprobenprüfungen auf ein Minimum reduzieren.

9.5 Agreement on verification methods

A clear agreement should be developed with the subcontractor on the methods by which conformance to requirements will be verified. Such agreements may also include the exchange of inspection and test data with the aim of furthering quality improvements. Reaching agreement can minimize difficulties in the interpretation of requirements as well as inspection, test or sampling methods.

9.5 Accord relatif aux méthodes de vérification

Il convient qu'un accord sans ambiguïté soit établi avec le sous-contractant en ce qui concerne les méthodes qui serviront à vérifier la conformité aux exigences. De tels accords peuvent inclure l'échange de données de contrôle et d'essai, dans le but de poursuivre les améliorations de la qualité. La conclusion d'un accord peut réduire les difficultés dans l'interprétation des exigences, ainsi que dans les méthodes de contrôle, d'essai ou d'échantillonnage.

9.6 Vorkehrungen zur Beilegung von Streitigkeiten

Es sollten Systeme und Verfahren festgelegt werden, durch welche mit dem Unterauftragnehmer eine Beilegung von Streitigkeiten bezüglich der Qualität erreicht werden kann. Es sollten Vorkehrungen zur Behandlung von routinemäßigen und von besonderen Angelegenheiten getroffen sein.

Ein sehr wichtiger Gesichtspunkt dieser Systeme und Verfahren ist die Schaffung verbesserter Informationswege zwischen der Organisation und dem Unterauftragnehmer in qualitätsbeeinflussenden Angelegenheiten.

9.6 Provisions for settlement of disputes

Systems and procedures should be established by which settlement of disputes regarding quality can be reached with subcontractors. Provisions should exist for dealing with routine and non-routine matters.

A very important aspect of these systems and procedures is the provision of improved communication channels between the organization and the subcontractor on matters affecting quality.

9.6 Dispositions relatives au règlement des différends

Il convient que des systèmes et procédures soient établis pour qu'un règlement des différends liés à la qualité puisse être obtenu avec les sous-contractants. Il convient que des dispositions régissent le règlement des affaires courantes et exceptionnelles.

Les dispositions d'amélioration des circuits de communication entre l'organisme et le sous-contractant dans les domaines ayant une incidence sur la qualité sont un aspect très important de ces systèmes et procédures.

9.7 Planung und Überwachungen der Eingangsprüfung

Zweckmäßige Maßnahmen sollten eingeführt werden, um sicherzustellen, daß eingegangene Materialien ordnungsgemäß überwacht werden. Diese Verfahren sollten Sperrzonen oder andere zweckmäßige Methoden zur Vorbeugung gegen eine unbeabsichtigte Verwendung oder Montage fehlerhaften Materials umfassen (siehe Abschnitt 14.3).

9.7 Receiving inspection planning and control

Appropriate measures should be established to ensure that received materials are properly controlled. These procedures should include quarantine areas or other appropriate methods to prevent unintended use or installation of nonconforming materials (see 14.3).

9.7 Planification et maîtrise du contrôle de réception

Il convient que des mesures appropriées soient prises pour assurer que les fournitures reçues sont correctement maîtrisées. Il convient que ces procédures prévoient des zones de quarantaine ou d'autres méthodes appropriées, pour éviter l'utilisation non intentionnelle ou l'installation de fournitures non conformes (voir 14.3).

Der Umfang der durchzuführenden Eingangsprüfung sollte sorgfältig geplant werden. Die zu prüfenden Merkmale sollten auf das Risikopotential des Produkts gegründet sein. An die Qualitätsfähigkeit des Unterauftragnehmers sollte ebenfalls gedacht werden, wobei die im Abschnitt 9.3 aufgelisteten Faktoren in Betracht zu ziehen sind. Die Prüfschärfe sollte so gewählt werden, daß die Prüfkosten und die Folgen einer unangemessenen Prüfung in einem ausgewogenen Verhältnis stehen.

Vor Eingang der Zulieferungen ist es auch nötig, sicherzustellen, daß alle erforderlichen Werkzeuge, Lehren, Meßgeräte, Instrumente und Einrichtungen verfügbar und ordnungsgemäß kalibriert sind. Das Personal sollte angemessen geschult sein.

9.8 Qualitätsaufzeichnungen über Zulieferungen

Zweckmäßige Qualitätsaufzeichnungen über das Zulieferprodukt sollten aufbewahrt werden. Dadurch wird die Verfügbarkeit früherer Angaben zur Beurteilung der Leistungsfähigkeit des Unterauftragnehmers und der Qualitätstrends sichergestellt.

Zusätzlich kann es nützlich und, in gewissen Fällen, wesentlich sein, die Aufzeichnungen zur Kennzeichnung der Lose zum Zweck der Rückverfolgbarkeit aufzubewahren.

10 Qualität von Prozessen

10.1 Planung der Prozeßlenkung

10.1.1 Die Planung der Prozesse sollte sicherstellen, daß diese unter beherrschten Bedingungen in der spezifizierten Weise und Reihenfolge ablaufen. Beherrschte Bedingungen umfassen zweckmäßige Lenkung von Materialien, genehmigte Einrichtungen für Produktion, Montage und Wartung, Verfahrensanweisungen oder QM-Pläne, Rechnersoftware, Referenzmaterial/-verfahren, eine zweckmäßige Freigabe sowohl von Prozessen und Personal als auch von zugehörigen Zulieferungen, Hilfsmitteln und Umgebungsbedingungen.

Die Prozeßabläufe sollten im notwendigen Umfang durch dokumentierte Arbeitsanweisungen festgelegt sein.

Es sollten Untersuchungen zur Prozeßfähigkeit durchgeführt werden, um die mögliche Wirksamkeit eines Prozesses zu ermitteln (siehe Abschnitt 10.2).

Übliche Praktiken, die in der ganzen Organisation vorteilhaft angewendet werden können, sollten dokumentiert und in allen geeigneten Verfahren und Anweisungen aufgeführt werden. Diese sollten die Kriterien zur Ermittlung zufriedenstellender Arbeitsergebnisse und

The extent to which receiving inspection will be performed should be carefully planned. The characteristics to be inspected should be based on the cruciality of the product. The capability of the subcontractor should also be considered, taking into account the factors listed in 9.3. The level of inspection should be selected so as to balance the costs of inspection against the consequences of inadequate inspection.

It is also necessary to ensure, before the incoming product arrives, that all the necessary tools, gauges, meters, instruments and equipment are available and properly calibrated. Personnel should be adequately trained.

9.8 Quality records related to purchasing

Appropriate quality records related to product received should be maintained. This will ensure the availability of historical data to assess subcontractor performance and quality trends.

In addition, it may be useful, and in certain instances essential, to maintain records of lot identification for the purposes of traceability.

10 Quality of processes

10.1 Planning for process control

10.1.1 Planning of processes should ensure that these proceed under controlled conditions in the specified manner and sequence. Controlled conditions include appropriate controls for materials, approved production, installation and servicing equipment, documented procedures or quality plans, computer software, reference standards/codes, suitable approval of processes and personnel, as well as associated supplies, utilities and environments.

The operation of processes should be specified to the necessary extent by documented work instructions.

Process capability studies should be conducted to determine the potential effectiveness of a process (see 10.2).

Common practices that can be beneficially applied throughout the organization should be documented and referenced in all appropriate procedures and instructions. These should describe the criteria for determining satisfactory work completion and conformity to spec-

Il convient que l'étendue du contrôle à effectuer à la réception soit soigneusement planifiée. Il convient que les caractéristiques à contrôler soient fonction de la criticité du produit. Il convient de considérer également l'aptitude du sous-contractant, en tenant compte des facteurs énumérés en 9.3. Il convient que le niveau de contrôle soit choisi afin d'équilibrer les coûts de contrôle par rapport aux conséquences d'un contrôle inadéquat.

Il est également nécessaire d'assurer, avant l'arrivée du produit, que tous les outils, les jauges, les appareils de mesure, les instruments et les équipements nécessaires sont disponibles et correctement étalonnés. Il est recommandé que le personnel ait reçu une formation adéquate.

9.8 Enregistrements qualité relatifs aux achats

Il convient de conserver des enregistrements qualité appropriés, relatifs à la réception du produit. Ceci assurera la disponibilité des données passées permettant d'évaluer les tendances du sous-contractant en matière de résultats et de qualité.

En outre, il peut être utile, et dans certains cas essentiel, d'effectuer des enregistrements relatifs à l'identification de lots, à des fins de traçabilité.

10 Qualité des processus

10.1 Planification de la maîtrise des processus

10.1.1 Il convient d'assurer par la planification des processus que ceux-ci se déroulent dans des conditions maîtrisées, selon une manière et un ordre spécifiés. Ces conditions comprennent une maîtrise appropriée des matériaux, des moyens de production prévus, des équipement d'installation et de services associés, des procédures écrites ou des plans qualité, des logiciels, des normes et codes de référence, une approbation adéquate des processus et du personnel, ainsi que des fournitures associées, moyens annexes et environnement.

Il convient que la mise en œuvre des processus soit spécifiée dans la mesure nécessaire par des instructions de travail écrites.

Il convient que des études d'aptitude de processus soient réalisées pour déterminer l'efficacité potentielle d'un processus (voir 10.2).

Il convient que les pratiques courantes qui peuvent être appliquées avec profit dans tout l'organisme fassent l'objet de documents et soient référencées dans des procédures et instructions appropriées. Il convient qu' elles décrivent les critères qui permettent de déterminer der Erfüllung der Spezifikationen und Normen für eine gute Arbeitsausführung beschreiben. Forderungen an die Arbeitsausführung sollten in der klarsten praktischen Art und Weise durch schriftliche Regelungen (Arbeitsanweisungen), Fotografien, Abbildungen und/oder Anschauungsmuster festgelegt werden.

10.1.2 Eine Qualitätsprüfung eines Hardware-Produkts, eines Prozesses, von Software, eines verfahrenstechnischen Produkts, einer Dienstleistung oder der Umgebung sollte an wichtigen Punkten des Realisierungsablaufs vorgesehen werden, um Auswirkungen von Fehlern zu minimieren und die Erträge zu maximieren. Die Benutzung von Qualitätsregelkarten und statistischen Stichprobenverfahren und -plänen sind Beispiele für Techniken, die zur Erleichterung der Prozeßlenkung angewendet werden (siehe auch Abschnitt 12.2).

10.1.3 Je nach Zweckmäßigkeit sollten sich Überwachung und Lenkung von Prozessen direkt auf die Spezifikationen für das fertige Produkt oder auf eine interne Forderung beziehen. Wenn eine Prüfung der (Werte der) Prozeßmerkmale durch irgendein Meßverfahren physikalisch oder wirtschaftlich nicht praktikabel oder ausführbar ist, wird die Verifizierung hauptsächlich von der Prüfung (der Werte) der Merkmale des Endprodukts abhängig sein. In allen Fällen sollten Beziehungen zwischen Zwischenprüfungen und ihren Spezifikationen sowie den Spezifikationen für das Endprodukt entwickelt, dem betroffenen Personal mitgeteilt und dann dokumentiert werden.

10.1.4 Alle Zwischen- und Endprüfungen sollten geplant und festgelegt sein. Verfahrensanweisungen zu Qualitätsprüfungen sollten für jedes zu prüfende Qualitätsmerkmal aufrechterhalten werden. Sie sollten die spezifischen Einrichtungen zur Durchführung solcher Qualitätsprüfungen, die festgelegten Forderungen sowie Kriterien für die Arbeitsausführung einschließen.

10.1.5 Die geeigneten Methoden für Reinigung und Konservierung sowie die Einzelheiten der Verpackung, eingeschlossen Beseitigung von Feuchtigkeit, Polsterung, Festzurren und das Verpakken in Kisten, sollten in Verfahrensanweisungen festgelegt und aufrechterhalten werden.

10.1.6 Bemühungen sollten ermutigt werden, neue Methoden zur Verbesserung der Prozeßqualität zu entwickeln.

10.2 Prozeßfähigkeit

Prozesse sollten bezüglich ihrer Fähigkeit zur Produktrealisierung gemäß den

ification and standards of good workmanship. Workmanship criteria should be stipulated in the clearest practical manner by written standards, photographs, illustrations and/or representative samples.

10.1.2 Verification of the quality status of a hardware product, process, software, processed material, service or environment should be considered at important points in the production sequence to minimize effects of errors and to maximize yields. The use of control charts and statistical sampling procedures and plans are examples of techniques employed to facilitate process control (see also 12.2).

10.1.3 Monitoring and control of processes should relate directly to finished product specifications or to an internal requirement, as appropriate. If verification of the process variables through some measurement procedure is not physically or economically practical or feasible, then verification will have to depend primarily on verification of final product characteristics. In all cases, relationships between in-process controls, their specifications and final product specifications should be developed, communicated to the personnel concerned and then documented.

10.1.4 All in-process and final verifications should be planned and specified. Documented test and inspection procedures should be maintained for each quality characteristic to be checked. These should include the specific equipment to perform such checks and tests, and the specified requirements and workmanship criteria.

10.1.5 The appropriate methods of cleaning and preserving, and the details of packing, including moisture elimination, cushioning, blocking and crating, should be established and maintained in documented procedures.

10.1.6 Efforts to develop new methods for improving process quality should be encouraged.

10.2 Process capability

Processes should be verified as being capable of producing product in accord-

si le travail est réalisé de façon satisfaisante et s'il est conforme aux spécifications et aux bonnes pratiques de fabrication. Il convient que les critères de bonnes pratiques de travail soient stipulés de la façon la plus claire par des règles écrites, des photographies, des illustrations et/ou des échantillons représentatifs.

10.1.2 Il convient que soit prise en compte la vérification de la qualité des matériaux, des processus, des logiciels, des produits issus de processus à caractère continu, des services ou de l'environnement aux points importants du cycle de production, afin de réduire les effets des erreurs et d'augmenter les rendements. L'utilisation de cartes de contrôle, de procédures et de plans d'échantillonnage statistique sont des exemples de moyens utilisés pour faciliter la maîtrise des processus (voir également 12.2).

10.1.3 Il convient que le pilotage et la maîtrise des processus soient en relation directe avec les spécifications du produit fini ou avec une exigence interne, s'il y a lieu. Si la vérification des paramètres du processus au moyen d'une procédure de mesure n'est pas physiquement ou économiquement réalisable, cette vérification devra porter essentiellement sur les caractéristiques du produit fini. Dans tous les cas, il convient que les relations entre les contrôles en cours de fabrication, leurs spécifications, et les spécifications du produit fini soient développées, communiquées au personnel concerné et fassent l'objet de documents.

10.1.4 Il convient que toutes les vérifications en cours de fabrication et en fin de fabrication soient planifiées et spécifiées. Il convient que des procédures écrites d'essai et de contrôle soient tenues à jour pour chaque caractéristique de qualité à vérifier. Ces procédures incluent les équipements particuliers pour effectuer ces vérifications et essais, ainsi que les exigences spécifiées et les critères de bonnes pratiques de travail.

10.1.5 Il convient que les méthodes appropriées de nettoyage et de préservation, ainsi que les détails du conditionnement, y compris l'élimination de l'humidité, le rembourrage, le calage et l'emballage soient établies et tenues à jour dans des procédures écrites.

10.1.6 Il convient d'encourager les efforts visant à élaborer de nouvelles méthodes d'amélioration de la qualité du processus.

10.2 Aptitude du processus

Il convient de vérifier que les processus sont aptes à produire un produit confor-

Produktspezifikationen verifiziert werden. Arbeitsvorgänge, die mit Produkt- oder Prozeßmerkmalen zusammenhängen, die einen entscheidenden Einfluß auf die Produktqualität haben können, sollten festgestellt werden. Eine zweckmäßige Überwachung sollte eingeführt werden, um sicherzustellen, daß diese Merkmale fortdauernd die Spezifikation erfüllen oder daß angemessene Modifikationen oder Änderungen vorgenommen werden.

Prozeßverifizierungen sollten Material, Einrichtungen, Rechnersysteme und Software, Verfahren und Personal einschließen.

ance with specifications. Operations associated with product or process characteristics that can have a significant effect on product quality should be identified. Appropriate control should be established to ensure that these characteristics remain within the specification, or that appropriate modifications or changes are made.

Verification of processes should include material, equipment, computer system and software, procedures and personnel.

mément aux spécifications. Il convient d'identifier les opérations associées aux caractéristiques du produit ou du processus qui peuvent avoir un effet significatif sur la qualité du produit. Il convient de mettre en place des moyens appropriés afin d'assurer que ces caractéristiques restent dans les limites de la spécification, ou que les modifications ou changements adéquats sont effectués.

Il convient que la vérification des processus porte sur les matériaux, les équipements, le système informatique et les logiciels, les procédures et le personnel.

10.3 Zulieferungen, Hilfsmittel und Umgebungsbedingungen

Sofern für Qualitätsmerkmale von Produkten wichtig, sollten die für den Prozeßablauf benutzten Hilfsmaterialien und Hilfsmittel wie Wasser, Druckluft, elektrische Energie und Chemikalien zur Sicherstellung der Gleichmäßigkeit ihrer Wirkung auf den Prozeß überwacht und regelmäßig verifiziert werden. Wo Umgebungsbedingungen wie Temperatur, Feuchtigkeit und Sauberkeit für die Produktqualität wichtig sind, sollten angemessene Grenzwerte spezifiziert und (deren Beachtung) überwacht und verifiziert werden.

10.3 Supplies, utilities and environment

Where important to product quality characteristics, auxiliary materials and utilities, such as water, compressed air, electrical power, and chemicals used for processing, should be controlled and verified periodically to ensure uniformity of effect on the process. Where environmental conditions, such as temperature, humidity and cleanliness, are important to product quality, appropriate limits should be specified, controlled and verified.

10.3 Fournitures, moyens annexes et environnement

Il convient que, lorsqu'ils sont importants pour les caractéristiques du produit, les matières et les moyens annexes tels que l'eau, l'air comprimé, le courant électrique et les produits chimiques utilisés en production, soient maîtrisés et vérifiés régulièrement, pour assurer la constance de leur effet sur le processus. Lorsque les conditions d'environnement, telles que la température, l'hygrométrie et la propreté, sont importantes pour la qualité du produit, il convient de spécifier, maîtriser et vérifier les limites d'acceptation appropriées.

10.4 Handhabung

Die Produkthandhabung verlangt ordnungsgemäße Planung, Lenkung und ein dokumentiertes System für Zuliefer-, Zwischen- und Endprodukt; dies gilt nicht nur während der Auslieferung, sondern bis zum Zeitpunkt der Ingebrauchnahme.

Die Methoden der Produkthandhabung sollten für eine korrekte Auswahl und Benutzung geeigneter Paletten, Behälter, Fördereinrichtungen und Fahrzeuge sorgen, um einen Schaden oder eine Verschlechterung wegen Vibration, Abtragung infolge Erschütterung, Korrosion, Temperatur- oder irgendwelchen anderen Einflüssen vorzubeugen, die während der Produktions- oder Auslieferungsprozesse vorkommen.

10.4 Handling

The handling of product requires proper planning, control and a documented system for incoming, in-process and final product; this applies not only during delivery but up to the time of being put into use.

The methods of handling of product should provide for the correct selection and use of suitable pallets, containers, conveyors and vehicles to prevent damage or deterioration due to vibration, shock abrasion, corrosion, temperature or any other conditions occurring during the production or delivery processes.

10.4 Manutention

La manutention du produit nécessite de planifier, de maîtriser et d'établir un système documentaire spécifique pour les produits entrants, en cours de fabrication et les produits finis; ceci s'applique non seulement durant la livraison mais jusqu'à la mise en service.

Il convient que les méthodes de manutention d'un produit prévoient des palettes, conteneurs, transporteurs et véhicules adaptés afin d'éviter un endommagement ou une détérioration dus aux vibrations, aux chocs, aux frottements, à la corrosion, à la température ou à tout autre condition se produisant durant la production ou à la livraison.

11 Prozeßlenkung

11.1 Allgemeines

Produktqualität sollte in jeder Phase des Lebenszyklus angesprochen sein (siehe Abschnitt 5.1.1).

11 Control of processes

11.1 General

Product quality should be addressed in each phase of the life cycle (see 5.1.1).

11 Maîtrise des processus

11.1 Généralités

Il convient de rechercher la qualité du produit à chaque phase du cycle de vie (voir 5.1.1).

11.2 Überwachung von Material, Rückverfolgbarkeit und Kennzeichnung

11.2.1 Überwachung von Material

Alle Materialien und Teile sollten die festgelegten Forderungen erfüllen, bevor sie in einen Prozeß eingebracht wer-

11.2 Material control, traceability and identification

11.2.1 Material control

All materials and parts should conform to specified requirements before being introduced into a process. However, in

11.2 Maîtrise des matériaux, traçabilité et identification

11.2.1 Maîtrise des matériaux

Il convient que tous les matériaux et constituants soient conformes aux exigences spécifiées avant d'être introden. Bei der Festlegung von Umfang und Art der nötigen Eingangsprüfung sollten jedoch die Kostenbelastung und die Wirkung von unzulänglicher Materialqualität auf den Fertigungsfluß beachtet werden.

Zwischenprodukte, eingeschlossen die in prozeßzugehörigen Bestandslagern, sollten zweckmäßig gelagert und voneinander getrennt gehalten und mit dem Ziel gehandhabt und geschützt werden, ihre Eignung aufrechtzuerhalten. Besondere Aufmerksamkeit ist der Überwachung von Lagerfähigkeit und Verschlechterung zu schenken, eingeschlossen die Beurteilung von Produkten im Lager in angemessenen Zeitabständen. (Bezüglich Lagerung von Endprodukten siehe Abschnitt 16.1.)

11.2.2 Rückverfolgbarkeit

Wo Rückverfolgbarkeit von Produkten wichtig ist, sollte eine zweckmäßige Kennzeichnung zur Sicherstellung der Rückverfolgbarkeit bis hin zur ursprünglichen Materialkennzeichnung und zum ursprünglichen Prüfstatus überall im Prozeß aufrechterhalten werden, vom Wareneingang ab und während aller Phasen der Produktion, Auslieferung und Montage (siehe die Abschnitte 11.7 und 14.2).

11.2.3 Kennzeichnung

Die Markierung und Etikettierung von Materialien sollte lesbar, dauerhaft und entsprechend den Spezifikationen sein. Materialien sollten eindeutig gekennzeichnet sein vom Zeitpunkt der erstmaligen Entgegennahme bis zur Auslieferung und Montage am endgültigen Bestimmungsort. Die Kennzeichnung sollte Verfahrensanweisungen entsprechen und sollte aufgezeichnet sein. Dies sollte es ermöglichen, ein einzelnes Produkt für den Fall festzustellen, daß ein Rückruf oder eine spezielle Prüfung nötig wird.

11.3 Überwachung und Instandhaltung der Einrichtungen

Vor ihrem Einsatz sollten alle Einrichtungen bezüglich Genauigkeit geprüft werden, eingeschlossen den Maschinenpark, die Vorrichtungen, Spannmittel, Werkzeuge, Schablonen, Modelle und Lehren. Spezielle Aufmerksamkeit sollte den für die Prozeßlenkung benutzten Computern und ganz besonders der Wartung der zugehörigen Software gewidmet werden (siehe Abschnitt 13.1).

Während Benutzungspausen sollten Geräte zweckmäßig gelagert und angemessen geschützt sowie in zweckmäßigen Abständen geprüft oder erneut kalibriert werden, um die Erfüllung der Forderungen bezüglich Genauigkeit (Richtigkeit und Präzision) sicherzustellen.

determining the amount and nature of receiving inspection necessary, consideration should be given to cost impact and the effect that substandard material quality will have on production flow.

In-process product, including that in in-process inventory stockrooms, should be appropriately stored, segregated, handled and preserved to maintain its suitability. Special consideration should be given to shelf-life and deterioration control, including assessment of product in stock at appropriate intervals. (For final product storage, see 16.1.)

11.2.2 Traceability

Where traceability of product is important, appropriate identification should be maintained throughout the process, from receipt and during all stages of production, delivery and installation, to ensure traceability to original material identification and verification status (see 11.7 and 14.2).

11.2.3 Identification

The marking and labelling of materials should be legible, durable and in accordance with specifications. Materials should be uniquely identified from the time of initial receipt, to delivery and installation at the final destination. The identification should be in accordance with documented procedures, and should be recorded. This should enable a particular product to be identified in the event that a recall or special inspection becomes necessary.

11.3 Equipment control and maintenance

All equipment, including fixed machinery, jigs, fixtures, tooling, templates, patterns and gauges, should be proved for accuracy prior to use. Attention should be paid to computers used in controlling processes, and the maintenance of the related software (see 13.1).

Equipment should be appropriately stored and adequately protected between use, and verified or recalibrated at appropriate intervals to ensure that the requirements concerning accuracy (trueness and precision) are fulfilled.

duits dans un processus. Cependant, dans la détermination de l'étendue et de la nature du contrôle de réception nécessaire, il convient de tenir compte de l'impact sur les coûts et de l'effet que des matériaux de qualité insuffisante pourraient avoir sur le flux de production.

Il convient que les produits en cours de fabrication, y compris ceux en attente, soient stockés, isolés, manipulés et préservés de façon appropriée afin de maintenir leur aptitude à l'emploi. Il convient d'accorder une attention particulière au contrôle de la durée de conservation et de la détérioration, y compris le contrôle du produit en stock à des intervalles appropriés. (Pour le stockage du produit fini, voir 16.1.)

11.2.2 Traçabilité

Lorsque la traçabilité d'un produit revêt une importance spéciale, il convient de maintenir l'identification appropriée pour ce produit tout au long du processus, depuis la réception et pendant toutes les étapes de la production, de la livraison et de l'installation, pour assurer un rattachement à l'identification initiale des matériaux d'origine et à leur état de vérification (voir 11.7 et 14.2).

11.2.3 Identification

Il convient que le marquage et l'étiquetage des constituants soient lisibles, durables et conformes aux spécifications. Il convient que les constituants soient identifiés de la même façon depuis leur réception jusqu'à leur livraison et leur installation à leur destination finale. Il convient que cette identification soit conforme à des procédures écrites et qu'elle soit enregistrée. Ceci permettra d'identifier un produit particulier dans le cas où un rappel ou un contrôle spécial deviendrait nécessaire.

11.3 Maîtrise et maintenance des équipements

Il convient que tous les équipements, y compris les machines à poste fixe, les bâtis, les installations, les outils, les gabarits, les modèles et les calibres aient fait leurs preuves avant utilisation en ce qui concerne leur précision. Il est recommandé qu'une attention soit accordée aux ordinateurs utilisés pour maîtriser les processus, et à la maintenance du logiciel associé (voir 13.1).

Il convient que les équipements soient convenablement stockés et protégés entre les périodes d'utilisation, vérifiés ou réétalonnés à des intervalles appropriés, pour assurer que leur exactitude (justesse et fidélité) est maintenue.

Ein Programm zur vorbeugenden Wartung sollte erstellt werden, um fortdauernde Prozeßfähigkeit sicherzustellen. Besondere Aufmerksamkeit sollte jenen Merkmalen der Geräte gewidmet werden, die zur Produktqualität beitragen.

11.4 Prozeßlenkungs-Management

Für die Produktqualität wichtige Prozesse sollten geplant, genehmigt, überwacht und gelenkt werden. Besondere Beachtung sollte jenen Produktmerkmalen geschenkt werden, deren Werte nicht leicht oder nicht wirtschaftlich meßbar sind, und solchen, die besondere Fertigkeiten verlangen.

Prozeßmerkmale sollten in angemessenen Häufigkeiten überwacht, gelenkt und geprüft werden, um Informationen[6]) sicherzustellen über:

a) die Genauigkeit und Veränderlichkeit der verwendeten Einrichtungen;

b) die Fertigkeiten, Fähigkeiten und Kenntnisse des Bedienungspersonals;

c) die Genauigkeit der für die Prozeßlenkung benutzten Meßergebnisse und Daten;

d) Prozeßumgebung sowie andere qualitätswirksame Faktoren wie etwa Zeit, Temperatur, Druck usw.;

e) angemessene Dokumentation der Werte der Prozeßmerkmale, über Einrichtungen und Personal.

In einigen Fällen können die Ergebnisse der Prozesse nicht unmittelbar durch eine nachfolgende Qualitätsprüfung des Produkts selbst verifiziert werden, beispielsweise wo Prozeß-Unzulänglichkeiten erst nach Ingebrauchnahme des Produkts offenkundig werden. Solche Prozesse benötigen eine Vorab-Qualifikation (Validierung), um die Prozeßfähigkeit und die Überwachung aller kritischen Variablen während des Prozeßablaufs sicherzustellen.

11.5 Dokumentation

Dokumentation sollte gelenkt werden, wie es durch das QM-System festgelegt ist (siehe Abschnitt 5.3 und Abschnitt 17.3).

11.6 Überwachung von Prozeßänderungen

Die für die Genehmigung von Prozeßänderungen Verantwortlichen sollten klar benannt sein und, wo nötig, sollte die Genehmigung des Kunden eingeholt

---

[6]) Fußnote in der deutschsprachigen Fassung: Nur mit dieser Hinzufügung ergeben alle aufgeführten Einzelheiten Sinn, z. B. die Veränderlichkeit von Einrichtungen

A programme of preventive maintenance should be established to ensure continued process capability. Special attention should be given to equipment characteristics that contribute to product quality.

11.4 Process control management

Processes which are important to product quality should be planned, approved, monitored and controlled. Particular consideration should be given to product characteristics which cannot be easily or economically measured, and those requiring special skills.

Process variables should be monitored, controlled and verified at appropriate frequencies to assure:

a) the accuracy and variability of equipment used;

b) the skill, capability and knowledge of operators;

c) the accuracy of measurement results and data used to control the process;

d) process environment and other factors affecting quality, such as time, temperature and pressure;

e) appropriate documentation of process variables, equipment and personnel.

In some cases, for example where process deficiencies may become apparent only after the product is in use, the results of processes cannot be directly verified by subsequent inspection or test of the product itself. Such processes require prequalification (validation) to ensure process capability and control of all critical variables during process operation.

11.5 Documentation

Documentation should be controlled as specified by the quality system (see 5.3 and 17.3).

11.6 Process change control

Those responsible for authorization of process changes should be clearly designated and, where necessary, customer approval should be sought. As with

Il convient d'établir un programme de maintenance préventive pour assurer l'aptitude permanente du processus. Il convient de porter une attention particulière aux caractéristiques des équipements qui ont une influence sur la qualité du produit.

11.4 Management de la maîtrise des processus

Il convient de planifier, d'approuver, de piloter et de maîtriser les processus importants pour la qualité du produit. Il convient d'accorder une attention particulière aux caractéristiques du produit qui ne sont pas mesurables facilement ou économiquement, et à celles qui requièrent des compétences spéciales.

Il convient que les paramètres des processus soient pilotés, maîtrisés et vérifiés à des intervalles appropriées pour assurer

a) l'exactitude et la variabilité des équipements utilisés;

b) la compétence, l'aptitude et les connaissances des opérateurs;

c) l'exactitude des résultats de mesure et des données utilisées pour maîtriser le processus;

d) l'environnement du processus et les autres facteurs ayant une incidence sur la qualité, tels que le temps, la température et la pression;

e) une documentation appropriée en ce qui concerne les paramètres du processus, les équipements et le personnel.

Dans certains cas, par exemple lorsque des déficiences du processus ne se manifestent que lors de l'utilisation du produit, les résultats des processus ne peuvent pas être vérifiés directement par un contrôle ou par un essai ultérieur du produit lui-même. Ces processus exigent une préqualification (validation) pour assurer leur aptitude et la maîtrise de tous les paramètres critiques durant leur mise en œuvre.

11.5 Documentation

Il convient que la documentation soit maîtrisée comme cela est spécifié par le système qualité (voir 5.3 et 17.3).

11.6 Maîtrise des changements de processus

Il convient que les personnes habilitées à autoriser des changements dans le processus soient clairement désignées et, lorsque cela est nécessaire, que l'apwerden. Wie bei Änderungen des Designs sollten alle Änderungen von Produktionswerkzeugen oder -einrichtungen, von Materialien oder Prozessen dokumentiert sein. Die Durchführung (einer Änderung) sollte nach festgelegten Verfahren erfolgen.

Nach jeder Änderung sollte ein Produkt bewertet werden, um zu verifizieren, daß die durchgeführte Änderung die gewünschte Wirkung auf die Produktqualität hatte. Aus der Änderung resultierende Veränderungen in der Beziehung zwischen Prozeß- und Produktmerkmalen sollten dokumentiert und in zweckmäßiger Weise bekanntgemacht werden.

11.7 Überwachung des Prüfstatus

Der Prüfstatus eines Prozeßergebnisses sollte gekennzeichnet werden. Eine solche Kennzeichnung sollte durch geeignete Mittel erfolgen wie etwa Stempel, Anhänger, Vermerke oder Prüfaufzeichnungen, die das Produkt begleiten, oder durch Rechner-Eintragungen oder körperliche Positionierung. Die Kennzeichnung sollte zwischen ungeprüften, zufriedenstellenden oder fehlerhaften Produkten unterscheiden. Sie sollte auch die Organisationseinheit erkennen lassen, die für die Prüfung verantwortlich ist.

11.8 Lenkung fehlerhafter Produkte

Es sollten Vorkehrungen für die Kennzeichnung und Lenkung aller fehlerhaften Produkte und Materialien getroffen werden (siehe Abschnitt 14).

12 Produktprüfung

12.1 Eingehende Materialien und Teile

Die Methode zum Sicherstellen der Erfüllung der Qualitätsforderungen bei eingekauften Materialien, Bauteilen und Baugruppen, welche in den Produktionsbereich übernommen werden, wird abhängig sein von der Bedeutung der Einheit für die Qualität, vom Überwachungsstatus und der vom Unterauftragnehmer zur Verfügung gestellten Information sowie von der Auswirkung auf die Kosten (siehe Abschnitt 9, insbesondere Abschnitte 9.7 und 9.8).

12.2 Zwischenprüfungen

An geeigneten Punkten des Prozeßablaufs sollten Qualitätsprüfungen vorgesehen werden, um die Erfüllung der Forderung zu verifizieren. Ort und Häufigkeit werden von der Wichtigkeit der Merkmale und der Leichtigkeit der Prüfung während des Prozeßablaufs abhängen. Im allgemeinen sollte die Prüfung

design changes, all changes to production tooling or equipment, materials or processes should be documented. The implementation should be covered by defined procedures.

A product should be evaluated after any change to verify that the change instituted had the desired effect upon product quality. Any changes in the relationships between process and product characteristics resulting from the change should be documented and appropriately communicated.

11.7 Control of verification status

Verification status of process output should be identified. Such identification should be suitable means, such as stamps, tags, notations or inspection records that accompany the product, or by computer entries or physical location. The identification should distinguish among unverified, conforming or nonconforming product. It should also identify the organizational unit responsible for verification.

11.8 Control of nonconforming product

Provision should be made for the identification and control of all nonconforming products and materials (see clause 14).

12 Product verification

12.1 Incoming materials and parts

The method used to ensure quality of purchased materials, component parts and assemblies that are received into the production facility will depend on the importance of the item to quality, the state of control and information available from the subcontractor and impact on costs (see clause 9, in particular 9.7 and 9.8).

12.2 In-process verification

Verification, typically by inspections or tests, should be considered at appropriate points in the process to verify conformity. Location and frequency will depend on the importance of the characteristics and ease of verification during processing. In general, verification should be made as close as possible to

probation du client soit recherchée. Comme pour les changements de conception, il convient que tous les changements portant sur les outillages ou équipements de production, les matériaux ou les processus fassent l'objet de documents. Il convient que la mise en œuvre des changements soit définie par des procédures.

Il convient, à l'issue de tout changement, d'évaluer le produit pour vérifier que ce changement a apporté l'effet escompté sur la qualité du produit. Il convient que tous les changements dans les relations entre le processus et les caractéristiques du produit qui résultent du changement fassent l'objet de documents et soient communiqués de façon appropriée.

11.7 Maîtrise de l'état des vérifications

Il convient d'identifier l'état de vérification des éléments sortant du processus. Il convient que cette identification se fasse à l'aide de moyens adaptés, tels que des tampons, des étiquettes, des inscriptions ou des registres de contrôle qui accompagnent le produit, des saisies sur ordinateur ou des emplacements affectés. Il convient que l'identification permette de distinguer les produits non vérifiés, conformes ou non conformes. Il convient également que ces moyens permettent d'identifier l'unité responsable de la vérification au sein de l'organisme.

11.8 Maîtrise du produit non conforme

Il convient que des dispositions soient prises pour l'identification et la maîtrise de tous les produits et matériaux non conformes (voir article 14).

12 Vérification des produits

12.1 Matériaux et constituants entrants

La méthode utilisée pour assurer la qualité des matériaux, constituants et ensembles achetés arrivant sur le lieu de production dépend de l'importance de l'article vis-à-vis de la qualité, de son état de maîtrise et des informations disponibles auprès du sous-contractant et de l'impact sur les coûts (voir article 9, en particulier 9.7 et 9.8).

12.2 Vérification en cours de réalisation

Il convient de prévoir des vérifications de conformité, généralement au moyen de contrôles ou d'essais en des points appropriés du processus. Le point et la fréquence dépendront de l'importance des caractéristiques et de la facilité de vérification pendant le processus. En général, il est recommandé de procéder so nahe wie möglich an der Stelle der Realisierung des Merkmals durchgeführt werden.

Verifizierungen von Hardware-Produkten können folgendes enthalten:

a) Einstellungs- und Erststück-Prüfung;

b) Qualitätsprüfungen durch Maschinenführer;

c) automatische Qualitätsprüfungen;

d) ortsfeste Prüfstationen in Abständen überall im Prozeß;

e) spezifische Überwachungstätigkeiten durch Laufprüfer.

Ein Produkt sollte für einen weiteren Gebrauch nicht freigegeben werden, bevor es nicht gemäß dem QM-Plan geprüft wurde, ausgenommen bei Verfahren, bei denen ausdrücklich Rückrufaktionen möglich sind.

12.3 Prüfung des Endprodukts

Zur Ergänzung der während der Prozeßabläufe ausgeführten Qualitätsprüfungen stehen zwei Formen der Prüfung des Endprodukts zur Verfügung. Je nach Zweckmäßigkeit kann entweder eine davon oder es können beide angewendet werden:

a) Annahmeprüfungen können angewendet werden, um sicherzustellen, daß das Endprodukt die Qualitätsforderung erfüllt. Es kann auf die Bestellung Bezug genommen werden, um zu verifizieren, daß das zu versendende Produkt nach Art und Menge dieser entspricht. Beispiele sind die 100%-Prüfung der Einheiten, losweise Stichprobenprüfung und kontinuierliche Stichprobenprüfung.

b) Produktqualitätsaudit an als repräsentativ für vollständige Lose ausgewählten Stichprobeneinheiten, sei es kontinuierlich oder periodisch.

Annahmeprüfung und Produktqualitätsaudit können für eine schnelle Rückkoppelung zwecks Korrekturmaßnahmen beim Produkt, beim Prozeß oder beim QM-System benutzt werden. Ein fehlerhaftes Produkt sollte gemeldet und nochmals geprüft, entfernt oder ausgesondert, repariert, mit oder ohne Sonderfreigabe angenommen, nachgearbeitet, für eine andere Anspruchsklasse vorgesehen oder verschrottet werden (siehe Abschnitt 14). Reparierte und/oder nachgearbeitete Produkte sollten erneut geprüft werden.

Kein Produkt sollte versandt werden, bevor nicht alle im QM-Plan oder in Verfahrensanweisungen festgelegten Tätigkeiten zufriedenstellend abgeschlossen und die zugehörigen Daten und Dokumente verfügbar und genehmigt sind.

13 Prüfmittelüberwachung

13.1 Überwachung von Messungen

Eine Überwachung aller Meßeinrichtungen sollte aufrechterhalten werden, die für das Produkt in Entwicklung, Produk-

the point of realization of the characteristic.

Verifications for hardware products may include the following:

a) set-up and first-piece inspection;

b) inspections or tests by machine operator;

c) automatic inspection or test;

d) fixed inspection stations at intervals throughout the process;

e) monitoring specific operations by patrolling inspectors.

Product should not be released for further use until it has been verified in accordance with the quality plan, except under positive recall procedures.

12.3 Finished product verification

To augment inspections and tests made during processing, two forms of verification of finished product are available. Either or both of the following may be used, as appropriate.

a) Acceptance inspections or tests may be used to ensure that finished product conforms to the specified requirements. Reference may be made to the purchase order to verify that the product to be shipped agrees in type and quantity. Examples include 100 % inspection of items, lot sampling and continuous sampling.

b) Poduct quality auditing of sample units selected as representative of completed lots may be either continuous or periodic.

Acceptance inspection and product quality auditing may be used to provide rapid feedback for corrective action of product, process or the quality system. Nonconforming product should be reported and reviewed, removed or segregated, and repaired, accepted with or without concession, reworked, regraded or scrapped (see clause 14). Repaired and/or reworked products should be reinspected or retested.

No product should be dispatched until all the activities specified in the quality plan or documented procedures have been satisfactorily completed and the associated data and documentation are available and authorized.

13 Control of inspection, measuring and test equipment

13.1 Measurement control

Control should be maintained over all measuring systems used in the development, production, installation and

à la vérification aussi près que possible du point où est obtenue la caractéristique.

Les vérifications des produits matériels peuvent comprendre ce qui suit:

a) mise en place et contrôle de la première pièce;

b) contrôles ou essais par l'opérateur;

c) contrôle ou essai automatique;

d) contrôles en des postes fixes disposés tout le long du processus;

e) pilotage d'opérations spécifiques par des contrôleurs volants.

Il est recommandé que le produit ne soit pas mis à disposition pour utilisation tant qu'il n'a pas été vérifié conformément au plan qualité, sauf dans le cas de procédures de rappel préétablies.

12.3 Vériffcation du produit fini

Deux formes de contrôle final du produit fini sont possibles pour compléter les contrôles et les essais effectués en cours de réalisation. On peut utiliser, selon les cas, l'une et/ou l'autre des techniques suivantes.

a) Des contrôles ou des essais d'acceptation peuvent être utilisés pour assurer que le produit fini est conforme aux exigences spécifiées. Il peut être fait référence à la commande pour vérifier que le produit à expédier est conforme en nature et quantité. Le contrôle à 100 % des individus, l'échantillonnage par lots et l'échantillonnage continu en sont des exemples.

b) L'audit qualité de produit sur des échantillons choisis comme étant représentatifs de lots complets peut être périodique ou continu.

Le contrôle d'acceptation et l'audit qualité de produit peuvent être utilisés pour fournir un retour d'information rapide en vue d'actions correctives sur le produit, le processus ou le système qualité. Il convient qu'un produit non conforme fasse l'objet d'un rapport et soit examiné, retiré ou isolé, puis réparé, accepté avec ou sans dérogation, repris, reclassé ou mis au rebut (voir article 14). Il convient que des produits réparés et/ou repris soient recontrôlés ou soumis à nouvel essai.

Il est recommandé qu'aucun produit ne soit expédié tant que les activités spécifiées dans le plan qualité ou les procédures écrites n'ont pas été accomplies de façon satisfaisante et que les données et la documentation associées ne sont pas disponibles et acceptées.

13 Maîtrise des équipements de contrôle, de mesure et d'essai

13.1 Maîtrise du mesurage

Il convient de maîtriser en permanence tous les systèmes de mesurage utilisés pour le développement, la fabrication,

tion, Montage und Wartung benutzt werden, um Vertrauen in Entscheidungen oder Maßnahmen herbeizuführen, die auf Meßergebnissen beruhen. Die Überwachung sollte sich auf Lehren, Instrumente, Meßfühler/Meßwertaufnehmer, spezielle Untersuchungseinrichtungen und zugehörige Untersuchungs-Software erstrecken. Zusätzlich sollten Fertigungs-Spannvorrichtungen, Ausstattungen wie Prüfungs-Hardware, Vergleichsreferenzen sowie prozeßverfolgende Instrumentierungen, welche die festgelegten Merkmale eines Produkts oder Prozesses betreffen können, angemessen überwacht werden (siehe Abschnitt 11.3).

Verfahrensanweisungen sollten erstellt werden, um zu überwachen, daß der Meßvorgang selbst statistisch beherrscht ist und bleibt, eingeschlossen die Ausrüstung, Verfahren und Fertigkeiten des Betriebspersonals. Prüfmittel [7]) einschließlich Software sollten in Verbindung mit Verfahrensanweisungen benutzt werden, um sicherzustellen, daß die Meßunsicherheit bekannt und mit der betreffenden Forderung vereinbar ist. Geeignete Maßnahmen sollten ergriffen werden, wenn die Genauigkeit für ein richtiges Messen des Prozesses und des Produkts nicht ausreicht.

13.2 Überwachungselemente

Die Verfahren der Überwachung der Prüfmittel und Prüfmethoden sollten, soweit zweckmäßig, enthalten:

a) passende Spezifikation und Auswahl auch bezüglich Meßbereich, Genauigkeit und Robustheit unter festgelegten Umgebungsbedingungen;

b) Anfangskalibrierung vor erstem Gebrauch zur Validierung bezüglich geforderter Genauigkeit (Richtigkeit und Präzision); die Software und Verfahren zur Steuerung automatischer Untersuchungseinrichtungen sollten ebenfalls untersucht werden;

c) periodischer Rückruf zur Justierung, Reparatur und erneuten Kalibrierung unter Beachtung der Spezifikation des Herstellers, der Ergebnisse der vorausgegangenen Kalibrierung sowie der Methode und des Umfangs der Anwendung zwecks Aufrechterhaltung der geforderten Genauigkeit während der Benutzung;

d) dokumentierter Nachweis über die eindeutige Kennzeichnung von Instrumenten, die Häufigkeit erneuter Kalibrierungen, über den Kalibrierstatus und die Verfahren für Rückruf, Handhabung, Erhaltung und Lagerung, Justierung, Reparatur, Kalibrierung, Montage und Benutzung;

[7]) Fußnote in der deutschsprachigen Fassung: Prüfmittel sind z. B. Meßeinrichtungen und Lehren.

servicing of product to provide confidence in decisions or actions based on measurement data. Control should be exercised over gauges, instruments, sensors, special test equipment and related test software. In addition, manufacturing jigs, fixtures such as test hardware, comparative references, and process instrumentation that can affect the specified characteristics of a product or process should be suitably controlled (see 11.3).

Documented procedures should be established to monitor and maintain the measurement process itself in a state of statistical control, including equipment, procedures and operator skills. Inspection, measuring and test equipment, including test software, should be used in conjunction with documented procedures to ensure that measurement uncertainty is known and is consistent with the required measurement capability. Appropriate action should be taken when accuracy is not adequate to measure properly the process and product.

13.2 Elements of control

The procedures for control of inspection, measuring and test equipment and test methods should include, as appropriate:

a) suitable specification and selection, including range, accuracy and robustness, under specified environmental conditions;

b) initial calibration prior to first use in order to validate the required accuracy (accuracy and precision); the software and procedures controlling automatic test equipment should also be tested;

c) periodic recall for adjustment, repair and recalibration, considering the manufacturer's specification, the results of prior calibration, and the method and extent of use, to maintain the required accuracy in use;

d) documentary evidence covering unique identification of instruments, frequency of recalibration, calibration status, and procedures for recall, handling, preservation and storage, adjustment, repair, calibration, installation and use;

l'installation d'un produit et les prestations associées, afin de donner confiance dans les décisions ou actions fondées sur des résultats de mesure. Il convient que cette maîtrise porte sur les calibres, les instruments, les capteurs, les équipements d'essai spéciaux et le logiciel associé. En outre, il convient que les gabarits de fabrication, les installations tels que matériels d'essai, références de comparaison et instrumentation utilisés dans le processus pouvant affecter les caractéristiques spécifiées d'un produit ou d'un processus fassent l'objet d'une maîtrise adéquate (voir 11.3).

Il convient d'établir des procédures écrites afin de piloter et de maintenir le processus de mesurage lui- même, y compris les équipements, les procédures et les compétences de l'opérateur, en état de maîtrise statistique. Il convient que les équipements de contrôle, de mesure et d'essai, y compris le logiciel d'essai, soient utilisés avec des procédures écrites afin d'assurer que l'incertitude de mesure est connue et compatible avec l'aptitude requise en matière de mesurage. Il convient que des actions appropriées soient entreprises lorsque l'exactitude ne permet pas d'obtenir des mesures correctes sur le processus et le produit.

13.2 Éléments de maîtrise

Il convient que les procédures pour la maîtrise de l'équipement de contrôle, de mesure et d'essai et des méthodes d'essai comprennent, s'il y a lieu

a) une spécification et une sélection convenables, tenant compte de l'étendue de mesure, de l'exactitude, et de la robustesse, dans des conditions spécifiées d'environnement;

b) un étalonnage initial, avant première utilisation, pour valider l'exactitude requise (justesse et fidélité); il convient que le logiciel, et les procédures régissant l'équipement automatique d'essai soient également soumis à essai;

c) un rappel périodique du matériel à des fins de réglage, de réparation et de réétalonnage, en fonction des spécifications du fabricant, des résultats de l'étalonnage précédent, de la méthode et de l'intensité d'utilisation, pour conserver l'exactitude requise en utilisation;

d) des documents justifiant l'identification unique des instruments, la fréquence de réétalonnage, l'état d'étalonnage, et les procédures de rappel, de manutention, de préservation et de stockage, de réglage, de réparation, d'étalonnage, d'installation et d'utilisation;

e) Rückverfolgbarkeit auf Bezugsnormale bekannter Genauigkeit und Stabilität, vorzugsweise auf national oder international anerkannte Normale. Wo solche Normale nicht verfügbar sind, sollte die für die Kalibrierung benutzte Grundlage dokumentiert werden.

13.3 Überwachung der Messungen bei Unterauftragnehmern

Die Überwachung der Prüfmittel und Prüfmethoden kann auf alle Unterauftragnehmer ausgedehnt werden.

13.4 Korrekturmaßnahmen[8])

Wenn festgestellt wurde, daß Meßprozesse nicht beherrscht werden oder daß Prüfmittel die Fehlergrenzen verletzen, sind Korrekturmaßnahmen erforderlich. Eine Bewertung sollte durchgeführt werden, um die Auswirkungen auf fertige Arbeiten festzustellen und zu ermitteln, in welchem Umfang Nacharbeit, erneute Prüfung, erneute Kalibrierung oder vollständige Rückweisung notwendig sein können. Zur Vermeidung einer Wiederholung ist zusätzlich eine Untersuchung der Ursache wichtig. Sie kann eine Prüfung der Kalibriermethoden und -häufigkeit, der Schulung und der Angemessenheit der Prüfmittel enthalten.

13.5 Externe Prüfungen

Die Einrichtungen externer Organisationen können für Qualitätsprüfung, Messung oder Kalibrierung benutzt werden, um teuere Doppelarbeit oder zusätzliche Investitionen zu vermeiden, vorausgesetzt, daß die in den Abschnitten 13.2 und 13.4 gegebenen Bedingungen erfüllt werden. (Zur weiteren Information siehe ISO 10012-1.)

14 Lenkung fehlerhafter Produkte

14.1 Allgemeines

Die Schritte für die Behandlung fehlerhafter Produkte sollten in Verfahrensanweisungen niedergelegt und aufrechterhalten werden. Die Ziele von Verfahren für Fehlerlenkung sind es zu verhindern, daß der Kunde versehentlich ein fehlerhaftes Produkt erhält und daß die unnötigen Kosten einer Weiterverarbeitung eines fehlerhaften Produkts vermieden werden. Die in den Abschnitten 14.2 bis 14.7 erläuterten Schritte sollten unter-

[8]) Fußnote in der deutschsprachigen Fassung: Korrekturmaßnahmen im Sinne von Abschnitt 15 werden nur in den letzten Sätzen beschrieben.

e) traceability to reference standards of known accuracy and stability, preferably to nationally or internationally recognized standards; where such standards do not exist, the basis used for calibration should be documented.

13.3 Subcontractor measurement controls

The control of measuring and test equipment and test methods may be extended to all subcontractors.

13.4 Corrective action

Where measuring processes are found to be out of control, or where inspection, measuring and test equipment are found to be out of calibration, appropriate action is necessary. Evaluation should be made to determine the effects on completed work and to what extent reprocessing, retesting, recalibration or complete rejection may be necessary. In addition, investigation of cause is important in order to avoid recurrence. This can include review of calibration methods and frequency, training and adequacy of test equipment.

13.5 Outside testing

The facilities of outside organizations may be used for inspection, measurement, testing or calibration to avoid costly duplication or additional investment, provided that the conditions given in 13.2 and 13.4 are satisfied. (For further information, see ISO 10012-1.)

14 Control of nonconforming product

14.1 General

The steps for dealing with nonconforming product should be established and maintained in documented procedures. The objectives of procedures for nonconformity control are to prevent the customer from inadvertently receiving nonconforming product and to avoid the unnecessary costs of further processing nonconforming product. The steps outlined in 14.2 to 14.7 should be taken as soon as indications occur that mate-

e) le raccordement à des étalons de référence d'exactitude et de stabilité connues, de préférence des étalons nationaux ou internationaux reconnus; lorsque ces étalons n'existent pas, il convient que la référence utilisée pour l'étalonnage fasse l'objet d'une description écrite.

13.3 Maîtrise du mesurage chez les sous-contractants

La maîtrise des équipements de mesure et d'essai ainsi que les méthodes d'essai peuvent être étendues à tous les sous-contractants.

13.4 Action corrective

Quand les processus de mesurage s'avèrent n'être plus maîtrisés ou quand les équipements de contrôle, de mesure ou d'essai s'avèrent être hors étalonnage, une action appropriée est nécessaire. Il convient de faire une évaluation afin de déterminer les conséquences sur le travail effectué et dans quelle mesure une reprise en fabrication, un nouvel essai, un réétalonnage ou un rejet pur et simple peut être nécessaire. En outre, la recherche des causes est importante dans le but d'en éviter le renouvellement. Ceci peut comprendre l'examen de la fréquence et des méthodes d'étalonnage, de la formation, et de l'adéquation des équipements d'essai.

13.5 Essais externes

Les installations d'organismes externes peuvent être utilisées pour le contrôle, le mesurage, les essais ou l'étalonnage afin d'éviter des duplications coûteuses ou des investissements supplémentaires, dès lors que les conditions données en 13.2 et 13.4 sont satisfaites. (Pour de plus amples informations, voir ISO 10012-1.)

14 Maîtrise du produit non conforme

14.1 Généralités

Il convient que les étapes concernant le traitement d'un produit non conforme soient établies et tenues à jour dans des procédures écrites. Les procédures de maîtrise de non-conformité ont pour objet d'éviter que le client reçoive par inadvertance un produit non conforme et d'éviter les coûts inutiles du traitement supplémentaire d'un produit non conforme. Il convient que les étapes données de 14.2 à 14.7 soient suivies dès nommen werden, sobald es Anzeichen gibt, daß Materialien, Bauteile oder Endprodukte die festgelegten Forderungen nicht erfüllen oder nicht erfüllen könnten.

rials, components or completed product do not, or may not, conform to the specified requirements.

que des indications montrent que des matériaux, constituants ou produits finis ne sont pas conformes, ou peuvent ne pas être conformes, aux exigences spécifiées.

14.2 Kennzeichnung

Einheiten oder Lose, die im Verdacht stehen, fehlerhaft zu sein, sollten unverzüglich gekennzeichnet und das Ereignis (die Ereignisse) aufgezeichnet werden.

Soweit nötig, sollten Vorkehrungen getroffen werden, um vorangegangene Lose zu untersuchen oder einer Wiederholungsprüfung zu unterziehen.

14.2 Identification

Suspected nonconforming items or lots should be immediately identified and the occurrence(s) recorded.

Provision should be made as necessary to examine or re-examine previous lots.

14.2 Identification

Il convient d'identifier immédiatement et d'enregistrer l'apparition des articles ou lots présumés non conformes.

Il convient de prendre des dispositions, autant que nécessaire, pour examiner ou réexaminer les lots précédents.

14.3 Trennung

Wenn ausführbar, sollten die fehlerhaften Einheiten von den fehlerfreien getrennt und angemessen gekennzeichnet werden, um ihre weitere unbeabsichtigte Verwendung zu verhindern, bis über die zweckmäßige Verfügung entschieden ist.

14.3 Segregation

The nonconforming items should be segregated, when practical, from the conforming items and adequately identified to prevent further unintended use of them until the appropriate disposition is decided.

14.3 Isolement

Il convient d'isoler, lorsque cela est possible, les articles non conformes des articles conformes et de les identifier de façon adéquate pour éviter leur utilisation ultérieure non intentionnelle jusqu'à ce qu'une action appropriée soit décidée.

14.4 Bewertung

Fehlerhafte Produkte sollten durch dafür bezeichnete Personen bewertet werden, um festzustellen, ob sie durch Sonderfreigabe mit oder ohne Reparatur angenommen werden können oder ob sie repariert, nachgearbeitet, einer anderen Anspruchsklasse zugeordnet oder verschrottet werden sollen. Personen, welche die Bewertung durchführen, sollten kompetent dafür sein, die Auswirkungen der Entscheidung auf Austauschbarkeit, Weiterverarbeitung, Leistung, Zuverlässigkeit, Sicherheit und Aussehen zu beurteilen (siehe Abschnitt 9.7 und Abschnitt 11.8).

14.4 Review

Nonconforming product should be subjected to review by designated persons to determine whether it can be accepted with or without repair by concession, repaired, reworked, regraded or scrapped. Persons carrying out the review should be competent to evaluate the effects of the decision on interchangeability, further processing, performance, dependability, safety and aesthetics (see 9.7 and 11.8).

14.4 Examen

Il est recommandé qu'un produit non conforme soit examiné par des personnes désignées pour déterminer s'il peut être accepté sans réparation par dérogation, réparé, repris, reclassé ou mis au rebut. Il convient que les personnes effectuant cet examen soient compétentes pour évaluer les effets de la décision sur l'interchangeabilité, le traitement ultérieur, les résultats, la sûreté de fonctionnement, la sécurité et l'esthétique (voir 9.7 et 11.8).

14.5 Verfügung

Die Verfügung über ein fehlerhaftes Produkt sollte so schnell wie praktisch möglich getroffen werden. Eine Entscheidung zur Annahme eines solchen Produkts sollte zusammen mit dem Grund dafür in genehmigten Sonderfreigaben (nach Realisierung) dokumentiert werden, und zwar unter angemessenen Vorsichtsmaßregeln.

14.5 Disposition

Disposition of nonconforming product should be taken as soon as practicable. A decision to accept such product should be documented, together with the reason for doing so, in authorized waivers, with appropriate precautions.

14.5 Traitement

Il convient que le traitement d'un produit non conforme soit fait dès que possible. Il convient que la décision d'acceptation d'un tel produit soit appuyée sur des documents donnant la raison de cette décision, dans le cadre des dérogations autorisées, avec les précautions appropriées.

14.6 Arbeitsweise

Maßnahmen sollten so bald wie möglich ergriffen werden, um eine unbeabsichtigte Verwendung oder Montage eines fehlerhaften Produkts zu verhindern. Diese Maßnahmen können eine Prüfung eines anderen Produkts einschließen, das nach denselben Verfahren entwikkelt und hergestellt wurde wie das als fehlerhaft erkannte Produkt, und/oder von vorausgegangenen Losen des gleichen Produkts.

14.6 Action

Action should be taken as soon as possible to prevent unintended use or installation of nonconforming product. This action can include review of other product designed or processed following the same procedures as the product found to be nonconforming, and/or previous lots of the same product.

14.6 Action

Il convient qu'une action soit menée dès que possible pour éviter une utilisation ou une installation non intentionnelle d'un produit non conforme. Cette action peut comprendre l'examen d'autres produits conçus ou fabriqués suivant les mêmes procédures que le produit trouvé non conforme, et/ou des lots précédents du même produit.

Im Fall fortgeschrittener Arbeit sollte so bald wie praktikabel eine Korrektur eingeleitet werden, um die Kosten von Reparatur, Nacharbeit oder Verschrottung zu begrenzen. Ein repariertes, nachgearbeitetes und/oder verändertes Produkt sollte erneut einer Qualitätsprüfung unterzogen werden, um zu verifizieren, daß die Qualitätsforderung erfüllt wird.

Zusätzlich kann ein Rückruf des fertigen Produkts nötig werden, sei es in einem Lager- oder Warenhaus für Fertigprodukte, auf dem Transport zu Verteilern, in deren Lagern oder bereits im Gebrauch (siehe Abschnitt 11.2). Rückrufentscheidungen werden beeinflußt durch Überlegungen zur Sicherheit, Produkthaftung und Kundenzufriedenheit.

14.7 Vermeidung des Wiederauftretens

Zweckmäßige Schritte sollten zur Vermeidung des Wiederauftretens von Fehlern unternommen werden (siehe Abschnitt 15.5 und Abschnitt 15.6).

15 Korrekturmaßnahmen

15.1 Allgemeines

Die Verwirklichung einer Korrekturmaßnahme beginnt mit der Entdeckung eines qualitätsbezogenen Problems und bezieht das Ergreifen von Maßnahmen zur Ausschaltung oder Minimierung (der Wahrscheinlichkeit) der Wiederkehr des Problems ein. Eine Korrekturmaßnahme hat auch die Reparatur, die Nacharbeit, den Rückruf oder die Verschrottung/Erklärung als Ausschuß eines unbefriedigenden Produkts zur Voraussetzung. Die Notwendigkeit einer Maßnahme zur Beseitigung der Fehlerursache kann aus Quellen entstehen wie:

a) Qualitätsaudits (internen und/oder externen);
b) Berichten über Prozeßfehler;
c) QM-Bewertungen;
d) Rückmeldungen aus dem Markt;
e) Kundenbeschwerden.

Spezifische Maßnahmen zur Ausschaltung der Ursachen sowohl von bestehenden als auch von potentiellen Fehlern sind in Abschnitt 15.2 bis Abschnitt 15.8 vorgestellt.

15.2 Zuweisung von Verantwortung

Die Verantwortung und Befugnis, eine Korrekturmaßnahme einzuleiten, sollte als Bestandteil des QM-Systems festgelegt sein. Die Koordinierung, Aufzeichnung und Überwachung einer Korrekturmaßnahme bezüglich aller Gesichtspunkte des QM-Systems sollte innerhalb der Organisation zugewiesen

For work in progress, correction should be instituted as soon as practical in order to limit the costs of repair, reworking or scrapping. Repaired, reworked and/or modified product should be re-inspected or retested to verify conformance with specified requirements.

In addition, it may be necessary to recall completed product, whether in a finished product warehouse, in transit to distributors, in their stores, or already in use (see 11.2). Recall decisions are affected by considerations of safety, product liability and customer satisfaction.

14.7 Avoidance of recurrence

Appropriate steps should be taken to avoid the recurrence of nonconformity (see 15.5 and 15.6).

15 Corrective action

15.1 General

The implementation of corrective action begins with the detection of a quality-related problem and involves taking measures to eliminate or minimize the recurrence of the problem. Corrective action also presupposes the repair, reworking, recall or scrapping of unsatisfactory product. The need for action to eliminate the cause of nonconformities can originate from sources such as:

a) audits (internal and/or external);
b) process nonconformity reports;
c) management reviews;
d) market feedback;
e) customer complaints.

Specific actions to eliminate the causes of either an existing nonconformity or a potential nonconformity are given in steps 15.2 to 15.8.

15.2 Assignment of responsibility

The responsibility and authority for instituting corrective action should be defined as part of the quality system. The coordination, recording and monitoring of corrective action related to all aspects of the quality system should be assigned within the organization. The analysis and implementation may in-

Pour les travaux en cours, il convient de mettre en place la correction dès que possible afin de limiter les coûts de réparation, de reprise ou de mise au rebut. Il convient que le produit réparé, repris et/ou modifié soit recontrôlé et soumis à nouvel essai pour vérifier sa conformité aux exigences spécifiées.

En outre, il peut être nécessaire de rappeler un produit fini, qu'il soit dans le magasin des produits finis, en transit vers des distributeurs, dans leurs magasins, ou déjà en utilisation (voir 11.2). Les décisions de rappel dépendent de considérations relatives à la sécurité, à la responsabilité du fait du produit et à la satisfaction du client.

14.7 Prévention du renouvellement

Il convient que des mesures appropriées soient prises afin d'éviter le renouvellement des non-conformités (voir 15.5 et 15.6).

15 Actions correctives

15.1 Généralités

La mise en œuvre d'actions correctives commence dès la détection d'un problème relatif à la qualité et implique de prendre des mesures pour éliminer ou minimiser le renouvellement du problème. Les actions correctives supposent également que le produit non satisfaisant a été au préalable réparé, repris, rappelé ou mis au rebut. Le besoin d'une action pour éliminer la cause de non-conformités peut provenir de sources telles que

a) audits (internes et/ou externes);
b) rapports de non-conformité de processus;
c) revues de direction;
d) retour d'information du marché;
e) réclamations des clients.

Des actions spécifiques pour éliminer les causes d'une non-conformité existante ou d'une non-conformité potentielle sont indiquées dans les points 15.2 à 15.8.

15.2 Attribution des responsabilités

Il convient que les responsabilités et l'autorité pour mettre en place une action corrective soient définies dans le cadre du système qualité. Il convient que la coordination, l'enregistrement et le pilotage des actions correctives, liés à tous les aspects du système qualité, soient attribués au sein de l'organisme.

werden. Die Analyse und Durchführung können eine Vielzahl von Funktionen einbeziehen, etwa Entwicklung, Beschaffung, Technik, Verarbeitung und Qualitätslenkung.

15.3 Bewertung der Wichtigkeit

Die Bedeutung eines qualitätsbezogenen Problems sollte bewertet werden im Hinblick auf seine möglichen Auswirkungen auf Aspekte wie Prozeßkosten, qualitätsbezogene Kosten, Leistung, Zuverlässigkeit, Sicherheit und Kundenzufriedenheit.

15.4 Untersuchung möglicher Ursachen

Wichtige Größen, welche die Prozeßfähigkeit zur Erfüllung der Qualitätsforderung beeinflussen, sollten festgestellt werden. Die Beziehung zwischen Ursache und Wirkung sollte aufgeklärt werden, wobei alle möglichen Ursachen in Betracht zu ziehen sind. Die Untersuchungsergebnisse sollten aufgezeichnet werden.

15.5 Problemanalyse

Bei der Analyse eines qualitätsbezogenen Problems sollte die tiefere Ursache oder sollten die tieferen Ursachen festgestellt werden, bevor eine Korrekturmaßnahme geplant wird. Oft ist die tiefere Ursache nicht offensichtlich, was eine sorgfältige Analyse der Produktspezifikationen sowie aller zugehörigen Prozesse, Arbeitsabläufe, Qualitätsaufzeichnungen, Wartungsberichte und Kundenbeschwerden verlangt. Bei einer Problemanalyse können statistische Methoden nützlich sein (siehe Abschnitt 20).

Es sollte überlegt werden, eine Fehlerdatei anzulegen, die bei der Feststellung jener Probleme behilflich ist, die eine gemeinsame Ursache haben, und sie von denen zu unterscheiden, die nur einmal vorkommen.

15.6 Beseitigung von Ursachen

Geeignete Schritte sollten unternommen werden, um die Ursachen tatsächlicher oder potentieller Fehler zu beseitigen. Die Feststellung der Ursache oder potentieller Ursachen kann zu Änderungen der Produktions-, Verpackungs-, Dienstleistungs-, Transport- oder Lagerungsprozesse, einer Produktspezifikation und/oder zu einer Revision des QM-Systems führen. Eine Maßnahme sollte in einem Umfang eingeleitet werden, welcher der Bedeutung des Problems angemessen ist, mit dem Ziel, das Wiederauftreten von Fehlern zu verhindern.

volve a variety of functions, such as design, purchasing, engineering, processing and quality control.

15.3 Evaluation of importance

The significance of a problem affecting quality should be evaluated in terms of its potential impact on such aspects as processing costs, quality-related costs, performance, dependability, safety and customer satisfaction.

15.4 Investigation of possible causes

Important variables affecting the capability of the process to meet specified requirements should be identified. The relationship of cause and effect should be determined, with all potential causes considered. The results of the investigation should be recorded.

15.5 Analysis of problem

In the analysis of a quality-related problem, the root cause or causes should be determined before corrective action is planned. Often the root cause is not obvious, thus requiring careful analysis of the product specifications and of all related processes, operations, quality records, servicing reports and customer complaints. Statistical methods can be useful in problem analysis (see clause 20).

Consideration should be given to establishing a file listing nonconformities to help identify those problems having a common source, contrasted with those that are unique occurrences.

15.6 Elimination of causes

Appropriate steps should be taken to eliminate causes of actual or potential nonconformities. Identification of the cause or potential causes may result in changes to production, packing, service, transit or storage processes, a product specification and/or revision of the quality system. Action should be initiated to a degree appropriate to the magnitude of the problem and to avoid the recurrence of nonconformities.

Leur analyse et leur mise en œuvre peuvent impliquer diverses fonctions, telles que la conception, les achats, l'ingénierie, la production et la maîtrise de la qualité.

15.3 Évaluation de l'importance du problème

Il convient d'évaluer l'importance d'un problème ayant une influence sur la qualité selon son incidence potentielle sur des aspects tels que coûts de production, coûts relatifs à la qualité, les performances, la sûreté de fonctionnement, la sécurité et la satisfaction du client.

15.4 Recherches des causes possibles

Il convient que les variables importantes ayant une incidence sur l'aptitude du processus à répondre aux exigences spécifiées soient identifiées. Il convient que la relation causes à effets soit déterminée en tenant compte de toutes les causes potentielles. Il convient que les résultats de cette recherche soient enregistrés.

15.5 Analyse du problème

Il convient, dans l'analyse d'un problème relatif à la qualité, que la (les) cause(s) profonde(s) soi(en)t déterminée(s) avant de planifier une action corrective. Souvent, la cause profonde n'est pas évidente, et nécessite donc une analyse soigneuse des spécifications du produit et de tous les processus, opérations, enregistrements qualité, rapports d'utilisation, réclamations du client. Les méthodes statistiques peuvent être utiles pour l'analyse d'un problème (voir article 20).

Il convient d'établir un dossier énumérant les nonconformités pour aider à identifier les problèmes ayant une source commune, par opposition à ceux qui constituent des cas uniques.

15.6 Élimination des causes

Il convient de prendre des mesures appropriées afin d'éliminer les causes de non-conformités existantes ou potentielles. L'identification de la cause ou des causes potentielles peut entraîner des changements dans les processus de production, de conditionnement, de manipulation, de transport ou de stockage, des changements de la spécification d'un produit et/ou la révision du système qualité. Il convient qu'une action soit engagée à un niveau approprié à l'ampleur des problèmes pour éviter le renouvellement des non-conformités.

15.7 Prozeßlenkung

Eine ausreichende Prozeß- und Verfahrenslenkung sollte verwirklicht werden, um ein Wiederauftreten des Problems zu verhindern. Wenn die Korrekturmaßnahme verwirklicht ist, sollte ihre Wirkung überwacht werden, um sicherzustellen, daß die angestrebten Ziele erreicht sind.

15.8 Bleibende Änderungen

Aus Korrekturmaßnahmen resultierende bleibende Änderungen sollten in Arbeitsanweisungen, der Dokumentation von Produktionsprozessen, Produktspezifikationen und/oder der Dokumentation zum QM-System aufgezeichnet werden. Es kann auch erforderlich sein, die zur Entdeckung und Beseitigung potentieller Probleme angewendeten Verfahren zu revidieren.

16 Aufgaben nach der Produktion

16.1 Lagerung

Angemessene Lagerungsmethoden sollten spezifiziert werden, um Lagerfähigkeit sicherzustellen und Verschlechterung zu verhindern. Lagerbedingungen und die Beschaffenheit des gelagerten Produkts sollten in angemessenen Intervallen auf Erfüllung der Qualitätsforderung und zur Entdeckung irgendwelcher Verluste, Beschädigungen oder Produkt-Verschlechterung geprüft werden (siehe auch Abschnitt 10.1.5 und Abschnitt 10.4).

16.2 Auslieferung

Während aller Phasen der Auslieferung ist Vorsorge zum Schutz der Produktqualität wichtig. Alle Produkte, insbesondere Produkte mit begrenzter Lagerfähigkeit oder solche, die einen speziellen Schutz während Transport oder Lagerung verlangen, sollten gekennzeichnet werden. Es sollten Verfahren festgelegt, dokumentiert und aufrechterhalten werden, um sicherzustellen, daß ein verschlechtertes Produkt nicht ausgeliefert und in Gebrauch genommen wird.

16.3 Montage

Montageverfahren, eingeschlossen Warnhinweise, sollten zu ordnungsgemäßen Montagen beitragen und sollten dokumentiert werden. Sie sollten Vorkehrungen einbeziehen, die eine nicht ordnungsgemäße Montage oder Faktoren ausschließen, welche die Qualität, Zuverlässigkeit, Sicherheit und Leistungsfähigkeit eines Produkts oder Materials herabsetzen.

16.4 Wartung

16.4.1 Spezialwerkzeuge oder -ausrüstungen für die Handhabung und die Wartung der Produkte während oder nach der Montage sollten, wie jedes neue Produkt,

15.7 Process controls

Sufficient controls of processes and procedures should be implemented to avoid recurrence of the problem. When the corrective action is implemented, its effect should be monitored in order to ensure that desired goals are met.

15.8 Permanent changes

Permanent changes resulting from corrective action should be recorded in work instructions, production process documentation, product specifications and/or the quality system documentation. It may also be necessary to revise the procedures used to detect and eliminate potential problems.

16 Post-production activities

16.1 Storage

Appropriate storage methods should be specified to ensure shelf-life and to avoid deterioration. Storage conditions and the condition of product in stock should be checked at appropriate intervals for compliance with specified requirements and to detect any loss, damage or deterioration of product (see also 10.1.5 and 10.4).

16.2 Delivery

Provision for protection of the quality of product is important during all phases of delivery. All product, in particular product with limited shelf-life or requiring special protection during transport or storage, should be identified and procedures established, documented and maintained to ensure that deteriorated product is not shipped and put into use.

16.3 Installation

Installation procedures, including warning notices, should contribute to proper installations and should be documented. They should include provisions which preclude improper installation or factors degrading the quality, dependability, safety and performance of any product or material.

16.4 Servicing

16.4.1 Special-purpose tools or equipment for handling and servicing products during or after installation should have their design and function

15.7 Maîtrise des processus

Il convient de mettre en œuvre une maîtrise suffisante des processus et des procédures afin d'éviter le renouvellement du problème. Lorsque des actions correctives sont mises en œuvre, il convient que leurs effets soient surveillés pour assurer que les objectifs visés sont atteints.

15.8 Modifications

Il convient que les modifications qui résultent d'actions correctives soient enregistrées dans les instructions de travail, la documentation concernant le processus de fabrication, les spécifications du produit et/ou la documentation du système qualité. Il peut également être nécessaire de réviser les procédures utilisées pour détecter et éliminer les problèmes potentiels.

16 Activités postérieures à la production

16.1 Stockage

Il convient que des méthodes de stockage appropriées soient spécifiées afin d'assurer la conservation et d'éviter la détérioration. Il convient que les conditions de stockage et l'état d'un produit en stock soient vérifiés à des intervalles appropriés pour satisfaire aux exigences spécifiées et détecter toute perte, dommage ou détérioration du produit (voir également 10.1.5 et 10.4).

16.2 Livraison

Des dispositions de protection de la qualité du produit sont importantes à toutes les étapes de la livraison. Il convient que tous les produits, en particulier les produits ayant une durée de conservation limitée ou exigeant une protection particulière pendant le transport ou le stockage, soient identifiés, et que des procédures écrites soient établies et tenues à jour, de façon à assurer qu'un produit détérioré n'est pas expédié et mis en utilisation.

16.3 Installation

Il convient que les procédures d'installation, y compris les notices d'utilisation, contribuent à la bonne installation et fassent l'objet de documents. Il convient qu'elles comportent des dispositions évitant une mauvaise installation ou ce qui peut entraîner une dégradation de la qualité, de la sûreté de fonctionnement, de la sécurité et des résultats d'un produit ou d'un matériau.

16.4 Prestations associées

16.4.1 Il convient de valider, comme pour tout produit nouveau, la conception et la fonction des outillages ou équipements spéciaux destinés à la bezüglich Design und Funktion validiert werden (siehe Abschnitt 8.5).

16.4.2 Im Außeneinsatz benutzte Prüfmittel sollten überwacht werden (siehe Abschnitt 13).

16.4.3 Verfahrensanweisungen und zugehörige Anleitungen für Einbau und Montage vor Ort, für Inbetriebnahme, Betrieb, Verwaltung von Ersatzteile- oder Teile-Listen sowie für die Wartung eines Produkts sollten erstellt werden, umfassend sein und rechtzeitig geliefert werden. Die Eignung von Anleitungen für den künftigen Leser sollte geprüft werden.

16.4.4 Eine angemessene logistische Unterstützung, die technische Beratung, Lieferung von Ersatzteilen oder Teilen und eine kompetente Wartung umfaßt, sollte sichergestellt werden. Verantwortung sollte klar zugewiesen und zwischen Unterauftragnehmern, Vertriebsstellen und Kunden vereinbart sein.

16.5 Nach Gefahrübergang

Die Einrichtung eines Frühwarnsystems zur Berichterstattung über Fälle von Produktausfällen und -unzulänglichkeiten sollte erwogen werden, um unverzügliche Korrekturmaßnahmen sicherzustellen.

Informationen über Reklamationen, das Vorkommen und die Arten von Ausfällen oder über andere Probleme beim Gebrauch sollten für Bewertungen und Korrekturmaßnahmen in der Entwicklung, bei der Verarbeitung und/oder beim Gebrauch des Produkts zugänglich gemacht werden.

16.6 Rückmeldung aus dem Markt

Zur Überwachung der Qualitätsmerkmale von Produkten während des ganzen Lebenszyklus sollte ein Rückkoppelungssystem bezüglich des Leistungsverhaltens im Einsatz bestehen. Dieses System erlaubt kontinuierlich die Analyse des Ausmaßes, in welchem das Produkt die qualitätsbezogenen Forderungen und Erwartungen des Kunden erfüllt, eingeschlossen Sicherheit und Zuverlässigkeit.

17 Qualitätsbezogene Dokumente [9])

17.1 Allgemeines

Die Organisation sollte Verfahrensanweisungen als Mittel für die Kennzeichnung, Sammlung, Indexierung (zur

[9]) Fußnote in der deutschsprachigen Fassung: Qualitätsbezogene Dokumente sind Qualitätsaufzeichnungen und Qualitätsforderungsdokumente. Qualitätsbezogene Dokumente sind hier entgegen ISO 8402 : 1994 in der englischen Fassung als "quality records" bezeichnet.

validated, as for any new product (see 8.5).

16.4.2 Inspection, measuring and test equipment used in the field should be controlled (see clause 13).

16.4.3 Documented procedures and associated instructions for field assembly and installation, commissioning, operation, administration of spares or parts lists and servicing of any product should be comprehensive and be established and supplied in a timely manner. The suitability of instructions for the intended reader should be verified.

16.4.4 Adequate logistic back-up, to include technical advice, spares or parts supply, and competent servicing, should be assured. Responsibility should be clearly assigned and agreed among subcontractors, distributors and customers.

16.5 After sales

Consideration should be given to the establishment of an early warning system for reporting instances of product failure or shortcomings, to ensure rapid corrective action.

Information on complaints, the occurrence and modes of failure, or any problem encountered in use should be made available for review and corrective action in the design, processing and/or use of the product.

16.6 Market feedback

A feedback system regarding performance in use should exist to monitor the quality characteristics of products throughout the life cycle. This system can permit the analysis, on a continuing basis, of the degree to which the product satisfies customer requirements or expectations on quality, including safety and dependability.

17 Quality records

17.1 General

The organization should establish and maintain documented procedures as a means for identification, collection, in-

manutention et à l'entretien des produits pendant ou après l'installation (voir 8.5).

16.4.2 Il convient de maîtriser les équipements de contrôle, de mesure et d'essai utilisés sur le site (voir article 13).

16.4.3 Il convient d'établir de façon complète et de fournir en temps utile des procédures écrites et des instructions associées pour l'assemblage et l'installation sur le site, la mise en service, le fonctionnement, les listes de pièces détachées ou de rechange et l'entretien de tout produit. Il convient de vérifier que les instructions sont adaptées à celui (ou celle) qui est censé(e) les lire.

16.4.4 Il convient d'assurer qu'un appui logistique adéquat est prévu, comprenant des conseils techniques, la fourniture de pièces détachées ou de rechange, et un service après-vente compétent. Il convient que les responsabilités soient clairement attribuées et fassent l'objet d'un accord entre les sous-contractants, les distributeurs et les clients.

16.5 Après-vente

Il convient d'envisager d'établir dès que possible un système de dépistage pour être informé des cas de défaillance ou de défaut du produit, afin d'assurer des actions correctives rapides.

Il convient que les informations concernant les réclamations, la fréquence et les modes de défaillance, ou tout problème rencontré dans l'utilisation, soient disponibles pour des revues et des actions correctives en conception, fabrication et/ou utilisation du produit.

16.6 Retour d'information du marché

Il est recommandé qu'un système de retour d'information concernant les résultats en utilisation existe, afin de surveiller les caractéristiques de qualité des produits durant leur cycle de vie. Ce système peut permettre l'analyse, en continu, du niveau de satisfaction aux exigences ou attentes du client en qui concerne la qualité du produit, y compris la sécurité et la sûreté de fonctionnement.

17 Enregistrements relatifs à la qualité

17.1 Généralités

Il convient que l'organisme établisse et tienne à jour des procédures écrites sur les moyens d'identification, de collecte, inhaltlichen Erschließung), Zugang, Registrierung, Speicherung/Aufbewahrung, Pflege, Wiederauffinden und Bereitstellung sachdienlicher Qualitätsaufzeichnungen festlegen und aufrechterhalten. Grundsätze bezüglich der Verfügbarkeit und des Zugangs zu Aufzeichnungen für Kunden und Unterauftragnehmer sollten festgelegt werden. Auch für Verfahrensanweisungen sollten Grundsätze zu Änderungen und Modifikationen bei unterschiedlichen Typen von Dokumenten festgelegt werden.

17.2 Qualitätsaufzeichnungen

Das QM-System sollte verlangen, daß ausreichende Aufzeichnungen aufrechterhalten werden, um die Erfüllung der Qualitätsforderung und das wirksame Arbeiten des QM-Systems darzulegen. Eine Analyse von Qualitätsaufzeichnungen stellt einen bedeutenden Beitrag zu Korrekturmaßnahmen und Verbesserungen bereit. Im folgenden sind Beispiele für die Arten von Qualitätsaufzeichnungen angegeben, eingeschlossen Diagramme/Schaubilder, die einer Überwachung bedürfen:

- Prüfberichte,
- Untersuchungsdaten,
- Berichte über Qualifikationen,
- Berichte über Validierungen,
- Berichte über Begutachtungen und Qualitätsaudits,
- Berichte über Materialprüfungen,
- Kalibrierdaten und
- Berichte über qualitätsbezogene Kosten.

Qualitätsaufzeichnungen sollten für einen festgelegten Zeitraum in einer Weise aufbewahrt werden, daß sie leicht wiederauffindbar sind für eine Analyse zur Feststellung von Trends (der Werte) qualitätsbezogener Meßgrößen sowie der Notwendigkeit und der Wirksamkeit von Korrekturmaßnahmen.

Während ihrer Aufbewahrung sollten Qualitätsaufzeichnungen in geeigneten Einrichtungen vor Schaden, Verlust oder Verschlechterung geschützt werden (z. B. infolge von Umweltbedingungen).

17.3 Lenkung von Qualitätsforderungsdokumenten [9])

Das QM-System sollte verlangen, daß ausreichende Dokumente zur Verfolgung und Darlegung der Erfüllung der Qualitätsforderungen sowie über die wirksame Arbeitsweise des QM-Systems verfügbar sind. Zugehörige Dokumente von Unterauftragnehmern sollten eingeschlossen sein. Alle Dokumente sollten lesbar, datiert (eingeschlossen Revisionsdaten), sauber, leicht identifizierbar und abrufbar sein sowie in Einrichtungen aufbewahrt werden, die für eine

9) Siehe Seite 40.

dexing, access, filing, storage, maintenance, retrieval and disposition of pertinent quality records. Policies should be established concerning availability and access of records to customers and subcontractors. Policies concerning documented procedures should also be established for changes and modifications in various types of documents.

17.2 Quality records

The quality system should require that sufficient records be maintained to demonstrate conformance to specified requirements and verify effective operation of the quality system. Analysis of quality records provides an important input for corrective action and improvement. The following are examples of the types of quality records, including charts, requiring control:

- inspection reports,
- test data,
- qualification reports,
- validation reports,
- survey and audit reports,
- material review reports,
- calibration data, and
- quality-related cost reports.

Quality records should be retained for a specified time, in such a manner as to be readily retrievable for analysis, in order to identify trends in quality measures and the need for, and the effectiveness of, corrective action.

While in storage, quality records should be protected in suitable facilities from damage, loss and deterioration (e.g. due to environmental conditions).

17.3 Control of quality records

The quality system should require that sufficient documentation be available to follow and demonstrate conformance to specified requirements and the effective operation of the quality system. Pertinent subcontractor documentation should be included. All documentation should be legible, dated (including revision dates), clean, readily identifiable, retrievable and maintained in facilities that provide a suitable environment to minimize deterioration or

d'indexation, d'accès, de classement, de stockage, de maintenance, de recherche et de traitement d'enregistrements appropriés relatifs à la qualité. Il convient de fixer une politique concernant la disponibilité et l'accès aux enregistrements par les clients et sous-contractants. Il convient également de fixer dans des procédures écrites une politique concernant les changements et modifications des divers types de documents.

17.2 Enregistrements relatifs à la qualité

Il est recommandé que le système qualité impose que des enregistrements suffisants soient tenus à jour afin de démontrer la conformité aux exigences spécifiés et vérifier le fonctionnement effectif du système qualité. L'analyse des enregistrements relatifs à la qualité est un apport important aux actions correctives et à l'amélioration. Suivent quelques exemples d'enregistrements relatifs à la qualité, y compris des graphiques, qui doivent être maîtrisés:

- rapports de contrôle,
- données d'essai,
- rapports de qualification,
- rapports de validation,
- rapports d'étude et d'audit,
- rapports d'examen concernant les matériaux,
- résultats d'étalonnage,
- rapports sur les coûts relatifs à la qualité.

Il convient de conserver les enregistrements relatifs à la qualité pendant une durée déterminée, de façon qu'ils puissent être facilement retrouvés pour analyse afin d'identifier l'évolution des résultats de mesure de la qualité, ainsi que le besoin et l'efficacité des actions correctives.

Pendant leur stockage, il convient que les enregistrements relatifs à la qualité soient protégés par des dispositions appropriées contre les dommages, la perte et la détérioration dus par exemple aux conditions d'environnement.

17.3 Maîtrise des enregistrements relatifs à la qualité

Il convient que le système qualité spécifie qu'une documentation suffisante soit disponible pour suivre et démontrer la conformité aux exigences spécifiées et le fonctionnement effectif du système qualité. Il est recommandé d'y inclure la documentation appropriée établie par le sous-contractant. Il convient que toute la documentation soit lisible, datée (y compris les dates de révision), nette, facile à identifier et à retrouver, et conservée dans des installations qui geeignete Umgebung zur Minimierung von Verschlechterung oder Schaden und zur Vermeidung von Verlust sorgen. Aufzeichnungen können in der Form irgendeiner Art von Medium existieren wie etwa als Papierkopien, elektronisch abgespeichert usw.

Zusätzlich sollte das QM-System eine Methode für die Festlegung von Aufbewahrungsfristen sowie für die Zurückziehung und/oder Beseitigung von Dokumenten bereitstellen, sobald diese Dokumente veraltet sind.

Nachfolgend finden sich Beispiele für die Arten von Dokumenten, die einer Lenkung bedürfen:

- Zeichnungen,
- Spezifikationen,
- Prüfverfahren und -anweisungen,
- Untersuchungsverfahren,
- Arbeitsanweisungen,
- Fertigungspläne,
- QM-Handbuch (siehe Abschnitt 5.3.2),
- QM-Pläne,
- Arbeitsverfahren und
- Verfahren zum QM-System.

damage and to prevent loss. Records may be in the form of any type of media such as hard copy, electronic media, etc.

In addition, the quality system should provide a method for defining retention times, removing and/or disposing of documentation when that documentation has become out-dated.

The following are examples of the types of documents requiring control:

- drawings,
- specifications,
- inspection procedures and instructions,
- test procedures,
- work instructions,
- operation sheets,
- quality manual (see 5.3.2),
- quality plans,
- operational procedures, and
- quality system procedures.

offrent un environnement approprié pour minimiser la détérioration ou le dommage et éviter les pertes. Les enregistrements peuvent se présenter sous forme de papier, sur support informatique ou autre support.

En outre, il convient que le système qualité prévoie une méthode de définition des durées de conservation, de retrait et/ou de mise au rebut de la documentation lorsque cette documentation est périmée.

Suivent quelques exemples de types de documents à maîtriser:

- dessins,
- spécifications,
- procédures et instructions de contrôle,
- procédures d'essai,
- instructions de travail,
- gammes opératoires,
- manuel qualité (voir 5.3.2),
- plans qualité,
- procédures opérationnelles,
- procédures du système qualité.

18 Personal

18.1 Schulung

18.1.1 Allgemeines

Der Schulungsbedarf des Personals sollte ermittelt und Verfahrensanweisungen zur Bereitstellung dieser Schulung sollten festgelegt und aufrechterhalten werden. Angemessene Schulung sollte auf allen Ebenen innerhalb der Organisation für Personal vorgesehen werden, das qualitätswirksame Tätigkeiten ausführt. Besondere Aufmerksamkeit sollte den Qualifikationen, der Auswahl und der Schulung von neu eingestelltem Personal und von Personal geschenkt werden, das in neue Aufgaben umgesetzt ist. Angemessene Aufzeichnungen über die Schulung sollten aufrechterhalten werden.

18.1.2 Oberste Leitung und Führungskräfte

Eine Schulung sollte vermittelt werden, die der obersten Leitung Verständnis für das QM-System vermittelt, zusammen mit den Werkzeugen und Techniken, wie sie für die volle Beteiligung der obersten Leitung am Betreiben des Systems notwendig sind. Die oberste Leitung sollte auch die Kriterien verstehen, die zur Bewertung der Wirksamkeit des Systems verfügbar sind.

18.1.3 Technisches Personal

Das technische Personal sollte geschult werden, um seinen Beitrag zum Erfolg des QM-Systems zu steigern. Die Schu-

18 Personnel

18.1 Training

18.1.1 General

The need for training of personnel should be identified, and documented procedures for providing that training should be established and maintained. Appropriate training should be provided to all levels of personnel within the organization performing activities affecting quality. Particular attention should be given to the qualifications, selection and training of newly recruited personnel and personnel transferred to new assignments. Appropriate records of training should be maintained.

18.1.2 Executive and management personnel

Training should be given which will provide executive management with an understanding of the quality system, together with the tools and techniques needed for full executive management participation in the operation of the system. Executive management should also be aware of the criteria available to evaluate the effectiveness of the system.

18.1.3 Technical personnel

Training should be given to the technical personnel to enhance their contribution to the success of the quality system.

18 Personnel

18.1 Formation

18.1.1 Généralités

Il convient d'identifier les besoins en formation du personnel et il est recommandé d'établir et de tenir à jour des procédures écrites permettant cette formation. Il convient qu'une formation appropriée soit prévue pour toutes les catégories de personnel qui, au sein de l'organisme, exercent des activités ayant une incidence sur la qualité. Il convient qu'une attention particulière soit portée aux qualifications, à la selection et à la formation de personnel nouvellement recruté, et au personnel affecté à de nouvelles activités. Il est recommandé de tenir à jour des enregistrements appropriés de la formation.

18.1.2 Personnel de direction et d'encadrement

Il convient de dispenser à l'encadrement une formation lui permettant de comprendre le système qualité et de maîtriser les outils et techniques requis, afin qu'il participe pleinement à la mise en œuvre du système. Il convient également que l'encadrement soit informé des critères disponibles pour évaluer l'efficacité du système.

18.1.3 Personnel technique

Il convient d'assurer la formation du personnel technique pour renforcer sa contribution au succès du système qualung sollte nicht auf das vorwiegend mit qualitätsbezogenen Aufgaben betraute Personal beschränkt werden, sondern sollte Aufgabenträger aus Marketing, Beschaffung, Arbeitsvorbereitung und Produktionstechnik einbeziehen. Besondere Aufmerksamkeit sollte der Schulung in statistischen Methoden geschenkt werden, wie sie im Abschnitt 20.2 aufgelistet sind.

18.1.4 Prozeßaufsichts- und Betriebspersonal

Alles Prozeßaufsichts- und Betriebspersonal sollte bezüglich der Methoden und Fertigkeiten geschult werden, die zur Erledigung seiner Aufgaben erforderlich sind, das heißt bezüglich

- der ordnungsgemäßen Bedienung von Instrumenten, Werkzeugen und Maschinen, die es benutzen muß,
- des Lesens und Verstehens der bereitgestellten Dokumente,
- der qualitätsbezogenen Relevanz seiner Aufgaben und
- der Sicherheit am Arbeitsplatz.

Wenn es zweckmäßig ist, sollte Personal bezüglich seiner Fertigkeiten, wie beispielsweise des Schweißens, zertifiziert werden. Auch eine Schulung in den Grundlagen statistischer Methoden sollte in Betracht gezogen werden.

18.2 Qualifikation

Der Bedarf, Qualifikationen zu verlangen und zu dokumentieren von Personal, das spezialisierte Arbeiten, Prozesse und Qualitätsprüfungen ausführt, sollte ermittelt und, wo nötig, erfüllt werden, insbesondere für sicherheitsbezogene Arbeit. Der Bedarf für regelmäßiges Beurteilen und/oder Verlangen von Darlegungen der Fertigkeiten und/oder Fähigkeiten sollte angesprochen werden. Berücksichtigt werden sollten auch geeignete Ausbildung, Schulung und Erfahrung.

18.3 Motivation

18.3.1 Allgemeines

Motivation von Personal beginnt mit seinem Verständnis der Aufgaben, deren Erfüllung von ihm erwartet wird, und wie diese Aufgaben die Gesamttätigkeiten unterstützen. Die Vorteile einer guten Arbeitsausführung auf allen Ebenen sollten dem Personal bewußt gemacht werden, ebenso die Auswirkungen einer schlechten Arbeitsausführung auf andere, auf die Kundenzufriedenheit, auf die Arbeitskosten und das wirtschaftliche Wohlergehen der Organisation.

Training should not be restricted to personnel with primary quality assignments, but should include assignments such as marketing, purchasing, process and product engineering. Particular attention should be given to training in statistical techniques, such as those listed in 20.2.

18.1.4 Process supervisors and operating personnel

All process supervisors and operating personnel should be trained in the procedures and skills required to perform their tasks, i.e.

- the proper operation of instruments, tools and machinery they have to use,
- reading and understanding the documentation provided,
- the relationship of their duties to quality, and
- safety in the workplace.

As appropriate, personnel should be certified in their skills, such as welding. Training in basic statistical techniques should also be considered.

18.2 Qualification

The need to require and document qualifications of personnel performing certain specialized operations, processes, tests or inspections should be evaluated and implemented where necessary, in particular for safety-related work. The need to assess periodically and/or require demonstrations of skills and/or capability should be addressed. Consideration should also be given to appropriate education, training and experience.

18.3 Motivation

18.3.1 General

Motivation of personnel begins with their understanding of the tasks they are expected to perform and how those tasks support the overall activities. Personnel should be made aware of the advantages of proper job performance at all levels, and of the effects of poor job performance on other people, customer satisfaction, operating costs, and the economic well-being of the organization.

lité. Il est recommandé de ne pas limiter la formation au personnel ayant une activité directement liée à la qualité, mais d'inclure des activités telles que la mercatique, les achats et l'ingénierie des processus et produits. Il convient d'attacher une attention particulière à la formation dans le domaine des techniques statistiques, telles que celles indiquées en 20.2.

18.1.4 Responsables de processus et personnel de production

Il convient que tous les responsables de processus et le personnel de production reçoivent une formation quant aux procédures et aux compétences nécessaires pour exécuter leur tâche, c'est-à-dire

- la mise en œuvre correcte des instruments, des outils et des machines qu'ils doivent utiliser,
- la lecture et la compréhension de la documentation fournie,
- la relation existant entre leurs tâches et la qualité, et
- la sécurité au poste de travail.

Il convient que le personnel, s'il y a lieu, soit certifié en ce qui concerne ses compétences, comme par exemple pour le soudage. Il convient également d'envisager une formation de base aux techniques statistiques.

18.2 Qualification

Il convient que la nécessité d'exiger et d'appuyer sur des documents les qualifications du personnel exécutant certaines opérations, processus, essais ou contrôles spécialisés soit évaluée et mise en œuvre lorsque cela est nécessaire, en particulier pour les travaux mettant en jeu la sécurité. Il convient d'examiner la nécessité d'évaluer et/ou d'exiger périodiquement des preuves de la compétence et/ou l'aptitude. Il convient également de prendre en considération l'éducation, la formation et l'expérience appropriées.

18.3 Motivation

18.3.1 Généralités

La motivation du personnel commence par sa compréhension des tâches qui lui incombent et de la façon dont elles contribuent aux activités d'ensemble. Il convient de faire prendre conscience au personnel de l'intérêt d'un travail bien fait à tous les niveaux, et des conséquences de résultats médiocres sur les autres personnes, sur la satisfaction du client, les coûts de fabrication et la prospérité de l'organisme.

18.3.2 Anwendbarkeit

Bemühungen, Personal zu qualifizierter Arbeit anzuspornen, sollten nicht nur auf Arbeiter in der Produktion gerichtet sein, sondern auch auf Personal in Marketing, Design, Dokumentation, Beschaffung, Qualitätsprüfung, Verpakkung und Versand sowie in der Wartung. Leitungs-, Fach- und Stabspersonal sollte einbezogen werden.

18.3.3 Qualitätsbewußtsein

Die Notwendigkeit zufriedenstellender Qualität sollte durch ein Programm zur Förderung des Qualitätsbewußtseins unterstrichen werden, das Einführungs- und Grundlehrgänge für neues Personal, regelmäßige Auffrischungslehrgänge für langjähriges Personal, eine Einrichtung für Personal zur Anregung von Vorbeugungs- und Korrekturmaßnahmen sowie andere Verfahren enthalten kann.

18.3.4 Qualitätsmaßstäbe

Wo es zweckmäßig ist, sollten objektive und genaue Mittel zur Messung der erreichten Qualität entwickelt werden. Diese können bekanntgemacht werden, um dem Personal selbst sichtbar zu machen, was es als Gruppe oder als Einzelner erreicht hat. Dies kann es zu Qualitätsverbesserung anspornen. Leistungsanerkennung sollte vorgesehen werden.

19 Produktsicherheit

Dem Feststellen von Sicherheitsaspekten bei Produkten und Prozessen sollte Aufmerksamkeit geschenkt werden mit dem Ziel, die Sicherheit zu erhöhen. Die Maßnahmen können umfassen:

a) Ermitteln einschlägiger Sicherheitsnormen mit dem Ziel, die Formulierung der Produktspezifikationen wirkungsvoller zu gestalten;

b) Durchführen von Designbewertungs- und Prototyp-(oder Entwicklungsmuster-)Untersuchungen im Hinblick auf die Sicherheit sowie Dokumentieren der Untersuchungsergebnisse;

c) Analysieren von Anweisungen und Warnhinweisen für den Benutzer, von Instandhaltungs-Handbüchern, von Beschriftungs- und Werbematerial, um Fehlinterpretation zu minimieren, besonders im Hinblick auf beabsichtigten Gebrauch und bekannte Gefahren;

d) Entwickeln von Mitteln für Rückverfolgbarkeit, um einen Produktrückruf zu erleichtern (siehe Abschnitt 11.2, Abschnitt 14.2 und Abschnitt 14.6);

e) Erwägen der Entwicklung eines Notfallplans für den Fall, daß ein Produktrückruf nötig wird.

18.3.2 Applicability

Efforts to encourage personnel towards quality of performance should be directed not only at production workers, but also at personnel in marketing, design, documentation, purchasing, inspection, test, packing and shipping, and servicing. Management, professional and staff personnel should be included.

18.3.3 Quality awareness

The need for quality should be emphasized through an awareness programme which can include introduction and elementary programmes for new personnel, periodic refresher programmes for long-standing personnel, provision for personnel to initiate preventive and corrective actions and other procedures.

18.3.4 Measuring quality

Where appropriate, objective and accurate means of measuring quality achievements should be developed. These may be publicized to let personnel see for themselves what they, as a group or as individuals, are achieving. This can encourage them to improve quality. Recognition of performance should be provided.

19 Product safety

Consideration should be given to identifying safety aspects of products and processes with the aim of enhancing safety. Steps can include:

a) identifying relevant safety standards in order to make the formulation of product specifications more effective;

b) carrying out design evaluation tests and prototype (or model) testing for safety and documenting the test results;

c) analysing instructions and warnings to the user, maintenance manuals, and labelling and promotional material in order to minimize misinterpretation, particularly regarding intended use and known hazards;

d) developing a means of traceability to facilitate product recall (see 11.2, 14.2 and 14.6);

e) considering development of an emergency plan in case recall of a product becomes necessary.

18.3.2 Applicabilité

Il convient que les efforts pour encourager le personnel à la qualité de l'exécution s'adressent non seulement au personnel de la production, mais également au personnel de la mercatique, de la conception, de la documentation, des achats, du contrôle, des essais, du conditionnement et de l'expédition et des prestations associées. La direction, le personnel fonctionnel et opérationnel doivent être inclus.

18.3.3 Sensibilisation à la qualité

Il convient de mettre l'accent sur le besoin en matière de qualité au moyen d'un programme de sensibilisation qui peut inclure des programmes élémentaires et d'introduction pour les nouveaux employés, des programmes de recyclage périodique pour les anciens employés et des instructions aux employés susceptibles des actions correctives et préventives et autres procédures.

18.3.4 Mesure de la qualité

S'il y a lieu, il convient de développer des moyens objectifs et exacts de mesure de l'obtention de la qualité. Ces mesures peuvent être publiées pour que le personnel puisse voir, par lui-même, ce qu'il est en train d'accomplir individuellement ou collectivement. Ceci peut l'encourager à améliorer la qualité. Il convient de reconnaître le travail accompli.

19 Sécurité relative au produit

Il convient d'identifier les aspects relatifs à la sécurité du produit et du processus dans le but d'accroître cette sécurité. Les étapes peuvent comprendre

a) l'identification des normes relatives à la sécurité afin de rendre plus efficace la formulation des spécifications d'un produit;

b) la réalisation des essais d'évaluation de la conception et de qualification de prototypes (ou modèles) en vue de la sécurité et en consignant les résultats des essais;

c) l'analyse des instructions et des précautions d'emploi destinés à l'utilisateur, des manuels d'entretien, des matériaux d'étiquetage et de promotion afin de minimiser les interprétations erronées, particulièrement en ce qui concerne l'utilisation prévue et les risques connus;

d) le développement de moyens de traçabilité pour faciliter le rappel d'un produit (voir 11.2, 14.2 et 14.6);

e) la prise en compte de l'établissement d'un plan d'urgence au cas où le rappel d'un produit s'avère nécessaire.

20 Gebrauch statistischer Methoden

20.1 Anwendungen

Auswahl und korrekte Anwendung moderner statistischer Methoden sind wichtige Elemente, um jede Phase der Prozesse in der Organisation zu überwachen. Verfahrensanweisungen sollten festgelegt und aufrechterhalten werden für Auswahl und Anwendung statistischer Methoden auf:

a) Marktanalyse;

b) Produktdesign;

c) Zuverlässigkeits-Spezifikation, Langlebigkeits- und Haltbarkeits-Voraussage;

d) Untersuchungen zu Prozeßlenkung und Prozeßfähigkeit;

e) Festlegung von Qualitätslagen bei Stichproben-Prüfplänen;

f) Datenanalyse, Leistungsbeurteilung und Fehleranalyse;

g) Prozeßverbesserung;

h) Sicherheitsbewertung und Risikoanalyse.

20 Use of statistical methods

20.1 Applications

Identification and correct application of modern statistical methods are important elements to control every phase of the organization's processes. Documented procedures should be established and maintained for selecting and applying statistical methods to:

a) market analysis;

b) product design;

c) dependability specification, longevity and durability prediction;

d) studies of process control and process capability;

e) determination of quality levels in sampling plans;

f) data analysis, performance assessment and nonconformity analysis;

g) process improvement;

h) safety evaluation and risk analysis.

20 Utilisation de méthodes statistiques

20.1 Applications

L'identification et l'application correctes des méthodes statistiques modernes sont des éléments importants pour maîtriser chaque phase des processus de l'organisme. Il convient que des procédures écrites soient établies et mises à jour afin de sélectionner et appliquer des méthodes statistiques à

a) l'analyse de marché;

b) la conception du produit;

c) la spécification de la sûreté de fonctionnement, les études prévisionnelles sur la longévité et la durabilité;

d) les études de maîtrise du processus et d'aptitude du processus;

e) la détermination des niveaux de qualité dans les plans d'échantillonnage;

f) l'analyse des données, l'évaluation des résultats et l'analyse des non-conformités;

g) l'amélioration du processus;

h) l'évaluation de la sécurité et l'analyse du risque.

20.2 Statistische Methoden

Spezifische statistische Methoden zur Festlegung, Überwachung und Prüfung von Tätigkeiten enthalten das Folgende, sind aber nicht eingeschränkt darauf:

a) Versuchsplanung und Faktorenanalyse;

b) Varianz- und Regressionsanalyse;

c) Signifikanztests;

d) Qualitätsregelkarten und Cusum-Methoden;

f) statistische Stichprobenentnahme.

ANMERKUNG 21: Eine Anleitung zu den Internationalen Normen, die für festgelegte statistische Methoden zu benutzen sind, kann aus ISO/TR 13425 und dem ISO-Handbuch 3 entnommen werden. Zur Anleitung bei Zuverlässigkeits-Anwendungen sollte Bezug genommen werden auf ISO 9000 Teil 4 und auf IEC-Veröffentlichungen.

20.2 Statistical techniques

Specific statistical methods for establishing, controlling and verifying activities include, but are not limited to, the following:

a) design of experiments and factorial analysis;

b) analysis of variance and regression analysis;

c) tests of significance;

d) quality control charts and cusum techniques;

e) statistical sampling.

NOTE 21: Guidance on the International Standards to be used for the statistical techniques that are identified may be found in ISO/TR 13425 and ISO Handbook 3. For guidance on dependability applications, reference should be made to ISO 9000-4 and to IEC publications.

20.2 Techniques statistiques

Les méthodes statistiques spécifiques permettant d'établir, de maîtriser et de vérifier des activités comprennent, de façon non limitative, ce qui suit:

a) les plans d'expériences et l'analyse factorielle;

b) l'analyse de variance et l'analyse de régression;

c) les tests de signification;

d) les cartes de contrôle et les techniques de sommes cumulées;

e) l'échantillonnage statistique.

NOTE 21: Des conseils sur l'utilisation des Normes internationales en matière de techniques statistiques peuvent être trouvés dans l'ISO/TR 13425 et le recueil ISO 3. Il convient pour la sûreté de fonctionnement de se référer à l'ISO 9000-4 et aux publications de la CEI.

Anhang A (informativ)

Literaturhinweise

[1] ISO 9000-1 : 1994
Normen zum Qualitätsmanagement und zur Qualitätssicherung/QM-Darlegung – Leitfaden zur Auswahl und Anwendung

[2] ISO 9000-2 : 1993
Normen zum Qualitätsmanagement und zur Qualitätssicherung – Allgemeiner Leitfaden zur Anwendung von ISO 9001, ISO 9002 und ISO 9003

[3] ISO 9000-3 : 1991
Normen zum Qualitätsmanagement und zur Qualitätssicherung – Leitfaden für die Anwendung von ISO 9001 auf die Entwicklung, Lieferung und Wartung von Software

[4] ISO 9000-4 : 1993
Normen zum Qualitätsmanagement und zur Qualitätssicherung – Leitfaden zum Management von Zuverlässigkeitsprogrammen

[5] ISO 9001 : 1994
Qualitätsmanagementsysteme – Modell zur Qualitätssicherung/QM-Darlegung in Design, Entwicklung, Produktion, Montage und Wartung

[6] ISO 9002 : 1994
Qualitätsmanagementsysteme – Modell zur Qualitätssicherung/QM-Darlegung in Produktion, Montage und Wartung

[7] ISO 9003 : 1994
Qualitätsmanagementsysteme – Modell zur Qualitätssicherung/QM-Darlegung bei der Endprüfung

[8] ISO 9004-2 : 1991
Qualitätsmanagement und Elemente eines Qualitätssicherungssystems – Leitfaden für Dienstleistungen

[9] ISO 9004-3 : 1993
Qualitätsmanagement und Elemente eines Qualitätsmanagementsystems – Leitfaden für verfahrenstechnische Produkte

[10] ISO 9004-4 : 1993
Qualitätsmanagement und Elemente eines Qualitätsmanagementsystems – Leitfaden für Qualitätsverbesserung

[11] ISO 10011-1 : 1990
Leitfaden für das Audit von Qualitätssicherungssystemen – Auditdurchführung

[12] ISO 10011-2 : 1991
Leitfaden für das Audit von Qualitätssicherungssystemen – Qualifikationskriterien für Qualitätsauditoren

Annex A (informative)

Bibliography

[1] ISO 9000-1 : 1994
Quality management and quality assurance standards – Part 1: Guidelines for selection and use

[2] ISO 9000-2 : 1993
Quality management and quality assurance standards – Part 2: Generic guidelines for the application of ISO 9001, ISO 9002 and ISO 9003

[3] ISO 9000-3 : 1991
Quality management and quality assurance standards – Part 3: Guidelines for the application of ISO 9001 to the development, supply and maintenance of software

[4] ISO 9000-4 : 1993
Quality management and quality assurance standards – Part 4: Guide to dependability programme management

[5] ISO 9001 : 1994
Quality systems – Model for quality assurance in design, development, production, installation and servicing

[6] ISO 9002 : 1994
Quality systems – Model for quality assurance in production, installation and servicing

[7] ISO 9003 : 1994
Quality systems – Model for quality assurance in final inspection and test

[8] ISO 9004-2 : 1991
Quality management and quality system elements – Part 2: Guidelines for services

[9] ISO 9004-3 : 1993
Quality management and quality system elements – Part 3: Guidelines for processed materials

[10] ISO 9004-4 : 1993
Quality management and quality system elements – Part 4: Guidelines for quality improvement

[11] ISO 10011-1 : 1990
Guidelines for auditing quality systems – Part 1: Auditing

[12] ISO 10011-2 : 1991
Guidelines for auditing quality systems – Part 2: Qualification criteria for quality systems auditors

Annexe A (informative)

Bibliographie

[1] ISO 9000-1 : 1994
Normes pour le management de la qualité et l'assurance de la qualité – Partie 1: Lignes directrices pour leur sélection et utilisation

[2] ISO 9000-2 : 1993
Normes pour le management de la qualité et l'assurance de la qualité – Partie 2: Lignes directrices pour l'àpplication de l'ISO 9001, l'ISO 9002 et l'ISO 9003

[3] ISO 9000-3 : 1991
Normes pour la gestion de la qualité et l'assurance de la qualité – Partie 3: Lignes directrices pour l'application de l'ISO 9001 au développement, à la mise à disposition et à la maintenance du logiciel

[4] ISO 9000-4 : 1993
Normes pour la gestion de la qualité et l'assurance de la qualité – Partie 4: Guide de gestion du programme de sûreté de fonctionnement

[5] ISO 9001 : 1994
Systèmes qualité – Modèle pour l'assurance de la qualité en conception, développement, production, installation et prestations associées

[6] ISO 9002 : 1994
Systèmes qualité – Modèle pour l'assurance de la qualité en production, installation et prestations associées

[7] ISO 9003 : 1994
Systèmes qualité – Modèle pour l'assurance de la qualité en contrôle et essais finals

[8] ISO 9004-2 : 1991
Gestion de la qualité et éléments de système qualité – Partie 2: Lignes directrices pour les services

[9] ISO 9004-3 : 1993
Management de la qualité et éléments de système qualité – Partie 3: Lignes directrices pour les produits issus de processus à caractère continu

[10] ISO 9004-4 : 1993
Management de la qualité et éléments de système qualité – Partie 4: Lignes directrices pour l'amélioration de la qualité

[11] ISO 10011-1 : 1990
Lignes directrices pour l'àudit des systèmes qualité – Partie 1: Audit

[12] ISO 10011-2 : 1991
Lignes directrices pour l'audit des systèmes qualité – Partie 2: Critères de qualification pour les auditeurs de systèmes qualité

[13] ISO 10011-3 : 1991
Leitfaden für das Audit von Qualitätssicherungssystemen – Management von Auditprogrammen

[14] ISO 10012-1 : 1992
Forderungen an die Qualitätssicherung für Meßmittel – Bestätigungssystem für Meßmittel

[15] ISO 10013: – [1])
Leitfaden für die Erstellung von Qualitätsmanagement-Handbüchern

[16] ISO/TR 13425: – [1])
Leitfaden für die Auswahl statistischer Methoden in Normung und Spezifikation

[17] ISO-Handbuch 3 : 1989
Statistische Methoden

[1]) Veröffentlichung ist vorgesehen.

[13] ISO 10011-3 : 1991
Guidelines for auditing quality systems – Part 3: Management of audit programmes

[14] ISO 10012-1 : 1992
Quality assurance requirements for measuring equipment – Part 1: Metrological confirmation system for measuring equipment

[15] ISO 10013: – [1])
Guidelines for developing quality manuals

[16] ISO/TR 13425: – [1])
Guidelines for the selection of statistical methods in standardization and specification

[17] ISO Handbook 3 : 1989,
Statistical methods

[1]) To be published.

[13] ISO 10011-3 : 1991
Lignes directrices pour l'audit des systèmes qualité – Partie 3: Gestion des programmes d'audit

[14] ISO 10012-1 : 1992
Exigences d'assurance de la qualité des équipements de mesure – Partie 1: Confirmation métrologique de l'équipement de mesure

[15] ISO 10013: – [1])
Lignes directrices pour l'élaboration des manuels qualité

[16] ISO/TR 13425: – [1])
Lignes directrices pour la sélection des méthodes statistiques dans la normalisation et les spécifications

[17] Recueil de normes ISO 3:1989
Méthodes statistiques

[1]) À publier.

Juni 1994

Normen zu Qualitätsmanagement und zur Darlegung von Qualitätsmanagementsystemen Leitfaden zum Management von Zuverlässigkeitsprogrammen (Identisch mit ISO 9000-4 : 1993 bzw. IEC 300-1 : 1993) Deutsche Fassung EN 60 300-1 : 1993	DIN ISO 9000 Teil 4

Diese Norm enthält die Europäische Norm **EN 60 300-1**

Sie enthält zugleich die deutsche Übersetzung der Internationalen Norm **IEC 300-1**

ICS 03.120.10; 29.020

Ersatz für DIN IEC 300/02.87

Quality management and quality assurance standards; Guide to dependability programme management; (Identical with ISO 9000-4 : 1993 resp. IEC 300-1 : 1993); German version EN 60 300-1 : 1993

Normes pour la gestion de la qualité et l'assurance de la qualité; Guide de gestion du programme de sûreté de fonctionnement; (Identique à ISO 9000-4 : 1993 resp. CEI 300-1 : 1993); Version allemande EN 60 300-1 : 1993

Die Internationale Norm ISO 9000-4 : 1993 „Quality management and quality assurance standards – Part 4: Guide to dependability programme management" ist gleichzeitig Internationale Norm IEC 300-1 : 1993 „Dependability management – Part 1: Dependability programme management" und ist unverändert in diese Deutsche Norm übernommen worden.

Die Europäische Norm EN 60 300-1 : 1993 hat den Status einer Deutschen Norm.

Nationales Vorwort

Zuverlässigkeit ist einer der zeitbezogenen Aspekte der Qualität (ISO 8402 : 1993, Anmerkung 2, zum Begriff „dependability").

Die Internationale Norm, die dieser Übersetzung zugrunde liegt, ist gekennzeichnet als ISO 9000-4 und IEC 300-1. Sie ist das Bindeglied zwischen den Normen der Reihe ISO 9000 „Quality management and quality assurance standards" und den Normen der Reihe IEC 300 „Dependability management".

Die Norm wurde ausgearbeitet vom Technischen Komitee 56 „Dependability" der International Electrotechnical Commission (IEC). Die International Organization for Standardization (ISO) und die IEC haben eine gemeinsame Veröffentlichung als ISO/IEC-Norm mit doppelter Norm-Nummer vereinbart.

Die zuständigen deutschen nationalen Spiegelgremien sind das Komitee 132 „Zuverlässigkeit" der Deutschen Elektrotechnischen Kommission im DIN und VDE (DKE) und der Normenausschuß „Qualitätsmanagement, Statistik und Zertifizierungsgrundlagen" (NQSZ) im DIN Deutsches Institut für Normung e.V.

Zum Zeitpunkt der Übersetzung, die von der DKE und dem NQSZ gemeinsam durchgeführt wurde, befand sich ein Teil der zitierten Normen in Überarbeitung, teilweise war eine Deutsche Fassung in Vorbereitung. Beim Übersetzen konnten die durch die zitierten Normen, insbesondere die Norm DIN ISO 8402 (z. Z. Entwurf) und die Normen der Reihe DIN ISO 9000, vorgezeichneten terminologischen und sprachlichen Randbedingungen weitgehend eingehalten werden. Die verbliebenen Unstimmigkeiten können nur auf internationaler Ebene behoben werden.

Fortsetzung Seite 2
und 6 Seiten EN

Deutsche Elektrotechnische Kommission im DIN und VDE (DKE)
Normenausschuß Qualitätsmanagement, Statistik und Zertifizierungsgrundlagen (NQSZ)
im DIN Deutsches Institut für Normung e.V.

In der Internationalen Norm wird die englische Benennung „management" sowohl im Sinne von Leitung/Führung als auch im Sinne von Handhabung/Abwicklung verwendet. Wo es möglich war, wurde dies bei der Übersetzung berücksichtigt.

In der vorliegenden Norm ist unter „Lieferant" der Hersteller zu verstehen.

Es muß klar sein, daß Zuverlässigkeitsmanagement (als Teil des Qualitätsmanagements) die Handhabung zuverlässigkeitsbezogener Angelegenheiten in allen Bereichen und Hierarchiestufen einer Organisation bedeutet und nicht etwa nur die auf Führungskräfte eingeschränkten Tätigkeiten.

Der Entwurf war veröffentlicht als DIN ISO 9000 Teil 4/05.92.

Der Zusammenhang zwischen den in dieser Norm zitierten ISO- und IEC-Publikationen und den entsprechenden Deutschen Normen ist nachstehend wiedergegeben.

IEC 50(191)	Norm-Entwurf in Vorbereitung
IEC 300-2	Norm-Entwurf in Vorbereitung
ISO/DIS 8402	siehe DIN ISO 8402 (z. Z. Entwurf)
ISO 9001	siehe DIN ISO 9001
ISO 9002	siehe DIN ISO 9002
ISO 9003	siehe DIN ISO 9003
ISO 9004	siehe DIN ISO 9004

Zitierte Normen

– in der Deutschen Fassung:

Siehe Anhang ZA

– in nationalen Zusätzen:

DIN ISO 8402	(z. Z. Entwurf) Qualitätsmanagement und Qualitätssicherung; Begriffe; Identisch mit ISO/DIS 8402 : 1991
DIN ISO 9001	Qualitätssicherungssysteme; Modell zur Darlegung der Qualitätssicherung in Design/Entwicklung, Produktion, Montage und Kundendienst (Identisch mit ISO 9001 : 1987); EN 29 001 : 1987
DIN ISO 9002	Qualitätssicherungssysteme; Modell zur Darlegung der Qualitätssicherung in Produktion und Montage (Identisch mit ISO 9002 : 1987); EN 29 002 : 1987
DIN ISO 9003	Qualitätssicherungssysteme; Modell zur Darlegung der Qualitätssicherung bei der Endprüfung (Identisch mit ISO 9003 : 1987); EN 29 003 : 1987
DIN ISO 9004	Qualitätsmanagement und Elemente eines Qualitätssicherungssystems; Leitfaden (Identisch mit ISO 9004 : 1987); EN 29 004 : 1987

Frühere Ausgaben

DIN IEC 300: 02.87

Änderungen

Gegenüber DIN IEC 300/02.87 wurden folgende Änderungen durchgeführt:

– ISO 9000-4 bzw. IEC 300-1 : 1993 übernommen.

Internationale Patentklassifikation

G 06 F 015/46

EUROPÄISCHE NORM
EUROPEAN STANDARD
NORME EUROPÉENNE

EN 60300-1

Juli 1993

DK 621.3-192

Deskriptoren: Zuverlässigkeit, Management, Funktionsfähigkeit, Instandhaltbarkeit, Unterstützung der Instandhaltung, Hardware, Software

Deutsche Fassung

Zuverlässigkeitsmanagement
Teil 1: Management von Zuverlässigkeitsprogrammen
(IEC 300-1 : 1993)

Dependability management — Part 1: Dependability programme management — (IEC 300-1 : 1993)

Gestion de la sûreté de fonctionnement — Partie 1: Gestion du programme de sûreté de fonctionnement — (CEI 300-1 : 1993)

Diese Europäische Norm wurde von CENELEC am 1993-07-06 angenommen.

Die CENELEC-Mitglieder sind gehalten, die CEN/CENELEC-Geschäftsordnung zu erfüllen, in der die Bedingungen festgelegt sind, unter denen dieser Europäischen Norm ohne jede Änderung der Status einer nationalen Norm zu geben ist.

Auf dem letzten Stand befindliche Listen dieser nationalen Normen mit ihren bibliographischen Angaben sind beim Zentralsekretariat oder bei jedem CENELEC-Mitglied auf Anfrage erhältlich.

Diese Europäische Norm besteht in drei offiziellen Fassungen (Deutsch, Englisch, Französisch). Eine Fassung in einer anderen Sprache, die von einem CENELEC-Mitglied in eigener Verantwortung durch Übersetzung in seine Landessprache gemacht und dem Zentralsekretariat mitgeteilt worden ist, hat den gleichen Status wie die offiziellen Fassungen.

CENELEC-Mitglieder sind die nationalen elektrotechnischen Komitees von Belgien, Dänemark, Deutschland, Finnland, Frankreich, Griechenland, Irland, Island, Italien, Luxemburg, Niederlande, Norwegen, Österreich, Portugal, Schweden, Schweiz, Spanien und dem Vereinigten Königreich.

CENELEC

EUROPÄISCHES KOMITEE FÜR ELEKTROTECHNISCHE NORMUNG
European Committee for Electrotechnical Standardization
Comité Européen de Normalisation Electrotechnique

Zentralsekretariat: rue de Stassart 35, B-1050 Brüssel

Ref.-Nr. EN 60300-1 : 1993 D

Vorwort

Der Text des Schriftstücks 56(CO)189, wie ausgearbeitet vom IEC/TC 56: Dependability, in enger Zusammenarbeit mit ISO/TC 176/SC 2: Quality systems, wurde im Februar 1991 in die IEC-CENELEC-Parallel-Abstimmung gegeben.

Das Referenzdokument wurde von CENELEC am 6. Juli 1993 als EN 60300-1 genehmigt.

Nachstehende Daten wurden festgelegt:

– spätestes Datum der Veröffentlichung einer identischen nationalen Norm	(dop):	1994-07-01
– spätestes Datum für die Zurückziehung entgegenstehender nationaler Normen	(dow):	1994-07-01

Anhänge, die als "normativ" bezeichnet sind, gehören zum Norminhalt.

In dieser Norm ist Anhang ZA normativ.

Anerkennungsnotiz

Der Text der Internationalen Norm IEC 300-1 : 1993 wurde von CENELEC als Europäische Norm ohne irgendeine Abänderung genehmigt.

Inhalt

Einleitung

Zuverlässigkeit ist eines der wichtigsten Leistungsmerkmale vieler Produkte. Zuverlässigkeitsmanagement zielt auf Funktionsfähigkeit und Instandhaltbarkeit eines Produktes ebenso wie auf die Instandhaltung durch den Kunden (und/oder den Lieferanten). Kunde und Lieferant tragen dafür gemeinsam die Verantwortung.

Die zunehmende Abhängigkeit der Gesellschaft von Dienstleistungen wie Transport, Elektrizitätsversorgung, Telekommunikation und Information führt zu höheren Forderungen und Erwartungen der Nutzer an die Qualität dieser Dienstleistungen. Die Zuverlässigkeit der Produkte, die für solche Dienstleistungen genutzt werden, ist ein Faktor, der wesentlich zur Qualität dieser Dienstleistungen beiträgt.

Auch die Verknappung der Ressourcen, Sicherheits- und Umweltschutzaspekte, Steigerung der Komplexität der Produkte, verbunden mit zunehmender Beachtung ihrer Lebenszykluskosten, verstärken die Notwendigkeit zur Sicherung der Zuverlässigkeit in all ihren Aspekten. Die Erfahrung lehrt, daß die Instandhaltungskosten die ursprünglichen Beschaffungskosten oft weit übersteigen.

Viele Produkte werden mit dem Ziel entwickelt, die in Spezifikationen festgelegten Bedürfnisse oder Forderungen des Nutzers zu erfüllen. Solche Forderungen beziehen sich üblicherweise auf die Funktionsfähigkeit und die Instandhaltbarkeit und, in einigen Fällen, auf die Verfügbarkeit unter festgelegten Instandhaltungsbedingungen. Oft ist der Kunde allein für den Betrieb und die Instandhaltung verantwortlich.

Bei einigen Produkten werden beim Verkauf oder Leasing Werte von Zuverlässigkeitskenngrößen vereinbart oder garantiert, wobei Unterstützung durch den Lieferanten bei der Instandhaltung eingeschlossen ist oder nicht.

Bei anderen Produkten erfolgt die Festlegung der Zuverlässigkeit möglicherweise erst im Rahmen des Prozesses zur Entwicklung oder Instandhaltung des Produktes.

Ein wirkungsvolles Zuverlässigkeitsprogramm für entsprechende Phasen im Lebenszyklus liegt sowohl im Interesse des Kunden als auch des Lieferanten.

1 Anwendungsbereich

Diese Norm der Reihen IEC 300 und ISO 9000 gibt Anleitungen zum Management von Zuverlässigkeitsprogrammen. Sie behandelt die wesentlichen Merkmale eines umfassenden Zuverlässigkeitsprogramms für Planung, Organisation, Führung und Lenkung von Ressourcen zur Herstellung zuverlässiger Produkte. Aus übergeordneter Sicht befaßt sie sich damit, was, warum, wann und wie zu tun ist; aber sie legt nicht im einzelnen fest, wer diese Tätigkeiten wo ausführen sollte, da Organisationsformen und Projekte außerordentlich unterschiedlich sind.

Diese Norm ist auf Hardware- und Softwareprodukte anwendbar, bei denen die Zuverlässigkeit während der Betriebs- und Instandhaltungsphase von Bedeutung ist. Die Forderungen zielen in erster Linie darauf ab, Einflüsse auf die Zuverlässigkeit während aller Phasen des Produkt-Lebenszyklus von der Planung bis zum Betrieb zu beherrschen.

Jede Vereinbarung, die auf die Anleitungen in dieser Norm Bezug nimmt, kann ausgewählte Teile davon entsprechend den besonderen Umständen verwenden. Die beteiligten Parteien müssen den Umfang ihrer Anwendung, einschließlich der in anderen Normen der Reihe IEC 300 gegebenen Anleitungen, vereinbaren und festlegen. Alle auf diese Weise ausgewählten Abschnitte werden zu Forderungen.

ANMERKUNG 1: Die Anleitungen in dieser Norm sind in erster Linie auf Lieferanten mit wenigen, ihnen bekannten Kunden anwendbar; sie lassen sich aber auch auf die Lieferung von Gebrauchsgütern anwenden.

ANMERKUNG 2: Die Anleitungen in dieser Norm beziehen sich auf die festgelegten Phasen im Lebenszyklus und bleiben auch bei deren beliebiger weiterer Unterteilung gültig.

ANMERKUNG 3: In dieser Norm wird das Maskulinum bei Personenangaben auch zur Bezeichnung des Femininums verwendet.

ANMERKUNG 4: Im Rahmen dieser Norm sind die Begriffe "Dokument" und "Dokumentation" nicht auf Papier als Trägermaterial beschränkt.

ANMERKUNG 5: In dieser Norm steht "Kunde" zugleich für "Auftraggeber".

2 Normative Verweisungen

Die folgenden Normen enthalten Festlegungen, die durch Verweisung in diesem Text Bestandteil der vorliegenden Norm sind. Zum Zeitpunkt der Veröffentlichung dieser Norm gelten die angegebenen Ausgaben. Alle Normen unterliegen der Überarbeitung, und Anwender dieser Norm werden gebeten, die jeweils neueste Ausgabe der im folgenden genannten Normen anzuwenden. Mitglieder von IEC und ISO führen Verzeichnisse der gültigen Internationalen Normen.

IEC 50(191) : 1990	International Electrotechnical Vocabulary (IEV) – Chapter 191 – Dependability and quality of service
IEC 300-2 : XX	Dependability management – Part 2: Dependability programme elements and tasks (Norm in Vorbereitung)
ISO 8402 : 1986	Quality – Vocabulary
ISO 9001 : 1987	Quality systems – Model for quality assurance in design/development, production, installation and servicing
ISO 9002 : 1987	Quality systems – Model for quality assurance in production and installation
ISO 9003 : 1987	Quality systems – Model for quality assurance in final inspection and test
ISO 9004 : 1987	Quality management and quality system elements – Guidelines

3 Begriffe

In dieser Norm gelten die Begriffe aus IEC 50(191) und ISO 8402 sowie folgende besondere Begriffe:

3.1 Zuverlässigkeit

Zusammenfassender Ausdruck zur Beschreibung der Verfügbarkeit und ihrer Einflußfaktoren Funktionsfähigkeit, Instandhaltbarkeit und Instandhaltungsbereitschaft.

ANMERKUNG: Zuverlässigkeit wird nur für allgemeine Beschreibungen in nichtquantitativem Sinne benutzt.

3.2 Zuverlässigkeitsprogramm

Die Organisationsstruktur, die Verantwortungsbereiche, Verfahren, Prozesse und Ressourcen für das Zuverlässigkeitsmanagement.

ANMERKUNG: Ein Zuverlässigkeitsprogramm bezieht sich auf alle Phasen im Lebenszyklus eines Produkts von der Planung bis zum Betrieb, möglicherweise bis zur Entsorgung. Ein Zuverlässigkeitsprogramm besteht aus Programmelementen, unterteilt in Aufgaben.

3.3 Zuverlässigkeitsplan

Ein Dokument, das die besonderen Zuverlässigkeitsmaßnahmen, die Ressourcen und die Aufeinanderfolge von Tätigkeiten für ein bestimmtes Produkt, einen bestimmten Vertrag oder ein bestimmtes Projekt darstellt.

3.4 Produkt

Jede eindeutig beschriebene, lieferbare Ware oder Dienstleistung.

4 Verantwortung des Managements

4.1 Grundsätze

Der Lieferant sollte ein Dokument erstellen und fortschreiben, das seine Grundsätze und Ziele bezüglich der Zuverlässigkeit seiner Produkte und der zugehörigen unterstützenden Dienstleistungen darstellt. Dieses Dokument darf einen Teil des nach Abschnitt 4.1.1 von ISO 9001 sowie nach den Empfehlungen in den Abschnitten 4.2 und 4.3 von ISO 9004 erstellten Dokuments über die Qualitätsgrundsätze bilden.

4.2 Organisation

Der Lieferant sollte in seiner Organisation Elemente und Ressourcen bereitstellen und unterhalten, mit denen Zuverlässigkeit erreicht werden kann. Diese Elemente können sowohl produkt- und projektunabhängig als auch spezifisch für ein Projekt oder Produkt sein. Die Elemente sollten leicht ansprechbar sein. Sie können unabhängig von der für das Qualitätsmanagement zuständigen Organisation sein, sollten aber geeignete Schnittstellen mit dieser aufweisen.

Die Funktionen zur Erreichung der Zuverlässigkeit und für das Qualitätsmanagement dürfen gemeinsame organisatorische Elemente besitzen. In diesem Fall können sie integriert sein und zusammen ausgeführt werden, müssen aber immer einzeln ansprechbar bleiben.

4.3 Qualitätsmanagementsystem

Der Lieferant sollte ein Qualitätsmanagementsystem einführen, dokumentieren und unterhalten, und zwar je nach Anwendbarkeit nach ISO 9001, ISO 9002 oder ISO 9003.

4.4 Marktforschung und Produktplanung

Der Lieferant sollte Verfahren für Marktforschung einführen und fortschreiben, um die Zuverlässigkeitsbedürfnisse künftiger Kunden von Produkten, die auf den Markt gebracht werden sollen, zu ermitteln und in Spezifikationen umzusetzen.

Frühe Produktplanungstätigkeiten einschließlich Durchführbarkeitsstudien sollten auf der Grundlage von Zuverlässigkeitsfestlegungen erfolgen, die auf Marktforschungsergebnissen beruhen.

4.5 Management-Review

Für das vom Lieferanten nach den Anleitungen in dieser Norm aufgestellte Zuverlässigkeitsprogramm sollten auf Leitungsebene in geeigneten Abständen Überprüfungen durchgeführt werden, die zu dokumentieren sind.

> ANMERKUNG: Diese Überprüfungen sollten mit den Management-Reviews nach ISO 9001, Abschnitt 4.1.3, koordiniert werden.

4.6 Überprüfungen des Zuverlässigkeitsprogramms

Der Lieferant sollte Verfahren einführen und fortschreiben für eine systematische, wiederkehrende und unabhängige Überprüfung der Eignung der in seinem Zuverlässigkeitsprogramm verwendeten Prozesse, Vorgehensweisen und Werkzeuge. Diese beinhalten

- die Überprüfung des Zuverlässigkeitsprogramms, seiner Elemente und Aufgaben, einschließlich der Begründung für ihre Auswahl;
- die Überprüfung aller Dokumente, die das Programm, seine Elemente, Aufgaben und Ergebnisse beschreiben;
- Betrachtungen zur Wirksamkeit des Zuverlässigkeitsprogramms hinsichtlich Durchführung und Ergebnisse sowie zur Genehmigung von Änderungen;
- die Bewertung der Kostenwirksamkeit des Programms durch Angabe des Nutzens (höhere Zuverlässigkeit, niedrigere Instandhaltungskosten usw.).

5 Produkt- oder projektunabhängige Programmelemente

5.1 Einführung und Fortschreibung des Zuverlässigkeitsprogramms

Der Lieferant sollte in der Lage sein, ein Zuverlässigkeitsprogramm einzuführen und fortzuschreiben, dessen Aufgaben nach den Vorgaben von IEC 300-2 ausgewählt werden, um sicherzustellen, daß die festgelegten Zuverlässigkeitsforderungen erfüllt werden.

Struktur und Elemente des Zuverlässigkeitsprogramms sowie detaillierte Beschreibungen der Verfahren, Analysemethoden, Werkzeuge und statistische Grundlagen, die für die Definition, Beeinflussung und Bewertung der Zuverlässigkeit verwendet werden, sollten dokumentiert werden.

5.2 Methoden

Der Lieferant sollte wirkungsvolle statistische sowie andere relevante qualitative und quantitative Methoden und Modelle zur Verfügung haben, die zur Vorhersage, Analyse und Abschätzung der Zuverlässigkeitskenngrößen seiner Produkte geeignet sind. Schulungs- und Ausbildungsprogramme sollten für alle Mitarbeitergruppen, die diese Methoden anwenden werden, entwickelt und durchgeführt werden.

5.3 Datenbanken

Der Lieferant sollte Datenbanken für Erprobungs- und/oder Betriebsdaten seiner Produkte aufbauen und pflegen, um den Produktentwurf, die laufende Produktverbesserung, die Instandhaltungsplanung oder sonstige im Rahmen des Zuverlässigkeitsprogramms erforderliche Maßnahmen zu unterstützen.

5.4 Aufzeichnungen zur Zuverlässigkeit

Alle Dokumente, die Zuverlässigkeitsforderungen und deren Aufteilung, Zuverlässigkeitspläne, Ergebnisse von Zuverlässigkeitsuntersuchungen und -vorhersagen, Anweisungen für und Ergebnisse von Zuverlässigkeitsprüfungen und Aufzeichnungen über die Analyse von Einsatzdaten enthalten, sollten eine angemessene, der erwarteten Produktlebensdauer entsprechende Zeit aufbewahrt werden. Ein Verzeichnis der relevanten Dokumente einschließlich ihres Überarbeitungsstandes sollte nach ISO 9001, Abschnitt 4.5, erstellt und fortgeschrieben werden.

6 Produkt- oder projektspezifische Programmelemente

6.1 Planung und Abwicklung

Der Lieferant sollte einen Zuverlässigkeitsplan als Teil des allgemeinen Produkt- oder Projektplans erstellen.

Der Zuverlässigkeitsplan sollte bei Projekt- und Produktüberprüfungen ebenfalls überprüft und, falls erforderlich, überarbeitet werden. Diese Überprüfungen sollten auch bestätigen, daß die Programmelemente und Aufgaben, die Untersuchungen und die Ergebnisse dem Plan und den festgelegten Zuverlässigkeitsforderungen entsprechen.

Der Lieferant sollte Verfahren für die Nachvollziehbarkeit der Zuverlässigkeitsforderungen, wie in IEC 300-2 definiert, einführen und pflegen.

Zuverlässigkeit ist einer der maßgebenden Faktoren für das Konfigurationsmanagement, das der Lieferant nach den Empfehlungen von ISO 9004, Abschnitt 8.8, einführen und fortschreiben sollte.

> ANMERKUNG: Die Programmaufgaben sind in IEC 300-2, Abschnitt 6.1, definiert (Zuverlässigkeitspläne; Projektentscheidungsmanagement; Nachvollziehbarkeitsmanagement; Konfigurationsmanagement).

6.2 Vertragsüberprüfung und Ansprechpartner für den Kunden

Für Vertragsüberprüfungen sollte der Lieferant Verfahren nach ISO 9001, Abschnitt 4.3, einführen und fortschreiben, um sicherzustellen, daß Zuverlässigkeitsforderungen und die Bedingungen und Einschränkungen für deren Festlegung korrekt vorgegeben und dokumentiert und bestehende Widersprüche zum Angebot geklärt sind und daß die Betriebs- und Instandhaltungsbedingungen durch den Kunden ausreichend definiert und Kriterien für die Annahmeprüfung festgelegt sind. Über diese Überprüfungen und die dabei getroffenen Entscheidungen sollten Aufzeichnungen geführt werden.

Der Lieferant sollte einen Beauftragten der obersten Leitung als Ansprechpartner für den Kunden benennen.

> ANMERKUNG: Die Programmaufgaben sind in IEC 300-2, Abschnitt 6.2, definiert (Vertragsüberprüfung; Beauftragter der obersten Leitung).

6.3 Zuverlässigkeitsforderungen

Der Lieferant sollte Spezifikationen erstellen, die qualitative und quantitative Forderungen bezüglich Verfügbarkeit, Funktionsfähigkeit und Instandhaltbarkeit enthalten. Dabei sollten die für die Instandhaltung zugrundegelegten Annahmen unter Einbeziehung der vom Kunden gelieferten Informationen eindeutig beschrieben werden.

Vor Beginn der Entwurfsarbeiten sollte der Lieferant die Forderungen prüfen, um sicherzustellen, daß unvollständige, nicht eindeutige oder einander widersprechende Zuverlässigkeitsforderungen klargestellt oder geändert werden. Die Forderungen an die Gesamtzuverlässigkeit sollten gegebenenfalls auf die verschiedenen Teile des zu entwickelnden Produkts aufgeteilt werden.

ANMERKUNG 1: Es kann im Laufe des Produktlebenszyklus notwendig werden, die Zuverlässigkeitsforderungen neu festzulegen.

ANMERKUNG 2: Die Programmaufgaben sind in IEC 300-2, Abschnitt 6.3, definiert (Festlegung von Zuverlässigkeitsforderungen; Interpretation der Forderungen; Aufteilung der Forderungen).

6.4 Technische Vorgehensweisen

Der Lieferant sollte Anleitungen geben und fortschreiben, wie beim Entwurf des Produkts und bei seiner Instandhaltung vorzugehen ist, um sicherzustellen, daß die gewünschte Zuverlässigkeit erreicht wird.

ANMERKUNG: Die Programmaufgaben sind in IEC 300-2, Abschnitt 6.4, definiert (Zuverlässigkeitstechnik; Instandhaltbarkeitstechnik; Instandhaltungstechnik; Prüfbarkeitstechnik; Technische Maßnahmen zur Berücksichtigung des Faktors Mensch).

6.5 Beigestellte und unterbeauftragte Produkte

Der Lieferant sollte Verfahren einführen und fortschreiben, wie Zuverlässigkeitsforderungen für beigestellte und unterbeauftragte Produkte anzugeben sind.

Der Lieferant sollte verlangen und sicherstellen, daß sämtliche Forderungen des Zuverlässigkeitsprogramms auch von allen im Unterauftrag vergebenen Hardware- oder Softwarebestandteilen des Endprodukts erfüllt werden.

ANMERKUNG: Die Programmaufgaben sind in IEC 300-2, Abschnitt 6.5, definiert (Unterbeauftragte Produkte; Beigestellte Produkte).

6.6 Analyse, Vorhersage und Design-Review

Der Lieferant sollte dem Produkt oder Projekt angemessene Aktivitäten bezüglich Zuverlässigkeitsanalyse, Vorhersage und formalem Design-Review (Programmaufgaben) festlegen und durchführen.

ANMERKUNG: Die Programmaufgaben sind in IEC 300-2, Abschnitt 6.6, definiert (Fehlerart- und -auswirkungsanalyse (FMEA); Fehlerbaumanalyse (FTA); Belastungs- und Beanspruchungsanalyse; Analyse menschlicher Einflußfaktoren; Vorhersagen; Vergleichsanalysen; Risikoanalysen; Formales Design-Review).

6.7 Verifizierung, Validierung und Prüfung

Der Lieferant sollte Verfahren für die wirksame und angemessene Verifizierung und Validierung von Zuverlässigkeitsforderungen einführen und fortschreiben.

ANMERKUNG: Die Programmaufgaben sind in IEC 300-2, Abschnitt 6.7, definiert (Planung von Verifizierung, Validierung und Prüfung; Lebensdauerprüfung; Zuverlässigkeitsprüfung; Zuverlässigkeits-Wachstumsprüfung; Produktionsprüfung; Abnahmeprüfung; Zuverlässigkeits-Sortierprüfung).

6.8 Lebenszykluskosten

Der Lieferant sollte Verfahren für die Abschätzung der Elemente der Lebenszykluskosten des Produkts oder Projekts einführen und fortschreiben.

ANMERKUNG: Das Programmelement ist definiert in IEC 300-2, Abschnitt 6.8 (Lebenszykluskosten).

6.9 Betriebs- und Instandhaltungsplanung

Der Lieferant sollte dem Kunden die Informationen zur Verfügung stellen, die für das Betreiben des Produkts benötigt werden.

Der Lieferant sollte die Instandhaltungserfordernisse des Produkts angeben und den Kunden gezielt darauf hinweisen. Dazu gehören auch Empfehlungen für die Ersatzteilbevorratung (Reichweite und Mengen), für Prüfgeräte, für Spezialwerkzeuge, für die Qualifikation des Instandhaltungspersonals usw.

ANMERKUNG: Die Programmaufgaben sind in IEC 300-2, Abschnitt 6.9, definiert (Instandhaltungsplanung; Anlagen-Einrichtung; Unterstützungsleistungen; Unterstützungstechnik; Ersatzteilbevorratung).

6.10 Verbesserungen und Änderungen

Der Lieferant sollte Verfahren für die systematische Erkennung und Umsetzung notwendiger Verbesserungen der Funktionsfähigkeit und Instandhaltbarkeit des Produktes und der Durchführung der Instandhaltung einführen und fortschreiben, um die Erfüllung der Zuverlässigkeitsforderungen sicherzustellen.

Der Lieferant sollte Verfahren einführen und fortschreiben, um sicherzustellen, daß Änderungen am Produkt oder an den Daten, die sich auf seine Zuverlässigkeitskenngrößen beziehen, eine Überprüfung und, falls erforderlich, Überarbeitung aller früher durchgeführten Analysen und Vorhersagen auslösen, um so einen möglichen Einfluß auf die Zuverlässigkeit des Produkts und die daraus folgende Notwendigkeit zur Einleitung und Durchführung von Verbesserungsmaßnahmen zu bestimmen.

ANMERKUNG: Die Programmaufgaben sind in IEC 300-2, Abschnitt 6.10, definiert (Verbesserungsprogramme, Steuerung von Änderungen).

6.11 Rückführung von Erfahrungen

Der Lieferant sollte Verfahren zur Handhabung, Speicherung und Analyse von Ausfall- und Fehlerdaten aus Prüfung und Herstellung sowie den vom Kunden mitgeteilten Zuverlässigkeitsinformationen aus dem Betrieb einführen und fortschreiben.

Der Lieferant sollte dem Kunden seinen Bedarf an Felddaten definieren und mitteilen und bei der Einrichtung geeigneter Verfahren zur Felddatenerfassung, -speicherung und -analyse mit ihm zusammenarbeiten.

ANMERKUNG: Die Programmaufgaben sind in IEC 300-2, Abschnitt 6.11, definiert (Datenbeschaffung; Datenanalyse).

Anhang ZA (normativ)

Andere in dieser Norm zitierte internationale Publikationen mit den Verweisungen der entsprechenden europäischen Publikationen

Wenn die internationale Publikation durch gemeinsame Abänderungen von CENELEC geändert wurde, durch (mod) angegeben, gelten die entsprechenden EN/HD.

IEC-Publikation	Datum	Titel	EN/HD	Datum
50(191)	1990	International Electrotechnical Vocabulary (IEV) Chapter 191 – Dependability and quality of service	–	–
300-2	–	Dependability management – Part 2: Dependability programme elements and tasks (future publication under consideration)	–	–
Andere zitierte Publikationen:				
ISO 8402	1986	Quality – Vocabulary		
ISO 9001	1987	Quality systems – Model for quality assurance in design/development, production, installation and servicing	EN 29001	1988
ISO 9002	1987	Quality systems – Model for quality assurance in production and installation	EN 29002	1989
ISO 9003	1987	Quality systems – Model for quality assurance in final inspection and test	EN 29003	1989
ISO 9004	1987	Quality management and quality system elements – Guidelines	EN 29004	1988

DK 658.562(035)

Juni 1992

Qualitätsmanagement und Elemente eines Qualitätssicherungssystems
Leitfaden für Dienstleistungen
(Identisch mit ISO 9004-2 : 1991)

DIN
ISO 9004
Teil 2

Quality management and quality system elements; Part 2: Guidelines for services; (Identical with ISO 9004-2 : 1991)

Gestion de la qualité et éléments de système qualité; Partie 2: Lignes directrices pour les services; (Identique à ISO 9004-2 : 1991)

Die internationale Norm ISO 9004-2, 1. Ausgabe, 1991-08-01, „Quality management and quality system elements; Part 2: Guidelines for services", ist unverändert in diese Deutsche Norm übernommen worden.

Weiterhin enthält diese Norm auch die englisch- und französischsprachige Fassung.

Nationales Vorwort

Die deutsche Übersetzung wurde zwischen den Normungsorganisationen Deutschlands, Österreichs und der Schweiz abgestimmt.

In dieser Norm wird auf die in ISO 8402 : 1986 genormten Begriffe zurückgegriffen, die mit ISO/DIS 8402 : 1992 eine Überarbeitung und Erweiterung erfahren. So entsprechen die in den Abschnitten 3.1 bis 3.6 definierten Begriffe denen in ISO/DIS 8402.

Zitierte Normen

Siehe Abschnitt 2

Internationale Patentklassifikation

G 06 F

Fortsetzung Seite 2 bis 43

Ausschuß Qualitätssicherung und angewandte Statistik (AQS) im DIN Deutsches Institut für Normung e.V.

Weitere Normen und andere Unterlagen

DIN 40 041	Zuverlässigkeit; Begriffe
DIN 55 350 Teil 11	Begriffe der Qualitätssicherung und Statistik; Grundbegriffe der Qualitätssicherung
DIN 55 350 Teil 12	Begriffe der Qualitätssicherung und Statistik; Merkmalsbezogene Begriffe
DIN 55 350 Teil 13	Begriffe der Qualitätssicherung und Statistik; Begriffe zur Genauigkeit von Ermittlungsverfahren und Ermittlungsergebnissen
DIN 55 350 Teil 14	Begriffe der Qualitätssicherung und Statistik; Begriffe der Probenahme
DIN 55 350 Teil 15	Begriffe der Qualitätssicherung und Statistik; Begriffe zu Mustern
DIN 55 350 Teil 17	Begriffe der Qualitätssicherung und Statistik; Begriffe der Qualitätsprüfungsarten
DIN 55 350 Teil 18	Begriffe der Qualitätssicherung und Statistik; Begriffe zu Bescheinigungen über die Ergebnisse von Qualitätsprüfungen; Qualitätsprüf-Zertifikate
DIN 55 350 Teil 21	Begriffe der Qualitätssicherung und Statistik; Begriffe der Statistik; Zufallsgrößen und Wahrscheinlichkeitsverteilungen
DIN 55 350 Teil 22	Begriffe der Qualitätssicherung und Statistik; Begriffe der Statistik; Spezielle Wahrscheinlichkeitsverteilungen
DIN 55 350 Teil 23	Begriffe der Qualitätssicherung und Statistik; Begriffe der Statistik; Beschreibende Statistik
DIN 55 350 Teil 24	Begriffe der Qualitätssicherung und Statistik; Begriffe der Statistik; Schließende Statistik
DIN 55 350 Teil 31	Begriffe der Qualitätssicherung und Statistik; Begriffe der Annahmestichprobenprüfung
DIN 55 350 Teil 33	(z. Z. Entwurf) Begriffe der Qualitätssicherung und Statistik; Begriffe der statistischen Prozeßlenkung (SPC)
DIN 55 350 Teil 34	Begriffe der Qualitätssicherung und Statistik; Erkennungsgrenze, Erfassungsgrenze und Erfassungsvermögen
DIN ISO 8402	(z. Z. Entwurf) Qualitätsmanagement und Qualitätssicherung; Begriffe; Identisch mit ISO/DIS 8402 : 1991)
DIN ISO 9000	Qualitätsmanagement- und Qualitätssicherungsnormen; Leitfaden zur Auswahl und Anwendung; (Identisch mit ISO 9000 : 1987) EN 29 000 : 1987
DIN ISO 9000 Teil 2	Qualitätsmanagement- und Qualitätssicherungsnormen; Allgemeiner Leitfaden zur Anwendung von ISO 9001, ISO 9002 und ISO 9003; (Identisch mit ISO/DIS 9000-2 : 1991)
DIN ISO 9000 Teil 3	Qualitätsmanagement- und Qualitätssicherungsnormen; Leitfaden für die Anwendung von ISO 9001 auf die Entwicklung, Lieferung und Wartung von Software; (Identisch mit ISO 9000-3 : 1991)
DIN ISO 9001	Qualitätssicherungssysteme; Modell zur Darlegung der Qualitätssicherung in Design/Entwicklung, Produktion, Montage und Kundendienst; (Identisch mit ISO 9001 : 1987) EN 29 001 : 1987
DIN ISO 9002	Qualitätssicherungssysteme; Modell zur Darlegung der Qualitätssicherung in Produktion und Montage; (Identisch mit ISO 9002 : 1987) EN 29 002 : 1987
DIN ISO 9003	Qualitätssicherungssysteme; Modell zur Darlegung der Qualitätssicherung bei der Endprüfung; (Identisch mit ISO 9003 : 1987) EN 29 003 : 1987
DIN ISO 9004	Qualitätsmanagement und Elemente eines Qualitätssicherungssystems; Leitfaden; (Identisch mit ISO 9004 : 1987) EN 29 004 : 1987
DIN ISO 10 011 Teil 1	Leitfaden für das Audit von Qualitätssicherungssystemen; Auditdurchführung; (Identisch mit ISO 10 011-1 : 1990)
DIN ISO 10 011 Teil 2	Leitfaden für das Audit von Qualitätssicherungssystemen; Qualifikationskriterien für Qualitätsauditoren; (Identisch mit ISO 10 011-2 : 1991)
DIN ISO 10 011 Teil 3	Leitfaden für das Audit von Qualitätssicherungssystemen; Management von Auditprogrammen; (Identisch mit ISO 10 011-3 : 1991)
DIN ISO 10 012 Teil 1	Forderungen an die Qualitätssicherung von Meßmitteln; Bestätigungssystem für Meßmittel; (Identisch mit ISO 10 012-1 : 1992)
DIN-Taschenbuch Nr 223	Qualitätssicherung und angewandte Statistik; Begriffe
DIN-Taschenbuch Nr 224	Qualitätssicherung und angewandte Statistik; Verfahren Teil 1

Vorwort

Die ISO (Internationale Organisation für Normung) ist die weltweite Vereinigung nationaler Normungsinstitute (ISO-Mitgliedskörperschaften). Die Erarbeitung Internationaler Normen obliegt den Technischen Komitees der ISO. Jede Mitgliedskörperschaft, die sich für ein Thema interessiert, für das ein Technisches Komitee eingesetzt wurde, ist berechtigt, in diesem Komitee mitzuarbeiten. Internationale (staatliche und nichtstaatliche) Organisationen, die mit der ISO in Verbindung stehen, sind an den Arbeiten ebenfalls beteiligt. Die ISO arbeitet in allen Fragen der elektrotechnischen Normung eng mit der International Electrotechnical Commission (IEC) zusammen.

Die von den Technischen Komitees verabschiedeten Entwürfe zu Internationalen Normen werden den Mitgliedskörperschaften zunächst zur Abstimmung vorgelegt. Die Veröffentlichung als Internationale Norm erfordert die Zustimmung von mindestens 75 % der Mitgliedskörperschaften, die eine Stimme abgegeben haben.

Die Internationale Norm ISO 9004-2 ist vom Technischen Komitee TC 176 *„Quality Management and Quality Assurance“* der ISO erstellt worden.

ISO 9004 wird unter dem allgemeinen Titel *„Qualitätsmanagement und Elemente eines Qualitätssicherungssystems“* aus den folgenden Teilen bestehen:

- *Teil 2: Leitfaden für Dienstleistungen*
- *Teil 3: Leitfaden für verfahrenstechnische Produkte*
- *Teil 4: Leitfaden zum Management von Qualitätsverbesserungen*
- *Teil 5: Leitfaden für Qualitätssicherungspläne*
- *Teil 6: Leitfaden zum Konfigurationsmanagement*

Teil 1 wird eine Überarbeitung von ISO 9004 : 1987 sein. Die Teile 3 bis 6 sind in Vorbereitung.

Die Anhänge A, B und C dieser Norm dienen nur zur Information.

Foreword

ISO (the International Organization for Standardization) is a worldwide Federation of national standards bodies (ISO member bodies). The work of preparing International Standards is normally carried out through ISO technical committees. Each member body interested in a subject for which a technical committee has been established has the right to be represented on that committee. International organizations, governmental and non-governmental, in liasion with ISO, also take part in the work. ISO collaborates closely with the International Electrotechnical Commission (IEC) on all matters of electrotechnical standardization.

Draft International Standards adopted by the technical committees are circulated to the member bodies for voting. Publication as an International Standard requires approval by at least 75 % of the member bodies casting a vote.

International Standard ISO 9004-2 was prepared by Technical Committee ISO/TC 176, Quality management and quality assurance.

ISO 9004 consists of the following parts, under the general title *Quality management and quality system elements:*

- *Part 2: Guidelines for services*
- *Part 3: Guidelines for service material*
- *Part 4: Guidelines for managing quality improvement*
- *Part 5: Guidelines for quality plans*
- *Part 6: Guidelines for configuration management*

Part 1 will be a revision of ISO 9004 : 1987. Parts 3 to 6 are in preparation.

Annexes A, B and C of this part of ISO 9004 are for information only.

Avant-propos

L'ISO (Organisation internationale de normalisation) est une fédération mondiale d'organismes nationaux de normalisation (comités membres de l'ISO). L'élaboration des Normes internationales est en général confiée aux comités techniques de l'ISO. Chaque comité membre intéressé par une étude a le droit de faire partie du comité technique créé à cet effet. Les organisations internationales, gouvernementales et non gouvernementales, en liaison avec l'ISO participent également aux travaux. L'ISO collabore étroitement avec la Commission électrotechnique internationale (CEI) en ce qui concerne la normalisation électrotechnique.

Les projets de Normes internationales adoptés par les comités techniques sont soumis aux comités membres pour vote. Leur publication comme Normes internationales requiert l'approbation de 75 % au moins des comités membres votants.

La Norme internationale ISO 9004-2 a été élaborée par le comité technique ISO/TC 176, *Management et assurance de la qualité,* sous-comité SC 2, Système qualité.

L'ISO 9004 comprend les parties suivantes, présentées sous le titre général *Gestion de la qualité et éléments de système qualité:*

- *Partie 2: Lignes directrices pour les services*

La partie 1 sera une révision de l'ISO 9004 : 1987. D'autres parties sont en préparation.

Les annexes A, B et C de la présente partie de l'ISO 9004 sont données uniquement à titre d'information.

Inhalt

Contents

Sommaire

Qualitätsmanagement und Elemente eines Qualitätssicherungssystems
Teil 2: Leitfaden für Dienstleistungen

0 Einleitung

Qualität und Kundenzufriedenheit sind bedeutende Themen, denen weltweit zunehmende Aufmerksamkeit gewidmet wird. Dieser Teil von ISO 9004 geht auf dieses Bewußtsein ein und will Organisationen und Unternehmen ermutigen, die Qualitätsaspekte ihrer zu Dienstleistungen führenden Tätigkeiten wirksamer zu gestalten.

Dieser Teil von ISO 9004 baut auf den in der Reihe ISO 9000 bis ISO 9004 aufgeführten Grundsätzen des Qualitätsmanagements auf. Sie berücksichtigt, daß nichterfüllte Qualitätsziele Folgen haben können, die sich auf den Kunden, die Organisation und die Gesellschaft nachteilig auswirken können. Weiterhin erkennt sie an, daß es zum Verantwortungsbereich der obersten Leitung gehört, sicherzustellen, daß derartige Fehler verhindert werden.

Die Erzeugung und Aufrechterhaltung (zufriedenstellender) Qualität in einer Organisation hängt von einer systematischen Hinwendung zu einem Qualitätsmanagement ab, dessen Aufgabe es ist, sicherzustellen, daß die Erfordernisse des Kunden verstanden und erfüllt werden. Um (zufriedenstellende) Qualität zu erreichen, ist es erforderlich, sämtliche Ebenen der Organisation auf die Qualitätsgrundsätze zu verpflichten sowie das festgelegte System des Qualitätsmanagements auf der Grundlage von Rückmeldungen über die Vorstellung der Kunden über die erbrachten Dienstleistungen ständig zu überprüfen und zu verbessern.

Die erfolgreiche Anwendung des Qualitätsmanagements auf eine Dienstleistung verschafft besondere Gelegenheiten für

- verbesserten Leistungsstand der Dienstleistung und Kundenzufriedenheit,
- erhöhte Produktivität, Wirksamkeit und Verringerung von Kosten und
- erhöhte Marktanteile.

Um diese Vorteile zu erreichen, sollte ein für Dienstleistungen ausgelegtes Qualitätssicherungssystem auch auf die mit dem Erbringen einer Dienstleistung verknüpften menschlichen Aspekte eingehen. Dies geschieht durch

Quality management and quality system elements
Part 2: Guidelines for services

0 Introduction

Quality and customer satisfaction are important subjects receiving increasing attention worldwide. This part of ISO 9004 provides a response to this awareness and seeks to encourage organizations and companies to manage the quality aspects of their service activities in a more effective manner.

This part of ISO 9004 builds on the quality management principles given in the ISO 9000 to ISO 9004 series. It recognizes that a failure to meet quality objectives can have consequences that may adversely affect the customer, the organization and society. It further recognises that it is a management responsibility to ensure that such failures are prevented.

The creation and maintenance of quality in an organization is dependent upon a systematic approach to quality management aimed at ensuring that customer needs are understood and met. The achievement of quality necessitates a commitment to quality principles at all levels in the organization and a continual review and improvement of the established system of quality management based on feedback of the customer's perception of the service provided.

The successful application of quality management to a service provides significant opportunities for

- improved service performance and customer satisfaction,
- improved productivity, efficiency and cost reduction, and
- improved market share.

To achieve these benefits, a quality system for services should also respond to the human aspects involved in the provision of a service by

Gestion de la qualité et éléments de système qualité
Partie 2: Lignes directrices pour les services

0 Introduction

La qualité et la satisfaction de la clientèle sont des sujets dont l'importance fait l'objet d'une attention croissante dans le monde entier. La présente partie de l'ISO 9004 fournit une réponse à cette prise de conscience et a pour but d'encourager les organismes et les entreprises à gérer les aspects de la qualité de leurs activités de service d'une manière plus efficace.

La présente partie de l'ISO 9004 est fondée sur les principes de la gestion de la qualité, tels qu'ils apparaissent dans la série des Normes internationales ISO 9000 à ISO 9004. Elle reconnaît que le fait de ne pas atteindre les objectifs qualité peut avoir une influence préjudiciable pour le client, l'organisme et la société. Elle reconnaît, en outre, qu'il incombe à la direction la responsabilité de faire en sorte que de telles défaillances soient évitées.

La création et le maintien de la qualité dans un organisme dépendent d'une approche systématique de la gestion de la qualité ayant pour but de garantir que les besoins du client sont compris et satisfaits. Pour obtenir la qualité, plusieurs conditions sont nécessaires. Tout d'abord, tous les niveaux de l'organisme doivent adhérer aux principes de la qualité. Ensuite, le système de la gestion de la qualité mis en place doit faire l'objet d'une revue permanente et d'une amélioration continue fondée sur les retours d'informations venant des clients quant à leur perception du service fourni.

L'application réussie de la gestion de la qualité à un service offre d'importantes potentialités d'amélioration:

- la réalisation du service et la satisfaction du client,
- la productivité, l'efficacité, et la réduction des coûts,
- les parts du marché.

Pour obtenir ces bénéfices, un système qualité appliqué aux services doit intégrer les aspects humains de la prestation de service:

- Management der mit einer Dienstleistung verbundenen sozialen Prozesse,
- Betrachten zwischenmenschlicher Beziehungen als einen wesentlichen Teil der Dienstleistungsqualität,
- Erkennen der Bedeutung der Vorstellungen eines Kunden vom Image, der Kultur und dem Leistungsstand der Dienstleistungsorganisation,
- Entwicklung der Fertigkeiten und Fähigkeiten der Mitarbeiter und
- Motivierung der Mitarbeiter, die Qualität zu verbessern und Erwartungen der Kunden zu erfüllen.

- managing the social processes involved in a service,
- regarding human interactions as a crucial part of service quality,
- recognizing the importance of a customer's perception of the organization's image, culture and performance,
- developing the skills and capability of personnel, and
- motivating personnel to improve quality and to meet customer expectations.

- en gérant les processus sociaux du service,
- en considérant les interactions humaines comme un élément essentiel de la qualité du service,
- en reconnaissant l'importance de la perception des clients vis-à-vis de l'image de marque, de la culture et des réalisations des organismes de service,
- en développant les compétences et les aptitudes du personnel,
- en motivant le personnel pour améliorer la qualité et répondre aux attentes du client.

1 Anwendungsbereich

Dieser Teil von ISO 9004 bietet eine Anleitung zur Festlegung und Verwirklichung eines Qualitätssicherungssystems in einer Organisation. Er basiert auf den allgemeinen Grundsätzen des in ISO 9004 : 1987 beschriebenen Qualitätsmanagements und bietet einen umfassenden Überblick über ein speziell für Dienstleistungen ausgelegtes Qualitätssicherungssystem.

Dieser Teil von ISO 9004 kann im Zusammenhang mit der Entwicklung eines Qualitätssicherungssystems für eine neu angebotene oder geänderte Dienstleistung angewandt werden. Sie kann ebenfalls unmittelbar zur Verwirklichung eines Qualitätssicherungssystems im Hinblick auf eine bereits vorhandene Dienstleistung herangezogen werden. Das Qualitätssicherungssystem umfaßt alle Prozesse, die zum Erbringen einer wirksamen Dienstleistung erforderlich sind, angefangen vom Marketing bis hin zur Lieferung, und schließt die Analyse der für die Kunden erbrachten Dienstleistungen ein.

Die beschriebenen Konzepte, Grundsätze und Qualitätssicherungssystem-Elemente sind auf sämtliche Arten von Dienstleistungen anwendbar ungeachtet dessen, ob es sich um eine reine Dienstleistung oder um eine in Verbindung mit der Fertigung und Lieferung eines (materiellen) Produktes handelt. Dies läßt sich anhand eines von einer Situation, in der die Dienstleistung direkt im Zusammenhang mit einem (materiellen) Produkt steht, bis hin zu einer Situation, bei der nur ein geringer Anteil (materieller) Produkte besteht, reichenden Kontinuums zeigen. Bild 1 veranschaulicht dieses Konzept für drei Arten von Dienstleistungen.

1 Scope

This part of ISO 9004 gives guidance for establishing and implementing a quality system within an organization. It is based on the generic principles of internal quality management described in ISO 9004 : 1987 and provides a comprehensive overview of a quality system specifically for services.

This part of ISO 9004 can be applied in the context of developing a quality system for a newly offered or modified service. It can also be applied directly when implementing a quality system for an existing service. The quality system embraces all the processes needed to provide an effective service, from marketing to delivery, and includes the analysis of service provided to customers.

The concepts, principles and quality system elements described are applicable to all forms of service, whether solely of a service character or in combination with the manufacture and supply of a product. This can be shown as a continuum ranging from a situation where the service is directly related to a product to a situation where there is little product involved. Figure 1 illustrates this concept for three types of service.

1 Domaine d'application

La présente partie de l'ISO 9004 donne les lignes directrices pour l'élaboration et la mise en œuvre d'un système qualité au sein d'un organisme. Elle s'appuie sur les principes fondamentaux de la gestion interne de la qualité décrits dans l'ISO 9004 : 1987 et offre une vue complète d'un système qualité spécifique aux services.

La présente partie de l'ISO 9004 peut s'appliquer à l'élaboration d'un système qualité pour un nouveau service ou pour un service modifié. Elle peut aussi s'appliquer directement à la mise en œuvre d'un système qualité pour un service existant. Le système qualité englobe tous les processus nécessaires à la fourniture d'un service efficace depuis la mercatique jusqu'à la préstation du service et l'analyse du service fourni au client.

Les concepts, les principes et les éléments du système qualité décrits sont applicables à toutes les formes de service, que le service ait uniquement le caractère d'un service ou qu'il soit associé à la fabrication et à la fourniture d'un produit. Ceci peut être représenté comme un continuum où l'on passe d'une situation dans laquelle le service est directement relié à un produit, à une situation dans laquelle le produit ne joue qu'un rôle mineur. La figure 1 illustre ce concept pour trois types de service.

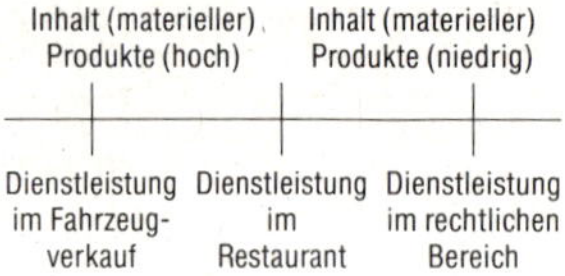

Bild 1. Inhalt (materieller) Produkte in einem Dienstleistungskontinuum

Anmerkung 1: Ausrüstung oder Betriebsmittel, wie beispielsweise Verkaufs- und Bankautomaten, können ebenfalls unmittelbar am Erbringen einer Dienstleistung beteiligt sein.

Die in diesem Teil von ISO 9004 enthaltenen Konzepte und Grundsätze sind sowohl für große als auch für kleine Organisationen passend. Obgleich eine kleine Dienstleistungsorganisation die für ein größeres Unternehmen erforderliche komplexe Struktur nicht haben oder nicht benötigen wird, treffen auf diese dieselben Grundsätze zu. Der Unterschied besteht lediglich in der Größenordnung. In erster Linie wird der Kunde der allerletzte Empfänger der Dienstleistung außerhalb der Organisation sein. Allerdings kann der Kunde öfters auch innerhalb der Organisation sein, was insbesondere bei größeren Organisationen der Fall ist, bei denen der Kunde in einer nachfolgenden Phase des Erbringungsprozesses präsent sein kann. Obgleich dieser Teil von ISO 9004 grundsätzlich im Hinblick auf externe Kunden verfaßt wurde, kann er zur vollständigen Erfüllung der Qualitätsforderung auch auf interne Kunden angewandt werden.

Die Auswahl operationeller Elemente und das Ausmaß ihrer Anwendung hängen von solchen Faktoren ab wie dem zu bedienenden Markt, den Möglichkeiten der Organisation, der Art der Dienstleistung, den Dienstleistungsprozessen und den Erfordernisssen der Kunden.

Anhang A dient nur zur Information; er enthält Beispiele für Dienstleistungen, auf die dieser Teil von ISO 9004 angewandt werden kann. Die Beispiele enthalten auch Dienstleistungstätigkeiten, wie sie in industriellen Unternehmen ausgeführt werden, in denen (materielle) Produkte hergestellt werden.

2 Verweisungen auf andere Normen

Die folgenden Normen enthalten Bestimmungen, die infolge der im vorliegenden Text enthaltenen Bezugnahmen auch Bestimmungen dieses Teil von ISO 9004 bilden. Zum Zeitpunkt der Veröffentlichung waren die

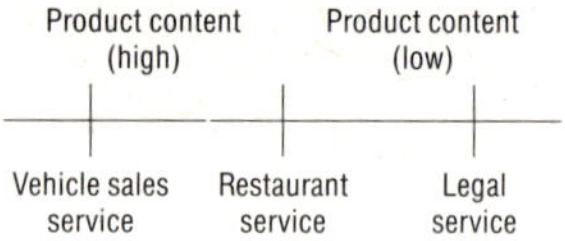

Figure 1. Product content in a service continuum

Note 1: Equipment or facilities may also be directly involved in providing a service, for example, vending machines or automatic banking machines.

The concepts and principles in this part of ISO 9004 are appropriate to large and small organizations. Although the small service organization will not have, nor need, the complex structure necessary in the larger enterprise, the same principles apply. The difference is simply one of scale.

Primarily, the customer will be the ultimate recipient of the service external to the organization. Frequently though, the customer can be internal within the organization; this is especially so in larger organizations where the customer can be at a subsequent stage in the provisioning process. While this part of ISO 9004 is written principally with respect to external customers, it can also apply to internal customers for overall achievement of the required quality.

The selection of operational elements and the extent to which they are applied depends on such factors as the market being served, the options of the organization, the nature of the service, the service processes and the customer needs.

Annex A is for information only, and gives examples of services to which this part of ISO 9004 may be applied. The examples include service activities inherently performed in product manufacturing industries.

2 Normative references

The following standards contain provisions which, through reference in this text, constitute provisions of this part of ISO 9004. At the time of publication, the editions indicated were valid. All

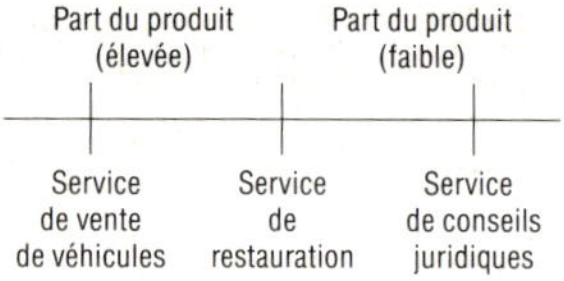

Figure 1. Part du produit dans le continuum du service

Note 1: Les équipements ou installations peuvent aussi faire directement partie de la prestation du service, par exemple pour les distributeurs automatiques ou les guichets bancaires automatiques.

Les concepts et les principes contenus dans la présente partie de l'ISO 9004 conviennent à des organismes de toutes tailles. Bien que le petit organisme de service ne dispose pas et n'ait pas besoin de la structure complexe nécessaire à un organisme plus grand, les mêmes principes sont applicables. Il y a simplement une différence d'échelle.

Le client extérieur à l'organisme est par définition le destinataire final du service. Cependant, il n'est pas rare que le client soit interne à organisme, et ce, particulièrement dans les grandes entreprises où le client peut se trouver à l'étape suivante du processus de la prestation du service. La présente partie de l'ISO 9004 est essentiellement destinée aux clients externes, mais peut néanmoins s'appliquer aux clients internes pour l'obtention globale de la qualité requise.

La sélection des éléments opérationnels appropriés et la mesure dans laquelle ils sont adoptés et appliqués dépendent de facteurs tels que le marché desservi, les options de l'organisme de service, la nature du service, ses processus et les besoins des clients.

L'annexe A donne à titre indicatif des exemples de services auxquels la présente partie de l'ISO 9004 peut s'appliquer. Les exemples comprennent les activités de service interne aux industries manufacturières.

2 Références normatives

Les normes suivantes contiennent des dispositions qui, par suite de la référence qui en est faite, constituent des dispositions valables pour la présente partie de l'ISO 9004. Au moment de la publication, les éditions indiquées angegebenen Ausgaben gültig. Sämtliche Normen sind Gegenstand von Überarbeitungen. Den Parteien von Vereinbarungen, die auf diesem Teil von ISO 9004 basieren, wird nahegelegt, die Möglichkeit zu prüfen, die jeweils neueste Ausgabe der nachstehend aufgelisteten Normen anzuwenden. IEC- und ISO-Mitglieder führen Verzeichnisse über jeweils gültige Internationale Normen.

ISO 8402 : 1986 Qualität; Begriffe

ISO 9000 : 1987 Qualitätsmanagement- und Qualitätssicherungsnormen; Leitfaden zur Auswahl und Anwendung

ISO 9004 : 1987 Qualitätsmanagement und Elemente eines Qualitätssicherungssystems; Leitfaden

standards are subject to revision, and parties to agreements based on this part of ISO 9004 are encouraged to investigate the possibility of applying the most recent editions of the standards indicated below. Members of IEC and ISO maintain registers of currently valid International Standards.

ISO 8402 : 1986 Quality; Vocabulary

ISO 9000 : 1987 Quality management and quality assurance standards; Guidelines for selection and use

ISO 9004 : 1987 Quality management and quality system elements; Guidelines

étaient en vigueur. Toute norme est sujette à révision et les parties prenantes des accords fondés sur la présente partie de l'ISO 9004 sont invitées à rechercher la possibilité d'appliquer les éditions les plus récentes des normes indiquées ci-après. Les membres de la CEI et de l'ISO possèdent le registre des Normes internationales en vigueur à un moment donné.

ISO 8402 : 1986 Qualité; Vocabulaire

ISO 9000 : 1987 Normes pour la gestion de la qualité et l'assurance de la qualité; Lignes directrices pour la sélection et l'utilisation

ISO 9004 : 1997 Gestion de la qualité et éléments de système qualité; Lignes directrices

3 Begriffe

Für diesen Teil der ISO 9004 gelten die Begriffe nach ISO 8402 gemeinsam mit folgenden Begriffen:

Anmerkung 2: Sofern passend, wird der Ausdruck „Dienstleistungsorganisation" auch gebraucht, um einen „Lieferanten" zu bezeichnen.

Anmerkung 3: Zum besseren Verständnis werden einige vorhandene Definitionen (ohne Anmerkungen) wiederholt, wobei die Quelle in Klammern angegeben wird.

3.1 Organisation

Eine Gesellschaft, eine Firma, ein Unternehmen oder eine Institution oder ein Teil davon, eingetragen oder nicht, öffentlich oder privat, welche ihre eigenen Funktionen und ihre eigene Verwaltung besitzt.

3.2 Lieferant

Die Organisation, welche dem Kunden ein Produkt*) bereitstellt.

Anmerkung 4: Der Lieferant wird manchmal als an einem Geschäft beteiligte „first party" bezeichnet.

3.3 Unterlieferant

Die Organisation, welche dem Lieferanten ein Produkt bereitstellt.

3.4 Kunde

Der Empfänger eines Produkts*), das von einem Lieferanten bereitgestellt wurde.

Anmerkung 5: Ein Kunde kann beispielsweise der Endverbraucher, ein Anwender, ein Nutznießer oder ein Auftraggeber sein.

*) Nationale Fußnote: Nach ISO/DIS 8402 und entsprechend der Definition nach Abschnitt 3.5 ist auch eine Dienstleistung ein Produkt.

3 Definitions

For the purposes of this International Standard, the definitions given in ISO 8402, together with the following definitions, apply.

Note 2: The term "service organization" is also used to denote "supplier", as appropriate.

Note 3: To provide clearer guidance, some existing definitions (without notes) are repeated with the source given in brackets.

3.1 organization: A company, corporation, firm, enterprise or association, or part thereof, whether incorporated or not, public or private, that has its own function(s) and administration.

3.2 supplier: An organization that provides a product or a service to a customer.

Note 4: The supplier is sometimes referred to as a "business first party".

3.3 sub-contractor: A supplier to the service organization in a contractual situation.

3.4 customer: The recipient of a product or a service.

Note 5: A customer may be, for example, the ultimate consumer, user, beneficiary or purchaser.

3 Définitions

Pour les besoins de la présente Norme internationale, les définitions données dans l'ISO 8402, ainsi que les définitions suivantes s'appliquent.

Note 2: Le terme «organisme de service» peut désigner le cas échéant un «fournisseur».

Note 3: Par souci de clarté, certaines définitions existantes (à l'exclusion des notes) ont été rappelées et leur origine indiquée entre crochets.

3.1 organisme: Tout ou partie d'une société, groupe, firme, entreprise ou association, de statut anonyme ou non, du secteur public ou privé, disposant de son autonomie fonctionnelle et administrative.

3.2 fournisseur: Organisme qui fournit un produit ou un service à un client.

Note 4: Dans les affaires le fournisseur est parfois appelé «première partie».

3.3 sous-traitant: Fournisseur de l'organisme de service dans le cadre d'une situation contractuelle.

3.4 client: Le destinataire d'un produit ou d'un service.

Note 5: Un client peut être, par exemple, le consommateur final, l'utilisateur, le bénéficiaire ou l'acheteur.

Anmerkung 6: Ein Kunde wird manchmal als an einem Geschäft beteiligte „second party“ bezeichnet.

Anmerkung 7: Ein Kunde kann eine Organisationseinheit einer Dienstleistungsorganisation sein.

Note 6: A customer is sometimes referred to as a “business second party”.

Note 7: A customer may be a unit within the service organization.

Note 6: Dans les affaires le client est parfois appelé «seconde partie».

Note 7: Un client peut être une unité au sein d'un organisme de service.

3.5 Dienstleistung *)

Die durch Tätigkeiten an der Schnittstelle zwischen Lieferant und Kunde sowie durch den Lieferanten intern erbrachten Ergebnisse zur Erfüllung der Erfordernisse des Kunden.

Anmerkung 8: Der Lieferant oder der Kunde können an der Schnittstelle durch Personal oder durch Einrichtungen vertreten sein.

Anmerkung 9: Für das Erbringen der Dienstleistung können Tätigkeiten des Kunden an der Schnittstelle zum Lieferanten wesentlich sein.

Anmerkung 10: Auslieferung oder Gebrauch materieller Produkte kann Bestandteil des Erbringens der Dienstleistung sein.

Anmerkung 11: Eine Dienstleistung kann mit der Herstellung und Lieferung materieller Produkte verbunden sein.

3.5 service: The results generated, by activities at the interface between the supplier and the customer and by supplier internal activities, to meet customer needs.

Note 8: The supplier or the customer may be represented at the interface by personnel or equipment.

Note 9: Customer activities at the interface with the supplier may be essential to the service delivery.

Note 10: Delivery or use of tangible product may form part of the service delivery.

Note 11: A service may be linked with the manufacture and supply of tangible product.

3.5 service: Résultats générés par des activités à l'interface fournisseur/client et par des activités internes au fournisseur, pour répondre aux besoins du client.

Note 8: Le fournisseur ou le client peut être représenté à l'interface par des personnes ou par des équipements.

Note 9: Les activités du client à l'interface avec le fournisseur peuvent être essentielles pour la prestation du service.

Note 10: La fourniture ou l'utilisation de produits matériels peut faire partie de la prestation de service.

Note 11: Un service peut être lié à la fabrication et à la fourniture de produits matériels.

3.6 Erbringen einer Dienstleistung

Diejenigen Tätigkeiten des Lieferanten, welche zur Lieferung der Dienstleistung nötig sind.

3.6 service delivery: Those supplier activities necessary to provide the service.

3.6 prestation du service: Activités du fournisseur nécessaires à la fourniture du service.

3.7 Qualität

Die Gesamtheit von Eigenschaften und Merkmalen eines Produktes oder einer Dienstleistung*), die sich auf deren Eignung zur Erfüllung festgelegter oder vorausgesetzter Erfordernisse beziehen. [ISO 8402]

3.7 quality: The totality of features and characteristics of a product or service that bear on its ability to satisfy stated or implied needs. [ISO 8402]

3.7 qualité: Ensemble des propriétés et caractéristiques d'un produit ou d'un service qui lui confère l'aptitude à satisfaire des besoins exprimés ou implicites. [ISO 8402]

3.8 Qualitätspolitik

Die umfassenden Absichten und Zielsetzungen einer Organisation betreffend die Qualität, wie sie durch die oberste Leitung formell ausgedrückt werden. [ISO 8402]

3.8 quality policy: The overall quality intentions and direction of an organization as regards quality, as formally expressed by top management. [ISO 8402]

3.8 politique de qualité: Les orientations et objectifs généraux d'une entreprise en ce qui concerne la qualité, tels qu'ils sont exprimés formellement par la direction générale. [ISO 8402]

3.9 Qualitätsmanagement

Derjenige Aspekt der Gesamtführungsaufgabe, welcher die Qualitätspolitik festlegt und verwirklicht. [ISO 8402]

3.9 quality management: That aspect of the overall management function that determines and implements the quality policy. [ISO 8402]

3.9 gestion de la qualité: Aspect de la fonction générale de gestion qui détermine la politique qualité et la met en œuvre. [ISO 8402]

3.10 Qualitätssicherungssystem

Die Aufbauorganisation, Verantwortlichkeiten, Abläufe, Verfahren und Mittel zur Verwirklichung des Qualitätsmanagements. [ISO 8402]

3.10 quality system: The organizational structure, responsibilities, procedures, processes and resources for implementing quality management. [ISO 8402]

3.10 système qualité: Ensemble de la structure organisationnelle, des responsabilités, des procédures, des procédés et des ressources pour mettre en œuvre la gestion de la qualité. [ISO 8402]

---

*) Siehe Seite 8

4 Merkmale zu Dienstleistungen

4.1 Dienstleistungsmerkmale und Merkmale des Erbringens der Dienstleistung

Die Forderungen an eine Dienstleistung müssen in Form von Merkmalen, die wahrnehmbar sind und vom Kunden bewertet werden können, eindeutig festgelegt werden.

Die Prozesse, durch die eine Dienstleistung erbracht wird, müssen ebenfalls in Form von Merkmalen festgelegt werden, die nicht immer durch den Kunden wahrgenommen werden können, die aber den Leistungsstand der Dienstleistung direkt beeinflussen.

Beide Arten von Merkmalen müssen für eine Bewertung durch die Dienstleistungsorganisation auf der Basis festgelegter Maßstäbe für die Annahme tauglich sein.

Ein Dienstleistungsmerkmal oder Merkmal des Erbringens der Dienstleistung kann — je nachdem, wie es bewertet wird oder ob die Bewertung durch die Dienstleistungsorganisation oder durch den Kunden erfolgt — quantitativ oder qualitativ sein.

Anmerkung 12: Viele von Kunden subjektiv bewertete qualitative Merkmale sind einer quantitativen Messung durch die Dienstleistungsorganisation zugänglich.

Beispiele für Merkmale, die in Dokumenten mit Forderungen spezifiziert sein könnten, sind:

- Betriebsmittel, Kapazität, Anzahl der Mitarbeiter und Materialien;
- Wartezeit, Lieferzeit und Ablaufzeit;
- Hygiene, Sicherheit, Funktionsfähigkeit und Schutz;
- Ansprechbarkeit, Zugänglichkeit, Höflichkeit, Bequemlichkeit, Ästhetik der Umgebung, Kompetenz, Zuverlässigkeit, Genauigkeit, Vollständigkeit, Stand der Technik, Glaubwürdigkeit und wirksame Kommunikation

4.2 Lenkung von Dienstleistungsmerkmalen und von Merkmalen des Erbringens der Dienstleistung

In den meisten Fällen kann die Lenkung von Dienstleistungsmerkmalen und von Merkmalen des Erbringens der Dienstleistung nur duch die Lenkung des Prozesses, durch welchen die Dienstleistung erbracht wird, erreicht werden. Zum Erreichen und Aufrechterhalten der geforderten Dienstleistungsqualität sind daher die Messung und Lenkung der Leistungsfähigkeit von Prozessen von wesentlicher Bedeutung. Obgleich während des Erbringens der Dienstleistung manchmal eine Durchführung von

4 Characteristics of services

4.1 Service and service delivery characteristics

The requirements of a service need to be clearly defined in terms of characteristics that are observable and subject to customer evaluation.

The processes that deliver a service also need to be defined in terms of characteristics that may not always be observable by the customer, but directly affect service performance.

Both types of characteristic need to be capable of evaluation by the service organization against defined standards of acceptability.

A service or service delivery characteristic may be quantitative (measurable) or qualitative (comparable), depending on how it is evaluated and whether the evaluation is done by the service organization or the customer.

Note 12: Many qualitative characteristics subjectively evaluated by customers are candidates for quantitative measurement by the service organization.

Examples of characteristics that might be specified in requirement documents include:

- facilities, capacity, number of personnel and quantity of materials;
- waiting time, delivery time and process times;
- hygiene, safety, reliability and security;
- responsiveness, accessibility, courtesy, comfort, aesthetics of environment, competence, dependability, accuracy, completeness, state of the art, credibility and effective communication.

4.2 Control of service and service delivery characteristics

In most cases the control of service and service delivery characteristics can only be achieved by controlling the process that delivers the service. Process performance measurement and control are therefore essential to achieve and maintain the required service quality. While remedial action is sometimes possible during service delivery, it is usually not possible to rely on final inspection to influence service quality at the customer interface where customer assessment of any nonconformity is often immediate.

4 Caractéristiques des services

4.1 Caractéristiques du service et de la prestation du service

Les exigences d'un service doivent être clairement définies en termes de caractéristiques observables et susceptibles d'être évaluées par le client.

Il en va de même pour les processus de prestation du service qui doivent également être définis en termes de caractéristiques qui influent directement sur l'exécution du service bien qu'elles ne soient pas toujours directement observables par le client.

Ces deux sortes de caractéristiques doivent pouvoir être évaluées par l'organisme de service en fonction de critères d'acceptation établis.

Une caractéristique du service ou de la prestation du service peut être quantitative (mesurable) ou qualitative (susceptible de comparaison) en fonction de la façon dont elle est évaluée ou de l'auteur de l'évaluation: organisme de service ou client.

Note 12: De nombreuses caractéristiques qualitatives appréciées subjectivement par les clients peuvent faire l'objet de mesures quantitatives par l'organisme du service.

Exemple de caractéristiques susceptibles d'être précisées dans les documents spécifiant des exigences:

- installations et équipements, capacité, effectifs et qualité de matériels;
- temps d'attente, temps de réalisation de la prestation, durées des processus;
- hygiène, sécurité des biens et des personnes, fiabilité;
- capacité de réaction, facilité d'accès, courtoisie, confort, esthétique de l'environnement, compétence, sûreté de fonctionnement, précision, service rendu en totalité, état de l'art, crédibilité et communication efficace.

4.2 Maîtrise des caractéristiques du service et de la prestation du service

Dans la plupart des cas, la maîtrise des caractéristiques du service et de la prestation du service ne peut être obtenue qu'en maîtrisant le procédé qui fournit le service. La mesure et la maîtrise des résultats du procédé sont donc essentielles pour obtenir et maintenir la qualité exigée du service. Bien que des actions correctives soient parfois possibles durant la prestation de service, il est en général impossible de compter sur l'inspection finale pour

Abhilfemaßnahmen möglich ist, ist es üblicherweise nicht möglich, auf eine Endprüfung zu bauen, um die Qualität der Dienstleistung an der Schnittstelle zum Kunden zu beeinflussen, wo der Kunde oft unmittelbar Fehler beurteilt.

Der Prozeß des Erbringens der Dienstleistung kann von einem stark mechanisierten (wie beispielsweise bei einem im Direktwählverfahren stattfindenden Ferngespräch) bis hin zu einem stark personalaufwendigen (wie beispielsweise bei rechtlichen, ärztlichen oder beraterischen Dienstleistungen) reichen. Je genauer ein Prozeß entweder durch Mechanisierung oder durch detaillierte Verfahren festgelegt werden kann, desto größer ist die Möglichkeit, strukturierte und disziplinierte Grundsätze des Qualitätssicherungssystems anzuwenden.

The service delivery process may range from being highly mechanized (as in a directly dialled telephone call) to one that is highly personalized (as in services such as legal, medical or consultancy). The more definable the process, whether by mechanization or by detailed procedures, the greater the opportunity to apply structured and disciplined quality system principles.

influer sur la qualité du service à l'interface client, alors que l'évaluation du client de toute non-conformité est souvent immédiate.

Le processus de prestation du service peut être soit hautement mécanisé (comme un appel téléphonique automatique), soit fortement personnalisé (comme les services juridiques, médicaux ou de conseil). Plus le procédé est défini mécaniquement ou par des procédures détaillées, plus il se prête à l'application des principes structurés et disciplinés d'un système qualité.

5 Grundsätze zum Qualitätssicherungssystem

5.1 Schlüsselaspekte eines Qualitätssicherungssystems

Bild 2 veranschaulicht, daß der Kunde im Brennpunkt der drei Schlüsselaspekte eines Qualitätssicherungssystems steht. Es veranschaulicht ebenfalls, daß Kundenzufriedenheit nur gesichert werden kann, wenn in der Wechselwirkung zwischen der Verantwortung der obersten Leitung, dem Personal und den materiellen Mitteln sowie der Struktur des Qualitätssicherungssystems Harmonie besteht.

5 Quality system principles

5.1 Key aspects of a quality system

Figure 2 illustrates that the customer is the focal point of the three key aspects of a quality system. It also illustrates that customer satisfaction can only be assured when there is harmony of interaction between the management responsibility, the personnel and material resources and the quality system structure.

5 Principes d'un système qualité

5.1 Facteurs clés d'un système qualité

La figure 2 illustre le fait que le client est le point de convergence des trois facteurs clés d'un système qualité. Elle montre également que l'harmonie de l'interaction entre la responsabilité de la direction, les ressources matérielles et humaines et la structure du système est une condition indispensable à la satisfaction du client.

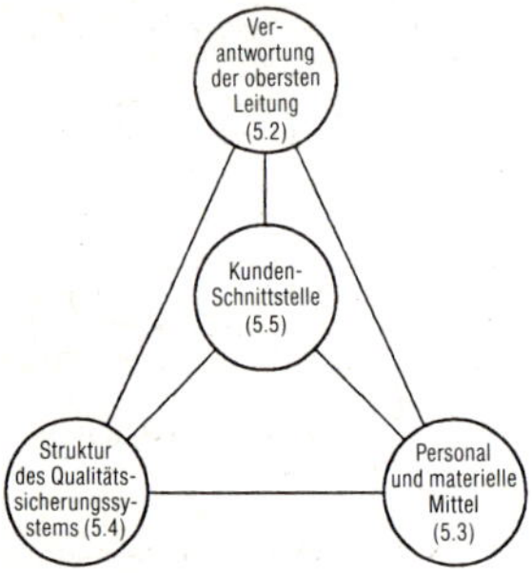

Bild 2. Schlüsselaspekte eines Qualitätssicherungssystems

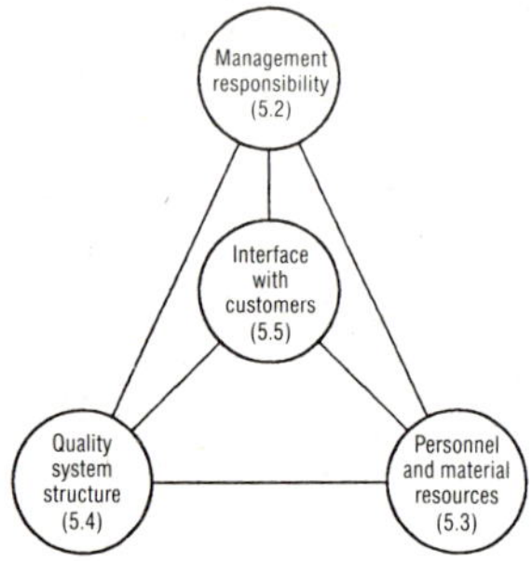

Figure 2. Key aspects of a quality system

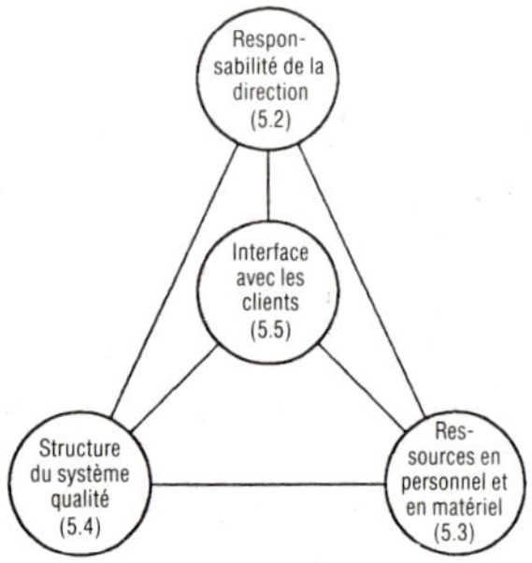

Figure 2. Facteurs clés d'un système qualité

5.2 Verantwortung der obersten Leitung

5.2.1 Allgemeines

Die oberste Leitung ist für die Festlegung einer Qualitätspolitik für Dienstleistungen und zur Erlangung der Kundenzufriedenheit verantwortlich. Die erfolgreiche Verwirklichung dieser Politik hängt von der Verpflichtung der

5.2 Management responsibility

5.2.1 General

Management is responsible for establishing a policy for service quality and customer satisfaction. Successful implementation of this policy is dependent upon management commitment to

5.2 Responsabilités de la direction

5.2.1 Généralités

Il incombe à la direction la responsabilité d'établir une politique relative à la qualité du service et à la satisfaction de la clientèle. La mise en œuvre réussie de cette politique dépend de obersten Leitung zur Entwicklung und zum wirksamen Betreiben eines Qualitätssicherungssystems ab.

5.2.2 Qualitätspolitik

Die Verantwortung für eine Qualitätspolitik für die Dienstleistungsorganisation und deren Verpflichtung darauf gehören auf die höchste Führungsebene. Die oberste Leitung sollte eine Qualitätspolitik entwickeln und dokumentieren im Hinblick auf

— die (Anspruchs-)Klasse der zu erbringenden Dienstleistung;
— das Image der Dienstleistungsorganisation und ihren Ruf bezüglich Qualität;
— die Ziele in Bezug auf die Dienstleistungsqualität;
— die zur Verfolgung von Qualitätszielen einzuschlagende Vorgehensweise;
— die Rolle des für die Verwirklichung der Qualitätspolitik verantwortlichen Firmenpersonals.

Die oberste Leitung sollte sicherstellen, daß die Qualitätspolitik bekanntgemacht, verstanden, verwirklicht und aufrechterhalten wird.

5.2.3 Qualitätsziele

Die Realisierung einer Qualitätspolitik erfordert die Identifikation vorrangiger Absichten zur Festlegung von Qualitätszielen. Vorrangige Absichten dieser Art sollten einbeziehen

— die Zufriedenstellung des Kunden unter Beachtung der berufsspezifischen Maßstäbe und der Berufsethik[1]);
— die ständige Verbesserung der Dienstleistung;
— die Beachtung der Gesichtspunkte zu den Forderungen der Gesellschaft und zur Umwelt;
— den Nutzeffekt beim Erbringen der Dienstleistung.

Die oberste Leitung sollte diese vorrangigen Absichten in eine Reihe von Qualitätszielen und -aktivitäten umsetzen. Beispiele dafür sind

— klare Festlegung der Erfordernisse des Kunden mit angemessenen Qualitätsmerkmalen;
— Vorbeugungs- und Lenkungsmaßnahmen, um Unzufriedenheit des Kunden zu vermeiden;
— Optimierung der qualitätsbezogenen Kosten für die verlangte Dienstleistungsausführung und (Anspruchs-)Klasse;

[1]) Nationale Fußnote: Bei Dienstleistungen wie Gutachten und wissenschaftlichen Analysen schließen diese insbesondere die Grundsätze der Neutralität, Objektivität und Beachtung des Standes von Wissenschaft und Technik ein.

the development and effective operation of a quality system.

5.2.2 Quality policy

The responsibility for and commitment to a quality policy for the service organization belongs to the highest level of management. Management should develop and document a quality policy relating to the following:

— grade of service to be provided;
— service organization's image and reputation for quality;
— objectives for service quality;
— approach to be adopted in pursuit of quality objectives;
— role of company personnel responsible for implementing the quality policy.

Management should ensure that the quality policy is promulgated, understood, implemented and maintained.

5.2.3 Quality objectives

The realization of a quality policy requires the identification of primary goals for establishing quality objectives. Primary goals should include:

— customer satisfaction consistent with professional standards and ethics;
— continuous improvement of the service;
— giving consideration to the requirements of society and the environment;
— efficiency in providing the service.

Management should translate the primary goals into a set of quality objectives and activities. Examples of these are:

— clear definition of customer needs with appropriate quality measures;
— preventive action and controls to avoid customer dissatisfaction;
— optimizing quality-related costs for the required performance and grade of service;

l'engagement de la direction vis-à-vis de l'élaboration et du fonctionnement efficace d'un système qualité.

5.2.2 Politique qualité

La responsabilité de la politique qualité et l'engagement correspondant relèvent du plus haut niveau de la direction générale au sein de l'organisme de service.

Il convient que la direction mette au point et consigne par écrit la politique qualité en développant les points suivants:

— niveau de service devant être fourni;
— image et réputation de la qualité de l'organisme de service;
— objectifs qualité du service;
— façon de procéder pour atteindre les objectifs qualité;
— rôle du personnel chargé de la mise en œuvre de la politique qualité.

Il est recommandé à la direction de s'assurer que l'information concernant la politique qualité est diffusée, que cette politique est comprise, mise en œuvre et maintenue.

5.2.3 Objectifs qualité

La réalisation d'une politique qualité exige l'identification des buts essentiels pour fixer des objectifs qualité. Les buts essentiels doivent au moins comprendre les faits suivants:

— la satisfaction du client, compatible avec les normes et l'éthique professionnelles;
— l'amélioration permanente du service;
— la prise en considération des exigences de la société et de l'environnement;
— l'efficacité de la prestation du service.

La direction doit traduire les buts essentiels en un ensemble d'objectifs qualité et d'activités, comme par exemple

— une définition claire des besoins du client avec les mesures de qualité appropriées;
— des actions et contrôles préventifs pour éviter tout mécontentement du client;
— l'optimisation des coûts relatifs à la qualité afin d'obtenir le niveau de réalisation du service exigé;

- Schaffung einer kollektiven Verpflichtung zur Qualität innerhalb der Dienstleistungsorganisation;
- fortlaufende Überprüfung der Dienstleistungsforderungen und -ergebnisse zur Ermittlung von Möglichkeiten zur Verbesserung der Dienstleistungsqualität;
- Verhindern nachteiliger Auswirkungen auf Gesellschaft und Umwelt durch die Dienstleistungsorganisation.

5.2.4 Qualitätsverantwortung und -befugnis

Zur Erreichung der Qualitätsziele sollte die oberste Leitung ein strukturiertes Qualitätssicherungssystems zur wirksamen Lenkung, Bewertung und Verbesserung der Dienstleistungsqualität während aller Stufen der Erbringung einer Dienstleistung festlegen.

Für alle Mitarbeiter, deren Tätigkeiten die Dienstleistungsqualität beeinflussen, sollten die allgemeine und die spezifische Verantwortung sowie die jeweilige Befugnis ausdrücklich festgelegt werden. Dies sollte die Sicherstellung wirkungsvoller Kunden-Lieferanten-Beziehungen an sämtlichen Schnittstellen innerhalb und außerhalb der Dienstleistungsorganisation einschließen. Die jeweils festgelegte Verantwortung und Befugnis sollte mit den zur Erreichung der (zufriedenstellenden) Dienstleistungsqualität erforderlichen Mitteln und Methoden vereinbar sein.

Die oberste Leitung sollte dafür verantwortlich sein, daß die an ein Qualitätssicherungssystem zu stellenden Forderungen entwickelt werden. In eigener Verantwortung oder in Verantwortung eines von ihr benannten Management-Beauftragten sollte sichergestellt sein, daß das Qualitässicherungssystem eingerichtet, auditiert, fortlaufend beurteilt und zwecks Verbesserung überprüft wird.

Wenngleich mit spezifischer Verantwortung ausgestattetes Personal bei der Erzielung von (zufriedenstellender) Qualität dienlich sein kann, sollte doch betont werden, daß es nicht diese Personen sind, die (direkt) Qualität erzeugen. Sie sind nur Teil des Qualitätssicherungssystems. Der Anwendungsbereich des Qualitätssicherungssystems umfaßt sämtliche Funktionen und erfordert die Einbeziehung, Verpflichtung und wirksame Zusammenarbeit des gesamten Personals der Dienstleistungsorganisation, um ständige Verbesserungen zu erreichen.

5.2.5 Review des Qualitätssicherungssystems durch die oberste Leitung

Die oberste Leitung sollte Vorkehrungen für ein formelles, periodisch durchzuführendes und unabhängiges

- creation of a collective commitment to quality within the service organization;
- continuous review of service requirements and achievements to identify opportunities for service quality improvement;
- prevention of adverse effects by the service organization on society and the environment.

5.2.4 Quality responsibility and authority

To achieve the quality objectives, management should establish a quality system structure for the effective control, evaluation and improvement of service quality throughout all stages of the provision of a service.

General and specific responsibility and authority should be explicitly defined for all personnel whose activities influence service quality. This should include ensuring effective customer/supplier relationships at all interfaces within, and external to, the service organization. The responsibility and authority defined should be consistent with the means and methods necessary for achieving service quality.

Senior management should be responsible for ensuring that the requirements for a quality system are developed. They should retain responsibility or designate a management representative responsible for ensuring that the quality system is established, audited, continually measured and reviewed for improvement.

While personnel with specific designated responsibilities can be instrumental in the attainment of quality, it should be stressed that it is not these personnel who create quality. They are only part of the quality system. The scope of the quality system encompasses all of the functions, and requires the involvement, commitment and effective interworking of all personnel in the service organization to achieve continuous improvement.

5.2.5 Management review

Management should provide for formal periodic and independent reviews of the quality system in order to determine its continuing suitability and affectiveness in implementing the quailty policy

- l'obtention d'un engagement de tous pour la qualité au sein de l'organisme de service;
- l'examen permanent des exigences du service et des résultats obtenus pour identifier les potentialités d'amélioration concernant la qualité du service;
- éviter que l'organisme de service puisse produire des effets défavorables à la société et à l'environnement.

5.2.4 Responsabilité et autorité relatives à la qualité

Pour réaliser les objectifs qualité, la direction doit établir une structure pour le système qualité en vue d'une réelle maîtrise de la qualité du service, de son évaluation et de son amélioration durant toutes les étapes de la prestation d'un service.

La responsabilité et l'autorité, générales et particulières, doivent être formellement définies pour toutes les personnes dont les activités influencent la qualité du service; elles doivent permettre des relations clients-fournisseurs efficaces à toutes les interfaces internes et externes de l'organisme de service. La définition de la responsabilité et de l'autorité doit être cohérente avec les moyens et les méthodes nécessaires à l'obtention de la qualité du service.

Il incombe à la direction au plus haut niveau de s'assurer que les exigences du systèmes qualité sont élaborées. Elle doit garder toute responsabilité, sinon désigner son représentant chargé de s'assurer que le système qualité est appliqué, audité, mesuré et analysé de façon continue pour être amélioré.

Bien qu'un personnel ayant des responsabilités spécifiques puisse contribuer de façon essentielle à l'obtention de la qualité, il est néanmoins important de souligner que ce ne sont pas ces personnes qui créent la qualité. Elles ne sont qu'une partie du système qualité. En effet, le système qualité comprend l'ensemble des fonctions et implique la participation, l'engagement et la coopération efficace de tout le personnel de l'organisme de service pour obtenir une amélioration constante.

5.2.5 Revue de direction

Afin de s'assurer de la permanence de l'adéquation et de l'efficacité de la mise en œuvre de la politique qualité et de la réalisation des objectifs qualité, la direction doit veiller à ce que soient

Review des Qualitätssicherungssystems treffen, um dessen uneingeschränkte und ununterbrochene Eignung und Wirksamkeit bei der Verwirklichung der Qualitätspolitik und beim Erreichen der Qualitätsziele zu bestimmen. Besondere Betonung sollte auf das Erfordernis oder die Gelegenheit zu Verbesserungen gelegt werden. Die Reviews sollten durch geeignete Mitglieder der obersten Leitung oder durch kompetentes, unabhängiges Personal, das der obersten Leitung direkt untersteht, durchgeführt werden.

Reviews der obersten Leitung sollten aus gut gegliederten und umfassenden Bewertungen bestehen, die sämtliche relevanten Informationsquellen umfassen einschließlich der

- Feststellungen aufgrund der Analyse von Dienstleistungsausführungen, d. h. Informationen über die gesamte Wirksamkeit und den Nutzeffekt des Prozesses des Erbringens der Dienstleistung bei der Erfüllung der Dienstleistungsforderungen und der Kundenzufriedenheit (siehe 6.4);
- Feststellungen von internen Audits über die Verwirklichung und Wirksamkeit sämtlicher Elemente des Qualitätssicherungssystems bei der Erfüllung der für die Dienstleistungsqualität festgesetzten Ziele (siehe 6.4.4);
- durch neue Technologien, Qualitätskonzepte, Marktstrategien und gesellschaftliche oder Umweltbedingungen hervorgerufenen Veränderungen.

Die als Resultat eines Reviews oder einer Bewertung gemachten Beobachtungen, Schlußfolgerungen und Empfehlungen sollten der obersten Leitung in schriftlicher Form vorgelegt werden zur Ergreifung von Maßnahmen zur Festlegung eines Programmes zur Verbesserung der Dienstleistungsqualität.

and achieving the quality objectives. Particular emphasis should be placed on the need or opportunity for improvement. The reviews should be carried out by appropriate members of management or by competent, independent personnel reporting directly to senior management.

Management reviews should consist of well-structured and comprehensive evaluations encompassing all relevant sources of information, including:

- findings of service performance analysis; i.e. information on the overall effectiveness and efficiency of the service delivery process in achieving service requirements and customer satisfaction (see 6.4);
- findings of internal audits on the implementation and effectiveness of all elements of the quality system in meeting stated objectives for service quality (see 6.4.4);
- changes brought about by new technologies, quality concepts, market strategies and social or environmental conditions.

Observations, conclusions and recommendations reached as a result of a review and evaluation should be submitted in documentary form to management for necessary action in establishing a programme for service quality improvements.

effectuées des revues de direction formelles, périodiques et indépendantes, tout en insistant sur les besoins ou les potentialités d'amélioration. Les revues doivent être effectuées par des responsables de la direction ou par des personnes compétentes et indépendantes qui dépendent directement de la direction au plus haut niveau.

Les revues de direction doivent consister à faire des évaluations bien structurées et exhaustives, c'est-à-dire englobant toutes les sources utiles d'information, notamment

- les résultats d'analyses concernant les informations relatives à la réalisation du service, à l'efficacité de la prestation en vue de répondre aux exigences du service et d'obtenir la satisfaction du client (voir 6.4);
- les résultats d'audits internes portant sur la mise en œuvre et l'efficacité de tous les éléments du système qualité en vue d'atteindre les objectifs fixés pour la qualité du service (voir 6.4.4);
- les changements dus aux nouvelles techniques, aux concepts qualité, aux stratégies de marché, aux conditions sociales et à l'environnement.

Les observations, les conclusions et les recommandations élaborées à la suite d'une revue et d'une évaluation doivent être soumises sous forme de documents à la direction de l'organisme en vue d'établir un programme d'amélioration de la qualité du service.

5.3 Personal und Mittel

5.3.1 Allgemeines

Die oberste Leitung sollte ausreichende und geeignete Mittel zur Verwirklichung des Qualitätssicherungssystems und zum Erreichen der Qualitätsziele bereitstellen.

5.3.2 Personal

5.3.2.1 Motivation

Ein äußerst wichtiges Mittel jeder Organisation sind die beteiligten Personen. Dies ist insbesondere in einer Dienstleistungsorganisation von Wichtigkeit, in der das Verhalten und die Leistung Einzelner die Qualität der Dienstleistung direkt beeinflussen.

5.3 Personnel and material resources

5.3.1 General

Management should provide sufficient and appropriate resources to implement the quality system and achieve the quality objectives.

5.3.2 Personnel

5.3.2.1 Motivation

A most important resource in any organization is that of the individual members of personnel involved. This is especially important in a service organization where the behaviour and performance of individuals directly impacts on the quality of service.

5.3 Ressources en personnel et en matériel

5.3.1 Généralités

La direction doit mettre à disposition des ressources suffisantes et appropriées pour mettre en œuvre le système qualité et atteindre les objectifs qualité.

5.3.2 Personnel

5.3.2.1 Motivation

Chaque membre du personnel de l'organisme constitue l'une de ses ressources les plus importantes. Ceci est particulièrement vrai dans un organisme de service où le comportement et la façon de faire des individus ont une influence sur la qualité du service.

Als Anreiz zur Motivation, Entwicklung, Kommunikation und Leistung der Mitarbeiter sollte die oberste Leitung

- Mitarbeiter auf der Grundlage ihrer Fähigkeit auswählen, um festgelegten Stellenbeschreibungen gerecht zu werden;
- ein Arbeitsumfeld bieten, das herausragende Leistungen und ein sicheres Arbeitsverhältnis fördert;
- das Potential jedes Mitgliedes der Organisation durch abgestimmte kreative Arbeitsmethoden und Gelegenheiten zu stärkerem Engagement erkennen;
- sicherstellen, daß die wahrzunehmenden Aufgaben und die zu erreichenden Ziele ebenso wie ihre Auswirkung auf die Qualität verstanden werden;
- dafür sorgen, daß alle Mitarbeiter das Gefühl haben, an der Qualität der den Kunden erbrachten Dienstleistungen Anteil und darauf Einfluß zu haben;
- zu Beiträgen zur Qualitätsverbesserung durch angemessene Anerkennung und Belohnung für erbrachte Leistungen ermutigen;
- die das Personal motivierenden Faktoren zur Realisierung der Dienstleistungsqualität periodisch bewerten;
- die Karriereplanung und Personalentwicklung des Dienstleistungspersonals verwirklichen;
- geplante Maßnahmen durchführen, um die Fertigkeiten der Mitarbeiter auf den neusten Stand zu bringen.

As a spur to the motivation, development, communication and performance of personnel, management should:

- select personnel on the basis of capability to satisfy defined job specifications;
- provide a work environment that fosters excellence and a secure work relationship;
- realize the potential of every member of the organization by consistent, creative work methods and opportunities for greater involvement;
- ensure that the tasks to be performed and the objectives to be achieved are understood, including how they affect quality;
- see that all personnel feel that they have an involvement and influence on the quality of service provided to customers;
- encourage contributions which enhance quality by giving due recognition and reward for achievement;
- periodically assess the factors which motivate personnel to provide quality of service;
- implement career planning and development of personnel;
- establish planned actions for updating the skills of personnel.

Pour stimuler la motivation du personnel, son évolution, sa faculté de communication et sa façon de faire, la direction doit

- sélectionner le personnel en fonction de son aptitude à répondre aux critères d'une définition de fonction donnée;
- fournir des conditions de travail qui suscitent l'excellence et des relations de travail stables;
- donner à chacun des individus au sein de l'organisme la possibilité de se réaliser grâce à des méthodes de travail cohérentes et créatives en leur offrant de plus larges possibilités de participation;
- s'assurer de la bonne compréhension des tâches à accomplir, des objectifs à atteindre et de la manière dont ils affectent la qualité;
- vérifier que tout le personnel se sent concerné et qu'il a une influence sur la qualité du service fourni aux clients;
- reconnaître et accorder la considération qu'il convient à toute action qui contribue à améliorer la qualité;
- évaluer périodiquement les facteurs qui incitent le personnel à fournir la qualité du service;
- mettre en place des plans d'évolution de carrière pour le personnel;
- créer des programmes de formation visant à remettre à niveau les compétences du personnel.

5.3.2.2 Schulung und Personalentwicklung

Ausbildung macht bewußt, daß Veränderungen notwendig sind und bietet Mittel, mit deren Hilfe Veränderungen vollbracht werden können.

Bedeutende Elemente in der Personalentwicklung schließen ein

- Schulung der Führungskräfte in Qualitätsmanagement auch im Hinblick auf qualitätsbezogene Kosten und Bewertung der Wirksamkeit des Qualitätssicherungssystems;
- Personalschulung (die nicht allein auf dasjenige Personal mit Verantwortung für die Qualität beschränkt sein sollte);
- Ausbildung des gesamten Personals in der Qualitätspolitik der Dienstleistungsorganisation, ihren Zielsetzungen und ihren Konzepten die Zufriedenheit der Kunden zu erwerben;
- ein Qualitätsbewußtseinsprogramm, das Unterweisungs- und Schulungskurse für Neueintretende sowie periodisch durchgeführte

5.3.2.2 Training and development

Education brings awareness of the need for change and provides the means whereby change and development can be accomplished.

Important elements in the development of personnel include:

- training executives in quality management, including quality-related costs and evaluation of the effectiveness of the quality system;
- training of personnel (this should not be restricted to those solely concerned with quality responsibilities);
- education of personnel on the service organization's quality policy, objectives and concepts of customer satisfaction;
- a quality-awareness programme which may include instruction and training courses for new entrants,

5.3.2.2 Formation et évolution

L'éducation sensibilise à la nécessité du changement et de l'évolution et fournit les moyens de les réaliser.

Les éléments importants de l'évolution du personnel comprennent:

- la formation de l'encadrement supérieur à la gestion de la qualité, y compris les coûts relatifs à la qualité et l'évaluation de l'efficacité du système qualité;
- la formation du personnel (il ne faut pas se contenter de former uniquement les personnes ayant des responsabilités dans le domaine de la qualité);
- la formation de tout le personnel à la politique qualité de l'organisme de service, à ses objectifs et au concept de satisfaction du client;
- un programme de sensibilisation à la qualité pour les nouveaux arrivants (instruction et formation) et

Auffrischungsprogramme für bisheriges Personal einschließen kann;

— Verfahren zum Spezifizieren und Verifizieren, daß Mitarbeiter auf geeignete Weise geschult worden sind;

— Schulung in der Prozeßlenkung, im Sammeln von Daten und ihrer Analyse, in der Problemidentifikation und -analyse, in Korrektur- und Verbesserungsmaßnahmen, in Methoden des Teamworks und der Kommunikation;

— sorgfältige Prüfung, ob für das Personal formelle Qualifikationen erforderlich sind, und, wenn notwendig, Gewährung angemessener Unterstützung und Ermutigung;

— Die Leistungsbewertung des Personals, um seine Entwicklungsbedürfnisse und -möglichkeiten zu beurteilen.

5.3.2.3 Kommunikation

Besonders das in direktem Kontakt mit den Kunden stehende Dienstleistungspersonal sollte angemessene Kenntnisse und nötige Fertigkeiten im Kommunizieren besitzen. Es sollte fähig sein, ein natürliches Arbeitsteam zu bilden, um angemessen mit externen Organisationen und Vertretern in Wechselbeziehungen zu treten und um eine zeitgerechte und problemlose Dienstleistung zu erbringen.

Teamaktivitäten wie Qualitätverbesserungsforen, können sich als wirkungsvoll zur Verbesserung der Kommunikation zwischen Mitarbeitern erweisen und eine Gelegenheit zur unterstützenden Beteiligung und Zusammenarbeit bei der Lösung von Problemen darstellen.

Die regelmäßige Kommunikation innerhalb der Dienstleistungsorganisation sollte ein Merkmal sämtlicher Führungsebenen sein. Das Vorhandensein eines angemessenen Informationssystems ist ein wesentliches Instrument zur Kommunikation und für Dienstleistungsoperationen. Die Kommunikationsmethoden können einschließen:

— Informationsvorträge für die Leitung;

— Konferenzen zum Austausch von Informationen;

— schriftliche Information;

— informationstechnische Mittel.

5.3.3 Materielle Mittel

Die für Dienstleistungsarbeiten erforderlichen Mittel können einschließen:

— für das Erbringen der Dienstleistung erforderliche Ausrüstung und Lager;

— betriebliche Erfordernisse, wie Beschaffung von Räumlichkeiten, Transport- und Informationssysteme;

and periodic refresher programmes for longer-serving personnel;

— procedures for specifying and verifying that personnel have received suitable training;

— training in process control, data collection and analysis, problem identification and analysis, corrective action and improvement, team working and communication methods;

— the need to assess carefully the personnel requirements for formal qualifications and give appropriate assistance and encouragement where necessary;

— the performance evaluation of personnel to assess their development needs and potential.

5.3.2.3 Communication

Service personnel, especially those directly involved with the customer, should have adequate knowledge and the necessary skills in communication. They should be capable of forming a natural work team able to interact appropriately with external organizations and representatives to provide a timely and smooth running service.

Team activities, such as quality improvement forums, can be effective for improving communication between personnel and can provide an opportunity for supportive participation and cooperation in solving problems.

Regular communication within the service organization should be a feature at all levels of management. The existence of an appropriate information system is an essential tool for communication and for service operations. The methods of communication may include:

— management briefings;

— information exchange meetings;

— documented information;

— information technology facilities.

5.3.3 Material resources

The material resources required for service operations may include:

— service provisioning equipment and stores;

— operational needs, such as accomodation provisions, transport and information systems;

un programme de recyclage périodique pour les autres employés;

— des procédures pour définir et vérifier que le personnel a reçu une formation appropriée;

— la formation à la maîtrise des procédés, au recueil et à l'analyse des données, à l'identification et à l'analyse des problèmes, ainsi qu'aux actions correctives et aux améliorations, au travail d'équipe, aux méthodes de communication;

— la nécessité de vérifier soigneusement que le personnel a besoin d'une qualification officielle, et dans ce cas, de fournir de manière appropriée assistance et encouragements;

— l'évaluation des performances du personnel afin de mesurer ses besoins et son potentiel en matière d'évolution.

5.3.2.3 Communication

Le personnel de l'organisme de service, en particulier celui qui traite directement avec le client, doit avoir acquis un savoir-faire et les compétences nécessaires en communication. Il doit être apte à travailler en équipe, se sentir à l'aise dans les relations avec les organismes extérieurs et leurs représentants pour fournir sans incident un service dans les délais impartis.

Le travail en équipe, tel que les réunions d'amélioration de la qualité, peut être un moyen efficace d'améliorer la communication entre les membres du personnel et de favoriser une attitude coopérative et participative dans la résolution des problèmes.

Tous les niveaux hiérarchiques doivent manifester une aptitude à la communication au sein de l'organisme de service. L'existence d'un système d'information approprié est un outil essentiel pour de bonnes communications et pour la réalisation du service. Parmi les méthodes de communication, on peut citer

— des briefings de direction;

— des réunions d'information;

— une information écrite;

— des moyens technologiques d'information.

5.3.3 Ressources en matériel

Parmi les ressources en matériel nécessaires à la réalisation du service, on peut citer

— les équipements et les installations pour la prestation du service;

— les besoins opérationnels tels que mise à disposition de locaux, de systèmes de transport et d'information;

- Mittel, Instrumente und Computersoftware zur Qualitätsbeurteilung;
- betriebliche und technische Dokumentation.

5.4 Struktur des Qualitätssicherungssystems

5.4.1 Allgemeines

Die Dienstleistungsorganisation sollte ein Qualitätssicherungssystem als Mittel zur Realisierung der für die Dienstleistungsqualität festgesetzten Politik und Ziele entwickeln, festlegen, dokumentieren, einführen und aufrechterhalten. Die Ablaufelemente eines Qualitätssicherungssystems sind in Abschnitt 6 beschrieben.

Die Qualitätssicherungssystem-Elemente sollten so gegliedert sein, daß sämtliche die Dienstleistungsqualität beeinflussenden operationellen Prozesse angemessen gelenkt und gesichert sind.

Das Qualitätssicherungssystem sollte vorbeugende Tätigkeiten, durch die das Auftreten von Problemen vermieden wird, in den Vordergrund rücken, ohne dabei die Fähigkeit zu verlieren, auf eventuell auftretende Fehler zu reagieren und sie zu korrigieren.

5.4.2 Qualitätskreis für Dienstleistungen

Es sollten Verfahren im Qualitätssicherungssystem festgelegt werden, um die Leistungsforderungen für alle Dienstleistungsprozesse festzulegen einschließlich der drei hauptsächlichen Prozeßstadien (Marketing, Design und Erbringen der Dienstleistung); der Ablauf kann in einem Qualitätskreis für Dienstleistungen dargestellt werden (siehe Bild 3).

Die Dienstleistungsqualität, wie sie der Kunde sieht, wird direkt beeinflußt sowohl durch diese Prozesse als auch durch Maßnahmen aufgrund von Rückmeldungen über die Dienstleistungsqualität, die zu deren Verbesserung beitragen, nämlich

- Beurteilung der erbrachten Dienstleistung durch den Lieferanten;
- Beurteilung der empfangenen Dienstleistung durch den Kunden;
- Qualitätsaudits über die Einführung und Wirksamkeit sämtlicher Elemente des Qualitätssicherungssystems.

Eine Qualitätsrückmeldung sollte ebenfalls zwischen den in Wechselbeziehung zueinander stehenden Elementen des Qualitätskreises festgelegt werden.

- quality-assessment facilities, instrumentation and computer software;
- operational and technical documentation.

5.4 Quality system structure

5.4.1 General

The service organization should develop, establish, document, implement and maintain a quality system as a means by which stated policies and objectives for service quality may be accomplished. The operational elements of a quality system are described in clause 6.

The quality system elements should be structured to establish adequate control and assurance over all operational processes affecting service quality.

The quality system should emphasize preventive actions that avoid the occurrence of problems while not sacrificing the ability to respond to and correct failures, should they occur.

5.4.2 Service quality loop

Quality system procedures should be established to specify the performance requirements for all service processes including the three main provisioning processes (marketing, design and service delivery) which can be shown to be operating in a service quality loop, as illustrated in figure 3.

The quality of service as seen by the customer is directly influenced by these processes as well as by actions arising from those service quality feedback measures which contribute to service quality improvements, namely:

- supplier's assessment of the service provided;
- customer's assessment of the service received;
- quality audits of the implementation and effectiveness of all elements of the quality system.

Quality feedback should also be established between interacting elements in the quality loop.

- les logiciels, l'instrumentation et les équipements nécessaires à l'évaluation de la qualité;
- la documentation opérationnelle et technique.

5.4 Structure d'un système qualité

5.4.1 Généralités

L'organisme de service doit développer, établir, documenter, mettre en œuvre et maintenir un système qualité en tant que moyen grâce auquel les politiques et les objectifs fixés pour la qualité du service peuvent être atteints. Les éléments opérationnels d'un système qualité sont décrits dans l'article 6.

Les éléments du système qualité doivent être structurés pour établir la maîtrise et l'assurance de la qualité sur tous les processus opérationnels affectant la qualité du service.

Le système qualité doit mettre l'accent sur les actions préventives qui évitent l'apparition de problèmes, tout en ne sacrifiant pas la capacité à prendre en compte et à corriger les défaillances au cas où elles viendraient à se produire.

5.4.2 Boucle de la qualité du service

Des procédures du système qualité doivent être établies pour spécifier les exigences de fonctionnement de tous les processus nécessaires aux services, y compris les trois processus principaux (mercatique, conception du service et prestation du service) qu'illustre la boucle de qualité du service (voir figure 3).

Du point de vue du client, la qualité du service est directement influencée par les processus ci-dessus, aussi bien que par les actions consécutives aux mesures de retour d'information sur la qualité du service pour contribuer à son amélioration, à savoir:

- évaluation par le fournisseur du service fourni;
- évaluation par le client du service reçu;
- audits qualité de la mise en œuvre et de l'efficacité de tous les éléments du système qualité.

Le retour d'information qualité doit également être établi entre les éléments interactifs de la boucle de la qualité.

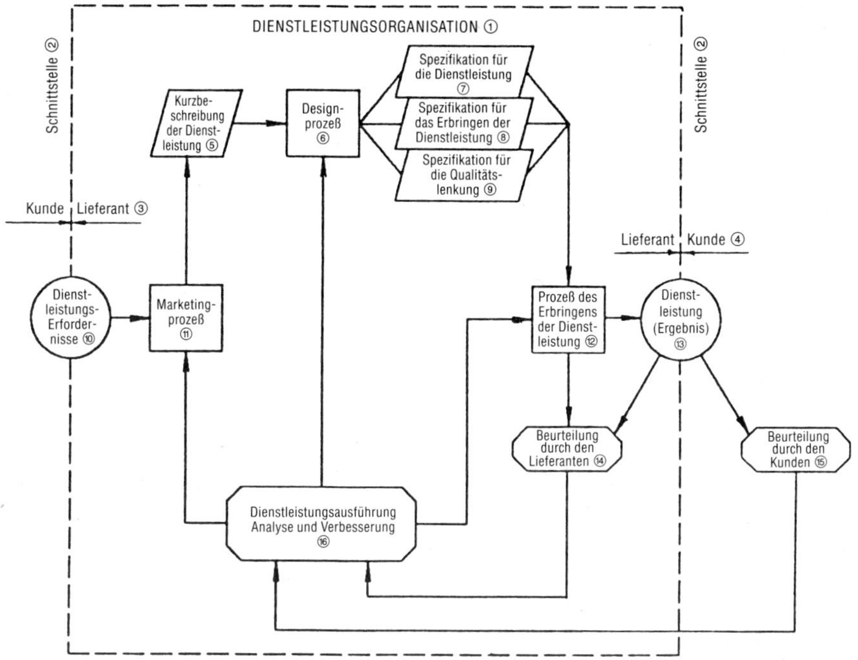

Schlüssel	Key	Légende
Dienstleistungs-Erfordernisse / Dienstleistung (Ergebnis)	Service needs / result	Besoins / résultats du service
Dienstleistungsprozeß	Service processes	Processus du service
Dienstleistungsprozeß-dokumente	Service process documents	Documents des processus du service
Dienstleistungsmaßnahmen	Service measures	Mesure du service

① Dienstleistungsorganisation
② Schnittstelle
③ Kunde Lieferant
④ Lieferant Kunde
⑤ Kurzbeschreibung der Dienstleistung
⑥ Designprozeß
⑦ Spezifikation für die Dienstleistung
⑧ Spezifikation für das Erbringen der Dienstleistung
⑨ Spezifikation für die Qualitätslenkung
⑩ Dienstleistungs-Erfordernisse
⑪ Marketingprozeß
⑫ Prozeß des Erbringens der Dienstleistungen
⑬ Dienstleistung (Ergebnis)
⑭ Beurteilung durch den Lieferanten
⑮ Beurteilung durch den Kunden
⑯ Dienstleistungsausführung, Analyse und Verbesserung

Bild 3. Qualitätskreis für Dienstleistungen

① Service Organization
② Interface
③ Customer Supplier
④ Supplier Customer
⑤ Service brief
⑥ Design process
⑦ Service specification
⑧ Service delivery specification
⑨ Quality control specification
⑩ Service needs
⑪ Marketing process
⑫ Service delivery process
⑬ Service result
⑭ Supplier's assessment
⑮ Customer's assessment
⑯ Service performance analysis and improvement

Figure 3. Service quality loop

① Organisme de service
② Interface
③ Client Fournisseur
④ Fournisseur Client
⑤ Processus de conception
⑥ Descriptif du service
⑦ Spécification du service
⑧ Spécification de la prestation du service
⑨ Spécification du contrôle qualité
⑩ Besoin du service
⑪ Processus de mercatique
⑫ Processus de prestation du service
⑬ Résultats du service
⑭ Évaluation par le fournisseur
⑮ Évaluation par le client
⑯ Analyse de la réalisation du service et de son amélioration

Figure 3. Boucle de la qualité d'un service

5.4.3 Qualitätsdokumentation und -aufzeichnungen

5.4.3.1 Dokumentationssystem

Sämtliche in das Qualitätssicherungssystem integrierten Dienstleistungselemente, -forderungen und -bestimmungen sollten als Teil der Gesamtdokumentation der Dienstleistungsorganisation definiert und dokumentiert werden. Eine angemessene Dokumentation des Qualitätssicherungssystems schließt folgende Punkte ein:

a) Qualitätssicherungs-Handbuch: Dieses sollte eine Beschreibung des Qualitätssicherungssystems zur ständigen Bezugnahme bieten.

   Es sollte enthalten
   - die Qualitätspolitik;
   - die Qualitätsziele;
   - die Struktur der Organisation einschließlich Verantwortlichkeiten;
   - eine Beschreibung des Qualitätssicherungssystems einschließlich aller Elemente und Bestimmungen, die einen Teil davon bilden;
   - die Qualitätspraktiken der Organisation;
   - die Struktur und den Verteiler der Dokumentation des Qualitätssicherungssystems.

b) Qualitätssicherungsplan: Dieser sollte die spezifischen Qualitätspraktiken, die Mittel und die Reihenfolge von Tätigkeiten für eine spezielle Dienstleistung beschreiben.

c) Verfahrensanweisungen: Dies sind schriftlich niedergelegte Festlegungen über Zweck und Anwendungsbereich der Tätigkeiten der Dienstleistungsorganisation zur Erfüllung der Erfordernisse des Kunden. Sie legen fest, wie die Tätigkeiten durchzuführen, zu lenken und darüber Aufzeichnungen zu führen sind. Verfahrensanweisungen sollten vereinbart, für das Personal zugänglich und von all denjenigen, die eine Schnittstelle zu deren Arbeit haben, verstanden sein.

d) Qualitätsaufzeichnungen: Diese liefern Informationen
   - über den Grad, bis zu dem die Qualitätsziele erreicht wurden;
   - über das Außmaß der Zufriedenheit oder Unzufriedenheit des Kunden mit der Dienstleistung;
   - über die Ergebnisse des Review des Qualitätssicherungssystems und die Verbesserung der Dienstleistung;
   - für Analysen, um Qualitätstendenzen zu identifizieren;
   - für Korrekturmaßnahmen und deren Wirksamkeit;

5.4.3 Quality documentation and records

5.4.3.1 Documentation system

All service elements, requirements and provisions incorporated in the quality system should be defined and documented as part of the service organization's overall documentation. Appropriate quality system documentation includes the following.

a) Quality manual: This should provide a description of the quality system as a permanent reference.

   It should contain
   - the quality policy;
   - the quality objectives;
   - the structure of the organization, including responsibilities;
   - a description of the quality system, including all elements and provisions that form part of it;
   - the quality practices of the organization;
   - the structure and distribution of the quality system documentation.

b) Quality plan: This should describe the specific quality practices, resources and the sequence of activities relevant to a particular service.

c) Procedures: These are written statements which specify the purpose and scope of activities in the service organization to meet customer needs. They define how the activities are to be conducted, controlled and recorded.

   Procedures should be agreed, be accessible to personnel and understood by all those who interface with their operation.

d) Quality records: These provide information
   - on the degree of achievement of the quality objectives;
   - on the level of customer satisfaction and dissatisfaction with the service;
   - about the results of the quality system for review and improvement of the service;
   - for analysis to identify quality trends;
   - for corrective action and its effectiveness;

5.4.3 Documentation et enregistrements relatifs à la qualité

5.4.3.1 Système de documentation

Tous les éléments, exigences et dispositions relatives aux services faisant partie du système qualité doivent être définis et documentés dans le cadre de la documentation générale de l'organisme de service. Pour remplir son rôle, la documentation du système qualité doit comprendre les éléments suivants.

a) Manuel qualité: Il doit fournir une description du système qualité et servir de référence permanente.

   Il doit contenir
   - la politique qualité;
   - les objectifs qualité;
   - la structure de l'organisme y compris la définition des responsabilités;
   - une description exhaustive et détaillée du système qualité;
   - les pratiques qualité de l'organisme;
   - la structure et la diffusion de la documentation du système qualité.

b) Plan qualité: Il décrit les pratiques qualités spécifiques, les ressources et les séquences d'activités propres à un service donné.

c) Procédures: Déclarations écrites qui précisent l'objectif et l'étendue des activités effectuées par l'organisme de service pour satisfaire les besoins du client. Elles définissent la façon dont les activités sont effectuées, maîtrisées et enregistrées.

   Les procédures doivent être approuvées, accessibles aux personnes et compréhensibles par tous ceux qui sont concernés par la mise en œuvre.

d) Enregistrements relatifs à la qualité: Ils fournissent des informations sur
   - le degré de réalisation des objectifs qualité;
   - la satisfaction et le mécontentement du client concernant le service;
   - les résultats du système qualité en vue de l'analyse et de l'amélioration du service;
   - les analyses effectuées pour identifier les tendances de la qualité;
   - les actions correctives et leur efficacité;

- über angemessene Leistung der Unterlieferanten;
- über die Fertigkeiten und die Schulung des Personals;
- über Konkurrenz-Unternehmen.

Die Qualitätsaufzeichnungen sollten

- als gültig nachgewiesen sein;
- leicht wieder auffindbar sein;
- während eines bezeichneten Zeitraumes aufbewahrt werden;
- während der Aufbewahrung vor Beschädigung, Verlust und Beeinträchtigungen geschützt sein.

Die oberste Leitung sollte die Politik für den Zugang zu den Qualitätsaufzeichnungen festlegen.

5.4.3.2 Lenkung der Dokumente

Alle Dokumente sollten lesbar, datiert (eingeschlossen die Revisionsdaten), klar und leicht identifizierbar sein sowie den Genehmigungsstatus tragen.

Es sollten Methoden zur Lenkung der Ausgabe, Verteilung und Revision festgelegt werden. Diese Methoden sollten sicherstellen, daß die Dokumente

- von bevollmächtigtem Personal genehmigt werden;
- freigegeben und in den Bereichen, in denen die Informationen benötigt werden, verfügbar gemacht werden;
- verstanden und für Anwender annehmbar sind;
- zwecks Durchführung erforderlicher Revisionen überarbeitet werden;
- entfernt werden, falls sie veraltet sind.

5.4.4 Interne Qualitätsaudits

Es sollten periodisch interne Qualitätsaudits durchgeführt werden, um die Verwirklichung und Wirksamkeit des Qualitätssicherungssystems sowie die Befolgung der Spezifikation für die Dienstleistung (siehe 6.2.3), der Spezifikation für das Erbringen der Dienstleistung (siehe 6.2.4) und der Spezifikation für die Qualitätslenkung (siehe 6.2.5) zu untersuchen (verifizieren).

Interne Qualitätsaudits sollten in Übereinstimmung mit Verfahrensanweisungen von kompetentem Personal, welches von den jeweiligen zu auditierende Tätigkeiten oder Bereichen unabhängig ist, geplant, durchgeführt und darüber Aufzeichnungen geführt werden.

Auditfeststellungen sollten dokumentiert und der obersten Leitung vorgelegt werden. Der für die jeweils auditierte Tätigkeit verantwortliche Bereich der obersten Leitung sollte sicherstel-

- on appropriate sub-contractors' performance;
- on the skills and training of personnel;
- on competitive comparisons.

The quality records should be

- verified as valid;
- readily retrievable;
- retained for a designated period;
- protected from damage, loss and deterioration while in storage.

Management should establish the policy for access to quality records.

5.4.3.2 Documentation control

All documentation should be legible, dated (including revision dates), clear, readily identifiable and carry authorization status.

Methods should be established to control the issue, distribution and revision of documents. The methods should ensure that documents are:

- approved by authorized personnel;
- released and made available in the areas where the information is needed;
- understood and acceptable to users;
- reviewed for any necessary revision;
- removed when obsolete.

5.4.4 Internal quality audits

Internal quality audits should be performed periodically to verify the implementation and effectiveness of the quality system and adherence to the service specification (see 6.2.3), the service delivery specification (see 6.2.4) and the quality control specification (see 6.2.5).

Internal quality audits should be planned, performed and recorded in accordance with documented procedures by competent personnel who are independent of the specific activities or areas being audited.

Audit findings should be documented and submitted to senior management. Management responsible for the activity

- la qualité de la prestation du sous-traitant;
- les compétences et la formation du personnel;
- la comparaison avec la concurrence.

Les enregistrements qualité doivent être

- vérifiés pour être validés;
- faciles d'accès;
- conservés pendant une période déterminée;
- protégés contre tout dommage, perte, détérioration pendant l'archivage.

La direction doit définir une politique d'accès aux enregistrements relatifs à la qualité.

5.4.3.2 Maîtrise des documents

Tous les documents doivent être lisibles, datés (y compris les dates de révision), clairs, faciles à identifier et comporter l'état de leur approbation.

Il faut définir des méthodes permettant d'assurer la maîtrise de l'édition, de la diffusion et de la révision des documents. Les méthodes doivent garantir que les documents sont

- approuvés par le personnel autorisé;
- diffusés et mis à disposition là où l'information est nécessaire;
- compréhensibles et recevables par les utilisateurs;
- examinés aux fins de révision, si nécessaire;
- retirés lorsqu'ils sont périmés.

5.4.4 Audits qualité internes

Des audits qualité internes doivent être effectués périodiquement afin de vérifier la mise en œuvre et l'efficacité du système qualité, ainsi que sa conformité à la spécification du service (voir 6.2.3), à la spécification de la prestation du service (voir 6.2.4) et à la spécification de la maîtrise de la qualité (voir 6.2.5).

Les audits qualité internes doivent être planifiés, réalisés et enregistrés selon des procédures écrites, et ce, par des personnes compétentes qui sont indépendantes des activités ou des secteurs à auditer.

Les résultats de l'audit doivent être documentés et soumis à la direction générale. La direction responsable de l'activité auditée doit veiller à la mise len, daß notwendige und angemessene Korrekturmaßnahmen im Hinblick auf die Auditfeststellungen erfolgen.

Verwirklichung und Wirksamkeit von in vorausgegangenen Audits empfohlenen Korrekturmaßnahmen sollte beurteilt werden.

Anmerkung 13: Bezüglich weiterer Informationen über Qualitätsaudits und als Leitfaden wird ISO 10 011-1 empfohlen.

5.5 Schnittstelle zum Kunden

5.5.1 Allgemeines

Die oberste Leitung sollte für ein wirkungsvolles Zusammenwirken zwischen Kunden und dem Personal der Dienstleistungsorganisation sorgen. Dies ist für die Dienstleistungsqualität, wie sie vom Kunden wahrgenommen wird, von entscheidender Bedeutung.

Die oberste Leitung kann diese Einsicht beeinflussen, indem sie ein angemessenes Image schafft, das auf der Realität der Tätigkeiten basiert, die durchgeführt wurden, um Kundenbedürfnisse zu erfüllen. Dieses von Personal aller Stufen gezeigte Image hat eine nachhaltige Wirkung auf die Beziehung der Dienstleistungsorganisation zu ihren Kunden.

Personal mit direktem Kundenkontakt ist eine wichtige Quelle für Informationen über den fortschreitenden Qualitätsverbesserungsprozess. Die oberste Leitung sollte regelmäßig die benutzten Methoden zur Förderung der Kundenkontakte überprüfen.

5.5.2 Kommunikation mit Kunden

Kommunikation mit Kunden schließt ein, ihnen zuzuhören und sie zu informieren. Schwierigkeiten, die bei der Kommunikation oder beim Zusammenwirken mit Kunden, einschließlich internen Kunden, auftraten, sollten unverzüglich beachtet werden. Diese Schwierigkeiten liefern wichtige Informationen über Bereiche des Prozesses des Erbringens der Dienstleistung, die zu verbessern sind. Wirksame Kommunikation mit den Kunden umfaßt

- die Beschreibung der Dienstleistung, ihren Umfang, ihre Verfügbarkeit und Rechtzeitigkeit der Lieferung;
- die Angabe, wieviel die Dienstleistung kosten wird;
- die Erklärung der wechselseitigen Beziehungen zwischen Dienstleistung, Lieferung und Kosten;
- die Aufklärung der Kunden über die Auswirkung jeglicher Probleme und darüber, wie sie — falls sie auftreten sollten — gelöst werden;

being audited should ensure that necessary and appropriate corrective actions are taken in respect of the audit findings.

Implementation and effectiveness of corrective actions resulting from previous audits should be assessed.

Note 13: ISO 10011-1 is recommended for further information and guidance on quality audits.

5.5 Interface with customers

5.5.1 General

Management should establish effective interaction between customers and the service organization's personnel. This is crucial to the quality of service perceived by the customer.

Management can influence this perception by creating an appropriate image based on the reality of actions taken to meet customer needs. This image, presented by personnel at all levels, has a primary effect on the service organization's relationship with the customer.

Personnel with direct customer contact are an important source of information for the ongoing quality improvement process. Management should regularly review the methods used for promoting contacts with customers.

5.5.2 Communication with customers

Communication with customers involves listening to them and keeping them informed. Difficulties in communication or interactions with customers, including internal customers, should be given prompt attention. These difficulties provide important information on areas for improvements in the service delivery process. Effective communication with customers involves:

- describing the service, its scope, its availability and timeliness of delivery;
- stating how much the service will cost;
- explaining the interrelationships between service, delivery and cost;
- explaining to customers the effect of any problems, and how they will be resolved, should they arise;

en œuvre des actions correctives nécessaires et appropriées conformément aux résultats de l'audit.

La mise en œuvre et l'efficacité des actions correctives recommandées au cours des audits précédents doivent être évaluées.

Note 13: Il est recommandé de se reporter à l'ISO 10 011-1 pour plus amples informations et conseils concernant les audits qualité.

5.5 Interface avec les clients

5.5.1 Généralités

La direction doit prendre des mesures appropriées pour assurer une interaction efficace entre les clients et le personnel de l'organisme de service. C'est d'une importance vitale pour la qualité du service perçue par le client.

La direction peut influencer cette perception en créant une image appropriée fondée sur la réalité des actions entreprises pour satisfaire les besoins du client. Cette image présentée par le personnel à tous les niveaux est essentielle dans la relation entre l'organisme de service et ses clients.

Le personnel en contact direct avec les clients est une source d'informations importante pour l'amélioration continue de la qualité. La direction doit régulièrement procéder à la revue des méthodes appropriées pour améliorer les contacts avec la clientèle.

5.5.2 Communication avec les clients

La communication avec les clients implique de les écouter et de les tenir informés. Les difficultés de communication ou d'interaction avec les clients, y compris les clients internes, doivent faire l'objet d'une attention vigilante. Ces difficultés fournissent d'importantes informations dans les domaines susceptibles d'amélioration du processus de prestation de service. La communication efficace avec les clients implique

- de décrire le service, son objet, sa disponibilité et les délais de sa prestation;
- de préciser le coût du service;
- d'expliquer les relations entre le service, sa prestation et son coût;
- d'expliquer aux clients en cas de problème, les conséquences de ce dernier et la façon dont il sera résolu;

— die Sicherstellung, daß Kunden sich des Beitrages, den sie zur Dienstleistungsqualität leisten können, bewußt sind;
— die Bereitstellung angemessener, leicht zugänglicher Mittel zur wirksamen Kommunikation;
— die Ermittlung der Beziehung zwischen der angebotenen Dienstleistung und den tatsächlichen Bedürfnissen des Kunden.

Das Empfinden des Kunden bezüglich der Dienstleistungsqualität wird oft durch Kommunikation mit den Mitarbeitern und Einrichtungen der Dienstleistungsorganisation in Erfahrung gebracht.

Anmerkung 14: Die Kommunikation mit den Kunden wird durch unangemessene Mittel ungünstig beeinflußt.

— ensuring that customers are aware of the contribution they can make to service quality;
— providing adequate and readily accessible facilities for effective communication;
— determining the relationship between the service offered and the real needs of the customer.

The customers' perception of service quality is acquired often through communication with the service organization's personnel and facilities.

Note 14: Communication with the customers will be adversely affected by inadequate resources.

— de s'assurer que les clients sont informés de la contribution qu'ils peuvent apporter à la qualité du service;
— de fournir des moyens adaptés et facilement accessibles pour une communication efficace;
— d'établir la relation entre le service offert et les besoins réels du client.

La perception de la qualité du service par les clients se fait souvent au travers des relations avec le personnel de l'organisme de service et de l'utilisation des moyens mis à disposition.

Note 14: Des ressources inadéquates auront un effet défavorable sur la communication avec les clients.

6 Ablaufelemente eines Qualitätsicherungssystems

6.1 Marketingprozeß

6.1.1 Qualität in Marktforschung und -analyse

Es ist die Verantwortung des Marketings, den Bedarf und die Nachfrage nach einer Dienstleistung zu ermitteln und zu fördern. Nützliche Vorgehensweisen schließen Untersuchungen und Befragungen zur Erlangung von Marktinformationen ein.

Die oberste Leitung sollte Verfahren zur Planung und Verwirklichung von Marktaktivitäten einrichten.

Mit der Qualität im Marketing verbundene Elemente sollten einschließen

— die Feststellung von Kundenerfordernissen und -erwartungen im Hinblick auf die angebotene Dienstleistung (z.B. Verbrauchergeschmack, Dienstleistungs-(Anspruchs-) Klasse und erwartete Zuverlässigkeit, Verfügbarkeit, unausgesprochene Erwartungen oder kundenseitige Vorlieben);
— ergänzende Dienstleistungen;
— Tätigkeiten und Leistungen von Konkurrenten;
— Überblick über die Gesetzgebung (z.B. betreffend Gesundheit, Sicherheit und Umwelt) sowie relevante nationale und internationale Normen und Regelwerke;
— Analyse und Überprüfung von Kundenforderungen, Dienstleistungsdaten und Vertragsinformationen, die zusammengetragen worden sind. (Die einschlägigen Zusammenfassungen der analysierten Daten sollten dem Personal im Design und bei der Dienstleistungslieferung mitgeteilt werden);

6 Quality system operational elements

6.1 Marketing process

6.1.1 Quality in market research and analysis

A responsibility of marketing is to determine and promote the need and demand for a service. Useful approaches include surveys and interviews for the collection of market information.

Management should establish procedures for planning and implementing market activities. Elements associated with quality in marketing should include:

— the establishment of customer needs and expectations relevant to the service offered (e.g. consumer tastes, grade of service and reliability expected, availability, unstated expectations or biases held by customers);
— complementary services;
— competitor activities and performances;
— review of legislation (e.g. health, safety and environmental) and relevant national and international standards and codes;
— analysis and review of customer requirements, service data and contract information that has been collected (relevant summaries of the analysed data should be communicated to the design and service delivery personnel);

6 Éléments opérationnels d'un système qualité

6.1 Processus de mercatique

6.1.1 Qualité dans l'analyse et l'étude du marché

Une responsabilité de la mercatique est d'identifier le besoin d'un service et d'en susciter la demande. Il est utile de pratiquer des enquêtes et des entretiens pour recueillir des informations concernant le marché.

La direction doit établir des procédures pour la planification et la mise en œuvre d'activités liées au marché. Parmi les éléments associés à la qualité propre à la mercatique figurent

— la détermination des besoins et des attentes du client concernant le service proposé (par exemple les goûts du consommateur, le niveau du service et la fiabilité escomptée, la disponibilité, les attentes ou les a priori non exprimés des clients);
— les services complémentaires;
— les activités et réalisations des concurrents;
— l'étude de la législation (concernant par exemple la santé, la sécurité, l'environnement) ainsi que les normes et les codes nationaux et internationaux applicables;
— l'analyse et l'étude des exigences du client, des données relatives au service et des informations concernant le contrat, qui ont été recueillies; les résumés appropriés des données analysées doivent être communiqués au personnel chargé de la conception et de la prestation du service;

- Rücksprache mit sämtlichen betroffenen Funktionen der Dienstleistungsorganisation, um ihre Verpflichtung und ihre Fähigkeit, die an die Dienstleistungsqualität gestellten Forderungen zu erfüllen, zu bestätigen;
- fortlaufende Forschung zur Untersuchung sich ändernder Markterfordernisse, neuer Technologien und der Wettbewerbseinflüsse;
- die Anwendung der Qualitätslenkung.

6.1.2 Verpflichtungen des Lieferanten

Die Verpflichtungen des Lieferanten gegenüber den Kunden können zwischen der Dienstleistungsorganisation und ihren Kunden sowohl ausdrücklich als auch stillschweigend ausgedrückt werden. Ausdrückliche Lieferantenverpflichtungen, wie beispielsweise Garantieleistungen, sollten angemessen dokumentiert werden. Vor ihrer Bekanntgabe sollten die dokumentierten Verpflichtungen auf Vereinbarkeit mit

- der zugehörigen Qualitätsdokumentation;
- der Fähigkeit des Lieferanten;
- den einschlägigen Vorschriften und gesetzlichen Forderungen

überprüft werden.

Auf diese Verpflichtungen sollte in der Kurzbeschreibung der Dienstleistung (siehe 6.1.3) verwiesen werden. Eine wirksame Verbindung zu den Kunden ist insbesondere dann wichtig, wenn Verpflichtungen des Lieferanten formell festgelegt sind.

6.1.3 Lastenheft/Pflichtenheft der Dienstleistung

Wenn einmal die Entscheidung, eine Dienstleistung anzubieten, gefällt worden ist, sollten die Ergebnisse der Marktforschung, der Analyse und die vereinbarten Lieferantenverpflichtungen in einem Lastenheft/Pflichtenheft der Dienstleistung aufgenommen werden. Dieses Lastenheft/Pflichtenheft legt die Kundenerfordernisse und die Fähigkeiten der betreffenden Dienstleistungsorganisation in Form einer Zusammenfassung von Forderungen und Anweisungen fest, die die Grundlage für das Design einer Dienstleistung bilden.

6.1.4 Dienstleistungsmanagement

Vor der Entwicklung einer Dienstleistung sollte die oberste Leitung Verfahren für die Planung, Organisation und Auslösung des Beginns der Dienstleistung und gegebenenfalls ihre eventuelle Einstellung festlegen.

Die Verantwortlichkeiten des Dienstleistungsmanagements sollten die

- consultation with all affected service organization functions to confirm their commitment and ability to meet service quality requirements;
- ongoing research to examine changing market needs, new technology and the impact of competition;
- the application of quality control.

6.1.2 Supplier obligations

Supplier obligations to customers may be expressed in an explicit or implicit manner between the service organization and its customers. Explicit supplier obligations such as warranties should be adequately documented. Prior to publication, the documented obligations should be reviewed for consistency with:

- related quality documentation;
- supplier capability;
- relevant regulatory and legal requirements.

These obligations should be referenced in the service brief (see 6.1.3). Effective liaison with customers is especially important when supplier obligations are formally defined.

6.1.3 Service brief

Once a decision has been made to offer a service, the results of the market research, analysis and the agreed supplier obligations should be incorporated into a service brief. This brief defines the customers' needs and the related service organization's capabilities as a set of requirements and instructions that form the basis for the design of a service.

6.1.4 Service management

Prior to the development of a service, management should establish procedures for planning, organizing and implementing the launch of the service and, where applicable, its eventual withdrawal.

Management responsibilities should include ensuring that all necessary

- la consultation de toutes les fonctions concernées de l'organisme de service afin de confirmer leur engagement et leur capacité à répondre aux exigences relatives à la qualité du service;
- l'étude permanente de l'évolution des besoins du marché, des nouvelles techniques et de l'impact de la concurrence;
- la mise en application de la maîtrise de la qualité.

6.1.2 Obligations du fournisseur

Les obligations du fournisseur vis-à-vis des clients peuvent être exprimées d'un manière explicite ou implicite entre l'organisme de service et ses clients. Le fournisseur doit documenter de manière adéquate ses obligations explicites (garanties, par exemple). Avant publication, la cohérence des obligations documentées doit être vérifiée sur trois points:

- la documentation relative à la qualité;
- la capacité du fournisseur;
- les exigences réglementaires et légales à respecter.

Ces obligations doivent être citées en référence dans le descriptif du service (voir 6.1.3). Lorsque les obligations du fournisseur sont définies d'une façon formelle, la liaison efficace avec les clients prend toute son importance.

6.1.3 Descriptif du service

Dès que la décision d'offrir un service a été prise, les résultats de l'étude et de l'analyse du marché, ainsi que les obligations acceptées par le fournisseur doivent être incorporés dans un descriptif du service. Ce descriptif définit les besoins du client et les capacités correspondantes de l'organisme de service, sous forme d'un ensemble d'exigences et d'instructions devant servir de base à la conception du service.

6.1.4 Gestion du service

Avant l'élaboration d'un service, la direction doit établir les procédures de planification, d'organisation et de lancement et le cas échéant, celles de son retrait définitif.

Il incombe aussi à la direction la responsabilité de s'assurer que toutes les ressources nécessaires, les moyens et

Sicherstellung einschließen, daß alle notwendigen Mittel, Einrichtungen und technischen Unterstützungen verfügbar sind und zwar zu dem für jeden Prozeß, der zum Auslösen der Dienstleistung beiträgt, geplanten Zeitpunkt.

Eingeschlossen in diese Planung sollte auch die Verantwortung zur Sicherstellung dessen sein, daß die Forderungen an die Dienstleistung sowie die Forderungen an das Erbringen der Dienstleistung jeweils eine ausdrückliche Vorkehrung enthalten bezüglich Sicherheitsaspekten, möglicher Haftungen und angemessener Mittel zur Minimierung des Risikos für Personal, Kunden und die Umwelt.

6.1.5 Qualität in der Werbung

Jegliche Werbung für eine Dienstleistung sollte die Spezifikation für die Dienstleistung widerspiegeln und die Kundenwahrnehmung der erbrachten Dienstleistung berücksichtigen. Die Marketingfunktion sollte die Haftungsrisiken und finanziellen Folgen des Angebotes übertriebener oder haltloser Behauptungen über die Dienstleistung erkennen.

6.2 Designprozeß

6.2.1 Allgemeines

Der Designprozeß für eine Dienstleistung schließt die Umwandlung des Lastenheftes/Pflichtenheftes für die Dienstleistung, (siehe 6.1.3) in Spezifikationen sowohl für die Dienstleistung, für ihr Erbringen als auch für die Qualitätslenkung in Widerspiegelung der Möglichkeiten (d. h. Ziele, Politiken und Kosten) der Organisation ein.

In der Spezifikation für die Dienstleistung wird die zu erbringende Dienstleistung festgelegt, während in der Spezifikation für das Erbringen der Dienstleistung die Mittel und Methoden, die zum Erbringen der Dienstleistung gebraucht werden, festgelegt werden. In der Spezifikation für die Qualitätslenkung sind die Verfahren zur Bewertung und Lenkung der Merkmale der Dienstleistung und der Merkmale des Erbringens der Dienstleistung festgelegt.

Der Entwurf der Spezifikation für die Dienstleistung, der Spezifikation für das Erbringen der Dienstleistung und der Spezifikation für die Qualitätslenkung sind während des gesamten Designprozesses voneinander abhängig und stehen miteinander in Wechselbeziehung. Ablaufdiagramme sind eine nützliche Methode, alle Tätigkeiten, Beziehungen und Abhängigkeiten darzustellen.

Auf den Designprozeß selbst sollten die Grundsätze der Qualitätslenkung angewendet werden.

resources, facilities and technical supports are available against the planned timescales for each process contributing to the service launch.

Included in this planning should be a responsibility for ensuring that service requirements and service delivery requirements each contain explicit provision for safety aspects, potential liabilities and appropriate means to minimize risks to personnel, customers and the environment.

6.1.5 Quality in advertising

Any advertisement of a service should reflect the service specification and take account of the customers' perception of the quality of service provided. The marketing function should recognize the liability risks and financial implications of offering exaggerated or unsubstantiated claims for a service.

6.2 Design process

6.2.1 General

The process of designing a service involves converting the service brief (see 6.1.3) into specifications for both the service and its delivery and control, while reflecting the organization's options (i.e. aims, policies and costs).

The service specification defines the service to be provided, whereas the service delivery specification defines the means and methods used to deliver the service. The quality control specification defines the procedures for evaluating and controlling the service and service delivery characteristics.

Design of the service specification, the service delivery specification and quality control specification are interdependent and interact throughout the design process. Flow charts are a useful method to depict all activities, relationships and interdependences.

The principles of quality control should be applied to the design process itself.

les supports techniques sont disponibles dans des délais planifiés pour chaque processus contribuant au lancement du service.

Cette planification doit faire figurer parmi les exigences du service et parmi celles de la prestation du service une clause explicite concernant la sécurité, les responsabilités potentielles et les moyens appropriés de minimiser les risques encourus par le personnel, les clients et l'environnement. Elle doit aussi préciser qui en assume la responsabilité.

6.1.5 Qualité dans la publicité

Toute publicité relative à un service doit refléter la spécification du service et tenir compte de la perception du client, concernant la qualité du service fourni. La fonction mercatique doit identifier les responsabilités et les conséquences financières résultant de déclarations exagérées ou non fondées faites à l'égard d'un service.

6.2 Processus de conception

6.2.1 Généralités

Le processus de conception d'un service implique de traduire le descriptif du service (voir 6.1.3) en spécifications concernant aussi bien le service, sa prestation que sa maîtrise, tout en reflétant les options de l'organisme de service (c'est-à-dire les objectifs, les choix politiques et les coûts).

La spécification du service définit le service qui doit être fourni tandis que la spécification de la prestation du service définit les moyens et les méthodes employés pour la prestation de service. La spécification de la maîtrise de la qualité définit les procédures pour l'évaluation et la maîtrise des caractéristiques du service et de sa prestation.

L'élaboration de la spécification du service, et de la prestation du service et celle de la maîtrise de la qualité sont interdépendantes et leur interaction s'étend sur toute la durée de l'élaboration. Les logigrammes contribuent utilement à la représentation de toutes les activités, de leurs relations et de leur interdépendance.

Les principes de la maîtrise de la qualité doivent être appliqués au processus de conception lui-même.

6.2.2 Design — Verantwortungen

Die oberste Leitung sollte die Verantwortungen für das Dienstleistungsdesign zuweisen und sicherstellen, daß alle, die zum Design beitragen, sich ihrer Verantwortung zur Erzielung von Dienstleistungsqualität bewußt sind. Die Verhütung von Dienstleistungsfehlern ist in diesem Stadium weniger kostspielig als die Korrektur während des Erbringens der Dienstleistung.

Die Verantwortung sollte einschließen

- Planung, Vorbereitung, Validierung, Aufrechterhaltung und Lenkung der Spezifikation für die Dienstleistung (siehe 6.2.3), der Spezifikation für das Erbringen der Dienstleistung (siehe 6.2.4) und der Spezifikation für die Qualitätslenkung (siehe 6.2.5);
- Spezifizieren von für den Prozeß des Erbringens der Dienstleistung zu beschaffenden Produkten einschließlich Dienstleistungen (siehe 6.2.4.3);
- Einführung und Verwirklichung des Design-Review für jede Phase des Dienstleistungsdesigns (siehe 6.2.6);
- Aufzeigen, daß der verwirklichte Prozeß des Erbringens der Dienstleistung die im Lastenheft/Pflichtenheft für die Dienstleistung enthaltenen Forderungen (siehe 6.2.7) erfüllt;
- Aktualisieren der Spezifikation für die Dienstleistung, der Spezifikation für das Erbringen der Dienstleistung und der Spezifikation für die Qualitätslenkung als Reaktion auf Rückmeldungen oder andere externe Anregungen, falls notwendig (siehe 6.2.8).

Während des Entwerfens der Spezifikation für die Dienstleistung, der Spezifikation für das Erbringen der Dienstleistung und der Spezifikation für die Qualitätslenkung ist es wichtig,

- Veränderungen in der Dienstleistungsnachfrage einzuplanen;
- eine Analyse durchzuführen, um den Auswirkungen möglicher Fehler aufgrund systematischer oder zufälliger Ursachen sowie über den Einflußbereich des Lieferanten hinausgehender Fehleraspekte der Dienstleistung zuvorzukommen;
- Eventualfallpläne für die Dienstleistung zu entwickeln.

6.2.2 Design responsibilities

Management should assign responsibilities for service design and ensure that all those who contribute to the design are aware of their responsibilities for achieving service quality. The prevention of service defects at this stage is less costly than correction during service delivery.

Design responsibilities should include:

- planning, preparation, validation, maintenance and control of the service specification (see 6.2.3), the service delivery specification (see 6.2.4) and the quality control specification (see 6.2.5);
- specifying products and services to be procured for the service delivery process (see 6.2.4.3);
- implementing design reviews for each phase of the service design (see 6.2.6);
- validating that the service delivery process, as implemented, meets the service brief requirements (see 6.2.7);
- updating the service specification, the service delivery specification and the quality control specification in response to feedback or other external stimuli, when necessary (see 6.2.8).

During design of the service specification, the service delivery specification and the quality control specification, it is important to:

- plan for variations in the service demand;
- carry out an analysis to anticipate the effects of possible systematic and random failures and also service failure aspects beyond the supplier's control;
- develop contingency plans for the service.

6.2.2 Responsabilités de la conception

Les responsabilités de la conception du service doivent être attribuées par la direction qui doit, en outre, s'assurer que tous ceux qui participent à cette conception ont conscience de leurs responsabilités dans l'obtention de la qualité du service. Prévenir des défauts à ce stade est moins coûteux que de les corriger pendant la prestation du service.

Les responsabilités de la conception comprennent

- la planification, la préparation, la validation, l'actualisation et la maîtrise de la spécification du service (voir 6.2.3), de la spécification de la prestation du service (voir 6.2.4) et de la spécification de la maîtrise de la qualité (voir 6.2.5);
- les spécifications des produits et services à approvisionner pour les intégrer au processus de la prestation du service (voir 6.2.4.3);
- la mise en œuvre de revues de conception pour chaque phase de la conception du service (voir 6.2.6);
- la validation de la conformité du processus de la prestation de service, dans sa mise en œuvre, aux exigences du descriptif du service (voir 6.2.7);
- la mise à jour de la spécification du service, de la spécification de la prestation du service et de celle de la maîtrise de la qualité à la suite du retour d'information ou d'autres raisons externes quand cela est nécessaire (voir 6.2.8).

Pendant l'élaboration de la spécification du service, de la spécification de la prestation du service et de celle de la maîtrise de la qualité, il est important

- de prévoir les fluctuations de la demande en matière de service;
- de procéder à une analyse afin d'anticiper les conséquences d'éventuelles défaillances systématiques ou aléatoires ainsi que celles qui échappent au contrôle du fournisseur;
- de mettre au point des plans d'urgence pour le service.

6.2.3 Spezifikation für die Dienstleistung

Die Spezifikation für die Dienstleistung sollte eine vollständige und genaue Darstellung der zu erbringenden Dienstleistung enthalten, einschließlich

- einer klaren Beschreibung der Dienstleistungsmerkmale, die der Bewertung durch den Kunden unterliegen (siehe 3.4);
- ein Annahmekriterium bezüglich jeden Dienstleistungsmerkmals.

6.2.3 Service specification

The service specification should contain a complete and precise statement of the service to be provided, including:

- a clear description of the service characteristics subject to customer evaluation (see 3.4);
- a standard of acceptability for each service characteristic.

6.2.3 Spécification du service

La spécification du service doit comprendre une description complète et précise du service à fournir, y compris

- une description claire des caractéristiques du service qui font l'objet d'évaluation par le client (voir 3.4);
- un critère d'acceptation pour chacune des caractéristiques du service.

6.2.4 Spezifikation für das Erbringen der Dienstleistung

6.2.4.1 Allgemeines

Die Spezifikation für das Erbringen der Dienstleistung sollte Verfahren des Erbringens der Dienstleistung, die die im Prozeß für das Erbringen der Dienstleistung anzuwendende Methoden beschreiben, enthalten einschließlich

— einer klaren Beschreibung der Merkmale des Erbringens der Dienstleistung, die sich direkt auf die Ausführung der Dienstleistung auswirken (siehe 4.1);
— eines Annahmekriteriums bezüglich jeden Merkmals des Erbringens der Dienstleistung;
— Forderungen an die Mittel, welche die Art und die Menge der Ausrüstung und Einrichtungen detaillieren, die zur Erfüllung der Spezifikation für die Dienstleistung notwendig sind;
— Vertrauen in Unterlieferanten für eingekaufte Produkte einschließlich Dienstleistungen.

Die Spezifikation für das Erbringen der Dienstleistung sollte die Ziele, Politiken und Fähigkeiten der Dienstleistungsorganisation als auch jegliche Gesundheits-, Sicherheits-, Umwelt- oder andere gesetzliche Forderungen in Betracht ziehen.

6.2.4.2 Verfahren für das Erbringen der Dienstleistung

Der Entwurf eines Prozesses des Erbringens der Dienstleistung kann zweckmäßigerweise durch Unterteilung des Prozesses in getrennte Arbeitsphasen erreicht werden, unterstützt durch Verfahren, welche die Tätigkeiten, die mit jeder Phase verbunden sind, beschreiben. Besondere Aufmerksamkeit sollte auf die Schnittstellen zwischen den verschiedenen Arbeitsphasen gerichtet werden. Beispiele für Arbeitsphasen bei Dienstleistungen sind

— die Lieferung von Informationen über die den Kunden angebotenen Dienstleistungen;
— Entgegennahme der Bestellung;
— die Festlegung von Maßnahmen für die Dienstleistung und das Erbringen der Dienstleistung;
— die Rechnungslegung und das Einziehen der Beträge für die Dienstleistung.

Detaillierte Ablaufdiagramme des Prozesses des Erbringens der Dienstleistung können bei dieser Unterteilung helfen.

Anmerkung 15: Der Inhalt, die geeignete Reihenfolge und die Vollständigkeit von Arbeitsphasen können sich je nach dem Typ der zu erbringenden Dienstleistung unterscheiden.

6.2.4 Service delivery specification

6.2.4.1 General

The service delivery specification should contain service delivery procedures describing the methods to be used in the service delivery process, including:

— a clear description of the service delivery characteristics that directly affect service performance (see 4.1);
— a standard of acceptability for each service delivery characteristic;
— resource requirements detailing the type and quantity of equipment and facilities necessary to fulfil the service specification;
— number and skills of personnel required;
— reliance on sub-contractors for purchased products and services.

The service delivery specification should take account of the aims, policies and capabilities of the service organization, as well as any health, safety, environmental or other legal requirements.

6.2.4.2 Service delivery procedures

Design of the service delivery process may usefully be achieved by subdividing the process into separate work phases supported by procedures describing the activities involved at each phase. Particular attention should be given to the interfaces between separate work phases. Examples of work phases involved in services are:

— providing information about services offered to customers;
— taking the order;
— establishing provisions for the service and delivering the service;
— billing and collecting charges for the service.

Detailed flow charts of the service delivery process can assist in this subdivision.

Note 15: The content, appropriate order and completeness of work phases may vary according to the type of service involved.

6.2.4 Spécification de la prestation du service

6.2.4.1 Généralités

La spécification de la prestation du service doit comprendre les procédures de la prestation du service décrivant les méthodes à utiliser dans le processus de la prestation de service, y compris

— une description précise des caractéristiques de la prestation du service qui influent directement sur la réalisation du service (voir 4.1);
— un critère d'acceptation pour chacune des caractéristiques de la prestation du service;
— les exigences en matière de ressources précisant le type et la quantité d'équipements, ainsi que les moyens requis pour satisfaire à la spécification du service;
— le nombre de personnes requis, ainsi que leurs compétences;
— le recours à des sous-traitants pour des produits et services achetés.

La spécification de la prestation du service doit prendre en compte les objectifs, la politique, les capacités de l'organisme de service aussi bien que la santé, la sécurité, l'environnement, ou d'autres exigences légales.

6.2.4.2 Procédures de la prestation du service

La conception du processus de la prestation du service peut utilement être réalisée en subdivisant celui-ci en phases de travail distinctes faisant l'objet de procédures décrivant les activités phase par phase. Une attention toute particulière doit être prêtée aux interfaces entre phases de travail individuelles. Parmi les exemples de phases de travail liées à des services figurent

— la fourniture de renseignements sur les services offerts aux clients;
— la prise de commande;
— les dispositions concernant le service et sa prestation;
— la facturation et le paiement du service.

L'emploi de logigrammes détaillés peut faciliter le découpage en phases du processus de prestations du service.

Note 15: Suivant le type de service, le contenu, l'ordre de succession des séquences et le nombre de phases de travail peuvent varier.

6.2.4.3 Qualität bei der Beschaffung

Eingekaufte Produkte einschließlich Dienstleistungen können für Qualität, Kosten, Wirksamkeit und Sicherheit der von einer Dienstleistungsorganisation erbrachten Dienstleistungen entscheidend sein. Der Beschaffung von Produkten einschließlich Dienstleistungen sollte derselbe Grad an Planung, Lenkung und Verifizierung wie den anderen internen Tätigkeiten zuteil werden. Die Dienstleistungsorganisation sollte mit Unterlieferanten eine Arbeitsbeziehung schaffen, die auch Rückmeldungen einschließt. Auf diese Weise können ein Programm fortlaufender Qualitätsverbesserungen unterstützt und qualitätsbezogene Streitigkeiten vermieden oder schnell beigelegt werden.

Beschaffungsforderungen sollten mindestens einschließen

- Einkaufsbestellungen, ausgestellt entweder als Beschreibungen oder Spezifikationen;
- die Auswahl qualifizierter Unterlieferanten;
- Vereinbarungen über Qualitätsforderungen und Forderungen an die Qualitätssicherung;
- Vereinbarungen über Qualitätssicherungs- und Verifizierungsmethoden;
- Vorkehrungen zur Beilegung von qualitätsbezogenen Streitigkeiten;
- Prüfungen der eingehenden Produkte einschließlich Dienstleistungen;
- Qualitätsaufzeichnungen über eingehende Produkte einschließlich Dienstleistungen.

Bei der Wahl eines Unterlieferanten sollte die Dienstleistungsorganisation berücksichtigen:

- Beurteilung und Bewertung vor Ort der für die Qualitätssicherung benötigten Fähigkeiten und/oder Qualitätssicherungssystem-Elemente des Unterlieferanten;
- Bewertung von Mustern des Unterlieferanten;
- bisherige Erfahrungen mit dem ausgewählten und ähnlichen Unterlieferanten;
- Prüfergebnisse ähnlicher Unterlieferanten;
- die Erfahrungen anderer Benutzer.

Anmerkung 16: Es wird empfohlen, beim Einkaufen von Produkten einschließlich Dienstleistungen je nach Zweckmäßigkeit ISO 9001, ISO 9002 oder ISO 9003 anzuwenden.

6.2.4.3 Quality in procurement

Purchased products and services may be critical to the quality, cost, efficiency and safety of the services supplied by a service organization. Procurement of products and services should be given the same level of planning, control and verification as the other internal activities. The service organization should establish a working relationship with sub-contractors, including feedback. In this way a programme of continuing quality improvements can be supported and quality disputes avoided or settled quickly.

Procurement requirements should include as a minimum:

- purchase orders, whether set out as descriptions or specifications;
- selection of qualified sub-contractors;
- agreement on quality requirements and quality assurance requirements;
- agreement on quality assurance and verification methods;
- provision for settlement of quality disputes;
- incoming product and service controls;
- incoming product and service quality records.

In selecting a sub-contractor, the service organization should consider:

- on-site assessment and evaluation of the sub-contractor's capability and/or quality system elements needed for quality assurance;
- evaluation of sub-contractor's samples;
- past history with the selected sub-contractor and similar sub-contractors;
- test results of similar sub-contractors;
- experience of other users.

Note 16: It is recommended that ISO 9001, ISO 9002 or ISO 9003, as appropriate, be used when purchasing products or services.

6.2.4.3 Qualité de l'approvisionnement

Les produits et les services achetés peuvent être essentiels à la qualité, au coût, à l'efficacité et à la sûreté des services fournis par un organisme de service. L'approvisionnement de produits et de services doit faire l'objet du même niveau de planification, de maîtrise et de vérification que les autres activités internes.

L'organisme de service doit établir des relations opérationnelles permettant le retour d'information avec ses sous-traitants. Ceci contribue au programme d'amélioration continue de la qualité et permet d'éviter ou de régler rapidement les litiges concernant la qualité.

Pour l'achat de produits ou de services, la liste minimale des exigences concernant l'approvisionnement comprend

- des commandes d'achats rédigées sous forme de descriptions ou de spécifications;
- une sélection de sous-traitants qualifiés;
- un accord sur les exigences en matière de la qualité et de l'assurance de la qualité;
- un accord sur l'assurance de la qualité et les méthodes de vérification;
- des dispositions pour le règlement des litiges concernant la qualité;
- le contrôle des produits et services à l'arrivée;
- des enregistrements relatifs à la qualité de ces produits et services.

Lors de la sélection d'un sous-traitant, l'organisme de service doit prendre en considération

- l'estimation et l'évaluation sur place des capacités du sous-traitant et/ou des éléments du système qualité nécessaires à l'assurance de la qualité;
- l'évaluation des échantillons fournis par les sous-traitants;
- l'historique des relations antérieures avec le sous-traitant sélectionné et des sous-traitants semblables;
- les résultats d'essais de sous-traitants semblables;
- l'expérience d'autres utilisateurs.

Note 16: Lors de l'achat de produits ou services, il est recommandé d'utiliser, suivant le cas, l'ISO 9001, l'ISO 9002 ou l'ISO 9003.

6.2.4.4 Den Kunden vom Lieferanten für die Dienstleistung und für das Erbringen der Dienstleistung beigestellte Ausrüstung

Die Dienstleistungsorganisation sollte in dem Falle, daß eine Ausrüstung zum Gebrauch durch den Kunden bereitgestellt wird, sicherstellen, daß diese Ausrüstung für ihren Zweck geeignet ist und, soweit verlangt, schriftliche Anleitungen zu ihrem Gebrauch gegeben werden.

6.2.4.5 Identifikation und Rückverfolgbarkeit der Dienstleistung

Wo es zweckmäßig ist, sollte die Dienstleistungsorganisation während des gesamten Prozesses des Erbringens der Dienstleistung die Herkunft eines jeden Produktes einschließlich jeder Dienstleistung, das Teil der erbrachten Dienstleistung ist, identifizieren und aufzeichnen, und zwar einschließlich der persönlichen Verantwortung für die Verifikation und andere Dienstleistungstätigkeiten, um für Fälle von Fehlern/Nichtkonformitäten, Kundenbeschwerden und Haftung die Rückverfolgbarkeit sicherzustellen.

6.2.4.6 Handhabung, Lagerung, Verpackung, Versand und Schutz von Kundeneigentum

Die Dienstleistungsorganisation sollte eine wirksame Lenkung der Handhabung, der Lagerung, der Verpackung, des Versandes und des Schutzes des Kundeneigentums, für die die Dienstleistungsorganisation während des Erbringens der Dienstleistung verantwortlich ist oder mit denen sie in Berührung kommt, festlegen.

6.2.5 Spezifikation für die Qualitätslenkung

Die Qualitätslenkung sollte als integraler Bestandteil von Prozessen des Erbringens der Dienstleistung entworfen werden bezüglich Marketing, Design und Erbringen der Dienstleistung. Die für die Qualitätslenkung entwickelte Spezifikation sollte die wirksame Lenkung jedes Prozesses des Erbringens der Dienstleistung ermöglichen, um sicherzustellen, daß die Dienstleistung konsequent die Spezifikation für die Dienstleistung erfüllt und den Kunden zufriedenstellt.

Zum Entwerfen der Qualitätslenkung gehören

- Identifikation von Schlüsseltätigkeiten innerhalb jeden Prozesses, die einen bedeutenden Einfluß auf die festgelegte Dienstleistung haben;
- Analyse der Schlüsseltätigkeiten, um diejenigen Merkmale auszuwählen, deren Messung und Lenkung die (zufriedenstellende) Qualität der Dienstleistung sicherstellen werden;

6.2.4.4 Supplier-provided equipment to customers for service and service delivery

The service organization should ensure that when equipment is provided for use by a customer, this equipment is suitable for its purpose, and that written instructions are given, as required, for its use.

6.2.4.5 Service identification and traceability

Where appropriate, the service organization should identify and record the source of any product or service that forms part of the service provided, including personal responsibility for verification and for other service actions throughout the service delivery process to ensure traceability in cases of nonconformity, customer complaint and liability.

6.2.4.6 Handling, storage, packaging, delivery and protection of customers' possessions

The service organization should establish effective controls for the handling, storage, packaging, delivery and protection of customers' possessions which the service organization is responsible for, or comes into contact with, during the delivery of the service.

6.2.5 Quality control specification

Quality control should be designed as an integral part of the service processes: marketing, design and service delivery. The specification developed for quality control should enable the effective control of each service process to ensure that the service consistently satisfies the service specification and the customer.

The design of quality control involves:

- identifying the key activities in each process which have a significant influence on the specified service;
- analysing the key activities to select those characteristics whose measurement and control will ensure service quality;

6.2.4.4 Équipements fournis au client par le fournisseur pour réaliser le service et la prestation du service

Quand un équipement est mis à la disposition du client pour être utilisé par ce dernier, l'organisme de service doit s'assurer que cet équipement est adapté à sa finalité et qu'il est accompagné de sa notice d'utilisation.

6.2.4.5 Identification du service et traçabilité

Lorsque cela est approprié, pour assurer la traçabilité en cas de nonconformité, de plainte du client et de responsabilité engagée, l'organisme de service doit identifier et enregistrer l'origine de chacun des produits ou services qui constituent un élément du service fourni, les personnes responsables de la vérification et des autres actions de service tout au long du processus de prestation du service doivent être indiquées.

6.2.4.6 Manutention, stockage, conditionnement, livraison et protection des biens des clients

L'organisme de service doit mettre en œuvre des contrôles efficaces de la manutention, du stockage, du conditionnement, de la livraison et de la protection des biens des clients dont il est responsable ou avec lequel il entre en contact durant la prestation du service.

6.2.5 Spécifications de la maîtrise de la qualité

La maîtrise de la qualité doit être conçue comme faisant partie intégrante des processus du service: la mercatique, la conception et la prestation du service. La spécification élaborée pour la maîtrise de la qualité doit permettre une maîtrise efficace de chaque processus du service afin de garantir que les services sont conformes en permanence à leurs spécifications de service et satisfont le client.

La conception de la maîtrise de la qualité implique

- l'identification des activités clés dans chaque processus qui affectent de manière significative les caractéristiques spécifiées du service;
- l'analyse des activités clés pouvant sélectionner les caractéristiques dont le mesurage et la maîtrise garantiront la qualité du service;

- Festlegung von Methoden zur Bewertung der ausgewählten Merkmale;
- Festlegung der Mittel zur Beeinflussung und Lenkung der (Werte der) Merkmale innerhalb festgelegter Grenzen.

Die Anwendung von Qualitätslenkungsgrundsätzen auf den Prozeß des Erbringens der Dienstleistung wird durch das folgende Beispiel der Dienstleistung eines Restaurants veranschaulicht:

a) Bei einer Dienstleistung in einem Restaurant wäre die Zubereitung einer Mahlzeit und ihre Auswirkung auf die Pünktlichkeit, mit der diese Mahlzeit einem Kunden serviert wird, eine festzulegende Schlüsseltätigkeit.

b) Ein Merkmal der Tätigkeit, das zu messen ist, würde die Zeit sein, die zur Vorbereitung der Zutaten zu einer Mahlzeit nötig ist.

c) Eine Methode zur Bewertung des Merkmals würde die stichprobenweise Erfassung der Zeit sein, die zur Vorbereitung und zum Servieren einer Mahlzeit nötig ist.

d) Der wirksame Einsatz von Personal und Material würde sicherstellen, daß das Dienstleistungsmerkmal Zeit (mit seinen Werten) innerhalb der festgelegten Grenzen gehalten wird.

- defining methods for evaluating the selected characteristics;
- establishing the means to influence or control the characteristics within specified limits.

The application of quality control principles to the service delivery process is illustrated in the restaurant service example shown below.

a) A key activity to be identified in a restaurant service would be the preparation of a meal and its effect on the timeliness of the meal being served to a customer.

b) A characteristic of the activity requiring measurement would be the time taken to prepare the ingredients for a meal.

c) A method for evaluating the characteristic would be sample checks of the time taken to prepare and serve a meal.

d) The effective deployment of staff and materials would ensure that the service characteristic of timeliness was maintained within its specified limits.

- la définition de méthodes pour l'évaluation des caractéristiques sélectionnées;
- le développement de moyens permettant d'influer sur les caractéristiques ou de les maîtriser dans des limites spécifiées.

La mise en application des principes de la maîtrise de la qualité au processus de la prestation du service est illustrée par l'exemple d'un service d'un restaurant donné ci-dessous.

a) Une activité clé à identifier dans le service d'un restaurant serait le rapport entre la préparation d'un repas et le fait qu'il soit servi au client au moment opportun.

b) Le temps mis pour préparer les différents ingrédients du repas serait l'une des caractéristiques de l'activité de la prestation du service à mesurer.

c) Une méthode pour l'évaluation de la caractéristique consisterait à procéder à des vérifications ponctuelles du temps pris pour préparer et servir un repas.

d) L'utilisation efficace du personnel et des matériels garantirait que la caractéristique du service — temps mis à servir le repas — serait maintenue dans les limites spécifiées.

6.2.6 Design-Review

Zum Abschluß jeder Phase des Dienstleistungsdesigns sollte ein formelles dokumentiertes Review der Designergebnisse unter Bezug auf das Lastenheft/Pflichtenheft für die Dienstleistung durchgeführt werden.

Die Designarbeit am Ende jeder Phase sollte so geprüft werden, daß sie mit den Forderungen verträglich ist und diese erfüllen kann bezüglich

- Punkten in der Spezifikation für die Dienstleistung, die die Bedürfnisse und Zufriedenheit des Kunden betreffen;
- Punkten in der Spezifikation für das Erbringen der Dienstleistung, die die Forderungen an die Dienstleistung betreffen;
- Punkten in der Spezifikation für die Qualitätslenkung, die die Qualitätslenkung der Prozesse des Erbringens der Dienstleistung betreffen.

Zu den Teilnehmern jedes Design-Reviews sollten Vertreter aller Funktionsbereiche, die die Dienstleistungsqualität der jeweils überprüften Phase beeinflussen, gehören. Das Design-Review sollte Problembereiche und Unzulänglichkeiten aufzeigen und voraussehen sowie Handlungen einleiten, um sicherzustellen, daß

6.2.6 Design review

At the conclusion of each phase of the design of a service, a formal documented review of the design results should be carried out against the service brief.

The design work at the end of each phase should be reviewed so that it is consistent with, and can satisfy the requirements of:

- items in the service specification pertaining to customer needs and satisfaction;
- items in the service delivery specification pertaining to the service requirements;
- items in the quality control specification pertaining to the control of service processes.

Participants at each design review should include representatives of all the functions affecting service quality appropriate to the phase being reviewed. The design review should identify and anticipate problem areas and inadequacies and initiate actions to ensure that:

6.2.6 Revue de conception

À la fin de chaque phase de la conception l'organisme de service doit effectuer sur la base du descriptif du service une revue de la conception du service formellement documentée.

La cohérence et la conformité aux exigences suivantes doivent être vérifiées à la fin de chacune des phases du travail de conception:

- les points de la spécification du service ayant trait aux besoins et à la satisfaction du client;
- le points de la spécification de la maîtrise de la prestation du service ayant trait aux exigences du service;
- les points de la spécification de la maîtrise de la qualité ayant trait à la maîtrise des processus du service.

Les participants à chaque revue de conception doivent comprendre les représentants correspondant à chacune des phases en cours de revue et à la totalité des fonctions affectant la qualité du service. La revue de conception doit identifier les domaines susceptibles de poser des problèmes et des inadéquations pour les anticiper et engager les actions destinées à garantir que

— die vollständige Spezifikation für die Dienstleistung und Spezifikation für das Erbringen der Dienstleistung die Forderungen des Kunden erfüllen;
— die Spezifikation für die Qualitätslenkung hinreichend ist, um genaue Informationen über die Qualität der gelieferten Dienstleistung zu liefern.

6.2.7 Validierung der Spezifikationen für die Dienstleistung, für das Erbringen der Dienstleistung und für die Qualitätslenkung

Neue und geänderte Dienstleistungen und ihre Prozesse des Erbringens der Dienstleistung sollten einem Validierungsverfahren unterzogen werden, um sicherzustellen, daß sie ausgereift sind und daß die Dienstleistung die Kundenerfordernisse unter vorausgesehenen und ungünstigen Bedingungen erfüllt. Die Validierung sollte vor der Verwirklichung der Dienstleistung festgelegt, geplant und abgeschlossen sein. Die Ergebnisse sollten dokumentiert werden.

Vor dem ersten Erbringen einer Dienstleistung sollten folgende Punkte zum Zwecke ihrer Bestätigung überprüft werden:

— die Dienstleistung erfüllt die Kundenforderungen;
— der Prozeß des Erbringens der Dienstleistung ist vollständig;
— die zur Erfüllung der Dienstleistungsverpflichtungen erforderlichen Mittel, insbesondere Material und Personal, sind verfügbar;
— anzuwendende Praxisregelwerke, Normen, Zeichnungen und Spezifikationen werden befolgt;
— die Information der Kunden über die Nutzung der Dienstleistung ist erhältlich.

Von Zeit zu Zeit sollte eine Nachvalidierung durchgeführt werden, um sicherzustellen, daß die Dienstleistung auch weiterhin die Erfordernisse des Kunden und die Spezifikation für die Dienstleistung erfüllt, und um mögliche Verbesserungen in der Erbringung und Qualitätslenkung der Dienstleistung zu identifizieren.

Die Nachvalidierung sollte eine geplante und dokumentierte Tätigkeit sein, und sie sollte Gesichtspunkte einschließen bezüglich tatsächlicher praktischer Erfahrungen, Einfluß von Änderungen der Dienstleistung und der Prozesse, personeller Änderungen, Angemessenheit von Verfahren, Anweisungen, Leitfäden und Änderungsvorschlägen.

— the complete service specification and service delivery specification meet customer requirements;
— the quality control specification is adequate to provide accurate information about the quality of service delivered.

6.2.7 Validation of the service, service delivery and quality control specifications

New and modified services and their service delivery processes should undergo validation to ensure that they are fully developed and that the service meets the needs of customers under anticipated and adverse conditions. Validation should be defined, planned and completed prior to service implementation. The results should be documented.

Prior to the initial delivery of a service, the following should be reviewed to confirm:

— the service is consistent with customer requirements;
— the service delivery process is complete;
— resources are available to meet the service obligations, particularly materials and personnel;
— that applicable codes of practice, standards, drawings and specifications are satisfied;
— information to customers in the use of the service is available.

Periodic revalidation should be performed to ensure that the service continues to meet the needs of the customer and conforms to the service specification, and to identify potential improvements in the provision and control of the service.

Revalidation should be a planned and documented activity, and should include considerations of actual field experience, impact of modifications in the service and processes, impact of personnel changes, adequacy of procedures, instructions, guides and proposed modifications.

— la spécification du service et la spécification de la prestation du service dans leur totalité satisfont aux exigences du client;
— la spécification de la maîtrise de la qualité est adéquate pour fournir des renseignements précis sur la qualité du service fourni.

6.2.7 Validation de la spécification du service, de la spécification de la prestation du service et de celle de la maîtrise de la qualité

Les services nouveaux et modifiés et les processus des prestations du service doivent faire l'objet d'une validation afin de s'assurer qu'ils sont entièrement mis au point et qu'ils satisfont aux besoins des clients dans des conditions anticipées et défavorables. La validation doit être définie, planifiée et achevée avant la mise en œuvre du service.

Les résultats doivent être documentés.

Avant la première prestation du service, les points suivants doivent être examinés en vue de confirmer que

— le service est compatible avec les exigences du client;
— le processus de prestation du service est complet;
— des ressources sont disponibles pour assurer les obligations du service, en particulier les moyens matériels et humains;
— les codes de bonne pratique, les normes, les schémas et les spécifications applicables sont observés de manière satisfaisante;
— l'information relative à l'utilisation du service est mise à la disposition des clients.

Une revalidation périodique doit être effectuée pour garantir que le service continue à satisfaire les besoins du client et reste conforme à la spécification du service, et pour identifier les potentialités d'améliorations dans la fourniture et la maîtrise du service.

La revalidation doit être une activité programmée et documentée devant inclure des considérations sur l'expérience du terrain, sur l'impact de modifications du service et des processus, celui des changements concernant le personnel et sur l'adéquation des procédures, des instructions, des directives et des modifications proposées.

6.2.8 Lenkung von Designänderungen

Die Spezifikation für die Dienstleistung, die Spezifikation für das Erbringen der Dienstleistung und die Spezifikation für die Qualitätslenkung sind die grundlegenden Bezugsdokumente für die Dienstleistung und sollten nicht ohne zwingenden Grund und gründliche Überlegung geändert werden.

Ziel der Lenkung von Designänderungen ist es, Änderungen der Forderungen und Verfahren zu dokumentieren und zu handhaben, nachdem die ursprünglichen Spezifikationen genehmigt und verwirklicht worden sind. Diese Lenkung sollte sicherstellen, daß

- der Bedarf für eine Änderung identifiziert, verifiziert und zur Analyse und zum erneuten Design des betroffenen Teiles der Dienstleistung übergeben wird;
- Änderungen der Spezifikationen ordnungsgemäß geplant, dokumentiert, genehmigt, verwirklicht und aufgezeichnet werden;
- Vertreter aller von einer Änderung betroffenen Funktionsbereiche sich an ihrer Festlegung beteiligen und die Änderung genehmigen;
- die Wirkung von Änderungen bewertet werden um sicherzustellen, daß diese die erwarteten Ergebnisse erzeugen und die Qualität der Dienstleistung nicht herabsetzen;
- Kunden informiert werden, wenn sich Design-Änderungen auf Dienstleistungsmerkmale und -ausführung auswirken.

6.2.8 Design change control

The service specification, service delivery specification and quality control specification are the basic reference documents for the service and should not be changed without due cause and consideration.

The objective of design change control is to document and manage changes in requirements and procedures, after the initial specifications have been authorized and implemented. This control should ensure that:

- the need for change is identified, verified and submitted for analysis and redesign of the portion of the service affected;
- changes to the specifications are properly planned, documented, approved, implemented and recorded;
- representatives of all functions affected by a change participate in its determination and approve the change;
- the impacts of changes are evaluated to ensure they produce the expected result and do not degrade the quality of service;
- customers are informed when design changes will affect service characteristics and performance.

6.2.8 Maîtrise des modifications de conception

La spécification du service, la spécification de la prestation du service et la spécification de la maîtrise de la qualité sont les documents de référence pour le service. Ces documents ne doivent pas être modifiés sans s'être assuré par un examen approprié que les raisons de ce changement sont valables.

L'objectif de la maîtrise des modifications de conception est de documenter et de gérer les modifications des exigences et des procédures, après que les spécifications initiales ont été approuvées et mises en œuvre. Cette maîtrise doit garantir que

- le besoin de modification est identifié, vérifié et soumis à analyse pour une nouvelle conception de la partie du service concerné;
- les modifications des spécifications sont planifiées, documentées, approuvées, mises en œuvre et enregistrées correctement;
- les représentants de toutes les fonctions concernées par la modification participent à sa définition et à son approbation;
- l'impact des modifications est évalué pour garantir qu'elles produisent le résultat escompté sans dégrader la qualité du service;
- les clients sont informés des modifications de conception qui affectent les caractéristiques et la réalisation du service.

6.3 Prozeß des Erbringens der Dienstleistung

6.3.1 Allgemeines

Die oberste Leitung sollte allem Personal, das das Verfahren des Erbringens der Dienstleistung verwirklicht, spezifische Verantwortlichkeiten, einschließlich der Lieferanten- und Kundenbeurteilung, zuweisen.

Kunden eine Dienstleistung zu erbringen zieht nach sich

- die Befolgung der vorgegebenen Spezifikation für das Erbringen der Dienstleistung;
- die Überwachung der Erfüllung der Spezifikation für das Erbringen der Dienstleistung;
- die Angleichung des Prozesses, wenn Abweichungen auftreten.

6.3 Service delivery process

6.3.1 General

Management should assign specific responsibilities to all personnel implementing the service delivery process, including supplier assessment and customer assessment.

The provision of a service to customers entails:

- adherence to the prescribed service delivery specification;
- monitoring that the service specification is met;
- adjusting the process when deviations occur.

6.3 Processus de la prestation du service

6.3.1 Généralités

La direction doit attribuer des responsabilités précises à tout le personnel mettant en œuvre le processus de la prestation du service, y compris l'évaluation par le fournisseur et l'évaluation par le client.

La prestation du service aux clients suppose

- de respecter la spécification de la prestation du service prévue;
- de contrôler le respect de la spécification du service;
- d'ajuster le processus en cas de dérive.

6.3.2 Beurteilung der Dienstleistungsqualität durch den Lieferanten

Die Qualitätslenkung sollte ein integraler Bestandteil der Durchführung des Prozesses des Erbringens der Dienstleistung sein. Dies schließt ein

6.3.2 Supplier's assessment of service quality

Quality control should form an integral part of the operation of the service delivery process. This includes:

6.3.2 Évaluation de la qualité du service par le fournisseur

La maîtrise de la qualité fait partie intégrante de la mise en œuvre du processus de la prestation du service. Ceci comprend

- Messung und Verifizierung der Schlüsseltätigkeiten, um unerwünschte Tendenzen und Unzufriedenheit des Kunden zu vermeiden;
- Selbstprüfung durch das Personal für das Erbringen der Dienstleistung als integraler Bestandteil der Messung des Prozesses;
- eine abschließende Beurteilung durch den Lieferanten an der Schnittstelle mit dem Kunden, um sich einen Überblick über die Qualität der erbrachten Dienstleistung zu verschaffen.

6.3.3 Beurteilung der Dienstleistungsqualität durch den Kunden

Die Beurteilung durch den Kunden ist das endgültige Maß für die Qualität einer Dienstleistung. Die Reaktion eines Kunden kann unmittelbar, aber auch verzögert und rückwirkend sein. Häufig wird eine subjektive Bewertung der alleinige Faktor der Beurteilung der erbrachten Dienstleistung durch den Kunden sein. Kunden teilen der Dienstleistungsorganisation selten freiwillig ihre Beurteilung der Dienstleistungsqualität mit. Unzufriedene Kunden stellen oft den Gebrauch oder den Kauf der Dienstleistungen ein, ohne etwas bekanntzugeben, was das Ergreifen einer Korrekturmaßnahme erlauben würde. Der Verlaß auf Kundenbeschwerden als Maßstab für die Kundenzufriedenheit kann zu Fehlschlüssen führen.

Anmerkung 17: Die Zufriedenstellung der Kunden sollte vereinbar mit den beruflichen Maßstäben und der Berufsethik der Dienstleistungsorganisation sein.

Dienstleistungsorganisationen sollten eine ständige Beurteilung und Ermittlung des Ausmaßes der Kundenzufriedenheit fest einführen. Mit diesen Beurteilungen sollte sowohl nach positiven als auch negativen Reaktionen und deren möglichen Auswirkungen auf zukünftige Geschäfte gesucht werden.

Die Bewertung der Kundenzufriedenheit sollte auf den Umfang konzentriert werden, bis zu dem das Dienstleistungslastenheft/-pflichtenheft, die Spezifikationen und der Prozeß des Erbringens der Dienstleistung die Kundenbedürfnisse erfüllen. Bei einer Dienstleistungsorganisation ist man oft der Ansicht, daß man eine gute Dienstleistung erbringt, während der Kunde damit nicht einverstanden ist, was auf unzureichende Spezifikationen, Prozesse oder Maßnahmen hinweist.

Es sollte ein Vergleich angestellt werden zwischen der Beurteilung der erbrachten Dienstleistung durch den Kunden und der eigenen Ansicht und Beurteilung des Lieferanten, um die

- measurement and verification of the key process activities to avoid undesirable trends and customer dissatisfaction;
- self inspection by service delivery personnel as an integral part of the process measurements;
- a final supplier assessment at the interface with the customer to provide a supplier perspective of the quality of service delivered.

6.3.3 Customer's assessment of service quality

Customer assessment is the ultimate measure of the quality of a service. Customer reaction may be immediate, or it may be delayed and retrospective. Often subjective evaluation will be the sole factor in a customer's assessment of the service provided. Customers seldom volunteer their assessment of service quality to the service organization. Dissatisfied customers often cease to use or purchase services without giving notice that would permit corrective action to be taken. Reliance on customer complaints as a measure of customer satisfaction can lead to misleading conclusions.

Note 17: Customer satisfaction should be consistent with the professional standards and ethics of the service organization.

Service organizations should institute an ongoing assessment and measurement of customer satisfaction. These assessments should seek positive as well as negative reactions and their likely effect on future business.

The evaluation of customer satisfaction should focus on the extent to which the service brief, specifications and the service delivery process meet the customer needs. A service organization often thinks that it is supplying a good service but the customer may not agree, indicating inadequate specifications, processes or measures.

A comparison should be made of the customer's assessment with the supplier's own perception and assessment

- le mesurage et la vérification des activités clés du processus pour éviter l'apparition de tendances indésirables et le mécontentement du client;
- l'auto-contrôle effectué par le personnel chargé de la prestation du service, intégré au mesurage du processus;
- une évaluation finale à l'interface avec le client, effectuée par le fournisseur pour obtenir sa propre vision de la qualité du service fourni.

6.3.3 Évaluation de la qualité du service par le client

L'évaluation par le client est la mesure absolue de la qualité du service. La réaction du client peut être immédiate ou différée et rétroactive. L'évaluation du service par le client se réduit souvent à la seule évaluation subjective. Il est rare que les clients fassent spontanément part de leur appréciation de la qualité du service à l'organisme prestataire. Les clients mécontents cessent souvent d'utiliser des services ou de les acheter sans donner les raisons qui auraient permis d'engager les actions correctives. Se contenter, pour la mesure de la satisfaction des clients, de prendre en compte leurs réclamations peut conduire à des conclusions erronées.

Note 17: La satisfaction du client doit être compatible avec le niveau d'exigence et d'éthique professionnelles de l'organisme de service.

Les organismes de service doivent établir une évaluation et une mesure permanente de la satisfaction des clients. Dans le cadre de ces évaluations, doivent être recherchées les réactions aussi bien positives que négatives et leur incidence probable sur les activités futures de l'organisme.

L'évaluation de la satisfaction du client doit chercher essentiellement à déterminer l'adéquation entre le descriptif du service, les spécifications, le processus de la prestation du service et les besoins des clients. Ce n'est pas parce qu'un organisme de service pense souvent qu'il fournit un bon service que le client est d'accord. Ce désaccord indique que les spécifications, les processus ou les mesures sont inadéquats.

L'évaluation par le client et l'auto-évaluation par l'organisme de service doivent être comparées afin d'apprécier la

Vereinbarkeit der zwei Qualitätsmaßstäbe und um einen Bedarf für geeignete Maßnahmen zur Verbesserung der Dienstleistungsqualität zu bewerten.

6.3.4 Dienstleistungs-Status

Der Status der zu jeder Phase des Prozesses des Erbringens der Dienstleistung geleisteten Arbeit sollte aufgezeichnet werden, um die Erfüllung der Spezifikation für die Dienstleistung sowie das Erreichen der Kundenzufriedenheit festzustellen.

6.3.5 Korrekturmaßnahmen für fehlerhafte Dienstleistungen

6.3.5.1 Verantwortungen

Identifikation von und Berichterstattung über fehlerhafte Dienstleistungen sind die Pflicht und Verantwortung eines jeden einzelnen Mitarbeiters der Dienstleistungsorganisation. Es sollte jede Anstrengung unternommen werden, um potentielle Fehler/Nichtkonformitäten der Dienstleistung zu identifizieren, ehe Kunden davon betroffen werden. Verantwortungen und Befugnis für Korrekturmaßnahmen sollten im Qualitätssicherungssystem festgelegt werden.

6.3.5.2 Identifikation von Fehlern/Nichtkonformitäten und Korrekturmaßnahmen

Wenn ein Fehler/eine Nichtkonformität festgestellt wird, sollten Maßnahmen ergriffen werden, um ihn/sie aufzuzeichnen, zu analysieren und zu korrigieren. Häufig werden zwei Phasen von Korrekturmaßnahmen vorkommen: zuerst erfolgt eine sofortige positive Maßnahme, um die Kundenbedürfnisse zu erfüllen; zweitens werden eine Bewertung der eigentlichen Fehlerursache durchgeführt und alle nötigen längerfristigen Korrekturmaßnahmen eingeleitet, um ein erneutes Auftreten des Problems zu verhindern.

Längerfristige Korrekturmaßnahmen sollten der Größe und der Auswirkung des Problems angemessen sein. Wenn die Korrekturmaßnahmen verwirklicht sind, sollten sie überwacht werden, um sicherzustellen, daß sie wirksam sind.

6.3.6 Prüfmittelüberwachung

Es sollten Verfahren festgelegt werden, um den Meßprozeß zu überwachen und statistisch zu beherrschen. Die Verfahren schließen die Prüfung der Fertigkeiten des Personals, der Meßverfahren und jeglicher zum Messen und Prüfen verwendeter analytischer Modelle oder Software ein. Sämtliche Messungen und Prüfungen einschließlich Ermittlungen und Umfragen zur Ermittlung der Kundenzufriedenheit müssen auf Gültigkeit und Verläßlichkeit

of the service provided to evaluate the compatibility of the two quality measures and any need for appropriate action for service quality improvement.

6.3.4 Service status

The status of the work done at each phase of the service delivery process should be recorded to identify the achievement of the service specification and customer satisfaction.

6.3.5 Corrective action for nonconforming services

6.3.5.1 Responsibilities

Identification and reporting of nonconforming services is the duty and responsibility of each individual in the service organization. Every effort should be made to identify potential service nonconformities before customers are affected. Responsibilities and authority for corrective action should be defined in the quality system.

6.3.5.2 Identification of nonconformity and corrective action

When a nonconformity is detected, action should be taken to record, analyse and correct it. Frequently there will be two stages of corrective action: first, an immediate positive action to satisfy the needs of the customer; second, an evaluation of the root cause of the nonconformity to determine any necessary longer-term corrective action to prevent recurrence of the problem.

Longer-term corrective action should be appropriate to the magnitude and effect of the problem. When implemented, the corrective actions should be monitored to ensure they are effective.

6.3.6 Measurement system control

Procedures should be established to monitor and maintain the system used for service measurement. The controls include personnel skills, measurement procedures and any analytical models or software used for measuring and testing. All measuring and testing, including customer satisfaction surveys and questionnaires, need to be tested for validity and reliability. The use, calibration and maintenance of all measuring and test equipment used in

compatibilité des deux mesures de la qualité ainsi que tout besoin d'une action appropriée pour améliorer la qualité du service.

6.3.4 État de service

L'état du travail effectué à chaque phase du processus de prestation du service doit être enregistré afin d'identifier la conformité à la spécification du service et le degré de satisfaction du client.

6.3.5 Actions correctives pour services non conformes

6.3.5.1 Responsabilités

Toute personne au sein de l'organisme de service a pour devoir et responsabilité d'identifier et de signaler les services non conformes. Toutes les mesures doivent être prises pour identifier les non-conformités potentielles du service avant qu'elles n'affectent les clients. Le système qualité doit définir les responsabilités et l'autorité relatives aux actions correctives.

6.3.5.2 Identification de la non-conformité et actions correctives

Toute non-conformité détectée doit être enregistrée, analysée et corrigée. Souvent l'action corrective comprend deux étapes: tout d'abord, une action immédiate pour satisfaire les besoins du client et ensuite, une évaluation de la cause première de la non-conformité afin de définir des actions correctives nécessaires à long terme pour éviter que le problème ne se reproduise.

L'action corrective à long terme doit être appropriée à l'importance et aux conséquences du problème. Après mise en œuvre, l'efficacité des actions correctives doit être vérifiée.

6.3.6 Maîtrise du système de mesure

Des procédures doivent être établies pour contrôler et maintenir le système utilisé pour mesurer le service. Les contrôles effectués portent sur les compétences du personnel, les procédures de mesure, ainsi que sur tout modèle analytique ou logiciel de mesure et d'essai.

Tous les moyens de mesure et d'essai, y compris les enquêtes et les questionnaires pour apprécier la satisfaction des clients, doivent être testés pour s'assurer de leur validité et de leur fiabilité.

geprüft werden. Die Benutzung, Kalibrierung und Instandhaltung sämtlicher zum Erbringen oder Beurteilen von Dienstleistungen verwendeter Prüfmittel sollte überwacht werden um Vertrauen in auf Meßdaten basierende Entscheidungen oder Handlungen zu schaffen. Meßabweichungen sollten mit den Forderungen verglichen und angemessene Maßnahmen getroffen werden, wenn die Forderungen bezüglich Präzision und/oder Richtigkeit nicht erfüllt werden.

Anmerkung 18: Als Anleitung zu Forderungen an die Qualitätssicherung von Meßmitteln siehe ISO 10 012-1.

6.4 Analyse und Verbesserung der Dienstleistung

6.4.1 Allgemeines

Zwecks Identifikation und aktiver Verfolgung von Möglichkeiten zur Verbesserung der Dienstleistungsqualität sollte eine ständige Bewertung der Dienstleistungsprozesse ausgeübt werden. Zur Verwirklichung solcher Bewertungen sollte die oberste Leitung ein Informationssystem zur Sammlung und Weitergabe von Daten aus allen relevanten Quellen festlegen und aufrechterhalten. Die oberste Leitung sollte Verantwortlichkeiten für das Informationssystem und für die Verbesserung der Dienstleistungsqualität festlegen.

6.4.2 Datensammlung und -analyse

Daten sind erhältlich aus Messungen des Dienstleistungsvorganges mittels

- Beurteilung durch den Lieferanten (einschließlich Qualitätslenkung);
- Beurteilung durch den Kunden (einschließlich Kundenreaktion, Kundenbeschwerden, erbetene Rückmelde-Information);
- Qualitätsaudits.

Die Analyse dieser Daten dient der Messung der Erfüllung von Dienstleistungsforderungen und dem Aufzeigen von Möglichkeiten zur Verbesserung der Dienstleistungsqualität sowie der Wirksamkeit und des Wirkungsgrades der erbrachten Dienstleistung.

Um wirksam und wirkungsvoll zu sein, muß das Sammeln und die Analyse von Daten ein zweckgerichteter, disziplinierter und geplanter Vorgang sein und nicht dem Zufall überlassen bleiben oder unkontrolliert betrieben werden.

Die Identifikation systematischer Fehler, ihrer Ursache und ihre Verhütung sollte ein fundamentales Ziel der Analyse sein. Die eigentliche Ursache von Fehlern ist nicht immer offensichtlich, doch sollte ihr nachgegangen werden. Das schließt die Möglichkeit durch den Menschen verursachter Fehler ein, da

providing or assessing services should be controlled to provide confidence in decisions or actions based on measurement data. Measurement error should be compared with requirements and appropriate action taken when precision and/or bias requirements are not achieved.

Note 18: See ISO 10 012-1 for guidance on quality assurance requirements for measuring equipment.

6.4 Service performance analysis and improvement

6.4.1 General

A continual evaluation of the operation of the service processes should be practised to identify and actively pursue opportunities for service quality improvement. To implement such evaluations, management should establish and maintain an information system for the collection and dissemination of data from all relevant sources. Management should assign responsibilities for the information system and for service quality improvement.

6.4.2 Data collection and analysis

Data will be available from measures of the service operation by means of:

- supplier assessment (including quality control);
- customer assessment (including customer reaction, customer complaints, requested feedback information);
- quality audits.

Analysis of these data will measure achievement of service requirements and indicate opportunities for improving service quality and the effectiveness and efficiency of the service provided.

To be effective and efficient, data collection and analysis need to be purposeful, disciplined and planned operations, not left to chance or operated haphazardly.

The identification of systematic errors, their cause and prevention should be a fundamental aim of data analysis. The root cause of error is not always

Pour avoir confiance dans les décisions ou les actions fondées sur des données de mesures, il faut contrôler l'emploi, l'étalonnage et la maintenance de tous les équipements de mesure et d'essai utilisés pour fournir ou évaluer les services. L'erreur de mesure doit être comparée aux exigences, et des actions appropriées doivent être engagées en cas de non-conformité concernant la précision et/ou les écarts.

Note 18: Voir ISO 10 012-1 pour des conseils concernant les exigences d'assurance de la qualité des équipements de mesure.

6.4 Analyse et amélioration de la réalisation du service

6.4.1 Généralités

Pour identifier et exploiter les potentialités d'amélioration de la qualité du service, le fonctionnement des processus du service doit être soumis à une évaluation permanente. Pour réaliser de telles évaluations, la direction doit établir et maintenir un système d'information permettant le recueil et la diffusion des données en provenance de toutes les sources appropriées. La direction doit attribuer les responsabilités relatives au système d'information et à l'amélioration de la qualité du service.

6.4.2 Recueil et analyse des données

Les données doivent provenir de mesures effectuées pendant la réalisation du service, au moyen

- de l'évaluation par le fournisseur (y compris la maîtrise de la qualité);
- de l'évaluation par le client (y compris les réactions et les réclamations du client, les informations en retour demandées);
- les audits qualité.

L'analyse de ces données permet d'apprécier les résultats obtenus et de préciser les potentialités d'amélioration de la qualité et de l'efficacité du service fourni.

Pour être efficace, le recueil et l'analyse des données doivent faire l'objet d'opérations dont la finalité et le planning doivent être établis sans laisser de part au hasard.

L'identification des erreurs systématiques, de leurs causes et de leur prévention doit être l'objectif fondamental de toute analyse des données. La cause première de l'erreur n'est pas toujours manifeste, mais doit être recherchée en tenant compte de la possibilité d'erreurs humaines qui surviennent rarement de sie selten durch den Zufall veranlaßt werden, sondern häufiger eine verborgene Ursache haben. Zu oft kommen Fehler, die dem Personal oder Kunden angelastet werden, von Unzulänglichkeiten im Dienstleistungsvorgang verbunden mit komplexen Vorgängen oder unangemessenen Verfahren, Umweltbedingungen, Arbeitsbedingungen, Schulungen, Anleitungen oder Hilfsmitteln.

6.4.3 Statistische Methoden

Moderne statistische Methoden können die meisten Aspekte der Datensammlung und -anwendung unterstützen, z.B. zum besseren Verständnis der Kundenbedürfnisse, zur Prozeßlenkung, für Fähigkeitsuntersuchungen, für Vorhersagen oder Messungen bezüglich der Qualität, um die Entscheidungen zu unterstützen.

6.4.4 Verbesserung der Dienstleistungsqualität

Es sollte ein Programm zur fortlaufenden Verbesserung der Dienstleistungsqualität und der Wirksamkeit und des Wirkungsgrades des vollständigen Dienstleistungsvorganges vorhanden sein, das Anstrengungen einschließt, folgendes zu identifizieren:

- das Merkmal, das — wenn verbessert — dem Kunden und der Dienstleistungsorganisation am meisten nutzen würde;
- jegliche sich ändernde Marktbedürfnisse, die siche auf die (Anspruchs-)Klasse der zu erbringenden Dienstleistung wahrscheinlich auswirken können;
- jede durch ineffektive oder mangelnde Lenkung/Überwachung im Qualitätssicherungssystem auftretende Nichterfüllung der festgelegten Qualitätsforderung;
- Möglichkeiten zur Verringerung von Kosten während der Aufrechterhaltung und Verbesserung der Qualität der erbrachten Dienstleistung; (dies verlangt systematische Methoden zur quantitativen Schätzung von Kosten und Nutzen).

Die Tätigkeiten zur Verbesserung der Dienstleistungsqualität sollten die Notwendigkeit sowohl kurzfristiger als auch mittelfristiger Verbesserungen ansprechen und einschließen:

- die Identifikation relevanter Daten für die Erfassung;
- die Datenanalyse, wobei der Vorrang solchen Tätigkeiten, die die Dienstleistungsqualität am stärksten negativ beeinflussen, zu geben ist;
- die Rückmeldung von Analysenergebnissen an das operative Management mit der Empfehlung zur unverzüglichen Verbesserung der Dienstleistung;

obvious but should be pursued. This includes the potential for human error, which is seldom prompted in a random manner, more often there is an underlying cause. Too often errors attributed to personnel or customers actually arise from flaws in the service operation related to complex operations or to inadequate procedures, environment, working conditions, training, instructions or resources.

6.4.3 Statistical methods

Modern statistical methods can assist in most aspects of data collection and application, whether it be to gain a better understanding of customer needs, in process control, capability study, forecasting, or measurement of quality to assist in making decisions.

6.4.4 Service quality improvement

There should be a programme for continuously improving the service quality and the effectiveness and efficiency of the complete service operation, including an effort to identify:

- the characteristic which if improved would most benefit the customer and the service organization;
- any changing market needs that are likely to affect the grade of service to be provided;
- any deviations from the specified service quality due to ineffective or insufficient quality system controls;
- opportunities for reducing cost while maintaining and improving the service quality provided. (This requires systematic methods for estimating the quantitative costs and benefits.)

The activities of service quality improvement should address the need for both short-term and longer-term improvement and include:

- identifying relevant data for collection;
- data analysis and giving priority to those activities having the greatest adverse impact on service quality;
- feedback of results of the analysis to operational management with recommendation for immediate service improvement;

manière aléatoire et qui le plus souvent peuvent être ramenées à une cause sous-jacente. Trop des erreurs attribuées au personnel ou au client proviennent, en fait, d'imperfections dans le fonctionnement du service, liées à des opérations complexes ou à l'inadéquation des procédures, de l'environnement, des conditions de travail, de la formation, des instructions ou des ressources.

6.4.3 Méthodes statistiques

Les méthodes statistiques modernes peuvent fournir une assistance dans bien des aspects du recueil et de l'application des données, que ce soit pour une meilleure compréhension des besoins des clients, pour la maîtrise du processus, pour une étude de faisabilité pour la prévision ou la mesure de la qualité. Ces méthodes constituent ainsi une aide à la décision.

6.4.4 Amélioration de la qualité du service

Un programme d'amélioration continue de la qualité et de l'efficacité du service dans sa totalité doit exister et permettre, entre autres, d'identifier

- la caractéristique dont l'amélioration profiterait le plus au client et à l'organisme de service;
- toutes les modifications des besoins du marché susceptibles d'affecter le niveau du service à fournir;
- toutes les dérives de la qualité spécifiée du service, résultant de l'inefficacité ou de l'absence des contrôles du système qualité;
- les occasions de réduire le coût en maintenant et en améliorant la qualité du service fourni (cela implique une méthode systématique d'estimation des coûts et des bénéfices mesurables).

Les activités de l'amélioration de la qualité du service doivent tenir compte à la fois des besoins d'amélioration à court et à plus long terme et porter sur

- l'identification des données qu'il est pertinent de recueillir;
- l'analyse des données privilégiant les activités dont l'impact est le plus défavorable à la qualité du service;
- la communication des résultats de l'analyse aux directions opérationnelles et l'incitation à l'amélioration immédiate du service;

— die periodische Berichterstattung (an die oberste Leitung) von Empfehlungen für die langfristige Qualitätsverbesserung (siehe 5.2.5) zwecks Review des Qualitätssicherungssystems durch die oberste Leitung.

Mitglieder verschiedener Bereiche der Dienstleistungsorganisation, die zusammenarbeiten, können in der Lage sein, mit fruchtbaren Ideen zu einer Verbesserung der Qualität und zur Verringerung von Kosten beizutragen. Die oberste Leitung sollte das Personal aller Stufen unter Anerkennung seiner Bemühungen und Teilnahme ermutigen, zu einem Qualitätsverbesserungsprogramm beizutragen.

— reporting periodically to senior management for a management review of long-term quality improvement recommendations (see 5.2.5).

Members from different parts of the service organization working together may be able to offer fruitful ideas that could be directed towards improving quality and reducing cost. Management should encourage personnel at all levels to contribute to programmes for quality improvement, with recognition for their effort and participation.

— la transmission à l'encadrement supérieur d'informations périodiques permettant des revues de direction, des recommandations d'amélioration qualité à long terme (voir 5.2.5).

Les idées proposées par les membres du personnel, d'horizons différents au sein de l'organisme de service, réunis pour coopérer, peuvent être utilement canalisées pour améliorer la qualité et réduire les coûts. La direction doit encourager le personnel de tout niveau à participer au programme d'amélioration de la qualité et reconnaître leurs efforts et leur participation.

Anhang A (informativ)

Beispiele, auf die dieser Teil von ISO 9004 angewandt werden kann

Gastgewerbe

Verpflegungsbetriebe, Hotels, Fremdenverkehrsgewerbe, Unterhaltungsbranche, Radio, Fernsehen, Freizeit

Kommunikationsdienste

Flughäfen und Fluggesellschaften, Straßen-, Schienen- und Seetransport, Fernmeldewesen, Postdienste, Datenverarbeitung.

Gesundheitswesen

Medizinisches Personal/Ärzte, Krankenhäuser, Ambulanzen, medizinische Laboratorien, Zahnärzte, Optiker.

Instandhaltungsdienste

Elektrik, Mechanik, Fahrzeuge, Heizungssysteme, Klimaanlagen, Gebäude, Computer.

Öffentliche Einrichtungen

Reinigung, Abfallbeseitigung, Wasserversorgung, Liegenschaftenunterhalt, Elektrizitäts-, Gas- und Energieversorgung, Brandschutzdienste, Polizei, öffentliche Dienste.

Handel

Großhandel, Einzelhandel, Lagerwesen, Vertrieb, Marketing, Verpackung.

Finanzwesen

Banken, Versicherungen, Renten, Vermögensverwaltung, Buchhaltung.

Berufe

Architektur (Architekten), Vermesser, Juristen, Gesetzesvollzug, Sicherheitsdienst, Technik, Projektmanagement, Qualitätsmanagement, Beratung, Schulung und Ausbildung

Verwaltung

Personal, Computerwesen, Bürodienste

Technische Dienste

Beratung, Fotografie, Prüflaboratorien.

Beschaffung

Vertragswesen, Materialwirtschaft und Verteilung.

Wissenschaft

Forschung, Entwicklung, Studien, Entscheidungshilfen.

Anmerkung 19: Unternehmen, die materielle Produkte herstellen, erbringen ebenfalls interne Dienstleistungen im Rahmen ihres Marketings, ihrer Vertriebssysteme und ihrer Kundendiensttätigkeiten.

Annex A (informative)

Examples to which this part of ISO 9004 may be applied

Hospitality services

Catering, hotels, tourism, entertainment, radio, television, leisure.

Communications

Airports and airlines, road, rail and sea transport, telecommunications, postal, data.

Health services

Medical staff/doctors, hospitals, ambulances, medical laboratories, dentists, opticians.

Maintenance

Electrical, mechanical, vehicles, heating systems, air conditioning, buildings, computers.

Utilities

Cleansing, waste management, water supply, grounds maintenance, electricity, gas and energy supply, fire, police, public services.

Trading

Wholesale, retail, stockist, distributor, marketing, packaging.

Financial

Banking, insurance, pensions, property services, accounting.

Professional

Building design (architects), surveying, legal, law enforcement, security, engineering, project management, quality management, consultancy, training and education.

Administration

Personnel, computing, office services.

Technical

Consultancy, photography, test laboratories.

Purchasing

Contracting, inventory management and distribution.

Scientific

Research, development, studies, decision aids.

Note 19: Manufacturing companies also provide internal services in their marketing, delivery systems and after-sales activities.

Annexe A (informative)

Exemples de services pour lesquels la présente partie de l'ISO 9004 peut s'appliquer

Services d'accueil

Restauration, hôtellerie, services touristiques, spectacles, radiodiffusion, télévision, loisirs.

Communications

Aéroports et compagnies aériennes, transports routiers, ferroviaires, maritimes, télécommunications, service postal, réseaux informatiques.

Services de santé

Médecins, services hospitaliers, services ambulanciers, laboratoires d'analyses médicales, dentistes, opticiens.

Maintenance

Électrique, mécanique, de véhicules, de systèmes de chauffage, de climatisation, construction, informatique.

Services publics

Nettoyage, gestion des déchets, services des eaux, entretien des espaces verts, fourniture de gaz, d'électricité et d'énergie, pompiers, police, etc.

Commerce

Commerce de gros, commerce de détail, stockistes, distribution, mercatique, emballage.

Finances

Banques, assurances, caisses de retraite, agences immobilières et services connexes, comptabilité.

Professions

Architectes, géomètres, droit, services chargés de faire respecter la loi, sécurité, formation et éducation, ingéniérie, gestion de projets, gestion de la qualité, conseils.

Administration

Service du personnel, services informatiques, services administratifs.

Techniques

Conseils, photographie, laboratoires d'essais.

Scientifiques

Recherche, développement, études, aide à la décision.

Note 19: Les entreprises manufacturières fournissent également des services internes dans leurs activités de mercatique, de livraison et de service après vente.

Anhang B (informativ)

Inhaltsverzeichnis und Querverweise auf Qualitätssicherungssystem-Elemente und Abschnitte

Abschnitt (oder Unterabschnitt) in ISO 9004-2 : 1991	Titel	Entsprechender Abschnitt (oder Unterabschnitt) in ISO 9004 : 1987
4	Merkmale zu Dienstleistungen	7.2
4.1	Dienstleistungsmerkmale und Merkmale des Erbringens der Dienstleistung	7.2
4.2	Lenkung von Dienstleistungmerkmalen und von Merkmalen des Erbringens der Dienstleistung	11.4
5	Grundsätze zum Qualitätssicherungssystem	5
5.1	Schlüsselaspekte eines Qualitätssicherungssystems	5.1.1
5.2	Verantwortung der obersten Leitung	4
5.2.2	Qualitätspolitik	4.2
5.2.3	Qualitätsziele	4.2, 6, 19
5.2.4	Qualitätsverantwortung und -befugnis	5.2.2
5.2.5	Review des Qualitätssicherungssystems durch die oberste Leitung	5.5
5.3	Personal und Mittel	5.2.4
5.3.2	Personal	18
5.3.2.1	Motivation	18.3
5.3.2.2	Schulung und Personalentwicklung	18.1, 18.2
5.3.2.3	Kommunikation	7.3
5.3.3	Materielle Mittel	5.2.4
5.4	Struktur des Qualitätssicherungssystems	4.4, 5.2.1
5.4.2	Qualitätskreis für Dienstleistungen	5.1
5.4.3	Qualitätsdokumentation und -aufzeichnungen	5.2.5, 5.3, 17
5.4.3.1	Dokumentationssystem	5.3.2
5.4.3.2	Lenkung der Dokumente	17.2
5.4.4	Interne Qualitätsaudits	5.4
5.5	Schnittstelle zum Kunden	7.3
5.5.2	Kommunikation mit Kunden	7.3
6	Ablaufelemente eines Qualitätssicherungssystems	5
6.1	Marketingprozeß	7
6.1.1	Qualität in Marktforschung und -analyse	7.1, 19
6.1.2	Verpflichtungen des Lieferanten	8.2.4
6.1.3	Lastenheft/Pflichtenheft der Dienstleistung	7.2
6.1.4	Dienstleistungsmanagement	8.7
6.1.5	Qualität in der Werbung	0.4.2.2
6.2	Designprozeß	8
6.2.2	Design — Verantwortungen	8.2
6.2.3	Spezifikation für die Dienstleistung	8.1, 8.2, 8.3
6.2.4	Spezifikation für das Erbringen der Dienstleistung	10
6.2.4.2	Verfahren für das Erbringen der Dienstleistung	10.1
6.2.4.3	Qualität bei der Beschaffung	9, 12.1
6.2.4.4	Den Kunden vom Lieferanten für die Dienstleistung und für das Erbringen der Dienstleistung beigestellte Ausrüstung	13.3
6.2.4.5	Identifikation und Rückverfolgbarkeit der Dienstleistung	11.2, 19
6.2.4.6	Handhabung, Lagerung, Verpackung, Versand und Schutz der Besitztümer von Kunden	16
6.2.5	Spezifikation für die Qualitätslenkung	12.2
6.2.6	Design-Review	8.5, 8.5.2
6.2.7	Validierung der Spezifikationen für die Dienstleistung, für das Erbringen der Dienstleistung und für die Qualitätslenkung	8.4, 8.5.3, 8.7, 8.9

Abschnitt (oder Unterabschnitt) in ISO 9004-2 : 1991	Titel	Entsprechender Abschnitt (oder Unterabschnitt) in ISO 9004 : 1987
6.2.8	Lenkung von Designänderungen	8.8
6.3	Prozeß des Erbringens der Dienstleistung	10, 12.3
6.3.2	Beurteilung der Dienstleistungsqualität durch den Lieferanten	12
6.3.3	Beurteilung der Dienstleistungsqualität durch den Kunden	7.3
6.3.4	Dienstleistungs-Status	11.7
6.3.5	Korrekturmaßnahmen für fehlerhafte Dienstleistungen	11.8, 14, 15
6.3.5.1	Verantwortungen	15.2
6.3.5.2	Identifikation von Fehlern/Nichtkonformitäten und Korrekturmaßnahmen	14, 15
6.3.6	Prüfmittelüberwachung	11.3, 13
6.4	Analyse und Verbesserung der Dienstleistung	16.3
6.4.2	Datensammlung und -analyse	15.5
6.4.3	Statistische Methoden	20
6.4.4	Verbesserung der Dienstleistungsqualität	6

Anhang C (informativ)

Literaturhinweise

[1] ISO 9001 : 1987 Qualitätssicherungssysteme; Modell zur Darlegung der Qualitätssicherung in Design/Entwicklung, Produktion, Montage und Kundendienst

[2] ISO 9002 : 1987 Qualitätssicherungssysteme; Modell zur Darlegung der Qualitätssicherung in Produktion und Montage

[3] ISO 9003 : 1987 Qualitätssicherungssysteme; Modell zur Darlegung der Qualitätssicherung bei der Endprüfung

[4] ISO 10 011-1 : 1990 Leitfaden für das Audit von Qualitätssicherungssystemen; Teil 1: Auditdurchführung.

[5] ISO 10 011-2 : 1991 Leitfaden für das Audit von Qualitätssicherungssystemen; Teil 2: Qualifikationskriterien für Qualitätsauditoren

[6] ISO 10 011-3 : 1991 Leitfaden für das Audit von Qualitätssicherungssystemen; Teil 3: Management von Auditprogrammen

[7] ISO 10 012-1 : 1991[1]) Forderungen an die Qualitätssicherung von Meßmitteln; Bestätigungssystem für Meßmittel

[1]) Noch zu veröffentlichen

Annex B (informative)

Cross-reference of quality system elements and clauses

Clause (or sub-clause) in ISO 9004-2 : 1991	Title	Corresponding clause (or subclause) in ISO 9004 : 1987
4	Characteristics of service	7.2
4.1	Service and service delivery, characteristics	7.2
4.2	Control of service and service delivery, characteristics	11.4
5	Quality system principles	5
5.1	Key aspects of a quality system	5.1.1
5.2	Management responsibility	4
5.2.2	Quality policy	4.2
5.2.3	Quality objectives	4.2, 6, 19
5.2.4	Quality responsibility and authority	5.2.2
5.2.5	Management review	5.5
5.3	Personnel and material resources	5.2.4
5.3.2	Personnel	18
5.3.2.1	Motivation	18.3
5.3.2.2	Training and development	18.1, 18.2
5.3.2.3	Communikation	7.3
5.3.3	Material resources	5.2.4
5.4	Quality system structure	4.4, 5.2.1
5.4.2	Service quality loop	5.1
5.4.3	Quality documentation and records	5.2.5, 5.3, 17
5.4.3.1	Documentation system	5.3.2
5.4.3.2	Documentation control	17.2
5.4.4	Internal quality audits	5.4
5.5	Interface with customers	7.3
5.5.2	Communikation with customers	7.3
6	Quality system operational elements	5
6.1	Marketing process	7
6.1.1	Quality in market research and analysis	7.1, 19
6.1.2	Supplier obligations	8.2.4
6.1.3	Service brief	7.2
6.1.4	Service management	8.7
6.1.5	Quality in advertising	0.4.2.2
6.2	Design process	8
6.2.2	Design responsibilities	8.2
6.2.3	Service specification	8.1, 8.2, 8.3
6.2.4	Service delivery spezifikation	10
6.2.4.2	Service delivery procedures	10.1
6.2.4.3	Quality in procurement	9, 12.1
6.2.4.4	Supplier-provided equipment to customers for service and service delivery	13.3
6.2.4.5	Service identification and traceability	11.2, 19
6.2.4.6	Handling, storage, packaging, delivery and protection of customers' possessions	16
6.2.5	Quality control spezifikation	12.2
6.2.6	Design review	8.5, 8.5.2
6.2.7	Validation of the service, service delivery and quality control specifications	8.4, 8.5.3, 8.7, 8.9

Clause (or sub-clause) in ISO 9004-2 : 1991	Title	Corresponding clause (or subclause) in ISO 9004 : 1987
6.2.8	Design change control	8.8
6.3	Service delivery process	10, 12.3
6.3.2	Supplier's assessment of service quality	12
6.3.3	Customer's assessment of service quality	7.3
6.3.4	Service status	11.7
6.3.5	Corrective action for nonconforming services	11.8, 14, 15
6.3.5.1	Responsibilities	15.2
6.3.5.2	Identification of nonconformity and corrective action	14, 15
6.3.6	Measurement system control	11.3, 13
6.4	Service performance analysis and improvement	16.3
6.4.2	Data collection and analysis	15.5
6.4.3	Statistical methods	20
6.4.4	Service quality improvement	6

Annex C (informative)

Bibliography

[1] ISO 9001 : 1987 Quality systems; Model for quality assurance in design/development, production, installation and servicing

[2] ISO 9002 : 1987 Quality systems; Model for quality assurance in production and installation

[3] ISO 9003 : 1987 Quality systems; Model for quality assurance in final inspection and test

[4] ISO 10 011-1 : 1990 Guidelines for auditing quality systems; Part 1: Auditing.

[5] ISO 10 011-2 : 1991 Guidelines for auditing quality systems; Part 2: Qualification criteria for quality systems auditors

[6] ISO 10 011-3 : 1991 Guidelines for auditing quality systems; Part 3: Management of audit programmes

[7] ISO 10 012-1 : 1991[1]) Quality assurance requirements for measuring equipment; Part 1: Management of measuring equipment.

[1]) To be published

Annexe B (informative)

Correspondance des éléments du système qualité et des articles et paragraphes

Article (ou paragraphe) dans l'ISO 9004-2 : 1991	Titre	Article (ou paragraphe) correspondant de l'ISO 9004 : 1987
4	Caractéristiques des services	7.2
4.1	Caractéristiques du service et de la prestation du service	7.2
4.2	Maîtrise des caractéristiques du service et de la prestation du service	11.4
5	Principes d'un système qualité	5
5.1	Facteurs clés d'un système qualité	5.1.1
5.2	Responsabilités de la direction	4
5.2.2	Politique qualité	4.2
5.2.3	Objectifs qualité	4.3, 6, 19
5.2.4	Responsabilité et autorité relatives à la qualité	5.2.2
5.2.5	Revue de direction	5.5
5.3	Ressources en personnel et en matériel	5.2.4
5.3.2	Personnel	18
5.3.2.1	Motivation	18.3
5.3.2.2	Formation et évolution	18.1, 18.2
5.3.2.3	Communication	7.3
5.3.3	Ressources en matériel	5.2.4
5.4	Structure d'un système qualité	4.4, 5.2.1
5.4.2	Boucle de la qualité du service	5.1
5.4.3	Documentation et enregistrements relatifs à la qualité	5.2.5, 5.3, 17
5.4.3.1	Système de documentation	5.3.2
5.4.3.2	Maîtrise des documents	17.2
5.4.4	Audits qualité internes	5.4
5.5	Interface avec les clients	7.3
5.5.2	Communication avec les clients	7.3
6	Éléments opérationnels d'un système qualité	5
6.1	Processus de mercatique	7
6.1.1	Qualité dans l'analyse et l'étude du marché	7.1, 19
6.1.2	Obligations du fournisseur	8.2.4
6.1.3	Descriptif du service	7.2
6.1.4	Gestion du service	8.7
6.1.5	Qualité dans la publicité	0.4.2.2
6.2	Processus de conception	8
6.2.2	Responsabilités de la conception	8.2
6.2.3	Spécification du service	8.1, 8.2, 8.3
6.2.4	Spécification de la prestation du service	10
6.2.4.2	Procédures de la prestation du service	10.1
6.2.4.3	Qualité de l'approvisionnement	9, 12.1
6.2.4.4	Équipements fournis au client par le fournisseur pour réaliser le service et la prestation du service	13.3
6.2.4.5	Identification du service et traçabilité	11.2, 19
6.2.4.6	Manutention, stockage, conditionnement, livraison et protection des biens des clients	16
6.2.5	Spécification de la maîtrise de la qualité	12.2
6.2.6	Revue de conception	8.5, 8.5.2
6.2.7	Validation de la spécification du service, de la spécification de la prestation du service et de celle de la maîtrise de la qualité	8.4, 8.5.3, 8.7, 8.9

Article (ou paragraphe) dans l'ISO 9004-2 : 1991	Titre	Article (ou paragraphe) correspondant de l'ISO 9004 : 1987
6.2.8	Maîtrise des modifications de conception	8.8
6.3	Processus de la prestation du service	10, 12.3
6.3.2	Évaluation de la qualité du service par le fournisseur	12
6.3.3	Évaluation de la qualité du service par le client	7.3
6.3.4	État de service	11.7
6.3.5	Actions correctives pour services non conformes	11.8, 14, 15
6.3.5.1	Responsabilités	15.2
6.3.5.2	Identification de la non-conformité et actions correctives	14, 15
6.3.6	Maîtrise du système de mesure	11.3, 13
6.4	Analyse et amélioration de la réalisation du service	16.3
6.4.2	Recueil et analyse des données	15.5
6.4.3	Méthodes statistiques	20
6.4.4	Amélioration de la qualité du service	6

Annexe C (informative)

Bibliographie

[1] ISO 9001 : 1987 Systèmes qualité; Modèle pour l'assurance de la qualité en conception/développement, production, installation et soutien après la vente

[2] ISO 9002 : 1987 Systèmes qualité; Modèle pour l'assurance de la qualité en production et installation

[3] ISO 9003 : 1987 Systèmes qualité; Modèle pour l'assurance de la qualité en contrôle et essais finals

[4] ISO 10 011-1 : 1990 Lignes directrices pour l'audit des systèmes qualité; Partie 1: Audit

[5] ISO 10 011-2 : 1991 Lignes directrices pour l'audit des systèmes qualité; Partie 2: Critères de qualification pour les auditeurs de systèmes qualité

[6] ISO 10 011-3 : 1991 Lignes directrices pour l'audit des systèmes qualité; Partie 3: Gestion des programmes d'audit

[7] ISO 10 012-1 : 1992 Exigences d'assurance de la qualité des équipements de mesure; Partie 1: Confirmation métrologique de l'équipement de mesure

	Leitfaden für das Audit von Qualitätssicherungssystemen Auditdurchführung (Identisch mit ISO 10 011-1 : 1990)	DIN ISO 10 011 Teil 1

Guidelines for auditing quality systems; Part 1: Auditing;
(Identical with ISO 10 011-1 : 1990)

Lignes directrices pour l'audit des systèmes qualité; Partie 1: Audit;
(Identique à ISO 10 011-1 : 1990)

Die internationale Norm ISO 10 011-1 1. Ausgabe, 1990-12-05 „Guidelines for auditing quality systems; Part 1: Auditing", ist unverändert in diese Deutsche Norm übernommen worden.

Weiterhin enthält diese Norm auch die englisch- und französischsprachige Fassung.

Nationales Vorwort

Die deutsche Übersetzung wurde zwischen den Normungsorganisationen Deutschlands, Österreichs und der Schweiz abgestimmt.

In dieser Norm wird auf die in ISO 8402 : 1986 genormten Begriffe zurückgegriffen, die mit ISO/DIS 8402 : 1991 eine Überarbeitung und Erweiterung erfahren.

Zitierte Normen

Siehe Abschnitt 2

Internationale Patentklassifikation

G 07 C 3/14

Fortsetzung Seite 2 bis 17

Ausschuß Qualitätssicherung und angewandte Statistik (AQS) im DIN Deutsches Institut für Normung e.V.

Weitere Normen und andere Unterlagen

DIN 40 041	Zuverlässigkeit; Begriffe
DIN 55 350 Teil 11	Begriffe der Qualitätssicherung und Statistik; Grundbegriffe der Qualitätssicherung
DIN 55 350 Teil 12	Begriffe der Qualitätssicherung und Statistik; Merkmalsbezogene Begriffe
DIN 55 350 Teil 13	Begriffe der Qualitätssicherung und Statistik; Begriffe zur Genauigkeit von Ermittlungsverfahren und Ermittlungsergebnissen
DIN 55 350 Teil 14	Begriffe der Qualitätssicherung und Statistik; Begriffe der Probenahme
DIN 55 350 Teil 15	Begriffe der Qualitätssicherung und Statistik; Begriffe zu Mustern
DIN 55 350 Teil 17	Begriffe der Qualitätssicherung und Statistik; Begriffe der Qualitätsprüfungsarten
DIN 55 350 Teil 18	Begriffe der Qualitätssicherung und Statistik; Begriffe zu Bescheinigungen über die Ergebnisse von Qualitätsprüfungen; Qualitätsprüf-Zertifikate
DIN 55 350 Teil 21	Begriffe der Qualitätssicherung und Statistik; Begriffe der Statistik; Zufallsgrößen und Wahrscheinlichkeitsverteilungen
DIN 55 350 Teil 22	Begriffe der Qualitätssicherung und Statistik; Begriffe der Statistik; Spezielle Wahrscheinlichkeitsverteilungen
DIN 55 350 Teil 23	Begriffe der Qualitätssicherung und Statistik; Begriffe der Statistik; Beschreibende Statistik
DIN 55 350 Teil 24	Begriffe der Qualitätssicherung und Statistik; Begriffe der Statistik; Schließende Statistik
DIN 55 350 Teil 31	Begriffe der Qualitätssicherung und Statistik; Begriffe der Annahmestichprobenprüfung
DIN 55 350 Teil 33	(z. Z. Entwurf) Begriffe der Qualitätssicherung und Statistik; Begriffe der statistischen Prozeßlenkung (SPC)
DIN 55 350 Teil 34	Begriffe der Qualitätssicherung und Statistik; Erkennungsgrenze, Erfassungsgrenze und Erfassungsvermögen
DIN ISO 8402	(z. Z. Entwurf) Qualitätsmanagement und Qualitätssicherung — Begriffe; (Identisch mit ISO/DIS 8402)
DIN ISO 9000	Qualitätsmanagement- und Qualitätssicherungsnormen; Leitfaden zur Auswahl und Anwendung; (Identisch mit ISO 9000 : 1987) EN 29 000 : 1987
DIN ISO 9000 Teil 2	(z. Z. Entwurf) Qualitätsmanagement- und Qualitätssicherungsnormen; Allgemeiner Leitfaden zur Anwendung von ISO 9001, ISO 9002 und ISO 9003; (Identisch mit ISO/DIS 9000-2 : 1991)
DIN ISO 9000 Teil 3	Qualitätsmanagement- und Qualitätssicherungsnormen; Leitfaden für die Anwendung von ISO 9001 auf die Entwicklung, Lieferung und Wartung von Software; (Identisch mit ISO 9000-3 : 1991)
DIN ISO 9001	Qualitätssicherungssysteme; Modell zur Darlegung der Qualitätssicherung in Design/Entwicklung, Produktion, Montage und Kundendienst; (Identisch mit ISO 9001 : 1987) EN 29 001 : 1987
DIN ISO 9002	Qualitätssicherungssysteme; Modell zur Darlegung der Qualitätssicherung in Produktion und Montage; (Identisch mit ISO 9002 : 1987) EN 29 002 : 1987
DIN ISO 9003	Qualitätssicherungssysteme; Modell zur Darlegung der Qualitätssicherung bei der Endprüfung; (Identisch mit ISO 9003 : 1987) EN 29 003 : 1987
DIN ISO 9004	Qualitätsmanagement und Elemente eines Qualitätssicherungssystems; Leitfaden; (Identisch mit ISO 9004 : 1987) EN 29 004 : 1987
DIN ISO 9004 Teil 2	Qualitätsmanagement und Elemente eines Qualitätssicherungssystems; Leitfaden für Dienstleistungen; (Identisch mit ISO 9004-2 : 1991)
DIN ISO 10 011 Teil 2	Leitfaden für das Audit von Qualitätssicherungssystemen; Qualifikationskriterien für Qualitätsauditoren; (Identisch mit ISO 10 011-2 : 1991)
DIN ISO 10 011 Teil 3	Leitfaden für das Audit von Qualitätssicherungssystemen; Management von Auditprogrammen; (Identisch mit ISO 10 011-3 : 1991)
DIN ISO 10 012 Teil 1	Forderungen an die Qualitätssicherung von Meßmitteln; Bestätigungssystem für Meßmittel; (Identisch mit ISO 10 012-1 : 1992)
DIN-Taschenbuch Nr 223	Qualitätssicherung und angewandte Statistik; Begriffe
DIN-Taschenbuch Nr 224	Qualitätssicherung und angewandte Statistik; Verfahren 1

Leitfaden für das Audit von Qualitätssicherungssystemen

Teil 1: Auditdurchführung

Guidelines for auditing quality systems

Part 1: Auditing

Lignes directrices pour l'audit des systèmes qualité

Part 1: Audit

Inhalt

Contents

Sommaire

Vorwort

Die ISO (Internationale Organisation für Normung) ist die weltweite Vereinigung nationaler Normungsinstitute (ISO-Mitgliedskörperschaften). Die Erarbeitung Internationaler Normen obliegt den Technischen Komitees der ISO. Jede Mitgliedskörperschaft, die sich für ein Thema interessiert, für das ein Technisches Komitee eingesetzt wurde, ist berechtigt, in diesem Komitee mitzuarbeiten. Internationale (staatliche und nichtstaatliche) Organisationen, die mit der ISO in Verbindung stehen, sind an den Arbeiten ebenfalls beteiligt. Die ISO arbeitet in allen Fragen der elektrotechnischen Normung eng mit der International Elektrotechnical Commission (IEC) zusammen. Die von den Technischen Komitees verabschiedeten Entwürfe zu Internationalen Normen werden den Mitgliedskörperschaften zunächst zur Abstimmung vorgelegt. Die Veröffentlichung als Internationale Norm erfordert die Zustimmung von mindestens 75% der Mitgliedskörperschaften, die eine Stimme abgegeben haben.

Die Internationale Norm ISO 10 011 ist vom Technischen Komitee TC 176 *„Quality Management and Quality Assurance"* der ISO erstellt worden.

ISO 10 011 wird unter dem allgemeinen Titel *„Leitfaden für das Audit von Qualitätssicherungssystemen"* aus den folgenden drei Teilen bestehen:

- *Teil 1: Auditdurchführung*
- *Teil 2: Qualifikationskriterien für Qualitätsauditoren*
- *Teil 3: Management von Auditprogrammen*

Anhang A dieses Teils von ISO 10 011 dient nur zur Information.

Foreword

ISO (the International Organization for Standardization) is a worldwide federation of national standards (ISO member bodies).The work of preparing International Standards is normally carried out through ISO technical committees. Each member body interested in a subject for which a technical committee has been established has the right to be represented on that committee. International organizations, governmental and non-governmental, in liaison with ISO, also take part in the work. ISO collaborates closely with the International Electrotechnical Commission (IEC) on all matters of electrotechnical standardization.

Draft International Standards adopted by the technical committees are circulated to the member bodies for voting. Publication as an International Standards requires approval by at least 75% of the member bodies casting a vote.

International Standards ISO 10 011-1 was prepared by Technical Committee ISO/TC 176, *Quality management and quality assurance.*

ISO 10 011 consists of the following parts, under the general title *Guidelines for auditing quality systems:*

- *Part 1: Auditing*
- *Part 2: Qualification criteria for quality systems auditors*
- *Part 3: Management of audit programs*

Annex A of this part of ISO 10 011 ist for information only.

Avant-propos

L'ISO (Organisation internationale de normalisation) est une fédération mondiale d'organismes nationaux de normalisation (comités membres de l'ISO). L'élaboration des Normes internationales est en général confiée aux comités techniques de l'ISO. Chaque comité membre intéressé par une étude a le droit de faire partie du comité technique créé à cet effet. Les organisations internationales, gouvernementales et non gouvernementales, en liaison avec l'ISO participent également aux travaux. L'ISO collabore étroitement avec la Commission électrotechnique internationale (CEI) en ce qui concerne la normalisation électrotechnique.

Les projets de Normes internationales adoptés par les comités techniques sont soumis aux comités membres pour vote. Leur publication comme Normes internationales requiert l'approbation de 75% au moins des comités membres votants.

La Norme internationale ISO 10 011-1 a été élaborée par le comité technique ISO/TC 176, *Management et assurance de la qualité.*

L'ISO 10 011 comprend les parties suivantes, présentées sous le titre général *Lignes directrices pour l'audit des systèmes qualité:*

- *Partie 1: Audit*
- *Partie 2: Critères de qualification pour les auditeurs des systèmes qualité*
- *Partie 3: Gestion des programmes d'audit*

L'annexe A de la présente partie de l'ISO 10 011 est donnée uniquement à titre d'information.

Einleitung

Die ISO 9000-Reihe betont die Bedeutung des Qualitätsaudits als wichtiges Führungsinstrument zur Erreichung der im Rahmen der Politik der Organisation gesteckten Ziele.

Qualitätsaudits sollten durchgeführt werden, um festzustellen, daß die verschiedenen Elemente eines QS-Systems wirksam und zur Erfüllung der vorgegebenen Qualitätsziele geeignet sind.

Dieser Teil von ISO 10 011 gibt einen Leitfaden für das Audit eines Qualitätssicherungssystems einer Organisation. Der beschriebene Leitfaden kann Erfordernissen der einzelnen Anwender angepaßt werden.

Das Audit des Qualitätssicherungssystems liefert auch den objektiven Nachweis über die Notwendigkeit der Verringerung, Beseitigung und besonders der Verhütung von Fehlern/Nichtkonformitäten.

Die Ergebnisse dieser Qualitätsaudits können von der Leitung benutzt werden, um die Leistung der Organisation zu verbessern.

Introduction

The ISO 9000 series emphasizes the importance of quality audit as a key management tool for achieving the objectives set out in an organization's policy.

Audits should be carried ot in order to determine that the various elements within a quality systems are effective and suitable for achieving the stated quality objectives.

This part of ISO 10 011 provides guidelines for performing an audit of a quality system of an organization. It allows users to adjust the guidelines described to suit their needs.

The quality system audit also provides objective evidence concerning the need for the reduction, elimination and, especially, prevention of nonconformities.

The results of these audits can be used by management to improve the performance of the organization.

Introduction

La série de normes ISO 9000 met l'accent sur l'importance de l'audit qualité en tant qu'outil essentiel de gestion pour atteindre les objectifs fixés par l'organisme dans le cadre de sa politique générale.

Il est recommandé d'effectuer des audits afin de déterminer si les différents éléments d'un système qualité sont efficaces et adaptés pour atteindre les objectifs qualité fixés.

La présente partie de l'ISO 10 011 fournit des lignes directrices pour effectuer l'audit d'un système qualité d'un organisme (entreprise ou organisation). Elle permet aux utilisateurs d'adapter les lignes directrices décrites à leurs besoins.

L'audit du système qualité fournit également des preuves tangibles du besoin de réduire, d'éliminer et, surtout, de prévenir des non-conformités. Les conclusions de ces audits peuvent être utilisées par les dirigeants de l'organisme pour en améliorer le fonctionnement.

1 Zweck

Dieser Teil von ISO 10 011 legt die grundsätzlichen Auditprinzipien, -kriterien und -verfahrensweisen fest und liefert einen Leitfaden zur Einrichtung, Planung, Ausführung und Dokumentierung von Audits von Qualitätssicherungssystemen (QS-Systemen).

Er liefert einen Leitfaden, anhand dessen das Vorhandensein und die Verwirklichung der Elemente eines QS-Systems sowie ferner die Fähigkeit des QS-Systems zur Erreichung der festgelegten Qualitätsziele verifiziert werden können. Er ist ausreichend allgemein gefaßt, daß er auf unterschiedliche Industriezweige und Organisationen angewandt bzw. entsprechend angepaßt werden kann. Eine Organisation sollte ihre eigenen spezifischen Verfahren zur Verwirklichung dieses Leitfadens entwickeln.

1 Scope

This part of ISO 10 011 establishes basic audit principles, criteria and practices, and provides guidelines for establishing, planning, carrying out and documenting audits of quality systems.

It provides guidelines for verifying the existence and implementation of elements of a quality system and for verifying the system's ability to achieve defined quality objectives. It is sufficiently general in nature to permit it to be applicable or adaptable to different kinds of industries and organizations. Each organization should develop its own specific procedures for implementing these guidelines.

1 Domaine d'application

La présente partie de l'ISO 10 011 établit les principes, les critères et les pratiques de base, et fournit des lignes directrices pour mettre en place, planifier, effectuer et documenter les audits des systèmes qualité.

Elle fournit des lignes directrices pour vérifier l'existence et la mise en œuvre des éléments d'un système qualité, et pour vérifier l'aptitude du système à atteindre les objectifs qualité définis. Elle est suffisamment générale pour être applicable ou adaptable à différentes industries et organismes. Il convient que chaque organisme élabore ses propres procédures pour mettre en œuvre ces lignes directrices.

2 Verweisungen auf andere Normen

Die folgende Norm enthält Festlegungen, die durch Bezugnahme zum Bestandteil dieses Teils von ISO 10 011 werden. Zur Zeit der Veröffentlichung war die angegebene Ausgabe gültig. Alle Normen können überarbeitet werden, und die Parteien, die diesen Teil von ISO 10 011 vereinbaren, werden ermutigt, die Möglichkeit der Anwendung der letzten Ausgabe der unten angegebenen Norm zu prüfen. Mitglieder von IEC und ISO führen Verzeichnisse der jeweils gültigen Internationalen Normen.

ISO 8402 : 1986, Qualität; Begriffe

2 Normative reference

The following standard contains provisions which through reference in this text, constitute provisions of this part of ISO 10 011. At the time of publication, the edition indicated was valid. All standards are subjects to revision, and parties to agreements based on this part of ISO 10 011 are encouraged to investigate the possibility of applying the most recent edition of the standard indicated below. Members of IEC and ISO maintain registers of currently valid International Standards.

ISO 8402 : 1986, Quality; Vocabulary.

2 Référence normative

La norme suivante contient des dispositions qui, par suite de la référence qui en est faite, constituent des dispositions valables pour la présente partie de l'ISO 10 011. Au moment de la publication, l'édition indiquée était en vigueur. Toute norme est sujette à révision et les parties prenantes des accords fondés sur la présente partie de l'ISO 10 011 sont invitées à rechercher la possibilité d'appliquer l'édition la plus récente de la norme indiquée ci-après. Les membres de la CEI et de l'ISO possèdent le registre des Normes internationales en vigueur à un moment donné.

ISO 8402 : 1986, Qualité; Vocabulaire.

3 Begriffe

Für diesen Teil von ISO 10 011 gelten die Begriffe nach ISO 8402 gemeinsam mit folgenden Begriffen:

Anmerkung 1: Einige der Begriffe aus ISO 8402 werden hier wiederholt, und die Quelle wird in Klammern angegeben.

3.1 Qualitätsaudit

Eine systematische und unabhängige Untersuchung, um festzustellen, ob die qualitätsbezogenen Tätigkeiten und die damit zusammenhängenden Ergebnisse den geplanten Anordnungen entsprechen und ob diese Anordnungen wirkungsvoll verwirklicht und geeignet sind, die Ziele zu erreichen.

[ISO 8402]

Anmerkung 2: Das Qualitätsaudit wird typischerweise auf ein Qualitätssicherungssystem oder Elemente davon, auf Prozesse oder auf Produkte (einschließlich Dienstleistungen) angewendet, ist jedoch nicht darauf beschränkt. Solche Qualitätsaudits werden öfters „Systemaudit", „Verfahrensaudit", „Produktaudit", „Dienstleistungsaudit" genannt.

Anmerkung 3: Qualitätsaudits werden durch Personen durchgeführt, die keine direkte Verantwortung in den zu auditierenden Bereichen haben, wobei es aber wünschenswert ist, daß sie mit dem betreffenden Personal zusammenarbeiten.

Anmerkung 4: Ein Zweck eines Qualitätsaudits ist die Beurteilung der Notwendigkeit von Verbesserungen oder Korrekturmaßnahmen. Ein Qualitätsaudit sollte nicht mit Tätigkeiten der „Überwachung" oder der „Prüfung" verwechselt werden, die zum Zweck der Prozeßlenkung oder Produktannahme durchgeführt werden.

Anmerkung 5: Qualitätsaudits können für interne oder externe Zwecke durchgeführt werden.

3.2 Qualitätssicherungssystem

Die Aufbauorganisation, Verantwortlichkeiten, Abläufe, Verfahren und Mittel zur Verwirklichung des Qualitätsmanagements.

[ISO 8402]

Anmerkung 6: Das Qualitätssicherungssystem sollte nur den zum Erreichen der Qualitätsziele erforderlichen Umfang haben.

Anmerkung 7: Für vertragliche, andere verbindliche und bewertende Zwecke kann eine Darlegung der Verwirklichung festgelegter Elemente im System verlangt werden.

3 Definitions

For the purposes of this part of ISO 10 011, the definitions given in ISO 8402, together with the following definitions, apply.

Note 1: Some terms in ISO 8402 are repeated here and the source is indicated in brackets.

3.1 quality audit

A systematic and independent examination to determine whether quality activities and related results comply with planned arrangements and whether these arrangements are implemented effectively and are suitable to achieve objectives.

[ISO 8402]

Note 2: The quality audit typically applies to, but is not limited to, a quality system or elements thereof, to processes, to products, or to services. Such audits are often called "quality system audit", "process quality audit", "product quality audit", "service quality audit".

Note 3: Quality audits are carried out by staff not having direct responsibility in the areas being audited but, preferably, working in cooperation with the relevant personnel.

Note 4: One purpose of the quality audit is to evaluate the need for improvement or corrective action. An audit should not be confused with "surveillance" or "inspection" activities performed for the sole purpose of process control or product acceptance.

Note 5: Quality audits can be conducted for internal or external purposes.

3.2 quality system

The organizational structure, responsibilities, procedures, processes and resources for implementing quality management.

[ISO 8402]

Note 6: The quality system should only be as comprehensive as is needed to meet the quality objectives.

Note 7: For contractual, mandatory and assessment purposes, demonstration of the implementation of identified elements in the system may be required.

3 Définitions

Pour les besoins de la présente partie de l'ISO 10 011, les définitions données dans l'ISO 8402 et les définitions suivantes s'appliquent.

Note 1: Certains termes de l'ISO 8402 sont répétés ici et leur source est indiquée entre crochets.

3.1 audit qualité

Examen méthodique et indépendant en vue de déterminer si les activités et résultats relatifs à la qualité satisfont aux dispositions préétablies, si ces dispositions sont mises en œuvre de façon efficace et si elles sont aptes à atteindre les objectifs.

[ISO 8402]

Note 2: L'audit qualité s'applique essentiellement à des procédés, à des produits ou à des services, mais n'est pas restreint à un système qualité ou à des éléments de celui-ci. De tels audits sont couramment appelés «audit qualité de système», «audit qualité de procédé», «audit qualité de produit», «audit qualité de service».

Note 3: Les audits qualité sont conduits par des personnes n'ayant pas de responsabilité directe dans les secteurs à auditer et de préférence en coopération avec le personnel du secteur concerné.

Note 4: Un des buts d'un audit qualité est d'évaluer le besoin d'actions d'amélioration ou de correction. Il convient de ne pas confondre l'audit avec des activités de «surveillance» ou de «contrôle» conduites dans le seul but de maîtrise d'un processus ou d'acceptation d'un produit.

Note 5: Les audits qualité peuvent être conduits pour des besoins internes ou externes.

3.2 système qualité

Ensemble de la structure organisationnelle, des responsabilités, des procédures, des procédés et des ressources pour mettre en œuvre la gestion de la qualité.

[ISO 8402]

Note 6: Il convient que le système qualité ne soit pas plus étendu que ne l'exige la réalisation des objectifs qualité.

Note 7: Pour des besoins contractuels, des prescriptions obligatoires ou une évaluation, la démonstration de la mise en œuvre d'éléments identifiés du système peut être exigée.

3.3 Qualitätsauditor

Eine zur Durchführung von Qualitätsaudits qualifizierte Person.

Anmerkung 8: Um ein Qualitätsaudit durchzuführen, muß der Qualitätsauditor für dieses spezielle Audit befugt sein.

Anmerkung 9: Ein Qualitätsauditor, der ein Qualitätsaudit leiten soll, wird „Qualitätsauditleiter" genannt.

3.3 auditor (quality):

A person who has the qualification to perform quality audits.

Note 8: To perform a quality audit, the auditor must be authorized for that particular audit.

Note 9: An auditor designated to manage a quality audit is called a "lead auditor".

3.3 auditeur (qualité)

Personne qui a la qualification pour exécuter des audits qualité.

Note 8: Pour exécuter un audit qualité, il convient que l'auditeur soit mandaté pour cet audit particulier.

Note 9: Un auditeur désigné pour gérer un audit qualité est appelé «responsable d'audit».

3.4 Auftraggeber

Eine Person oder Organisation, die das Audit beantragt.

Anmerkung 10:

Auftraggeber kann sein:

a) die auditierte Organisation selbst, die ihr eigenes QS-System anhand einer QS-System-Norm auditieren lassen will;
b) ein Kunde, der das QS-System eines Lieferanten mit Hilfe seiner eigenen Auditoren oder einer dritten Partei auditieren will;
c) eine unabhängige Institution, die befugt ist zu ermitteln, ob das QS-System eine angemessene Überwachung der erzeugten Produkte einschließlich Dienstleistungen bietet (z.B. Aufsichtsbehörden für Nahrungsmittel, Arzneimittel, kerntechnische Anlagen usw.);
d) eine unabhängige Institution, die ein Audit durchführen soll zwecks Eintragung des QS-Systems der auditierten Organisation in ein Register.

3.4 client

A person or organization requesting the audit.

Note 10: The client may be:

a) the auditee wishing to have its own quality system audited against some quality system standard;
b) a customer wishing to audit the quality system of a supplier using his own auditors or a third party;
c) an independent agency authorized to determine whether the quality system provides adequate control of the products or services being provided (such as food, drug, nuclear, or other regulatory bodies);
d) an independent agency assigned to carry out an audit in order to list the audited organization's quality system in a register.

3.4 client

Personne ou organisme qui demande l'audit.

Note 10:

Le client peut être:

a) l'audité qui souhaite que son propre système qualité soit audité par rapport à une norme de système qualité;
b) un client qui souhaite auditer le système qualité d'un fournisseur en faisant appel à ses propres auditeurs ou à une tierce partie;
c) un organisme indépendant mandaté pour déterminer si le système qualité permet la maîtrise adéquate des produits ou services à fournir (tels que les organismes de contrôle alimentaire, pharmaceutique, nucléaire ou autres instances réglementaires);
d) un organisme indépendant chargé d'effectuer un audit afin d'enregistrer le système qualité de l'organisme audité.

3.5 Auditierte Organisation

Eine Organisation, die auditiert wird.

3.5 auditee

An organization to be audited.

3.5 audité

Organisme à auditer.

3.6 Qualitätsauditfeststellung:

Ein während eines Qualitätsaudits festgestellter oder durch Nachweis belegter Sachverhalt.

3.6 observation

A statement of fact made during an audit and substantiated by objective evidence.

3.6 observation

Constat de faits effectué au cours d'un audit et étayé par des preuves tangibles.

3.7 Nachweis

Qualitative oder quantitative Informationen, Aufzeichnungen oder Feststellungen (bezüglich der Qualität einer Einheit oder bezüglich Vorhandensein und Verwirklichung eines QS-System-Elements), deren Richtigkeit bewiesen werden können, basierend auf Tatsachen, gewonnen durch Beobachtung, Messung oder Untersuchung.

3.7 objective evidence

Qualitative or quantitative information, records or statements of fact pertaining to the quality of an item or service or to the existence and implementation of a quality system element, which is based on observation, measurement or test and which can be verified.

3.7 preuves tangibles

Informations, relevés ou constats de faits de nature qualitative ou quantitative, relatifs à la qualité d'un bien ou d'un service ou à l'existence et à la mise en œuvre d'un élément du système qualité, basés sur des observations, des mesures ou des essais, et qui peuvent être vérifiés.

3.8 Fehler/Nichtkonformität

Die Nichterfüllung festgelegter Forderungen.

[ISO 8402]

Anmerkung 11: Die Definition deckt das Abgehen von oder das Nichtvorhandensein von einem oder mehreren Qualitätsmerkmalen oder von Elementen eines Qualitätssicherungssystems von festgelegten Forderungen ab.

3.8 nonconformity

The nonfulfilment of specified requirements.

[ISO 8402]

Note 11: The definition covers the departure or absence of one or more quality characteristics or quality system elements from specified requirements.

3.8 non-conformité

Non-satisfaction aux exigences prescrites.

[ISO 8402]

Note 11: La définition s'applique à l'écart ou à l'inexistence d'une ou de plusieurs caractéristiques de qualité ou d'éléments d'un système qualité par rapport aux exigences prescrites.

4 Auditziele und Verantwortlichkeiten

4.1 Auditziele

Qualitätsaudits dienen üblicherweise einem oder mehreren der folgenden Zwecke:

- Ermittlung, ob die Elemente des QS-Systems die festgelegten Forderungen erfüllen oder nicht;
- Ermittlung der Wirksamkeit des verwirklichten QS-Systems in bezug auf die Erfüllung der festgelegten Qualitätsziele;
- der auditierten Organisation Gelegenheit zur Verbesserung des QS-Systems zu bieten;
- Erfüllung von Forderungen aus Vorschriften;
- Ermöglichung der Eintragung des QS-Systems der auditierten Organisation in ein Register.

Qualitätsaudits werden im allgemeinen aus einem oder mehreren der folgenden Gründe eingeleitet:

- zum Zwecke einer ersten Bewertung eines Lieferanten, wenn der Wunsch besteht, ein Vertragsverhältnis einzugehen;
- um zu verifizieren, daß das QS-System der eigenen Organisation die vorgegebenen Forderungen laufend erfüllt und daß es verwirklicht wird;
- im Rahmen eines Vertragsverhältnisses, um zu verifizieren, daß das QS-System des Lieferanten die festgelegten Forderungen laufend erfüllt und daß es verwirklicht wird;
- um das QS-System der eigenen Organisation anhand einer QS-System-Norm zu bewerten.

Diese Qualitätsaudits können routinemäßig durchgeführt oder durch erhebliche Änderungen im QS-System der Organisation, im Prozeß oder in der Qualität des Produktes oder der Dienstleistung oder durch die Notwendigkeit der Weiterverfolgung von Korrekturmaßnahmen veranlaßt werden.

Anmerkung 12: Qualitätsaudits sollten nicht dazu führen, daß die Verantwortung für die Erzielung der Qualitätsforderung vom Betriebspersonal auf die auditierende Organisation übertragen wird.

Anmerkung 13: Qualitätsaudits sollten nicht dazu führen, daß der Umfang der QS-Funktionen über das zur Erfüllung der Qualitätsziele erforderliche Maß hinaus ausgedehnt wird.

4 Audit objectives and responsibilities

4.1 Audit objectives

Audits are normally designed for one or more of the following purposes:

- to determine the conformity or nonconformity of the quality system elements with specified requirements;
- to determine the effectiveness of the implemented quality system in meeting specified quality objectives;
- to provide the auditee with an opportunity to improve the quality system;
- to meet regulatory requirements;
- to permit the listing of the audited organization's quality system in a register.

Audits are generally initiated for one or more of the following reasons:

- to initially evaluate a supplier where there is a desire to establish a contractual relationship;
- to verify that an organization's own quality system continues to meet specified requirements and is being implemented;
- within the framework of a contractual relationship, to verify that the supplier's quality system continues to meet specified requirements and is being implemented;
- to evaluate an organization's own quality system against a quality system standard.

These audits may be routine, or may be prompted by significant changes in the organization's quality system, process, product or service quality, or by a need to follow up on corrective action.

Note 12: Quality audits should not result in a transfer of the responsibility to achieve quality from operating staff to the auditing organization.

Note 13: Quality audits should not lead to an increase in the scope of quality functions over and above those necessary to meet quality objectives.

4 Objectifs des audits et responsabilités

4.1 Objectifs des audits

Les audits sont normalement conçus pour atteindre l'un ou plusieurs des objectifs suivants:

- déterminer la conformité ou la non-conformité des éléments du système qualité aux exigences prescrites;
- déterminer l'efficacité du système qualité mis en œuvre à satisfaire aux objectifs qualité prescrits;
- donner à l'audité l'occasion d'améliorer son système qualité;
- satisfaire aux exigences réglementaires;
- permettre l'enregistrement du système qualité de l'organisme audité.

Les audits sont généralement déclenchés pour l'une ou plusieurs des raisons suivantes:

- faire l'évaluation initiale d'un fournisseur lorsqu'il existe une demande d'établir des relations contractuelles;
- vérifier, dans le cadre de l'organisme lui-même, que son propre système qualité satisfait en permanence aux exigences prescrites et qu'il est mis en œuvre;
- vérifier, dans le cadre des relations contractuelles, que le système qualité du fournisseur satisfait en permanence aux exigences prescrites et qu'il est mis en œuvre;
- faire évaluer, dans le cadre de l'organisme lui-même, son propre système qualité par rapport à une norme de système qualité.

Ces audits peuvent être déclenchés régulièrement ou à la suite des changements importants du système qualité de l'organisme ou de la qualité de ses procédés, produits ou services, ou pour le suivi d'actions correctives.

Note 12: Il convient que les audits qualité ne conduisent pas à un transfert de la responsabilité du personnel chargé de l'obtention de la qualité vers les auditeurs.

Note 13: Il convient que les audits qualité ne conduisent pas à un élargissement du champ des fonctions qualité au-delà de ce qui est nécessaire pour satisfaire aux objectifs qualité.

4.2 Aufgaben und Verantwortlichkeiten

4.2.1 Qualitätsauditoren

4.2.1.1 Auditteam

Wenn ein Qualitätsaudit durch ein Team oder eine einzelne Person ausgeführt wird, sollte einem Auditleiter die Gesamtverantwortung übertragen werden.

Je nach den Umständen können dem Auditteam Fachleute mit einschlägiger Erfahrung, Auditoren in der Ausbildung oder Beobachter angehören, die die Billigung sowohl des Auftraggebers als auch der auditierten Organisation und des Auditleiters finden.

4.2.1.2 Verantwortlichkeiten des Qualitätsauditors

Die Qualitätsauditoren sind verantwortlich für

- die Erfüllung der anzuwendenden Auditforderungen;
- die Mitteilung und Klärung der Auditforderungen;
- die wirkungsvolle und rationelle Planung und Ausführung der ihnen zugeteilten Verantwortungen;
- die Dokumentierung der Auditfeststellungen;
- die Berichterstattung über die Auditergebnisse;
- die Verifizierung der Wirksamkeit von Korrekturmaßnahmen, die als Folge des Audits ergriffen werden (falls vom Auftraggeber verlangt);
- die Aufbewahrung und Sicherung von Dokumenten, die mit dem Qualitätsaudit in Zusammenhang stehen:
  - die Vorlage dieser Dokumente, soweit erforderlich;
  - das Sicherstellen der Vertraulichkeit dieser Dokumente;
  - die vertrauliche Behandlung geheimzuhaltender Informationen;
- die Zusammenarbeit mit dem Auditleiter und dessen Unterstützung.

4.2.1.3 Verantwortlichkeiten des Auditleiters

Der Auditleiter trägt letztlich die Verantwortung für alle Phasen des Qualitätsaudits. Der Auditleiter sollte über Führungsfähigkeiten und entsprechende Erfahrung verfügen und befugt sein, endgültige Entscheidungen bezüglich der Durchführung des Audits und aller Auditfeststellungen zu treffen.

Zu den Verantwortlichkeiten des Auditleiters zählen außerdem

- die Mitwirkung bei der Auswahl der anderen Mitglieder des Auditteams;
- die Ausarbeitung des Auditplans;
- die Vertretung des Auditteams bei der Leitung der auditierten Organisation:
- die Vorlage des Auditberichts.

4.2 Roles and responsibilities

4.2.1 Auditors

4.2.1.1 Audit team

Whether an audit is carried out by a team or an individual, a lead auditor should be placed in overall charge.

Depending upon the circumstances, the audit team may include experts with specialized background, auditor trainees or observers who are acceptable to the client, auditee and lead auditor.

4.2.1.2 Auditor's responsibilities

Auditors are responsible for

- complying with the applicable audit requirements;
- communicating and clarifying audit requirements;
- planning and carrying out assigned responsibilities effectively and efficiently;
- documenting the observations;
- reporting the audit results;
- verifying the effectiveness of corrective actions taken as a result of the audit (if requested by the client);
- retaining and safeguarding documents pertaining to the audit:
  - submitting such documents as required,
  - ensuring such documents remain confidential,
  - treating privileged information with discretion;
- cooperating with and supporting the lead auditor.

4.2.1.3 Lead auditor's responsibilities

The lead auditor is ultimately responsible for all phases of the audit. The lead auditor should have management capabilities and experience and should be given authority to make final decisions regarding the conduct of the audit and any audit observations.

The lead auditor's responsibilities also cover:

- assisting with the selection of other audit team members;
- preparation of the audit plan;
- representing the audit team with the auditee's management;
- submitting the audit report.

4.2 Rôles et responsabilités

4.2.1 Auditeurs

4.2.1.1 Équipe d'audit

Qu'un audit soit effectué par une équipe ou par une seule personne, il convient de confier à un responsable d'audit la responsabilité générale.

Selon les circonstances, l'équipe d'audit peut comprendre des experts ayant une formation spécialisée, des auditeurs en cours de formation ou des observateurs sous réserve de leur acceptation par le client, l'audité et le responsable d'audit.

4.2.1.2 Responsabilité des auditeurs

Les auditeurs sont chargés de

- se conformer aux exigences applicables à l'audit;
- communiquer et clarifier ces exigences;
- préparer et accomplir efficacement les missions qui leur sont confiées;
- consigner les observations;
- rapporter les conclusions de l'audit;
- vérifier l'efficacité des actions correctives menées à la suite de l'audit (si le client le demande);
- conserver et mettre en sûreté les documents se rapportant à l'audit pour
  - les présenter sur demande,
  - garantir leur confidentialité,
  - traiter les informations confidentielles avec discrétion;
- coopérer avec le responsable d'audit et l'aider dans l'accomplissement de sa mission.

4.2.1.3 Responsabilités du responsable d'audit

Le responsable d'audit est, en dernier ressort, responsable de toutes les phases de l'audit. Il convient qu'il possède des capacités et une expérience en matière de gestion et dispose de l'autorité pour prendre les décisions relatives à la conduite de l'audit et à toute observation.

Les responsabilités du responsable d'audit comprennent en outre

- la participation au choix des autres membres de l'équipe d'audit;
- la préparation du plan d'audit;
- la représentation de l'équipe d'audit auprès de la direction de l'audité;
- la présentation du rapport d'audit.

4.2.1.4 Unabhängigkeit des Qualitätsauditors

Die Qualitätsauditoren sollten unparteiisch und frei von Einflüssen sein, die ihre Objektivität beeinträchtigen könnten.

Alle Personen und Organisationen, die mit dem Qualitätsaudit zu tun haben, sollten die Unabhängigkeit der Auditoren respektieren und unterstützen.

4.2.1.5 Tätigkeiten des Qualitätsauditors

Der Auditleiter sollte

- die Forderungen jedes Auditauftrags festlegen, einschließlich der verlangten Qualifikationen der Auditoren;
- die anzuwendenden Auditforderungen sowie sonstige einschlägige Anweisungen einhalten;
- das Qualitätsaudit planen, die Arbeitsunterlagen vorbereiten und das Auditteam instruieren;
- die Dokumentation zu den bestehenden QS-System-Tätigkeiten prüfen, um deren Angemessenheit festzustellen;
- der auditierten Organisation kritische Fehler unverzüglich melden;
- alle größeren Hindernisse melden, auf die man im Zuge der Durchführung des Audits gestoßen ist;
- über die Auditergebnisse klar, schlüssig und unverzüglich Bericht erstatten.

Die Auditoren sollten

- den Rahmen des Audits nicht überschreiten;
- die Objektivität wahren;
- relevante und ausreichende Nachweise sammeln und analysieren, um die Schlußfolgerungen bezüglich des auditierten Qualitätssicherungssystems ziehen zu können;
- ständig auf Anzeichen von Nachweisen achten, die Einfluß auf die Auditergebnisse haben können und möglicherweise ein weitergreifendes Audit erforderlich machen;
- in der Lage sein, Fragen wie die folgenden zu beantworten:
  - „Sind die Verfahren, Dokumente und anderen Informationen, die die erforderlichen Elemente des QS-Systems beschreiben oder unterstützen, den betreffenden Mitarbeitern der auditierten Organisation bekannt, stehen sie ihnen zur Verfügung, werden sie verstanden und angewandt?"
  - „Sind alle das QS-System beschreibenden Dokumente und anderen Informationen ausreichend, um die vorgegebenen Qualitätsziele zu erreichen?"
- jederzeit nach ethischen Grundsätzen handeln.

4.2.1.4 Independence of the auditor

Auditors should be free from bias and influences which could affect objectivity.

All persons and organizations involved with an audit should respect and support the independence and integrity of the auditors.

4.2.1.5 Auditor's activities

The lead auditor should

- define the requirements of each audit assignment, including the required auditor qualifications;
- comply with applicable auditing requirements and other appropriate directives;
- plan the audit, prepare working documents and brief the audit team;
- review documentation on existing quality system activities to determine their adequacy;
- report critical nonconformities to the auditee immediately;
- report any major obstacles encountered in performing the audit;
- report on the audit results clearly, conclusively and without undue delay.

Auditors should

- remain within the audit scope;
- exercise objectivity;
- collect and analyse evidence that is relevant and sufficient to permit the drawing of conclusions regarding the audited quality system;
- remain alert to any indications of evidence that can influence the audit results and possibly require more extensive auditing;
- be able to answer such questions as:
  - "are the procedures, documents and other information describing or supporting the required elements of the quality system known, available, understood and used by the auditee's personnel?"
  - "are all the documents and other information used to describe the quality system adequate to achieve the required quality objectives?"
- act in an ethical manner at all times.

4.2.1.4 Indépendance des auditeurs

Il convient que les auditeurs se montrent impartiaux et ne soient pas soumis à des influences qui pourraient affecter leur objectivité.

Il convient que toutes les personnes et tous les organismes impliqués dans un audit respectent l'indépendance et la probité des auditeurs, et les soutiennent à cet égard.

4.2.1.5 Fonctions des auditeurs

Il convient que le responsable d'audit

- définisse les exigences de toute mission d'audit, y compris les qualifications requises pour les auditeurs;
- respecte les exigences applicables à l'audit ainsi que les autres directives appropriées;
- prépare l'audit, mette au point les documents de travail, et donne les instructions à l'équipe d'audit;
- passe en revue les documents relatifs aux activités du système qualité existant afin de déterminer leur adéquation;
- signale immédiatement à l'audité les non-conformités critiques;
- signale tout obstacle majeur rencontré au cours de l'exécution de l'audit;
- rapporte les conclusions de l'audit de façon claire, définitive et sans retard.

Il convient que les auditeurs

- demeurent dans le champ d'application de l'audit;
- fassent preuve d'objectivité;
- rassemblent et analysent les preuves de ce qui est pertinent et suffisant pour tirer des conclusions concernant le système qualité audité;
- restent attentifs à toute indication de preuve qui pourrait influencer les conclusions de l'audit ou, éventuellement, nécessiter un complément d'audit;
- soient capables de répondre à des questions telles que:
  - «les procédures, les documents et autres informations décrivant ou rapportant les éléments exigés du système qualité sont-ils connus, disponibles, compris et utilisés par le personnel du secteur audité?»
  - «tous les documents et autres informations utilisés pour décrire le système qualité sont-ils adéquats pour atteindre les objectifs qualité prescrits?»
- agissent, en toutes circonstances, selon la déontologie.

4.2.2 Auftraggeber

Der Auftraggeber

- bestimmt die Notwendigkeit und den Zweck eines Audits und leitet den Prozeß ein;
- bestimmt die Organisation, die das Audit durchführen soll;
- bestimmt den allgemeinen Rahmen des Audits, so z. B., welche QS-System-Norm oder welches QS-System-Dokument angewandt werden soll;
- nimmt den Auditbericht entgegen;
- legt die gegebenenfalls zu ergreifenden Folgemaßnahmen fest und informiert die auditierte Organisation entsprechend.

4.2.3 Auditierte Organisation

Die Leitung der auditierten Organisation sollte:

- das betreffende Personal über Ziele und Umfang des Audits informieren;
- verantwortliche Mitarbeiter zur Begleitung von Mitgliedern des Auditteams abordnen;
- alle vom Auditteam benötigten Mittel bereitstellen, um einen wirksamen und rationellen Auditprozeß sicherzustellen;
- den Auditoren in dem von ihnen gewünschten Umfang Zugang zu den Betriebsanlagen und zum Nachweismaterial gewähren;
- mit den Auditoren zusammenarbeiten, damit die Auditziele erreicht werden können;
- auf der Grundlage des Auditberichts Korrekturmaßnahmen festlegen und einleiten.

5 Qualitätsauditdurchführung

5.1 Einleitung des Audits

5.1.1 Auditumfang

Der Auftraggeber trifft die endgültigen Entscheidungen darüber, welche Elemente des QS-Systems, Standorte und organisatorischen Tätigkeiten innerhalb eines festgelegten zeitlichen Rahmens auditiert werden sollen. Dies sollte in Zusammenarbeit mit dem Auditleiter geschehen. Wenn zweckmäßig, sollte mit der auditierten Organisation Verbindung aufgenommen werden, wenn der Auditumfang festgelegt wird.

Umfang und Tiefe des Audits sollten auf den spezifischen Informationsbedarf des Auftraggebers abgestimmt werden.

Die Normen oder Dokumente, deren Forderungen das QS-System der auditierten Organisation erfüllen soll, sollten vom Auftraggeber festgelegt werden.

4.2.2 Client

The client

- determines the need for and the purpose of the audit and initiates the process;
- determines the auditing organization;
- determines the general scope of the audit, such as what quality system standard or document it is to be conducted against;
- receives the audit report;
- determines what follow-up action, if any, is to be taken, and informs the auditee of it.

4.2.3 Auditee

The auditee's management should

- inform relevant employees about the objectives and scope of the audit;
- appoint responsible members of staff to accompany members of the audit team;
- provide all resources needed for the audit team in order to ensure an effective and efficient audit process;
- provide access to the facilities and evidential material as requested by the auditors;
- cooperate with the auditors to permit the audit objectives to be achieved;
- determine and initiate corrective actions based on the audit report.

5 Auditing

5.1 Initiating the audit

5.1.1 Audit scope

The client makes the final decisions on which quality system elements, physical locations and organizational activities are to be audited within a specified time frame. This should be done with the assistance of the lead auditor. If appropriate, the auditee should be contacted when determining the scope of the audit.

The scope and depth of the audit should be designed to meet the client's specific information needs.

The standards or documents with which the auditee's quality system is required to comply should be specified by the client.

4.2.2 Client

Le client

- décide s'il est nécessaire d'effectuer un audit, définit son objectif et déclenche le processus;
- définit l'organisme auditeur;
- détermine le champ général de l'audit, par exemple la norme ou le document relatif au système qualité par rapport auquel l'audit doit être effectué;
- reçoit le rapport d'audit;
- détermine l'action à mener, le cas échéant, à la suite de l'audit et en informe l'audité.

4.2.3 Audité

Il convient que les dirigeants de l'audité

- informent le personnel concerné de l'objet et du but de l'audit;
- désignent des membres responsables de son personnel pour accompagner les membres de l'équipe d'audit;
- mettent à la disposition de l'équipe d'audit tous les moyens nécessaires pour assurer le bon déroulement de l'audit;
- donnent accès, à la demande des auditeurs, aux installations et aux éléments de preuves;
- coopèrent avec les auditeurs en vue d'atteindre les objectifs de l'audit;
- déterminent et déclenchent les actions correctives à partir du rapport d'audit.

5 Audit

5.1 Déclenchement de l'audit

5.1.1 Champ de l'audit

Le client prend, en dernier ressort, les décisions concernant les éléments du système qualité, les sites concernés et les activités de l'organisme qui doivent être audités dans le temps imparti pour l'audit. Il convient de prendre ces décisions avec l'aide du responsable d'audit. Le cas échéant, il convient que l'audité soit consulté au moment de déterminer le champ de l'audit.

Il convient de définir le champ et le degré de pénétration de l'audit afin que soient satisfaits les besoins d'informations spécifiques du client.

Il convient que le client prescrive les normes ou les documents auxquels le système qualité de l'audité doit se conformer.

Es sollten genügend Nachweise zur Verfügung stehen, um das Funktionieren und die Wirksamkeit des QS-Systems der auditierten Organisation darzulegen.

Die für das Audit verwendeten Mittel sollten dem vorgesehenen Umfang und der vorgesehenen Tiefe des Audits entsprechen.

Sufficient objective evidence should be available to demonstrate the operation and effectiveness of the auditee's quality system.

The resources committed to the audit should be sufficient to meet its intended scope and depth.

Il convient de fournir des preuves tangibles suffisantes pour démontrer le fonctionnement de l'efficacité du système qualité de l'audité.

Il convient que les moyens engagés pour l'audit soient suffisants pour permettre d'atteindre son objet et le degré de pénétration voulu.

5.1.2 Audithäufigkeit

Die Notwendigkeit der Durchführung eines Qualitätsaudits wird vom Auftraggeber festgelegt unter Berücksichtigung der festgelegten oder vorgeschriebenen Forderungen sowie anderer einschlägiger Faktoren. Erhebliche Änderungen in der Leitung, Organisation, Politik, von Techniken oder Technologien, die Einfluß auf das QS-System haben könnten, oder Änderungen am QS-System selbst sowie die Ergebnisse vorangegangener Audits sind typische Faktoren, die bei der Entscheidung über die Häufigkeit von Audits zu berücksichtigen sind. Innerhalb einer Organisation können interne Audits für Zwecke der Leitung oder allgemeine geschäftliche Zwecke regelmäßig durchgeführt werden.

5.1.2 Audit frequency

The need to perform an audit is determined by the client, taking account of specified or regulatory requirements and any other pertinent factors. Significant changes in management, organization, policy, techniques or technologies that could affect the quality system, or changes to the system itself and the results of recent previous audits, are typical of the circumstances to be considered when deciding audit frequency. Within an organization, internal audits may be organized on a regular basis for management or business purposes.

5.1.2 Fréquence des audits

La nécessité d'effectuer un audit est déterminée par le client qui tient compte des exigences prescrites ou réglementaires et de tout autre facteur pertinent. Des modifications importantes dans la gestion, l'organisation, la politique de l'organisme, les techniques ou les technologies qui pourraient affecter le système qualité ou des modifications du système lui-même ainsi que les conclusions d'audits précédents sont des exemples types des circonstances à prendre en considération pour décider de la fréquence des audits. Au sein d'une entreprise, les audits internes peuvent être organisés régulièrement pour les besoins de la gestion ou pour la conduite d'affaires.

5.1.3 Vorab-Prüfung der Beschreibung des QS-Systems der auditierten Organisation

Als Grundlage für die Auditplanung sollte der Qualitätsauditor die bei der auditierten Organisation vorliegende schriftlich niedergelegte Beschreibung der Methoden zur Erfüllung der QS-System-Forderungen (z. B. QS-Handbuch oder entsprechendes) auf ihre Angemessenheit prüfen.

Falls diese Prüfung zeigt, daß das von der auditierten Organisation beschriebene System zur Erfüllung der Forderungen nicht ausreicht, sollten keine weiteren Mittel für das Audit verwendet werden, bis die Bedenken zur Zufriedenheit des Auftraggebers, des Auditors und, soweit zutreffend, der auditierten Organisation beseitigt sind.

5.1.3 Preliminary review of auditee's quality system description

As a basis for planning the audit, the auditor should review for adequacy the auditee's recorded description of the methods for meeting the quality system requirements (such as the quality manual or equivalent).

If this review reveals that the system described by the auditee is not adequate to meet the requirements, further resources should not be expended on the audit until such concerns are resolved to the satisfaction of the client, the auditor and, where applicable, the auditee.

5.1.3 Revue préliminaire de la description du système qualité de l'audité

Comme support de la préparation de l'audit, il convient que l'auditeur examine, pour juger de son adéquation, le descriptif des méthodes utilisées par l'audité pour satisfaire aux exigences du système qualité (comme le manuel qualité ou un élément équivalent).

Si cet examen révèle que le système décrit par l'audité ne convient pas pour satisfaire aux exigences, il convient de ne pas aller plus loin dans l'audit sans résoudre les questions soulevées, à la satisfaction du client, de l'auditeur et, le cas échéant, de l'audité.

5.2 Vorbereitung des Audits

5.2.1 Auditplan

Der Auditplan sollte vom Aufraggeber genehmigt und sowohl den Auditoren als auch der auditierten Organisation mitgeteilt werden.

Der Auditplan sollte flexibel gehalten sein, um Schwerpunktverschiebungen aufgrund von Informationen, die im Zuge des Audits gewonnen werden, sowie den wirkungsvollen Einsatz der Mittel zu ermöglichen. Der Plan sollte folgendes enthalten:

— Auditziele und -umfang;
— die Identifikation derjenigen Personen, die eine wesentliche direkte Verantwortung bezüglich der Auditziele und des Auditumfangs tragen;

5.2 Preparing the audit

5.2.1 Audit plan

The audit plan should be approved by the client and communicated to the auditors and auditee.

The audit plan should be designed to be flexible in order to permit changes in emphasis based on information gathered during the audit, and to permit effective use of resources. The plan should include:

— the audit objectives and scope;
— identification of the individuals having significant direct responsibilities regarding the objectives and scope;

5.2 Préparation de l'audit

5.2.1 Plan d'audit

Il convient de faire approuver le plan d'audit par le client et de le communiquer aux auditeurs et à l'audité.

Il convient de concevoir le plan d'audit pour offrir toute souplesse d'adaptation en fonction des informations recueillies au cours de l'audit et permettre une bonne utilisation des moyens. Il convient que le plan indique:

— les objectifs et le champ de l'audit;
— l'identité des personnes exerçant des responsabilités directes importantes dans le cadre des objectifs et du champ de l'audit;

- die Angabe der Referenzdokumente (wie z. B. die anzuwendende QS-System-Norm und das QS-Handbuch der auditierten Organisation);
- die Identifikation der Mitglieder des Auditteams;
- die Sprache für das Qualitätsaudit;
- Datum und Ort der Durchführung des Qualitätsaudits;
- die Identifikation der zu auditierenden Organisationseinheiten;
- der voraussichtliche Zeitpunkt und die Dauer jeder wichtigen Audittätigkeit;
- den Zeitplan für die Besprechungen mit der Leitung der auditierten Organisation;
- die Forderungen hinsichtlich der Vertraulichkeit;
- die Verteilerliste für den Auditbericht und das voraussichtliche Datum für seine Herausgabe.

Falls die auditierte Organisation mit irgendwelchen Festlegungen im Auditplan nicht einverstanden ist, sollten diese Einwände dem Auditleiter umgehend mitgeteilt werden. Die Einwände sollten vor Durchführung des Audits zwischen dem Auditleiter und der auditierten Organisation sowie erforderlichenfalls dem Auftraggeber geklärt werden.

Gewisse Einzelheiten des Auditplans dürfen der auditierten Organisation erst während des Audits mitgeteilt werden, falls ihre vorzeitige Bekanntgabe das Sammeln objektiver Nachweise unter Umständen gefährden kann.

5.2.2 Aufgabenzuordnung im Auditteam

Jeder einzelne Qualitätsauditor sollte mit dem Qualitätsaudit spezifischer QS-System-Elemente oder Funktionsbereiche beauftragt werden. Diese Aufgabenzuordnung sollte durch den Auditleiter in Absprache mit den betroffenen Auditoren erfolgen.

5.2.3 Arbeitsdokumente

Zu den Dokumenten, die zur Erleichterung der Untersuchungen des Qualitätsauditors sowie zur Dokumentierung und Berichterstattung über die Auditergebnisse erforderlich sind, zählen

- Checklisten, die zur Bewertung der QS-System-Elemente benutzt werden (üblicherweise erstellt von demjenigen Auditor, der mit dem Audit des betreffenden Elements beauftragt worden ist);
- Formulare für die Berichterstattung über die Auditfeststellungen;
- Formulare für die Dokumentierung der Nachweise, die die Basis für die von den Qualitätsauditoren getroffenen Schlußfolgerungen bilden.

- identification of reference documents (such as the applicable quality system standard and the auditee's quality manual);
- identification of audit team members;
- the language of the audit;
- the date and place where the audit is to be conducted;
- identification of the organizational units to be audited;
- the expected time and duration for each major audit activity;
- the schedule of meetings to be held with auditee management;
- confidentiality requirements;
- audit report distribution and the expected date of issue.

If the auditee objects to any provisions in the audit plan, such objections should immediately be made known to the lead auditor. They should be resolved between the lead auditor and the auditee and, if necessary, the client before executing the audit.

Specific details of the audit plan should only be communicated to the auditee throughout the audit if their premature disclosure does not compromise the collecting of objective evidence.

5.2.2. Audit team assignments

Each auditor should be assigned specific quality system elements or functional departments to audit. Such assignments should be made by the lead auditor in consultation with the auditors concerned.

5.2.3 Working documents

The documents required to facilitate the auditor's investigations, and to document and report results, may include

- check-lists used for evaluating quality system elements (normally prepared by the auditor assigned to audit that specific element);
- forms for reporting audit observations;
- forms for documenting supporting evidence for conclusions reached by the auditors.

- l'identification des documents de référence (tels que la norme de système qualité applicable et le manuel qualité de l'audité);
- l'identité des membres de l'équipe d'audit;
- la langue de l'audit;
- la date et le lieu oùgrave; l'audit doit être effectué;
- l'identification des secteurs de l'organisme qui doivent être audités;
- la date et la durée prévues pour chaque activité principale de l'audit;
- le calendrier des réunions à tenir avec la direction de l'audité;
- les exigences en matière de confidentialité;
- la liste de diffusion du rapport d'audit et la date de publication prévue.

Si l'audité formule des objections quant à l'un des éléments du plan d'audit, il convient de porter immédiatement celles-ci à la connaissance du responsable d'audit. Il convient de faire lever ces objections par le responsable d'audit et l'audité, et, si nécessaire, le client, avant l'exécution de l'audit.

Il convient que les détails particuliers du plan d'audit ne soient communiqués à l'audité qu'au fur et à mesure du déroulement de l'audit si leur divulgation prématurée ne compromet pas l'obtention de preuves tangibles.

5.2.2 Missions de l'équipe d'audit

Il convient d'attribuer à chaque auditeur l'audit d'éléments spécifiques du système qualité ou de départements. Il convient de confier ces missions au responsable d'audit après avoir consulté les auditeurs concernés.

5.2.3 Documents de travail

Les documents nécessaires pour faciliter les investigations de l'auditeur et pour consigner et rendre compte des conclusions peuvent comprendre

- des listes de vérification utilisées pour l'évaluation de chaque élément du système qualité (normalement préparées par l'auditeur chargé d'auditer l'élément en question);
- des formulaires pour rendre compte des observations de l'audit;
- des formulaires pour consigner les éléments de preuves étayant les conclusions auxquelles sont arrivés les auditeurs.

Die Arbeitsdokumente sollten so angelegt sein, daß sie zusätzliche Audittätigkeiten oder Untersuchungen, die als Folge von im Zuge des Audits gewonnenen Informationen notwendig werden, nicht einschränken.

Arbeitsdokumente, die vertraulich oder gesetzlich geschützte Informationen enthalten, müssen von der auditierenden Organisation entsprechend gesichert werden.

5.3 Ausführung des Audits

5.3.1 Einführungsgespräch

Zweck dieses Einführungsgesprächs ist es,

- die Mitglieder des Auditteams mit dem obersten Management der auditierten Organisation bekanntzumachen;
- den Umfang und die Ziele des Qualitätsaudits zu besprechen;
- einen kurzen Überblick über die bei der Durchführung des Qualitätsaudits anzuwendenden Methoden und Verfahren zu geben;
- die offiziellen Verbindungen für die Kommunikation zwischen dem Auditteam und der auditierten Organisation herzustellen;
- zu bestätigen, daß die vom Auditteam benötigten Mittel und Einrichtungen zur Verfügung stehen;
- den Zeitpunkt und das Datum für das Schlußgespräch und alle etwaigen Zwischenbesprechungen des Auditteams mit der obersten Leitung der auditierten Organisation zu bestätigen;
- etwaige unklare Details des Auditplans zu klären.

5.3.2 Untersuchung

5.3.2.1 Sammeln von Nachweisen

Nachweise sollten gesammelt werden durch Befragungen, durch die Prüfung von Unterlagen und die Beobachtung von Tätigkeiten und Bedingungen/Zuständen in den betreffenden Bereichen. Anhaltspunkte, die Fehler/Nichtkonformitäten vermuten lassen, sollten, falls sie bedeutsam erscheinen, festgehalten und untersucht werden, selbst wenn sie in keiner Checkliste erfaßt sind. Informationen aus Befragungen sollten geprüft werden, indem die gleichen Informationen aus anderen unabhängigen Quellen, wie z.B. konkreten Beobachtungen, Messungen und Aufzeichnungen, beschafft werden.

Während des Audits kann der Auditleiter Änderungen in der Aufgabenzuordnung der Auditoren und — mit Genehmigung des Auftraggebers und dem Einverständnis der auditierten Organisation — am Auditplan vornehmen, falls dies geboten ist, um die optimale Erfüllung der Auditziele sicherzustellen.

Working documents should be designed so that they do not restrict additional audit activities or investigations which may become necessary as a result of information gathered during the audit.

Working documents involving confidential or proprietary information shall be suitably safeguarded by the auditing organization.

5.3 Executing the audit

5.3.1 Opening meeting

The purpose of an opening meeting is to

- introduce the members of the audit team to the auditee's senior management;
- review the scope and the objectives of the audit;
- provide a short summary of the methods and procedures to be used to conduct the audit;
- establish the official communication links between the audit team and the auditee;
- confirm that the resources and facilities needed by the audit team are available;
- confirm the time and date for the closing meeting and any interim meetings of the audit team and the auditee's senior management;
- clarify any unclear details of the audit plan.

5.3.2 Examination

5.3.2.1 Collecting evidence

Evidence should be collected through interviews, examination of documents, and observation of activities and conditions in the areas of concern. Clues suggesting nonconformities should be noted if they seem significant, even though not covered by check-lists, and should be investigated. Information gathered through interviews should be tested by acquiring the same information from other independent sources, such as physical observation, measurements and records.

During the audit, the lead auditor may make changes to the auditors' work assignments, and to the audit plan with the client's approval and the auditee's agreement, if this is necessary to ensure the optimal achievement of the audit objectives.

Il convient de concevoir les documents de travail de façon à ne pas limiter les activités ou les investigations complémentaires qui peuvent s'avérer nécessaires à la suite des informations obtenues pendant l'audit.

Les documents de travail contenant des informations confidentielles ou touchant la propriété industrielle doivent être convenablement protégés par l'organisme qui audite.

5.3 Exécution de l'audit

5.3.1 Réunion d'ouverture

L'objet d'une réunion d'ouverture est

- de présenter les membres de l'équipe d'audit à la direction de l'audité;
- de rappeler les objectifs et le champ d'application de l'audit;
- de présenter un résumé des méthodes et des procédures qui seront utilisées pour effectuer l'audit;
- de déterminer les liens de communication officiels entre l'équipe d'audit et l'audité;
- de confirmer la mise à disposition à l'équipe d'audit des moyens et des installations dont elle a besoin;
- de confirmer l'heure et la date de la réunion de clôture et de toute réunion intermédiaire de l'équipe d'audit avec la direction de l'audité;
- de clarifier tout point obscur du plan d'audit.

5.3.2 Examen

5.3.2.1 Recueil des preuves

Il convient de recueillir les preuves par des entretiens, par l'examen des documents et par l'observation des activités et des situations dans les domaines concernés. Il convient de relever les indices de non-conformité, s'ils paraissent importants, même s'ils ne sont pas stipulés dans les listes de vérification et de les soumettre à des investigations. Il convient de vérifier les informations obtenues lors des entretiens par des informations du même type émanant d'autres sources indépendantes, telles que l'observation physique, les mesurages et les relevés.

Pendant l'audit, le responsable d'audit peut apporter des modifications aux missions des auditeurs et au plan d'audit avec l'approbation du client et l'accord de l'audité, si cela s'avère nécessaire pour mieux atteindre les objectifs de l'audit.

Falls es sich herausstellt, daß die Auditziele nicht erreicht werden können, sollte der Auditleiter die Gründe dafür dem Auftraggeber und der auditierten Organisation mitteilen.

5.3.2.2 Auditfeststellungen

Alle Auditfeststellungen sollten dokumentiert werden. Nachdem alle Tätigkeiten auditiert worden sind, sollte das Auditteam alle von ihm gemachten Feststellungen prüfen, um zu entscheiden, welche als Fehler/Nichtkonformitäten zu melden sind. Das Auditteam sollte dann sicherstellen, daß diese klar und präzise dokumentiert und durch Nachweise belegt werden. Fehler/Nichtkonformitäten sollten mit den betreffenden Forderungen der Norm oder anderer einschlägiger Dokumente, die dem Audit zugrunde lagen, identifiziert werden. Die Feststellungen sollten vom Auditleiter zusammen mit dem zuständigen Leiter der auditierten Organisation überprüft werden. Alle Feststellungen von Fehlern/Nichtkonformitäten sollten von der Leitung der auditierten Organisation bestätigt werden.

5.3.3 Schlußgespräch mit der auditierten Organisation

Am Ende des Qualitätsaudits und vor der Erstellung des Auditberichts sollte das Auditteam eine Besprechung mit der obersten Leitung der auditierten Organisation sowie mit den für die betreffenden Funktionen verantwortlichen Personen abhalten. Der Hauptzweck dieses Gesprächs ist es, der obersten Leitung die Auditfeststellungen so darzulegen, daß sichergestellt ist, daß die Ergebnisse des Qualitätsaudits eindeutig verstanden werden.

Der Auditleiter sollte die Feststellungen entsprechend ihrer Bedeutung darlegen.

Der Auditleiter sollte die Schlußfolgerungen des Auditteams hinsichtlich der Wirksamkeit des QS-Systems bei der Erfüllung der Qualitätsziele darlegen.

Aufzeichnungen über dieses Schlußgespräch sollten aufbewahrt werden.

Anmerkung 14: Auf Wunsch kann der Qualitätsauditor an die auditierte Organisation auch Empfehlungen für Verbesserungen des QS-Systems liefern. Diese Empfehlungen sind für die auditierte Organisation nicht bindend. Es ist Sache der auditierten Organisation, den Umfang der Maßnahmen sowie die Mittel und Wege für deren Durchführung zu bestimmen, um das Qualitätssicherungssystem zu verbessern.

If the audit objectives appear to become unattainable, the lead auditor should report the reasons to the client and the auditee.

5.3.2.2 Audit observations

All audit observations should be documented. After all activities have been audited, the audit team should review all of their observations to determine which are to be reported as nonconformities. The audit team should then ensure that these are documented in a clear, concise manner and are supported by evidence. Nonconformities should be identified in terms of the specific requirements of the standard or other related documents against which the audit has been conducted. Observations should be reviewed by the lead auditor with the responsible auditee manager. All observations of nonconformities should be acknowledged by the auditee management.

5.3.3 Closing meeting with auditee

At the end of the audit, prior to preparing the audit report, the audit team should hold a meeting with the auditee's senior management and those responsible for the functions concerned. The main purpose of this meeting is to present audit observations to the senior management in such a manner so as to ensure that they clearly understand the results of the audit.

The lead auditor should present observations, taking into account their perceived significance.

The lead auditor should present the audit team's conclusions regarding the quality system's effectiveness in ensuring that quality objectives will be met.

Records of the closing meeting should be kept.

Note 14: If requested, the auditor may also make recommendations to the auditee for improvements to the quality system. Recommendations are not binding on the auditee. It is up to the auditee to determine the extent, the way and means of actions to improve the quality system.

Si les objectifs ne peuvent être atteints, il convient que le responsable de l'audit en donne les raisons au client et à l'audité.

5.3.2.2 Observations d'audit

Il convient de documenter toutes les observations de l'audit. L'audit de toutes les activités ayant été réalisé, il convient que l'équipe d'audit passe en revue toutes ses observations afin de déterminer celles qui doivent être rapportées en tant que non-conformités. Il convient que l'équipe d'audit fasse en sorte que ces non-conformités soient documentées de façon claire et précise et soient étayées de preuves. Il convient d'identifier les non-conformités par rapport aux exigences spécifiques de la norme ou d'autres documents afférents en référence auxquels l'audit a été effectué. Il convient que le responsable d'audit passe en revue les observations avec le responsable du secteur audité. Il convient que les dirigeants de l'audité prennent acte de toutes les observations de non-conformités.

5.3.3 Réunion de clôture avec l'audité

En fin d'audit et avant de préparer le rapport, il convient que l'équipe d'audit tienne une réunion avec la direction de l'audité et les responsables des fonctions concernées. L'objet principal de cette réunion est de présenter les observations de l'audit à la direction de l'audité de façon à s'assurer qu'elle comprend clairement les conclusions de l'audit.

Il convient que le responsable d'audit présente les observations en tenant compte de leur importance telle qu'il la perçoit. Il convient que le responsable d'audit présente les conclusions de l'équipe d'audit concernant l'aptitude du système qualité à satisfaire aux objectifs qualité.

Il convient de conserver le compte rendu de cette réunion.

Note 14: Les auditeurs, si cela leur est demandé, peuvent faire des recommandations à l'audité pour l'amélioration du système qualité. Ces recommandations ne présentent pas un caractère contraignant pour l'audité. Il appartient à ce dernier de déterminer l'étendue de l'action ainsi que les voies et les moyens d'améliorer le système qualité.

5.4 Auditdokumente

5.4.1 Erstellung des Auditberichts

Der Auditbericht wird unter der Leitung des Auditleiters erstellt, der für die Genauigkeit und Vollständigkeit des Auditberichts verantwortlich ist.

5.4.2 Inhalt des Berichts

Der Auditbericht sollte sowohl Art als auch Inhalt des Qualitätsaudits getreu wiedergeben. Der Auditbericht muß mit dem Datum und mit der Unterschrift des Auditleiters versehen sein. Er sollte, soweit zutreffend, die folgenden Angaben enthalten:

- Umfang und Ziele des Qualitätsaudits;
- Einzelheiten des Auditplans, die genaue Angabe der Mitglieder des Auditteams und des Beauftragten der auditierten Organisation, die Audittermine und die genaue Angabe der betreffenden auditierten Organisation;
- die genaue Angabe der Referenzdokumente, anhand derer das Audit durchgeführt wurde (QS-System-Norm, QS-Handbuch der auditierten Organisation etc.);
- Feststellungen von Fehlern/Nichtkonformitäten;
- das Urteil des Auditteams darüber, inwieweit die auditierte Organisation die Forderungen der anwendbaren QS-System-Norm und der einschlägigen Dokumentation erfüllt;
- die Fähigkeit des QS-Systems zur Erfüllung der vorgegebenen Qualitätsziele;
- die Verteilerliste für den Auditbericht.

Jegliche Kommunikation zwischen dem Zeitpunkt des Schlußgesprächs und der Ausgabe des Berichts sollte durch den Auditleiter erfolgen.

5.4.3 Verteilung des Berichts

Der Auditbericht sollte vom Auditleiter an den Auftraggeber übersandt werden. Es ist Aufgabe des Auftraggebers, der obersten Leitung der auditierten Organisation eine Kopie des Auditberichts zuzustellen. Über die weitere Verteilung sollte in Absprache mit der auditierten Organisation entschieden werden. Auditberichte, die vertrauliche oder gesetzlich geschützte Informationen enthalten, müssen von der auditierenden Organisation und dem Auftraggeber entsprechend gesichert werden.

Der Auditbericht sollte zum frühestmöglichen Zeitpunkt herausgegeben werden. Falls die Herausgabe innerhalb einer vereinbarten Frist nicht möglich ist, sollten die Gründe für die Verzögerung sowohl dem Auftraggeber als auch der auditierten Organisation mitgeteilt und ein revidierter Ausgabetermin festgelegt werden.

5.4 Audit documents

5.4.1 Audit report preparation

The audit report is prepared under the direction of the lead auditor, who is responsible for its accuracy and completeness.

5.4.2 Report content

The audit report should faithfully reflect both the tone and content of the audit. It should be dated and signed by the lead auditor. It should contain the following items, as applicable:

- the scope and objectives of the audit;
- details of the audit plan, the identification of audit team members and auditee's representative, audit dates, and identification of the specific organization audited;
- identification of the reference documents against which the audit was conducted (quality system standard, auditee's quality manual, etc.);
- observations of nonconformities;
- audit team's judgement of the extent of the auditee's compliance with the applicable quality system standard and related documentation;
- the system's ability to achieve defined quality objectives;
- the audit report distribution list.

Any communication made between the time of the closing meeting and the issue of the report should be by the lead auditor.

5.4.3 Report distribution

The audit report should be sent to the client by the lead auditor. It is the client's responsibility to provide the auditee's senior management with a copy of the audit report. Any additional distribution should be determined in consultation with the auditee. Audit reports containing confidential or proprietary information shall be suitably safeguarded by the auditing organization and the client.

The audit report should be issued as soon as possible. If it cannot be issued within an agreed time period, the reasons for the delay should be given to both the client and the auditee and a revised issue date established.

5.4 Documents d'audit

5.4.1 Préparation du rapport d'audit

Le rapport d'audit est préparé sous la direction du responsable d'audit qui est responsable de son caractère précis et complet.

5.4.2 Contenu du rapport

Il convient que le rapport d'audit reflète fidèlement l'esprit et le contenu de l'audit. Il convient qu'il soit daté et signé par le responsable d'audit et qu'il contienne, selon le cas, les éléments suivants:

- l'objectif et le champ d'application de l'audit;
- les détails du plan d'audit, l'identité des membres de l'équipe d'audit et des représentants de l'audité, les dates de l'audit et l'identification de l'organisme spécifique audité;
- l'identification des documents de référence par rapport auxquels l'audit a été conduit (norme de système qualité, manuel qualité de l'audité, etc.);
- les observations de non-conformités;
- l'appréciation par l'équipe d'audit du degré avec lequel l'audité se conforme à la norme applicable au système qualité et à la documentation afférente;
- l'aptitude du système à atteindre les objectifs qualité définis;
- la liste de diffusion du rapport d'audit.

Il convient que toute communication entre la réunion de clôture et l'émission du rapport soit faite par le responsable d'audit.

5.4.3 Diffusion du rapport

Il convient que le rapport d'audit soit envoyé au client par le responsable d'audit. Il incombe au client de fournir un exemplaire du rapport d'audit à la direction de l'audité. Il convient de définir toute diffusion supplémentaire en consultation avec l'audité. Les rapports d'audit contenant des informations confidentielles ou touchant la propriété industrielle doivent être convenablement protégés par l'organisme chargé de l'audit et le client.

Il convient de publier le rapport d'audit dès que possible. S'il ne peut être publié dans le délai prévu, il convient de donner les raisons du retard au client et à l'audité et de fixer une nouvelle date de publication.

5.4.4 Aufbewahrung der Aufzeichnungen

Die Auditdokumente sollten entsprechend der Vereinbarung zwischen dem Auftraggeber, der auditierenden Organisation und der auditierten Organisation und entsprechend etwaiger Vorschriften aufbewahrt werden.

6 Auditabschluß

Das Qualitätsaudit ist mit der Übergabe des Auditberichts an den Auftraggeber abgeschlossen.

7 Weiterverfolgung von Korrekturmaßnahmen

Die auditierte Organisation ist verantwortlich für die Festlegung und Einleitung von Korrekturmaßnahmen zur Beseitigung eines Fehlers/einer Nichtkonformität oder der Ursache eines Fehlers/einer Nichtkonformität. Der Auditor ist lediglich für die Identifizierung des Fehlers/der Nichtkonformität verantwortlich.

Die Korrekturmaßnahmen und anschließenden Folgeaudits sollten innerhalb einer Frist abgeschlossen werden, die zwischen dem Auftraggeber und der auditierten Organisation in Absprache mit der auditierenden Organisaiton festgelegt wird.

Anmerkung 15: Die auditierende Organisation sollte den Auftraggeber über den Stand der Korrekturmaßnahmen und Folgeaudits auf dem laufenden halten. Nachdem die auditierende Organisation die Verwirklichung der Korrekturmaßnahmen verifiziert hat, kann sie einen Folgeauditbericht erstellen und ähnlich wie den ursprünglichen Auditbericht verteilen.

5.4.4 Record retention

Audit documents should be retained by agreement between the client, the auditing organization and the auditee, and in accordance with any regulatory requirements.

6 Audit completion

The audit is completed upon submission of the audit report to the client.

7 Corrective action follow-up

The auditee is responsible for determining and initiating corrective action needed to correct a nonconformity or to correct the cause of a nonconformity. The auditor is only responsible for identifying the nonconformity.

Corrective action and subsequent follow-up audits should be completed within a time period agreed to by the client and the auditee in consultation with the auditing organization.

Note 15: The auditing organization should keep the client informed of the status of corrective action activities and follow-up audits. After verification of corrective action implementation, the auditing organization may prepare a follow-up report and distribute it in a manner similar to the original audit report.

5.4.4 Conservation des dossiers

Il convient de conserver les documents d'audit conformément à l'accord passé entre le client, l'organisme chargé de l'audit et l'audité, et selon les exigences réglementaires.

6 Achèvement de l'audit

L'audit est achevé lorsque le rapport d'audit est remis au client.

7 Suivi d'action corrective

L'audité a la responsabilité de déterminer et de lancer toute action corrective nécessaire pour corriger une non-conformité ou pour éliminer la cause d'une non-conformité. La responsabilité de l'auditeur se limite à l'identification de la non-conformité.

Il convient de terminer l'action corrective et les audits de suivi qui en découlent dans un délai convenu par le client et l'audité après consultation de l'organisme chargé de l'audit.

Note 15: Il convient que l'organisme chargé de l'audit tienne le client informé de l'état d'avancement des actions correctives et des audits de suivi. Après vérification de la mise en œuvre des actions correctives, l'organisme chargé de l'audit pourra préparer un rapport de suivi et le diffuser de la même façon que le rapport d'audit d'origine.

Anhang A (informativ)

Literaturhinweise

[1] ISO 9000 : 1987 Qualitätsmanagement- und Qualitätssicherungsnormen; Leitfaden zur Auswahl und Anwendung[2])

[2] ISO 9001 : 1987 Qualitätssicherungssysteme; Modell zur Darlegung der Qualitätssicherung in Design/Entwicklung, Produktion, Montage und Kundendienst[3])

[3] ISO 9002 : 1987 Qualitätssicherungssysteme; Modell zur Darlegung der Qualitätssicherung in Produktion und Montage[4])

[4] ISO 9003 : 1987 Qualitätssicherungssysteme; Modell zur Darlegung der Qualitätssicherung bei der Endprüfung[5])

[5] ISO 9004 : 1987 Qualitätsmanagement und Elemente eines Qualitätssicherungssystems; Leitfaden[6])

Annex A (informativ)

Bibliography

[1] ISO 9000 : 1987 Quality management and quality assurance standards — Guidelines for selection and use

[2] ISO 9001 : 1987 Quality systems — Model for quality assurance in design/development, production, installation and servicing

[3] ISO 9002 : 1987 Quality systems — Model for quality assurance in production and installation

[4] ISO 9003 : 1987 Quality systems — Model for quality assurance in final inspection and test

[5] ISO 9004 : 1987 Quality management and quality system elements — Guidelines

Annexe A (informative)

Bibliographie

[1] ISO 9000 : 1987 Normes pour la gestion de la qualité et l'assurance de la qualité — Lignes directrices pour la sélection et l'utilisation

[2] ISO 9001 : 1987 Systèmes qualité — Modèle pour l'assurance de la qualité en conception/développement, production, installation et soutien après la vente

[3] ISO 9002 : 1987 Systèmes qualité — Modèle pour l'assurance de la qualité en production et installation

[4] ISO 9003 : 1987 Systèmes qualité — Modèle pour l'assurance de la qualité en contrôle et essais finals

[5] ISO 9004 : 1987 Gestion de la qualité et éléments de système qualité — Lignes directrices

---

[2]) Nationale Fußnote: Identisch mit DIN ISO 9000 und EN 29 000

[3]) Nationale Fußnote: Identisch mit DIN ISO 9001 und EN 29 001

[4]) Nationale Fußnote: Identisch mit DIN ISO 9002 und EN 29 002

[5]) Nationale Fußnote: Identisch mit DIN ISO 9003 und EN 29 003

[6]) Nationale Fußnote: Identisch mit DIN ISO 9004 und EN 29 004

Leitfaden für das Audit von Qualitätssicherungssystemen
Qualifikationskriterien für Qualitätsauditoren
(Identisch mit ISO 10 011-2 : 1991)

DIN ISO 10 011 Teil 2

Guidelines for auditing quality systems; Part 2: Qualification criteria for quality systems auditors; (Identical with ISO 10 011-2 : 1991)

Lignes directrices pour l'audit des systèmes qualité; Partie 2: Critères de qualification pour les auditeurs de systèmes qualité; (Identique à ISO 10 011-2 : 1991)

Die Internationale Norm ISO 10 011-2, 1. Ausgabe, 1991-05-01, „Guidelines for auditing quality systems; Part 2: Qualification criteria for quality systems auditors", ist unverändert in diese Deutsche Norm übernommen worden.

Weiterhin enthält diese Norm auch die englisch- und französischsprachige Fassung.

Nationales Vorwort

Die deutsche Übersetzung wurde zwischen den Normungsorganisationen Deutschlands, Österreichs und der Schweiz abgestimmt.

Zitierte Normen

Siehe Abschnitt 2

Internationale Patentklassifikation

G 07 C 3/14

Fortsetzung Seite 2 bis 11

Ausschuß Qualitätssicherung und angewandte Statistik (AQS) im DIN Deutsches Institut für Normung e.V.

Leitfaden für das Audit von Qualitätssicherungssystemen
Teil 2: Qualifikationskriterien für Qualitätsauditoren

Inhalt

Guidelines for auditing quality systems
Part 2: Qualification criteria for quality systems auditors

Contents

Lignes directrices pour l'audit des systèmes qualité
Partie 2: Critères de qualification pour les auditeurs de systèmes qualité

Sommaire

226/9*

Vorwort

Die ISO (Internationale Organisation für Normung) ist die weltweite Vereinigung nationaler Normungsinstitute (ISO-Mitgliedskörperschaften). Die Erarbeitung Internationaler Normen obliegt den Technischen Komitees der ISO. Jede Mitgliedskörperschaft, die sich für ein Thema interessiert, für das ein Technisches Komitee eingesetzt wurde, ist berechtigt, in diesem Komitee mitzuarbeiten. Internationale (staatliche und nichtstaatliche) Organisationen, die mit der ISO in Verbindung stehen, sind an den Arbeiten ebenfalls beteiligt. Die ISO arbeitet in allen Fragen der elektrotechnischen Normung eng mit der International Electrotechnical Commission (IEC) zusammen.

Die von den Technischen Komitees verabschiedeten Entwürfe zu Internationalen Normen werden den Mitgliedskörperschaften zunächst zur Abstimmung vorgelegt. Die Veröffentlichung als Internationale Norm erfordert die Zustimmung von mindestens 75 % der Mitgliedskörperschaften, die eine Stimme abgegeben haben.

Die Internationale Norm ISO 10 011 Teil 2 ist vom Technischen Komitee TC 176 „*Quality Management and Quality Assurance*“ der ISO erstellt worden.

ISO 10 011 wird unter dem allgemeinen Titel „*Leitfaden für das Audit von Qualitätssicherungssystemen*“ aus den folgenden 3 Teilen bestehen:

— *Teil 1: Auditdurchführung*

— *Teil 2: Qualifikationskriterien für Qualitätsauditoren*

— *Teil 3: Management von Auditprogrammen*

Anhang A dieses Teils von ISO 10 011 ist ein integraler Bestandteil dieser Norm. Anhang B dient nur zur Information.

Foreword

ISO (the International Organization for Standardization) is a worldwide federation of national standards bodies (ISO member bodies). The work of preparing International Standards is normally carried out through ISO technical committees. Each member body interested in a subject for which a technical committee has been established has the right to be represented on that committee. International organizations, governmental and non-governmental, in liaison with ISO, also take part in the work. ISO collaborates closely with the International Electrotechnical Commission (IEC) on all matters of electrotechnical standardization.

Draft International Standards adopted by the technical committees are circulated to the member bodies for voting. Publication as an International Standard requires approval by at least 75 % of the member bodies casting a vote.

International Standard ISO 10 011-2 was prepared by Technical Committee ISO/TC 176, *Quality management and quality assurance.*

ISO 10 011 consists of the following parts, under the general title *Guidelines for auditing quality systems:*

— *Part 1: Auditing*

— *Part 2: Qualification criteria for quality systems auditors*

— *Part 3: Management of audit programmes*

Annex A forms an integral part of this part of ISO 10 011. Annex B is for information only.

Avant-propos

L'ISO (Organisation internationale de normalisation) est une fédération mondiale d'organismes nationaux de normalisation (comités membres de l'ISO). L'élaboration des Normes internationales est en général confiée aux comités techniques de l'ISO. Chaque comité membre intéressé par une étude a le droit de faire partie du comité technique créé à cet effet. Les organisations internationales, gouvernementales et non gouvernementales, en liaison avec l'ISO participent également aux travaux. L'ISO collabore étroitement avec la Commission électrotechnique internationale (CEI) en ce qui concerne la normalisation électrotechnique.

Les projets de Normes internationales adoptés par les comités techniques sont soumis aux comités membres pour vote. Leur publication comme Normes internationales requiert l'approbation de 75 % au moins des comités membres votants.

La Norme internationale ISO 10 011-2 a été élaborée par le comité technique ISO/TC 176, *Management et assurance de la qualité.*

L'ISO 10 011 comprend les parties suivantes, présentées sous le titre général *Lignes directrices pour l'audit des systèmes qualité:*

— *Partie 1: Audit*

— *Partie 2: Critères de qualification pour les auditeurs de systèmes qualité*

— *Partie 3: Gestion des programmes d'audit*

L'annexe A fait partie intégrante de la présente partie de l'ISO 10 011. L'annexe B est donnée uniquement à titre d'information.

Einleitung

Damit Qualitätsaudits von Qualitätssicherungssystemen nach ISO 10 011 Teil 1 wirksam und einheitlich durchgeführt werden können, ist für die Qualifizierung der Auditoren die Erfüllung von Mindestkriterien erforderlich.

Dieser Teil von ISO 10 011 beschreibt diese Mindestkriterien.

Hierin wird auch die Methode vorgegeben, nach der beurteilt werden sollte, inwieweit der einzelne potentielle Qualitätsauditor die Kriterien erfüllt, und nach der seine Befähigung aufrechterhalten werden sollte. Diese Informationen sind in Anhang A enthalten, der einen integralen Bestandteil dieses Teils von ISO 10 011 bildet. Anhang B enthält Informationen über eine nationale Auditor-Zertifizierung, ist jedoch nicht integraler Bestandteil dieses Teils von ISO 10 011.

1 Zweck

Dieser Teil von ISO 10 011 legt die Qualifikationskriterien für Qualitätsauditoren fest.

Dieser Teil von ISO 10 011 sollte bei der Auswahl von Auditoren, die Audits von Qualitätssicherungssystemen nach ISO 10 011-1 durchführen, angewandt werden.

2 Verweisungen auf andere Normen

Die folgenden Normen enthalten Festlegungen, die durch Bezugnahme zum Bestandteil dieses Teils von ISO 10 011 werden. Zur Zeit der Veröffentlichung waren die angegebenen Ausgaben gültig. Alle Normen können überarbeitet werden, und die Parteien, die diesen Teil von ISO 10 011 vereinbaren, werden ermutigt, die Möglichkeit der Anwendung der letzten Ausgaben der unten angegebenen Normen zu prüfen. Mitglieder von IEC und ISO führen Verzeichnisse der jeweils gültigen Internationalen Normen.

ISO 8402 : 1986	Qualität; Begriffe
ISO 10 011-1 : 1990	Leitfaden für das Audit von Qualitätssicherungssystemen; Teil 1: Auditdurchführung[1])
ISO 10 011-3 : 1991	Leitfaden für das Audit von Qualitätssicherungssystemen; Teil 3: Management von Auditprogrammen[2])

[1]) Nationale Fußnote: Identisch mit DIN ISO 10 011 Teil 1

[2]) Nationale Fußnote: Identisch mit DIN ISO 10 011 Teil 3

Introduction

In order that quality systems audits are carried out effectively and uniformly as defined in ISO 10 011-1, minimum criteria are required to qualify auditors.

This part of ISO 10 011 describes these minimum criteria.

It also provides the method by which individual potential auditor's compliance to the criteria should be judged and maintained. This information is contained in annex A, which is an integral part of this part of ISO 10 011. Annex B contains information on national auditor certification but is not an integral part of this part of ISO 10 011.

1 Scope

This part of ISO 10 011 gives guidance on qualification criteria for auditors.

It is applicable in the selection of auditors to perform quality systems audits as recommended in ISO 10 011-1.

2 Normative references

The following standards contain provisions which, through reference in this text, consitute provisions of this part of ISO 10 011. At the time of publication, the editions indicated were valid. All standards are subject to revision, and parties to agreements based on this part of ISO 10 011 are encouraged to investigate the possibility of applying the most recent editions of the standards indicated below. Members of IEC and ISO maintain registers of currently valid International Standards.

ISO 8402 : 1986	Quality; Vocabulary
ISO 10 011-1 : 1990	Guidelines for auditing quality systems; Part 1: Auditing
ISO 10 011-3 : 1991	Guidelines for auditing quality systems; Part 3: Management of audit programmes

Introduction

Afin que les audits des systèmes qualité soient effectués de façon efficace et homogène, comme indiqué dans l'ISO 10 011-1, des critères minimaux sont exigés pour qualifier les auditeurs.

La présente partie de l'ISO 10 011-1 décrit ces critères minimaux.

Elle fournit également la méthode par laquelle il convient de juger et maintenir la conformité d'un auditeur potentiel à ces critères. Cette information est contenue dans l'annexe A qui fait partie intégrante de la présente partie de l'ISO 10 011. L'annexe B contient des informations sur la certification nationale des auditeurs mais ne fait pas partie intégrante de la présente partie de l'ISO 10 011.

1 Domaine d'application

La présente partie de l'ISO 10 011 donne les lignes directrices relatives aux critères de qualification des auditeurs.

Elle est applicable pour opérer le choix des auditeurs chargés d'effectuer les audits des systèmes qualité selon l'ISO 10 011-1.

2 Références normatives

Les normes suivantes contiennent des dispositions qui, par suite de la référence qui en est faite, constituent des dispositions valables pour la présente partie de l'ISO 10 011. Au moment de la publication, les éditions indiquées étaient en vigueur. Toute norme est sujette à révision et les parties prenantes des accords fondés sur la présente partie de l'ISO 10 011 sont invitées à rechercher la possibilité d'appliquer les éditions les plus récentes des normes indiquées ci-après. Les membres de la CEI et de l'ISO possèdent le registre des Normes internationales en vigueur à un moment donné.

ISO 8402 : 1986	Qualité; Vocabulaire
ISO 10 011-1 : 1990	Lignes directrices pour l'audit des systèmes qualité; Partie 1: Audit
ISO 10 011-3 : 1991	Lignes directrices pour l'audit des systèmes qualité; Partie 3: Gestion des programmes d'audit

3 Begriffe

Für diesen Teil von ISO 10 011 gelten die Begriffe nach ISO 8402 und ISO 10 011-1.

4 Schulbildung

Bewerber um die Position eines Qualitätsauditors sollten eine höhere Schulbildung abgeschlossen haben, d. h. denjenigen Abschnitt des Bildungssystems des Landes, der auf die Grund- oder Elementarstufe folgt, aber noch vor der Stufe liegt, in der man die Qualifikation für einen akademischen Grad erwirbt, oder sie sollten andere vom Bewertungsgremium nach Anhang A festgelegte Voraussetzungen erfüllen. Die Bewerber sollten nachgewiesen haben, daß sie in der Lage sind, Vorstellungen und Gedanken in ihrer offiziell anerkannten Sprache sowohl mündlich als auch schriftlich klar und fließend auszudrücken.

5 Schulung

Bewerber um die Position eines Auditors sollten eine so umfangreiche Schulung erhalten haben, wie nötig ist, um die für die Ausführung und Leitung von Qualitätsaudits erforderlichen Fertigkeiten zu beherrschen. Die Schulung in den folgenden Bereichen sollte als besonders relevant angesehen werden:

- Kenntnis und Verständnis der Normen, die Grundlage für Audits von QS-Systemen sein können;
- Methoden der Bewertung durch Untersuchung, Befragung, Beurteilung und Berichterstattung;
- die zusätzlichen Fertigkeiten, die für die Leitung eines Qualitätsaudits erforderlich sind, wie z. B. Planung, Organisation, Kommunikation und Führung.

Diese Befähigung sollte durch schriftliche oder mündliche Prüfungen oder auf andere akzeptable Weise bewiesen werden.

6 Erfahrung

Bewerber um die Position eines Qualitätsauditors sollten zusätzlich zur Schulung über mindestens vier Jahre einschlägiger praktischer Erfahrung am Arbeitsplatz in einer Vollzeittätigkeit verfügen, davon mindestens zwei Jahre in der Qualitätssicherung.

Bevor der Bewerber Verantwortung für die Durchführung von Qualitätsaudits als Qualitätsauditor übernimmt, sollte er Erfahrung im gesamten Auditprozeß, der in ISO 10 011-1 beschrieben ist, gewonnen haben. Diese Erfahrung sollte durch die Mitwirkung an mindestens vier Qualitätsaudits gewonnen

3 Definitions

For the purposes of this part of ISO 10 011, the definitions given in ISO 8402 and ISO 10 011-1 apply.

4 Education

Auditor candidates should have completed at least secondary education, that is, that part of the national educational system that comes after the primary or elementary stage but prior to that which qualifies for a degree, or as otherwise determined by the evaluation panel described in annex A. Candidates should have demonstrated competence in clearly and fluently expressing concepts and ideas orally and in writing in their officially recognised language.

5 Training

Auditor candidates should have undergone training to the extent necessary to ensure their competence in the skills required for carrying out audits, and for managing audits. Training in the following areas should be regarded as particularly relevant:

- knowledge and understanding of the standards against which quality systems audits may be performed;
- assessment techniques of examining, questioning, evaluating and reporting;
- additional skills required for managing an audit, such as planning, organizing, communicating and directing.

Such competence should be demonstrated through written or oral examinations, or other acceptable means.

6 Experience

Auditor candidates should have a minimum of four years' full-time appropriate practical workplace experience (not including training), at least two years of which should have been in quality assurance activities.

Prior to assuming responsibility for performing audits as an auditor, the candidate should have gained experience in the entire audit process as described in ISO 10 011-1. This experience should have been gained by participating in a minimum of four audits,

3 Définitions

Pour les besoins de la présente partie de l'ISO 10 011, les définitions données dans l'ISO 8402 et l'ISO 10 011-1 s'appliquent.

4 Enseignement

Il est recommandé que les candidats auditeurs aient reçu au moins un enseignement secondaire, c'est-à-dire la partie du système national d'éducation qui suit la phase d'enseignement primaire ou élémentaire et qui précède celle qui permet d'obtenir un diplôme d'enseignement supérieur, ou un enseignement déterminé par le comité d'évaluation décrit dans l'annexe A. Il convient que les candidats aient démontré leur capacité à exprimer clairement et avec facilité des concepts et des idées oralement et par écrit dans leur langue officielle.

5 Formation

Il est recommandé que les candidats auditeurs aient reçu la formation nécessaire pour garantir leur compétence dans les aptitudes requises pour effectuer et manager des audits. Il y a lieu de considérer comme particulièrement pertinente la formation dans les domaines suivants:

- la connaissance et la compréhension des normes par rapport auxquelles l'audit des systèmes qualité peut être effectué;
- les techniques d'évaluation d'examen, de questionnement, d'appréciation et de compte rendu;
- les autres techniques requises pour manager un audit telles que la planification, l'organisation, la communication et l'animation.

Il est recommandé de démontrer cette compétence au moyen d'examens écrits ou oraux, ou par tout autre moyen acceptable.

6 Expérience

Il est souhaitable que les candidats auditeurs aient au moins quatre ans d'expérience professionnelle appropriée à plein temps (non compris la formation), dont au moins deux de ces années devraient avoir été effectuées dans des activités liées à l'assurance de la qualité.

Avant d'assumer des responsabilités dans l'exécution des audits en tant qu'auditeur, il est recommandé que le candidat ait acquis l'expérience du processus complet d'audit tel qu'il est décrit dans l'ISO 10 011-1. Il convient que cette expérience ait été acquise en worden sein, die insgesamt mindestens 20 Tage einschließlich der Prüfung der Dokumentation, der eigentlichen Audittätigkeiten und der Auditberichterstattung umfaßten.

Alle einschlägigen Erfahrungen sollten ausreichend aktuell sein.

for a total of at least 20 days, including documentation review, actual audit activities and audit reporting.

All relevant experience should be reasonably current.

ayant participé à quatre audits au moins totalisant au minimum 20 jours d'audit consacrés à l'examen des documents, aux activités d'audit proprement dites et au rapport d'audit.

Il est souhaitable que toute expérience prise en compte soit raisonnablement récente.

7 Persönliche Eigenschaften

Bewerber um die Position eines Qualitätsauditors sollten aufgeschlossen sein, über die nötige Reife, ein gesundes Urteilsvermögen, analytische Fähigkeiten und Beharrlichkeit verfügen sowie die Fähigkeit haben, Situationen realistisch zu erfassen, komplexe Vorgänge umfassend zu erkennen und auch die Rolle der einzelnen Einheiten innerhalb der Gesamtorganisation zu verstehen.

Der Auditor sollte in der Lage sein, diese Eigenschaften einzusetzen, um

- Nachweise auf der Basis von Tatsachen zu führen und gerecht zu bewerten;
- dem Zweck des Qualitätsaudits treu zu bleiben, ohne Bedenken und ohne jede Begünstigung;
- die Auswirkungen von Auditbeobachtungen und persönlichen Interaktionen während des Qualitätsaudits ständig zu bewerten;
- das betreffende Personal in der zur Erreichung des Auditzwecks geeignetsten Weise zu behandeln;
- mit Einfühlungsvermögen auf die nationalen Gepflogenheiten des Landes zu reagieren, in dem das Qualitätsaudit durchgeführt wird;
- den Auditprozeß ohne Abweichung infolge von Ablenkungen durchzuführen;
- dem Auditprozeß uneingeschränkte Aufmerksamkeit zu widmen und volle Unterstützung zu gewähren;
- in Streßsituationen effektiv zu reagieren;
- auf der Basis von Auditfeststellungen allgemein akzeptable Schlußfolgerungen zu ziehen;
- einer Schlußfolgerung unter Druck treu zu bleiben, wenn nicht gegenteilige Nachweise vorgelegt werden.

7 Personal attributes

Auditor candidates should be open-minded and mature; possess sound judgement, analytical skills and tenacity; have the ability to perceive situations in a realistic way, to understand complex operations from a broad perspective, and to understand the role of individual units within the overall organization.

The auditor should be able to apply these attributes in order to

- obtain and assess objective evidence fairly;
- remain true to the purpose of the audit without fear or favour;
- evaluate constantly the effects of audit observations and personal interactions during an audit;
- treat concerned personnel in a way that will best achieve the audit purpose;
- react with sensitivity to the national conventions of the country in which the audit is performed;
- perform the audit process without deviating due to distractions;
- commit full attention and support to the audit process;
- react effectively in stressful situations;
- arrive at generally acceptable conclusions based on audit observations;
- remain true to a conclusion despite pressure to change that is not based on evidence.

7 Qualités personnelles

Il est souhaitable que les candidats auditeurs soient ouverts, matures, aient un jugement sain, une capacité d'analyse, de la ténacité, l'aptitude à percevoir les situations de manière réaliste, puissent comprendre les opérations complexes d'un point de vue général et saisir le rôle des éléments individuels au sein de l'organisme tout entier.

Il convient que l'auditeur soit en mesure d'utiliser ces qualités afin

- d'obtenir et d'évaluer honnêtement et objectivement les faits;
- de demeurer fidèle à l'objet de l'audit sans crainte, ni faveur;
- d'évaluer constamment les effets provoqués par les observations faites au cours de l'audit et les interactions entre personnes durant l'audit;
- de se comporter avec le personnel concerné de façon à atteindre, dans les meilleures conditions, les objectifs de l'audit;
- de réagir correctement aux usages du pays dans lequel l'audit est effectué;
- d'effectuer l'audit sans écarts dus à l'inattention;
- de prêter toute son attention et d'apporter un soutien total au processus d'audit;
- de réagir efficacement dans des situations difficiles;
- de parvenir à des conclusions communément acceptables fondées sur les observations faites au cours de l'audit;
- de rester ferme dans ses conclusions en dépit de toute pression exercée pour y apporter des modifications quand celles-ci ne sont pas fondées sur des preuves.

8 Führungsfähigkeiten

Bewerber um die Position eines Qualitätsauditors sollten in geeigneter Weise darlegen, daß sie die erforderlichen Führungsfähigkeiten für die Durchführung eines Qualitätsaudits nach den Empfehlungen von ISO 10 011-1 kennen und in der Lage sind, sie einzusetzen.

8 Management capabilities

Auditor candidates should demonstrate through suitable means their knowledge of, and capability of using, the necessary management skills required in the execution of an audit as recommended in ISO 10 011-1.

8 Aptitude au management

Il est souhaitable que les candidats auditeurs démontrent de manière appropriée leur connaissance ainsi que leur capacité à mettre en œuvre les techniques de management requises pour l'exécution d'un audit comme recommandé dans l'ISO 10 011-1.

9 Aufrechterhaltung der Befähigung

Die Qualitätsauditoren sollten ihre Befähigung aufrechterhalten, indem sie

- sicherstellen, daß sie jeweils den aktuellen Stand der QS-System-Normen und -forderungen kennen;
- sicherstellen, daß sie jeweils den letzten Stand der Auditverfahren und -methoden kennen;
- erforderlichenfalls an Auffrischungskursen teilnehmen;
- ihre Leistung mindestens alle drei Jahre durch das Bewertungsgremium nach Anhang A überprüfen lassen (siehe Anhang A).

Diese Maßnahmen sollten sicherstellen, daß der Qualitätsauditor ständig alle Forderungen dieser Norm erfüllt. Bei Auditorüberprüfungen sollten alle nach der vorhergehenden Überprüfung gewonnenen zusätzlichen positiven oder negativen Informationen berücksichtigt werden.

9 Maintenance of competence

Auditors should maintain their competence by

- ensuring that their knowledge of quality systems standards and requirements is current;
- ensuring that their knowledge of auditing procedures and methods is current;
- participating in refresher training where necessary;
- having their performance reviewed at least every three years by an evaluation panel (see annex A).

These measures should ensure that the auditor continues to meet all the requirements of this part of ISO 10 011. Auditor reviews should take into account any additional information, positive or negative, developed subsequent to the previous review.

9 Entretien des compétences

Il est recommandé que les auditeurs entretiennent leur compétence en

- s'assurant que leur connaissance des normes et des exigences relatives au système qualité est à jour;
- s'assurant que leur connaissance des procédures et des méthodes d'audit est à jour;
- participant à des formations de perfectionnement si nécessaire;
- faisant examiner leur compétence au moins tous les trois ans par un comité d'évaluation (voir annexe A).

Il convient que ces mesures garantissent que les auditeurs continuent de satisfaire aux exigences de la présente partie de l'ISO 10 011. Il est recommandé que les examens des auditeurs prennent en considération toute information complémentaire, positive ou négative, développée depuis le précédent examen.

10 Sprache

Auditpersonal, das die für das Qualitätsaudit vereinbarte Sprache nicht fließend spricht, sollte an nichtunterstützten Qualitätsaudits nicht teilnehmen. Unterstützung bedeutet in diesem Zusammenhang, daß dem Auditpersonal jederzeit eine Person mit den entsprechenden fachsprachlichen Fertigkeiten zur Verfügung steht, die keinerlei Druck ausgesetzt ist, der die Durchführung des Qualitätsaudits beeinträchtigen würde.

10 Language

No audit personnel should participate in unsupported audits where they are not fluent in the agreed language of the audit. Support in these terms means the audit personnel have at all times available to them a person with the necessary technical language skills, who is not subject to pressures that would affect the performance of the audit.

10 Langue

Il est recommandé aux auditeurs de ne pas participer à des audits sans soutien dans le cas où ils ne parlent pas couramment la langue convenue pour l'audit. Le terme soutien signifie ici que les auditeurs disposent à tout moment d'une personne qui possède les compétences linguistiques techniques nécessaires et qui n'est pas soumise à des influences qui pourraient affecter l'exécution de l'audit.

11 Auswahl des Auditleiters

Der Auditleiter für ein bestimmtes Qualitätsaudit sollte von der Auditprogramm-Leitung aus den qualifizierten Qualitätsauditoren anhand der in ISO 10 011-3 beschriebenen Faktoren ausgewählt werden unter Berücksichtigung der folgenden zusätzlichen Kriterien:

- die Bewerber sollten bei mindestens drei vollständigen Qualitätsaudits, die nach ISO 10 011-1 dieser Norm durchgeführt wurden, als qualifizierte Qualitätsauditoren tätig gewesen sein;
- die Bewerber sollten dargelegt haben, daß sie fähig sind, sich in der vereinbarten Sprache des Qualitätsaudits sowohl mündlich als auch schriftlich wirkungsvoll zu verständigen.

11 Selection of lead auditor

The lead auditor for a specific audit should be selected by audit programme management from qualified auditors using the factors described in ISO 10 011-3, taking into account the following additional criteria:

- the candidates should have acted as qualified auditors in at least three complete audits performed in accordance with the recommendations given in ISO 10 011-1;
- the candidates should have demonstrated the capability to communicate effectively both orally and in writing in the agreed language of the audit.

11 Choix du responsable d'audit

Il est recommandé que le responsable d'audit chargé d'un audit spécifique soit choisi par la direction des programmes d'audit parmi les auditeurs qualifiés selon des facteurs décrits dans l'ISO 10 011-3, en tenant compte des critères supplémentaires suivants:

- il convient que les candidats aient accompli, en tant qu'auditeurs qualifiés, au moins trois audits complets effectués selon les recommandations données dans l'ISO 10 011-1;
- il convient que les candidats aient démontré leur aptitude à communiquer de façon efficace oralement et par écrit dans la langue convenue pour l'audit.

Anhang A (normativ)

Bewertung von Bewerbern um die Position eines Qualitätsauditors

A.1 Allgemeines

Dieser Anhang ist integraler Bestandteil dieses Teils von ISO 10 011 und zeigt Methoden auf zur Bewertung von Bewerbern um die Position eines Qualitätsauditors anhand der darin festgelegten Kriterien.

A.2 Bewertungsgremium

Eine Schlüsselrolle bei der Anwendung dieses Teils von ISO 10 011 kommt der Bildung und der Arbeit eines Bewertungsgremiums zu, das sowohl innerhalb als auch außerhalb der auditierten Organisation stehen kann und dessen Hauptaufgabe die Bewertung der Qualifikation von Bewerbern um die Position eines Qualitätsauditors ist.

Den Vorsitz über dieses Gremium sollte eine Person führen, die gerade aktiv mit der Leitung bedeutender Auditprogramme befaßt ist, die die in diesem Teil von ISO 10 011 aufgeführten Empfehlungen für die Qualifikation als Qualitätsauditor erfüllt und von einer Mehrzahl der anderen Mitglieder des Gremiums sowie von der Leitung der für die Aktivitäten des Gremiums zuständigen Organisation akzeptiert wird. Das Gremium sollte Vertreter aus anderen Bereichen umfassen, die über den Auditprozeß informiert und auf dem laufenden sind. Das wären Auftraggeber, die Auditberichte benötigen, und auditierte Organisationen, die regelmäßig Qualitätsaudits erheblichen Umfangs unterworfen werden.

Die Methoden für die Auswahl bestimmter Mitglieder des Gremiums sind abhängig von der Art der voraussichtlichen Audittätigkeit wie:

- Interne Qualitätsaudits: Die Mitglieder des Gremiums sollten von der Leitung der Organisation ausgewählt werden.
- Kundenaudits: Die Mitglieder des Gremiums sollten vom Kunden ausgewählt werden, sofern nichts anderes vereinbart ist.
- Qualitätsaudits durch unabhängige Dritte: Die Mitglieder des Gremiums sollten vom Leitungsgremium einer nationalen Zertifizierungsorganisation oder dergleichen ausgewählt werden.

Ein Bewertungsgremium sollte aus mindestens zwei Mitgliedern bestehen.

Dieses Beurteilungsgremium sollte unter festgelegten Regeln nach Verfahren arbeiten, die sicherstellen, daß der Auswahlprozeß nicht in das Ermessen des einzelnen gestellt ist, daß er nach

Annex A (normative)

Evaluating auditor candidates

A.1 General

This annex is an integral part of this part of ISO 10 011 and provides methods for judging auditor candidates against the criteria defined therein.

A.2 Evaluation panel

A key tool in the implementation of this part of ISO 10 011 is the formation and operation of an evaluation panel, that may be internal or external to the auditee, whose main purpose is to evaluate the qualifications of auditor candidates.

This panel should be chaired by an individual currently active in managing significant auditing operations, who has met the auditor qualification recommendations given in this part of ISO 10 011, and who is acceptable to a majority of other members of the panel and to the management of the organization responsible for the activities of the panel. The panel should include representatives from other areas with current and informed knowledge of the audit process. These should include clients who require audit reports, and auditees who have been subjects of regular audits of a substantial nature.

Methods of selecting specific members of the panel are dependent on the type of anticipated audit activity, such as:

- Internal audits: panel members should be selected by the organization's management.
- Customer audits: panel members should be selected by the customer unless otherwise agreed.
- Independent third party audits: panel members should be selected by the board of management of a national certification scheme or equivalent.

An evaluation panel should consist of not less than two members.

Evaluation panels should operate under defined rules with procedures that are designed to ensure that the

Annexe A (normative)

Évaluation des candidats auditeurs

A.1 Généralités

La présente annexe fait partie intégrante de la présente partie de l'ISO 10 011 et fournit des méthodes pour juger des candidats auditeurs en fonction des critères qui y sont définis.

A.2 Comité d'évaluation

Un outil essentiel pour l'application de la présente partie de l'ISO 10 011 réside dans la constitution et le fonctionnement d'un comité d'évaluation qui peut être interne ou externe à l'audité et dont la vocation principale est d'évaluer les qualifications des candidats auditeurs.

Il est recommandé que ce comité d'évaluation soit présidé par une personne en activité dans le management d'opérations d'audit importantes, qui a satisfait aux recommandations de qualification des auditeurs données dans la présente partie de l'ISO 10 011 et qui est admise par une majorité des membres du comité et par la direction de l'organisme responsable des activités du comité. Il convient que le comité comprenne des représentants d'autres secteurs qui possèdent des connaissances récentes et pertinentes du processus d'audit. Il pourrait comprendre des clients demandeurs de rapports d'audit et des audités soumis à des audits réguliers et importants.

Les méthodes de sélection des membres du comité dépendent du type d'audit envisagé, tel que:

- audits internes: il convient que les membres du comité soient choisis par la direction de l'organisme;
- audits réalisés par le client: il convient que les membres du comité soient choisis par le client, sauf accord contraire;
- audits réalisés par tierces parties indépendantes: il convient que les membres du comité soient choisis par le conseil d'administration du système national de certification ou son équivalent.

Il est recommandé que le comité d'évaluation ne comporte pas moins de deux membres.

Il convient que le comité d'évaluation fonctionne selon des règles définies par des procédures conçues de façon à garantir que le processus de sélection n'est pas arbitraire, qu'il respecte den in diesem Teil von ISO 10 011 festgelegten Kriterien erfolgt und nicht dem Einfluß eines Interessenkonfliktes ausgesetzt ist.

selection process is not arbitrary, that it maintains the criteria established in this part of ISO 10 011 and is not susceptible to a conflict of interest.

les critères établis dans la présente partie de l'ISO 10 011 et n'est pas susceptible d'engendrer de conflit d'intérêts.

A.3 Bewertungen

A.3.1 Schulbildung und Schulung

Es sollte der Nachweis vorliegen, daß der Bewerber die erforderlichen Kenntnisse und Fertigkeiten zur Ausführung und Leitung von Audits erworben hat. Das kann in Form einer von einer nationalen Zertifizierungsstelle abgehaltenen Prüfung oder in anderer geeigneter Weise erfolgen, die für das Bewertungsgremium akzeptierbar ist.

Bei der Bewertung der Bewerber um die Position eines Qualitätsauditors sollte das Gremium sich auch stützen auf

- Befragungen des Bewerbers;
- Prüfungen;
- schriftliche Arbeiten des Bewerbers.

A.3 Evaluations

A.3.1 Education and training

There should be evidence to show that the candidate has acquired the necessary knowledge and skills to carry out and manage audits. This may take the form of an examination administered by a National Certification Body, or other appropriate means acceptable to the evaluation panel.

In evaluating auditor candidates, the panel should also make use of

- interviews with candidates;
- examinations;
- candidates' written work.

A.3 Évaluations

A.3.1 Enseignement et formation

Il convient de démontrer par des preuves que le candidat a acquis les connaissances et les aptitudes nécessaires pour effectuer et manager les audits. Ceci peut se faire soit par un examen administré par un organisme de certification national, soit par tout autre moyen approprié acceptable par le comité d'évaluation.

Lors de l'évaluation des candidats auditeurs, il est souhaitable que le comité ait également recours à

- des entretiens avec les candidats;
- des examens;
- des travaux écrits des candidats.

A.3.2 Erfahrung

Das Gremium sollte sich davon überzeugen, daß der Bewerber tatsächlich über die von ihm behauptete Erfahrung verfügt und daß die Erfahrung innerhalb eines annehmbaren zeitlichen Rahmens gewonnen wurde.

A.3.2 Experience

The panel should satisfy itself that the experience claimed by a candidate has actually been achieved and has been gained within an acceptable time frame.

A.3.2 Expérience

Il convient que le comité s'estime satisfait dès lors que l'expérience déclarée par un candidat a été réellement acquise au cours d'une période raisonnable.

A.3.3 Persönliche Eigenschaften

Das Gremium sollte Techniken anwenden wie

- Befragungen des Bewerbers;
- Gespräche mit früheren Arbeitgebern, Kollegen usw.;
- strukturierte Prüfung hinsichtlich geeigneter Merkmale;
- Rollenspiele;
- Beobachtungen unter tatsächlichen Auditbedingungen.

A.3.3 Personal attributes

The panel should use techniques such as

- interviews with candidates;
- discussions with former employers, colleagues, etc.;
- structured testing for appropriate characteristics;
- role playing;
- observations under actual audit conditions.

A.3.3 Qualités personnelles

Il convient que le comité utilise des techniques telles que

- des entretiens avec les candidats;
- des discussions avec des employeurs précédents, des collègues, etc.;
- des tests structurés pour des caractéristiques appropriées;
- des simulations de rôle;
- des observations dans les conditions d'audit réelles.

A.3.4 Führungsfähigkeiten

Das Gremium sollte Techniken anwenden wie

- Befragungen des Bewerbers;
- Gespräch mit früheren Arbeitgebern, Kollegen usw.;
- strukturierte Prüfung hinsichtlich geeigneter Merkmale;
- Rollenspiele;
- Beobachtungen unter tatsächlichen Auditbedingungen;
- Überprüfung von Aufzeichnungen über die Schulung und zugehörige Prüfungen.

A.3.4 Management capabilities

The panel should use techniques such as

- interviews with candidates;
- discussions with former employers, colleagues, etc.;
- structured testing for appropriate characteristics;
- role playing;
- observations under actual audit conditions;
- reviewing records of training and related examinations.

A.3.4 Aptitudes au management

Il convient que le comité utilise des techniques telles que

- des entretiens avec les candidats;
- des discussions avec des employeurs précédents, des collègues, etc.;
- des tests structurés pour des caractéristiques appropriées;
- des simulations de rôle;
- des observations dans des conditions d'audit réelles;
- des dossiers de formations et des examens afférents.

A.3.5 Aufrechterhaltung der Befähigung

Das Bewertungsgremium sollte die Leistung des Qualitätsauditors periodisch überprüfen, wobei die Leistungsbewertung durch die Auditprogramm-Leitung zu berücksichtigen ist. Jede Neubewertung der Auditor-Zertifizierung, die sich aus diesen Überprüfungen ergibt, sollte vom Bewertungsgremium ausgeführt werden.

A.3.6 Entscheidungen des Gremiums

Das Bewertungsgremium sollte die vorgeschlagenen Bewerber lediglich annehmen oder ablehnen. Das Ergebnis der Überprüfung der Auditorleistung sollte auch lediglich auf Annahme oder Ablehnung lauten. Die Entscheidungen sollten dokumentiert und den Bewerbern mitgeteilt werden.

A.3.5 Maintenance of competence

The evaluation panel should periodically review auditor performance, taking into account audit programme management's assessment of performance. Any re-evaluation of auditor certification arising from these reviews should be carried out by the evaluation panel.

A.3.6 Panel decisions

The evaluation panel should only approve or disapprove the proposed candidates. Review of auditor performance should also result only in approval or disapproval. Decisions should be documented and communicated to the candidates.

A.3.5 Entretien des compétences

Il est recommandé que le comité d'évaluation examine périodiquement les prestations de l'auditeur en prenant en considération l'évaluation des prestations faite par la direction des programmes d'audit. Il convient que le comité d'évaluation effectue toute réévaluation de la certification d'un auditeur résultant de ces examens.

A.3.6 Décisions du comité d'évaluation

En ce qui concerne les candidatures proposées, il est recommandé que le comité d'évaluation se limite à leur approbation ou à leur rejet. Il convient que l'examen des performances des auditeurs ait pour seul résultat le maintien ou le retrait de leur qualification. Il convient de consigner les décisions par écrit et de les communiquer au candidat.

Anhang B (informativ)
Nationale Qualitätsauditor-Zertifizierung

B.1 Allgemeines

Dieser Anhang enthält Angaben über die nationale Qualitätsauditor-Zertifizierung, bildet jedoch keinen integralen Bestandteil dieses Teils von ISO 10 011.

B.2 Nationale Zertifizierung

Länder haben unter Umständen den Wunsch, eine eigene nationale Institution zu gründen, die dafür sorgt, daß die Beurteilung der Qualitätsauditoren sachkundig und konsequent erfolgt. Diese Institution könnte die Qualitätsauditoren direkt zertifizieren und/oder andere Organisationen als zur Zertifizierung von Auditoren berechtigt anerkennen. Diese Auditor-Zertifizierung sollte nach den in diesem Teil von ISO 10 011 enthaltenen Kriterien erfolgen.

Die nationale Institution sollte aus Personen zusammengesetzt sein, die die Forderungen betreffend das Beurteilungsgremium erfüllen (siehe Anhang A). Diejenigen Personen, die diese Kriterien erfüllen, müssen gegebenenfalls aus verschiedenen Regionen des Landes ausgewählt werden, um die Befragung von Bewerbern aus unterschiedlichen Regionen zu erleichtern, und sie sollten eine ausreichende Vielfalt von Organisationen repräsentieren, um sicherzustellen, daß die wesentlichen Standpunkte mit der entsprechenden Wissensgrundlage vertreten sind.

Die nationale Institution sollte einen Mechanismus schaffen, der die prompte Zurücknahme der Zertifizierung von Auditoren ermöglicht, die sich nicht in gebührender Weise, fachlich gekonnt und moralisch einwandfrei verhalten. Dieser Mechanismus sollte ein faires und offenes Einspruchsverfahren beinhalten. Um dies zu unterstützen, können die angehenden Qualitätsauditoren aufgefordert werden, als Bedingung für die Zertifizierung einen entsprechenden Ehrenkodex zu unterzeichnen.

Ungenügende Leistung sollte entweder zum Verlust der Zertifizierung oder zur Teilnahme an Schulungsmaßnahmen führen, durch die die Leistung der betreffenden Qualitätsauditoren auf ein akzeptables Niveau angehoben wird.

Annex B (informative)
National auditor certification

B.1 General

This annex contains information on national auditor certification but is not an integral part of this part of ISO 10 011.

B.2 National certification

Countries may wish to establish their own national body responsible for ensuring that auditors are evaluated in a competent and consistent manner. This body could certify auditors directly and/or accredit other organizations who in turn certify auditors. Such auditor certification should be carried out using the criteria contained in this part of ISO 10 011.

The national body should be composed of individuals who meet the requirements of the evaluation panel (see annex A). Those who meet these criteria may need to be selected from different geographical locations within the country (to facilitate interviewing candidates from various regions), and should represent a sufficient variety of organizations to assure that the significant, knowledgeable viewpoints are represented.

The national body should establish a mechanism to permit the prompt removal of certification from auditors who do not conduct themselves in a proper, professional and ethical manner. This mechanism should include a fair and open appeal procedure. This may be assisted by requiring prospective auditors to sign an appropriate code of ethics as a condition of certification.

Unsatisfactory performance should lead either to loss of certification or to participation in training activities which result in bringing the auditor's performance up to an acceptable level.

Annexe B (informative)
Certification nationale des auditeurs

B.1 Généralités

La présente annexe contient des informations sur la certification nationale des auditeurs mais elle ne fait pas partie intégrante de la présente partie de l'ISO 10 011.

B.2 Certification nationale

Les pays peuvent souhaiter mettre en place leur propre organisme national chargé d'assurer que les auditeurs sont évalués d'une manière compétente et homogène. Cet organisme pourrait soit certifier directement les auditeurs, soit accréditer d'autres organismes qui à leur tour certifieraient les auditeurs. Il convient d'effectuer cette certification d'auditeur en utilisant les critères contenus dans la présente partie de l'ISO 10 011.

Il convient que l'organisme national soit composé de personnes qui satisfont aux exigences du comité d'évaluation (voir annexe A). Il se peut qu'il soit nécessaire de sélectionner ces personnes dans différents secteurs géographiques du pays (afin de faciliter les entretiens avec les candidats de régions différentes); et alors elles pourraient représenter une diversité suffisante d'organismes pour garantir que les points de vue significatifs et éclairés sont représentés.

Il est souhaitable que l'organisme national établisse un processus permettant de retirer rapidement la certification aux auditeurs qui ne se conduisent pas d'une manière correcte et professionnelle, en accord avec la déontologie. Il convient que ce processus comprenne une procédure d'appel impartiale et ouverte. L'application de ce processus peut être facilitée en exigeant des auditeurs pressentis de signer un code de déontologie approprié comme condition de certification.

Des prestations non satisfaisantes pourraient conduire soit à la perte de leur certification, soit à une participation des auditeurs à des activités de formation ayant pour résultat d'élever leurs prestations à un niveau acceptable.

DK 658.562(035)

Juni 1992

Leitfaden für das Audit von Qualitätssicherungssystemen
Management von Auditprogrammen
(Identisch mit ISO 10 011-3 : 1991)

DIN ISO 10 011 Teil 3

Guidelines for auditing quality systems; Part 3: Management of audit programmes; (Identical with ISO 10 011-3 : 1991)

Lignes directrices pour l'audit des systèmes qualité; Partie 3: Gestion des programmes d'audit; (Identique à ISO 10 011-3 : 1991)

Die Internationale Norm ISO 10 011-3, 1. Ausgabe, 1991-05-01, „Guidelines for auditing quality systems; Part 3: Management of audit programmes", ist unverändert in diese Deutsche Norm übernommen worden.

Weiterhin enthält diese Norm auch die englisch- und französischsprachige Fassung.

Nationales Vorwort

Die deutsche Übersetzung wurde zwischen den Normungsorganisationen Deutschlands, Österreichs und der Schweiz abgestimmt.

Zitierte Normen

Siehe Abschnitt 2

Internationale Patentklassifikation

G 07 C 3/14

Fortsetzung Seite 2 bis 7

Ausschuß Qualitätssicherung und angewandte Statistik (AQS) im DIN Deutsches Institut für Normung e.V.

Leitfaden für das Audit von Qualitätssicherungssystemen
Teil 3: Management von Auditprogrammen

Guidelines for auditing quality systems
Part 3: Management of audit programmes

Lignes directrices pour l'audit des systèmes qualité
Partie 3: Gestion des programmes d'audit

Inhalt

Contents

Sommaire

Vorwort

Die ISO (Internationale Organisation für Normung) ist die weltweite Vereinigung nationaler Normungsinstitute (ISO-Mitgliedskörperschaften). Die Erarbeitung Internationaler Normen obliegt den Technischen Komitees der ISO. Jede Mitgliedskörperschaft, die sich für ein Thema interessiert, für das ein Technisches Komitee eingesetzt wurde, ist berechtigt, in diesem Komitee mitzuarbeiten. Internationale (staatliche und nichtstaatliche) Organisationen, die mit der ISO in Verbindung stehen, sind an den Arbeiten ebenfalls beteiligt. Die ISO arbeitet in allen Fragen der elektrotechnischen Normung eng mit der International Electrotechnical Commission (IEC) zusammen.

Die von den Technischen Komitees verabschiedeten Entwürfe zu Internationalen Normen werden den Mitgliedskörperschaften zunächst zur Abstimmung vorgelegt. Die Veröffentlichung als Internationale Norm erfordert die Zustimmung von mindestens 75 % der Mitgliedskörperschaften, die eine Stimme abgegeben haben.

Die Internationale Norm ISO 10 011 Teil 3 ist vom Technischen Komitee TC 176 *„Quality Management and Quality Assurance“* der ISO erstellt worden.

ISO 10 011 wird unter dem allgemeinen Titel *„Leitfaden für das Audit von Qualitätssicherungssystemen“* aus den folgenden 3 Teilen bestehen:

- *Teil 1: Auditdurchführung*
- *Teil 2: Qualifikationskriterien für Qualitätsauditoren*
- *Teil 3: Management von Auditprogrammen*

Foreword

ISO (the International Organization for Standardization) is a worldwide federation of national standards bodies (ISO member bodies). The work of preparing International Standards is normally carried out through ISO technical committees. Each member body interested in a subject for which a technical committee has been established has the right to be represented on that committee. International organizations, governmental and non-governmental, in liaison with ISO, also take part in the work. ISO collaborates closely with the International Electrotechnical Commission (IEC) on all matters of electrotechnical standardization.

Draft International Standards adopted by the technical committees are circulated to the member bodies for voting. Publication as an International Standard requires approval by at least 75 % of the member bodies casting a vote.

International Standard ISO 10 011-3 was prepared by Technical Committee ISO/TC 176, *Quality management and quality assurance.*

ISO 10 011 consists of the following parts, under the general title *Guidelines for auditing quality systems:*

- *Part 1: Auditing*
- *Part 2: Qualification criteria for quality systems auditors*
- *Part 3: Management of audit programmes*

Avant-propos

L'ISO (Organisation internationale de normalisation) est une fédération mondiale d'organismes nationaux de normalisation (comités membres de l'ISO). L'élaboration des Normes internationales est en général confiée aux comités techniques de l'ISO. Chaque comité membre intéressé par une étude a le droit de faire partie du comité technique créé à cet effet. Les organisations internationales, gouvernementales et non gouvernementales, en liaison avec l'ISO participent également aux travaux. L'ISO collabore étroitement avec la Commission électrotechnique internationale (CEI) en ce qui concerne la normalisation électrotechnique.

Les projets de Normes internationales adoptés par les comités techniques sont soumis aux comités membres pour vote. Leur publication comme Normes internationales requiert l'approbation de 75 % au moins des comités membres votants.

La Norme internationale ISO 10 011-3 a été élaborée par le comité technique ISO/TC 176, *Management et assurance de la qualité.*

L'ISO 10 011 comprend les parties suivantes, présentées sous le titre général *Lignes directrices pour l'audit des systèmes qualité:*

- *Partie 1: Audit*
- *Partie 2: Critères de qualification pour les auditeurs de systèmes qualité*
- *Partie 3: Gestion des programmes d'audit*

Einleitung

Jede Organisation, bei der laufend die Notwendigkeit besteht, Audits von Qualitätssicherungssystemen auszuführen, sollte eine Befähigung zum umfassenden Management des gesamten Prozesses schaffen. Der vorliegende Teil von ISO 10 011 beschreibt die Tätigkeiten, mit denen sich eine solche Organisation befassen sollte.

Introduction

Any organization which has an ongoing need to carry out audits of quality systems should establish a capability to provide overall management of the entire process.

This part of ISO 10 011 describes the activities that should be addressed by such an organization.

Introduction

Il est recommandé que tout organisme qui doit effectuer en permanence des audits de systèmes qualité se dote de la capacité à manager globalement tout le processus d'audit. La présente partie de l'ISO 10 011 décrit les activités qui devraient être accomplies par cet organisme.

1 Zweck

Dieser Teil von ISO 10 011 liefert einen grundsätzlichen Leitfaden für das Management von QS-System-Auditprogrammen.

Dieser Teil von ISO 10 011 sollte angewandt werden bei der Einrichtung und Aufrechterhaltung einer Auditprogramm-Leitungsfunktion, wenn Qualitätsaudits von Qualitätssicherungssystemen nach den Empfehlungen von ISO 10 011-1 durchgeführt werden.

1 Scope

This part of ISO 10 011 gives basic guidelines for managing quality systems audit programmes.

It is applicable to the establishment and maintenance of an audit programme management function when performing quality systems audits in accordance with the recommendations given in ISO 10 011-1.

1 Domaine d'application

La présente partie de l'ISO 10 011 fournit des lignes directrices pour le management des programmes d'audit des systèmes qualité.

Elle est applicable pour mettre en place et maintenir une fonction de direction des programmes d'audit pour la conduite des audits de systèmes qualité selon les recommandations données dans l'ISO 10 011-1.

2 Verweisungen auf andere Normen

Die folgenden Normen enthalten Festlegungen, die durch Bezugnahme zum Bestandteil dieses Teils von ISO 10 011 werden. Zur Zeit der Veröffentlichung waren die angegebenen Ausgaben gültig. Alle Normen können überarbeitet werden, und die Parteien, die diesen Teil von ISO 10 011 vereinbaren, werden ermutigt, die Möglichkeit der Anwendung der letzten Ausgaben der unten angegebenen Normen zu prüfen. Mitglieder von IEC und ISO führen Verzeichnisse der jeweils gültigen Internationalen Normen.

ISO 8402 : 1986	Qualität; Begriffe
ISO 10 011-1 : 1990	Leitfaden für das Audit von Qualitätssicherungssystemen; Teil 1: Auditdurchführung[1])
ISO 10 011-2 : 1991	Leitfaden für das Audit von Qualitätssicherungssystemen; Teil 2: Qualifikationskriterien für Qualitätsauditoren[2])

2 Normative references

The following standards contain provisions which, through reference in this text, constitute provisions of this part of ISO 10 011. At the time of publication, the editions indicated were valid. All standards are subject to revision, and parties to agreements based on this part of ISO 10 011 are encouraged to investigate the possibility of applying the most recent editions of the standards indicated below. Members of IEC and ISO maintain registers of currently valid International Standards.

ISO 8402 : 1986	Quality; Vocabulary
ISO 10 011-1 : 1990	Guidelines for auditing quality systems; Part 1: Auditing
ISO 10 011-2 : 1991	Guidelines for auditing quality systems; Part 2: Qualification criteria for quality systems auditors

2 Références normatives

Les normes suivantes contiennent des dispositions qui, par suite de la référence qui en est faite, constituent des dispositions valables pour la présente partie de l'ISO 10 011. Au moment de la publication, les éditions indiquées étaient en vigueur. Toute norme est sujette à révision et les parties prenantes des accords fondés sur la présente partie de l'ISO 10 011 sont invitées à rechercher la possibilité d'appliquer les éditions les plus récentes des normes indiquées ci-après. Les membres de la CEI et de l'ISO possèdent le registre des Normes internationales en vigueur à un moment donné.

ISO 8402 : 1986	Qualité; Vocabulaire
ISO 10 011-1 : 1990	Lignes directrices pour l'audit des systèmes qualité; Partie 1: Audit
ISO 10 011-2 : 1991	Lignes directrices pour l'audit des systèmes qualité; Partie 2: Critères de qualification pour les auditeurs de systèmes qualité

---

[1]) Nationale Fußnote: Identisch mit DIN ISO 10 011 Teil 1

[2]) Nationale Fußnote: Identisch mit DIN ISO 10 011 Teil 2

3 Begriffe

Für diesen Teil von ISO 10 011 gelten die Begriffe nach ISO 8402 und ISO 10 011-1 gemeinsam mit dem folgenden Begriff.

Auditprogramm-Leitung:

Diejenige Organisation oder Funktion innerhalb einer Organisation, der die Verantwortung für die Planung und Ausführung einer planmäßigen Folge von Qualitätsaudits übertragen worden ist.

3 Definitions

For the purposes of this part of ISO 10 011, the definitions given in ISO 8402 and ISO 10 011-1 and the following definition apply.

Audit programme management:

Organization, or function within an organization, given the responsibility to plan and carry out a programmed series of quality systems audits.

3 Définitions

Pour les besoins de la présente partie de l'ISO 10 011, les définitions données dans l'ISO 8402 et l'ISO 10 011-1 et la définition suivante s'appliquent.

Direction des programmes d'audit:

Organisme ou fonction au sein d'un organisme à qui a été confiée la responsabilité de planifier et d'effectuer un ensemble programmé d'audits de systèmes qualité.

4 Management eines Auditprogramms

4.1 Organisation

Jede Organisation, bei der laufend die Notwendigkeit besteht, Audits von QS-Systemen auszuführen, sollte eine Befähigung zum umfassenden Management des gesamten Prozesses schaffen. Diese Funktion sollte keine direkte Verantwortung für die Verwirklichung dieser QS-Systeme tragen.

4.2 Normen

Die Auditprogramm-Leitung sollte festlegen, nach welchen QS-System-Normen die Audits voraussichtlich vorzunehmen sein werden, und sollte die Befähigung entwickeln, wirksame Qualitätsaudits nach diesen Normen durchzuführen.

4.3 Qualifikation des Personals

4.3.1 Auditprogramm-Leitung

Das Management des Auditprogramms sollte von Personen ausgeführt werden, die die Verfahren und Praktiken des Qualitätsaudits in der Praxis kennen.

4.3.2 Auditoren

Die Auditprogramm-Leitung sollte Qualitätsauditoren einsetzen, die die Empfehlungen von ISO 10 011-2 erfüllen. Diese Qualitätsauditoren sollten durch ein Bewertungsgremium zertifiziert sein, das für die Auditprogramm-Leitung akzeptabel ist und die Empfehlungen von ISO 10 011-2 erfüllt.

4.4 Eignung der Mitglieder des Auditteams

Die Auditprogramm-Leitung sollte bei der Auswahl von Qualitätsauditoren und Auditleitern für bestimmte Aufgaben die folgenden Faktoren berücksichtigen, um sicherzustellen, daß die Fertigkeiten der jeweiligen Aufgabe entsprechen:

4 Managing an audit programme

4.1 Organization

Any organization which has an ongoing need to carry out audits of quality systems should establish a capability to provide overall management of the entire process. This function should be independent of direct responsibility for implementing the quality systems being audited.

4.2 Standards

Audit programme management should determine the quality system standards they may be expected to audit against and develop capabilities to enable them to audit effectively against such standards.

4.3 Qualification of staff

4.3.1 Audit programme management

Management of the audit programme should be carried out by those who have practical knowledge of quality audit procedures and practices.

4.3.2 Auditors

Audit programme management should employ auditors who comply with the recommendations given in ISO 10 011-2. Such auditors should be approved by an evaluation panel, acceptable to audit programme management, which complies with the recommendations given in ISO 10 011-2.

4.4 Suitability of team members

Audit programme management should consider the following factors when selecting auditors and lead auditors for particular assignments in order to ensure that the skills brought to each assignment are appropriate:

4 Management des programmes d'audit

4.1 Organisation

Il est recommandé que tout organisme, qui doit effectuer en permanence des audits de système qualité, se dote de la capacité à manager globalement tout le processus d'audit. Il convient que cette fonction soit indépendante de celles directement chargées de la mise en œuvre des systèmes qualité à auditer.

4.2 Normes

Il est recommandé que la direction des programmes d'audit définisse les normes de système qualité d'après lesquelles les audits seront habituellement effectués et développe les compétences qui lui permettront d'exécuter efficacement les audits d'après ces normes.

4.3 Qualification du personnel

4.3.1 Management du programme d'audit

Il est recommandé que le management du programme d'audit soit effectué par ceux qui disposent d'une connaissance concrète des procédures et des pratiques de l'audit qualité.

4.3.2 Auditeurs

Il est souhaitable que la direction des programmes d'audit emploie des auditeurs qui satisfont aux recommandations données dans l'ISO 10 011-2. Il convient que ces auditeurs soient qualifiés par un comité d'évaluation, acceptable par la direction des programmes d'audit et qui satisfait aux recommandations données dans l'ISO 10 011-2.

4.4 Aptitudes des membres de l'équipe d'audit

Il est bon que la direction des programmes d'audit prenne en considération les facteurs suivants lors du choix des auditeurs et des responsables d'audit pour des missions particulières afin de garantir que les compétences apportées à chaque mission sont adéquates:

- die Art der QS-System-Norm, nach der das Qualitätsaudit durchzuführen ist (z.B. Fertigungsnormen, Software-Normen oder Dienstleistungsnormen);
- die Art des Produkts*) und die damit verbundenen gesetzlichen Forderungen (z.B. Gesundheitspflege, Nahrungsmittel, Versicherung, Rechner, Meßgeräte, kerntechnische Geräte);
- die Notwendigkeit beruflicher Qualifikationen oder technischer Fachkenntnis in einer bestimmten Disziplin;
- die Größe und Zusammensetzung des Auditteams;
- die erforderliche Fertigkeit zur Leitung des Teams;
- die Fähigkeit, die Fertigkeiten der verschiedenen Mitglieder des Auditteams wirkungsvoll zu nutzen;
- die erforderliche Gewandtheit im Umgang mit einer bestimmten auditierten Organisation;
- die erforderlichen sprachlichen Fertigkeiten;
- das Fehlen jedes realen oder empfundenen Interessenkonflikts;
- sonstige relevante Faktoren.

4.5 Überwachung und Aufrechterhaltung der Leistung der Auditoren

4.5.1 Leistungsbewertungen

Die Auditprogramm-Leitung sollte die Leistung ihrer Qualitätsauditoren fortlaufend einer Bewertung unterziehen, entweder durch Beobachtung der Audits oder auf andere Weise. Diese Informationen sollten zur Verbesserung der Auswahl und Leistung der Qualitätsauditoren sowie zur Erkennung ungenügender Leistung benutzt werden.

Die Auditprogramm-Leitung sollte diese Informationen erforderlichenfalls den Bewertungsgremien zugänglich machen.

4.5.2 Einheitlichkeit der Auditorenleistung

Audits, die von verschiedenen Qualitätsauditoren durchgeführt werden, sollten zu ähnlichen Schlußfolgerungen kommen, wenn derselbe Vorgang unter den gleichen Bedingungen auditiert wird. Die Auditprogramm-Leitung sollte Methoden zur Messung und zum Vergleich der Auditleistung entwickeln, um die Einheitlichkeit der Auditorenlei-

*) Nationale Fußnote: Nach ISO/DIS 8402 ist auch eine Dienstleistung ein Produkt.

- the type of quality system standard against which the audit is to be conducted (for example, manufacturing, computer software or service standards);
- the type of service or product and its associated regulatory requirements (for example, health care, food, insurance, computers, instrumentation, nuclear devices);
- the need for professional qualifications or technical expertise in a particular discipline;
- the size and composition of the audit team;
- the need for skill in managing the team;
- the ability to make effective use of the skills of the various audit team members;
- the personal skills needed to deal with a particular auditee;
- the required language skills;
- the absence of any real or perceived conflict of interest;
- other relevant factors.

4.5 Monitoring and maintenance of auditor performance

4.5.1 Performance evaluations

Audit programme management should continually evaluate the performance of their auditors, either through observation of audits or other means. Such information should be used to improve auditor selection and performance and to identify unsuitable performance.

Audit programme management should make this information available to evaluation panels, where required.

4.5.2 Consistency of auditors

Audits conducted by different auditors should arrive at similar conclusions when the same operation is audited under the same conditions. Audit programme management should establish methods to measure and compare auditor performance to achieve con-

- le type de norme de système qualité par rapport à laquelle l'audit est à effectuer (par exemple, normes relatives aux produits manufacturés, aux logiciels ou aux services);
- le type de service ou produit et les exigences réglementaires associées (par exemple la santé, l'agro-alimentaire, les assurances, les ordinateurs, l'instrumentation, les équipements nucléaires);
- le besoin de qualifications professionnelles ou de compétences techniques dans une discipline particulière;
- la taille et la composition de l'équipe d'audit;
- le besoin d'aptitudes pour le management de ces équipes;
- la capacité d'employer efficacement les compétences des différents membres de l'équipe d'audit;
- les compétences personnelles nécessaires pour traiter avec un audité particulier;
- les compétences linguistiques requises;
- l'absence de tout conflit d'intérêts réel ou perçu;
- autres facteurs pertinents.

4.5 Surveillance et maintien des performances des auditeurs

4.5.1 Évaluations des prestations

Il est recommandé que la direction des programmes d'audit évalue de façon permanente les prestations de ses auditeurs, soit par l'observation des audits, soit par d'autres moyens. Il y a lieu d'utiliser ces informations pour améliorer le choix des auditeurs et leurs performances et identifier celles qui sont insuffisantes.

Il convient que la direction des programmes d'audit tienne ces informations à la disposition des comités d'évaluation, si nécessaire.

4.5.2 Homogénéité des conclusions des auditeurs

Il est souhaitable que des audits effectués par différents auditeurs parviennent à des conclusions semblables lorsque la même opération est auditée dans les mêmes conditions. Il convient que la direction des programmes d'audit établisse des méthodes pour mesurer et comparer les performances des auditeurs et aboutir à une homostung zu erzielen. Zu diesen Methoden sollten zählen:

- Schulungsworkshops für Qualitätsauditoren;
- Vergleiche der Leistung der Qualitätsauditoren;
- Überprüfung von Auditberichten;
- Leistungsbewertungen;
- turnusmäßiger Wechsel der Qualitätsauditoren zwischen den Auditteams.

4.5.3 Schulung

Die Auditprogramm-Leitung sollte regelmäßig den Schulungsbedarf der Qualitätsauditoren abschätzen und geeignete Verfahren zur Aufrechterhaltung und zu Verbesserungen der Auditfertigkeiten ergreifen.

4.6 Operative Faktoren

4.6.1 Allgemeines

Die Auditprogramm-Leitung sollte die folgenden Faktoren bedenken und erforderlichenfalls Verfahren einführen, die sicherstellen, daß ihr Personal einheitlich arbeiten kann und angemessen unterstützt wird.

4.6.2 Mittelbereitstellung

Es sollten Verfahren eingeführt werden, die sicherstellen, daß ausreichende Mittel zur Erreichung der Auditprogrammziele zur Verfügung stehen.

4.6.3 Planung und Terminplanung des Auditprogramms

Es sollten Verfahren zur Planung und Terminplanung des Auditprogramms eingeführt werden.

4.6.4 Audit-Berichterstattung

Die Auditberichtformulare sollten in praktikablem Umfang formalisiert werden.

4.6.5 Weiterverfolgung von Korrekturmaßnahmen

Es sollten Verfahren eingeführt werden zur Überwachung der Weiterverfolgung von Korrekturmaßnahmen, falls die Auditprogramm-Leitung dazu aufgefordert wird.

4.6.6 Vertraulichkeit

Die Auditprogramm-Leitung sollte Verfahren einführen, die die Vertraulichkeit aller ihr gegebenenfalls vorliegenden Audit- oder Auditorinformationen sichern.

sistency among auditors. Such methods should include:

- auditor training workshops;
- auditor performance comparisons;
- reviews of audit reports;
- performance appraisals;
- rotation of auditors between audit teams.

4.5.3 Training

Audit programme management should regularly assess the training needs of auditors and take appropriate action to maintain and improve audit skills.

4.6 Operational factors

4.6.1 General

Audit programme management should consider the following factors and, where necessary, establish procedures to ensure that their staff can operate in a consistent manner and are adequately supported.

4.6.2 Commitment of resources

Procedures should be established to ensure that adequate resources are available to accomplish audit programme objectives.

4.6.3 Audit programme planning and scheduling

Procedures should be established for planning and scheduling the programme of audits.

4.6.4 Audit reporting

Audit report formats should be formalized to the extent practicable.

4.6.5 Corrective action follow-up

Procedures should be established to control corrective action follow-up, if audit programme management are requested to do so.

4.6.6 Confidentiality

Audit programme management should establish procedures to safeguard the confidentiality of any audit or auditor information that they may hold.

généité entre les auditeurs. Ces méthodes devraient comprendre:

- des ateliers de formation pour auditeurs;
- des comparaisons des performances des auditeurs;
- des examens des rapports d'audit;
- des évaluations des prestations;
- des permutations des auditeurs entre différentes équipes.

4.5.3 Formation

Il est recommandé que la direction des programmes d'audit évalue régulièrement les besoins en formation des auditeurs et prenne les mesures adéquates pour maintenir et améliorer leur aptitude à l'audit.

4.6 Conditions de fonctionnement

4.6.1 Généralités

Il est bon que la direction des programmes d'audit prenne en considération les facteurs suivants et, si nécessaire, établisse des procédures pour garantir que son personnel peut exercer son activité de manière homogène et qu'il est soutenu de façon adéquate.

4.6.2 Affectation des ressources

Il y a lieu d'établir des procédures afin de garantir la disponibilité de ressources adéquates pour atteindre les objectifs du programme d'audit.

4.6.3 Planification et ordonnancement du programme d'audit

Il y a lieu d'établir des procédures pour la planification et l'ordonnancement du programme d'audit.

4.6.4 Rapport d'audit

Il convient de normaliser le plus possible la présentation des rapports d'audit.

4.6.5 Suivi des activités correctives

Il est souhaitable d'établir des procédures pour maîtriser le suivi des actions correctives, si la direction des programmes d'audit en a reçu la mission.

4.6.6 Confidentialité

Il est recommandé que la direction des programmes d'audit établisse des procédures pour sauvegarder la confidentialité de toute information relative aux audits et aux auditeurs qu'elle pourrait détenir.

4.7 Gemeinsame Qualitätsaudits

Es können Fälle eintreten, in denen mehrere auditierende Organisationen zusammenarbeiten, um ein QS-System gemeinsam zu auditieren. Dann sollte Einvernehmen über die besonderen Zuständigkeiten jeder einzelnen Organisation erreicht werden, insbesondere in bezug auf die Befugnisse des Auditleiters, die Schnittstellen zu der auditierten Organisation, die Arbeitsmethoden und die Verteilung der Auditergebnisse, bevor das Qualitätsaudit beginnt.

4.7 Joint audits

There may be instances when several auditing organizations cooperate to audit jointly a quality system. Where this is the case, agreement should be reached on the specific responsibilities of each organization, particularly in regard to lead auditor authority, interfaces with the auditee, methods of operation and distribution of audit results before the audit commences.

4.7 Audits conjoints

Il peut y avoir des cas où plusieurs organismes d'audit coopèrent pour auditer ensemble un système qualité. Dans ce cas, il convient de parvenir à un accord quant aux responsabilités particulières de chaque organisme, particulièrement en ce qui concerne l'autorité du responsable d'audit, les interfaces avec l'audité, les méthodes d'exécution et la diffusion des résultats de l'audit avant que l'audit ne commence.

4.8 Verbesserung des Auditprogramms

Die Auditprogramm-Leitung sollte eine Methode entwickeln zur laufenden Verbesserung des Auditprogramms durch Informationsrückfluß und Empfehlungen seitens aller betroffenen Parteien.

4.8 Audit programme improvement

Audit programme management should establish a method of continuously improving the audit programme through feedback and recommendations from all parties concerned.

4.8 Amélioration du programme d'audit

Il convient que la direction des programmes d'audit établisse une méthode d'amélioration permanente du programme d'audit par le retour d'informations et les recommandations provenant de toutes les parties concernées.

5 Ehrenkodex

Die Auditprogramm-Leitung sollte die Notwendigkeit der Einbeziehung eines Ehrenkodex in den Ablauf und das Management seines Auditprogramms erwägen.

5 Code of ethics

Audit programme management should consider the need to include a code of ethics into the operation and management of the audit programmes.

5 Code de déontologie

Il est recommandé que la direction des programmes d'audit tienne compte du besoin de mettre en pratique un code de déontologie dans l'exécution et le management de ses programmes d'audit.

DK 658.562 : 681.2 : 53.08 August 1992

Forderungen an die Qualitätssicherung für Meßmittel

Bestätigungssystem für Meßmittel
(Identisch mit ISO 10 012-1 : 1992)

DIN ISO 10 012 Teil 1

Quality assurance requirements for measuring equipment; Part 1: Metrological confirmation system for measuring equipment
(Identical with ISO 10 012-1 : 1992)

Exigences d'assurance de la qualité des équipements de mesure; Partie 1: Confirmation métrologique de l'équipement de mesure
(Identique à ISO 10 012-1 : 1992)

Das Internationale Schriftstück ISO 10 012-1, 1. Ausgabe, 1992, „Quality assurance requirements for measuring equipment; Part 1: Metrological confirmation system for measuring equipment", ist unverändert in diese Deutsche Norm übernommen worden.

Weiterhin enthält diese Norm auch den englisch- und französischsprachigen Text.

Nationales Vorwort

Die deutsche Übersetzung wurde zwischen den Normungsorganisationen der Bundesrepublik Deutschland, Österreichs und der Schweiz abgestimmt.

Zitierte Normen

Siehe Abschnitt 2.

Internationale Patentklassifikation

G 07 C 3/14
G 01 D 18/00
G 01 M

Fortsetzung Seite 2 bis 33

Normenausschuß Qualitätsmanagement, Statistik und Zertifizierungsgrundlagen (NQSZ)
im DIN Deutsches Institut für Normung e.V.

Weitere Normen und andere Unterlagen

DIN 40 041	Zuverlässigkeit; Begriffe
DIN 55 350 Teil 11	Begriffe der Qualitätssicherung und Statistik; Grundbegriffe der Qualitätssicherung
DIN 55 350 Teil 12	Begriffe der Qualitätssicherung und Statistik; Merkmalsbezogene Begriffe
DIN 55 350 Teil 13	Begriffe der Qualitätssicherung und Statistik; Begriffe zur Genauigkeit von Ermittlungsverfahren und Ermittlungsergebnissen
DIN 55 350 Teil 14	Begriffe der Qualitätssicherung und Statistik; Begriffe der Probenahme
DIN 55 350 Teil 15	Begriffe der Qualitätssicherung und Statistik; Begriffe zu Mustern
DIN 55 350 Teil 17	Begriffe der Qualitätssicherung und Statistik; Begriffe der Qualitätsprüfungsarten
DIN 55 350 Teil 18	Begriffe der Qualitätssicherung und Statistik; Begriffe zu Bescheinigungen über die Ergebnisse von Qualitätsprüfungen; Qualitätsprüf-Zertifikate
DIN 55 350 Teil 21	Begriffe der Qualitätssicherung und Statistik; Begriffe der Statistik; Zufallsgrößen und Wahrscheinlichkeitsverteilungen
DIN 55 350 Teil 22	Begriffe der Qualitätssicherung und Statistik; Begriffe der Statistik; Spezielle Wahrscheinlichkeitsverteilungen
DIN 55 350 Teil 23	Begriffe der Qualitätssicherung und Statistik; Begriffe der Statistik; Beschreibende Statistik
DIN 55 350 Teil 24	Begriffe der Qualitätssicherung und Statistik; Begriffe der Statistik; Schließende Statistik
DIN 55 350 Teil 31	Begriffe der Qualitätssicherung und Statistik; Begriffe der Annahmestichprobenprüfung
DIN 55 350 Teil 33	(z. Z. Entwurf) Begriffe der Qualitätssicherung und Statistik; Begriffe der statistischen Prozeßlenkung (SPC)
DIN 55 350 Teil 34	Begriffe der Qualitätssicherung und Statistik; Erkennungsgrenze, Erfassungsgrenze und Erfassungsvermögen
DIN ISO 8402	(z. Z. Entwurf) Qualitätsmanagement und Qualitätssicherung; Begriffe; (Identisch mit ISO/DIS 8402 : 1991)
DIN ISO 9000	Qualitätsmanagement- und Qualitätssicherungsnormen; Leitfaden zur Auswahl und Anwendung; (Identisch mit ISO 9000 : 1987) EN 29 000 : 1987
DIN ISO 9000 Teil 2	(z. Z. Entwurf) Qualitätsmanagement- und Qualitätssicherungsnormen; Allgemeiner Leitfaden zur Anwendung von ISO 9001, ISO 9002 und ISO 9003; (Identisch mit ISO/DIS 9000-2 : 1991)
DIN ISO 9000 Teil 3	Qualitätsmanagement- und Qualitätssicherungsnormen; Leitfaden für die Anwendung von ISO 9001 auf die Entwicklung, Lieferung und Wartung von Software; (Identisch mit ISO 9000-3 : 1991)
DIN ISO 9001	Qualitätssicherungssysteme; Modell zur Darlegung der Qualitätssicherung in Design/Entwicklung, Produktion, Montage und Kundendienst; (Identisch mit ISO 9001 : 1987) EN 29 001 : 1987
DIN ISO 9002	Qualitätssicherungssysteme; Modell zur Darlegung der Qualitätssicherung in Produktion und Montage; (Identisch mit ISO 9002 : 1987) EN 29 002 : 1987
DIN ISO 9003	Qualitätssicherungssysteme; Modell zur Darlegung der Qualitätssicherung bei der Endprüfung; (Identisch mit ISO 9003 : 1987) EN 29 003 : 1987
DIN ISO 9004	Qualitätsmanagement und Elemente eines Qualitätssicherungssystems; Leitfaden; (Identisch mit ISO 9004 : 1987) EN 29 004 : 1987
DIN ISO 9004 Teil 2	Qualitätsmanagement und Elemente eines Qualitätssicherungssystems; Leitfaden für Dienstleistungen; (Identisch mit ISO 9004-2 : 1991)
DIN ISO 10 011 Teil 1	Leitfaden für das Audit von Qualitätssicherungssystemen; Auditdurchführung; (Identisch mit ISO 10 011-1 : 1990)
DIN ISO 10 011 Teil 2	Leitfaden für das Audit von Qualitätssicherungssystemen; Qualifikationskriterien für Qualitätsauditoren; (Identisch mit ISO 10 011-2 : 1991)
DIN ISO 10 011 Teil 3	Leitfaden für das Audit von Qualitätssicherungssystemen; Management von Auditprogrammen; (Identisch mit ISO 10 011-3 : 1991)
DIN-Taschenbuch Nr 223	Qualitätssicherung und angewandte Statistik; Begriffe
DIN-Taschenbuch Nr 224	Qualitätssicherung und angewandte Statistik; Verfahren 1

Anmerkung: Weitere Taschenbücher sind in Vorbereitung.

Vorwort

Die ISO (Internationale Organisation für Normung) ist die weltweite Vereinigung nationaler Normungsinstitute (ISO-Mitgliedskörperschaften). Die Erarbeitung Internationaler Normen obliegt den Technischen Komitees der ISO. Jede Mitgliedskörperschaft, die sich für ein Thema interessiert, für das ein Technisches Komitee eingesetzt wurde, ist berechtigt, in diesem Komitee mitzuarbeiten. Internationale (staatliche und nichtstaatliche) Organisationen, die mit der ISO in Verbindung stehen, sind an den Arbeiten ebenfalls beteiligt. Die ISO arbeitet in allen Fragen der elektrotechnischen Normung eng mit der International Electrotechnical Commission (IEC) zusammen.

Die von den Technischen Komitees verabschiedeten Entwürfe zu Internationalen Normen werden den Mitgliedskörperschaften zunächst zur Abstimmung vorgelegt. Die Veröffentlichung als Internationale Norm erfordert die Zustimmung von mindestens 75 % der Mitgliedskörperschaften, die eine Stimme abgegeben haben.

Die Internationale Norm ISO 10 012-1 wurde vom Technischen Ausschuß ISO/TC 176 „Quality Management and Quality Assurance", Unterkomitee 3 „Supporting Technologies", erarbeitet.

ISO 10 012 besteht aus den folgenden Teilen unter dem allgemeinen Titel „Forderungen an die Qualitätssicherung für Meßmittel":

— Teil 1: Bestätigungssystem für Meßmittel

— Teil 2: Qualitätssicherung von Messungen

Anhang A beruht auf dem Internationalen Dokument Nr 10 „Leitfaden für die Festlegung von Nachkalibrierfristen für Meßeinrichtungen in Prüflaboratorien" der Organisation Internationale de Métrologie Légale (OIML).

Die Anhänge A und B dieses Teils von ISO 10 012 dienen lediglich zur Information.

Foreword

ISO (the International Organization for Standardization) is a worldwide federation of national standards bodies (ISO member bodies). The work of preparing International Standards is normally carried out through ISO technical committees. Each member body interested in a subject for which a technical committee has been established has the right to be represented on that committee. International organizations, governmental and non-governmental, in liasion with ISO, also take part in the work. ISO collaborates closely with the International Electrotechnical Commission (IEC) on all matters of electrotechnical standardization.

Draft International Standards adopted by the technical committees are circulated to the member bodies for voting. Publication as an International Standard requires approval by at least 75 % of the member bodies casting a vote.

International Standard ISO 10 012-1 was prepared by Technical Committee ISO/TC 176, "Quality management and quality assurance", Sub-Committee SC 3, "Supporting technologies".

ISO 10 012 consists of the following parts, under the general title "Quality assurance requirements for measuring equipment":

— Part 1: Metrological confirmation system for measuring equipment

— Part 2: Measurement assurance

Annex A is based on Organisation Internationale de Métrologie Légale (OIML) International Document No. 10, "Guidelines for the determination of recalibration intervals of measuring equipment used in testing laboratories".

Annexes A and B of this part of ISO 10 012 are for information only.

Avant-propos

L'ISO (Organisation internationale de normalisation) est une fédération mondiale d'organismes nationaux de normalisation (comités membres de l'ISO). L'élaboration des Normes internationales est en général confiée aux comités techniques de l'ISO. Chaque comité membre intéressé par une étude a le droit de faire partie du comité technique créé à cet effet. Les organisations internationales, gouvernementales et non gouvernementales, en liaison avec l'ISO participent également aux travaux. L'ISO collabore étroitement avec la Commission électrotechnique internationale (CEI) en ce qui concerne la normalisation électrotechnique.

Les projets de Normes internationales adoptés par les comités techniques sont soumis aux comités membres pour vote. Leur publication comme Normes internationales requiert l'approbation de 75 % au moins des comités membres votants.

La Norme internationale ISO 10 012-1 a été élaborée par le comité technique ISO/TC 176, «Management et assurance de la qualité», sous-comité SC 3, «Techniques de soutien.»

L'ISO 10 012 comprend les parties suivantes, présentées sous le titre général «Exigences d'assurance de la qualité des équipments de mesure»:

— Partie 1: Confirmation métrologique de l'équipement de mesure

— Partie 2: Assurance de mesure

L'annexe A est basée sur le Document international n° 10 de l'Organisation internationale de métrologie légale (OIML), «Conseils pour la détermination des intervalles de réétalonnage des équipements de mesure utilisés dans les laboratoires d'essay».

Les annexes A et B de la présente partie de l'ISO 10 012 sont données uniquement à titre d'information.

Inhalt

Contents

Sommaire

Forderungen an die Qualitätssicherung für Meßmittel

Teil 1: Bestätigungssystem für Meßmittel

0 Einleitung

Dieser Teil von ISO 10 012 gilt für die Beziehung zwischen Abnehmern und Lieferanten, wobei diese beiden Begriffe im weitesten Sinne zu verstehen sind. Der „Lieferant" kann ein Hersteller, ein Anlagenbauer oder eine Dienstleistungsorganisation sein, die für die Erbringung eines Produkts*) verantwortlich ist. Der „Abnehmer" kann eine Beschaffungsbehörde oder ein Kunde, der ein Produkt*) oder einen Prozeß nutzt, sein. Lieferanten können Kunden werden, wenn sie Lieferungen oder Dienstleistungen von Verkäufern oder aus anderen fremden Quellen beschaffen. Der Gegenstand der Verhandlungen in Zusammenhang mit diesem Teil von ISO 10 012 kann ein Design oder ein Produkt*), sein. Dieser Teil von ISO 10 012 kann durch Vereinbarung auf andere Situationen angewandt werden.

Auf diesen Teil von ISO 10 012 kann hingewiesen werden

— vom Abnehmer bei der Spezifizierung des verlangten Produkts*);
— vom Lieferanten bei der Spezifizierung des angebotenen Produkts*);
— von Vertretern der Verbraucher- oder Arbeitnehmer-Interessen oder vom Gesetzgeber oder staatlichen Stellen;
— bei der Beurteilung oder beim Audit von Laboratorien.

Dieser Teil von ISO 10 012 enthält sowohl Forderungen als auch (in Abschnitt 4) Anleitungen für die Umsetzung dieser Forderungen.

Um klar zwischen den Forderungen und den Anleitungen zu unterscheiden, erscheinen letztere in Abschnitt 4 eingerahmt und in kursiver Schrift in Anschluß an den betreffenden Abschnitt unter der Überschrift „ANLEITUNG".

Der Text unter „ANLEITUNG" dient lediglich zur Information und enthält keine Forderungen und darf nicht als Ergänzung, Eingrenzung oder Änderung der Forderungen interpretiert werden.

Anmerkung 1: Die Verwendung des männlichen Artikels in diesem Teil von ISO 10 012 bedeutet nicht, daß nicht auch Personen des weiblichen Geschlechts gemeint sein können. Entsprechend bedeutet die Verwendung der Einzahl nicht den Ausschluß der Mehrzahl (und umgekehrt), wenn es der Sinn erlaubt.

*) Nationale Fußnote:
Nach ISO/DIS 8402 ist eine Dienstleistung ein Produkt.

Quality assurance requirements for measuring equipment

Part 1: Metrological confirmation system for measuring equipment

0 Introduction

This part of ISO 10 012 is written in the context of a Purchaser and a Supplier, both terms being interpreted in the broadest sense. The "Supplier" may be a manufacturer, an installer or a servicing organization responsible for providing a product or a service. The "Purchaser" may be a procurement authority or a customer using a product or service. Suppliers become Purchasers when procuring supplies and services from vendors or other outside sources. The subject of the negotiations relating to this part of ISO 10 012 may be a design, an artefact, a product or a service. This part of ISO 10 012 may be applied, by agreement, to other situations.

Reference to this part of ISO 10 012 may be made:

— by a Purchaser when specifying products or services required;
— by a Supplier when specifying products or services offered;
— by consumer or employee interests, or by legislative or regulatory bodies;
— in assessment and audit of laboratories.

This part of ISO 10 012 includes both requirements and (in clause 4) guidance on the implementation of the requirements.

In order to distinguish clearly between requirements and guidance, in clause 4 the latter appears in italic type-face, in a box, after each corresponding paragraph under the heading "GUIDANCE".

The text under "GUIDANCE" is for information only and contains no requirements. Statements given there are not to be construed as adding to, limiting or modifying any requirement.

Note 1: Use of the masculine gender in this part of ISO 10 012 is not meant to exclude the feminine gender where applied to persons. Similarly, use of the singular does not exclude the plural (and vice versa) when the sense allows.

Exigences d'assurance de la qualité des équipments de mesure

Partie 1: Confirmation métrologique de l'équipement de mesure

0 Introduction

La présente partie de l'ISO 10 012 est rédigée dans le contexte Acheteur – Fournisseur, ces deux termes étant interprétés au sens le plus large. Par «Fournisseur», on peut entendre aussi bien le fabricant que l'installateur ou le prestataire de service, à qui il incombe de fournir un produit ou un service. L'«Acheteur» peut désigner une agence administrative publique, un client utilisateur du produit ou du service considéré. Les Fournisseurs deviennent Acheteurs lorsqu'ils sont amenés à se procurer des fournitures et services auprès de vendeurs ou d'autres sources extérieures. Le sujet des négociations faisant référence à la présente partie de l'ISO 10 012 peut porter sur une conception, un objet fabriqué, un produit ou un service. Il peut être fait référence à la présente partie de l'ISO 10 012 en d'autres situations dans le cadre d'un accord particulier.

La référence à la présente partie de l'ISO 10 012 peut être faite

— par un Acheteur, lors de la spécification des produits ou services demandés;
— par un Fournisseur, lors de la spécification des produits ou services offerts;
— par des organismes représentatifs des intérêts des consommateurs ou des travailleurs, ou par des organismes législatifs ou statutaires;
— dans le cadre de l'évaluation ou de l'audit de laboratoires.

La présente partie de l'ISO 10 012 contient à la fois des exigences et (à l'article 4) des conseils pour la mise en œuvre de ces exigences.

Afin de bien faire la distinction entre exigences et conseils, dans l'article 4, les conseils sont encadrés et imprimés en italique sous le titre «GUIDE D'APPLICATION», apparaissant après chaque paragraphe correspondant.

Le texte dans le «GUIDE D'APPLICATION» est donné uniquement à titre d'information et ne comporte aucune exigence. L'énoncé qui y figure ne doit pas être interprété comme ajout, restriction ou modification d'une exigence quelconque.

Note 1: L'emploi du genre masculin dans la présente partie de l'ISO 10 012 n'exclut pas le genre féminin lorsqu'il s'applique aux personnes. De même, l'utilisation du singulier n'exclut pas le pluriel (et vice versa) lorsque le sens le permet.

1 Zweck

1.1 Dieser Teil von ISO 10 012 enthält Forderungen an die Qualitätssicherung eines Lieferanten, um sicherzustellen, daß Messungen mit der beabsichtigten Genauigkeit erfolgen. Er enthält auch Anleitungen zur Umsetzung dieser Forderungen.

1.2 Dieser Teil von ISO 10 012 legt die Haupteigenschaften eines Bestätigungssystems fest, wie es für die Meßmittel eines Lieferanten anzuwenden ist.

1.3 Dieser Teil von ISO 10 012 ist auf Meßmittel anwendbar, die im Rahmen des Nachweises der Erfüllung einer Spezifikation eingesetzt werden; er ist nicht auf andere einzelne Meßmittel anwendbar. Andere Faktoren, die einen Einfluß auf die Meßergebnisse haben können, wie Meßverfahren, Fachkenntnisse des Personals usw., werden in diesem Teil von ISO 10 012 nicht ausdrücklich behandelt. Diese Faktoren werden ausgiebiger in anderen Dokumenten, wie sie z.B. im Unterabschnitt 1.4 aufgeführt sind, behandelt.

1.4 Dieser Teil von ISO 10 012 ist anwendbar auf

- Prüflaboratorien einschließlich derer, die einen Kalibrierdienst zur Verfügung stellen; dazu gehören Laboratorien, die ein Qualitätssicherungssystem nach dem ISO/IEC-Leitfaden 25 unterhalten;
- Lieferanten von Produkten*), die ein Qualitätssicherungssystem unterhalten, in welchem Meßergebnisse zur Darlegung der Erfüllung der festgelegten Forderungen verwendet werden; dieses schließt die Unterhaltung von Systemen, die die Forderungen von ISO 9001, ISO 9002 und ISO 9003 erfüllen, ein. Desgleichen ist ISO 9004 als Leitfaden von Bedeutung.
- sonstige Organisationen, in denen Messungen dazu dienen, die Erfüllung festgelegter Forderungen darzulegen.

1.5 Die Rolle des Abnehmers bei der Überwachung, ob ein Lieferant die Forderungen dieses Teils von ISO 10 012 erfüllt, kann von einer dritten Partei, wie z.B. einer Akkreditierungs- oder Zertifizierungsstelle, wahrgenommen werden.

*) Nationale Fußnote:
Nach ISO/DIS 8402 ist eine Dienstleistung ein Produkt.

1 Scope

1.1 This part of ISO 10 012 contains quality assurance requirements for a Supplier to ensure that measurements are made with the intended accuracy. It also contains guidance on the implementation of the requirements.

1.2 This part of ISO 10 012 specifies the main features of the confirmation system to be used for a Supplier's measuring equipment.

1.3 This part of ISO 10 012 is applicable to measuring equipment used in the demonstration of compliance with a specification: it does not apply to other items of measuring equipment. This part of ISO 10 012 does not deal extensively with other elements that may affect measurement results such as methods of measurement, competence of personnel etc.; these are dealt with more specifically in other International Standards, such as those referred to in 1.4.

1.4 This part of ISO 10 012 is applicable:

- to testing laboratories, including those providing a calibration service; this includes laboratories operating a quality system in accordance with ISO/IEC Guide 25;
- to Suppliers of products or services who operate a quality system in which measurement results are used to demonstrate compliance with specified requirements; this includes operating systems that meet the requirements of ISO 9001, ISO 9002 and ISO 9003. The guidance given in ISO 9004 is also relevant;
- to other organizations where measurement is used to demonstrate compliance with specified requirements.

1.5 The role of the Purchaser in monitoring a Supplier's compliance with the requirements of this part of ISO 10 012 may be fulfilled by a third party, such as an accreditation or certification body.

1 Domaine d'application

1.1 La présente partie de l'ISO 10 012 comporte des exigences en matière d'assurance de la qualité applicables à un Fournisseur pour s'assurer que les mesures sont effectuées avec le degré d'exactitude voulu. Elle contient également des conseils concernant la mise en œuvre des exigences.

1.2 La présente partie de l'ISO 10 012 définit les caractéristiques principales du système de confirmation à appliquer pour les équipements de mesure d'un Fournisseur.

1.3 La présente partie de l'ISO 10 012 s'applique aux équipements de mesure utilisés pour démontrer la conformité avec un cahier des charges; elle ne s'applique pas à d'autres équipements de mesure.

La présente partie de l'ISO 10 012 ne traite pas en détail des autres éléments pouvant influer sur les résultats de mesurage, tels que les méthodes de mesurage, les compétences du personnel, etc.; ceux-ci sont traités plus en profondeur dans d'autres Normes internationales telles que celles citées en 1.4.

1.4 La présente partie de l'ISO 10 012 s'applique

- aux laboratoires d'essai, notamment ceux qui fournissent un service d'étalonnage; ceci inclut les laboratoires mettant en œuvre un système qualité en harmonie avec l'ISO/CEI Guide 25;
- aux Fournisseurs de produits ou de services qui mettent en œuvre un système qualité dans lequel les résultats de mesure sont utilisés pour démontrer la conformité avec des exigences spécifiées; ceci inclut les systèmes qualité qui satisfont aux exigences de l'ISO 9001, l'ISO 9002 et l'ISO 9003. Les conseils de l'ISO 9004 sont aussi applicables;
- à tous autres organismes où les résultats de mesure sont utilisés pour démontrer la conformité à des exigences spécifiées.

1.5 Le rôle de l'Acheteur dans la surveillance de la conformité d'un Fournisseur à la présente partie de l'ISO 10 012 peut être assuré par une tierce partie telle qu'un organisme de certification ou d'accréditation.

2 Verweisungen auf andere Normen

Die nachfolgend aufgeführten Normen enthalten Festlegungen, die aufgrund der Tatsache, daß in diesem Text auf sie verwiesen wird, Festlegungen dieses Teils von ISO 10 012 sind. Zum Zeitpunkt der Veröffentlichung waren die angegebenen Ausgaben gültig. Alle Normen sind Änderungen unterworfen, und Vertragsparteien von Vereinbarungen, die auf diesem Teil von ISO 10 012 beruhen, werden angeregt, die Möglichkeit zu untersuchen, sich der jüngsten Ausgaben der unten aufgeführten Normen zu bedienen. Die Mitglieder der IEC und der ISO führen Verzeichnisse der gegenwärtig gültigen Internationalen Normen.

ISO 8402 : 1986 Qualität; Begriffe

ISO 9001 : 1987 Qualitätssicherungssysteme; Modell zur Darlegung der Qualitätssicherung in Design/Entwicklung, Produktion, Montage und Kundendienst

ISO 9002 : 1987 Qualitätssicherungssysteme; Modell zur Darlegung der Qualitätssicherung in Produktion und Montage

ISO 9003 : 1987 Qualitätssicherungssysteme; Modell zur Darlegung der Qualitätssicherung bei der Endprüfung

ISO 9004 : 1987 Qualitätsmanagement und Elemente eines Qualitätssicherungssystems; Leitfaden

ISO-Leitfaden 30 : 1981 Begriffe im Zusammenhang mit Referenzmaterialien

ISO/IEC-Leitfaden 25 : 1990 Allgemeine Forderungen an die Kalibrierung und Kompetenz von Prüflaboratorien

BIPM/IEC/ISO/OIML Internationales Wörterbuch der Metrologie (1984)

2 Normative references

The following standards contain provisions which, through reference in this text, constitute provisions of this part of ISO 10 012. At the time of publication, the editions indicated were valid. All standards are subject to revision, and parties to agreements based on this part of ISO 10 012 are encouraged to investigate the possibility of applying the most recent editions of the standards indicated below. Members of IEC and ISO maintain registers of currently valid International Standards.

ISO 8402 : 1986, Quality; Vocabulary

ISO 9001 : 1987, Quality systems; Model for quality assurance in design/development, production, installation and servicing

ISO 9002 : 1987, Quality systems; Model for quality assurance in production and installation

ISO 9003 : 1987, Quality systems; Model for quality assurance in final inspection and test.

ISO 9004 : 1987, Quality management and quality system elements; Guidelines

ISO Guide 30 : 1981, Terms and definitions used in connection with reference materials

ISO/IEC Guide 25 : 1990, General requirements for the calibration and competence of testing laboratories

BIPM/IEC/ISO/OIML, International vocabulary of basic and general terms in metrology: 1984

2 Références normatives

Les normes suivantes contiennent des dispositions qui, par suite de la référence qui en est faite, constituent des dispositions valables pour la présente Norme internationale. Au moment de la publication, les éditions indiquées étaient en vigueur. Toute norme est sujette à révision et les parties prenantes des accords fondés sur la présente Norme internationale sont invitées à rechercher la possibilité d'appliquer les éditions les plus récentes des normes indiquées ci-après. Les membres de la CEI et de l'ISO possèdent le registre des Normes internationales en vigueur à un moment donné

ISO 8402 : 1986, Qualité; Vocabulair

ISO 9001 : 1987, Systèmes qualité; Modèle pour l'assurance de la qualité en conception/développement, production, installation et soutien après la vente

ISO 9002 : 1987, Systèmes qualité; Modèle pour l'assurance de la qualité en production et installation

ISO 9003 : 1987, Systèmes qualité; Modèle pour l'assurance de la qualité en contrôle et essais finals

ISO 9004 : 1987, Gestion de la qualité et éléments de système qualité; Lignes directrices

ISO/CEI Guide 25 : 1990, Prescriptions générales concernant la compétence des laboratoires d'étalonnage et d'essais

ISO Guide 30 : 1981, Termes et définitions utilisés en rapport avec les matériaux de référence

BIPM/CEI/ISO/OIML, Vocabulaire international des termes fondamentaux et généraux de métrologie (VIM): 1984

3 Begriffe

Für die Zwecke dieses Teils von ISO 10 012 gelten die folgenden Begriffe. Die meisten davon beruhen auf dem Internationalen Wörterbuch der Metrologie (VIM) : 1984; sie sind jedoch nicht immer mit den darin angegebenen Definitionen identisch. Desgleichen gelten die Begriffe aus ISO 8402. Entsprechende Hinweise und Nummern sind hinter den Definitionen in Klammern aufgeführt.

3.1 Metrologische Bestätigung: Gesamtheit der Tätigkeiten, die notwendig sind sicherzustellen, daß ein einzelnes Meßmittel den Status der Erfüllung der Forderungen besitzt, die für seine beabsichtigte Verwendung gelten.

3 Definitions

For the purposes of this part of ISO 10 012, the following definitions apply. Most of them are based on the International vocabulary of basic and general terms in metrology (VIM): 1984, but they are not always identical to the definitions given therein. Terms in ISO 8402 are also relevant. Relevant reference numbers are given in brackets following the definitions.

3.1 metrological confirmation: Set of operations required to ensure that an item of measuring equipment is in a state of compliance with requirements for its intended use.

3 Définitions

Pour les besoins de la présente partie de l'ISO 10 012, les définitions suivantes s'appliquent. La plupart d'entre elles sont issues du Vocabulaire international des termes fondamentaux et généraux de métrologie (VIM), mais ne sont pas toujours identiques aux définitions de ce dernier. Les définitions de l'ISO 8402 sont aussi pertinentes. Les références correspondantes figurent entre crochets après les définitions.

3.1 confirmation métrologique: Ensemble des opérations requises pour s'assurer de la conformité d'un équipement de mesure avec les exigences prescrites pour l'utilisation projetée.

Anmerkung 2: Metrologische Bestätigung schließt üblicherweise u. a. eine Kalibrierung, jegliche notwendige Justierung oder Reparatur und nachfolgende Rekalibrierung sowie jede verlangte Siegelung und Kennzeichnung ein.

Anmerkung 3: In diesem Teil von ISO 10 012 wird dieser Begriff kurz „Bestätigung" genannt.

Note 2: Metrological confirmation normally includes, inter alia, calibration, any necessary adjustment or repair and subsequent recalibration, as well as any required sealing and labelling.

Note 3: For brevity, in this part of ISO 10 012, this term is referred to as "confirmation".

Note 2: La confirmation métrologique comporte normalement, entre autres, l'étalonnage, tout ajustage ou réparation nécessaire et le réétalonnage ultérieur, ainsi que toute protection et tout étiquetage éventuellement requis.

Note 3: Pour plus de brièveté, dans la présente partie de l'ISO 10 012, ce terme est désigné sous le nom de «confirmation».

3.2 Meßmittel: Alle Meßgeräte, Normale, Referenzmaterialien, Hilfsmittel und Anweisungen, die für die Durchführung einer Messung notwendig sind. Dieser Begriff umfaßt Meßmittel, die für Prüfzwecke, und solche, die für die Kalibrierung verwendet werden.

Anmerkung 4: In Zusammenhang mit diesem Teil von ISO 10 012 soll der Begriff „Meßmittel" Meßgeräte und Normale umfassen. Außerdem wird „Referenzmaterial" als eine Art „Normal" angesehen.

3.2 measuring equipment: All of the measuring instruments, measurement standards, reference materials, auxiliary apparatus and instructions that are necessary to carry out a measurement. This term includes measuring equipment used in the course of testing and inspection, as well as that used in calibration.

Note 4: In the context of this part of ISO 10 012, the term "measuring equipment" is taken to encompass "measuring instruments" and "measurement standards". Moreover, a "reference material" is considered to be a type of "measurement standard".

3.2 équipement de mesure: Tous les instruments de mesure, étalons, matériaux de référence, appareils auxiliaires et logiciels nécessaires à l'exécution d'une mesure. Ce terme comprend l'équipement de mesure utilisé pour les essais et les contrôles ainsi que pour l'étalonnage.

Note 4: Dans la présente partie de l'ISO 10 012, le terme «équipement de mesure» comprend les instruments de mesure et les étalons. On considère, en outre, qu'un matériau de référence correspond à un type d'étalon particulier.

3.3 Messung: Gesamtheit der Tätigkeiten zur (experimentellen) Bestimmung des Größenwertes.

[VIM 2.01]

3.3 measurement: The set of operations having the object of determining the value of a quantity.

[VIM, 2.01]

3.3 mesurage: Ensemble d'opérations ayant pour but de déterminer la valeur d'une grandeur.

[VIM, 2.01]

3.4 Meßgröße: Größe, die Gegenstand einer Messung ist.

Anmerkung 5: Dies kann sowohl „zu messende Größe" als auch „gemessene Größe" bedeuten.

[VIM 2.09]

3.4 measurand: A quantity subjected to measurement.

Note 5: As appropriate, this may be the "measured quantity" or the "quantity to be measured".

[VIM, 2.09]

3.4 mesurande: Grandeur soumise à mesurage.

Note 5: Ce peut être, selon le cas, la grandeur à mesurer (grandeur qui sera soumise au mesurage) ou la grandeur mesurée (grandeur qui a été soumise au mesurage).

[VIM, 2.09]

3.5 Einflußgröße: Größe, die nicht Gegenstand der Messung ist, jedoch den Wert der Meßgröße oder den vom Meßgerät gelieferten Wert beeinflußt.

Beispiele

Umgebungstemperatur; Frequenz einer gemessenen elektrischen Wechselspannung.

[VIM 2.10]

3.5 influence quantity: A quantity which is not the subject of the measurement but which influences the value of the measurand or the indication of the measuring instrument.

Examples

ambient temperature; frequency of an alternating measured voltage.

[VIM, 2.10]

3.5 grandeur d'influence: Grandeur qui ne fait pas l'objet du mesurage mais qui influe sur la valeur du mesurande ou sur les indications de l'instrument de mesure.

Exemples

température ambiante; fréquence d'une tension électrique alternative mesurée.

[VIM, 2.10]

3.6 Meßgenauigkeit: Ausmaß der Annäherung des Meßergebnisses an den wahren Wert der Meßgröße.

Anmerkung 6: „Genauigkeit" ist ein qualitativer Begriff.

Anmerkung 7: Die Benutzung der Benennung „Präzision" für „Genauigkeit" soll vermieden werden.

[VIM 3.05]

3.6 accuracy of measurement: The closeness of the agreement between the result of a measurement and the (conventional) true value of the measurand.

Note 6: "Accuracy" is a qualitative concept.

Note 7: The use of the term "precision" for "accuracy" should be avoided.

[VIM, 3.05]

3.6 exactitude de mesure: Étroitesse de l'accord entre le résultat d'un mesurage et la valeur (conventionnellement) vraie du mesurande.

Note 6: Le concept d'«exactitude» est qualitatif.

Note 7: L'emploi du terme «précision» au lieu d'«exactitude» doit être évité.

[VIM, 3.05]

3.7 Meßunsicherheit: Ergebnis der Auswertung zur Kennzeichnung des Bereiches, innerhalb dessen der wahre Wert einer Meßgröße schätzungsweise, im allgemeinen mit einer gegebenen Wahrscheinlichkeit, liegt.

3.7 uncertainty of measurement: Result of the evaluation aimed at characterizing the range within which the true value of a measurand is estimated to lie, generally with a given likelihood.

3.7 incertitude de mesure: Résultat de l'évaluation visant à caractériser l'étendue du domaine à l'intérieur duquel la valeur vraie d'un mesurande est estimée devoir se trouver, généralement avec une vraisemblance donnée.

Anmerkung 8: Im allgemeinen enthält die Meßunsicherheit viele Komponenten. Einige dieser Komponenten können aufgrund der statistischen Verteilungen der Ergebnisse von Meßreihen geschätzt und mittels empirischer Standardabweichungen angegeben werden. Abschätzungen für andere Komponenten können ausschließlich auf Erfahrung oder andere Informationen gegründet werden.

[VIM 3.09]

Note 8: Uncertainty of measurement comprises, in general, many components. Some of these components may be estimated on the basis of the statistical distribution of the results of series of measurements and can be characterized by experimental standard deviations. Estimates of other components can only be based on experience or other information.

[VIM, 3.09]

Note 8: L'incertitude de mesure comprend, en général, plusieurs composantes. Certaines peuvent être estimées en se fondant sur la distribution statistique des résultats de séries de mesurages et peuvent être caractérisées par un écart-type expérimental. L'estimation des autres composantes ne peut être fondée que sur l'expérience ou sur d'autres informations.

[VIM, 3.09]

3.8 Meßabweichung: Meßergebnis minus wahrer Wert der Meßgröße.

Anmerkung 9: Siehe „Wahrer Wert (einer Größe)" und „(Konventionell) richtiger Wert" in: Internationales Wörterbuch der Metrologie.

Anmerkung 10: Dieser Begriff bezieht sich gleichermaßen auf

- den Meßwert,
- das unberichtigte Meßergebnis,
- das berichtigte Meßergebnis,

Anmerkung 11: Die bekannten Anteile der systematischen Meßabweichung können durch Korrektionen kompensiert werden. Die Meßabweichung des berichtigten Meßergebnisses kann durch die Angabe der Meßunsicherheit beschrieben werden.

Anmerkung 12: (Betrifft nur den englischen und französischen Text)

[VIM 3.10]

3.8 (absolute) error of measurement: The result of a measurement minus the true value of the measurand.

Note 9: See "true value (of a quantity)" and "conventional true value (of a quantity)" in VIM.

Note 10: The term relates equally to

- the indication,
- the uncorrected result,
- the corrected result.

Note 11: The known parts of the error of measurement may be compensated by applying appropriate corrections. The error of the corrected result can only be characterized by an uncertainty.

Note 12: "Absolute error", which has a sign, should not be confused with "absolute value of an error" which is the modulus of an error.

[VIM, 3.10]

3.8 erreur (absolue) de mesure: Résultat d'un mesurage moins la valeur vraie du mesurande.

Note 9: Voir «valeur vraie (d'une grandeur)» et «valeur conventionnellement vraie (d'une grandeur)» dans le VIM.

Note 10: Le terme s'applique également

- à l'indication,
- au résultat brut,
- au résultat corrigé.

Note 11: Les parties connues de l'erreur de mesure peuvent être compensées par l'application de corrections appropriées. L'erreur du résultat corrigé ne peut être caractérisée que par une incertitude.

Note 12: Ne pas confondre l'erreur absolue, qui peut être positive ou négative, et la valeur absolue d'une erreur qui est le module d'une erreur.

[VIM, 3.10]

3.9 Korrektion: Wert, der nach algebraischer Addition zum unberichtigten Meßergebnis die bekannte systematische Meßabweichung ausgleicht.

Anmerkung 13: Die Korrektion hat den gleichen Betrag wie die bekannte systematische Meßabweichung, jedoch das entgegengesetzte Vorzeichen.

Anmerkung 14: Weil die systematische Meßabweichung nicht exakt bekannt sein kann, unterliegt die Korrektion einer Unsicherheit.

[VIM 3.14]

3.9 correction: The value which, added algebraically to the uncorrected result of a measurement, compensates for an assumed systematic error.

Note 13: The correction is equal to the assumed systematic error, but of opposite sign.

Note 14: Since the systematic error cannot be known exactly, the correction is subject to uncertainty.

[VIM, 3.14]

3.9 correction: Valeur qui, ajoutée algébriquement au résultat brut d'un mesurage, compense une erreur systématique présumée.

Note 13: La correction est égale à l'erreur systématique présumée changée de signe.

Note 14: Puisque l'erreur systématique ne peut être connue exactement, la correction est entachée d'une incertitude.

[VIM, 3.14]

3.10 Meßgerät: Ein Gerät, das allein oder in Verbindung mit Zusatzeinrichtungen zur Durchführung einer Messung bestimmt ist.

[VIM 4.01]

3.10 measuring instrument: A device intended to make a measurement, alone or in conjunction with supplementary equipment.

[VIM, 4.01]

3.10 appareil de mesure; appareil mesureur; instrument de mesure: Dispositif destiné à faire un mesurage, seul ou associé à des équipements annexes.

[VIM, 4.01]

3.11 Justierung: Tätigkeit, die das Meßgerät in einen betriebsbereiten Zustand versetzt, wobei für die vorgesehene Anwendung verfälschend wirkende systematische Meßabweichungen beseitigt werden.

[VIM 4.33]

3.11 adjustment: The operation intended to bring a measuring instrument into a state of performance and freedom from bias suitable for its use.

[VIM, 4.33]

3.11 ajustage: Opération destinée à amener un appareil de mesure à un état de fonctionnement et de justesse convenant à son utilisation.

[VIM, 4.33]

3.12 Meßbereich: Der Wertebereich der Meßgröße, für den die Meßabweichungen eines Meßgeräts innerhalb der vorgegebenen Fehlergrenzen liegen sollen.

Anmerkung 15: (Betrifft nur den englischen und französischen Text)

Anmerkung 16: In einigen anderen Wissensgebieten kennzeichnet „Bereich" den Unterschied zwischen dem größten und dem kleinsten Wert.

[VIM 5.04]

3.12 specified measuring range: The set of values for a measurand for which the error of a measuring instrument is intended to lie within specified limits.

Note 15: The upper and lower limits of the specified measuring range are sometimes called the "maximum capacity" and the "minimum capacity" respectively.

Note 16: In some other fields of knowledge, "range" is used to mean the difference between the greatest and the smallest values.

[VIM, 5.04]

3.12 étendue de mesure spécifiée: Ensemble des valeurs d'un mesurande pour lesquelles l'erreur d'un instrument de mesure est supposée comprise entre des limites spécifiées.

Note 15: Les limites supérieure et inférieure de l'étendue de mesure spécifiée sont parfois appelées respectivement «portée maximale» et «portée minimale».

Note 16: Dans certains autres domaines de connaissances, le terme «étendue» est utilisé pour exprimer la différence entre la plus grande et la plus petite des valeurs.

[VIM, 5.04]

3.13 Referenzbedingungen: Für die Funktionsprüfung eines Meßgerätes oder zur Sicherstellung eines richtigen Vergleichs von Meßergebnissen vorgegebene Betriebsbedingungen.

Anmerkung 17: Referenzbedingungen sind üblicherweise Festlegungen von „Referenzwerten" oder „Referenzbereichen" für die auf das Meßgerät einwirkenden Einflußgrößen.

[VIM 5.07]

3.13 reference conditions: Conditions of use for a measuring instrument prescribed for performance testing, or to ensure valid intercomparison of results of measurements.

Note 17: The reference conditions generally specify "reference values" or "reference ranges" for the influence quantities affecting the measuring instrument.

[VIM, 5.07]

3.13 conditions de référence: Conditions d'utilisation d'un instrument de mesure prescrites pour des essais de fonctionnement ou pour assurer valablement la comparaison des résultats de mesure entre eux.

Note 17: Les conditions de référence spécifient généralement des «valeurs de référence» ou des «étendues de référence» pour les grandeurs d'influence affectant un instrument de mesure.

[VIM, 5.07]

3.14 Auflösung (einer Anzeigeeinrichtung): Quantitative Angabe zur Fähigkeit einer Anzeigeeinrichtung, zwischen unmittelbar nebeneinanderliegenden Meßwerten eindeutig zu unterscheiden.

[VIM 5.13]

3.14 resolution (of an indicating device): A quantitative expression of the ability of an indicating device to permit distinguishing meaningfully between immediately adjacent values of the quantity indicated.

[VIM, 5.13]

3.14 résolution (d'un dispositif indicateur): Expression quantitative de l'aptitude d'un dispositif indicateur à permettre de faire la distinction de manière significative entre des valeurs voisines de la grandeur indiquée.

[VIM, 5.13]

3.15 Meßbeständigkeit: Fähigkeit eines Meßgerätes, seine meßtechnischen Merkmale unverändert beizubehalten.

Anmerkung 18: Üblicherweise wird die Meßbeständigkeit in bezug auf die Zeit betrachtet. Wird sie in bezug auf eine andere Größe betrachtet, sollte diese ausdrücklich angegeben werden.

[VIM 5.16]

3.15 stability: The ability of a measuring instrument to maintain constant its metrological characteristics.

Note 18: It is usual to consider stability with respect to time. Where stability with respect to another quantity is considered, this should be stated explicitly.

[VIM, 5.16]

3.15 constance: Aptitude d'un instrument de mesure à conserver ses caractéristiques métrologiques constantes.

Note 18: La constance est habituellement considérée comme rapportée au temps. Lorsqu'elle est rapportée à une autre grandeur, il est nécessaire de le mentionner explicitement.

[VIM, 5.16]

3.16 Meßgerätedrift: Langsame zeitliche Änderung des Wertes eines meßtechnischen Merkmals eines Meßgerätes.

[VIM 5.18]

3.16 drift: The slow variation with time of a metrological characteristic of a measuring instrument.

[VIM, 5.18]

3.16 dérive: Lente variation au cours du temps d'une caractéristique métrologique d'un instrument de mesure.

[VIM, 5.18]

3.17 Grenzwerte für Meßabweichungen: Die durch Spezifikationen, Vorschriften usw. für ein betrachtetes Meßgerät zugelassenen Extremwerte einer Meßabweichung.

[VIM 5.23]

3.17 limits of permissible error (of a measuring instrument): The extreme values of an error permitted by specifications, regulations, etc. for a given measuring instrument.

[VIM, 5.23]

3.17 limites d'erreur tolérées (d'un instrument de mesure): Valeurs extrêmes d'une erreur tolérées par les spécifications, règlements, etc. pour un instrument de mesure donné.

[VIM, 5.23]

3.18 Normal: Maßverkörperung, Meßgerät, Referenzmaterial oder Meßeinrichtung, die den Zweck hat, eine Einheit oder einen oder mehrere Größenwerte festzulegen, zu verkörpern, zu bewahren oder zu reproduzieren, um diese an andere Meßgeräte durch Vergleich weiterzugeben.

Beispiele

a) 1-kg-Massenormal
b) Parallelendmaß
c) 100-Ω-Widerstandsnormal
d) Weston-Normalelement
e) Cäsium-Atom-Frequenznormal
f) Kortisollösung im Humanserum als Konzentrationsnormal

[VIM 6.01]

3.18 (measurement) standard: A material measure, measuring instrument, reference material or system intended to define, realize, conserve or reproduce a unit or one or more values of a quantity in order to transmit them to other measuring instruments by comparison.

Examples

a) 1 kg mass standard;
b) standard gauge block;
c) 100 Ω standard resistor;
d) Weston standard cell;
e) caesium atomic frequency standard;
f) solution of cortisol in human serum as a standard of concentration.

[VIM, 6.01]

3.18 étalon: Mesure matérialisée, appareil de mesure, matériau de référence ou système de mesure destiné à définir, réaliser, conserver ou reproduire une unité ou une ou plusieurs valeurs d'une grandeur pour les transmettre par comparaison à d'autres instruments de mesure.

Exemples

a) étalon de masse de 1 kg;
b) cale étalon;
c) résistance étalon de 100 Ω;
d) pile étalon de Weston;
e) étalon atomique de fréquence à césium;
f) solution de cortisol dans le sérum humain utilisée comme étalon de concentration.

[VIM, 6.01];

3.19 Referenzmaterial: Material oder Substanz, von dem/der zwecks Kalibrierung eines Gerätes, Beurteilung einer Meßmethode oder quantitativer Bestimmung von Materialeigenschaften eine oder mehrere Eigenschaften genügend gut festliegen.

Anmerkung 19: Diese Definition stammt aus dem ISO-Leitfaden 30, wo sie mit mehreren Anmerkungen versehen ist.

[VIM 6.15]

3.19 reference material: A material or substance one or more properties of which are sufficiently well established to be used for the calibration of an apparatus, the assessment of a measurement method, or for assigning values to materials.

Note 19: This definition is taken from ISO Guide 30, where it has several notes.

[VIM, 6.15]

3.19 matériau de référence: Matériau ou substance dont une ou plusieurs propriétés sont suffisamment bien définies pour permettre de l'utiliser pour l'étalonnage d'un appareil, l'évaluation d'une méthode de mesure ou l'attribution de valeurs aux matériaux.

Note 19: Cette définition provient de l'ISO Guide 30, où elle est accompagnée de plusieurs notes.

[VIM, 6.15]

3.20 Internationales Normal: Normal, das durch ein internationales Abkommen als Grundlage zur Festlegung des Wertes aller anderen Normale der betreffenden Größe anerkannt ist.

[VIM 6.06]

3.20 international (measurement) standard: A standard recognized by an international agreement to serve internationally as the basis for fixing the value of all other standards of the quantity concerned.

[VIM, 6.06]

3.20 étalon international: Étalon reconnu par un accord international pour servir de base internationale à la fixation des valeurs de tous les autres étalons de la grandeur concernée.

[VIM, 6.06]

3.21 Nationales Normal: Normal, das durch einen offiziellen nationalen Beschluß als Grundlage zur Festlegung des Wertes aller anderen Normale der betreffenden Größe in einem Land anerkannt ist.

Anmerkung 20: Das nationale Normal eines Landes ist oft ein „Primärnormal".

[VIM 6.07]

3.21 national (measurement) standard: A standard recognized by an official national decision to serve, in a country, as the basis for fixing the value of all other standards of the quantity concerned.

Note 20: The national standard in a country is often a "primary standard".

[VIM, 6.07]

3.21 étalon national: Étalon reconnu par une décision nationale officielle comme base de départ, dans un pays, pour fixer la valeur de tous les autres étalons de la grandeur considérée.

Note 20: L'étalon national dans un pays est souvent un étalon primaire.

[VIM, 6.07]

3.22 Rückführbarkeit/Rückverfolgbarkeit: Eigenschaft eines Meßergebnisses, durch eine ununterbrochene Kette von Vergleichsmessungen auf geeignete Normale, im allgemeinen internationale oder nationale Normale, bezogen zu sein.

Anmerkung 21: Die ununterbrochene Kette von Vergleichsmessungen wird „Rückführbarkeitskette" genannt.

Anmerkung 22: (Betrifft nur den französischen Text)

[VIM 6.12]

3.22 traceability: The property of the result of a measurement whereby it can be related to appropriate measurement standards, generally international or national standards, through an unbroken chain of comparisons.

Note 21: The unbroken chain of comparisons is called a "traceability chain".

Note 22: (Applicable only to the French text.)

[VIM, 6.12]

3.22 traçabilité: Propriété du résultat d'un mesurage tel qu'il puisse être relié à des étalons appropriés, généralement internationaux ou nationaux, par l'intermédiaire d'une chaîne ininterrompue de comparaisons.

Note 21: La chaîne ininterrompue de comparaisons est appelée «chaîne de raccordement aux étalons» ou «chaîne d'étalonnage».

Note 22: La manière dont s'effectue la liaison aux étalons est appelée «raccordement aux étalons».

[VIM, 6.12]

3.23 Kalibrierung: Die Tätigkeiten, die unter vorgegebenen Bedingungen die gegenseitige Zuordnung zwischen den ausgegebenen Werten eines Meßgerätes oder einer Meßeinrichtung oder den von einer Maßverkörperung oder einem Referenzmaterial dargestellten Werten einerseits und den zugehörigen Werten einer durch ein Bezugsnormal dargestellten Größe andererseits bestimmen.

Anmerkung 23: Das Ergebnis einer Kalibrierung erlaubt die Schätzung der Meßabweichungen des Meßgerätes, der Meßeinrichtung oder der Maßverkörperung oder die Zuordnung von Werten zu Teilstrichen auf beliebigen Skalen.

Anmerkung 24: Eine Kalibrierung kann auch andere metrologische Eigenschaften bestimmen.

Anmerkung 25: Das Ergebnis einer Kalibrierung kann in einem Dokument festgehalten werden, das oft „Kalibrierschein" oder „Kalibrierbericht" genannt wird.

Anmerkung 26: Vielfach wird das Ergebnis einer Kalibrierung als Korrektion oder „Kalibrierfaktor" oder in Form einer „Kalibrierkurve" angegeben.

[VIM 6.13]

3.23 calibration: The set of operations which establish, under specified conditions, the relationship between values indicated by a measuring instrument or measuring system, or values represented by a material measure or a reference material, and the corresponding values of a quantity realized by a reference standard.

Note 23: The result of a calibration permits the estimation of errors of indication of the measuring instrument, measuring system or material measure, or the assignment of values to marks on arbitrary scales.

Note 24: A calibration may also determine other metrological properties.

Note 25: The result of a calibration may be recorded in a document, sometimes called a "calibration certificate" or a "calibration report".

Note 26: The result of a calibration is sometimes expressed as a correction or a "calibration factor", or as a "calibration curve".

[VIM, 6.13]

3.23 étalonnage: Ensemble des opérations établissant, dans des conditions spécifiées, la relation entre les valeurs indiquées par un appareil de mesure ou un système de mesure, ou les valeurs représentées par une mesure matérialisée ou un matériau de référence, et les valeurs correspondantes d'une grandeur réalisées par un étalon de référence.

Note 23: Le résultat d'un étalonnage permet d'estimer les erreurs d'indication de l'appareil de mesure, du système de mesure ou de la mesure matérialisée, ou d'attribuer des valeurs à des repères sur des échelles arbitraires.

Note 24: Un étalonnage peut aussi déterminer d'autres propriétés métrologiques.

Note 25: Le résultat d'un étalonnage peut être consigné dans un document parfois appelé «certificat d'étalonnage» ou «rapport d'étalonnage».

Note 26: Le résultat d'un étalonnage est parfois exprimé sous la forme d'une correction, d'un «facteur d'étalonnage», ou d'une «courbe d'étalonnage».

[VIM, 6.13]

3.24 Qualitätsaudit: Eine systematische und unabhängige Untersuchung, um festzustellen, ob die qualitätsbezogenen Tätigkeiten und die damit zusammenhängenden Ergebnisse den geplanten Anordnungen entsprechen und ob diese Anordnungen wirkungsvoll verwirklicht und geeignet sind, die Ziele zu erreichen.

Anmerkung 27: Das Qualitätsaudit wird typischerweise auf ein Qualitätsmanagementsystem oder auf Elemente davon, auf Prozesse oder auf Produkte (einschließlich Dienstleistungen) angewendet, ist jedoch nicht darauf beschränkt. Solche Qualitätsaudits werden öfters „Systemaudit", „Verfahrensaudit", „Produktaudit", „Dienstleistungsaudit" genannt.

[ISO 8402, 3.10]

3.24 (quality) audit: A systematic and independent examination to determine whether quality activities and related results comply with planned arrangements and whether these arrangements are implemented effectively and are suitable to achieve objectives.

Note 27: The quality audit typically applies, but is not limited, to a quality system or elements thereof, to processes, to products, or to services. Such audits are often called "quality system audit", "process quality audit", "product quality audit", "service quality audit".

[ISO 8402, 3.10]

3.24 audit (qualité): Examen méthodique et indépendant en vue de déterminer si les activités et résultats relatifs à la qualité satisfont aux dispositions préétablies, et si ces dispositions sont mises en œuvre de façon efficace et sont aptes à atteindre les objectifs.

Note 27: L'audit qualité s'applique essentiellement, mais n'est pas restreint à un système qualité ou à des éléments de celui-ci, à des procédés, à des produits ou à des services. De tels audits sont couramment appelés: «audit qualité de système», «audit qualité de procédé», «audit qualité de produit», «audit qualité de service».

[ISO 8402, 3.10]

3.25 Review des Qualitätssicherungssystems: Eine formelle Bewertung des Standes und der Angemessenheit des Qualitätsmanagementsystems in bezug auf die Qualitätspolitik sowie auf Zielsetzungen durch die oberste Leitung.

[ISO 8402 3.12]

3.25 (quality system) review: A formal evaluation by top management of the status and adequacy of the quality system in relation to quality policy and new objectives resulting from changing circumstances.

[ISO 8402, 3.12]

3.25 revue (du système qualité): Évaluation en règle, effectuée par la direction générale, de l'état et de l'adéquation du système qualité par rapport à la politique qualité et aux nouveaux objectifs résultant de l'évolution de la conjoncture.

[ISO 8402, 3.12]

4 Forderungen

4.1 Allgemeines

Der Lieferant muß die Verfahren, die er anwendet, um die Vorkehrungen dieses Teils von ISO 10 012 zu verwirklichen, dokumentieren. Diese Dokumentation muß Bestandteil des Qualitätssicherungssystems des Lieferanten sein. Es muß genaue Auskunft darüber geben, welche Einzelgeräte den Festlegungen dieses Teils von ISO 10 012 unterliegen, wie die Verantwortlichkeiten verteilt sind und welche Maßnahmen zu treffen sind. Der Lieferant muß dem Auftraggeber objektive Nachweise verfügbar machen, daß die geforderte Genauigkeit erreicht ist.

4.2 Meßmittel

Die Meßmittel müssen die für den beabsichtigten Einsatz und Zweck geforderten metrologischen Merkmale aufweisen (zum Beispiel Genauigkeit, Meßbeständigkeit, Meßbereich und Auflösung).

Die Einrichtungen und die Dokumentation sind so zu unterhalten, daß Korrektionen, Einsatzbedingungen (einschließlich Umgebungsbedingungen) usw., die zur Erreichung der geforderten Leistung notwendig sind, Rechnung getragen wird.

Die geforderte Leistung ist zu dokumentieren.

> *ANLEITUNG*
>
> *Die Gesamtheit der metrologischen Merkmale (an die spezifische Forderungen gestellt sind) ist ein wesentlicher Teil des Bestätigungssystems. Vom Lieferanten wird erwartet, daß er in seine Verfahren eine Liste der festgelegten Forderungen einfügt. Übliche Quellen für solche Forderungen sind die Herstellerunterlagen, Vorschriften usw. Sofern die Quellen unzureichend sind, sollte der Lieferant selbst die Forderungen festlegen.*

4.3 Bestätigungssystem

Der Lieferant muß ein leistungsfähiges dokumentiertes System für das Management, die Bestätigung und den Einsatz von Meßmitteln einschließlich Normalen einrichten und aufrechterhalten. Dieses System muß so entworfen sein, daß sichergestellt wird, daß alle Meßmittel wie beabsichtigt funktionieren. Dieses System soll für die Verhütung von Meßabweichungen außerhalb der für Meßabweichungen festgelegten Grenzwerte sorgen, indem Unzulänglichkeiten sofort erkannt und Maßnahmen zu ihrer Korrektur rechtzeitig ergriffen werden.

4 Requirements

4.1 General

The Supplier shall document the methods used to implement the provisions of this part of ISO 10 012. This documentation shall be an integral part of the Supplier's quality system. It shall be specific in terms of which items of equipment are subject to the provisions of this part of ISO 10 012, in terms of the allocation of responsibilities and in terms of the actions to be taken. The Supplier shall make objective evidence available to the Purchaser that the required accuracy is achieved.

4.2 Measuring equipment

Measuring equipment shall have metrological characteristics as required for the intended use (for example accuracy, stability, range and resolution).

Equipment and documentation shall be maintained so as to take account of any corrections, conditions of use (including environmental conditions), etc. that are necessary to achieve the required performance.

The required performance shall be documented.

> *GUIDANCE*
>
> *The set of metrological characteristics (specific requirements) is an essential component of the confirmation system. The Supplier is expected to include in his procedures a list of the specified requirements. Usual sources for such requirements include manufacturer's literature, regulations, etc. Wherever the sources are inadequate, the Supplier should himself determine the requirements.*

4.3 Confirmation system

The Supplier shall establish and maintain an effective documented system for the managing, confirmation and use of measuring equipment, including measurement standards, used to demonstrate compliance with specified requirements. This system shall be designed to ensure that all such measuring equipment performs as intended. The system shall provide for the prevention of errors outside the specified limits of permissible error, by prompt detection of deficiencies and by timely action for their correction.

4 Exigences

4.1 Généralités

Le Fournisseur doit matérialiser par des documents les méthodes utilisées pour satisfaire aux dispositions de la présente partie de l'ISO 10 012. La documentation correspondante doit faire partie intégrante du système qualité du Fournisseur. Elle doit spécifier quels équipements doivent être soumis aux dispositions de la présente partie de l'ISO 10 012, les responsabilités de chacun et les actions à entreprendre. Le Fournisseur doit mettre à la disposition de l'Acheteur les preuves tangibles que les mesures ont l'exactitude requise.

4.2 Équipement de mesure

L'équipement de mesure doit présenter des caractéristiques métrologiques exigées en fonction de l'usage envisagé (notamment, l'exactitude, la stabilité, l'étendue de mesure et la résolution).

L'équipement et la documentation doivent être maintenus à jour et comporter toutes les corrections, les indications sur les conditions d'utilisation (y compris les conditions d'environnement), etc., nécessaires à l'obtention de l'exactitude requise.

Les caractéristiques exigées doivent être spécifiées dans un document.

> *GUIDE D'APPLICATION*
>
> *L'ensemble des caractéristiques métrologiques (exigences spécifiques) constitue un élément essentiel du système de confirmation. Le Fournisseur est censé inclure dans ses procédures une liste des exigences spécifiées. La documentation du fabricant, les règlements, etc., figurent parmi les sources types pour de telles exigences. Lorsque les sources s'avèrent insuffisantes, il incombe au Fournisseur de déterminer lui-même les dites exigences.*

4.3 Système de confirmation

Le Fournisseur doit établir et maintenir en bon état un système pour la gestion, la confirmation et l'emploi des équipements de mesure, y compris les étalons, utilisés pour démontrer la conformité à des exigences spécifiées. Ce système doit être matérialisé par des documents et fonctionner effectivement. Ce système doit être conçu de manière que tous les équipements de mesure se comportent comme prévu. Le système doit comprendre des dispositions préventives pour éviter, grâce à la détection rapide de défauts et par des actions correctives prises en temps utile, que les erreurs dépassent les erreurs maximales spécifiées

Das Bestätigungssystem muß alle relevanten Daten vollständig berücksichtigen einschließlich derjenigen, die aus statistischen Prozeßlenkungssystemen erhältlich sind, die vom oder für den Lieferanten betrieben werden.

Für jedes einzelne Meßmittel hat der Lieferant einen verantwortlichen Mitarbeiter als Bevollmächtigten zu benennen zur Sicherstellung, daß die Bestätigungen dem System entsprechend durchgeführt werden und daß sich die Einrichtungen in einem zufriedenstellenden Zustand befinden.

In Fällen, in denen eine oder alle Bestätigungsfunktionen (einschließlich Kalibrierung) eines Lieferanten durch fremde Dienste ersetzt oder ergänzt werden, hat der Lieferant sicherzustellen, daß diese fremden Dienste die Forderungen dieses Teils von ISO 10 012 im erforderlichen Umfang erfüllen, um sicherzustellen, daß der Lieferant die Forderungen erfüllt.

ANLEITUNG

Die Absicht, die mit einem Bestätigungssystem verfolgt wird, ist sicherzustellen, daß das Risiko, daß ein Meßmittel Ergebnisse mit unannehmbaren Abweichungen liefert, in akzeptablen Schranken bleibt. Empfohlen wird der Gebrauch angemessener statistischer Methoden zur Analyse der Ergebnisse vorangegangener Kalibrierungen, zur Beurteilung der Ergebnisse von Kalibrierungen von mehreren ähnlichen Meßmitteln und zur Vorhersage kumulativer Unsicherheiten. (Siehe ISO 9004 : 1987, Abschnitt 13.1)

Die der Kalibrierung zuzuschreibende Meßabweichung sollte so klein wie möglich sein. In den meisten Meßgebieten sollte sie ein Drittel und vorzugsweise ein Zehntel des Grenzwertes für die Meßabweichung des bestätigten Meßmittels für den Einsatz nicht überschreiten.

In der Regel wird die mit einer Bestätigung verbundene Kalibrierung unter Referenzbedingungen durchgeführt. Wenn aber bekannt ist, daß sich die Betriebsbedingungen sehr von den Referenzbedingungen unterscheiden, kann die Kalibrierung bei geeigneten Werten der Einflußgrößen durchgeführt werden. Falls das nicht möglich ist, sollte die Unterschiedlichkeit der Bedingungen angemessen berücksichtigt werden.

Bei einem handelsüblichen Gerät gilt in der Regel die vom Hersteller angegebene Leistung als Kriterium für die zufriedenstellende Leistung und Genauigkeit. Es ist manchmal erforderlich, die Herstellerangaben zu modifizieren.

The confirmation system shall take full account of all relevant data, including that available from any statistical process control system operated by or for the Supplier.

For each item of measuring equipment, the Supplier shall designate a competent member of his staff as authorized officer to ensure that confirmations are carried out in accordance with the system and that the equipment is in a satisfactory condition.

In cases where any or all of a Supplier's confirmation (including calibration) are replaced or supplemented by services from outside sources, the Supplier shall ensure that these outside sources also comply with the requirements of this part of ISO 10 012 to the extent necessary to ensure the Supplier's compliance with the requirements.

GUIDANCE

The intention of a confirmation system is to ensure that the risk of measuring equipment producing results having unacceptable errors remains within acceptable bounds. The use of appropriate statistical methods for analysing the results of preceding calibrations, for assessing the results of calibrations of several similar items of measuring equipment and for predicting cumulative uncertainties is recommended. (See ISO 9004 : 1987, 13.1.)

The error attributable to calibration should be as small as possible. In most areas of measurement, it should be no more than one third and preferably one tenth of the permissible error of the confirmed equipment when in use.

It is usual to carry out the calibration associated with any confirmation under reference conditions, but where it is known that the operating conditions are significantly different from the reference conditions, calibration under appropriate values of the influence quantities may be carried out. Where this is impractical, due allowance should be made for the difference in the conditions.

For a commercial device, it is usual to take the manufacturer's claimed performance as the criterion of satisfactory performance and accuracy. It is sometimes necessary to modify the manufacturer's claims.

Le système de confirmation doit prendre en compte, dans leur intégralité, toutes les données utiles, y compris celles provenant d'un système de suivi statistique exploité par le Fournisseur ou pour son compte.

Pour chacun des équipements de mesure, le Fournisseur désigne un membre compétent de son personnel, comme responsable des opérations de confirmation, de leur déroulement conformément au système et du bon état des équipements.

Dans les cas où tout ou partie de la confirmation (y compris l'étalonnage) du Fournisseur est remplacée ou complétée par des prestations de services extérieures, le Fournisseur doit veiller à ce que ces sources extérieures se conforment, elles aussi, aux exigences de la présente partie de l'ISO 10 012 dans toute la mesure nécessaire à assurer la conformité du Fournisseur à ces exigences.

GUIDE D'APPLICATION

L'objectif d'un système de confirmation est de faire en sorte que le risque qu'un équipement de mesure produise des résultats ayant des erreurs inacceptables soit inférieur à une valeur acceptable. Il est recommandé d'employer des méthodes statistiques appropriées pour analyser les résultats des précédents étalonnages, pour évaluer les résultats des étalonnages de plusieurs équipements de mesure semblables et pour calculer à l'avance les incertitudes cumulatives (voir ISO 9004 : 1987, 13.1).

Il convient que l'erreur attribuable à l'étalonnage soit aussi faible que possible et qu'elle ne dépasse pas, dans la plupart des domaines de mesure, un tiers et de préférence, un dixième de l'erreur tolérée de l'équipement confirmé lors de son utilisation.

Il est courant de réaliser un étalonnage préalable à toute confirmation dans des conditions de référence. Cependant, lorsqu'on est informé que les conditions de fonctionnement diffèrent des conditions de référence de manière significative, l'étalonnage peut être réalisé avec les valeurs appropriées pour les grandeurs d'influence. Lorsque ceci s'avère irréalisable, il convient de tenir compte des différences des conditions.

Pour un appareil du commerce, il est courant de prendre comme critère de bon fonctionnement et d'exactitude les caractéristiques spécifiées par le fabricant. Il est parfois nécessaire de prendre un autre critère que les valeurs assignées par le fabricant.

Sind Herstellerangaben über die Leistung nicht vorhanden, kann es erforderlich sein, Kriterien für die zufriedenstellende Leistung aufgrund von Erfahrung festzulegen.

Einige Geräte wie Null- und Koinzidenzanzeigegeräte brauchen nur im eingeschränkten Sinn der Funktionsprüfung periodisch kalibriert und bestätigt zu werden, um sicherzustellen, daß sie korrekt arbeiten.

Eine sehr nützliche Schnellprüfung, daß ein Meßgerät weiterhin korrekt mißt, kann durch die Verwendung eines Prüfnormals, an das der Benutzer das Gerät anschließt, erhalten werden. Damit wird dargelegt, ob das Gerät bei dem Prüfwert bzw. den Prüfwerten und unter Prüfbedingungen noch korrekt arbeitet. Das Prüfnormal selbst braucht nur kalibriert und bestätigt zu werden,und es muß in der Regel einfach und robust sein, damit ausreichend vertrauenswürdig die mit ihm erzielten Ergebnisse dem Gerät und nicht Veränderungen des Prüfnormals zugeschrieben werden können. Die Verwendung eines Prüfnormals ist keinesfalls ein Ersatz für die regelmäßige Kalibrierung und Bestätigung des Gerätes, aber mit seiner Hilfe kann die Verwendung eines Gerätes verhindert werden, das in dem Zeitraum zwischen zwei offiziellen Bestätigungen aufhört, der Spezifikation zu entsprechen.

Where no manufacturer's claimed performance is available, criteria for satisfactory performance may have to be determined from experience.

Some instruments, such as null detectors and coincidence detectors, need periodic calibration and confirmation only in the restricted sense of functional checking to assure that they are functioning correctly.

A very useful check that a measuring instrument continues to measure correctly is obtained by the use of a checking measurement standard, applied to the instrument by the user. This will demonstrate if, at the value or values checked and under the conditions of the check, the instrument is still functioning correctly. The checking measurement standard itself needs to be calibrated and confirmed and, in order that the results obtained by its use can with confidence be attributed to the instrument and not to changes in the checking measurement standard, it usually has to be simple and robust. The use of a checking measurement standard is in no way a substitute for regular calibration and confirmation of the instrument, but its use may prevent the use of an instrument which, within the interval between two formal confirmations, ceases to conform to specification.

Si on ne dispose pas de valeurs spécifiées par le fabricant, il est recommandé de déterminer les critères de bon fonctionnement par l'expérience.

Pour certains instruments, tels que les détecteurs de zéro et les détecteurs de coincidence, les étalonnages et les confirmations périodiques se limitent à des vérifications permettant d'assurer qu'ils fonctionnent correctement.

Pour vérifier qu'un instrument de mesure continue de mesurer correctement, il est commode pour l'utilisateur d'employer un étalon de contrôle. Celui-ci met en évidence si, pour la valeur ou les valeurs vérifiées et dans les conditions de la vérification, l'instrument fonctionne encore correctement. L'étalon de contrôle devrait être lui-même étalonné et confirmé, afin que les résultats obtenus puissent être considérés comme traduisant le comportement de l'instrument, et non des dérives de l'étalon de contrôle. Ce dernier devrait être simple et robuste. L'emploi d'un étalon de contrôle ne se substitue en aucune manière aux étalonnages et confirmations réguliers de l'instrument, mais peut empêcher l'utilisation d'un instrument qui cesserait d'être conforme à ses spécifications entre deux confirmations régulières.

4.4 Periodisches Qualitätsaudit und Review des Bestätigungssystems

Der Lieferant hat periodische und systematische Qualitätsaudits des Bestätigungssystems durchzuführen oder durchführen zu lassen, um sicherzustellen, daß es weiterhin tatsächlich eingesetzt wird und die Forderungen dieses Teils von ISO 10 012 weiterhin erfüllt.

Auf der Grundlage der Ergebnisse der Qualitätsaudits und anderer damit verbundener Faktoren, wie z. B. Rückfluß von Informationen von Käufern, hat der Lieferant das System zu überprüfen (Review) und entsprechend den Erfordernissen zu ändern.

Die Pläne und Verfahrensweisen für das Qualitätsaudit und das Review sind zu dokumentieren. Die Durchführung des Qualitätsaudits und des Review und jegliche daran anschließende Korrekturmaßnahmen sind aufzuzeichnen.

4.4 Periodic audit and review of the confirmation system

The Supplier shall carry out, or shall arrange to be carried out, periodic and systematic quality auditing of the confirmation system in order to ensure its continuing effective implementation and compliance with the requirements of this part of ISO 10 012.

Based on the results of the quality audits and of other relevant factors, such as feedback from Purchasers, the Supplier shall review and modify the system as necessary.

Plans and procedures for the quality audit and review shall be documented. The conduct of the quality audit and review and any subsequent corrective actions shall be recorded.

4.4 Audits et revues périodiques du système de confirmation

Le Fournisseur doit procéder ou faire procéder à des audits qualité périodiques et systématiques pour assurer que le système de confirmation continue d'être mis en œuvre effectivement et reste conforme aux exigences de la présente partie de l'ISO 10 012.

Le Fournisseur doit passer en revue le système et le modifier si nécessaire, en s'appuyant sur les résultats des audits qualité et d'autres facteurs significatifs, tels que le retour d'informations provenant des Acheteurs.

Les plans et procédures applicables aux revues et aux audits qualité doivent être matérialisés par des documents. La trace écrite de la conduite des audits qualité, des revues et des actions correctives correspondantes doit être conservée.

4.5 Planung

Der Lieferant hat alle Forderungen des Abnehmers und sonstige technische Forderungen zum frühestmöglichen Zeitpunkt vor der Aufnahme von Arbeiten an Produkten einschließlich Dienstleistungen zu überprüfen, und er muß einen dokumentierten Plan haben, um sicherzustellen, daß die für die Durchführung der Arbeiten benötigten Normale und Meßmittel verfügbar sind und die Genauigkeit, die Meßbeständigkeit, den Meßbereich und die Auflösung aufweisen, die für den beabsichtigten Verwendungszweck geboten sind.

ANLEITUNG

Diese Überprüfung sollte zum frühestmöglichen Zeitpunkt durchgeführt werden, um die umfassende und wirksame Planung des Bestätigungssystems des Lieferanten zu ermöglichen.

4.5 Planning

The Supplier shall review any relevant Purchaser's and other technical requirements before commencing work on products or services, and shall ensure that the measuring equipment (including measurement standards) needed for the performance of the work are available and are of the accuracy, stability, range and resolution appropriate for the intended application.

GUIDANCE

This review should be carried out at as early a stage as practical, so as to permit comprehensive and effective planning of the Supplier's confirmation system.

4.5 Planification

Le Fournisseur doit procéder à la revue des exigences de l'Acheteur et autres exigences techniques avant de commencer le travail sur les produits ou services, et doit s'assurer que les équipements de mesure (y compris les étalons) nécessaires à l'accomplissement du travail sont disponibles et possèdent l'exactitude, la stabilité et l'étendue de mesure appropriées à l'application envisagée.

GUIDE D'APPLICATION

Il convient de procéder à cette revue le plus tôt possible de manière à permettre une planification détaillée et efficace du système de confirmation du Fournisseur.

4.6 Meßunsicherheit

Bei der Durchführung von Messungen und der Angabe und Anwendung der Ergebnisse hat der Lieferant alle wichtigen bekannten Unsicherheiten des Meßvorgangs einschließlich derer, die auf das Meßmittel (einschließlich der Meßnormale) und auf Personal, Verfahren und Umgebung zurückzuführen sind, zu berücksichtigen.

Beim Schätzen der Unsicherheiten muß der Lieferant alle relevanten Daten berücksichtigen einschließlich derjenigen, die aus statistischen Prozeßlenkungssystemen erhältlich sind, die vom oder für den Lieferanten betrieben werden.

ANLEITUNG

Wenn durch eine Kalibrierung nachgewiesen worden ist, daß Meßmittel richtig (gemäß ihrer Spezifikation) arbeiten, ist in der Regel anzunehmen, daß die während ihres Einsatzes entstehenden Abweichungen nicht die festgelegten Grenzwerte für Meßabweichungen überschreiten. Dies ist bis zur nächsten Kalibrierung und Bestätigung der Meßmittel als zutreffend anzunehmen. Diese Aussage mag unter den, verglichen mit den beherrschten Kalibrierbedingungen, oft schwierigeren Einsatzbedingungen unzutreffend sein. Daher kann ein Ausgleich durch Verschärfung der Produktannahmegrenzen zweckmäßig sein. Das Ausmaß dieser Verschärfung hängt von den besonderen Umständen ab und muß aufgrund der gemachten Erfahrungen entschieden werden (siehe Abschnitt 4.17).

4.6 Uncertainty of measurement

In performing measurements and in stating and making use of the results, the Supplier shall take into account all significant identified uncertainties in the measurement process including those that are attributable to measuring equipment (including measurement standards) and those contributed by personnel procedures and environment.

In estimating the uncertainties, the Supplier shall take account of all relevant data including that available from any statistical process control system operated by or for the Supplier.

GUIDANCE

When it has been demonstrated by a calibration that measuring equipment is performing correctly (in accordance with its specification), it is usual to assume that the errors produced while the equipment is in use do not exceed its specified limits of permissible error. This is assumed to hold until the equipment is next calibrated and confirmed. This may not be true under the often more arduous conditions of use as compared with the controlled conditions of the calibration. It may therefore be expedient to compensate for this by tightening the product acceptance limits. The amount of this tightening depends on the particular circumstances and is a matter for judgement based on experience. (See 4.17.)

4.6 Incertitude de mesure

Pour procéder aux mesures, pour en exprimer les résultats et pour les utiliser, le Fournisseur doit tenir compte de toutes les sources d'incertitudes identifiées et significatives dans le processus de mesure. Ces sources comprennent les contributions des équipements de mesure (y compris les étalons), du personnel, des procédures et de l'environnement.

Dans l'évaluation des sources d'incertitudes, le Fournisseur doit tenir compte de toutes les données utiles, y compris celles provenant de tout système de suivi statistique exploité par le Fournisseur ou pour son compte.

GUIDE D'APPLICATION

Quant un étalonnage a démontré qu'un équipement de mesure fonctionne correctement (c'est-à.dire conformément à ses spécifications), on présume ordinairement que les erreurs produites lors de son utilisation ne dépassent pas les limites spécifiées pour l'erreur tolérée. Ceci est présumé valable jusqu'au moment du prochain étalonnage lors de la prochaine confirmation de l'équipement. Cette supposition peut ne pas être justifiée du fait des conditions d'utilisation souvent plus sévères que les conditions de l'étalonnage. Il peut donc être opportun de compenser cela en resserrant les limites d'acceptation du produit. L'importance de ce resserrement dépend des circonstances particulières et se détermine par l'exercice du jugement fondé sur l'expérience (voir 4.17).

Für die kontinuierliche Überwachung und Lenkung der Meßunsicherheit wird die Anwendung statistischer Methoden empohlen (siehe ISO 9004 : 1987, Abschnitt 13.1).

4.7 Verfahrensanweisungen für die Bestätigung

Der Lieferant hat Verfahrensanweisungen für alle durchgeführten Bestätigungen zu bezeichnen und zu benutzen.

Der Lieferant muß sicherstellen, daß alle Verfahrensanweisungen für den verfolgten Zweck geeignet sind. Insbesondere müssen die Verfahrensanweisungen ausreichende Informationen enthalten, um sicherzustellen, daß sie ordnungsgemäß verwirklicht sind, daß sie in den einzelnen Anwendungsfällen in gleichartiger Weise angewandt werden und daß sie zu gültigen Meßergebnissen führen.

Die Verfahrensanweisungen müssen dem an der Durchführung von Bestätigungen beteiligten Personal bei Bedarf zur Verfügung stehen.

ANLEITUNG

Verfahrensanweisungen können auf die Zusammenstellung veröffentlichter genormter Meßverfahren und die schriftlichen Anweisungen eines Käufers oder Geräteherstellers beschränkt sein, aber sind es nicht notwendigerweise. Die Ausführlichkeit der Verfahrensanweisung sollte der Komplexität des Bestätigungsprozesses angepaßt sein.

Diese Methoden können unter Verwendung der Techniken der statistischen Prozeßlenkung erarbeitet werden, wonach Normale und Meßgeräte intern untereinander verglichen, Meßgerätedriften und Fehler ermittelt und notwendige Korrekturen vorgenommen werden. Die statistische Prozeßlenkung ist eine Ergänzung zur regelmäßigen Kalibrierung und verstärkt für die Zeit zwischen den Bestätigungen das Vertrauen in die Meßergebnisse.

4.8 Aufzeichnungen

Der Lieferant muß Aufzeichnungen über das Fabrikat, den Typ und die Seriennummer (oder eine andere Identifikation) aller relevanten Meßmittel (einschließlich Normale) unterhalten. Diese Aufzeichnungen sind Nachweise für die Meßfähigkeit jedes einzelnen Meßmittels. Jegliche Kalibrierbescheinigungen oder andere relevante Informationen über die Funktionsfähigkeit müssen verfügbar sein.

The use of statistical methods is recommended to monitor and control measurement uncertainty on a continuing basis. (See ISO 9004 : 1987, 13.1.)

4.7 Documented confirmation procedures

The Supplier shall designate and use documented procedures for all confirmations performed.

The Supplier shall ensure that all procedures are adequate for their purpose. In particular, procedures shall contain sufficient information to ensure their proper implementation, to ensure consistency of application from one application to another, and to ensure valid measurement results.

The procedures shall be available, as necessary, to staff involved in performing confirmations.

GUIDANCE

Procedures may be, but are not necessarily, limited to the compilation of published standard measurement practices and a Purchaser's or an instrument manufacturer's written instructions. The amount of detail in procedures should be commensurate with the complexity of the confirmation process.

These methods may be elaborated using the techniques of statistical process control, whereby measurement standards and measuring instruments are intercompared inhouse, drifts and faults are determined, and any necessary corrective action is taken. Statistical process control is complementary to regular calibration and reinforces confidence in measurement results during the intervals between confirmations.

4.8 Records

The Supplier shall maintain records of the make, type and serial number (or other identification) of all relevant measuring equipment (including measurement standards). These records shall demonstrate the measurement capability of each item of measuring equipment. Any calibration certificates and other relevant information concerning its functioning shall be available.

L'utilisation des méthodes statistiques est recommandée pour surveiller et maîtriser en continu l'incertitude de mesure (voir ISO 9004 : 1987, 13.1).

4.7 Procédures de confirmation documentées

Le Fournisseur doit spécifier des procédures documentées et doit les utiliser pour toutes les opérations de confirmation auxquelles il procède.

Le Fournisseur doit donner l'assurance que toutes les procédures conviennent à leur objectif. En particulier, les procédures doivent contenir des informations suffisantes pour assurer que leur mise en œuvre est correcte, que l'utilisation est cohérente d'une application à l'autre et que les résultats de mesure sont fiables.: Les procédures nécessaires doivent être à la disposition du personnel qui procède aux confirmations.

GUIDE D'APPLICATION

Les procédures peuvent se limiter, sans que cela soit toujours nécessaire, à la compilation des pratiques de mesure normalisées publiées et des instructions écrites de l'Acheteur ou du fabricant de l'instrument considéré. La minutie des procédures devrait être proportionnée à la complexité du procédé de confirmation.

Ces méthodes peuvent se fonder sur les techniques dites de contrôle statistique automatique des processus industriels, dans lesquelles les étalons et les instruments de mesure sont soumis à des campagnes d'intercomparaison à l'intérieur de l'entreprise, les dérives et les nonconformités sont déterminées, et les actions correctives nécessaires sont entreprises. Le contrôle statistique automatique des processus industriels est complémentaire de l'étalonnage régulier et renforce la confiance dans les résultats des mesures pendant les périodes entre confirmations.

4.8 Enregistrements

Pour tous les équipements de mesure (y compris les étalons) soumis aux dispositions de la présente partie de l'ISO 10 012, le Fournisseur doit disposer et tenir à jour un fichier comportant la marque, le type et le numéro dans la série (ou autre moyen d'identification). Ce fichier doit démontrer que chaque équipement de mesure est capable de remplir sa fonction métrologique. Les certificats d'étalonnage ou autres preuves formelles relatives au fonctionnement doivent être disponibles.

ANLEITUNG

Die Aufzeichnungen können hand- oder maschinengeschrieben oder auf Mikrofilm aufgenommen oder in einem elektronischen oder Magnetspeicher gespeichert sein.

Die Mindestdauer, für die die Aufzeichnungen aufzubewahren sind, hängt von vielen Faktoren wie den Forderungen des Abnehmers, den Vorschriften oder gesetzlichen Forderungen, der Haftung des Herstellers usw. ab.

Aufzeichnungen über die hauptsächlichen Bezugsnormale müssen gegebenenfalls auf unbegrenzte Zeit aufbewahrt werden.

Die Kalibrier- und Prüfergebnisse sind ausführlich genug aufzuzeichnen, so daß die Rückführbarkeit/Rückverfolgbarkeit aller Messungen nachgewiesen werden kann und alle Messungen unter Bedingungen reproduziert werden können, die den ursprünglichen Bedingungen ähnlich sind, wodurch die Klärung evtl. Abnormitäten erleichtert wird. Vorbehaltlich angemessener Vertraulichkeitserwägungen hat der Lieferant dem Abnehmer auf dessen Ersuchen alle Aufzeichnungen über die Meßergebnisse zugänglich zu machen.

Die aufgezeichneten Informationen müssen umfassen:

a) die Beschreibung und eindeutige Identifikation des Meßmittels;

b) das Datum, an dem die einzelnen Bestätigungen abgeschlossen worden sind;

c) die Kalibrierergebnisse, die nach oder, falls zutreffend, vor einer Justierung oder Reparatur erzielt wurden;

ANLEITUNG

Manchmal ist das Kalibriersignal als Erfüllung oder Nichterfüllung einer Forderung angegeben.

d) das festgelegte Bestätigungsintervall;

e) die Identifikation der Bestätigungsverfahrensanweisung;

f) die festgelegten Fehlergrenzen;

g) das Kalibriermittel, das eingesetzt worden ist, um die Rückführbarkeit/Rückverfolgbarkeit zu gewährleisten;

h) die Umgebungsbedingungen und eine Angabe über notwendige entsprechende Korrektionen;

i) eine Angabe der Unsicherheiten bei der Kalibrierung des Meßmittels und ihres kumulativen Effekts;

j) Einzelheiten zur Instandhaltung wie durchgeführter Kundendienst, Justierung, Reparaturen oder Modifikationen;

GUIDANCE

The records may be in manuscript, typescript or microfilm or may be in an electronic or a magnetic memory or on another data medium.

The minimum time for the retention of records is dependent on many factors, such as the Purchaser's requirements, regulatory or legal requirements, manufacturer's liability, etc.

Records concerned with the principal measurement standards may need to be retained indefinitely.

The calibration results shall be recorded in sufficient detail so that the traceability of all the measurements can be demonstrated and so that any measurement can be reproduced under conditions close to the original conditions, thereby facilitating the resolution of any anomalies.

The recorded information shall include:

a) the description and unique identification of equipment;

b) the date on which each confirmation was completed;

c) the calibration results obtained after and, where relevant, before any adjustment and repair;

GUIDANCE

In some instances, the calibration result is given as a compliance with or failure to comply with a requirement.

d) the assigned confirmation interval;

e) identification of the confirmation procedure;

f) the designated limits of permissible error;

g) the source of the calibration used to obtain traceability;

h) the relevant environmental conditions and a statement about any corrections thus necessary;

i) a statement of the uncertainties involved in calibrating the equipment and of their cumulative effect;

j) details of any maintenance such as servicing, adjustment, repairs or modifications carried out;

GUIDE D'APPLICATION

Les enregistrements peuvent être sous forme manuscrite, dactylographiée, sur microfilm ou encore être stockés dans une mémoire électronique, magnétique ou sur tout autre support de données.

Le temps minimum de conservation des enregistrements dépend de nombreux facteurs, tels que les exigences de l'Acheteur, les exigences légales ou réglementaires, les responsabilités des fabricants, etc.

Il convient parfois de conserver indéfiniment les enregistrements concernant les étalons principaux.

Les résultats d'étalonnage et d'essai doivent être enregistrés suffisamment en détail pour que la traçabilité de toutes les mesures puisse être démontrée et pour que toute mesure puisse être reproduite dans des conditions voisines des conditions originales, facilitant ainsi la résolution de toutes anomalies.

L'information enregistrée doit comprendre

a) la description et l'identification non équivoque de l'équipement;

b) la date correspondant à chaque confirmation menée à son terme;

c) les résultats d'étalonnage obtenus après et, s'il y a lieu, avant tout ajustage ou réparation;

GUIDE D'APPLICATION

Dans certains cas, le résultat d'étalonnage est exprimé en termes de conformité ou de non-conformité avec une exigence.

d) la période de confirmation assignée;

e) l'identification de la procédure de confirmation;

f) les limites de l'erreur tolérée;

g) l'origine de la chaîne de comparaison des étalons utilisée pour établir la traçabilité;

h) les conditions d'environnement correspondantes et une mention de toutes corrections nécessaires;

i) une mention sur les incertitudes introduites lors de l'étalonnage de l'équipement et sur leur effet cumulé;

j) les détails de toutes les opérations de maintenance telles que entretien courant, ajustages, réparations, modifications;

k) jegliche Einschränkungen hinsichtlich der Verwendung;

l) Identifikation der Person(en), die die Bestätigung durchführen;

m) Identifikation der Person(en), die für die Sicherstellung der Korrektheit der aufgezeichneten Informationen verantwortlich sind;

n) eindeutige Identifikation (z.B. der Seriennummer) jeder Kalibrierbescheinigung und anderer betreffender relevanter Dokumente.

Der Lieferant muß über klar dokumentierte Verfahrensanweisungen für die Aufbewahrung (einschließlich Dauer) und den Schutz von Aufzeichnungen verfügen. Die Aufzeichnungen sind aufzubewahren, bis es nicht mehr wahrscheinlich ist, daß auf sie zurückgegriffen werden muß.

ANLEITUNG

Der Lieferant sollte alle angemessenen Schritte unternehmen, um sicherzustellen, daß Aufzeichnungen nicht versehentlich zerstört werden können.

4.9 Fehlerhafte Meßmittel

Jedes einzelne Meßmittel,

— das beschädigt worden ist,

— das überbelastet oder nicht ordnungsgemäß gehandhabt worden ist,

— das Funktionsstörungen aufweist,

— dessen ordnungsgemäßer Betrieb zweifelhaft ist,

— dessen festgelegtes Bestätigungsintervall überschritten ist,

— dessen Plombierung verletzt worden ist,

ist vom Gebrauch auszusondern, sichtbar zu kennzeichnen oder zu markieren.

Solche Meßmittel sind nicht wieder in Betrieb zu nehmen, bevor die Gründe für ihre Fehlerhaftigkeit beseitigt und sie erneut bestätigt worden sind.

Die zugehörigen Kalibrierergebnisse nach und — wo dies möglich ist — vor der Justierung und/oder Reparatur sind aufzuzeichnen.

Wenn die Kalibrierergebnisse vor einer Justierung oder Reparatur einen Hinweis darauf geben, daß bei einer Messung, die mit dem Meßmittel vor der Kalibrierung durchgeführt worden ist, ein Risiko für wesentliche Fehler aufgetreten ist, hat der Lieferant die notwendigen Korrekturmaßnahmen durchzuführen.

ANLEITUNG

Erweist sich ein Meßmittel als ungenau oder als auf andere Weise mit Fehlern behaftet, ist es üblich, es zu justieren, zu überholen oder zu

k) any limitations in use;

l) identification of the person(s) performing the confirmation;

m) identification of person(s) responsible for ensuring the correctness of the recorded information;

n) unique identification (such as serial numbers) of any calibration certificates and other relevant documents concerned.

The Supplier shall maintain clear documented procedures on the retention (including the duration) and safeguarding of records. Records shall be kept until it is no longer probable that they may need to be referred to.

GUIDANCE

The Supplier should take all reasonable steps to ensure that records cannot inadvertently be destroyed.

4.9 Nonconforming measuring equipment

Any item of measuring equipment

— that has suffered damage,

— that has been overloaded or mishandled,

— that shows any malfunction,

— whose proper functioning is subject to doubt,

— that has exceeded its designated confirmation interval, or

— the integrity of whose seal has been violated,

shall be removed from service by segregation, prominent labelling or marking.

Such equipment shall not be returned to service until the reasons for its nonconformity have been eliminated and it is again confirmed.

If the results of calibration prior to any adjustment or repair were such as to indicate a risk of significant errors in any of the measurements made with the equipment before the calibration, the Supplier shall take the necessary corrective action.

GUIDANCE

When measuring equipment is found to be inaccurate or otherwise faulty, it is usual to adjust, overhaul or repair it until it again functions

k) toutes restrictions d'emploi;

l) identification de la (des) personne(s) effectuant la confirmation;

m) identification de la (des) personne(s) dont il incombe de s'assurer de l'exactitude des informations enregistrées;

n) identification non équivoque (tels que numéros de série) des certificats d'étalonnage et de toute autre document approprié.

Le Fournisseur doit disposer de procédures documentées claires et précises relatives à la conservation (y compris la durée) et à la sauvegarde des enregistrements. Les enregistrements doivent être conservés aussi longtemps que pourra vraisemblablement se manifester le besoin de les consulter.

GUIDE D'APPLICATION

Il est recommandé au Fournisseur de prendre toutes les mesures raisonnables pour s'assurer que les enregistrements ne peuvent pas être involontairement détruits.

4.9 Équipement de mesure non conforme

Tout équipement de mesure

— endommagé,

— ayant subi une surcharge ou un mauvais traitement,

— présentant des dysfonctionnements,

— dont le fonctionnement correct est douteux,

— ayant dépassé son intervalle de confirmation assigné, ou

— présentant une altération de son dispositif de protection,

doit être retiré du service soit par isolation matérielle, soit par étiquetage visible, soit par marquage.

On ne doit pas remettre un tel équipement en service jusqu'à ce que les motifs de sa non-conformité aient été éliminés et qu'il ait été à nouveau confirmé.

Si les résultats d'étalonnage avant tout ajustage ou réparation étaient tels qu'il y aurait présomption d'un risque d'erreurs significatives sur une quelconque des mesures effectuées par l'équipement avant l'étalonnage, le Fournisseur doit effectuer les actions correctives nécessaires.

GUIDE D'APPLICATION

Lorsqu'un équipement se trouve être inexact ou en panne, il est d'usage de l'ajuster, de le réviser ou de le réparer jusqu'à ce qu'il fonctionne à nouveau correctement.

reparieren, bis es wieder korrekt arbeitet. Stellt sich dies als unmöglich heraus, ist in Betracht zu ziehen, das Meßmittel in der (Anspruchs-) Klasse herabzustufen oder zum Ausschuß zu erklären. Die Herabstufung in der (Anspruchs-)Klasse ist nur mit großer Vorsicht anzuwenden, da es zu anscheinend gleichem Meßmittel mit verschiedenen Grenzabweichungen führen kann, was nur durch sorgfältige Untersuchung der in Abschnitt 4.10 genannten Kennzeichnung festgestellt werden kann. In diesem Fall ist eine Nachqualifizierung auf weniger strenge Forderungen hin erforderlich.

Bei Multifunktions- oder Mehrbereichsgeräten, bei denen nachgewiesen werden kann, daß eine oder mehrere Funktionen oder ein oder mehrere Meßbereiche des Geräts unversehrt bleiben, können die unversehrten Funktionen und/oder Meßbereiche weiterhin verwendet werden, vorausgesetzt, daß das Gerät eine sichtbare Kennzeichnung trägt, in der die eingeschränkte Verwendbarkeit angegeben ist. Es sollten alle angemessenen Schritte unternommen werden, um den Gebrauch der fehlerhaften Funktionen und Meßbereiche des Geräts zu verhindern.

correctly. If this proves to be impractical, consideration should be given to downgrading the equipment or scrapping it. Downgrading should only be used with great care as it may lead to apparently identical equipment having different permissible errors, the fact being only apparent by careful examination of the label referred to in 4.10.

Reconfirmation to a relaxed set of requirements is then necessary.

In the case of a multi-function or multi-range instrument, where it can be demonstrated that the instrument remains intact on one or more of its functions or ranges, it may continue to be used on the intact functions and/or ranges, provided that it is prominently labelled to indicate the restrictions on its use. All reasonable steps should be taken to prevent the use of the instrument on the faulty functions or ranges.

Si cela se heurte à des difficultés pratiques, le déclassement de l'équipement ou sa mise au rebut doivent être envisagés. Il est recommandé de mettre le déclassement en pratique avec de grandes précautions puisqu'il peut en résulter une coexistence de deux équipements apparemment identiques ayant des erreurs tolérées différentes, cela ne pouvant être mis en évidence que grâce à un examen attentif des étiquettes mentionnées en 4.10. Une reconfirmation avec des exigences moins sévères est alors nécessaire.

Dans le cas d'instruments à fonctions multiples ou à calibres multiples, où il peut être démontré que l'instrument reste conforme sur une ou plusieurs de ses fonctions ou calibres, on peut continuer de l'utiliser sur ces fonctions ou calibres intacts, pourvu qu'une étiquette indique de façon apparente qu'il existe des restrictions d'emploi. Il convient de prendre toutes les dispositions raisonnables pour empêcher l'utilisation de l'instrument sur les fonctions ou calibres non conformes.

4.10 Kennzeichnung der Bestätigung

Der Lieferant muß sicherstellen, daß alle Meßmittel sicher und dauerhaft gekennzeichnt, kodiert oder auf andere Weise identifizierbar sind, um ihren Status der Bestätigung anzugeben. Auch ist eine Einschränkung der Bestätigung oder der Verwendungsfähigkeit auf dem Meßmittel anzugeben. Wenn eine Kennzeichnung eine Kodierung unmöglich oder unangemessen ist, sind wirkungsvolle alternative Verfahren einzuführen und zu dokumentieren.

ANLEITUNG

Die Kennzeichnung kann mit einem sicheren selbstklebenden Schild oder mit einem Anhänger erfolgen.

In der Kennzeichnung der Bestätigung muß deutlich angegeben sein, zu welchem Zeitpunkt das Meßmittel erneut bestätigt werden muß in Übereinstimmung mit dem System des Lieferanten. Die Kennzeichnung muß es auch erlauben, den für die betreffende Bestätigung verantwortlichen Bevollmächtigten (siehe Abschnitt 4.3) und das Datum der letzten Bestätigung ohne weiteres zu identifizieren.

4.10 Confirmation labelling

The Supplier shall ensure that all measuring equipment is securely and durably labelled, coded or otherwise identified to indicate its confirmation status. Any limitation on the confirmation, or any restriction of use shall also be indicated on the equipment. When labelling or coding is impracticable or inappropriate, alternative effective procedures shall be established and documented.

GUIDANCE

The labelling may be by a secure self-adhesive stick-on label or by a tie-on label or by durable marking directly on the measuring equipment.

Any confirmation labelling shall clearly indicate when the equipment is next due for confirmation in accordance with the Supplier's system. The labelling shall also permit ready identification of the authorized officer (see 4.3) responsible for the confirmation in question, and the date of the most recent confirmation.

4.10 Étiquette de confirmation

Le Fournisseur doit s'assurer que tout équipement de mesure porte une étiquette, une inscription codée ou tout autre identification fixe et permanente indiquant son état de confirmation. Toute restriction portant sur la confirmation ou sur les conditions d'emploi autorisé doit également être indiquée sur l'équipement. Lorsque l'étiquetage ou l'inscription s'avère irréalisable ou mal adapté(e) à la situation, il faut mettre en place des procédures de remplacement efficaces et les matérialiser par un document.

GUIDE D'APPLICATION

L'étiquetage peut revêtir la forme d'étiquettes autoadhésives ou d'étiquettes à œillet, ou peut être réalisé par un marquage durable appliqué directement sur l'équipement de mesure.

Toute étiquette de confirmation doit indiquer clairement la date prévue pour la prochaine confirmation, conformément au système du Fournisseur. L'étiquette doit aussi permettre l'identification facile du responsable autorisé (voir 4.3) chargé de la confirmation et de la date de la dernière confirmation.

Es sind alle angemessenen Maßnahmen zu ergreifen, um einen absichtlichen oder unabsichtlichen Mißbrauch von Kennzeichnungen zu verhüten.

Meßmittel, die als nicht einer Bestätigung bedürftig gelten, sind deutlich als solche zu identifizieren, so daß sie von Meßmitteln unterschieden werden können, die einer Bestätigung bedürfen, deren Kennzeichnung aber verlegt worden ist oder sich gelöst hat.

ANLEITUNG

Das kann durch Dokumentation erreicht werden.

Wird ein wesentlicher Teil der Gesamtmöglichkeiten eines einzelnen Meßmittels nicht von einer Bestätigung abgedeckt, so ist dies auf der Kennzeichnung der Bestätigung anzugeben.

ANLEITUNG

Ein Beispiel ist ein Mehrbereichsgerät, das nur für einige seiner Meßbereiche bestätigt und eingesetzt wird.

All reasonable measures shall be taken to prevent the intentional or accidental misuse of labels.

Measuring equipment that is deemed not to require confirmation shall be clearly identified as such, so that it may be distinguished from equipment that requires confirmation but whose label has become mislaid or detached.

GUIDANCE

This may be achieved by documentation.

Where a significant part of the total capability of an item of measuring equipment is not covered by a confirmation, this shall be indicated on the confirmation label.

GUIDANCE

An example is a multi-range instrument which is confirmed and used on only some of its ranges.

Il faut prendre toutes les mesures qu'il est raisonnable d'envisager pour empêcher toute mauvaise interprétation intentionnelle ou accidentelle des étiquettes.

L'équipement de mesure pour lequel on n'a pas jugé bon de prescrire une confirmation doit être clairement identifié comme tel, afin qu'il puisse être distingué d'un équipement soumis à confirmation mais dont l'étiquette a disparu.

GUIDE D'APPLICATION

Ceci peut être accompli par la documentation.

Si une partie significative des possibilités d'emploi d'un équipement de mesure n'est pas couverte par une confirmation, ceci doit être indiqué sur l'étiquette de confirmation.

GUIDE D'APPLICATION

Parmi les exemples figure un instrument à plusieurs calibres qui est confirmé et utilisé seulement sur certains calibres.

4.11 Bestätigungsintervalle

Normale und Meßmittel sind in angemessenen (in der Regel periodischen) Zeitintervallen, die auf der Grundlage ihrer Meßbeständigkeit, ihres Zwecks und ihrer Verwendungsart festgelegt werden, zu bestätigen. Die Zeitintervalle sind so zu wählen, daß die Bestätigung wiederum vor einer wahrscheinlichen Änderung in der Genauigkeit, die für den Einsatz der Meßmittel von Bedeutung ist, durchgeführt wird. In Abhängigkeit von den Kalibrierergebnissen bei frühereren Bestätigungen sind die Bestätigungsintervalle, falls notwendig, zu verkürzen, um die fortdauernde Genauigkeit sicherzustellen.

Die Bestätigungsintervalle sind nicht zu verlängern, es sei denn, daß die Kalibrierergebnisse bei früheren Bestätigungen eindeutig darauf hinweisen, daß eine solche Verlängerung das Vertrauen in die Genauigkeit der Meßmittel nicht beeinträchtigt.

Der Lieferant muß spezielle objektive Kriterien haben, auf denen Entscheidungen basieren müssen, die sich auf die Bestätigungsintervalle auswirken.

Bei der Ermittlung, ob die Änderungen der Bestätigungsintervalle angemessen sind, muß der Lieferant die relevanten Daten berücksichtigen, die aus Systemen der statistischen Prozeßlenkung stammen, welche vom oder für den Lieferanten betrieben werden.

4.11 Intervals of confirmation

Measuring equipment (including measurement standards) shall be confirmed at appropriate intervals (usually periodic), established on the basis of their stability, purpose and usage. The intervals shall be such that confirmation is again carried out prior to any probable change in accuracy that is of significance in the use of the equipment. Depending on the results of calibrations at preceding confirmations, intervals of confirmation shall be shortened, if necessary, to ensure continued accuracy.

The intervals of confirmation shall not be lengthened unless the results of calibrations at preceding confirmations provide definite indications that such action will not adversely affect confidence in the accuracy of the measuring equipment.

The Supplier shall have specific objective criteria on which to base decisions affecting the choice of intervals of confirmation.

In determining whether the changes in the intervals of confirmation are appropriate, the Supplier shall take account of all relevant data including those available from any statistical process control system operated by or for the Supplier.

4.11 Intervalles de confirmation

Les équipements de mesure (y compris les étalons) doivent être reconfirmés à des intervalles appropriés (généralement périodiques), fixés en fonction de leur stabilité, usage et condition d'emploi. Ces intervalles doivent être tels que la reconfirmation soit effectuée avant le moment où la probabilité d'une dégradation significative des caractéristiques de l'équipement ait dépassé un certain seuil. En fonction des résultats des étalonnages effectués lors des précédentes confirmations, les intervalles de confirmation doivent être raccourcis, si cela est nécessaire, afin d'obtenir la permanence de l'exactitude.

Les intervalles de confirmation ne doivent pas être allongés, sauf si les résultats des étalonnages des confirmations précédentes ont indiqué positivement que cela ne diminue pas la confiance que l'on peut avoir en l'exactitude de l'équipement.

Le Fournisseur doit posséder des critères objectifs spécifiques sur quoi baser les décisions affectant le choix des intervalles de confirmation.

En déterminant si les changements dans les intervalles de confirmation sont appropriés, le Fournisseur doit prendre en compte tous les paramètres correspondants, y compris ceux provenant de tout système de contrôle statistique automatique des processus industriels exploité par le Fournisseur ou pour son compte.

ANLEITUNG

Zweck der regelmäßigen Nachbestätigung eines Meßmittels ist es sicherzustellen, daß das Meßmittel keinem Genauigkeitsabfall unterliegt und weitestgehend zu verhindern, daß es eingesetzt wird, wenn die Möglichkeit besteht, daß fehlerhafte Ergebnisse mit ihm erzielt werden.

Es ist unmöglich, ein so kurzes Bestätigungsintervall festzulegen, das die Möglichkeit, daß das Meßmittel vor Ablauf des festgelegten Bestätigungsintervalls fehlerhaft wird, völlig ausschließt.

Häufige Bestätigungen sind teuer und bedeuten, daß das Meßmittel außer Betrieb genommen wird, so daß ein Ersatzmeßmittel notwendig ist oder die Arbeiten, für die es eingesetzt wurde, abgebrochen werden. Daher ist ein Kompromiß notwendig.

Bis ein ausreichender statistischer Nachweis für die Anteile fehlerhafter Meßmittel durch eine spezielle Organisation erbracht worden ist, können Bestätigungsintervalle nur auf der Grundlage der von anderen gemachten Erfahrungen (wobei die Bedingungen anders sein können) oder durch Schätzung festgelegt werden.

Auf bestimmten Anwendungsgebieten muß der Lieferant evtl. gesetzliche oder technische Forderungen an die Bestätigungsintervalle erfüllen.

Ratschläge zur Wahl von Bestätigungsintervallen sind in Anhang A enthalten.

GUIDANCE

The purpose of periodically reconfirming measuring equipment is to ensure that the measuring equipment has not suffered a deterioration in accuracy and to prevent it from being used when there is a significant possibility of it producing erroneous results.

It is impossible to determine a confirmation interval so short that there is no possibility of measuring equipment becoming faulty before the end of the assigned confirmation interval.

Frequent confirmation is expensive and takes the equipment out of service, requiring replacement equipment or causing the work on which it was being used to cease. A compromise is therefore necessary.

Until sufficient statistical evidence of nonconformity rates has been acquired by a particular organization, confirmation intervals can only be determined from the experience of others (whose circumstances may be different) or by estimation.

In certain fields of application, the Supplier may have to comply with statutory or technical requirements for confirmation intervals.

Advice on the choice of confirmation intervals is given in annex A.

GUIDE D'APPLICATION

L'objet des confirmations périodiques d'un équipement de mesure est de s'assurer que celui-ci n'a pas subi de détérioration vis-à-vis de l'exactitude des mesures et d'empêcher qu'il ne soit pas utilisé lorsqu'il y a des risques significatifs pour qu'il indique des résultats faux.

Il est impossible de fixer un intervalle de confirmation suffisamment court pour que le risque qu'un équipement de mesure puisse être défectueux avant la fin de l'intervalle de confirmation assigné soit nul.

Une fréquence de confirmation trop élevée est onéreuse; elle entraîne l'indisponibilité de l'équipement, ce qui nécessite un équipement de rechange ou provoque l'arrêt du travail. Un compromis s'avère donc nécessaire.

En attendant qu'un organisme particulier ait acquis une connaissance statistique suffisante des proportions de non-conformité, les intervalles de confirmation ne peuvent être fixés qu'à partir de l'expérience acquise par d'autres (dans des conditions différentes) ou à partir d'estimations.

Dans certains domaines, le Fournisseur, pour fixer des intervalles de confirmation, peut être obligé de se conformer à des dispositions réglementaires ou à des prescriptions techniques.

Des indications sur le choix des intervalles de confirmation sont données en annex A.

4.12 Plombierung zur Sicherstellung der Unversehrtheit

Zugriffsmöglichkeiten zu justierbaren Elementen an Meßmitteln, deren Einstellung die Funktion beeinflußt, sind auf einer angemessenen Stufe der Bestätigung zu plombieren oder auf andere Art zu sichern, um Eingriffe durch unbefugtes Personal zu verhindern. Die Plomben sind so auszuführen, daß Eingriffe deutlich sichtbar sind.

Mit den Bestätigungssystemen des Lieferanten müssen Anweisungen zur Anwendung solcher Plomben und für die Verfügung über Meßmittel mit verletzten oder gebrochenen Plomben zur Verfügung stehen.

ANLEITUNG

Die Forderung nach Plombierung gilt nicht für Justiervorrichtungen, die vom Benutzer einzustellen sind, ohne daß externe Bezugsnormale benötigt werden; zum Beispiel Nullstellvorrichtungen.

4.12 Sealing for integrity

Access to adjustable devices on measuring equipment, whose setting affects the performance, shall be sealed or otherwise safeguarded at an appropriate stage of the confirmation, in order to prevent tampering by unauthorized personnel. Seals shall be designed so that tampering is clearly apparent.

The Supplier's confirmation system shall provide instructions for the use of such seals and for the disposition of equipment with damaged or broken seals.

GUIDANCE

The requirement for sealing does not apply to adjustment devices that are intended to be set by the user without the need for external references; for example, zero adjusters.

4.12 Protection des dispositifs d'ajustage

À un stade approprié de la confirmation, l'accès aux dispositifs d'ajustage, dont peuvent être pourvus les équipements de mesure et dont l'ajustage peut influer sur les performances, doit être protégé ou sauvegardé de toute autre manière afin d'empêcher toute intervention intempestive par du personnel non autorisé. Les protections doivent être conçues de manière à rendre toutes effractions parfaitement apparentes.

Le système de confirmation du Fournisseur doit fournir des instructions quant à l'utilisation de telles protections, ainsi qu'en ce qui concerne l'affectation des équipements dont la protection est endommagée ou violée.

GUIDE D'APPLICATION

L'exigence ne s'applique pas aux dispositifs de réglage pour lesquels l'utilisateur n'a pas besoin de référence extérieure, par exemple les réglages de zéro.

Die Entscheidungen, welche Geräte plombiert werden sollten, die Steuerungen oder Justierungen, die plombiert werden und das Plombierungsmaterial wie Kennzeichnungen, Lötzinn, Draht, Farbe usw., werden üblicherweise dem Lieferanten überlassen. Wie der Lieferant das Plombierungsprogramm im einzelnen verwirklicht, sollte dokumentiert werden. Nicht alle Meßmittel eignen sich zur Plombierung.

The decisions about what instruments should be sealed, the controls or adjustments which will be sealed and the sealing material such as labels, solder, wire, paint, etc., are normally left to the Supplier. How the Supplier implements a sealing programme in detail should be documented. Not all measuring equipment lends itself to sealing.

Le choix des instruments qu'il convient de protéger, des commandes ou des dispositifs qui seront protégés, ainsi que le choix du type de protection (étiquettes, soudure, fil, peinture, etc.) sont généralement de la responsabilité du Fournisseur. Il convient de matérialiser par un document comment le Fournisseur met en œuvre un programme de protection. Les équipements de mesure ne se prêtent pas tous à la protection.

4.13 Verwendung externer Produkte einschließlich Inanspruchnahme externer Dienstleistungen

Der Lieferant hat sicherzustellen, daß externe Produkte einschließlich Dienstleistungen die für sie geltenden Qualitätsforderungen erfüllen, wenn diese Produkte einschließlich Dienstleistungen (einschließlich Kalibrierung) die Verläßlichkeit der Messungen des Lieferanten wesentlich beeinflussen.

ANLEITUNG

Der Lieferant kann die Qualität externer Produkte einschließlich Dienstleistungen sicherstellen, indem er sich — soweit verfügbar — formell akkreditierter Quellen bedient. (Die Nutzung solcher Quellen verringert jedoch nicht die Verantwortung des Lieferanten gegenüber dem Abnehmer.) Werden keine akkreditierten externen Quellen benutzt und begutachtet der Lieferant die externe Quelle, kann der Lieferant aufgefordert werden, seine Kompetenz, eine solche Begutachtung vorzunehmen, formell nachzuweisen.

4.13 Use of outside products and services

The Supplier shall ensure that products and services from outside sources are of the quality level required, where these products and services (including calibration) significantly affect the reliability of the Supplier's measurements.

GUIDANCE

The Supplier may ensure the quality of outside products and services by using formally accredited sources, where available. (However, the use of such sources does not diminish the Supplier's responsibility to the Purchaser.) Where accredited outside sources are not used and instead the Supplier performs an assessment of the outside source, the Supplier may be called upon to provide formal evidence of his competence to perform such an assessment.

4.13 Utilisation de produits et services extérieurs

Le Fournisseur doit faire en sorte que les produits et services obtenus de l'extérieur soient du niveau de qualité requis si ces produits et services (y compris l'étalonnage) sont susceptibles d'affecter significativement la fiabilité des mesures du fournisseur.

GUIDE D'APPLICATION

Le Fournisseur peut assurer la qualité des produits et services extérieurs en faisant appel à des sources formellement accréditées lorsque cela est possible. (Toutefois, le fait de faire appel à de telles sources ne limite en aucun cas la responsabilité du Fournisseur envers l'Acheteur.)

S'il n'est pas fait appel à des sources extérieures accréditées, et si le Fournisseur procède à une évaluation de sa source, il peut lui être demandé de fournir la preuve formelle de sa compétence à procéder à une telle évaluation.

4.14 Lagerung und Handhabung

Der Lieferant muß ein System für die Annahme, die Handhabung, den Transport, die Lagerung und den Versand seiner Meßmittel einrichten und aufrechterhalten, um Mißbrauch, falsche Benutzung, Beschädigung und Veränderungen der Maße und Funktionen zu verhindern.

Es sind Maßnahmen zu ergreifen, um zu verhindern, daß ähnliche Einzelmeßmittel miteinander verwechselt werden. Diese Maßnahmen sind zu dokumentieren.

ANLEITUNG

Während die Forderungen dieser Internationalen Norm insbesondere für Meßmittel gelten, die zum Meßsystem des Lieferanten gehören, ist es guter Brauch, auch beim Umgang mit einzelnen der Meßmittel, die einem Käufer gehören können,

4.14 Storage and handling

The Supplier shall establish and maintain a system for receiving, handling, transporting, storing and dispatching the Supplier's measuring equipment, in order to prevent abuse, misuse, damage and changes in dimensional and functional characteristics.

Steps shall be taken to prevent confusion between similar items. These steps shall be documented.

GUIDANCE

While the requirements of this part of ISO 10 012 apply specifically to measuring equipment forming a part of the Supplier's own measurement system, it is clearly good practice to exert care also in dealing with any items of measuring equipment

4.14 Stockage et manutention

Le Fournisseur doit mettre en place et entretenir un système destiné à la réception, la manutention, le transport, le stockage et l'expédition de ses équipements de mesure afin d'éviter tous mauvais traitements, fausses manœuvres, dommages et modifications des caractéristiques dimensionnelles et fonctionnelles.

Il faut prendre des dispositions pour éviter la confusion entre deux équipements similaires. Ces dispositions doivent être matérialisées par des documents.

GUIDE D'APPLICATION

Les prescriptions de la présente partie de l'ISO 10 012 s'appliquent spécifiquement aux équipements de mesure qui font partie du système de mesure qui appartient en propre au Fournisseur. Il est cependant clair que les règles de bonne pratique consistent aussi à prendre soin wie Meßmitteln, die der Lieferant zu Reparatur-, Wartungs- oder Kalibrierzwecken erhalten hat, sorgfältig zu verfahren. Forderungen hinsichtlich einzelner Meßmittel, die ein Laboratorium zum Prüfen oder Kalibrieren erhalten hat, sind im ISO/IEC-Leitfaden 25 enthalten.

that may belong to a Purchaser, such as measuring equipment received for repair, maintenance or calibration by the Supplier. Requirements concerning the handling of items received for testing or calibration by a laboratory are given in ISO/IEC Guide 25.

de tout équipement de mesure pouvant appartenir à un Acheteur comme, par exemple, un équipement pris en charge pour réparation, maintenance ou étalonnage par les soins du Fournisseur. Les prescriptions concernant le traitement des appareils, confiés pour essais ou étalonnage par un laboratoire, sont donnés dans l'ISO/CEI Guide 25.

4.15 Rückführbarkeit/Rückverfolgbarkeit

Alle Meßmittel sind mit Normalen zu kalibrieren, die auf internationale Normale oder nationale Normale, die den Empfehlungen der Generalkonferenz für Maß und Gewicht (CGPM) entsprechen, rückführbar sind. In Fällen, in denen es solche internationalen oder nationalen Normale nicht gibt (wie z. B. für Härte), ist die Rückführbarkeit/Rückverfolgbarkeit auf andere Normale (z. B. geeignete Referenzmaterialien, vereinbarte Normale oder Industrienormale), die auf dem betreffenden Gebiet international anerkannt sind, herzustellen.

Alle in dem Bestätigungssystem verwendeten Normale müssen mit Bescheinigungen, Berichten oder Datenblättern für die Meßmittel versehen sein, die die Quelle/das Datum, die Unsicherheit und die Bedingungen, unter denen die Ergebnisse erzielt wurden, bestätigen. Jedes Dokument dieser Art muß von einer Person unterschrieben sein, die die Korrektheit der Ergebnisse bescheinigt.

Der Lieferant hat den dokumentierten Nachweis aufrechtzuerhalten, daß alle Kalibrierungen der Rückführbarkeits-/Rückverfolgbarkeitskette durchgeführt worden sind.

ANLEITUNG

In einigen Ländern werden die nationalen Normale durch Verordnung als bestimmte Maßverkörperungen (oder eine Gruppe von solchen) und nicht unter Bezug auf die von der CGPM empfohlenen technischen Bestimmungen festgelegt. Allerdings ist es in fast allen Situationen, in denen dieser Teil von ISO 10 012 angewendet werden könnte, unwahrscheinlich, daß Unterschiede zwischen diesen beiden Rückführbarkeits-/Rückverfolgbarkeitsquellen in der meßtechnischen Praxis zu Problemen führen.

Eine gültige Rückführbarkeit/Rückverfolgbarkeit kann durch die Verwendung anerkannter Werte physikalischer Naturkonstanten (z. B. Phasenübergangstemperaturen) von Referenzmaterialien, Verhältnis-Selbstkalibriertechniken und Aufbau von Skalen erreicht werden. Die sich ergebende Unsicherheit kann größer sein als die Unsicherheit, die bei einem direkten Anschluß an ein internationales oder nationales Normal erreicht würde.

4.15 Traceability

All measuring equipment shall be calibrated using measurement standards that are traceable to international measurement standards, or to national measurement standards that are consistent with the recommendations of the General Conference on Weights and Measures (CGPM). In cases where such international or national measurement standards do not exist (for example, for hardness), traceability shall be established to other measurement standards (for example, suitable reference materials, concensus measurement standards or industry measurement standards) that are internationally accepted in the field concerned.

All measurement standards used in the confirmation system shall be supported by certificates, reports or data sheets for the equipment attesting to the source, date, uncertainty, and to the conditions under which the results were obtained. Each such document shall be signed by a person attesting to the correctness of the results.

The Supplier shall maintain documented evidence that each calibration in the chain of traceability has been carried out.

GUIDANCE

In some countries, the national measurement standards are designated by an official decree in terms of specific artefact measurement standards (or by a group of them), rather than by reference to the technical prescriptions recommended by the CGPM. However, in almost all the situations where this part of ISO 10 012 is likely to be used, differences between these two sources of traceability are unlikely to give rise to any problems in practical metrology.

Valid traceability may be achieved by the use of accepted values of natural physical constants (for example, phase change temperatures), reference materials, ratio-type self-calibration techniques and build-up scales. The resultant uncertainty may be greater than would be achieved by a direct comparison to an international or national measurement standard.

4.15 Traçabilité

Tous les équipements de mesure doivent être étalonnés en utilisant des étalons raccordés à des étalons internationaux ou nationaux. Ces derniers doivent être conformes aux recommandations de la Conférence générale des poids et mesures (CGPM). Si de tels étalons internationaux ou nationaux n'existent pas (c'est le cas, par exemple, pour la dureté), il faut démontrer la traçabilité par rapport à d'autres étalons (par exemple, des matériaux de référence adéquats, des étalons consensuels ou des étalons industriels) internationalement reconnus dans le domaine considéré.

Tous les étalons utilisés dans le système de confirmation doivent être pourvus des certificats, rapports ou feuilles de résultats attestant l'origine, la date, l'incertitude de mesure et les conditions dans lesquelles les résultats ont été obtenus. Chaque document de cette sorte doit être signé par une personne qui atteste l'exactitude des résultats.

Le Fournisseur doit fournir une preuve écrite que chacun des étalonnages de la chaîne de raccordement a eu lieu.

GUIDE D'APPLICATION

Dans certains pays, les étalons nationaux sont définis par décret, par référence à des réalisations spéciales de ces étalons (ou à un groupe d'entre eux) plutôt que par référence aux prescriptions techniques recommandées par la CGPM. Toutefois, dans presque toutes les situations où on aura vraisemblablement l'occasion d'utiliser la présente partie de l'ISO 10 012, il sera peu probable de rencontrer des problèmes de métrologie pratique dus à des différents modes de raccordement.

Une traçabilité valable peut être obtenue par l'emploi de valeurs reconnues de constantes physiques naturelles (par exemple les températures de changement de phase), des matériaux de référence, des techniques d'auto-étalonnage utilisant un dispositif qui matérialise un rapport ou des additions successives. L'incertitude résultante peut être plus grande que celle qui serait obtenue par une comparaison directe avec un étalon international ou national.

Ein Beispiel für eine Verhältnis-Selbstkalibrierung bei einem Verhältnis von 1 : 1 ist die Anwendung des Gaußschen Doppelwägeverfahrens unter Verwendung einer nominell gleicharmigen Balkenwaage. Bei elektrischen Messungen sind viele genaue Verhältnisse erreichbar, wenn entsprechend konstruierte Umformer (induktive Spannungsteiler) und Gleichstromkomparatoren eingesetzt werden.

Ein Beispiel für einen Skalenaufbau ist die Herstellung einer genauen Masseskale durch Vergleich von einzelnen Einheitsmassestücken, mit denen dann in geeigneten Kombinationen eine 1-, 2-, 3-, 4-, 5- usw. Skale gebildet wird. In der Praxis wird aus Wirtschaftlichkeitsgründen oft ein 1-1-, 2-2-, 5-, 10-, 20-20-, 50- usw. Massensatz verwendet. Ähnliche Verfahren werden auf anderen Meßgebieten angewendet, aber es ist darauf zu achten, daß die einzelnen Komponenten tatsächlich additiv sind.

Der Lieferant kann den dokumentierten Nachweis der Rückführbarkeit/Rückverfolgbarkeit erbringen, indem er seine Kalibrierungen von einer formell akkreditierten Stelle durchführen läßt.

An example of a ratio-type self-calibration at a 1 : 1 ratio is the use of the Gauss double weighing method using a nominally equal-arm balance. In the field of electrical measurements, many accurate ratios are obtainable by using properly constructed transformers (inductive voltage dividers) and d.c. current comparators.

An example of a build-up scale is the production of an accurate scale of masses by intercomparison of unit-value masses, and then using them in appropriate combinations to give a 1, 2, 3, 4, 5 etc. scale. In practice, for economy, a 1-1, 2-2, 5, 10, 20-20, 50 etc. set of masses is often used. Similar methods are used in other fields of measurement, but care has to be taken that the components are truly additive.

The Supplier may provide the documented evidence of traceability by obtaining his calibrations from a formally accredited source.

Comme exemple de dispositif qui matérialise un rapport 1:1 on peut citer la balance à bras nominalement égaux utilisée dans la méthode de double pesée de Gauss. Dans le domaine des mesures électriques on peut obtenir plusieurs rapports exacts en utilisant des transformateurs convenablement construits (diviseurs de tension inductifs) et des comparateurs de courant continu.

Comme exemple de dispositif qui matérialise des additions successives on peut citer la production d'une échelle exacte de masses par l'intercomparaison de masses unités et par l'utilisation de ces dernières pour obtenir une échelle 1, 2, 3, 4, 5, etc. Il est plus économique en pratique d'utiliser un jeu de masses étalons 1-1, 2-2, 5, 10, 20-20, 50, etc. Des méthodes analogues sont utilisées dans d'autres domaines mais il faut prendre soin que les opérations soient toujours vraiment additives.

Le Fournisseur peut fournir la preuve écrite de la traçabilité en faisant réaliser ses étalonnages par une source formellement accréditée.

4.16 Kumulativer Effekt der Unsicherheiten

Für jedes Normal und jedes Meßmittel, das bestätigt wird, ist der kumulative Effekt der Unsicherheiten der einzelnen Stufen der Kalibrierkette zu berücksichtigen. Es sind Maßnahmen zu ergreifen, wenn die Gesamtunsicherheit so hoch ist, daß sie die Möglichkeit, Messungen innerhalb der Fehlergrenzen durchzuführen, wesentlich beeinträchtigt. Einzelheiten über die wesentlichen Komponenten der Gesamtunsicherheit sind aufzuzeichnen. Desgleichen ist aufzuzeichnen, nach welcher Methode diese Komponenten zusammengefaßt werden.

ANLEITUNG

Eine „Kalibrierkette" bedeutet, daß der Wert eines jeden Normals in der Kette unter Verwendung eines anderen Normals ermittelt worden ist, das in der Regel eine geringere Meßunsicherheit aufweist, bis hin zu einem internationalen oder nationalen Normal.

4.16 Cumulative effect of uncertainties

The cumulative effect of the uncertainties of each successive stage in a chain of calibrations shall be taken into account for each measurement standard and item of equipment that is confirmed. Action shall be taken when the total uncertainty is such that it significantly compromises the ability to make measurements within the limits of permissible error. The details of the significant components of the total uncertainty shall be recorded. The method of combining these components shall also be recorded.

GUIDANCE

A "chain of calibrations" implies that the value of each measurement standard in the chain has had its value determined using another measurement standard, usually having a smaller uncertainty of measurement, up to an international or national measurement standard.

4.16 Effet cumulatif des incertitudes

Pour chaque étalon et équipement confirmé, il faut tenir compte de l'effet cumulatif des incertitudes de mesure introduites à chaque étape de la chaîne d'étalonnage. Des actions devront être déclenchées quand l'incertitude totale est telle qu'elle compromet significativement la capacité de réaliser des mesures dans la plage des erreurs maximales tolérées. Les détails de tous les éléments significatifs qui permettent d'aboutir à l'incertitude totale doivent être enregistrés, ainsi que la méthode utilisée pour la calculer.

GUIDE D'APPLICATION

Le recours à une «chaîne d'étalonnage» repose sur l'idée que la valeur de chaque étalon dans la chaîne a été déterminée à partir d'un autre étalon ayant ordinairement une plus petite incertitude de mesure, en remontant jusqu'à un étalon international ou national.

4.17 Umgebungsbedingungen

Normale und Meßmittel sind in einer im erforderlichen Umfang geregelten Umgebung zu kalibrieren, zu justieren und einzusetzen, um gültige Meßergebnisse sicherzustellen. Dabei sind Temperatur, Temperaturänderungsrate, Feuchtigkeit, Beleuchtung, Schwingungen, Staubverhältnisse, Sauberkeit, elektromagnetische Störungen und andere die Ergebnisse von Messungen beeinflussende Faktoren zu berücksichtigen. Gegebenenfalls sind diese Faktoren ständig zu überwachen und aufzuzeichnen; falls erforderlich, sind Korrektionen an den Meßergebnissen anzubringen. Die Aufzeichnungen müssen sowohl die ursprünglichen als auch die korrigierten Daten enthalten. Die angebrachten Korrektionen müssen auf einer verläßlichen Grundlage beruhen.

ANLEITUNG

Der Hersteller eines Normals oder Meßgeräts stellt in der Regel eine Spezifikation zur Verfügung, in der Meßbereiche und Höchstbelastungen zusammen mit den Grenzumgebungsbedingungen für den korrekten Gebrauch des Meßmittels angegeben sind. Wenn diese Information vorliegt, sollte sie verwendet werden, um die Einsatzbedingungen festzulegen und um zu ermitteln, ob eine Regelung erforderlich ist, um diese Bedingungen aufrechtzuerhalten.

Es ist zulässig, die Bedingungen einzuengen, aber es ist nicht ratsam, sie zu erweitern.

4.17 Environmental conditions

Measurement standards and measuring equipment shall be calibrated, adjusted and used in an environment controlled to the extent necessary to ensure valid measurement results. Due consideration shall be given to temperature, rate of change of temperature, humidity, lighting, vibration, dust control, cleanliness, electromagnetic interference and other factors affecting the results of measurements. Where pertinent, these factors shall be continuously monitored and recorded and, when necessary, correcting compensations shall be applied to measurement results. Records shall contain both the original and the corrected data. Corrections, when applied, shall be soundly based.

GUIDANCE

The manufacturer of a measurement standard or measuring instrument usually provides a specification giving the ranges and maximum loads, together with the limiting environmental conditions for the correct use of the device. When this information is available, it should be used for establishing the conditions of use and to determine if any control is necessary to maintain these conditions.

It is permissible to narrow the conditions of use but it is inadvisable to enlarge them.

4.17 Conditions d'environnement

Les étalons et les équipements de mesure doivent être étalonnés, ajustés et utilisés dans un environnement sous contrôle autant qu'il est nécessaire pour obtenir des résultats de mesure fiables. Une attention particulière doit être portée à la température, aux taux de variation de la température, à l'humidité, à l'éclairage, aux vibrations, aux poussières, à la propreté, à la pollution électromagnétique et à d'autres facteurs affectant les résultats de mesure. Le cas échéant, ces facteurs doivent être surveillés en continu, les paramètres pertinents enregistrés et, si nécessaire, des facteurs de correction doivent être appliqués aux résultats de mesure. Les enregistrements doivent mentionner à la fois les résultats bruts et les résultats corrigés. Les corrections, si elles sont faites, doivent être fondées sur des données sûres.

GUIDE D'APPLICATION

Le fabricant d'un étalon ou d'un instrument de mesure fournit ordinairement une spécification donnant les calibres et les limites de l'étendue de mesure ainsi que les limites des paramètres d'environnement à l'intérieur desquelles le dispositif fonctionne correctement. Lorsque cette information est disponible, il convient de l'utiliser pour la définition des conditions d'utilisation et pour déterminer s'il faut prendre des dispositions particulières pour assurer le maintien de ces conditions.

Il est permis de spécifier une plage de variation plus étroite pour les conditions d'environnement. Il est déconseillé de les étendre.

4.18 Personal

Der Lieferant muß sicherstellen, daß alle Bestätigungen von Personal durchgeführt werden, das über die notwendigen Qualifikationen, Schulung, Erfahrung, Befähigung und Aufsicht verfügt.

4.18 Personnel

The Supplier shall ensure that all confirmations are performed by staff having appropriate qualifications, training, experience, aptitude and supervision.

4.18 Personnel

Le Fournisseur doit veiller à ce que tout le personnel intervenant dans les confirmations soit lui-même qualifié, possède la formation, l'expérience et les aptitudes qui conviennent et soit correctement encadré.

Anhang A (informativ)

Leitfaden für die Ermittlung von Bestätigungsintervallen für Meßmittel

Anmerkung 28: Dieser Anhang beruht auf dem Internationalen Dokument No. 10 der OIML.

A.1 Einleitung

Ein wichtiger Gesichtspunkt der wirksamen Unterhaltung eines Bestätigungssystems ist die Ermittlung des maximalen Zeitintervalls zwischen aufeinanderfolgenden Bestätigungen von Normalen und Meßmitteln. Eine große Anzahl an Faktoren beeinflussen die Häufigkeit der Bestätigungen. Die wichtigsten Faktoren sind:

a) Art des Meßmittels;
b) Empfehlung des Herstellers;
c) Trenddaten aus früheren Kalibrieraufzeichnungen;
d) Aufzeichnungen über frühere Wartung und Kundendienst;
e) Umfang und Ausmaß des Einsatzes;
f) Verschleiß- und Driftneigung;
g) Häufigkeit des Anschlusses an andere Meßmittel, insbesondere Normale;
h) Häufigkeit und Art interner Überwachungskalibrierungen;
i) Umgebungsbedingungen (Temperatur, Feuchtigkeit, Schwingungen usw.);
j) angestrebte Meßgenauigkeit;
k) nachteilige Folgen eines für korrekt erachteten, aber falschen Meßwerts aufgrund eines fehlerhaften Meßmittels.

Bei der Festlegung der Bestätigungsintervalle können die Kosten der Bestätigung in der Regel nicht unberücksichtigt gelassen werden und daher eine Einschränkung darstellen. Aus allen diesen Faktoren kann geschlossen werden, daß eine Liste allgemein gültiger Bestätigungsintervalle nicht erstellt werden kann. Es empfiehlt sich eher, Leitfäden darüber aufzustellen, wie Bestätigungsintervalle festgelegt und später, wenn das Bestätigungssystem routinemäßig arbeitet, revidiert werden können.

Zwei grundlegende, einander entgegenstehende Kriterien müssen in Einklang gebracht werden, wenn die Entscheidung über die Bestätigungsintervalle für das einzelne Meßmittel getroffen wird:

Annex A (informative)

Guidelines for the determination of confirmation intervals for measuring equipment

Note 28: This annex is based on OIML International Document No. 10.

A.1 Introduction

An important aspect of the efficient operation of a confirmation system is the determination of the maximum period between successive confirmations of measurement standards and measuring equipment. A large number of factors influence the frequency of confirmation. The most important of these factors are the following:

a) type of equipment;
b) manufacturer's recommendation;
c) trend data obtained from previous calibration records;
d) recorded history of maintenance and servicing;
e) extent and severity of use;
f) tendency to wear and drift;
g) frequency of cross-checking against other measuring equipment, particularly measurement standards;
h) frequency and formality of in-house check calibrations;
i) environmental conditions (temperature, humidity, vibration, etc.);
j) accuracy of measurement sought;
k) the penalty of an incorrect measured value being accepted as correct because the measuring equipment has become faulty.

The cost of confirmation cannot normally be ignored in determining the confirmation intervals and this may therefore be a limiting factor. It is obvious from all these stated factors that a list of confirmation intervals which can be universally applied cannot be constructed. It is more useful to present guidelines on how confirmation intervals may be established and then reviewed once confirmation on a routine basis is under way.

There are two basic and opposing criteria which are required to be balanced when deciding on the confirmation intervals for each item of measuring equipment. These are the following:

Annexe A (informative)

Conseils pour la détermination des intervalles de confirmation des équipements de mesure

Note 28: La présente annexe est basée sur le document international n° 10 de l'OIML.

A.1 Introduction

Un élément important de l'efficacité de fonctionnement d'un système de confirmation est la détermination de la durée maximale entre les confirmations successives des étalons de référence et équipements de mesure. Un grand nombre de facteurs influencent la fréquence de confirmation. Les plus importants de ces facteurs sont les suivants:

a) le type de l'équipement;
b) les recommandations du constructeur;
c) les informations de tendances obtenues à partir de la documentation relative aux étalonnages antérieurs;
d) l'enregistrement des renseignements historiques sur la maintenance et l'entretien courant;
e) le degré et la sévérité des conditions d'utilisation;
f) les tendances à l'usure et à la dérive;
g) la fréquence des comparaisons par recoupement avec d'autres équipements de mesure, notamment les étalons de référence;
h) la fréquence et la qualité des étalonnages de vérification internes;
i) les conditions d'environnement (température, humidité, vibrations, etc.);
j) l'exactitude de mesure recherchée;
k) la gravité des conséquences d'une valeur mesurée acceptée pour correcte, alors qu'elle ne l'est pas, à cause d'une non-conformité d'un instrument de mesure.

Le coût des opérations de confirmation ne peut en principe pas être ignoré lors de la détermination des intervalles de confirmation et peut constituer un facteur limitatif. Il résulte de manière évidente de toute cette énumération de facteurs qu'il est difficile d'établir une liste d'intervalles de confirmation universellement applicables. Il est plus utile de présenter des conseils sur la manière d'établir les intervalles de confirmation et de les réexaminer une fois que les opérations de confirmation sont effectuées de façon routinière.

Il existe deux critères fondamentaux et antagonistes qu'il faut mettre en équilibre lorsque l'on fixe les intervalles de confirmation d'un équipement de mesure. Ces critères sont les suivants:

a) Das Risiko, daß das Meßmittel im Einsatz nicht die Spezifikation erfüllt, sollte so gering wie möglich sein.
b) Die Bestätigungskosten sollten so gering wie möglich gehalten werden.

Daher werden in diesem Anhang Methoden für die Wahl der anfänglichen Bestätigungsintervalle und für die spätere Anpassung dieser Intervalle auf der Grundlage der gemachten Erfahrungen vorgestellt.

A.2 Wahl der anfänglichen Bestätigungsintervalle

Grundlage der Entscheidung über die Ermittlung des ersten Bestätigungsintervalls ist stets die sogenannte technische Intuition. Jemand mit Erfahrung im Meßwesen im allgemeinen oder mit dem Meßmittel, das bestätigt werden soll, im besonderen und vorzugsweise mit Kenntnissen über die in anderen Laboratorien geltenden Zeitintervalle nimmt für jedes einzelne Meßmittel oder für eine Gruppe von Meßmitteln eine Schätzung hinsichtlich der Zeitspanne vor, während derer nach der Bestätigung wahrscheinlich die Toleranzforderung erfüllt wird.

Die folgenden Faktoren sind zu berücksichtigen:

a) Empfehlung des Herstellers des Meßmittels;
b) Umfang und Ausmaß des Einsatzes;
c) Einfluß der Umgebung;
d) angestrebte Meßgenauigkeit.

A.3 Methoden zur Revision der Bestätigungsintervalle

Ein System, bei dem die Bestätigungsintervalle nicht revidiert und nur auf der Grundlage der sogenannten technischen Intuition festgelegt werden, gilt nicht als ausreichend verläßlich.

Sobald das Bestätigungssystem auf einer regelmäßigen Grundlage eingeführt ist, sollte die Anpassung der Bestätigungsintervalle möglich sein, um das Gleichgewicht zwischen den Risiken und Kosten optimal zu gestalten, wie es in der Einleitung ausgeführt worden ist. Es wird sich wahrscheinlich herausstellen, daß die anfänglich festgelegten Zeitintervalle nicht die gewünschten optimalen Ergebnisse zeitigen. Die einzelnen Meßmittel können weniger verläßlich als erwartet sein; ihr Einsatz mag nicht den Erwartungen entsprechen; es kann ausreichen, eine begrenzte anstatt einer vollen Bestätigung durchzuführen; die durch die regelmäßige Kalibrierung des Meßmittels ermittelte Drift kann evident machen, daß längere Bestätigungsintervalle möglich sind, ohne daß sich die Risiken erhöhen, usw.

a) the risk of measuring equipment failing to conform to specification when in use should be as small as possible;
b) the confirmation costs should be kept to a minimum.

Therefore, methods are presented in this annex for the initial selection of confirmation intervals and for the readjustment of these intervals on the basis of experience.

A.2 Initial choice of confirmation intervals

The basis of the initial decision in determining the confirmation interval is invariably the so-called engineering intuition. Someone with experience of measurements in general, or of the measuring equipment to be confirmed in particular, and preferably with knowledge of the intervals used by other laboratories, makes an estimate for each item of equipment or group of items as to the length of time it is likely to remain within tolerance after confirmation.

Factors to be taken into account are:

a) the equipment manufacturer's recommendation;
b) the extent and severity of use;
c) the influence of the environment;
d) the accuracy of measurement sought.

A.3 Methods of reviewing confirmation intervals

A system which maintains confirmation intervals without review, determined only by so-called engineering intuition, is not considered to be sufficiently reliable.

Once confirmation on a routine basis has been established, adjustment of the confirmation intervals should be possible in order to optimize the balance of risks and costs as stated in the Introduction. It will probably be found that the intervals initially selected are not giving the desired optimum results: items of equipment may be less reliable than expected; their usage may not be as expected; it may be sufficient to carry out a limited confirmation of certain items instead of a full confirmation; the drift determined by the regular calibration of the equipment may show that longer confirmation intervals are possible without increasing the risks, and so on.

a) rendre aussi petit que possible le risque que l'équipement de mesure cesse d'être conforme à ses spécifications pendant son utilisation;
b) rendre minimal le coût des opérations de confirmation.

En conséquence, la présente annexe présente des méthodes pour le choix initial des intervalles de confirmation et le réajustement de ces intervalles en fonction de l'expérience.

A.2 Choix initial des intervalles de confirmation

À la base de la décision initiale dans la détermination d'un intervalle de confirmation se trouve, invariablement, ce que l'on pourrait appeler le savoir-faire ou l'intuition. Quelqu'un ayant l'expérience des mesures en général et des équipements de mesure à confirmer en particulier, et ayant connaissance, préférablement, des intervalles utilisés par d'autres laboratoires, est à même d'estimer, pour chaque équipement ou groupe d'équipements, pendant combien de temps il est susceptible de rester à l'intérieur des tolérances après confirmation.

Des facteurs à prendre en considération sont

a) les recommandations du fabricant de l'équipement;
b) le degré et la sévérité des conditions d'utilisation;
c) l'influence de l'environnement;
d) l'exactitude de mesure recherchée.

A.3 Méthodes de révision des intervalles de confirmation

Un système qui laisserait invariables les intervalles de confirmation déterminés par l'intuition, comme indiqué ci-dessus, sans réexamen, n'est pas considéré comme suffisamment fiable.

Une fois la confirmation établie sur une base routinière, il convient de rendre possible l'ajustement des intervalles de confirmation afin d'équilibrer au mieux les risques et coûts comme indiqué en A.1. On trouvera probablement que les intervalles choisis initialement ne donnent pas de résultats optimaux; les équipements peuvent être moins fiables que prévu; l'utilisation peut ne pas être celle à laquelle on s'attendait; il peut suffire, pour certains équipements, d'effectuer une confirmation partielle à la place d'une confirmation complète; les dérives constatées lors des reconfirmations des équipements peuvent montrer que des intervalles de confirmation plus longs sont possibles sans accroître les risques et ainsi de suite.

Wenn aus Geld- oder Personalmangel lange Bestätigungsintervalle notwendig sind, sollte nicht übersehen werden, daß die Kosten, die sich aus der Verwendung ungenauer Meßmittel ergeben, erheblich sein können. Eine Schätzung dieser Kosten kann ohne weiteres ergeben, daß es wirtschaftlicher ist, mehr Geld für die Bestätigung auszugeben und die Bestätigungsintervalle zu verkürzen.

Für die Revision der Bestätigungsintervalle gibt es eine ganze Reihe von Methoden:

- Einzelne Meßmittel werden einzeln oder als Gruppen (z. B. nach Hersteller oder nach Bauart) behandelt.
- Einzelne Meßmittel erfüllen nicht mehr ihre Spezifikationen aufgrund einer zeitlichen Drift oder aufgrund ihres Einsatzes.
- Es sind Daten über vorangegangene Kalibrierungen verfügbar, denen eine Aussagefähigkeit beigemessen wird.

Keine dieser Methoden ist in idealer Weise für alle vorhandenen Meßmittel geeignet.

If shortage of money or shortage of staff means that extended confirmation intervals are necessary, it should not be forgotten that the costs of using inaccurate measuring equipment may be significant. If an estimate of these costs is made, it may well be found to be more economical to spend more money on confirmation and to reduce the confirmation intervals.

A range of methods is available for reviewing the confirmation intervals. These differ according to whether:

- items of equipment are treated individually or as groups (for example, by maker or by type);
- items fail to comply with their specifications due to drift with the lapse of time, or by usage;
- data are available and importance is attached to the history of calibration of the equipment.

No one method is ideally suited for the full range of equipment encountered.

Si le manque de moyens financiers ou de personnel entraîne l'obligation d'allonger les intervalles de confirmation, il ne faut pas oublier que les coûts résultant de l'utilisation d'équipements de mesure inexacts peuvent être importants. Si une estimation de ces coûts était faite, on pourrait bien trouver qu'il est plus économique de dépenser plus d'argent pour la confirmation et donc de diminuer les intervalles de confirmation.

Plusieurs méthodes peuvent être utilisées pour revoir les intervalles de confirmation. Elles diffèrent selon que

- les équipements sont traités individuellement ou par groupe (par exemple par fabricant ou par type);
- les équipements cessent d'être conformes à leurs spécifications en raison de leur dérive dans le temps ou à cause de leur utilisation;
- des informations sont disponibles ou non et que l'on attache de l'importance à l'histoire des étalonnages de l'équipement.

Aucune méthode n'est parfaitement adaptée à la totalité des équipements que l'on rencontre.

A.3.1 Methode 1: Automatische oder schrittweise Anpassung

Immer wenn ein einzelnes Meßmittel routinemäßig bestätigt wird, wird das folgende Zeitintervall verlängert, wenn das Meßmittel die Toleranzforderung erfüllt, oder verkürzt, wenn es die Toleranzen verletzt. Diese „Schrittmethode" kann zu einer schnellen Anpassung der Zeitintervalle führen und leicht und ohne formalen Aufwand ausgeführt werden. Wenn Aufzeichnungen geführt und benutzt werden, werden mögliche Schwierigkeiten mit einer Gruppe von Meßmitteln offensichtlich, die darauf hinweisen, daß eine technische Modifikation oder eine vorsorgliche Wartung wünschenswert ist.

Ein Nachteil bei Systemen, bei denen einzelne Meßmittel individuell behandelt werden, kann darin bestehen, daß es schwierig ist, die durch die Bestätigung bedingte Arbeitsbelastung gleichmäßig und ausgewogen zu gestalten, und daß die Bestätigung im einzelnen vorausgeplant werden muß.

A.3.1 Method 1: Automatic or "staircase" adjustment

Each time an item of equipment is confirmed on a routine basis, the subsequent interval is extended if it is found to be within tolerance, or reduced if it is found to be outside tolerance. This "staircase" response may produce a rapid adjustment of intervals and is easily carried out without clerical effort. When records are maintained and used, possible trouble with a group of items, indicating the desirability of a technical modification or preventive maintenance, will become apparent.

A disadvantage of systems which treat items individually may be that it is difficult to keep the confirmation work-load smooth and balanced, and that it requires detailed advanced planning.

A.3.1 Méthode 1: Ajustement automatique ou «escalier»

Chaque fois qu'un équipement est confirmé de façon routinière, l'intervalle suivant est augmenté si l'équipement a été trouvé à l'intérieur des tolérances ou diminué s'il a été trouvé en dehors des tolérances. Cette réponse en «escalier» peut fournir un ajustement rapide des intervalles et est mise en œuvre facilement sans bureaucratie. L'enregistrement des données et leur exploitation permettent de déceler des ennuis éventuels venant d'un groupe d'équipements montrant l'utilité d'une modification technique ou d'une maintenance préventive.

Un inconvénient des systèmes traitant individuellement les équipements peut être qu'il est difficile d'assurer la souplesse et la répartition de la charge de travail que constituent les opérations de reconfirmation, et qu'il faut établir au préalable un planning détaillé.

A.3.2 Methode 2: Qualitätsregelkarte

Aus jeder Bestätigung werden dieselben Kalibrierpunkte ausgewählt, und die Ergebnisse werden über der Zeit aufgetragen. Aus diesen Eintragungen werden die Streuung und die Drift berechnet, wobei die Drift entweder die mittlere Drift über ein Bestätigungsintervall oder — bei sehr beständigen Meßmitteln — die Drift über mehrere Bestätigungsintervalle ist. Aus diesen Darstellungen kann die tatsächliche Drift berechnet werden.

A.3.2 Method 2: Control chart

The same calibration points are chosen from every confirmation and the results are plotted against time. From these plots, both scatter and drift are calculated, the drift being either the mean drift over one confirmation interval or, in the case of very stable equipment, the drift over several intervals. From these figures the effective drift may be calculated.

A.3.2 Méthode 2: Carte de contrôle

On choisit les mêmes points d'étalonnage à chaque confirmation et on reporte les résultats sur un graphique en fonction du temps. À partir de ce graphique, on calcule à la fois la dispersion et la dérive, celle-ci pouvant être soit la dérive moyenne pendant l'intervalle de confirmation, soit la dérive sur plusieurs intervalles, dans le cas d'équipements très stables. À partir de ces chiffres, on calcule la dérive effective.

Diese Methode ist schwierig in der Anwendung und sehr schwierig bei komplizierten Meßmitteln; sie kann eigentlich nur bei automatischer Datenverarbeitung angewendet werden. Bevor mit den Berechnungen begonnen werden kann, muß die Gesetzmäßigkeit für die Veränderlichkeit des Meßmittels oder eines ähnlichen Meßmittels weitgehend bekannt sein. Wiederum ist es schwierig, eine ausgewogene Arbeitsbelastung zu erreichen. Eine beträchtliche Variierung der Bestätigungsintervalle gegenüber den vorgeschriebenen ist jedoch zulässig, ohne daß die Berechnungen ihre Gültigkeit verlieren; die Zuverlässigkeit kann berechnet werden, und zumindest theoretisch liefert sie das effiziente Bestätigungsintervall. Außerdem ergibt die Berechnung der Streuung, ob die Spezifikationsgrenzen des Herstellers sinnvoll sind, und die Analyse der sich ergebenden Drift kann dabei helfen, die Ursache der Drift zu erkennen.

A.3.3 Methode 3: Kalenderzeit

Die einzelnen Meßmittel werden zunächst nach der Ähnlichkeit ihrer Konstruktion und ihrer erwarteten ähnlichen Zuverlässigkeit und Beständigkeit in Gruppen eingeteilt. Ein Bestätigungsintervall wird der Gruppe zunächst auf der Grundlage der technischen Intuition zugeordnet.

Bei jeder Gruppe wird die Menge der einzelnen Meßmittel, die nach Ablauf des festgelegten Bestätigungsintervalls vorgelegt werden und zu große Abweichungen aufweisen oder auf andere Weise fehlerhaft sind, ermittelt und als Anteil an der Gesamtmenge der Meßmittel dieser Gruppe, die während eines gegebenen Zeitraums bestätigt werden, ausgedrückt. Bei der Ermittlung der fehlerhaften Meßmittel werden die, die offensichtlich beschädigt sind oder vom Benutzer als verdächtig oder fehlerhaft zurückgegeben werden, nicht berücksichtigt, da sie wahrscheinlich keine unvermuteten Meßabweichungen verursachen.

Wenn der Anteil der einzelnen fehlerhaften Meßmittel übermäßig hoch ist, sollte das Bestätigungsintervall verkürzt werden. Wenn sich herausstellt, daß eine bestimmte Untergruppe von Meßmitteln (wie ein bestimmtes Fabrikat oder ein bestimmter Typ) sich nicht wie die anderen Geräte der Gruppe verhält, sollte diese Untergruppe einer anderen Gruppe mit einem anderen Bestätigungsintervall zugeordnet werden.

Der Zeitraum, während dessen die Leistung beurteilt wird, sollte so kurz wie möglich sein und so gewählt werden, daß eine statistisch aussagefähige Menge bestätigter Einzelmeßmittel bei einer gegebenen Gruppe erreicht wird.

The method is difficult to apply, in fact very difficult in the case of complicated equipment and can virtually only be used with automatic data processing. Before calculations can commence, considerable knowledge of the law of variability of the equipment, or of similar equipment, is required. Again, it is difficult to achieve a balanced work-load. However, considerable variation of the confirmation intervals from those prescribed is permissible without invalidating the calculations; reliability can be calculated and, in theory at least, it gives the efficient confirmation interval. Furthermore, the calculation of the scatter will indicate if the manufacturer's specification limits are reasonable and the analysis of the drift which is found may help in indicating the cause of the drift.

A.3.3 Method 3: Calendar time

Items of measuring equipment are initially arranged into groups on the basis of their similarity of construction and of their expected similar reliability and stability. A confirmation interval is assigned to the group, initially on the basis of engineering intuition.

In each group, the quantity of items which return at their assigned confirmation interval and are found to have excessive errors or to be otherwise nonconforming is determined and expressed as a proportion of the total quantity of items in that group which are confirmed during a given period. In determining the nonconforming items, those which are obviously damaged or which are returned by the user as suspect or faulty, are not included as they are not likely to cause measurement errors.

If the proportion of nonconforming items of equipment is excessively high, the confirmation interval should be reduced. If it appears that a particular sub-group of items (such as a particular make or type) does not behave like the other members of the group, this sub-group should be removed to a different group with a different confirmation interval.

The period during which the performance is assessed should be as short as possible, compatible with obtaining a statistically meaningful quantity of confirmed items for a given group.

Cette méthode est difficile à appliquer et même très difficile dans le cas d'équipements complexes, et ne peut pratiquement être utilisée qu'avec un moyen de traitement automatique des données. Avant de commencer les calculs, il faut amasser un nombre considérable d'informations sur la loi de variabilité de l'équipement ou d'équipements semblables. Dans ce cas également, il est difficile d'obtenir une bonne répartition de la charge de travail. Cependant, on peut accepter des variations importantes des intervalles de confirmation par rapport aux intervalles prescrits sans invalider les calculs; la fiabilité peut être calculée et, en théorie tout au moins, cette méthode fournit l'intervalle de confirmation correct. De plus, le calcul de la dispersion indiquera si les limites des spécifications fournies par les constructeurs sont raisonnables et l'analyse d'une dérive détectée peut aider à en trouver les causes.

A.3.3 Méthode 3: Temps calendaire

Les équipements de mesure sont initialement groupés sur la base de leur similitude de construction et de la similitude de leurs caractéristiques espérées, relatives à la fiabilité et à la stabilité. Un intervalle de confirmation est fixé au groupe sur la base initiale d'une approche intuitive.

Dans chaque groupe, on détermine la quantité d'individus qui, au terme de l'intervalle de confirmation fixé, se trouvent avec des erreurs excessives ou présentent d'autres non-conformités. Cette quantité est rapportée au nombre total d'individus du groupe confirmés pour toute la durée de l'intervalle considéré. Dans le dénombrement des individus non conformes, on exclut ceux qui sont manifestement endommagés ou ceux qui ont été retournés par l'utilisateur comme suspects ou défectueux. En effet, ils ne sont probablement pas une cause d'erreurs de mesure.

Si la proportion des individus non conformes est excessivement élevée, l'intervalle de confirmation doit être réduit. Si les individus d'un sous-groupe déterminé (comme, par exemple, une marque ou un type particulier) ne se comportent pas comme les autres membres du groupe, ce sous-groupe doit être retiré et incorporé à un groupe différent avec un intervalle de confirmation différent.

La période pendant laquelle on évalue le comportement du groupe devrait être aussi courte que possible, mais suffisante pour avoir des résultats statistiques significatifs.

Erweist sich der Anteil der fehlerhaften Meßmittel in einer gegebenen Gruppe als sehr gering, kann es wirtschaftlich vertretbar sein, das Bestätigungsintervall zu verlängern.

Es können andere statistische Methoden angewendet werden.

A.3.4 Methode 4: Einsatzdauer

Hierbei handelt es sich um eine Abwandlung der oben beschriebenen Methoden. Die grundlegende Methode bleibt unverändert, aber das Bestätigungsintervall wird in Einsatzstunden und nicht in Kalendermonaten des Zeitablaufs ausgedrückt. Ein einzelnes Meßmittel kann mit einer Zeitablaufanzeige ausgestattet werden und wird zur Bestätigung vorgestellt, wenn diese Anzeige einen festgelegten Wert erreicht. Der bedeutende theoretische Vorteil dieses Verfahrens besteht darin, daß die Anzahl der durchgeführten Bestätigungen und damit die Bestätigungskosten unmittelbar von dem Zeitraum, während dessen die Einrichtung eingesetzt wird, abhängt. Außerdem wird damit automatisch die Auslastung der Einrichtung überwacht.

Es gibt jedoch eine Reihe praktischer Nachteile wie z. B.:

a) Die Methode kann nicht bei passiven Meßgeräten (z. B. Dämpfungsglieder) oder passiven Normalen (Widerstände, Kondensatoren usw.) angewendet werden.

b) Die Methode sollte nicht angewendet werden, wenn von einem Meßmittel bekannt ist, daß es bei der Lagerung, bei der Handhabung oder bei kurzen EIN-AUS-Arbeitsgängen zu Drift oder Verschlechterung neigt: dieses sollte auf jeden Fall nach der Kalenderzeit beurteilt werden.

c) Die Anfangskosten für die Bereitstellung und den Einbau geeigneter Zeitschaltgeräte sind hoch; da die Benutzer störend in sie eingreifen können, kann außerdem eine Überwachung erforderlich werden, was die Kosten noch erhöht.

d) Ein reibungsloser Arbeitsfluß ist schwieriger als mit den anderen genannten Methoden zu erreichen, da das Kalibrierlaboratorium nicht weiß, wann das Bestätigungsintervall endet.

If the proportion of nonconforming items of equipment in a given group proves to be very low, it may be economically justifiable to increase the confirmation interval.

Other statistical methods may be used.

A.3.4 Method 4: "In-use" time

This is a variation on the foregoing methods. The basic method remains unchanged but the confirmation interval is expressed in hours of use rather than in calendar months of elapsed time. An item of equipment may be fitted with an elapsed-time indicator, and is returned for confirmation when this indicator reaches a specified value. The important theoretical advantage of this method is that the number of confirmations performed, and therefore the cost of confirmation, varies directly with the length of time for which the equipment is used. Furthermore, there is an automatic check on equipment utilization.

However, the practical disadvantages are many and include the following:

a) the method cannot be used with passive measuring instruments (for example, attenuators) or with passive measurement standards (resistors, capacitors, etc.);

b) the method should not be used when equipment is known to drift or deteriorate when on the shelf, or when handled, or when subjected to a number of short on/off cycles; it should in any case have a calendar-time back-up;

c) the initial cost of the provision and installation of suitable timers is high and, since users may interfere with them, supervision may be required which again will increase costs;

d) it is even more difficult to achieve a smooth flow of work than with the other methods mentioned, since the calibration laboratory has no knowledge of the date when the confirmation interval will terminate.

Si pour un groupe donné la proportion d'individus non conformes se trouve être très faible, il peut être justifié économiquement d'accroître la durée de l'intervalle de confirmation.

D'autres méthodes statistiques peuvent être utilisées.

A.3.4 Méthode 4: Temps d'utilisation

Il s'agit d'une variante des méthodes précédentes. La méthode de base reste inchangée mais l'intervalle de confirmation est exprimé en heures d'utilisation et non en mois du calendrier. L'équipement est muni d'un indicateur de temps écoulé et est renvoyé pour confirmation quand l'indicateur atteint une valeur spécifiée. L'avantage théorique important de cette méthode est que le nombre de confirmations effectuées et donc le coût de la confirmation varie directement avec le temps d'utilisation de l'équipement. De plus, il y a un contrôle automatique de l'utilisation de l'équipement.

Cependant, les inconvénients pratiques de cette méthode sont nombreux. En voici quelques-uns:

a) la méthode ne peut pas être utilisée avec les instruments passifs (par exemple, les atténuateurs) ni avec les étalons «passifs» (résistances, condensateurs, etc.);

b) elle ne doit pas être utilisée quand l'équipement est connu comme susceptible de dériver ou de se détériorer quand il est stocké, quand on le manipule ou quand on le soumet à un certain nombre de cycles brefs marche-arrêt; elle devrait en tout cas être étayée par une méthode basée sur le calendrier;

c) au départ, le coût d'équipement et d'installation des horloges appropriées est élevé et il faut exercer une surveillance puisque les utilisateurs peuvent influencer les horloges, ce qui augmente les coûts;

d) il est encore plus difficile d'assurer la souplesse du déroulement du travail qu'avec les autres méthodes citées ci-dessus, étant donné que le laboratoire d'étalonnage ignore à quelle date s'achèvera l'intervalle de confirmation.

A.3.5 Methode 5: Prüfung während des Einsatzes oder Black-Box-Prüfung

Diese Methode ergänzt eine vollständige Bestätigung. Sie kann nützliche Zwischeninformationen über die Merkmale eines Meßmittels zwischen vollständigen Bestätigungen liefern und eine Richtschnur hinsichtlich der Eignung des Bestätigungsprogramms geben.

Diese Methode ist eine Abwandlung der Methoden 1 und 2 und besonders geeignet für komplizierte Geräte und Prüfeinrichtungen. Kritische Parameter werden häufig (einmal täglich oder noch häufiger) mit einer tragbaren Kalibriereinrichtung oder vorzugsweise einer Black-Box, die speziell für die Prüfung der gewählten Parameter konstruiert ist, überprüft. Ergibt die Prüfung mit der Black-Box, daß die Einrichtung nicht den Vorschriften entspricht, wird diese einer vollständigen Bestätigung unterzogen.

Der große Vorteil dieser Methode liegt darin, daß das Meßmittel dem Benutzer in maximalem Umfang zur Verfügung steht. Sie ist gut für Meßmittel geeignet, die an einem anderen Ort als dem Kalibrierlaboratorium untergebracht sind, da eine vollständige Bestätigung nur durchgeführt wird, wenn sie bekanntermaßen notwendig ist, oder nach langen Bestätigungsintervallen. Die Hauptschwierigkeit besteht darin, über die kritischen Parameter zu entscheiden und die Black-Box zu konstruieren.

Obwohl die Methode theoretisch eine sehr hohe Verläßlichkeit bietet, ist sie etwas problematisch, da das Meßmittel hinsichtlich eines Parameters versagen kann, der nicht mit der Black-Box gemessen wird. Außerdem ist es möglich, daß die Merkmale der Black-Box selbst nicht beständig sind und auch die Black-Box regelmäßig bestätigt werden muß.

A.3.5 Method 5: In-service or "black-box" testing

This method is complementary to a full confirmation. It can provide useful interim information on characteristics of measuring equipment between full confirmations and can give guidance on the appropriateness of the confirmation programme.

This method is a variation on methods 1 and 2 and is particularly suitable for complex instruments and test consoles. Critical parameters are checked frequently (once per day or even more often) by portable calibration gear or, preferably, by a "black-box" made up specifically to check the selected parameters. If the equipment is found to be nonconforming by using the "black-box", it is returned for a full confirmation.

The great advantage of this method is that it provides maximum availability for the equipment user. It is very suitable for equipment which is geographically separated from the calibration laboratory, since a complete confirmation is only done when it is known to be necessary or at extended confirmation intervals. The main difficulty is in deciding on the critical parameters and in designing the "black-box".

Although theoretically the method gives a very high reliability, this is slightly ambiguous since the equipment may be failing on some parameter which is not measured by the "black-box". In addition, the characteristics of the "black-box" itself may not be constant and it also needs to be regularly confirmed.

A.3.5 Méthode 5: Contrôle en cours d'utilisation ou essai à l'aide d'une «boîte noire»

Cette méthode est utilisée pour les opérations effectuées à titre de complément entre deux opérations de confirmation complète. Elle peut fournir des informations intermédiaires utiles sur les caractéristiques d'un équipement de mesure au cours de l'intervalle de confirmation et des indications sur la pertinence du programme de confirmation.

Il s'agit d'une variante des méthodes 1 et 2 et celle-ci est particulièrement adaptée aux instruments ou aux bancs de mesure complexes. Les paramètres critiques sont vérifiés fréquemment (une fois par jour ou même plus) à l'aide d'un dispositif portatif d'étalonnage ou mieux, d'une «boîte noire» spécialement conçue pour vérifier les paramètres sélectionnés: Si la «boîte noire» montre que l'équipement est non conforme, ce dernier est retourné pour confirmation complète.

Le grand avantage de cette méthode est d'offrir une disponibilité maximale à l'utilisateur de l'équipement. Elle est très appropriée pour les équipements géographiquement séparés du laboratoire d'étalonnage, étant donné qu'une confirmation complète n'est faite que lorsqu'il est reconnu nécessaire ou au terme des intervalles de confirmation qui peuvent être de longue durée. La difficulté principale réside dans la sélection des paramètres critiques et la conception de la «boîte noire».

Bien qu'en théorie la méthode donne une très haute fiabilité, elle laisse subsister une incertitude, étant donné que l'équipement peut être défaillant en ce qui concerne un paramètre non mesuré par la «boîte noire». De plus, les caractéristiques de la «boîte noire» elle-même peuvent ne pas rester constantes et il est nécessaire de la confirmer elle aussi à intervalles réguliers.

Anhang B (informativ)

Literatur

[1] ISO 9000 : 1987 Quality management and quality assurance standards — Guidelines for selection and use

[2] ISO/IEC Guide 43 : 1984 Development and operation of laboratory proficiency testing

[3] OIML International Document No. 10 Guidelines for the determination of recalibration intervals of measuring equipment used in testing laboratories

[4] OIML International Document No. 16 Principles of assurance of metrological control

[5] AQAP 7 (NATO) Guide for the evaluation of a contractor's measurement and calibration system

[6] European Organization for Quality Glossary of terms used in the management of quality

Annex B (informative)

Bibliography

[1] ISO 9000 : 1987 Quality management and quality assurance standards — Guidelines for selection and use

[2] ISO/IEC Guide 43 : 1984 Development and operation of laboratory proficiency testing

[3] OIML International Document No. 10 Guidelines for the determination of recalibration intervals of measuring equipment used in testing laboratories

[4] OIML International Document No. 16 Principles of assurance of metrological control

[5] AQAP 7 (NATO) Guide for the evaluation of a contractor's measurement and calibration system

[6] European Organization for Quality Glossary of terms used in the management of quality

Annexe B (informative)

Bibliographie

[1] ISO 9000 : 1987 Normes pour la gestion de la qualité et l'assurance de la qualité — Lignes directrices pour la sélection et l'utilisation

[2] ISO/CEI Guide 43 : 1984 Développement et mise en œuvre des essais d'aptitude de laboratoires

[3] OIML Document international n° 10 Conseils pour la détermination des intervalles de réétalonnage des équipements de mesure utilisés dans les laboratoires d'essais

[4] OIML Document international n° 16 Principes d'assurance du contrôle métrologique

[5] AQAP 7 (OTAN) Guide pour l'évaluation du système de mesure et d'étalonnage d'un fournisseur

[6] Organisation européenne pour la qualité Lexique des termes utilisés pour la gestion de la qualité

Verzeichnis im Zusammenhang mit diesem DIN-Taschenbuch stehender nicht abgedruckter Normen und Norm-Entwürfe

Verzeichnis im Zusammenhang mit diesem DIN-Taschenbuch stehender nicht abgedruckter Normen und Norm-Entwürfe

Norm-Nummer	Ausg.	Titel
DIN 1319-1	01.95	Grundlagen der Meßtechnik – Begriffe
DIN 1319-2	01.80	Grundbegriffe der Meßtechnik; Begriffe für die Anwendung von Meßgeräten
E DIN 1319-3	02.95	Grundlagen der Meßtechnik – Auswertung von Messungen einer einzelnen Meßgröße; Meßunsicherheit
DIN 1333	02.92	Zahlenangaben
DIN 25424-1	09.81	Fehlerbaumanalyse; Methode und Bildzeichen
DIN 25448	05.90	Ausfalleffektanalyse
DIN 31051	01.85	Instandhaltung; Begriffe und Maßnahmen
DIN 40041	12.90	Zuverlässigkeit; Begriffe
DIN 40200	10.81	Nennwert, Grenzwert, Bemessungswert, Bemessungsdaten; Begriffe
DIN 53803-1	03.91	Probenahme – Statistische Grundlagen der Probenahme bei einfacher Aufteilung
DIN 53803-2	03.94	Probenahme – Praktische Durchführung
DIN 53803-3	06.84	Probenahme – Statistische Grundlagen der Probenahme bei zweifacher Aufteilung nach zwei gleichberechtigten Gesichtspunkten
DIN 53803-4	06.84	Probenahme – Statistische Grundlagen der Probenahme bei zweifacher Aufteilung nach zwei einander nachgeordneten Gesichtspunkten
DIN 53804-1	09.81	Statistische Auswertungen – Meßbare (kontinuierliche) Merkmale
DIN 53804-1 Bbl 1	09.90	Statistische Auswertungen – Meßbare (kontinuierliche) Merkmale; Beispiel aus der chemischen Analytik
DIN 53804-2	03.85	Statistische Auswertungen – Zählbare (diskrete) Merkmale
DIN 53804-3	01.82	Statistische Auswertungen – Ordinalmerkmale
DIN 53804-4	03.85	Statistische Auswertungen – Attributmerkmale
DIN 55301	09.78	Gestaltung statistischer Tabellen
DIN 55303-2	05.84	Statistische Auswertung von Daten – Testverfahren und Vertrauensbereiche für Erwartungswerte und Varianzen
DIN 55303-2 Bbl 1	05.84	Statistische Auswertung von Daten – Operationscharakteristiken von Tests für Erwartungswerte und Varianzen
DIN 55303-5	02.87	Statistische Auswertung von Daten – Bestimmung eines statistischen Anteilsbereichs
E DIN 55303-7	07.93	Statistische Auswertung von Daten – Schätz- und Testverfahren bei zweiparametrischer Weibull-Verteilung
DIN 55350-11	08.95	Begriffe zu Qualitätsmanagement und Statistik; Begriffe des Qualitätsmanagements

Norm-Nummer	Ausg.	Titel
DIN 55350-12	03.89	Begriffe der Qualitätssicherung und Statistik; Merkmalsbezogene Begriffe
DIN 55350-13	07.87	Begriffe der Qualitätssicherung und Statistik; Begriffe zur Genauigkeit von Ermittlungsverfahren und Ermittlungsergebnissen
DIN 55350-14	12.85	Begriffe der Qualitätssicherung und Statistik; Begriffe der Probenahme
DIN 55350-15	02.86	Begriffe zur Qualitätssicherung und Statistik; Begriffe zu Mustern
DIN 55350-17	08.88	Begriffe der Qualitätssicherung und Statistik; Begriffe der Qualitätsprüfungsarten
DIN 55350-18	08.95	Begriffe der Qualitätssicherung und Statistik; Begriffe zu Bescheinigungen über die Ergebnisse von Qualitätsprüfungen; Qualitätsprüf-Zertifikate
DIN 55350-21	05.82	Begriffe der Qualitätssicherung und Statistik; Begriffe der Statistik; Zufallsgrößen und Wahrscheinlichkeitsverteilungen
DIN 55350-22	02.87	Begriffe der Qualitätssicherung und Statistik; Begriffe der Statistik; Spezielle Wahrscheinlichkeitsverteilungen
DIN 55350-23	04.83	Begriffe der Qualitätssicherung und Statistik; Begriffe der Statistik; Beschreibende Statistik
DIN 55350-24	11.82	Begriffe der Qualitätssicherung und Statistik; Begriffe der Statistik; Schließende Statistik
DIN 55350-31	12.85	Begriffe der Qualitätssicherung und Statistik; Begriffe der Annahmestichprobenprüfung
DIN 55350-33	09.93	Begriffe der Qualitätssicherung und Statistik; Begriffe der statistischen Prozeßlenkung (SPC)
DIN 55350-34	02.91	Begriffe der Qualitätssicherung und Statistik; Erkennungsgrenze, Erfassungsgrenze und Erfassungsvermögen
DIN 69900-1	08.87	Projektwirtschaft – Netzplantechnik – Begriffe
DIN 69900-2	08.87	Projektwirtschaft – Netzplantechnik – Darstellungstechnik
DIN 69901	08.87	Projektwirtschaft – Projektmanagement – Begriffe
DIN 69902	08.87	Projektwirtschaft – Einsatzmittel – Begriffe
DIN 69903	08.87	Projektwirtschaft – Kosten und Leistung, Finanzmittel – Begriffe
E DIN 69905	02.95	Projektwirtschaft – Projektabwicklung – Begriffe
E DIN 69906	12.90	Logistik – Grundbegriffe
DIN 69910	08.87	Wertanalyse
DIN EN 45001	05.90	Allgemeine Kriterien zum Betreiben von Prüflaboratorien; (Identisch mit EN 45001 : 1989)
DIN EN 45002	05.90	Allgemeine Kriterien zum Begutachten von Prüflaboratorien; (Identisch mit EN 45002 : 1989)
DIN EN 45003	05.95	Akkreditiersysteme für Kalibrier- und Prüflaboratorien – Allgemeine Anforderungen für Betrieb und Anerkennung; (Identisch mit EN 45003 : 1995 bzw. ISO/IEC-Leitfaden 58 : 1993)
DIN EN 45004	06.95	Allgemeine Kriterien für den Betrieb verschiedener Typen von Stellen, die Inspektionen durchführen; (Identisch mit EN 45004 : 1995)

Norm-Nummer	Ausg.	Titel
E DIN EN 45010	05.95	Allgemeine Anforderungen an die Begutachtung und Akkreditierung von Zertifizierungsstellen; (Identisch mit prEN 45010 : 1995)
DIN EN 45011	05.90	Allgemeine Kriterien für Stellen, die Produkte zertifizieren; (Identisch mit EN 45011 : 1989)
E DIN EN 45012	05.95	Allgemeine Kriterien für Stellen, die Qualitätsmanagementsysteme begutachten und zertifizieren; (Identisch mit prEN 45012 : 1995)
DIN EN 45013	05.90	Allgemeine Kriterien für Stellen, die Personal zertifizieren; (Identisch mit EN 45013 : 1989)
DIN EN 45014	05.90	Allgemeine Kriterien für Konformitätserklärungen von Anbietern; (Identisch mit EN 45014 : 1989)
E DIN EN 45503	02.94	Bescheinigungs-Norm für die Bewertung der Auftragsvergabeverfahren von Auftraggebern im Bereich der Wasser-, Energie- und Verkehrsversorgung sowie im Telekommunikationssektor; (Identisch mit EN 45503 : 1993)
DIN EN ISO 8402	08.95	Qualitätsmanagement – Begriffe; (Identisch mit ISO 8402 : 1994)
DIN EN ISO 8402 Bbl 1	08.95	Qualitätsmanagement – Anmerkungen zu Begriffen
DIN ISO 2859-1	04.93	Annahmestichprobenprüfung anhand der Anzahl fehlerhafter Einheiten oder Fehler (Attributprüfung); Nach der annehmbaren Qualitätsgrenzlage (AQL) geordnete Stichprobenanweisungen für die Prüfung einer Serie von Losen anhand der Anzahl fehlerhafter Einheiten oder Fehler; (Identisch mit ISO 2859-1 : 1989)
DIN ISO 2859-2	04.93	Annahmestichprobenprüfung anhand der Anzahl fehlerhafter Einheiten oder Fehler (Attributprüfung); Nach der rückzuweisenden Qualitätsgrenzlage (LQ) geordnete Stichprobenanweisungen für die Prüfung einzelner Lose anhand der Anzahl fehlerhafter Einheiten; (Identisch mit ISO 2859-2 : 1985)
DIN ISO 2859-3	02.95	Annahmestichprobenprüfung anhand der Anzahl fehlerhafter Einheiten oder Fehler (Attributprüfung) – Skip-Lot-Verfahren; (Identisch mit ISO 2859-3 : 1991)
DIN ISO 3951	08.92	Verfahren und Tabellen für Stichprobenprüfungen auf den Anteil fehlerhafter Einheiten in Prozent anhand quantitativer Merkmale (Variablenprüfung); (Identisch mit ISO 3951 : 1989)
E DIN ISO 5479	06.95	Statistische Auswertung von Daten – Tests auf Abweichung von der Normalverteilung: (Identisch mit ISO/DIS 5479 : 1995)
E DIN ISO 5725-1	02.91	Genauigkeit (Richtigkeit und Präzision) von Meßverfahren und Meßergebnissen – Begriffe und allgemeine Grundlagen; (Identisch mit ISO/DIS 5725-1 : 1990)
E DIN ISO 5725-2	02.91	Genauigkeit (Richtigkeit und Präzision) von Meßverfahren und Meßergebnissen – Ein grundlegendes Verfahren für die Ermittlung der Wiederhol- und Vergleichspräzision von festgelegten Meßverfahren; (Identisch mit ISO/DIS 5725-2 : 1990)
E DIN ISO 5725-3	07.91	Genauigkeit (Richtigkeit und Präzision) von Meßverfahren und Meßergebnissen – Präzision unter Zwischenbedingungen; (Identisch mit ISO/DIS 5725-3 : 1990)

Norm-Nummer	Ausg.	Titel
E DIN ISO 5725-4	02.91	Genauigkeit (Richtigkeit und Präzision) von Meßverfahren und Meßergebnissen – Grundlegendes Verfahren zur Schätzung der Richtigkeit eines Meßverfahrens; (Identisch mit ISO/DIS 5725-4 : 1990)
E DIN ISO 5725-6	02.91	Genauigkeit (Richtigkeit und Präzision) von Meßverfahren und Meßergebnissen – Anwendungen in der Praxis; (Identisch mit ISO/DIS 5725-6 : 1990)
DIN ISO 9000-4	06.94	Normen zu Qualitätsmanagement und zur Darlegung von Qualitätsmanagementsystemen; Leitfaden zum Management von Zuverlässigkeitsprogrammen; (Identisch mit ISO 9000-4 : 1993 bzw. IEC 300-1 : 1993)
E DIN ISO 9004-3	07.92	Qualitätsmanagement und Elemente eines Qualitätssicherungssystems – Leitfaden für verfahrenstechnische Produkte; (Identisch mit ISO/DIS 9004-3 : 1992)
E DIN ISO 9004-4	07.92	Qualitätsmanagement und Elemente eines Qualitätssicherungssystems; Leitfaden für Qualitätsverbesserung; (Identisch mit ISO/DIS 9004-4 : 1992)
E DIN ISO 9004-7	12.93	Qualitätsmanagement und Elemente eines Qualitätsmanagementsystems; Leitfaden für Konfigurationsmanagement; (Identisch mit ISO/DIS 9004-7 : 1993)
E DIN ISO 10013	02.94	Leitfaden für die Erstellung von Qualitätsmanagement-Handbüchern; (Identisch mit ISO/DIS 10013 : 1993)
E DIN ISO 11095	07.93	Lineare Kalibrierung mit Hilfe von Referenzmaterialien; (Identisch mit ISO/DIS 11095 : 1993)
E DIN ISO 11453	08.92	Statistische Auswertung von Daten – Testverfahren und Vertrauensbereiche für Anteile; (Identisch mit ISO/DIS 11453 : 1992)

Für Notizen